电力通信

创新成果集

（2022—2024年）

国家电网有限公司信息通信分公司
国 网 福 建 省 电 力 有 限 公 司 组编

中国水利水电出版社
www.waterpub.com.cn
·北京·

内 容 提 要

本书立足国网“双碳”战略目标，系统性梳理了新型电力系统建设背景下通信专业基层创新实践成果。全书精选108项具备行业推广价值的创新案例，涵盖器具工艺、方法装置、软件平台、业务应用及终端接入五大核心领域，集中展示了通信专业在新型电力系统的多项高质量创新技术。成果凸显了理念前瞻性、技术实用性和产业协同性的三大核心价值，以理念创新攻克电网数字化转型关键瓶颈，以高可靠性技术实现通信网络“安全—实时—经济”三位一体化，依托生态化创新模式打通能源产业链协同壁垒。

本书不仅系统地凝练了电力通信技术演进脉络，更构建了“理论赋能—技术落地—产业贯通”的全链条解决方案体系，为行业提供可量化、可复制的实践经验，加速激发创新内生动力，支撑构建以新能源为主体的新型电力系统，助推能源体系清洁化、低碳化转型进程。

图书在版编目（CIP）数据

电力通信创新成果集. 2022-2024年 / 国家电网有限公司信息通信分公司，国网福建省电力有限公司组编. 北京 : 中国水利水电出版社，2025. 3. -- ISBN 978-7-5226-3261-2

Ⅰ. TM73

中国国家版本馆CIP数据核字第2025CB7316号

书　　名	**电力通信创新成果集（2022—2024年）** DIANLI TONGXIN CHUANGXIN CHENGGUO JI (2022—2024 NIAN)
作　　者	国家电网有限公司信息通信分公司 国网福建省电力有限公司　组编
出版发行	中国水利水电出版社 （北京市海淀区玉渊潭南路1号D座　100038） 网址：www. waterpub. com. cn E-mail：sales@mwr. gov. cn 电话：（010）68545888（营销中心）
经　　售	北京科水图书销售有限公司 电话：（010）68545874、63202643 全国各地新华书店和相关出版物销售网点
排　　版	中国水利水电出版社微机排版中心
印　　刷	清淞永业（天津）印刷有限公司
规　　格	184mm×260mm　16开本　32.75印张　679千字
版　　次	2025年3月第1版　2025年3月第1次印刷
印　　数	0001—1000册
定　　价	**168.00**元

凡购买我社图书，如有缺页、倒页、脱页的，本社营销中心负责调换

编　委　会

主　编　曾京文　杨　斌

副主编　陈运生　陈　斌

参　编　李　扬　王　栋　王　宁　陈端云　邱兰馨

卢炳德　熊　波　李　灿　张　浩　林彧茜

葛元鹏　冯　晨　徐　鑫　陈泽文　高菲播

刘　峰　陈拽霞　赵　辉　张良嵩　钱思源

王　晟　侯功华　王慕玉

序言

我国正处于能源结构低碳转型的关键时期，在“双碳”战略指引下，新型电力系统建设深入推进，新能源快速发展，电网的物理结构形态、源荷运行特性均发生了持续而深刻的变化。作为支撑电网安全稳定运行和数智化的关键基础设施，对电力通信网的实时性、安全性、可靠性、便捷性、经济性有了系统性的更高要求。

国家电网通信专业始终站在技术创新前沿，全力结合电网安全稳定新形势，紧密围绕新型电力系统构建需要，开展通信技术研究、网络规划建设、业务支撑保障、安全运行管控等工作，取得一批高质量技术成果，得到现场实际验证和有效应用。为彰显公司通信专业基层创新活力，国调中心从中优选出108项可复制可推广的优秀成果，汇编形成《电力通信创新成果集（2022—2024年）》。

本书汇聚了国家电网通信专业的智慧结晶，覆盖了器具工艺、方法装置、软件平台、业务应用、终端接入等多个领域的最新技术创新成果，不仅展现了“新”的特质（即理念新颖、技术独特）；更体现了“实”的价值（即力求实效、落地应用）；还彰显了“广”的优势（即涉及面广、影响深远）。每一项成果都凝聚着创新者的汗水与智慧，是电力通信领域创新实践的真实写照。

希望通过本书的出版，能够进一步激发广大电力通信工作者的创新热情，鼓励大家立足岗位、勇于探索、敢于实践。同时也期待这些优秀成果能够在更广泛的范围内得到推广和应用，共同推动电力通信事业的繁荣发展，全面助力新型电力系统建设，为实现“双碳”目标、构建清洁低碳安全高效的能源体系作出新的更大贡献！

杨　斌

2025年春于北京

目录

软件平台篇

业务应用篇

终端接入篇

器具工艺篇

新型储线装置

国网山西电力

（董建雄　闫　磊　尚春山　李　冰　赵广霏　王利军　秦梦瑶　闫丽娟）

摘要： 新型储线装置用于实现“高效、准确、稳定”的光纤运维，解决了通信工作中光纤运维的储线问题，极大地缩短了查找和更换尾纤的时间，显著地提高了工作效率，有效防止了光纤因外力而造成的损伤隐患。另外，该装置可应用于其他行业的光纤运维工作，具有较强的推广性。

一、背景

光纤通信现在是电力系统的主要传输方式，光纤跳纤和尾纤的可靠性直接关系到通信系统的可靠性，光纤跳纤和尾纤的收纳是运维人员最棘手的工作。在日常信息运维的工作中，多余的跳纤和尾纤放在长方形的储纤框里，多余的光纤被运维人员手工卷曲在直径不小于 6cm 的纤卷并套在横向圆柱体之间，从而完成尾纤和跳纤在储纤框内的固定、存放。

二、技术方案

该装置通过两个方案进行研究，分别为圆盘旋转式和插片式，实现不同场合、需求的应用。

圆盘旋转式储线装置（图 1）通过左导引线盘、中间导引线盘和右导引线盘在同一中心轴上可实现各自 360°独立正反转，且通过锁止进行多种组合，实现线缆的多种方式和任何长度的收、放与储存。

插片式储线装置（图 2），主要针对光纤储线框内部使用，也可单独使用，规范标记标识，方便后期查找、运维，实现了光纤的快速查找、投退。

该储线装置采用 3D 建模，通过 3D 打印机制作而成。该装置制作材料为 PLA（聚乳酸），PLA 从食物中提取，具有低碳环保、小巧轻便、可降解的特点，可满足可持续循环利用的要求。

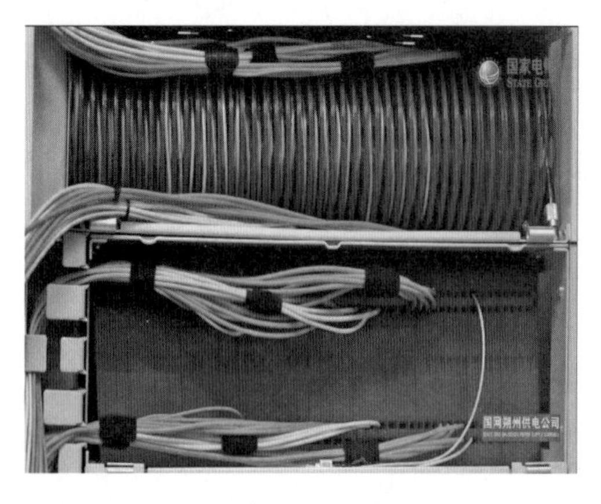

图 1　圆盘旋转式储线装置

图 2　插片式储线装置

三、应用成效

该储线装置采用横向排列、纵向插入式布局，在日常运维工作中，极大地缩短了查找和更换光纤的时间，显著提高了工作效率；同时也很好地防止了光纤因外力或其他因素造成损坏，为运维企业每年节约 80%以上的光纤线损费用；并且该储线装置的光纤储线柜的空间利用率较原有方式至少提升 2 倍以上。

经济效益：截至 2022 年 12 月底，朔州供电公司共有通信站点 130 多个，按传统储线单元每组 1300 元造价计算（包括安装费用及其他费用），朔州公司在此项支出 17 万元，在安装过程中对材料的损耗及备用通道的部署，共计 3 万元，总计 20 万元。新型储线装置的应用能够实现材料的反复使用，减少设置及耗材的堆叠。机房空间资源得到有效提高，可节约成本约 10 万元。使用该储线装置，有效地缩短了现场作业时间，减少光纤故障次数。

社会效益：有效提升通信系统的运行稳定性，为电力系统各类应用提供可靠的通信通道服务，使电力生产管理在可靠性、便捷性等方面得到加强。同时所选的材料均为绿色有机材料，可回收利用，实现可持续发展。

四、典型应用场景

2022 年，朔州供电公司新建电力大数据中心，统一整合网络信息、通信机房设施资源，实现信息和通信设施的集中运维和管理，以满足新型电力系统建设对新增设备的扩容要求。该工程在前期电缆、光缆铺设和光纤接入等过程中，综合考虑合理利用空间资源，从源头上解决线缆投退后线缆杂乱、运维中容易误插拔光纤等实际问题。

该装置在进行功能性测试后，将其应用于中心机房，并在数据中心进行提前部署，在数据中心设备搬迁过程中，由于中心机房是该装置的试用点，整个搬迁过程由计划工作时间 6h 缩短成实际工作时间 2h，仅用了计划工作时间的 1/3，超出预期效果。

五、推广价值

新型储线装置的两种设计方案能够满足多种场景使用，两款储线装置都可以单独使用，也可以组合使用，还可用于其他线缆存储，推广前景和应用价值很高。使用该储线装置能够在缩短现场作业的同时，减少光纤故障。

光传输系统自动巡检工具

国网湖南电力

（曾小辉　陈小惠　蔡汝婷　周　钊　龙　伟）

摘要：电力光传输系统作为电力业务通道的承载者，目前主要依赖的厂商专业网管来进行“事后被动故障抢修”运维模式不足以适应日益沉重的运维工作。因此，利用专用网管丰富的北向接口采集数据，设计完整光路段对象和异常光路判断算法，研制了一个电力光传输系统自动巡检工具，自动输出巡检结果的同时对异常光路进行预警提示，及时发现隐患，避免故障的发生，释放运维人员，提升自主化运维水平。

一、背景

光传输系统是电力通信最核心的通信系统，是所有信息交流的底层传输链路，其运行可靠性关乎电网保护、安控以及企业管理运营各类重要业务的稳定运行。传统电力光传输系统主要采用设备厂商专业网管系统进行运维管理。设备厂商专业网管系统主要针对的适用用户仍为设备厂商技术支持人员和电力光传输系统运维的高级维护人员，对电力光传输系统的智能运维支持程度不高。另外，电力光传输系统运维人员也只能使用设备厂商专业网管系统进行实时告警监控，缺乏对系统性能的预警，难以支持系统运维从“被动故障抢修”转变为“主动预警处置”。

本项目以电力光传输系统“主动预警处置”为目标，基于专业网管开放接口设计和开发电力光传输系统自动巡检工具，实现电力光传输系统光路性能数据的采集、分析和预警，提升电力光传输系统运维效率，并在发生光路中断等故障前进行事前处置，为电网业务提供更加安全可靠的通信保障。

二、技术方案

光传输网管自动巡检工具的主要功能是采集网管上原始的基本数据，经过计算加工分析处理得到光路性能指标数据，结合算法实现电力光传输系统光路性能数据的采集、分析和预警，提升电力光传输系统运维效率。主要功能有数据采集模块、性能智能分析模块、输出展示模块，此外还需提供系统管理功能，包括权限管理、用户登录、自定义配置等。

（一）权限管理模块

为减少部署成本，光传输系统的专业网管多采用集中化部署，即多级多域设备均采用同一套专业网管进行维护管理。由于各级传输设备的运维主体不同，集中部署模式要求自动巡检工具具备分权分域的设计，与设备的运维主体保持一致，不同运维主体应分配不同的管理权限，保证用户数据的安全性。

（二）数据采集模块

数据采集模块除简单地从北向接口采集巡检所需字段信息，还包括数据加工，如按照适配协议进行数据解析和根据开发目的设计合并数据对象。由于传输段名称包含源宿端网元和端口信息，以传输段为中心遍历所有传输段，解析出所有源宿两端的网元名称和端口，并将网元名称和端口绑定进而采集该端口的收发光功率性能参数和光模块类型，并根据厂家模块工具书定义该端口的收发光上下门限值。最后以传输段为维度，将传输段、速率、源宿两端的网元、端口、性能数据、门限关联成一个完整的光路对象数据，如图1所示。

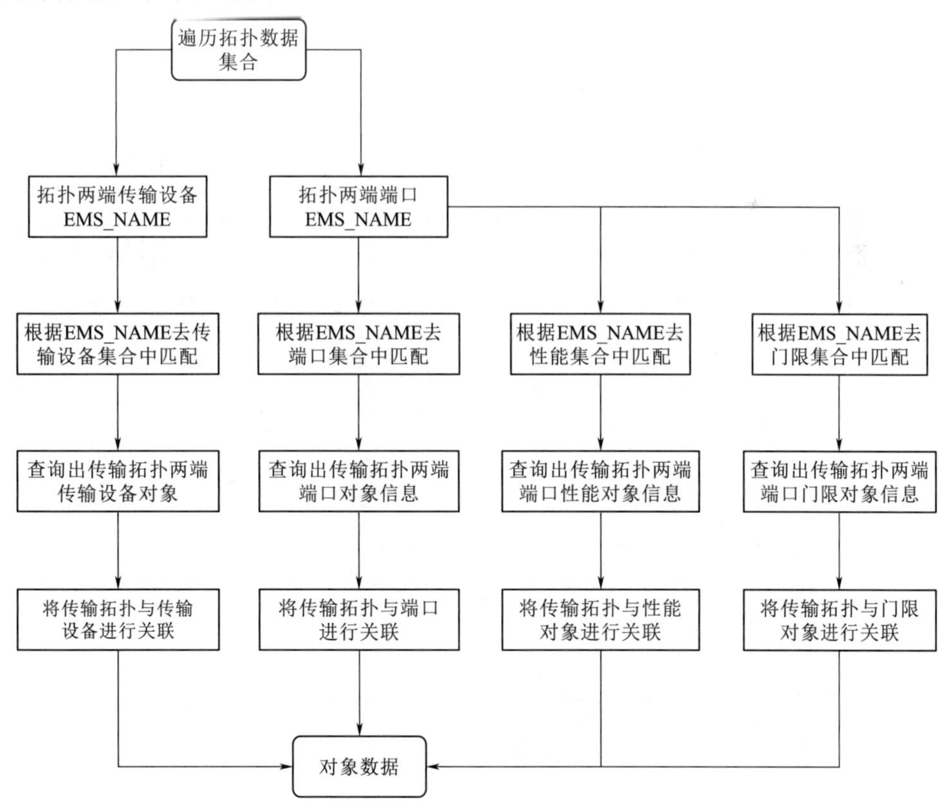

图1　数据采集处理流程图

（三）性能分析模块

性能分析模块是巡检工具的核心，主要是通过光路劣化规则来判断光路状态，以及异常严重程度、持续周期。其中劣化规则包括收端光功率相继与门限值和设定值的判断、收端光功率与上一周期的巡检结果对比，比设备厂商专业网管的只与门限值判断更精准，光路状态包括光路中断、光路异常、光路正常，严重程度包括严重、一般，更精准多周期地衡量光路性能，具体如图 2 所示。只有当收端光功率处于门限设定值内，且与上一周期的光功率浮动未超过 2dBm 时，才认为是光路正常。

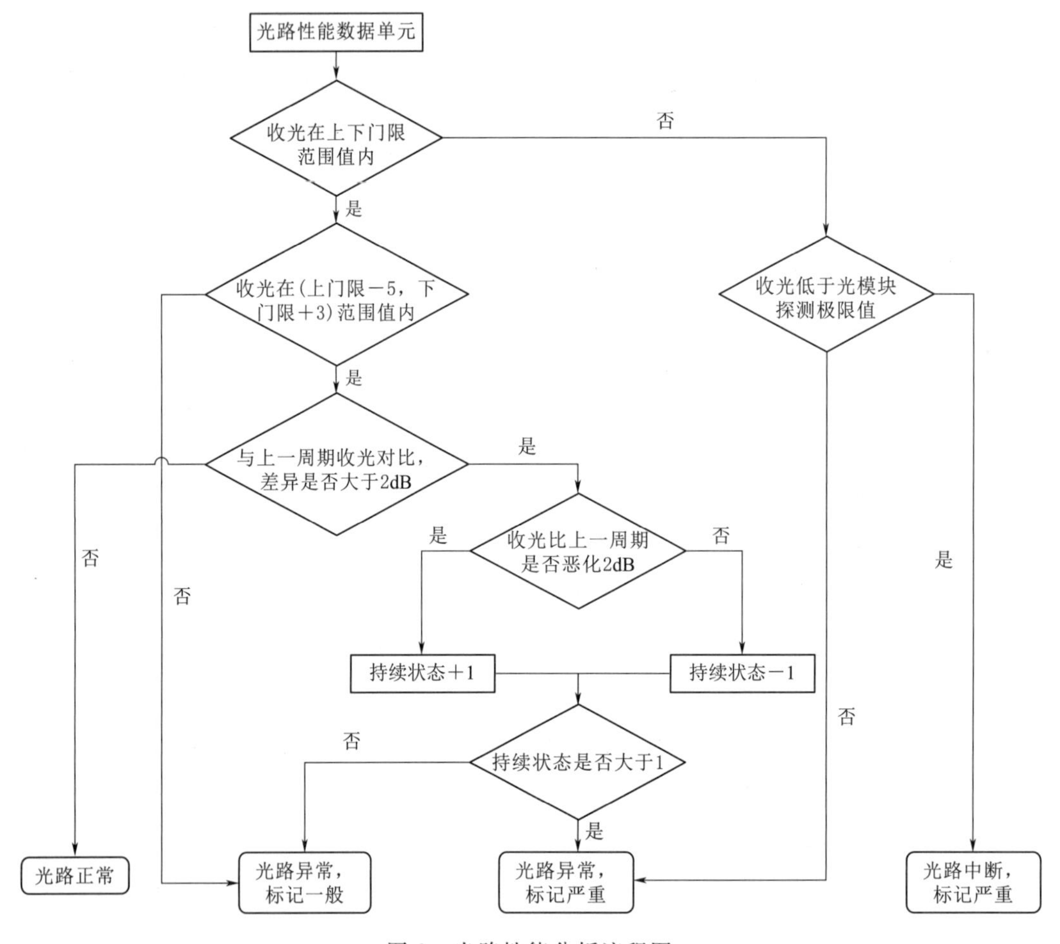

图 2　光路性能分析流程图

（四）输出展示模块

将光路对象数据中的网元、传输段、收发光功率和分析结果中的光路状态、异常严重程度、持续周期合并为一条光路的完整输出信息。并根据不同颜色判断需干预的紧急程度，“严重”显示为红色，“一般”为黄色，分别督促运维人员立即和尽快处理以实现自动预警，化被动消缺为主动进行隐患治理。如图 3 所示。

速率	传输段	源端输入光功率	源端上月差值	源端输入光功率状态	宿端输入光功率	输入光功率上限	输入光功率下限	宿端上月差值	宿端输入光功率状态	宿端状态详情	源端状态持续月份	宿端状态持续月份
STM4	SW-黔城#15-1~SW-飞山#14-1	-23.5	-0.30	正常	-25.7	-13	-34	-2.5	异常	上月对比浮动超过2Bm	0	0
STM16	SW-紫霞2#5-1~SW-紫霞15-1	-7.2	0.10	正常	-6.8	0	-18	0.5	正常		0	0
STM16	SW-宗元2#14-2~SW-宗元1#5-1	-7.1	0.0	正常	-7.3	0	-18	-0.20	正常		0	0
STM16	SW-紫霞2#12-1~SW-瑶都#8-1	-18.1	0.0	正常	-23.8	-9	-28	-5.70	异常	持续恶化-上月对比浮动超过2Bm	0	1
STM4	SW-宗元1#14-2~SW-柏福园#14-1	-12.8	0.0	正常	-11.1	-8	-28	1.70	正常		0	0

图 3　巡检工具分析输出结果

三、应用成效

本项目首先选取省网 SDH 光传输系统开始部署该软件，试运行一段时间，反馈收集软件工具使用过程的意见、问题、建议后，对软件工具进行调优和第三方测试，再应用到湖南娄底信通的地网和福建省信通的省网 SDH 光传输系统进行自动巡检。基层运维人员使用后均表示该项目占用内存和磁盘空间小，安装和使用操作简单，运行稳定数据安全，每晚 12 时自动采集贴合实际应用场景，巡检结果齐全准确，预警场景设置合理，并发现了多处光路损耗过大的隐患，解决了以往人工巡检费时费力和容易出错的问题。

总之，该项目能够准确高效地巡检光路性能而降低了人工巡检的成本，并依据实际运维要求进行了合理分析预警，避免了电力光传输系统光路的非计划中断，提升了自主化运维水平。

四、典型应用场景

巡检工具有定期自动巡检和随时手动巡检两种运行模式。日常巡检建议采用自动巡检，一般在周期的凌晨进行数据采集，不占用专用网管的内存资源。同时巡检周期和储存目录都可以自行设定。

五、推广价值

随着通信管理自动化和信息化水平的迅速提高，为响应国家能源数字化转型要求，深化新兴通信技术与能源业务应用融合，本项目从为提升通信运维中巡检工作的效率和质量角度出发，开发一种主动运维的光路自动巡检工具。光路自动巡检工具为巡检工作提供了智能、自动的辅助手段，能够切实提高巡检工作的效率和精准性，符合自主运维和数据保密的趋势。

传统光路巡检需要各地市运维人员定时从专业网管中手工收集光路性能数据，并通过人工整理分析Excel表格形式进行光路检查、分析和预测，不仅耗时且分析结果准确率有待提升。该光路自动巡检工具则根据实际运维需求，梳理光路劣化规则，对光路性能进行分析及自动化判断识别，有效提升运维人员的运维速度和准确度，降低时间成本和人工成本。

项目研发成果中的软件代码，已经获批软件著作权，该代码使用可移植框架，易于扩展移植，进一步为公司其他品牌的光传输系统自动巡检积累了宝贵的经验及代码基础，计划进行知识产权成果转化，将带来实际的经济效益。

针对 OPGW 光缆断散股的无人机不停电消缺工具

国网河南电力

（杜建松　田　苗　弓　鹏　王天明　徐　亮　王　铨　侯书敏）

摘要： 雷雨季节和重要保电活动前后会对雷电覆盖区域光缆线路进行隐患排查，以及时发现和处置因雷击产生的光缆散断股缺陷，河南地区近年来发现此类缺陷较多，极大影响了输电线路运行安全。传统消缺方法需要线路申请临时停电，进行紧急消缺，临时停电易造成电网减供负荷，极大影响迎峰度夏等保供电，增加了电网安全运行风险。河南送变电公司通过研究试验方法，分析评估多种工器具效果，结合线路运维的特点及安全性要求，选用远程遥控方式，创新“无人机＋光缆附挂机”线路不停电消缺工具，遥控操作机械臂进行喷丝、绕丝、断丝来将散股绞线与光缆捆扎，创新性地解决了消缺时需要登塔而造成人员伤亡的高处作业风险，以及线路停电作业带来的电网保供电风险。

一、背景

河南地处中原，是交通和电力线路及电力通信光缆的重要通道，多条国网一级干线光缆从这里通过。由于早期线路所用 OPGW 光缆标准较低，外层股线单丝直径小，且不是铝包钢线，不满足 DL/T 1378—2014《光纤复合架空地线（OPGW）防雷接地技术导则》中第 6.4.3 条“220kV 及以上线路 OPGW 外层股线应选取单丝直径 3.0mm 及以上的铝包钢线”和《国家电网公司十八项电网重大反事故措施》（修订版）第 6.2.1.2 条“架空地线复合光缆（OPGW）外层线股 220kV 及以上线路应选取单丝直径 3.0mm 及以上的铝包钢线，并严格控制施工工艺”的规定，耐雷击水平偏低，再加上投运年限已达 20 年，经常出现光缆外层绞线受雷击及其他影响而造成断线和散股的问题，断开的绞线受腐蚀、风力等作用影响也会形成散股，散股的绞线继续发展会缩短光缆与带电体间的电气安全距离，严重时会导致输电线路跳闸，给电力线路的安全稳定运行构成严重威胁，放电产生的电弧还可能烧断在运光缆，对通信光缆的运行形成重大隐患，必须及时进行处置。

图1　高处作业处置光缆散股缺陷

处理此类缺陷，通常需要上到光缆或导线上作业（图1），对于超特高压输电线路而言，由于电压等级高，作业点与带电体的绝缘距离要求远，需要输电线路停电后才能进行安全作业，所以要临时改变电网的运行方式。但这对电网运行方式影响较大，在大负荷、特殊或重大保电阶段又不允许进行停电操作，给处理此类缺陷带来了很大的困难，急需找到不停电处理此类缺陷的方法。

二、技术方案

传统处理光缆断散股消缺方法是线路申请临时停电，人员登塔进行紧急消缺，将散开的绞线复原后用金刚砂护线条缠绕以恢复其结构和机械性能。

针对不停电处理光缆断散股这类缺陷的需求，通过探索和试验，结合无人机、无线视频传输和远程无线遥控技术，产生了从线路上方操控光缆附挂机协同作业，对光缆的外层绞丝进行临时绑扎，控制缺陷发展的处理方案。这样既可以节约作业时间，又能提升机具检修机械化水平，在保证线路不停电状态下，还能消除检修人员高空作业风险，有效提升输电线路和光缆运行可靠性。

这种光缆断散股缺陷处理方案，在检修过程中通过无人机搭载光缆附挂机，从线路上方接近有缺陷的光缆，遥控操作机械臂进行喷丝、绕丝、断丝来将散股绞线与光缆捆扎，达到控制光缆散股缺陷继续发展的目的。作业时光缆附挂机采取倒立的方式进行工作，作业顺序为先捆扎散股固定端一侧，再向散股自由端（从A到B）方向逐点捆扎，直至所有散股绞线被固定好，随后进行另一侧（从C到D）散股绞线的固定，如图2所示。

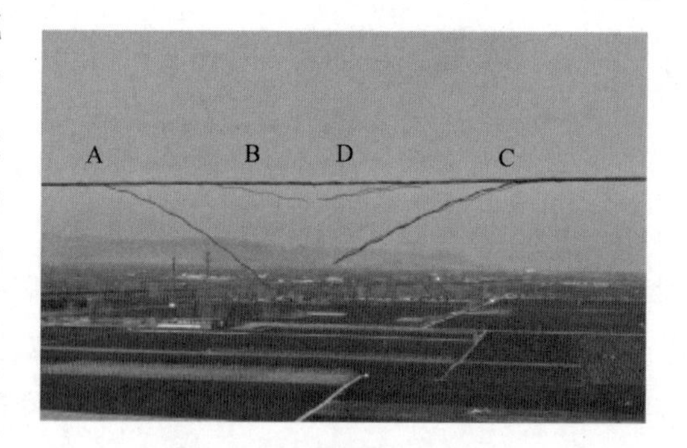

图2　作业顺序点位图

由于消缺操作在地面以上30～40m的高度，用肉眼无法准确判断消缺目标和工具的位置及操作时机，无人机小组在消缺时采取同时操作两架无人机分别进行航拍监视和消缺执行的方式进行作业。监视无人机负责取得作业位置的近景图像，消缺无人机负责将附挂机卡头准确卡放在需要缠绕固定的光缆上，通过改造后的远程抗干扰遥控器远程控制附挂机进行吐丝、绕丝和断丝程序，实现一个点的捆扎后操作无人机移动作业位置后进行下一个点的捆扎作业，如此反复。经过多次无人机升降、操作后，就可以完成光缆散股消缺任务。待线路具备停运条件时再进行最终处置。

该不停电消缺工具突破了长期以来必须通过停电才能进行消缺的传统思维框架，糅合多种技术，解决了临时停电造成的保供电风险和人员高处作业安全风险等电网风险，在短时间内就可以完成消缺工作，兼顾了安全和效率，是电力光缆运维的一种创新应用。

三、应用成效

此项应用已在河南郑州、鹤壁等地开展了多轮测试和改进，并于 2022 年 6 月 9 日线路大负荷期间在 500kV 卧贤Ⅱ线上成功实现了实际应用（图 3、图 4），作业人员在 2h 内快速消除了 500kV 卧贤Ⅱ线 OPGW 段散股缺陷，成功化解了大负荷时段 OPGW 光缆断股可能导致跨省重要输电线路短路跳闸事件的风险。

图 3　卧贤Ⅱ线光缆处置效果（整体）

图 4　卧贤Ⅱ线光缆处置效果（局部）

四、典型应用场景

主要应用场景：光缆线路覆冰、舞动、风偏等运行异常造成的光缆 OPGW 外层绞丝断散股。

典型应用配置：大疆经纬 M300 无人机 2 台、光缆附挂机 1 台（图 5）、地面配合人员 2 人、无人机飞手 2 人（图 6）。

五、推广价值

此种光缆散断股消缺工具是公司对线路光缆运维高危险工作“以机械化代替人工”工作理念的一次实践，有效避免了线路停电和高处作业，提升了输电线路的可靠性，保证了 OPGW 光缆的安全稳定运行，还实现了消缺全过程无人登塔，消除了高处作业风险，消缺过程中对在运光缆的影响最小，同时消缺投入小，可重复利用，作业用时最短，在以后的类似缺陷消除中值得借鉴和推广。

图 5　光缆附挂机组件

图 6　无人机组合光缆附挂机

增强型 OTDR 尾纤测试辅助装置的研制

国网黑龙江电力

（高玉梅　刘明月　田子佳　周鑫慧）

摘要： 增强型 OTDR 尾纤测试辅助装置，涉及一种短距离光缆故障点的查找技术，为了解决光缆故障点在 OTDR 的盲区内时，通过 OTDR 无法正确判断光缆断点位置的问题。本装置的底座与顶盖组成盒体结构，并且辅助尾纤设置在所述盒体的内部；第一法兰头连接器和第二法兰头连接器分别设置在底座端部的侧壁上；辅助尾纤的一端与第一法兰头连接器的内端连接，辅助尾纤的另一端与第二法兰头连接器的内端连接，第一法兰头连接器的外端用于连接被测光缆，第二法兰头连接器的外端用于通过连接尾纤与 OTDR 光输出口连接。

一、背景

使用光时域反射仪（OTDR）测量光缆时，首先将尾纤通过活动连接器与 OTDR 光输出口正确连接，按下电源开关，等液晶显示屏出现清晰的菜单图形后，按下功能键，设置 OTDR 距离、折射率、平均时间、脉宽、波长等参数，最后按下激光发射按钮，这样 OTDR 产生的光脉冲经过尾纤发射到线路上；OTDR 根据光纤不同位置的背向散射光反馈的信息进行分析，在液晶显示屏上形成一定波形，显示电缆长度、断点位置、接头位置、衰减系数、链路损耗、反射损耗等参数。

在光缆故障点查找过程中，有时会遇到光纤链路很短的情况，此时，OTDR 的显示屏没有曲线，说明光缆故障点在 OTDR 的盲区内，无法正确判断光缆断点位置，这个问题也是目前 OTDR 所面临的共同问题。

二、技术方案

（一）关键技术

增强型 OTDR 尾纤测试辅助装置包括底座 1、辅助尾纤 2、第一法兰头连接器 3、第二法兰头连接器 4 和顶盖 5、备用法兰连接器 6，如图 1、图 2 所示。

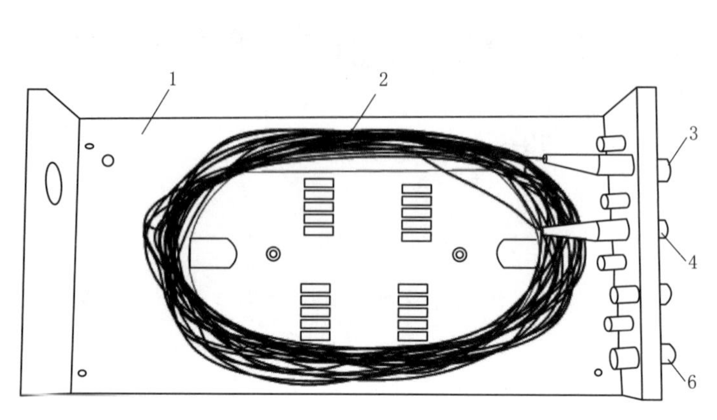

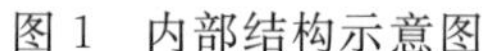
图 1　内部结构示意图

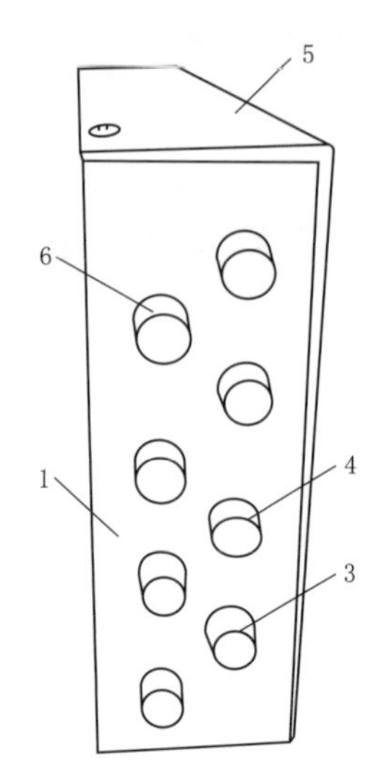

图 2　外部结构端面侧视图

第一法兰头连接器 3 和第二法兰头连接器 4 分别设置在底座 1 端部的侧壁上；第一法兰头连接器 3 和第二法兰头连接器 4 用于方便辅助尾纤 2 连接在被测光缆与 OTDR 之间。

辅助尾纤 2 的一端与第一法兰头连接器 3 的内端连接，辅助尾纤 2 的另一端与第二法兰头连接器 4 的内端连接，第一法兰头连接器 3 的外端用于连接被测光缆，第二法兰头连接器 4 的外端用于通过连接尾纤与 OTDR 光输出口连接。

在进行光缆近距离故障点的查找时，首先，在被测光纤活动接头未接入第一法兰头连接器 3 的外端前，必须用酒精棉认真清洗，包括 OTDR 的输出口和被测活动连接器接头，否则接入损耗太大，测量不可靠，曲线多噪声甚至使测量不能进行；然后，用连接尾纤将 OTDR 的输出口与第二法兰头连接器 4 的外端连接，根据被测光缆的实际情况，设置 OTDR 的距离、折射率、平均时间、脉宽、波长等参数，精确测出增强型 OTDR 测试装置辅助尾纤 2 的长度；最后，将被测光缆与第一法兰头连接器 3 的外端相连，精确测出光纤总长度。

被测光缆故障点长度＝被测光纤总长度－辅助尾纤 2 的长度

（二）创新亮点

OTDR 曲线上的尖脉冲又叫菲涅尔反射峰，始端的菲涅尔反射峰是由于入射光在被测光纤中发生的强反射造成的，这种反射峰的存在造成了 OTDR 测试时存在一个盲区。OTDR 的测试盲区是由于发射光脉冲的前沿反射光与正在发射的光脉冲后沿相互干扰引起的，测试盲区一般在几十米左右，因此，辅助尾纤的长度一般以几十米为宜。为了精确定位被测光缆故障点，通过辅助尾纤，加长被测光纤的距离，人为将故障点推到测试盲区以外，然后进行故障判断定位，这是一种处理盲区内故障的有效装置。

底座 1 与顶盖 5 采用金属制成，例如：金属铁。铁质的底座 1 和顶盖 5 具有抗压、抗外力损坏的能力，适合于任何恶劣环境的工作现场。

三、应用成效

本项目研发的增强型 OTDR 尾纤测试辅助装置，在国网鸡西供电公司的组织下，在 220kV 鸡梨线梨树变开关场光缆故障点查找中应用，快速、准确地找到被测光缆的断点，缩短了光缆的通信中断时间，快速恢复电力控制信号的传递，使设备故障率、通道故障率大幅度降低；设备完好率、设备利用率和寿命周期得到提升；专业管理水平、设备事故预防、判断和处置能力得到显著提高。仅一次光缆故障处理就节约资金 30.5 万元。

四、典型应用场景

增强型 OTDR 尾纤测试辅助装置应用场景包括电力系统、中国移动、中国电信、中国联通、广播电视系统的室外光缆、室内光缆、特种光缆、海底光缆、全介质自承式光缆、光纤复合地线光缆、缠绕光缆、防鼠光缆近距离故障点的查找。

图 3 为增强型 OTDR 尾纤测试辅助装置在光缆故障处理中的现场应用。

图 3　现场实际应用图

五、推广价值

增强型 OTDR 尾纤测试辅助装置在国网鸡西供电公司、中广核风电场广泛使用，解决了光缆短距离故障点的准确定位的问题，保证了电网的安全、可靠、稳定运行，适用于在电力企业、电信运营商等系统光缆近距离故障点查找中推广使用。

导引光缆封堵新工艺——导引缆封堵箱

国网辽宁电力

（刘子玉　朱经济）

摘要： 随着科技不断创新，电力通信设施的不断完善，对在电力系统通信运维与检修方面的需求也在不断增大。OPGW 光缆与 ADSS 光缆作为电力特种光缆，以其独有的适应电力输电线路的特性（如悬挂点高、安全系数稳定、耐强电磁场等）而广泛被电力通信网所采用。

一、背景

从电力通信网运行的实际情况来看，通信光缆故障发生率呈上升趋势。造成通信光缆故障的原因除外力破坏外，工程设计与施工质量问题、光缆金具安装不合理、导引光缆管道容易进水造成光缆冻断等也是主要原因，特别是导引光缆容易出现问题导致光缆故障。

变电站导引光缆作为线路侧与变电站通信机房的连接部分，其设计、施工、运维等环节具有特殊性，而正是因为特殊的位置和严格的安装工艺要求，使其成为 OPGW 光缆与 ADSS 光缆安全稳定运行的一个重要隐患，亦是整个光缆通信线路的一个薄弱环节。

在变电站内光缆实际施工过程中，导引光缆封堵效果不佳的情况已延续很久，采用防火封堵泥对导引光缆与地埋管上口间的空隙进行封堵，安装工艺简单，施工时间短，但裸露程度较高，且封堵泥易老化变形（图 1），外观不美观，较易受风吹、日晒、雨淋等恶劣天气影响，日常维护频繁，寿命短，费时费力。此外，导引光缆一般不具有线路信息，变电站内导引光缆众多，各导引光缆间区分性较小，无法准确定位，安全系数较低，给日常维护带来诸多不便，因此必须考虑合理的导引光缆隔离措施以保障通信安全稳定。

图 1　传统导引光缆封堵技术容易老化渗水

变电站导引光缆连接线路侧与变电站通信机房，使其成为OPGW光缆与ADSS光缆安全稳定运行的一个重要命门，也是整个光缆通信线路的一个高危故障环节。全局共计有197处封堵点，表1是一个变电站的封堵点的维护费用。

表1　　2020年西一变导引光缆维护明细

时　段	维护次数	检修次数	费用统计/元
第一季度	3	0	60
第二季度	7	1	1140
第三季度	11	1	1220
第四季度	3	1	1060

从表1不难看出：封堵措施损坏率高，维护费用较大，尤其第二季度气温回升后封堵情况有明显损坏；第三季度进入夏天，日晒、雨淋等恶劣天气影响增加，封堵措施出现故障的次数更是明显增多；第四季度随着气温降低，寒冷天气影响，处理因导引光缆封堵造成的维护次数和检修措施也是高居不下，已经影响了变电站运行工作和生活的秩序。

二、技术方案

针对传统光缆封堵技术的粗糙特性及其缺乏稳定性、安全性的特质，分析导引光缆封堵需要反复检查、修补造成电力通信系统运行的弊端，设计新型导引光缆免封堵实用技术。

新型导引光缆免封堵实用技术采用防御保护罩、钢管双层保护工艺。

光缆接续后放置钢管内构成第一层保护，此项工艺有卡扣等多向固定措施（图2），可有效固定光缆，增加其稳定性，且透气性良好，便于日常维护检修，可有效避免频繁动作光缆造成的磨损甚至损坏。

光缆、钢管整体放置防御保护罩内构成第二层保护，第二层保护可有效做到免去封堵困扰，良好的遮蔽性能对风吹、日晒、雨淋等恶劣天气的防范系数较高，安全性能明显提升。防御保护罩（图3）以白钢作为原材料，安装滑动轨道可实现自由装卸，便于维护，防御保护罩上标注线路名称、编号、距离、维护电话等，有效避免变电站内导引光缆众多，各导引光缆间区分性较小的弊端，准确定位降低了走错导引光缆地点而进行误操作的概率，安全系数有效提升，可降低维护次数众多造成的人力物力财力损失，同时，提高了安全系数，强力保障电力通信网络安全稳定，为电网运行保驾护航。

图 2　光缆固定

图 3　光缆防护罩

三、应用成效

该成果将在变电站所内发挥作用，通过统一并精益化工艺，实现运维质效的显著提升。可进行试点应用，再逐渐推广使用。新型导引光缆免封堵实用技术操作简单，价格低廉，较传统封堵工艺操作性、实用性优点明显，且推广容易，上手快，是对传统工艺的一次改进和革新。表 2 为传统封堵与新型免封堵技术对比。

表 2　　传统封堵与新型免封堵技术对比

方法	材料	使用寿命	综合成本	施工工艺	使用效果
传统封堵	易老化	<0.5 年	100 元	安装简单	外观不美观，需经常性修复，应对强降雨等恶劣天气效果差
新型免封堵技术	质量轻强度高	>20 年	150 元	施工简单	可反复拆装，防雨防水效果显著提升

四、典型应用场景

目前，该系统在 500kV 高沙二线线路导引光缆进行试点投放使用，用于检验成果的功能以及作用。通过两年的应用，经过两季的雨雪冰冻测试，该线路导引光缆接头处运行良好，没有进水现象发生，取得了预期效果。

五、推广价值

以前主要使用的方法会使检修人员不得不进行经常性维护，甚至维修，而且导致光缆产生故障的可能性也较大。导引光缆地埋管进水造成某线路光缆冻裂，紧急修复花费巨大，而且在带来严重经济损失的同时会产生电力通信故障，影响电网稳定、安全、高效运行，使用新型导引光缆免封堵技术不会产生上述问题，且长达20年（甚至更久）更换一次，日常维护工作量降低，安全系数有效提升，适用于东北地区以及导引缆发生冻害地区。

新型导引光缆免封堵技术所用材料轻、强度高，而且可重复使用，寿命长，各项指标性能均能满足导引光缆的安全需求，大幅降低了光缆损坏率，强力保障电力通信网络安全稳定，为电网运行保驾护航。

电力新型非金属“耐火、抗冰、防鼠”沟道光缆

国网河南电力

（李　燕　寇启龙　张琦浩　李功明　赵景隆　王　伟）

摘要： 随着《国家电网公司安全事故调查规程》发布实施，电网运行对通信通道可靠性与稳定性的要求越来越高。在光缆运维工作中，外破事件屡见不鲜，沟道火灾、动物啃咬、雨雪冰冻已成为光缆意外中断的主要原因，进而引发电网运行风险。国网洛阳供电公司创新研发电力新型非金属“耐火、抗冰、防鼠”沟道光缆，历经产品结构设计、原材料选型及工艺研究阶段，克服性能量化、测试装置设计等难题，最终通过挂网运行的真实数据验证了此特种光缆具备良好的耐火抗冰防鼠性能，在重要沟道、高寒及鼠患严重地区应用此光缆，可大幅提升通信通道运行的可靠性与稳定性。

一、背景

电缆沟道内因过电流发热、过电压产生电弧、电缆接头制作工艺不良等客观因素，以及施工中受到机械性损伤等主观因素引起的沟道火灾事故日益增加，火灾风险实时监测系统虽能及时监测，但光缆纤芯在环境温度骤变过程中，由于热胀冷缩作用力引起光缆断裂仍将导致通信通道中断。

变电站内引下光缆所在钢管封堵不严或电缆沟排水产生的积水，会导致进入通信机房的引下光缆周遭面临冬季结冰的情况，进而挤压光缆发生光缆中断事件。近年来极端天气频发，南方城市也会出现线路覆冰等情况，给通信光缆运维工作带来极大挑战。

随着生态环境持续向好，山林地区常有松鼠等啮齿类动物出没，此类动物喜啃咬攀爬，导致变电站引下光缆和线路 ADSS 光缆中断事件时有发生。由于受到污染防治和工作量等因素制约，投放鼠药、修剪树木的方法收效甚微。

综上所述，现迫切需要研发一种电力新型非金属耐火抗冰防鼠沟道光缆，进一步提升通信网的可靠性和稳定性。

二、技术方案

（一）关键技术

1. 光缆结构设计

根据电力通信光缆面临的火灾、冰冻、鼠咬运行环境，提出采用非金属结构设计出同时满足耐火、抗冰、防鼠要求的技术方案：采用非金属材料，重量轻，电气绝缘性能好，方便接续施工，同时能够防雷抗电磁干扰等强电危害；松套管外绕包具有优良耐高温、耐燃烧性能的云母带形成耐火层，每根松套管都是一个独立的耐火单元，以此提高光缆整体的耐火性能，保证缆中光纤在热胀冷缩阶段的信号传输稳定性；缆芯外采用热传导系数低、阻燃性能优良的多孔发泡橡塑管保护，多孔结构对能量的吸收率高，抗挤压缓冲效果好，可抵消管道内积水结冰后体积膨胀对光缆内部的挤压形变，长期使用不易变形，保证光缆具有良好的抗冰挤压性能；护套内采用非金属玻璃纤维杆进行铠装增强，由于玻璃纤维极细且硬，在鼠类噬咬过程中，粉碎状态下的玻璃纤维将刺伤鼠类口腔，以此达到防鼠目的，在增加光缆机械强度的同时，极大地提升了光缆的防鼠咬性能。光缆结构如图 1 所示。

基于层绞式结构光缆样品在施工过程中发现光缆直径大、不易敷设等问题，二代产品优化为中心管式结构，光缆直径减小 24%。

采用橡胶合聚氯乙烯（NBR/PVC）为主要材料，经混炼、密炼、连续式挤出、加热发泡而成的弹性闭孔混合发泡材料实现光缆的抗冰耐火性能。试验验证，发泡橡塑管具有较好的物理性能和耐环境特性，可满足光缆长期运行中抗冰冻挤压破坏需求，同时还具有较强的阻燃特性，可有效提升光缆线路防火安全系数。

云母带是一种耐火绝缘材料，由云母纸、玻璃纤维布和树脂（黏结剂）三大材料组成，具有优良的耐高温性能和耐燃烧性能。常态时具有良好的柔软性，通常适用于各种耐火光缆电缆中主要耐火层，在遇明火燃烧时基本不存在有害烟雾的挥发，经过对比试验，选择加工工艺简单、耐火性能稳定的煅烧云母单面带作为光单元耐火层材料，确保光缆的实际耐火效果。

2. 性能标准量化

GB/T 1966—2019《阻燃和耐火电线电缆或光缆通则》中只规定了光缆在 750～900℃火焰条件下持续 90min，火焰熄灭后持续降温 15min，并未对光纤衰耗做出明确规定。本次特种光缆的研发过程中明确 90min＋15min 试验过程中，光纤衰减增量不超过 1.0dB。

首次提出防鼠性能量化指标：不锈钢仿真鼠牙施加 30N 咬合力咬合 100 次后光缆内护套无破损，光纤衰减增量≤0.5dB；细化防冻性能指标为－40℃冰冻条件下持续

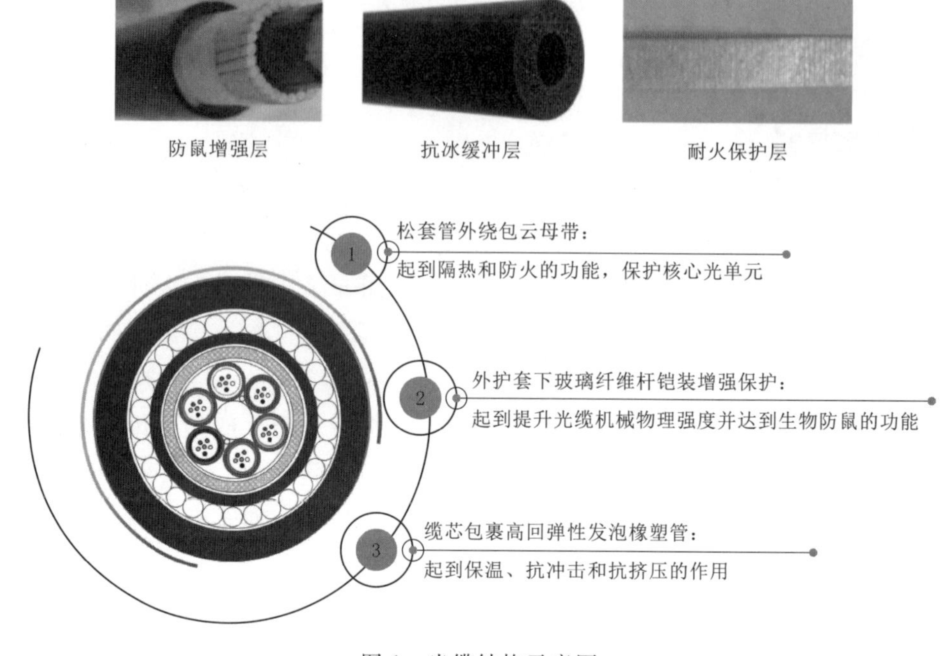
防鼠增强层
抗冰缓冲层
耐火保护层
松套管外绕包云母带：
起到隔热和防火的功能，保护核心光单元
外护套下玻璃纤维杆铠装增强保护：
起到提升光缆机械物理强度并达到生物防鼠的功能
缆芯包裹高回弹性发泡橡塑管：
起到保温、抗冲击和抗挤压的作用

图 1　光缆结构示意图

48h，光纤衰减增量不超过 0.5dB。

3. 抗冰冻测试装置研发

创新性提出用 U 形管进行防冻性能测试：将待测光缆试样穿入内径 60cm 的 U 形镀锌钢管，整体置于高低温试验箱内，光缆试样两端引出并从每根松套管中任意选择 2 根光纤与光功率计相连，向钢管内注满水后，调节高低温试验箱温度，开始降温直至设置目标温度并分别保持 24h 和 48h，持续监测光功率计光纤附加衰减变化。

（二）创新亮点

1. 创新性提出非金属耐火抗冰防鼠沟道光缆

经科技查新，国内外已检文献中均未见非金属耐火抗冰防鼠沟道光缆的报道。光缆具体特点：采用非金属材质，产品结构设计包含耐火光单元、防冻缓冲层层、铠装增强层；−40℃冰冻条件下，持续 48h，光纤衰减增量不超过 0.5dB/纤，光缆表面无损伤，解冻后，光纤衰减增量不超过 0.05dB/纤；750℃火焰条件下持续燃烧 90min，熄火冷却 15min，光纤不发生断裂，光纤衰减增量不超过 1.0dB/纤。该光缆丰富了特种光缆产品系列，在特种光缆领域属国际领先水平。

2. 创新性设计特种光缆结构

在光缆核心元件松套管光单元外设置云母带，起到隔热和防火作用；在最外层护套内添加非金属玻璃纤维杆进行铠装保护，起到增强光缆机械物理强度和防鼠的功能；在光缆缆芯外挤塑或包覆一层高弹性发泡橡胶层，起到保温、抗冲击和抗挤压的作用。

3. 创新性研发防冻测试装置

参照 GB/T 7424.22—2021《光缆总规范　第 22 部分：光缆基本试验方法　环境性能试验方法》中方法 F15：光缆外部冰冻模拟管道光缆线路实际场景，编制光缆在管道中冰冻试验方案，自主开发测试设备并开展实际效果的测试验证。

4. 创新性申请实用新型专利

目前已获得国家知识产权局审批的实用新型专利证书：通信光缆，ZL202222022604.9；获得国家知识产权局受理的两项发明专利，申请号为 202211242908.4 和 202211479652.9。

三、应用成效

（一）电力新型非金属耐火抗冰防鼠沟道光缆洛阳挂网试点应用

应用地点为洛阳地区洛宁县 220kV 琅华变电站，该站地处深山林区、野生动物出没频繁、冬季气温低易引发线路覆冰等雨雪冰冻灾害，符合该特种光缆的应用场景，因此选择该变电站进行试点应用。目前已挂网运行一年，运行状况良好。

（二）试点应用数据验证该光缆实际运行性能

结合三期实验室专业测评报告，电力新型非金属耐火抗冰防鼠沟道光缆各项性能指标均符合要求；同时通过持续细化现场数据采集比对，发现极端环境下该光缆运行过程中，传输性能下降幅度小，抗恶劣环境运行能力高。

（三）技术先进性

目前市场上没有供火和冷却两个阶段均满足要求的非金属耐火光缆的成熟产品，没有防冻非金属光缆的成熟产品，同时基于光缆运行环境的需要，电力新型非金属耐火抗冰防鼠沟道光缆具有实际使用需求。该光缆的应用在国内光缆领域属于首创，目前产品已经定型。

四、典型应用场景

电力新型耐火抗冰防鼠非金属沟道光缆应用场景包括城区重要沟道、山区等易发生冰冻和鼠咬的变电站引下光缆及线路。可根据光缆运行环境选取耐火抗冰防鼠综合性能或者任意一种、两种性能组合的模式。在北方易发生火灾的电缆沟内应用该光缆，即使发生沟道火灾或者冬季沟道积水结冰，也能保障光缆的传输性能。将所属偏远山区的变电站引下光缆更换为该光缆，可避免发生松鼠啃咬、冬季引下钢管内积水结冰挤压导致的光缆意外中断事件。在市政施工频发区域也可应用该防鼠光缆，由于玻璃纤维层也可起到加强光缆机械性能的作用，因此在一定程度上可减少市政施工引发的光缆意外中断事件。

五、推广价值

每年各地发生电力通信光缆受损外破的事件已屡见不鲜，电力新型非金属耐火抗冰防鼠沟道光缆为减少沟道火灾、动物啃咬、冬季冰冻引发的光缆意外中断提供了技术方案。此外，该光缆的玻璃纤维层也可起到加强光缆机械性能的作用，可在一定程度上减少因施工引起光缆中断事件的发生，切实提高光缆应对极端环境的运行能力。

按照洛阳地区近三年平均计算，每年光缆因外破、沟道火灾、鼠咬和冰冻造成的中断次数为10次。按通信设施维护定额估算，每年可节省抢修人工、设备及材料费用45万元左右。

综上所述，电力新型非金属耐火抗冰防鼠沟道光缆的推广应用可提升光缆自身应对恶劣环境的能力，降低通信人员光缆运维压力，确保自动化数据回传质量，助力调控中心精准研判，进一步保障基层变电站、营业厅、供电服务中心等薄弱环节的通信网络稳定，提升电网平稳供电能力和公司品牌价值。

10kV 电力通信光缆保护装置

国网吉林电力

（李　佳　张　艳　丛　犁　黄成斌）

摘要： 以新能源为主体的新型电力系统呈现出“风光领跑、多源协调”态势，分布式能源接入对配电通信网的可靠性提出严峻挑战，10kV 电力通信光缆作为配电通信系统“最后一公里”重要载体，承载重要的电力运营业务，在极端天气下，10kV 电力通信光缆中断导致大量供电所和部分县公司脱管，为电力系统安全稳定运行带来极大的隐患。本创新成果利用新型光缆防护技术研制通信光缆保护装置，提升 10kV 电力通信光缆所承载重要电力运营业务的安全性与可靠性，为电网业务接入提供优质可靠服务。

一、背景

通信光缆稳定运行受气候环境因素影响较大，低温、雨雪及大风等环境综合因素会影响光缆运行状态。东北地区风雪时间较长，在极端天气下，特别是在 2020 年雨雪冰冻灾害期间，光缆中断现象屡见不鲜，10kV 电力通信光缆中断导致大量供电所和部分县公司脱管，严重时造成电网七级设备事件，影响“通信通道故障处理时长”考核指标，存在潜在的风险隐患。研制一种改善 10kV 电力通信光缆运行环境的通信光缆保护装置，改善 10kV 通信光缆运行环境，降低通信光缆安全隐患。

二、技术方案

结合日常运维经验，往往采用橡胶管、防水热缩管等元件保护光缆性能无法满足需求，具有一定的局限性，通信光缆故障问题屡见不鲜，为有效克服这一困难，设计路线从强保护角度出发，光缆外部加装芳纶增强高压胶管，采用内层、芳纶编织层、外层三层结构，通过芳纶编织层缓冲外层形变的压力，提高管体强度、抗弯曲性及耐折性，使其在低温下仍能保持高弹性。光缆外部缠绕防水胶带，防水性能好、耐老化、耐腐蚀、操作简便。光缆外部增加锯齿状防护装置，能够锯断各类树枝，抗老化能力强。

通信光缆保护装置的研制分为结构与原理图设计和实物制作两个阶段。

（一）结构与原理图设计阶段

抗低温防护方面，绘制结构草图如图 1 所示，将内径 13mm、外径 21mm 的芳纶增强高压胶管在中间开断，如图 2 所示。并安装至 ADSS 光缆外部，利用万能胶水完成对高压胶管开断处进行黏合处理，如图 3 所示。

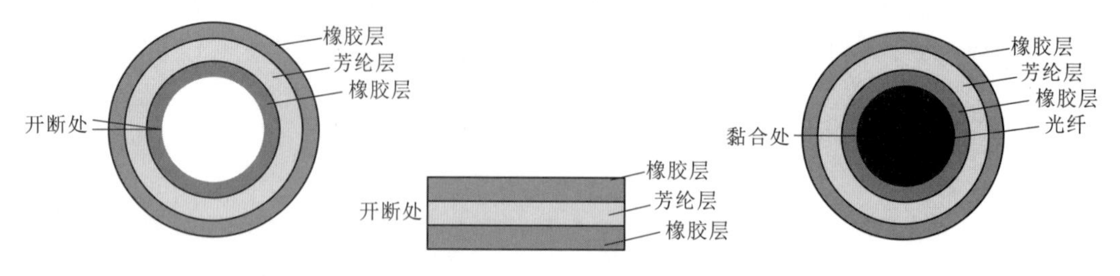

图 1　光缆外部加装芳纶增强高压胶管结构草图

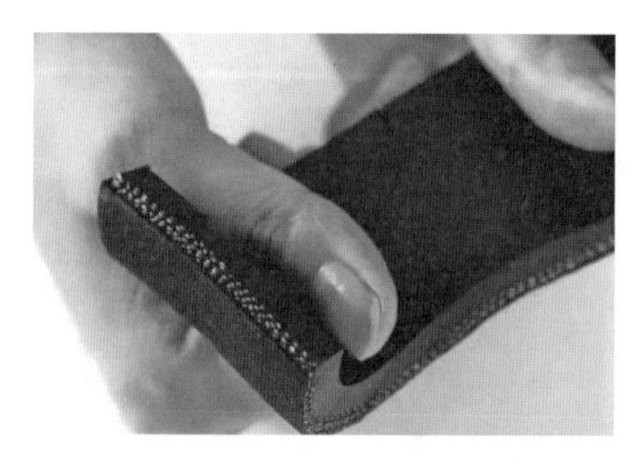

图 2　开断后的芳纶增强高压胶

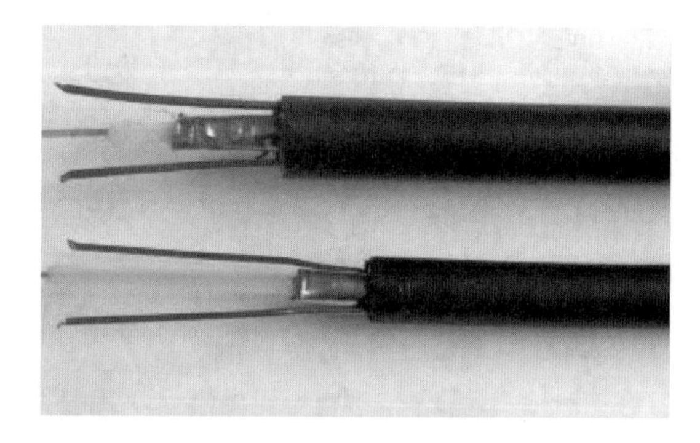

图 3　加装高压胶管的光缆

抗潮湿防护方面，采用图 4 所示丁基材质防水胶带，在高压胶管外部缠绕防水胶带，为光缆做防水处理，如图 5 所示。

图 4　丁基材质防水胶带

图 5　加装防水胶带后的光缆

抗大风防护方面，为确保锯齿状光缆保护装置能够快速割掉与光缆接触的舞动树枝，有效消除树枝对光缆造成的影响，选取 35°作为锐角星齿条角度，制作由半圆形主杆体盖、锯齿组成的锯齿式保护装置，结构示意图如图 6 所示，效果图如图 7 所示。

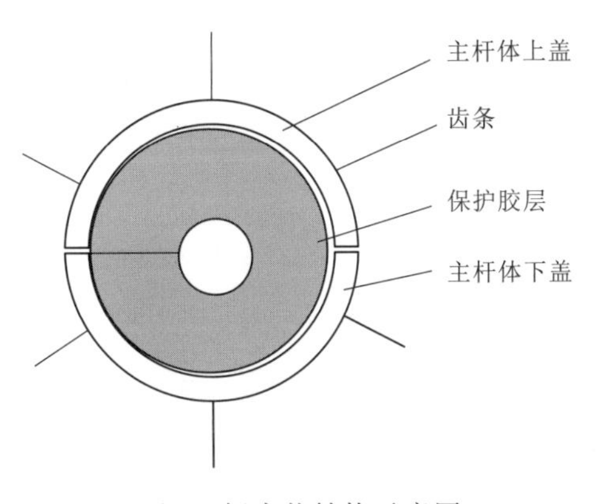

图 6　锯齿状结构示意图

图 7　半圆形锯齿防护装置

在外观方面，该护套采用质量轻便的耐寒橡胶材质，可以提高低温下保护胶层材质的弹性，有效缓冲光缆涂覆层膨胀对光缆外皮的压力。

（二）实物制作阶段

按照结构与原理图设计方案，将所有元器件组装起来，最终确定外壳尺寸和各元器件安装位置，如图 8 所示。将各元器件安装于外壳后，完成通信光缆保护装置制作，如图 9 所示。

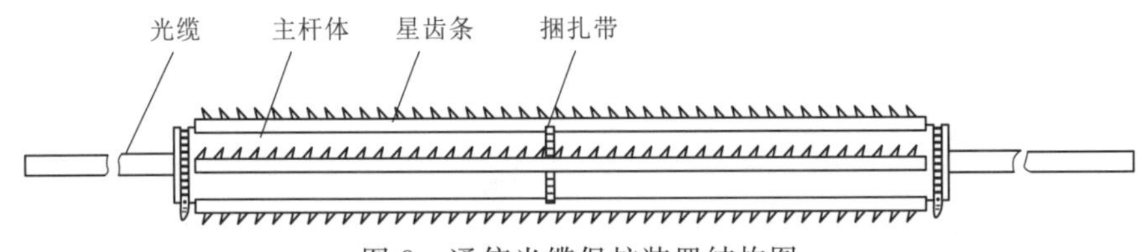

图 8　通信光缆保护装置结构图

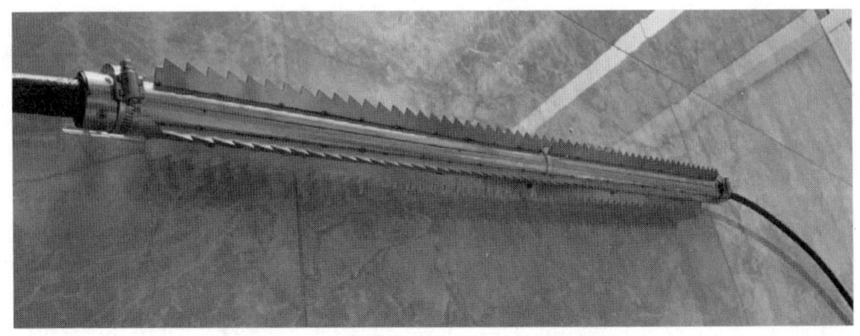
图 9　通信光缆保护装置实物图

三、应用成效

为验证通信光缆保护装置对通信光缆的保护性能，选取 10 条在运的 10kV 的

ADSS 光缆，分别对 3 处易受低温、大风和湿度影响点安装光缆保护装置，测试通信光缆保护装置对光缆的整体防护性能，效果验证情况见表 1。

表 1　　　效果验证情况

项　目	保护点光缆外皮裂伤情况	
	10 月	11 月
10kV 邮电线 1～3 号保护点	均未损坏	均未损坏
10kV 靖宇线 1～3 号保护点	均未损坏	均未损坏
10kV 二桦线 1～3 号保护点	均未损坏	均未损坏
10kV 城内线 1～3 号保护点	均未损坏	均未损坏
10kV 福泰线 1～3 号保护点	均未损坏	均未损坏
10kV 通佐线 1～3 号保护点	均未损坏	均未损坏
10kV 长胜线 1～3 号保护点	均未损坏	均未损坏
10kV 大程线 1～3 号保护点	均未损坏	均未损坏
10kV 吉乐线 1～3 号保护点	均未损坏	均未损坏
10kV 梅郑线 1～3 号保护点	均未损坏	均未损坏

通过验证，通信光缆保护装置对 10kV 的 ADSS 光缆中易受到低温、大风和湿度影响的点具有很好的保护作用，特别是在 11 月吉林省冰冻雨雪灾害下，10 条 10kV 光缆均未发生外皮裂伤。

同时在公司系统各通信运维单位进行了 10kV 通信光缆保护装置推广使用，并组织各运维单位定期反馈使用情况及改进意见，根据各应用单位反馈意见，将对所制作的通信光缆保护装置进行功能完善。

四、典型应用场景

在雨雪冰冻天气下：10kV 通信光缆保护装置采用质量轻便的耐寒橡胶材质，可以提高低温下保护胶层材质的弹性，有效缓冲光缆涂覆层膨胀对光缆外皮的压力。

在大风舞动天气下：10kV 通信光缆保护装置外观设计锯齿状结构，与树木接触时存在距离间隙，避免相互挤压与相互滑移，有效保护光缆免于被大风天气下的树枝刮断。

在潮湿低温天气下：10kV 通信光缆保护装置采用选取 15mm 厚度的防水胶带作为光缆外皮保护装置，能够有效防止雨雪侵入光缆内部。

五、推广价值

使用通信光缆保护装置后，运维单位能够避免 10kV 电力通信光缆在恶劣天气条件下存在的安全隐患，避免引起通信考核事件，提升 10kV 电力通信光缆所承载重要电力运营业务的安全性与可靠性，保证以新能源为主体的新型电力系统下配电通信网可靠运行，有效解决 10kV 电力通信光缆运维难的问题，同时为电网业务接入提供优质可靠的服务。

通信光缆保护装置的成本＝材料费用＋制作费用＝0.385(万元/套)

故障处置成本＝上站次数×(车辆成本＋人力成本)

＝172×(800＋300)＝18.92(万元/年)

公司共计运维单位 11 个，每个单位配备一套通信光缆保护装置，共计制作 11 套通信光缆保护装置，成本约为 4.235 万元。实施和推广期间产生的经济效益是节省 14.685 万元。

基于电子脉冲的新型复合光缆

国网重庆电力

（王　渝　刘泽庶　欧阳兴华）

摘要： 为有效解决电力沟（隧）道通信光缆被老鼠等小动物破坏的痛点以及光缆传统保护方案的诸多弊端，国网重庆电力公司针对性地研制了一种基于电子脉冲的新型复合光缆，利用光缆内嵌的电子高频脉冲所形成的“脉冲保护环”，对老鼠等小动物进行主动防御震慑，并能对老鼠入侵点进行精准识别判断和定位，在保护光缆本体遭受小动物破坏、保障通信业务安全可靠运行的同时，还提升了通信光缆运维检修效率，具有广泛的适用范围和推广价值。

一、背景

近年来，城区、工（企）业园区等电力通信光缆逐步从高空架设改向地下沟（隧）道敷设，因电力通信光缆承载着调度数据网、保护安控、配电自动化等重要生产业务，一旦光纤通道断裂或劣化，可能会造成电网盲调、保护装置异动等巨大风险，因此，电力通信光缆逐渐成为电网安全稳定运行的硬性考验指标。然而，电力沟（隧）道光缆面临着被老鼠等小动物频繁啃咬破坏的隐患，特别是在每年夏季和冬季前尤为显著，已严重威胁到电网的安全稳定运行，该痛点在国网公司内部均普遍存在。

目前，通信行业内对于沟（隧）道光缆保护措施包括加装硅芯管、玻璃纤维等敷设方案，但均只能被动抵御鼠咬破坏，其防鼠保护效果不佳；而钢管保护的方案虽防鼠效果显著，但其暴露出造价昂贵，并且在沟（隧）道转角、弯曲、跨越处不便于安装等天然缺陷。因此，在保证光缆保护措施投资成本的前提下，为大幅度提高沟（隧）道内通信光缆对于鼠咬的主动防御能力，本项目研制了一种基于电子脉冲的新型复合光缆，制造光缆时将合金传导线嵌入光缆屏蔽层与外护套之间，并通过两端具备通信功能的电子高频脉冲主机形成的回路，从而形成新型复合式光缆，可防止老鼠多次入侵破坏。

二、技术方案

本新型复合光缆由光缆本体、电子脉冲主机两部分组成。其中，光缆本体主要包括内嵌的合金传导线和光缆纤芯、屏蔽层、外护套；电子脉冲主机主要包括脉冲发射/接收单元、定位判别单元、变频/信号转换单元和通信单元，硬件结构组成如图 1 所示。

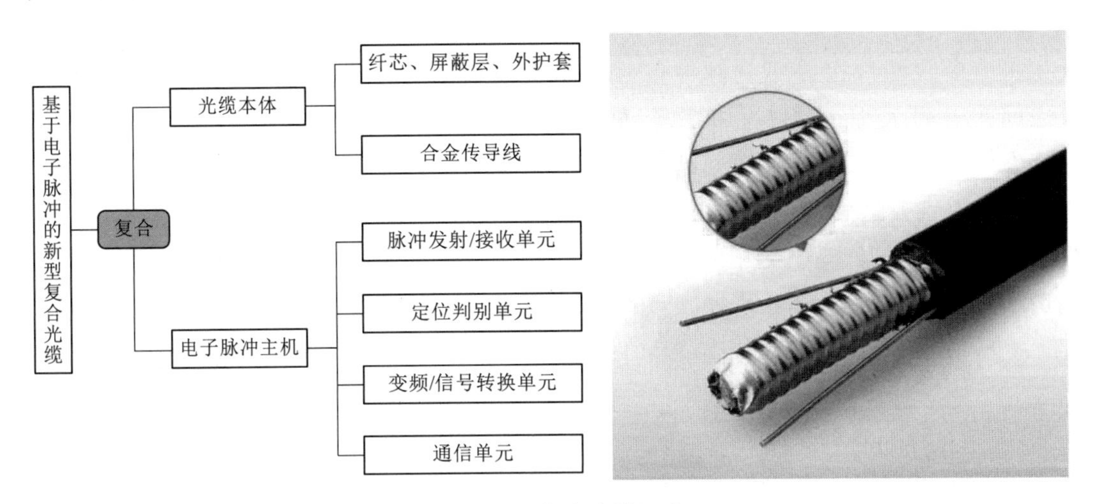

图 1　新型复合光缆组成

本成果将合金传导线全程嵌入光缆屏蔽层与外护套之间，用于在光缆屏蔽层（防护壳）与外护套之间形成高频脉冲。高频电子脉冲主机通电后，发射端口向前端合金传导线按照一定的时间间隔发出高频脉冲，到达对端接收端口后按照相同的时间间隔向发送端口回送响应脉冲，发送端口接收反馈回来的脉冲信号，从而在光缆纵向上形成正、负脉冲回路，在光缆横截面上形成脉冲保护环，如图 2 所示。

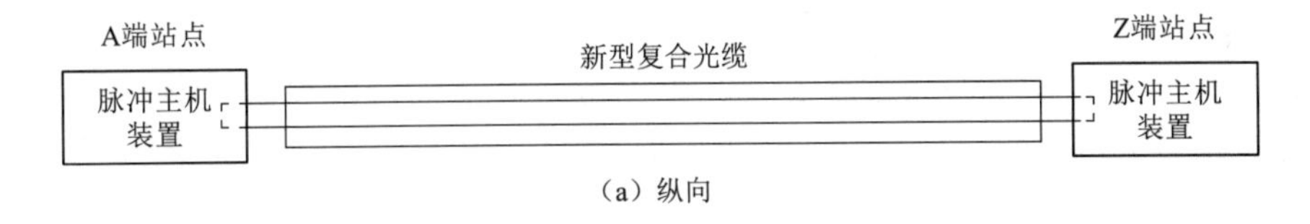

（a）纵向

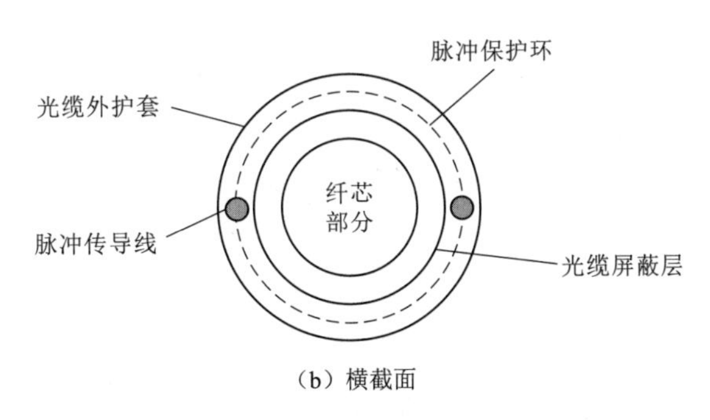

（b）横截面

图 2　纵向和横截面的脉冲分布情况

本成果两端高频电子脉冲主机会周期性探测两个发射端之间的电阻值，如果前端合金传导线遭到老鼠等入侵者的破坏时，脉冲电压值发生变化，脉冲主机会用高压脉冲将其击退和震慑，给予有效主动的阻拦，对其造成永久性“心理阴影”，防止其对光缆再度进行入侵破坏。同时，由于入侵触碰行为的发生，使脉冲主机的接收端口接收不到脉冲信号或两个发射端之间的电阻太小，脉冲主机均会发出告警。该告警发生的位置可通过智能光时域反射技术进行精确定位识别，通过脉冲主机的4G/5G模块将告警信息和入侵定位信号一并回传至运维人员，方便运维人员能及时看到光缆报警点并进行后续处理，提高预判能力。工作逻辑流程如图3所示。

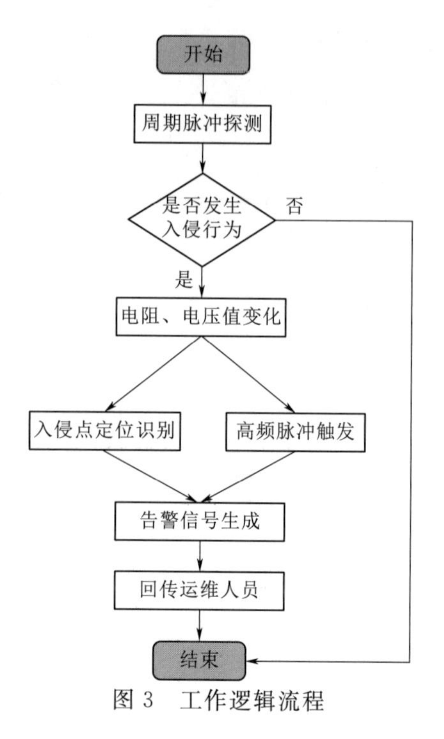

图3　工作逻辑流程

三、应用成效

本成果能根本性地有效解决沟道光缆被老鼠等小动物啃咬破坏的问题，创新性为行业领先，具有以下两个主要功能：

（1）主动防御。相对于传统沟道光缆穿硅芯管等防护方案，本成果通过集成电子脉冲对老鼠等小动物进行主动震慑驱逐，使其产生“心理阴影”防止再次入侵的同时，对光缆本体无任何损伤。

（2）精准定位。本成果通过智能光时域反射技术，能对老鼠入侵点进行精准识别判断和定位，并及时提醒专业运维人员，提高鼠咬破坏的故障预判能力，防患于未然。

本成果已在北碚公司配电自动化10kV的法院集资房、新天花园等68个环网柜正式投运，硬件设备运行良好，电子脉冲装置运转顺畅，监测结果与同期检测结果，符合设备运行情况。配电自动化终端月平均在线率从84.1%提升至97.2%，馈线自动化月成功率从79.8%提升至96.5%，配网硬性指标得到保障，为新型电力系统大数据电网提供坚强的通信基础支撑。此外，通过多方测试及应用数据分析，本成果可以大幅度提高沟道通信光缆的鼠咬防御能力，显著提升通道运行的稳定性和精益化运维效率，为公司和社会创造了可观的价值。

四、典型应用场景

本成果采用的电子脉冲主机最大单程传输距离为20km，可满足城区、工（企）业园区绝大多数沟道敷设场景。其脉冲主机能量输出符合国标/行业相关标准，低频低能量高电压的脉冲电压（5～10kV）且作用时间极短，不会对人造成伤害。

本成果集强力阻挡、威慑反击、精准定位、智能报警功能于一体，适应复杂地形环境，实施方便，可靠性高，既可自成系统单独使用，也可与第三方周界安全防护系统集成，使用灵活度高。本成果推广度高，可推广至运营商、政企、新兴产业园区等场景，由于集成度高，亦能适应复杂的沟（隧）道环境，适用范围和市场前景巨大。

五、推广价值

（一）节省建设成本

根据市场最新行情，本成果平均造价中，合金传导线 1.05 元/m、脉冲主机 2300 元/个，而传统硅芯管为 9.70 元/m。M 根 N 公里长度的本复合光缆可节省建设成本：

$$M\times[(9700\times N)-(1050\times N+2300\times 2)]=M\times(8650\times N-4600)\text{(元)}$$

以北碚公司为例，一期建设中按项目范围内沟道光缆 23 条、每条平均长度 4.7km 规模折合，本方案节省建设成本 82.93 万元。

（二）节省运检成本

传统保护方案仍无法避免老鼠啃咬，以北碚公司为例，传统方案下辖区内发生鼠咬光缆导致其中断、劣化等业务不可用故障为每年平均 17 次，按照人工、车辆和材料等定额，运检费用折算为 4800 元/次。而采用本成果后，发生上述故障锐减至 0 次。相比较于传统方案，北碚公司节省运维成本 17 次×4800 元/次＝8.16 万元。

综上，北碚公司一期建设共节省费用 91.09 万元。

本成果能高效、可靠地解决电力（隧）道光缆被鼠咬破坏隐患，保障重要生产业务的安全传输，为电网的安全、稳定、经济运行保驾护航，竭力促进我国社会经济和民生的高质量发展。

ADSS光缆高空开断工具

国网湖南电力

（刘胜珠　何　旭　郭　亮　陈章伟　蔡　玄）

摘要： 信通公司在日常运维工作中发现在杆塔间的高空剪断受损光缆，可使得后续修复工作量降低，但架空光缆离地高度不一且下方地形多种多样，想在杆塔间的高空剪断非常困难。为此研制一款专用工具，可通过爬上杆塔将工具挂在光缆上，然后地面拉绳牵引工具沿光缆滑至杆塔间的高空，再通过拉绳剪断光缆。虽然相比原来在杆塔上剪断两侧光缆多花了几分钟，但后续修复工作量可由原来架设两档线新光缆降低至架设一档线新光缆，每次使用可节省架空光缆修复时间1～2h，节省成本2000～3000元，推广应用具有很大的潜力。

一、背景

随着电网自动化和数字化转型，以及能源互联网企业建设的推进，电力通信网的重要性与日俱增。若通信光缆中断，可能导致电网失去重要的监测、控制和保护功能，进而影响电网的安全稳定运行，因此光缆修复必须尽快完成。

光缆修复原理：光缆受损时需先开断光缆，保证两端余缆掉落地面，去除受损光缆段，然后架设新光缆与两端余缆在地面进行熔接修复。

光缆开断方法：①在杆塔间的高空开断，开断难度随光缆高度增加，后续架设1档光缆可以完成修复；②在杆塔两侧开断，虽开断难度较低，但后续需架设2档光缆才能完成修复。其原理如图1所示。

国网益阳信通公司运维的ADSS光缆与线路同杆架设，高度在4.5～20m之间，光缆重要等级随架设高度递增，要求修复时间也更短。为了节省修复时间，最有效的方法是在杆塔间的高空开断。但现有技术无法有实现，需展开研究。

二、技术方案

（一）创新思路

通过广泛借鉴高空断线等相关方面的工器具和操作方法，从高枝剪工具上获得了启发和创新思路，见表1。

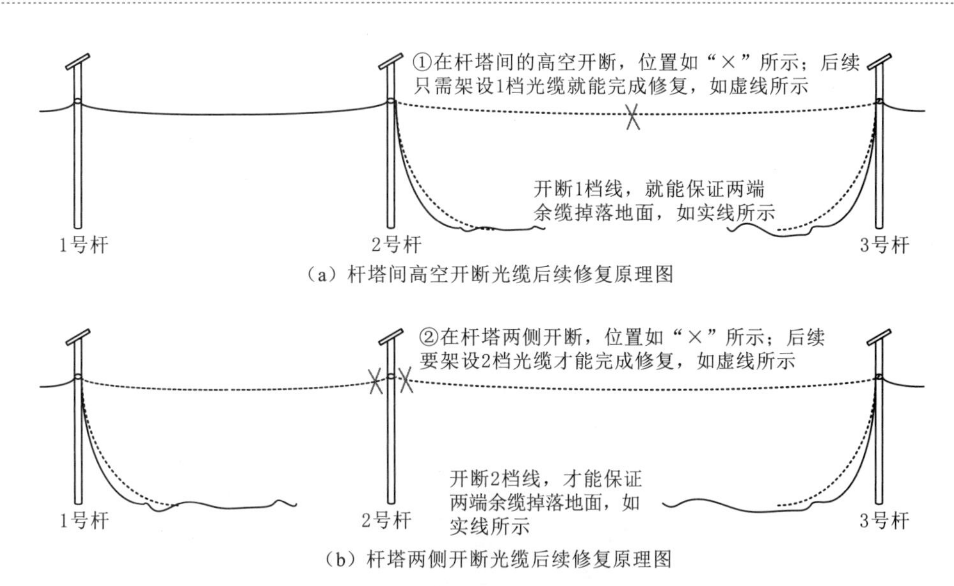

（a）杆塔间高空开断光缆后续修复原理图

（b）杆塔两侧开断光缆后续修复原理图

图 1　杆塔间和杆塔两侧开断光缆后续修复差异原理图

表 1　　借鉴启发梳理表

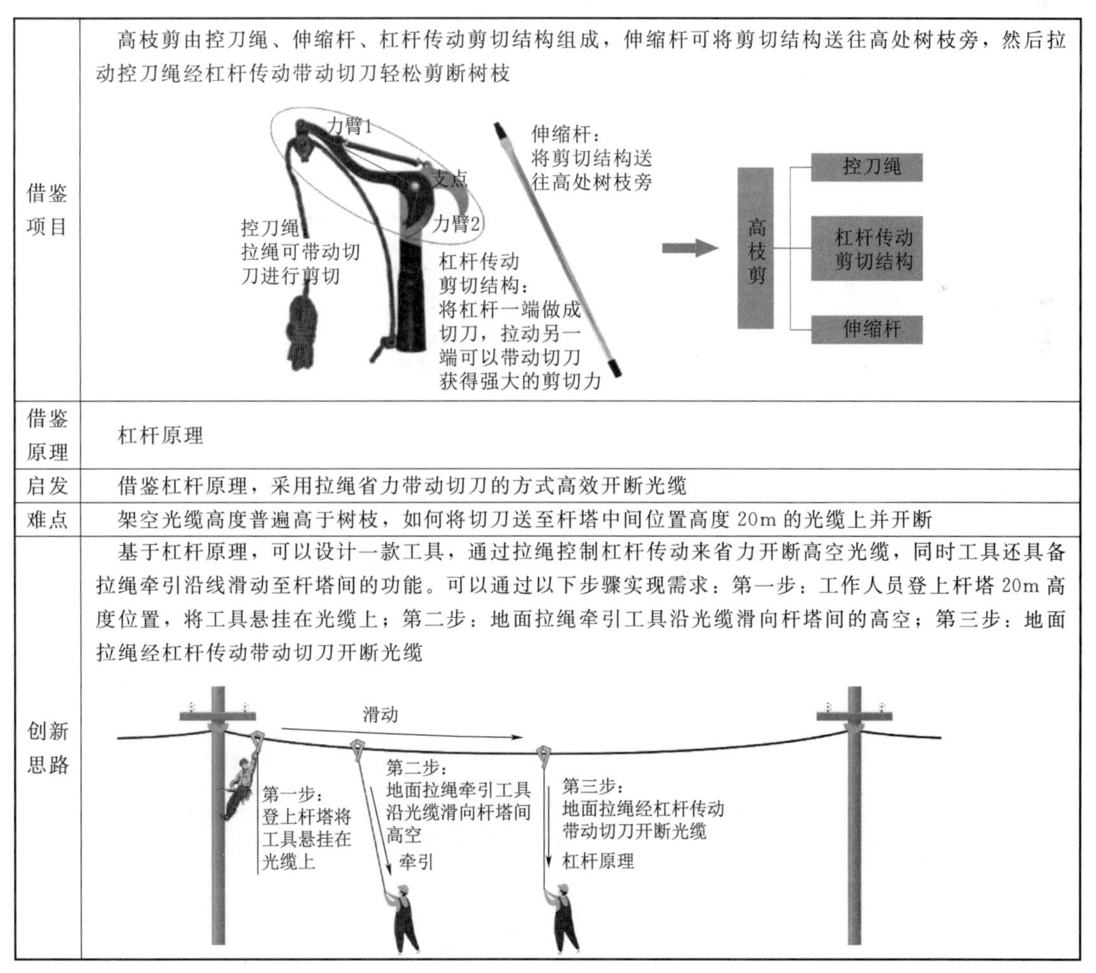

借鉴项目	高枝剪由控刀绳、伸缩杆、杠杆传动剪切结构组成，伸缩杆可将剪切结构送往高处树枝旁，然后拉动控刀绳经杠杆传动带动切刀轻松剪断树枝
借鉴原理	杠杆原理
启发	借鉴杠杆原理，采用拉绳省力带动切刀的方式高效开断光缆
难点	架空光缆高度普遍高于树枝，如何将切刀送至杆塔中间位置高度 20m 的光缆上并开断
创新思路	基于杠杆原理，可以设计一款工具，通过拉绳控制杠杆传动来省力开断高空光缆，同时工具还具备拉绳牵引沿线滑动至杆塔间的功能。可以通过以下步骤实现需求：第一步：工作人员登上杆塔 20m 高度位置，将工具悬挂在光缆上；第二步：地面拉绳牵引工具沿光缆滑向杆塔间的高空；第三步：地面拉绳经杠杆传动带动切刀开断光缆

（二）总体方案

通过借鉴高枝剪的“杠杆原理”获得启发，创新地运用拉绳经杠杆传动实现光缆开断。在克服将工具送至杆塔间高空光缆上的创新难点时，构思了“牵引滑动运送”的方法。经过多次现场模拟实验和团队讨论，形成了成熟的总体方案，如图 2 所示。

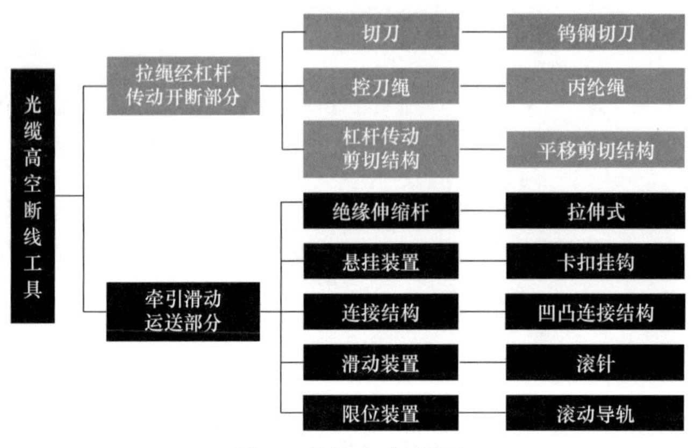

图 2　总体方案树图

（三）方案实施

根据最佳方案，按照“5W1H”的原则制定了对策表，见表 2。

表 2　　　　对　策　表

序号	对策	目　标	措　施	地点	负责人	时间
1	钨钢切刀	1. 平移槽与齿轮槽相对位置误差＜0.1mm； 2. 刀刃宽度和刀柄厚度误差＜0.5mm	1. 设计切刀外形尺寸； 2. 加工制作切刀； 3. 游标卡尺测量误差	创新工作室	刘胜珠	2022 年 6 月 5—20 日
2	丙纶绳	1. 使用拉力＞300N； 2. 伸长率＜10%	1. 明确丙纶绳参数要求并找商家购置； 2. 实验测试使用拉力与伸长率	创新工作室	何旭	2022 年 6 月 5—20 日
3	杠杆传动平移剪切结构	1. 拉绳开断光缆用力＜100N； 2. 拉绳开断光缆用时＜60s	1. 设计杠杆传动平移剪切结构及框架； 2. 加工制作杠杆传动平移剪切结构并组装； 3. 进行 50 次拉绳开断光缆实验	创新工作室	郭亮	2022 年 6 月 5—20 日
4	拉伸式绝缘伸缩杆	1. 电压等级 220kV； 2. 伸缩不卡顿	1. 明确伸缩杆参数要求并找商家购置； 2. 委托专业机构检测耐压等级； 3. 伸缩操作测试是否卡顿； 4. 用卷尺测量长度	创新工作室	陈章伟	2022 年 6 月 5—20 日

续表

序号	对策	目　标	措　　施	地点	负责人	时间
5	卡扣挂钩	1. 形状结构和孔位误差均<0.5mm； 2. 拉绳控制卡扣开合成功率 98%	1. 设计卡扣挂钩结构与尺寸； 2. 加工制作卡扣挂钩； 3. 游标卡尺测量误差； 4. 进行 50 次拉绳控制卡扣开合实验测试	实训基地	蔡玄	2022 年 6 月 21—30 日
6	凹凸连接结构	1. 凹凸连接间隙<0.5mm； 2. 连接分离阻力<10N	1. 设计凹凸连接结构； 2. 加工制作凹凸连接结构； 3. 游标卡尺测量凹凸连接间隙； 4. 拉力计测量连接分离阻力	创新工作室	何旭	2022 年 6 月 21—30 日
7	滚针	1. 形状结构误差均<0.5mm； 2. 滚动无卡涩/停顿现象	1. 设计滚针结构与尺寸； 2. 加工制作滚针； 3. 游标卡尺测量误差并进行滚动实验测试	实训基地	胡静怡	2022 年 6 月 5—30 日
8	滚动导轨	1. 孔位误差均<0.5mm； 2. 滚动无卡涩/停顿现象	1. 设计滚动导轨结构与尺寸； 2. 加工制作滚动导轨； 3. 游标卡尺测量误差；并进行滚动实验测试	创新工作室	陈章伟	2022 年 6 月 5—30 日
9	组装测试	各部分功能正常且杆塔间高空开断光缆成功率达 100%	1. 工具整体组装； 2. 前往兰溪实训基地现场实验； 3. 请益阳供电公司专业部门组织专家对工具进行鉴定	实训基地	刘胜珠	2022 年 7 月 1—31 日

根据对策表安排，逐项对照对策目标、对策措施，逐项实施并验证效果，组装完成后的成品如图 3 所示。

图 3　工具成品图

工具使用方法见表 3。

表 3 工具使用方法表

第 1 步：将工具悬挂在高空光缆上并回收绝缘伸缩杆。 登上杆塔后，利用绝缘伸缩杆将工具悬挂在光缆上。然后往斜下方拉伸缩杆，使伸缩杆与工具分离后回收至作业人员手中，以防止光缆开断后伸缩杆随工具一同从高空掉落，造成人员伤害或伸缩杆损坏，如右图所示	
第 2 步：地面拉绳牵引工具沿光缆滑至杆塔间合适开断位置。 因绳子延长方便，为此杆塔间开断光缆不受光缆离地高度的限制，如右图所示	
第 3 步：双人拉绳开断光缆。 地面两人分开站位，分别拉连接工具的牵引绳和控刀绳开断光缆，光缆开断时工具会垂直掉落，可避免砸到侧下方拉绳操作人员，如右图所示	

三、应用成效

节省架空 ADSS 光缆修复成本。在杆塔间高空开断受损或需改造的光缆，后续修复可减少一档新光缆的架设，根据 2022—2024 年工具现场应用情况，每次可节省 2000～3000 元。

节省架空 ADSS 光缆修复时间。少架设一档光缆大约可以节省光缆修复时间 1～2h，进一步提高了电力通信网络可靠性，为电网稳定的电力供应提供更可靠的通信支撑。同时，该工具有助于满足其他行业对通信光缆维护日益增长的需求，对行业发展有重要的作用。

四、典型应用场景

当架空 ADSS 光缆改造范围只涉及一档线，或受损只涉及一档线且受损点不在杆塔旁时，在杆塔间的高空开断光缆可以节省一档新光缆的架设，从而缩短光缆中断时间。

五、推广价值

根据现场应用效果，该工具有效地实现在杆塔间开断高空光缆，缩短架空光缆修复时间，同时节省修复成本，且工具造价及使用成本低，具备良好的推广应用前景。

新型电力通信 OPGW 余缆架

国网江西电力

（邱达铨　傅　裕　唐　路　殷　芳　廖　烨

刘紫亮　赖纪南　杨臣君　张　强）

摘要： OPGW 余缆架作为站内导引光缆与 OPGW 光缆的配套装置，是光缆的重要固定与防护的设施。传统 OPGW 余缆架的生产实际运用情况反映出在光缆盘放进传统余缆架的过程中需克服较大的光缆弹性势能，施工难度大；在光缆从余缆架释放的过程中，余缆弹性势能瞬间释放，存在对作业人员造成伤害或弹射至相邻带电部位造成触电的风险；并且，两种余缆盘放于同一余缆架内，二次展放不便。新型电力通信 OPGW 余缆架从光缆收展方式、固定方式、存放方式三个方面进行了改良，光缆收展由按压式改良为滚动盘放式，降低了作业难度与作业风险；光缆固定摒弃传统的捆扎法，采用卡扣法，大大降低了余缆散股率；创新性地把 OPGW 光缆、导引光缆分盘存放，有效解决了光缆检修二次盘放问题。新型余缆架切实缩短了光缆盘放、展放的时间，保证余缆静态存放下的机械稳定性，降低了光缆收展过程中人身安全风险，提升了光缆本质安全运行水平。

一、背景

传统 OPGW 余缆架（图 1）安装工艺是将余缆缠绕在余缆架上再用扎丝进行固定。主要存在四点不足：①光缆盘放过程中，往内侧按压余缆时，移出余缆的弹性势能瞬间释放，对作业人员造成伤害或弹射至相邻带电部位造成触电；②两种余缆交错盘放在同个余缆架内，二次展放不便；③光缆弹性势能大，易出现散股，导致弯曲半径小于标准，光信号劣化；④收展效率低。

图 1　传统 OPGW 余缆架

二、技术方案

针对传统 OPGW 余缆架安装运行存在的问题，设计并研制了一种新型 OPGW 余缆架，通过改良收展方式、收纳方式和分盘方式，在提升 OPGW 余缆架安装工作效率的情况下，同时保障人员施工安全和设备运行安全。主要创新点如下：

一是创新余缆的收展方式。独创由手工盘缆的方式改为余缆架轴向滚动的方式，沿径向在平面内迅速收展，将余缆弹性势能的释放控制在可控且易控范围内，杜绝触电风险，保证安全施工。如图 2 所示。

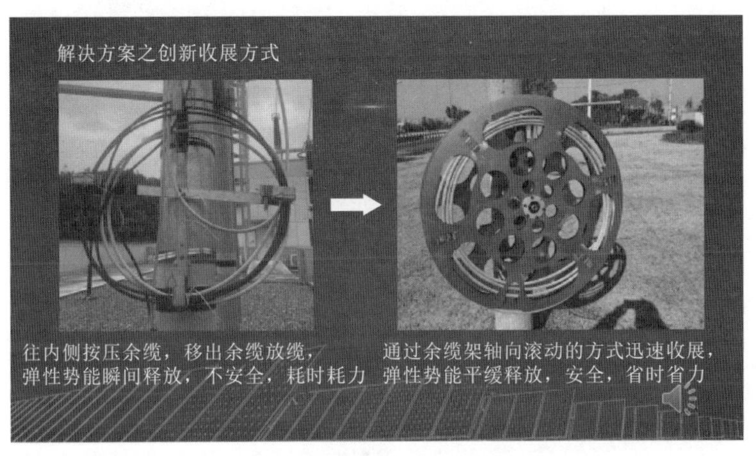

图 2　收展光缆方式对比

二是创新余缆的收纳方式。独创余缆固定方式，在余缆成卷后卡住其四周，牢牢固定余缆，避免了因安装工艺、作业者技术水平、时间因素光缆散股事件。保证余缆静态存放下的机械稳定性，避免因散股导致弯曲半径减小，造成光信号劣化，保障了设备运行安全。如图 3 所示。

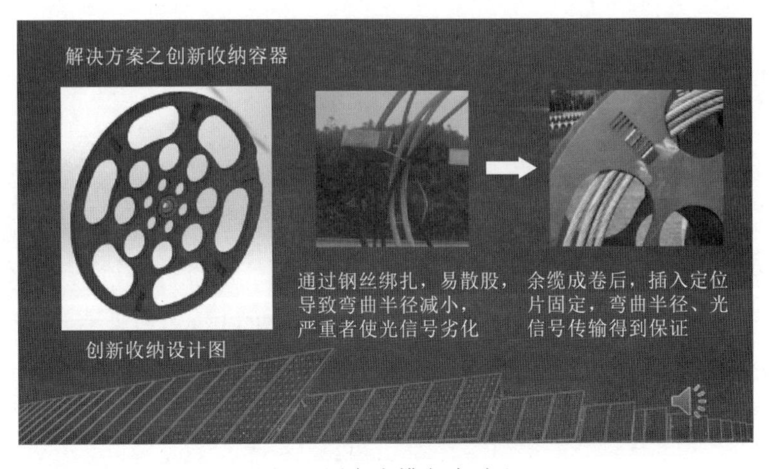

图 3　固定光缆方式对比

三是创新分盘设计。独创将引下光缆和引导光缆两种光缆分盘存放，检修时能快速对故障光缆进行操作。解决两种余缆相互缠绕，检修时不易分开的问题。如图 4 所示。

图 4　光缆存放方式对比

三、应用成效

技术成效：本成果缩短了光缆盘放、展放的时间，保证余缆静态存放下的机械稳定性，降低了光缆收展过程中人身安全风险，提升了光缆本质安全运行水平。盘缆速度为 0.44m/s，放缆速度为 0.58m/s，将盘缆、放缆时间压缩至原方式的 40%以上，降低光缆检修时长约 10min 以上。

科技成效：本项目已获得新型实用专利 1 项，获得江西省总工会先进操作法 1 项及中国通信学会卓越成果 1 项。

四、典型应用场景

各类电压等级变电站门型架 OPGW 光缆引下处均可应用新型电力通信 OPGW 余缆架。一方面可在新建变电站中投入使用；另一方面可结合光缆检修、光缆消缺对老旧余缆架进行改造，提高光缆建设的可靠性、规范性、统一性。

新型余缆架在国网赣州公司于 2024 年 6 月投运的 110kV 南外变至 220kV 埠头变、110kV 高兴变、110kV 小山变间隔投入使用。施工过程中 OPGW 光缆与站内导引光缆分盘存放，盘放省时省力、可靠固定、规范统一。

五、推广价值

经济效益方面，以一个 110kV 变电站为例，使用期间光缆运行良好，未出现散股导致光缆劣化影响电力设备运行的问题，如每年能够避免一次因光缆故障问题导致的保护误动、设备损坏等停电事故，按照抢修时间 1h 停电时间计算，可节约 5 万元抢修和电量损失。以赣州供电公司 2024 年投运 15 个变电站测算，若均使用新式余缆架，安装新型架每年能产生直接经济效益 5×15=75 万元。

安全效益方面，通过改变余缆的收展和固定方式，把余缆弹性势能的释放控制在可控且易控范围内。从本质上杜绝了作业人员收展光缆的操作风险，在提高技法的同时践行“人民至上，生命至上”的安全生产理念。

社会效益方面，本装置在使用期间能防止余缆散股导致光传输性能劣化，导致电网通信中断影响生产业务，保证了电网稳定运行，提高了国家电网公司品牌形象。本成果已在赣州地区南外变等一次间隔龙门架处实施，经过改造 45 个光缆间隔，光缆未出现劣化情况，稳定性 100%，未出现光缆。该成果具备较好的推广价值。

一种多功能电力隧道光缆理线架制作

国网四川电力

（张先涛　程洪超　赵晓坤　邹　航　崔国瑞　王　佳　郑伦军）

摘要： 随着电网规模的不断扩大，电力隧道内光缆越来越多，敷设凌乱，难以区分，运维难度越来越大。该多功能电力隧道光缆理线架通过间隔柱能够区分各条光缆，使之在隧道中进行敷设时不相互缠绕，后期便于运维；通过理线架两侧的滚轮实现光缆敷设过程中不能对光缆造成损伤且能够降低光缆敷设阻力，提升光缆敷设效率；通过弧形光缆固定扣使敷设完成后能够将光缆尽量水平地固定在理线架上，避免与隧道内其他电缆或低压线缆缠绕，该理线架能够广泛地在电力隧道中应用，优化电力隧道运行环境，提升电力隧道设备运行可靠性。

一、背景

公司辖区内隧道光缆越来越多，隧道光缆运行环境复杂。目前隧道内光缆敷设没有统一的标准规范，部分光缆安装进槽盒，部分光缆采用穿阻燃保护管，还有的光缆直接搭放在了电缆上，这样错综杂乱的光缆敷设方式给隧道光缆运行维护带来困难。

为解决上述问题，计划制作一种隧道光缆理线架，光缆可通过理线架整齐有序地排布在隧道中，并与电缆保持一定的距离，形成良好的隧道光缆运行环境，消除隧道光缆隐患的同时有效提高光缆运维效率。

二、技术方案

技术方案为设计一种多功能电力隧道光缆理线架，将光缆整齐地排布于电力隧道中，理线架结构如图 1 所示，主要由 4 个部分组成，各部分功能说明如下。

（1）间隔柱。将理线架上的光缆区分开，光缆敷设在间隔柱之间，避免光缆与光缆相互缠绕；在拖动光缆时，将光缆限制在间隔柱之间，避免对其他线缆造成损伤。

（2）滚轮。光缆在理线架上拖动时，滚轮可以滚动，便于光缆敷设。

（3）弧形光缆固定扣。光缆敷设完成后，将光缆尽可能水平固定在理线架上，避免光缆搭在其他线缆上。

（4）理线架固定孔。将理线架固定在隧道内的支架上。

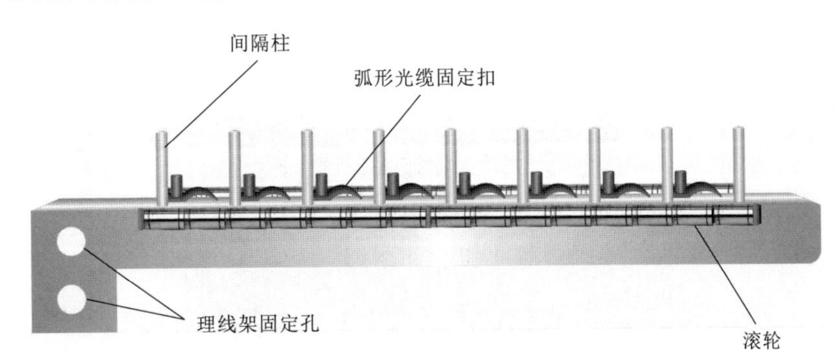

图1　电力隧道光缆理线架示意图

三、应用成效

节省人力资源，加快施工速度。使用该理线架敷设光缆，降低了光缆敷设阻力，减少一半的敷设人员需求，并提高一倍的光缆敷设速度。

降低建设成本，便于后期运维。理线架相比之前用到的槽盒和阻燃保护管成本更低，且一次安装可满足多条光缆的使用，对已建的光缆线路也方便改建成理线架的敷设方式，对其中光缆的维护不会影响其他光缆。

增加社会经济效益。通过理线架敷设光缆，对隧道内光缆运行环境进行提升，消除了大量光缆安全隐患，为隧道内电力线缆安全运行奠定基础。

四、典型应用场景

理线架在电力隧道中存在广泛应用，通过理线架，显著提升隧道内光缆及其他线缆建设运维效率，保证线缆运行可靠性，营造良好的电力隧道环境。理线架在电力隧道中的安装示意图如图2所示，实际安装场景如图3所示。

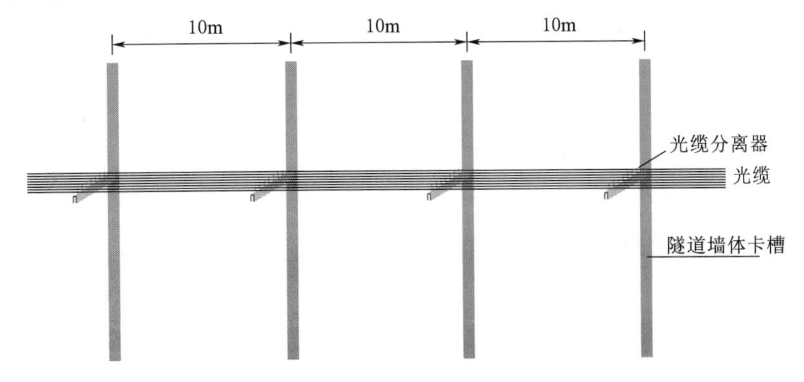

图2　理线架在电力隧道中的安装示意图

图 3　理线架在电力隧道中的实际安装场景图

五、推广价值

国内大部分城市拥有专用电力隧道，电力隧道光缆数量越来越多，理线架可推广至拥有电力隧道的大中型供电企业。

网络运维小工具在电力数据通信网运维中的应用探讨

国网甘肃电力

（郭光建　李承印　程媛媛　孙向聚　李　愿　张稚欣）

摘要：当前各地市供电公司数据通信网路由器设备运维方面大多采用传统手工登录路由器设备输入命令开展网络运维工作，效率低下且可能存在人为疏漏或误操作导致路由器设备配置不一致乃至安全漏洞等问题。为有效管理和维护电力数据通信网路由器设备，亟需借助数字化手段来提高数据通信网运维工作质效。国网白银供电公司数字化通信部提出基于Python编程语言研制网络自动化运维工具来开展数据通信网路由器设备运维的工作思路，提高一线运维人员的工作效率，减少人为差错，保障数据通信网安全可靠稳定地运行。

一、背景

当前各地市供电公司在数据通信网路由器设备运维层面存在以下难点、痛点。

1. 路由器网络设备运维效率低

当前路由器网络设备运维大多采用传统手工登录网络设备输入命令开展运维工作(如路由器设备的系统时间与网管时间的校对、系统日志检查与分析、路由器设备的配置备份、已启用光接口接收/发送光功率检查等)，以上路由器设备的运维需要手工输入大量的操作命令让路由器设备执行，平均大约需5～8min完成1台路由器设备的运维工作。

以国网白银供电公司为例，目前在线运行183台路由器设备，需15.25～24.4h(2～4个工作日）才能完成全部路由器设备的一次运维工作，效率低下，无法满足当前国网公司自动化、智能化快速网络管理的要求。

2. 路由器网络设备存在错误风险

传统人工操作网络设备容易出现疏漏和误操作，可能导致网络设备配置不一致以及安全漏洞等问题。

3. 路由器网络运维复杂性持续增加

随着国网公司电网发展以及电力系统智能化水平的提升，电力数据通信网络规模将不断扩大、网络架构复杂性将持续增加，传统手工网络运维模式将变得更加复杂，难以应对日益增长的电力数据通信网日常运维工作任务量。

针对当前电力数据通信网规模不断扩大、架构复杂性不断增加的趋势以及手工逐台登录路由器设备进行运维工作的巨大压力，国网白银供电公司数字化通信部提出采用数字化手段提升电力数据通信网运维工作质效的工作思路，通过编制 Python 网络运维脚本批量执行路由器设备命令达到提升网络运维工作质效、助力基层网络运维人员减负增效的目的。

二、技术方案

1. 梳理网络设备基础信息并采用 SQLite3 数据库存储

国网白银供电公司聚焦当前电力数据通信网日常运维工作中涉及的路由器设备的配置（运行日志）的备份、设备巡检（系统时间与网管时间校对、系统日志的检查分析、路由器设备已启用接口的接收/发送光功率检查等）以及安全加固等重复、繁杂工作，按照路由器网络设备品牌、型号、IP 地址、设备登录协议、登录端口号、登录账号、登录密码以及设备系统类型标识进行梳理形成路由器网络设备基础信息表，并采用 SQLite3 数据库进行存储。其中，最重要的字段信息是设备系统类型标识，这是 Netmiko 模块与路由器设备进行适配连接的关键字段，Netmiko 模块会根据路由器设备的系统类型标识查找是否支持。表 1 为路由器设备基础信息表的样表示例，考虑到信息安全，表中的 IP 地址采用私有 IP 地址，账号、密码分别采用 admin、adm_4321 代替。

对华为品牌的路由器设备而言，表 1 中的“设备类型标识”字段一般采用“huawei”，但有些华为路由器设备的系统类型标识是“huawei_vrp8”，具体可根据 Netmiko 模块的 SSHDetect() 类进行探测。

表 1　路由器设备基础信息表

序号	设备品牌	设备型号	IP 地址	设备登录协议	登录端口号	登录账号	登录密码	设备类型标识
1	新华三	H3C SR8812-F	192.168.10.3	ssh	10022	admin	adm_4321	hp_comware
2	新华三	H3C SR8812-F	192.168.10.4	ssh	10022	admin	adm_4321	hp_comware
3	华为	NE20E-S4	192.168.10.5	ssh	10022	admin	adm_4321	huawei
4	华为	NE08E-S6	192.168.10.6	ssh	10022	admin	adm_4321	huawei
5	华为	NE05E-SN	192.168.10.7	ssh	10022	admin	adm_4321	huawei
6	华为	NE08E-S6	192.168.10.8	ssh	10022	admin	adm_4321	huawei
7	华为	NE20E-S4	192.168.10.9	ssh	10022	admin	adm_4321	huawei
8	华为	NE05E-SN	192.168.10.10	ssh	10022	admin	adm_4321	huawei

2. 运维功能设计

电力数据通信网网络设备自动化运维工作主要包括路由器网络设备的配置及运行日志的备份、路由器设备的巡检、安全加固以及系统版本的升级等大量重复性工作。其中路由器设备的巡检又包括路由器设备的系统时间与网管时间的校对、系统日志检查与分析、已启用光接口接收/发送光功率检查等。

采用基于 Python 的路由器网络设备自动化运维的工作思路就是以解决实际的网络运维问题为导向，将每一个所要网络运维工作根据设备品牌（华为、新华三等）及设备类型情况编制相应的 Python 脚本模板，下发至相应的路由器网络设备，由设备执行对应的脚本程序，并将执行情况存放于日志文件中。整个网络设备运维自动化的研发采用基于 Python 语言的集成开发环境 PyCharm 进行，借助 Netmiko、SQLite3、threadding、os、time 等模块完成相关脚本文件的编制，研发所用的数据库采用 Python 内置的轻量级嵌入式关系型数据库 SQLite3 进行数据的存储。

整个系统的功能架构图如图 1 所示。图中运维数据存储采用 Python 内置的嵌入式轻量级 SQLite3 数据库进行存储。

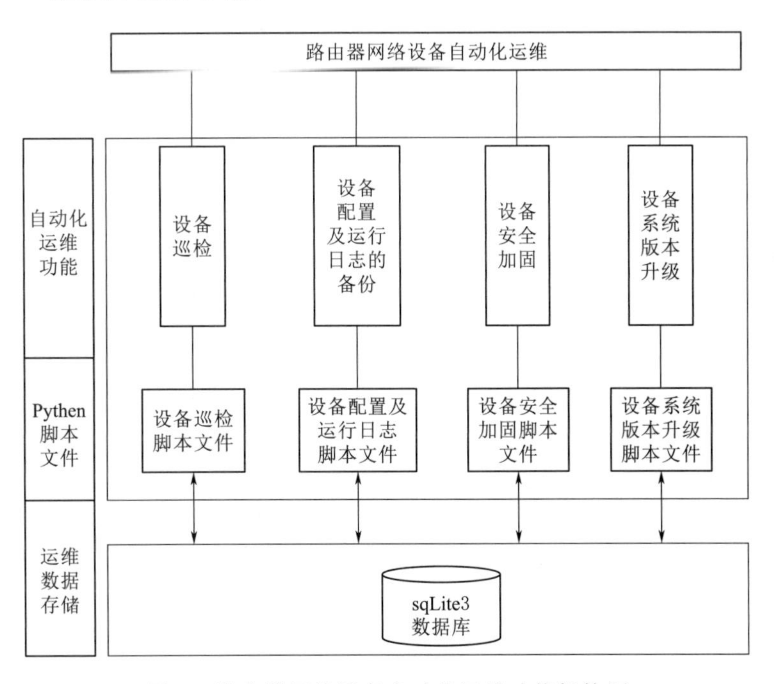

图 1 路由器网络设备自动化运维功能架构图

3. 搭建基于 Python 语言的开发环境

为做好基于 Python 的电力数据通信网路由器设备的自动化运维，国网白银供电公司数字化通信部搭建了基于 Python 的网络自动化运维工具的开发环境，具体包括安装 Python3.9 开发语言和 PyCharm 集成开发环境，并在 PyCharm 集成开发环境下安装

PyQt5、Qt Desinger、Netmiko 以及 TextFSM 等开发组件，最后将 Qt Desinger 集成到 PyCharm 开发环境。

4. 网络运维自动化工作原理

网络运维自动化主要利用 Python 库（或函数）编制脚本来实现对网络设备的自动化管理和运维操作，提高运维工作效率并能减少人为失误。网络运维自动化工作主要涉及设备连接、运维脚本编制与推送、运维日志记录等相关执行环节。以下就路由器网络设备运维自动化工作所涉及的设备连接、运维脚本编制与推送环节进行重点介绍。

（1）设备连接。路由器网络设备的连接在客户端侧采用 Netmiko 模块实现，Netmiko 模块是在 Paramiko 模块的基础上进行的研发优化，更加好用。使用 Netmiko 模块进行设备连接的流程如下：

步骤 1：从 Netmiko 模块导入链接库函数 ConnectHandler()。

步骤 2：创建一个连接网络设备的字典 net_device_dic，包含 4 个必选的键："device_type""ip""username""password"。其中"device_type"是指定采用 ssh 协议登录设备的系统类型标识，如果是华为交换机则"device_type"为"huawei"或"huawei_vrp8"。

步骤 3：采用语句"connect=ConnectHandler(* * net_device_dic)"执行 SSH 连接登录网络设备。

以下为采用 Netmiko 模块连接至华为路由器网络设备执行显示路由器配置的 Python 脚本片段：

```
from  netmiko import  ConnectHandler
net_device_dic = {
  'device_type':'huawei',
  'ip':'192.168.10.5',
  'username':'admin',
  'password':'adm_4321'
}
connect =ConnectHandler( * * net_device_dic)
sw_discur_result=connect.send_command('dis cur')
```

（2）运维脚本的编制与推送。针对不同品牌（如华为、新华三等）、不同型号（如华为 NE20E、NE08E、NE05E 等，新华三 SR8812 - F 等）的路由器网络设备，在 PyCharm 集成开发环境采用 Python 语言针对电力数据通信网路由器设备操作频繁的网络运维工作，编写网络运维脚本。

同时结合路由器设备品牌及型号实际情况，对编制好的网络运维脚本在 eNSP（华为品牌）、HCL（新华三品牌）模拟环境下进行功能测试，再到物理真机环境测试、验证，确保脚本运行稳定、可靠。

以国网白银供电公司所辖 183 台路由器设备为例，共分为两种品牌（华为、新华三）、四种设备型号（NE20E - S4、NE08E - S6、NE05E - SN、H3C SR8812 - F）、两种设备类型标识（huawei 和 hp_comware）。其中，华为 NE08E－S6 和 NE05E－SN 两种型号的设备配置命令一致，华为 NE20E－S4 设备与 NE08E－S6 和 NE05E－SN 配置命令一致，除了显示类的命令外，其他所有配置命令 NE20E－S4 设备必须额外添加“commit”提交命令，才能确保配置生效。表 2 为路由器设备运维脚本示例。

表 2　路由器设备运维脚本示例

序号	设备品牌	设备型号	设备类型标识	运维脚本及相关说明					
				显示配置	显示日志	显示时间	诊断光接口光衰	诊断是否存在告警	诊断设备温度
1	新华三	H3C SR8812－F	hp_comware	display current－configuration	display logbuffer	display clock	display transceiver diagnosis interface GigabitEthernet 0/2/1，需配合正则表达式将光衰的数据提取出来	display alarm	—
2	华为	NE05E－SN	huawei	display current－configuration	display logbuffer	display clock	display interface GigabitEthernet0/2/17，需配合正则表达式将光衰的数据提取出来	display alarm all	display temperature slot 2，需配合正则表达式将温度提取出来
3	华为	NE08E－S6	huawei	display current－configuration	display logbuffer	display clock	同 NE05E－SN	同 NE05E－SN	display temperature slot 1，3，7－8，11，需配合正则表达式将温度提取出来
4	华为	NE20E－S4	huawei	display current－configuration	display logbuffer	display clock	同 NE05E－SN	同 NE05E－SN	display temperature，需配合正则表达式将温度提取出来

根据运维场景的不同，Netmiko 模块主要有四种函数向路由器设备推送运维脚本，具体包括 send_command()、send_config_set()、send_config_from_file()和 send_command_timing()。具体用法和区别参见表 3“四种推送配置命令（运维脚本）至路由器设备的函数”，表 3 中的配置命令（运维脚本）以国网白银供电公司在运华为 NE20E－S4、NE08E－S6、NE05E－SN 路由器设备为例。

表 3　四种推送配置命令（运维脚本）至路由器设备的函数

序号	函　数	使 用 场 景	示　例	使用注意事项
1	send_command()	向设备发送 1 条命令的情况	display current－configuration、save	一般是查询、排错等非配置性命令或者 save 保存配置的命令

续表

序号	函　数	使用场景	示　例	使用注意事项
2	send_config_set()	向设备发送1条或多条配置类的命令情况	acl number 2997 description NTP rule 5 permit source 192.168.10.3 0 rule 100 deny quit ntp-service source-interface Vlanif10 ntp-service access peer 2997 ntp-service unicast-server 192.168.2.9	该函数推送的一定是配置类的命令，不是查询类的命令。一般配合列表使用
3	send_config_from_file()	当配置命令较多时将所有的配置命令写入列表会造成代码过长，不方便阅读，将所有的配置命令写入一个配置文件，然后用函数 send_config_from_file()读取该文件的内容，再将配置推送到网络设备	可将上面的多条配置命令存入配置文件 config.txt，然后由函数 send_config_from_file()读取 config.txt 文件	函数 send_config_from_file()会自动添加 system-view 和 quit 命令，在配置脚本文件里无需添加
4	send_command_timing()	只支持向设备发送一条查询类的命令	display diagnostic-information	send_command_timingh()函数会根据参数 delay_factor 猜测命令执行的时间

三、应用成效

采用Python语言编制路由器设备自动化运维脚本开展电力数据通信网运维，改变了传统手工逐个登录网络设备输入相关命令进行数据通信网运维的模式，并具有以下应用成效：

一是释放人力，助力减负增效。根据电力数据通信网路由器设备的运维实际需求编制相应的Python语言网络运维脚本，自动完成大量重复性的路由器网络设备巡检、配置操作，提高了路由器网络设备配置的速度和准确性，以国网白银供电公司为例，路由器网络设备（在用183台）的一次全面巡检（含设备配置及运行日志的备份）工作由原来的15.25～24.4h（2～4个工作日）缩短至4.5h，工作效率提高了3～5倍。

二是降低风险，避免了路由器网络设备运维中人为操作失误情况的发生。路由器设备自动化运维可以确保网络设备的一致性配置，减少人为配置错误带来的故障风险。

三是提升路由器网络设备运维的灵活性和伸缩性。自动化运维可以根据实际需求借助网络运维脚本进行灵活的网络配置、动态调整，快速部署新的网络服务和安全策略，实现弹性扩展，提高网络的可伸缩性和适应性。

四、典型应用场景

采用基于 Python 语言开发网络运维自动化脚本的模式开展网络运维工作可在以下 4 个场景中应用。

（一）电力数据通信网路由器设备配置及运行日志的备份

采用网络自动化运维的模式可以实现电力数据通信网路由器设备配置及运行日志的定期或不定期备份，如在一个月可实现两次配置及运行日志的备份，对于检修设备可提前一天对待检修路由器设备进行配置及运行日志的备份。

（二）电力数据通信网路由器设备 CPU 利用率、内存利用率、带宽利用率、已启用光接口衰耗、设备运行温度等关键运行参数的实时批量监测

通过编制 Python 网络运维脚本可对路由器设备的 CPU 利用率、内存利用率、带宽利用率、已启用光接口的衰耗以及设备各个板件的运行温度进行监测，实现对数据网路由器设备关键运行参数的批量实时监测，及时发现设备的异常与风险，帮助运维人员及时决策和优化。

（三）电力数据通信网路由器设备定期远程巡检

以甘肃省电力公司为例，每月月底省公司通信处会下发各地市公司所辖 PE 路由器远程巡检工作，涉及的巡检内容包括路由器设备系统时间与网管时间的校对、系统日志检查分析、设备安全日志的检查、配置数据检查（如 is-name 的配置检查）、配置数据备份、设备已启用接口接收光功率检查、设备安全策略配置检查（如防病毒安全策略未在下联业务端口引用）以及接口描述信息检查等 8 项工作内容。

系统全面的手工模式完成一次所辖 PE 路由器的远程巡检工作任务量很大，对于能够采用 Python 语言编制网络运维脚本实现网络自动化运维的工作内容（如系统时间与网管时间的校对、系统日志检查分析、设备安全日志的检查、配置数据备份以及设备已启用接口接收光功率检查这 5 项工作）尽量采用自动化运维的方式开展工作。

（四）电力调度数据网路由器设备运维

结合各地市供电公司电力调度数据网路由器设备的系统类型标识、设备型号适当调整运维脚本，也可以辅助电力调度数据网网络运维人员进行自动化运维。

五、推广价值

（一）提高公司电力数据通信网运维管理工作质效

借助网络自动化运维模式开展电力数据通信网路由器设备的运维可以快速执行常

规运维工作任务（如路由器设备的配置、运行日志的批量备份等），能够标准化和规范化网络操作，避免了人为因素对网络稳定性和安全性的影响，自动化运维还能够更好地保障网络的合规性，提高运维工作效率。

（二）减轻基层一线网络运维压力，助力公司减负增效

网络运维自动化工具可以辅助基层一线网络运维人员完成日常的网络运行状态监测、配置管理以及故障排除等任务，节省网络运维时间和人力消耗，很大程度上给公司基层一线网络运维人员减轻运维压力，助力减负增效。

（三）增强电力数据通信网网络运维灵活性

网络运维自动化工具可以根据实际业务需求（如国网统一网管 tacacs、snmp 参数的配置等）批量调整网络参数配置，方便快速地适应和应对业务变化，实现路由器设备灵活、敏捷的管理。

（四）为决策管理层及时提供网络优化决策信息

借助网络自动化运维工具收集的实时运行数据，可以给公司决策管理层及时提供准确、实时的网络状态和性能数据等有价值的信息，辅助管理决策层及时了解电力数据通信网运行情况，并结合网络实际现状提前决策进行优化和改进等。

总之，网络自动化运维工具的推广可以为公司在提升电力数据通信网网络运维管理质效、减轻基层一线网络运维压力、增强网络运维灵活性、及时提供网络优化决策信息等方面赋能，提升公司生产运营管理成效。

“e 通信”——电力通信移动运维助手

国网山西电力

（仇碧杰　李　晶　罗　江　张　峰　闫　磊　张裕昌

刘中迪　陈　敏）

摘要： 信通公司推动 i 国网“e 通信”研究开发，面向运维实际需求，迁移传统线下运维线上化运行，运维人员现场通过手机进行数据校核，建立健全“线上运行、精准更新”的通信数据管理体系，“e 通信”的上线应用，有力支撑了通信调度、通信运维、通信检修等方面工作的开展，大幅加快了山西省通信专业数字化运维体系构建，有力推进通信运维向智能化、自动化转型发展，有效支撑了新型电力系统的建设。经通信运维人员试点应用，通信专业数据、平台、应用于一体的信息“内循环”优势得以发挥，在强化数据治理成效、提升现场运维质效等方面发挥了重要作用。

一、背景

新型电力系统是传统电力系统的重大变革和跨越升级，它的建设演进离不开现代信息通信技术的驱动和支撑，电力通信网作为电力系统神经网络，肩负着保障大电网安全、服务公司转型发展的重任，因此对电力通信网的支撑保障能力提出了更高的要求。长期以来，电力通信运维存在数据管理粗放，智能化手段缺乏，工程建设、检修作业管控精度不足等问题，通信专业数字化、智能化转型的需求十分迫切。

二、技术方案

（一）创新数据管理模式，打造通信数据坚实基座

聚焦通信数据采集、存储、应用全生命流程，创新数据管理模式，构建业务一条线、数据一个源，打造通信数据坚实基座，促进数据质量水平提升与数据价值发挥，为上层应用孵化提供支撑。数据采集方面，通过 App 实现了现场人员使用手机实时校核数据，不再依赖纸质资料登记与系统手动录入，确保数据采集及时；数据存储方面，构建了设备、光缆、电源、光路等核心数据模型，创新多维数据关联验证、光缆纤芯

与光路自动匹配等底层算法，通过下拉选项、反馈提示等交互设计，强化数据规范约束，形成线上数据库，实现数据唯一源、专业网管数据与静态现场数据联动校核，解决了传统的离线文件存储导致的“数据孤岛”问题，确保数据准确、规范；数据应用方面，研发移动台账应用，实现数据台账一目了然、实时更新、一键导出，方便通信专业人员随时查阅数据，服务建运检全方位数据应用需求。如图 1 所示。

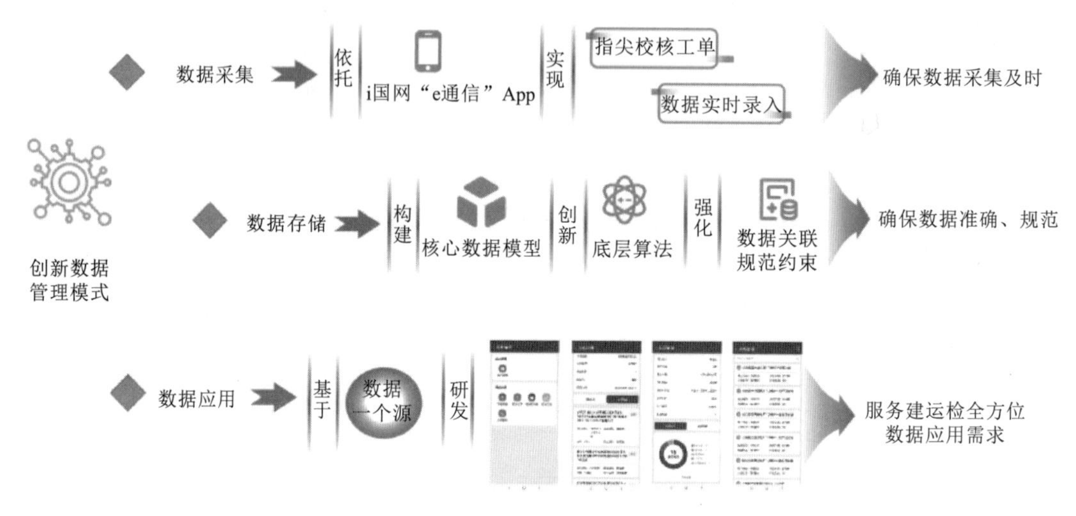

图 1　业务流程和功能架构

（二）构建数字通信运维新体系，打造运维运行一体化管理新模式

以智能化数字化工具为技术手段，依托 i 国网搭建电力移动通信运维助手，通过夯实通信数据基础，孵化数据校核、移动台账、业务分析、巡视巡检、标准化作业等上层应用，覆盖贯穿通信运维全链条业务场景，实现现场核查数据实时更新、移动台账便捷查阅、业务分析智能高效、故障处置及时有效、作业流程标准规范及进度安全可控，打造了数据驱动的通信运维一体化管理新模式，赋能数字通信运维新体系构建。如图 2 所示。

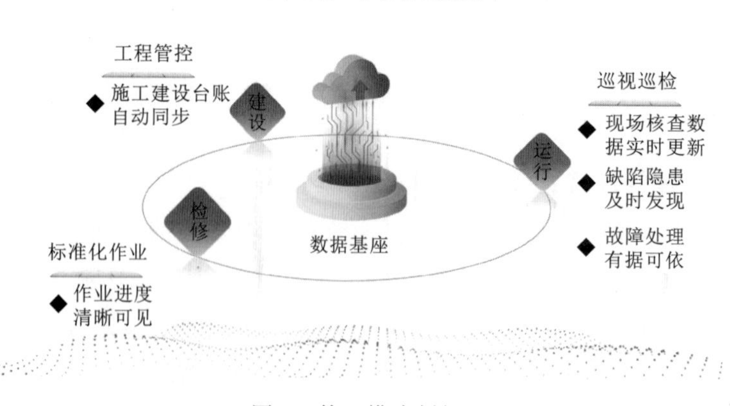

图 2　管理模式创新

三、应用成效

电力通信移动运维助手"e通信"应用在山西省通信专业2023年度春检已经得到全面推广，覆盖全省3座1000kV站点、1座±800kV站点、35座500kV站点、196座220kV站点，服务通信运维人员367人，完成3215条核心运维数据校核；数据校核时长缩短6h，数据准确率提升至95%以上；完成"西电东送"工程31条线路光缆业务分析，业务分析核查时长缩短50%以上；指导运维人员处置故障12次，并形成典型经验库，成功申报典型经验1篇；支撑完成6次导引光缆标准化检修。

通过提升一线运维人员的工作质效，数据分析缩短22h，人员压缩2人，故障处置缩短21h，人员压缩1人，现场作业缩短16h，人员压缩3人，单次作业总时长缩短113h·人，减少人力成本，同时提升故障缺陷发现、问题处置效率，减少设备或业务故障导致的经济损失。

四、典型应用场景

（1）业务分析智能高效。基于底层动态、静态数据关联模型，建立站点设备知识库表，将光路模型的始终端设备数据与业务路由中提取的设备数据进行知识匹配，确定目标数据，实现站点、设备、光缆、纤芯多维度实体承载业务的智能分析，提供生产调度控制业务的通信专业视角。业务界面如图3所示。

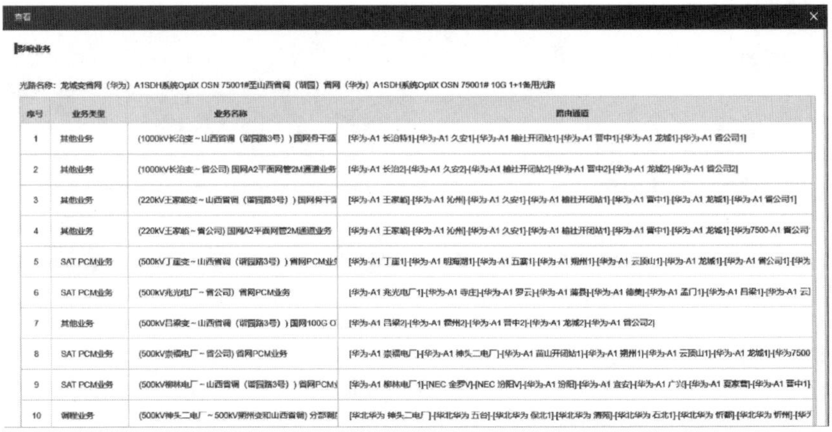

查看

影响业务

光路名称：龙城变省网（华为）A1SDH系统OptiX OSN 75001#至山西省调（谐园）省网（华为）A1SDH系统OptiX OSN 75001# 10G 1+1备用光路

序号	业务类型	业务名称	路由通道
1	其他业务	(1000kV长治变～山西省调（谐园路3号））国网骨干函	[华为-A1 长治特1]-[华为-A1 久安1]-[华为-A1 榆社开闭站1]-[华为-A1 晋中1]-[华为-A1 龙城1]-[华为-A1 省公司1]
2	其他业务	(1000kV长治变～省公司) 国网A2平面网管2M通道业务	[华为-A1 长治2]-[华为-A1 久安2]-[华为-A1 榆社开闭站2]-[华为-A1 晋中2]-[华为-A1 龙城2]-[华为-A1 省公司2]
3	其他业务	(220kV王家峪变～山西省调（谐园路3号））国网骨干	[华为-A1 王家峪]-[华为-A1 沁州]-[华为-A1 久安1]-[华为-A1 榆社开闭站1]-[华为-A1 晋中1]-[华为-A1 龙城1]-[华为-A1 省公司1]
4	其他业务	(220kV王家峪～省公司) 国网A2平面网管2M通道业务	[华为-A1 王家峪]-[华为-A1 沁州]-[华为-A1 久安1]-[华为-A1 榆社开闭站1]-[华为-A1 晋中1]-[华为-A1 龙城1]-[华为7500-A1 省公司
5	SAT PCM业务	(500kV丁蓝变～山西省调（谐园路3号））省网PCM业	[华为-A1 丁蓝1]-[华为-A1 明海湖1]-[华为-A1 五寨1]-[华为-A1 朔州1]-[华为-A1 云顶山1]-[华为-A1 龙城1]-[华为-A1 省公司1]-[华为
6	SAT PCM业务	(500kV兆光电厂～省公司) 省网PCM业务	[华为-A1 兆光电厂1]-[华为-A1 寺庄]-[华为-A1 罗云]-[华为-A1 蒲县]-[华为-A1 德美]-[华为-A1 孟门1]-[华为-A1 吕梁1]-[华为-A1 云
7	其他业务	(500kV吕梁变～山西省调（谐园路3号））国网100G O	[华为-A1 吕梁2]-[华为-A1 霍州2]-[华为-A1 晋中2]-[华为-A1 龙城2]-[华为-A1 省公司2]
8	SAT PCM业务	(500kV崇福电厂～省公司) 省网PCM业务	[华为-A1 崇福电厂]-[华为-A1 神头二电厂]-[华为-A1 苗山开闭站1]-[华为-A1 朔州1]-[华为-A1 云顶山1]-[华为-A1 龙城1]-[华为7500
9	SAT PCM业务	(500kV柳林电厂～山西省调（谐园路3号））省网PCM	[华为-A1 柳林电厂1]-[NEC 金罗V]-[NEC 汾阳V]-[华为-A1 汾阳]-[华为-A1 宜安]-[华为-A1 广兴]-[华为-A1 夏家营]-[华为-A1 晋中1]
10	调度业务	(500kV神头二电厂～500kV朔州变和山西省调) 分部调	[华北华为 神头二电厂]-[华北华为 五台]-[华北华为 保北1]-[华北华为 清苑]-[华北华为 石北1]-[华北华为 忻都]-[华北华为 忻州]-[华

图3　业务界面

（2）故障处置决策辅助。移动端以工单化模式按规定周期派发任务工单，确保运维人员按时开展春秋检、网管巡视等规定任务，系统自动对发现的故障、隐患进行分类和初步评估，制定优先级和处理措施，生成处置工单，实时跟踪和记录处置情况，实现全过程闭环管控。建立故障、隐患处置经验库，为通信运维提供智能化分析决策支撑。巡检应用流程如图 4 所示。

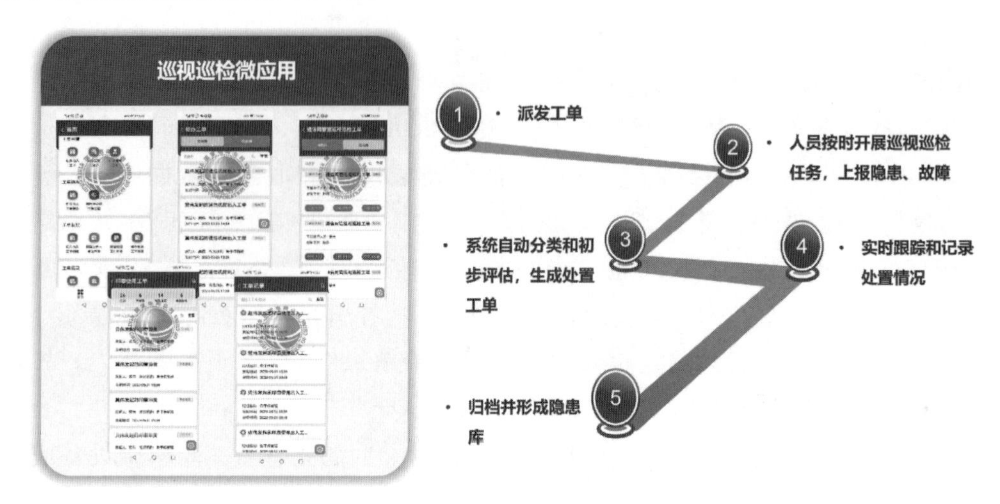

图 4　巡检应用流程

（3）作业检修标准可视。将现场勘查、会商推演、检修准备、现场实施及校核验收的标准作业流程迁移线上执行，现场作业人员实时接收条目化工单数据，按图 5 作业，支撑检修闭环管理。同时后台可实时监控现场作业进度，实现检修作业安全可控、进度可视。

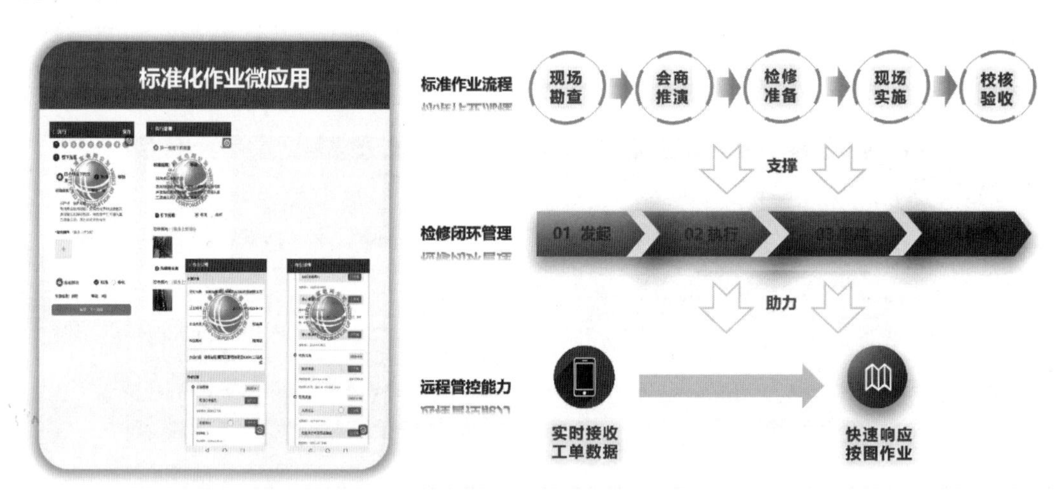

图 5　标准化作业应用流程

五、推广价值

通过构建通信可视化数字运维体系，研发应用通信全场景可视化数字运维系统，创新数据台账管理模式，打造上层典型应用，有效整合技术资源，打破传统运维模式，节约人工成本，提升通信生产运维工作质效。自2023年3月上线以来，通信移动运维助手主要面向山西省电力公司各级单位通信运维检修用户，提供设备资源数据核查、数据分析、标准化作业执行等基础功能，实现通信运维按时作业、实时跟踪、全程监督、闭环管理。

本项目成果计划经上级职能管理部门审核批准后在全省范围内进行应用推广，信通公司将全面做好通信全场景可视化数字运维系统操作宣贯培训及技术指导工作。本研究成果可以先在国网山西省电力公司试点，待应用形成规范后，可在国家电网其他省公司进行推广应用，有望为通信专业数智运维提供可行的技术路线。

方法装置篇

5G 虚拟现实培训云平台

国网北京电力

（郝佳恺　金　明　白昊洋）

摘要： 电力行业现场作业安全风险高，设备操作复杂，通过虚拟现实（VR）的方式可降低现场作业安全风险和培训成本，快速提升员工业务素质。因此自主研发5G虚拟现实培训云平台，该平台不仅实现了VR视频云端渲染、终端呈现的处理方式，还形成了一套根据培训需求快速建模的模型搭建体系，快速完成了不同培训内容的脚本创建。通过将VR培训核心系统在5G MEC上的一次部署，实现了电力培训的低成本，灵活部署的功能，即只要有5G网络覆盖的区域，随时随地可进行电力VR培训教学。

一、背景

虚拟现实（Virtual Reality，简称VR）作为一种沉浸式的虚拟培训手段已经得到广泛应用。电力行业现场作业安全风险高，设备操作复杂，通过数字孪生的沉浸式方式可降低现场作业安全风险和培训成本，快速提升员工业务素质。但VR受到其对传输带宽、渲染能力高等技术因素影响，对系统环境依赖性较强，主机环境必须部署在现场，造成VR培训部署成本高、灵活性差、对现场的人员技术要求高等问题。5G技术的高带宽、低时延技术特点，可以实现VR主机设备的云化部署，大幅降低VR培训现场部署软件硬件成本，提升灵活性。

为此，国网北京市电力公司自主研发了5G虚拟现实培训云平台，该平台不仅实现了VR视频云端渲染、终端呈现的处理方式，还形成了一套根据培训需求快速建模的模型搭建体系，快速完成了不同培训内容的脚本创建。通过将VR培训核心系统在5G MEC上一次部署，实现了电力培训的低成本，灵活部署的功能，即只要有5G网络覆盖的区域，随时随地可进行电力VR培训教学。

二、技术方案

选取冬奥场馆10kV开闭站运维开闭设备为主要研究对象，充分分析了开闭站的运维作业需求，进行基于混合现实并融合了三维可视化及数字孪生技术的电力设备三维可视化技术研发。通过构建数字孪生体，将物理环境中的电力运维场景、模型、特征及行为信息映射到虚拟环境；利用三维注册跟踪技术将虚拟信息和物理实体进行了虚实融合，以实现三维步骤操作引导和标记点信息的浏览，同时采用 Azure Spatial Anchors（ASA）的方式进行空间对齐，实现多人本/异地协同操作，共享运维空间数字孪生信息。

VR 云渲染平台（图 1）基于云计算技术的理念，通过视频将“云端”信息向“终端”呈现处理。将 VR 应用部署于多人协同的井下有限空间作业系统，应用在云端服务器上运行，将运行的显示输出、声音输出编码后经过网络实时传输给终端，终端进行实时解码后显示输出。终端同时可以进行操作，经过网络将操作控制信息实时传送给云端应用运行平台进行应用控制，终端“精简”为仅提供网络能力、视频解码能力和人机交互能力。同时该平台兼容集中式部署和分布式部署的部署方式，可以适应不同的网络/机房条件，针对运营商的特定要求进行系统的灵活配置。通过该平台的分流能力分发给多个用户，显著降低了对 VR 设备高性能要求的依赖，降低了部署和分发成本，实现了应用的轻量化使用。

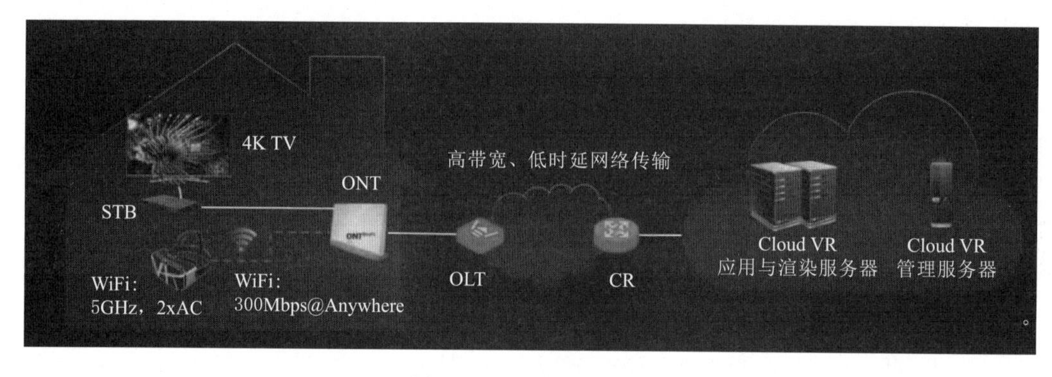

图 1　VR 云渲染平台

三、应用成效

从使用效果上看，项目应用于电力现场运维检修作业，可大幅提升检修作业的精准度，实现现场检修作业零失误的目标，与 5G 技术的融合有效提升了系统画面效果，提升了系统流畅性，降低通道时延。

通过与 5G 技术融合，突破了有限空间作业培训对现场环境、设备的依赖，实现了灵活部署、泛在培训，大幅降低了培训成本，提升了电力有限空间作业安全水平。本系统可推广到其他行业的有限空间作业培训中，也可基于平台开发其他类型业务培训系统。

四、典型应用场景

（一）5G＋MR实现精准作业检修和远程专家指导

通过构建三维数字孪生体，将物理环境中的电力检修环境、设备、流程及行为信息映射到虚拟环境；利用三维注册跟踪技术将虚拟信息和物理实体进行了虚实融合，实现精准检修作业指导；通过多人本/异地协同操作，实现远程专家作业指导。

（二）5G＋云VR实现数字化员工培训

电力有限空间作业培训场景，实现了有限空间作业全流程、全细节的浸入式数字仿真培训，实现工作负责人、监护人、工作班成员的多维互动，并可对培训情况测评打分。

五、推广价值

项目成果可在试点应用的基础上可向各检修作业现场、其他行业的有限空间作业培训场景推广。应用于现场运维检修作业，可大幅提升检修作业的精准度，实现现场检修作业零失误的目标，与5G技术的融合有效提升了系统画面效果，提升了系统流畅性，降低了通道时延；应用于培训工作，通过与5G技术融合，突破了有限空间作业培训对现场环境、设备的依赖，实现了灵活部署、泛在培训，大幅降低了培训成本，提升了电力有限空间作业安全水平。

管道光缆施工一体化作业车

国网河北电力

（童　李　王蒙蒙　骆亚菲）

摘要： 针对有限空间（管井）内空间狭小，人工作业受限，易受到窒息、有毒有害气体导致人身伤亡事件等短板，研发创新出一种具备快速通/换风、有毒/害气体监测、光缆牵引展放、照明监控等功能，同时具有复杂环境的自行能力，依靠内置锂电池为动力源完成“行走”“通风”“监测”“光缆展放”在内的所有功能的一体化作业车辆。

一、背景

位于城市管井等有限空间内的通信光缆，其施工作业时风险高，运维过程中人身随时可能会受到井内有毒有害气体的伤害。国家电网公司近年曾多次发生有限空间作业不规范致人死亡的事故。例如 2020 年 7 月 2 日，湖南堆子岭 220kV 输变电工程“7・2”坑基作业窒息事故，导致 5 人死亡；2019 年 7 月 3 日，青海—河南直流 800kV 特高压“7・3”基坑内人员窒息事故，造成 2 人死亡。

而随着城市的各种争创活动与市政美化建设的不断发展，原本架设于市内电杆上的电力线路、通信光缆都严重影响了城市的发展，均需要迁改至地下管井隧道内，大量的有限空间（城市管井）作业给施工人员无论从安全上还是从工作量上都带来了巨大的挑战。

二、技术方案

针对有限空间线缆展放等作业时人员劳动强度大，伴随可能发生中毒窒息等危害作业人员生命安全的现状，创研发出了能够对有限空间内进行快速排风通风，具备实时气体监测、快速排水、照明等功能，同时能够替代人工进行线缆牵引作业的一体化作业车，其具有以下功能特点。

（一）高压通风换气

该一体化作业车具备通风排风及气体监测功能，该创新点在车辆的内部集成大功率离心式排风系统，排风系统应由电机驱动，由内置的蓄电池组供电驱动，在作业车行进到需要作业的地点后，将可折叠、扭转的通风管置于井口中，可迅速向作业管井底部排入大量新鲜空气，达到对井内快速通风换气的效果。

（二）实时气体监测

该一体化作业车的排风系统设有反转功能，在反转时，可将井内现存气体抽出，并在作业车的排风口处（电机正转时的吸风口）设置气体检测仪（四合一有害气体检测仪）的放置处，达到对管井内部现有气体进行实时检测的功能，在作业人员在管境内工作时，反转常开，保证人员工作时井内也有新鲜空气的流入以及对井内气体的实时监测，最大限度地保障作业人员的作业安全。如图 1 所示。

（三）照明与监控功能

该一体化作业车在排风通风管的最前端（正常展开作业时，通风管刚伸入井口内的部分）增设了照明与视频监控装置，其位置高度正好处在整个作业井空间的最顶端。在井内作业时能够给予工作人员足够的工作照明的同时，也能够便于外接人员实时掌握井内的作业状况。如图 2 所示。

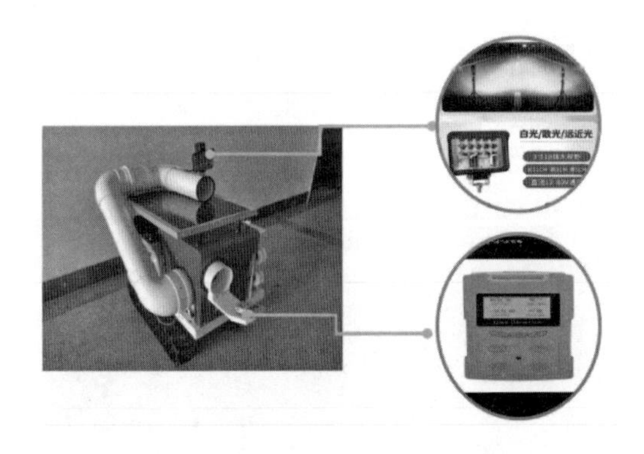

图 1　气体监测、照明、监控功能

图 2　排水功能

（四）快速排水功能

该一体化作业车内部集成抽水装置，由于管井在雨后井内会存留大量的积水，不满足作业人员下井工作的要求，这时仅需将排/抽水管简单的连接至一体化作业车的相应排/抽水口位置，便可将作业管井内的积水快速排出至井外，其排水速度可达到 $15m^3/h$，抽排水高度落差可达 10m 以上，满足各种作业地点的需要。如图 3 所示。

（五）线缆牵引功能

该一体化作业车具备线缆牵引展放功能，通过内置的无刷电机与星型减速齿轮的组合搭配作为动力源，带动含有夹紧力可调的橡胶履带传输装置，为展放线缆（光缆、电缆）提供强大牵引力，替代传统人工进行线缆展放作业（其对线缆的夹紧与牵引力可达 5kN，牵引速度可达到 70m/min）。如图 4 所示。

图 3　排水、通风模块及行走地盘

图 4　线缆牵引功能

（六）自行走功能

该一体化作业车具备自行走功能，左右两侧履带分别由独立的电机搭配减速齿轮构成，驱动扭矩大，履带式的设计增大了接地面积，保证了恶劣路况下的行驶性能，并具有原地转向的能力（行走速度 5～8km/h，爬坡角度可达 70%）。如图 5 所示。

该一体化作业车所有的控制功能均集成于一部遥控器上，整个作业车的操作简单易上手，能够为城区管井、小型隧道等有限空间提供线缆牵引展放、积水抽除、通风检测、辅助照明等多种功能。并且其高度集成，自备动力源，具备复杂路况下自行走能力，为有限空间内作业提供了有力的支持。如图 6 所示。

图 5　一体化作业车

图 6　一体化作业车通风管展开图

三、应用成效

（一）该创新成果集成度高

一体化作业车在原本光缆牵引机体积与重量不变的前提下，在保证线缆牵引能力的同时拓展了强制通风、气体检测、抽水排水、井下照明等功能，大大减少了施工队伍所需携带的工器具数量，底部集成的履带底盘同时方便了工作地点的转移与转运。

（二）该创新成果续航能力强

一体化作业车与传统的光缆牵引机、水泵、通风风扇等工器具相比，其内置动力电池，能够依靠自身电源连续工作 3h 以上，同时还配有外接电源供电接口，在需要长时间工作时为其提供外接电源（内置电源可牵引展放光缆 15km，或行走移动 20km，或抽排水 $30m^3$，或提供照明、通风 20h 以上）。

四、典型应用场景

自 2022 年开始，该创新成果已在国网邯郸供电公司信息通信分公司通信光缆班组推广应用。2022 年 6 月，班组在 220kV 市中站—110kV 丛台站新建管光缆施工中大放光彩，其在使用皮卡车拉运至工作现场后，通过使用折叠搭板可从车斗内行驶至地面并行走至作业地点，打开作业井口后，如遇到井内积水可快速抽水，之后通过通风、气体检测合格后，作业人员便可下井工作，作业时，该一体化作业车能够为作业空间提供足够的作业照明，同时对作业区域进行监控，外部人员可通过视频终端实时掌握井内人员作业情况。最后，井内光缆疏通完毕需要倒放光缆时，一体化作业车的展放功能能够通过一体化作业车操控人员的控制，快速调整好合适的牵引速度与夹紧力度，对光缆进行快速展放，减少人员作业强度。

五、推广价值

一体化作业车在提高工作效率、减少事故发生的同时，还借助以机器取代人工作业的思想，为线路施工、运维检修开辟了新思路。

今后可逐步推广至电缆、配电、电信公司等其他专业及企业中去，能够为其在安全防护方面实现巡检的安全智能化，真正实现创新来源于工作，奉献于工作的创新理念。

OPGW 光缆在线监测预警及定位系统

国网信通公司

（陈　佟　王　颖　夏小萌）

摘要： OPGW 光缆承受着来自冰、雪、风、极限温度以及地理环境的影响，致使 OPGW 光缆在长期运行过程中易引起老化、断股、断纤、光缆质量降低等故障。OPGW 光缆“零中断”在线监测预警及定位系统不仅能得到光纤本身的衰耗指数、应力、扰动、故障定位、温度等参数外，还能监测 OPGW 覆冰等其他多种信息，实现监测区段内光缆故障的快速定位、缺陷有效预警及运行健康评估，实现光缆运行状态可控化和运维智能化，进一步提高输电网络的运行可靠性。

一、背景

输电线路中的光纤复合架空地线（Optical Fiber Composite Overhead Ground Wire，OPGW）承担地线和通信光缆的双重功能，OPGW 线路的运行状态关系高压输电线路本身和通信系统的安全。OPGW 光缆随输电线路架设，难免出现光缆中断或性能劣化等故障，特别当经过高海拔、重覆冰、森林山地、江河大跨越等区域时更容易受到外力破坏，这为电力通信网络及电网安全稳定运行带来重大的安全隐患。目前光缆运行监测主要采用仪表测试光缆衰耗辅助人工巡检法，传统运维方法耗时多、成本高、监测精度低且实时性差。为了应对恶劣的光缆运行环境，保障通信，提高光缆的可用率和可靠性，同时弥补维护力量相对不足的缺点，需采用可靠、有效的监测手段和分析诊断技术，对 OPGW 通信线路的状态进行监测，及时、准确地掌握光缆的运行状态并进行运行寿命预估。当光缆出现光纤劣化时，能够快速响应，准确定位。在光缆中断之前进行预警及故障定位，并进行光缆修复和更换，从而提高 OPGW 光缆健康运行水平，为保障电力通信网及大电网的安全稳定运行提供更为有效的技术支撑。

二、技术方案

（一）关键技术

光纤传感技术具有灵敏度高、抗电磁干扰等优点，已经逐步走进电力系统的安全监测中。分布式光纤传感技术以普通通信光纤作为传感器和信号传输介质，具有长距离、海量监测点的特点，尤其适合内置通信光缆的 OPGW 的温度/应变、振动等参量在线监测。共涉及三种技术：BOTDR、ϕ－OTDR、OTDR。利用 BOTDR、ϕ－OTDR 技术分别对应变、温度和振动进行监测，实现 OPGW 覆冰、倒塔和断纤等事故在线监测及预警的方法日趋成熟，可为 OPGW“零中断”运维提供强有力的支持。

纵观已有的分布式光纤振动传感系统，大部分商用产品均集中在 50km 以下的传感长度，如果想把这项技术应用于电力传输网络，这个级别的量程是远远不够的。为了解决特高压光缆超长站距的光缆监测问题，将采用脉冲 EDFA 及分布式拉曼放大器。

脉冲型 EDFA 在传统 EDFA 的基础上对脉冲光的放大效果进行了优化，其关键技术是掺铒光纤和泵浦源。在给定的泵浦功率下，掺铒光纤的长度应选择在最佳范围内，使信号光从泵浦光能有效地提取能量，超出此长度的光纤将对信号形成再吸收，则会限制光纤的增益。对泵浦源的要求是高功率、长寿命。

拉曼放大器因为其在噪声、非线性和带宽方面的优良特性而备受关注，近年来随着泵浦技术的成熟，越来越多的超长距离光通信系统选择它来增加系统的余量，提高系统的传输距离。对于超长距离光通信系统来说，利用拉曼放大器可以在普通传输光纤中实现光信号的分布式放大，从而大幅提高系统的光信噪比（OSNR）、增加系统跨段长度、抑制光纤中的非线性效应。

光缆“零中断”在线监测预警及定位系统，以三维 GIS“一张图”为依托，应用于 OPGW 光缆在线监测预警和故障定位，将 OPGW 光缆监测导向智能化、信息化，为光缆设施安全运营提供切实可靠的监测数据，变被动抢险为预防预控。通过光缆运行状态实时监测，提高工作人员对光缆日常巡查、检修、维护的工作效率，并通过三维 GIS 构建应用，实现数据可视化展示、管理可视化。

（二）创新亮点

首次研制出针对 OPGW 光缆“零中断”在线监测预警系统，并在项目中开展实际测试及应用。

首次研制出长距离 BOTDR 系统，单向测量距离达到 130km；长距离 BOTDA 系统，单向测量距离达到 150km。

在电力通信系统中采用 ϕ－OTDR 技术识别覆冰事件，并首次提出并实现等效覆冰厚度的监控与计算。采用 ϕ－OTDR 进行光缆固有频率的监测及测量，利用固有频率与缆线重量的关系实现缆线上覆冰的定性及定量的探测，可以有效推算覆冰厚度，为线路融冰提供数据支撑。采用 ϕ－OTDR 利用光缆舞动频率与光缆应力的关系实现对光缆应力的测量。

基于现网中 OPGW 光缆的应用情况调研及采集数据分析，利用力学、光学理论及光缆余长设计方法，首次研究叠加物理场下的 OPGW 光缆纤芯应变理论模型；通过对比试验分析和仿真分析结果，进一步修正理论模型。为实现 OPGW 光缆纤芯应变产生主要因素理论计算及实验室验证提供理论依据。

三、应用成效

（一）率先在白鹤滩—浙江±800kV 特高压直流光纤通信工程开展应用

基于分布式光纤传感技术的光缆在线监测及定位系统、新型大容量光纤接头盒，率先在白鹤滩—浙江特高压直流光纤通信工程中开展应用，实现光缆应力应变、覆冰、振动等实时监控及预警，同时实现精准快速定位，保证光缆的安全可靠。

（二）首次实现特高压光缆 300km 长距离 OPGW 光缆分布式应变无中继测量

白鹤滩—浙江±800kV 特高压直流光纤通信工程中布拖换二期—沐溪光缆长度为 293km，该段直流线路为全线覆冰最重、高差最大的区段，约 3km 的直流线路覆冰在 60mm，全线最大高差 447m。距离沐溪变 43km 处有全线第二大跨越——岷江大跨越，线路跨越档距为 1.988km。

布拖换二期—沐溪段及岷江大跨越段的光缆在受重覆冰、大高差、大跨距的因素影响下易导致局部应力集中，OPGW 光缆应力随之变化，而引起光缆老化、断股等故障；光缆受风偏影响，会加速光缆的老化甚至中断。在布拖换二期、沐溪变各配置 1 套光缆在线监测子站设备，对布拖换二期—沐溪段光缆的应力、温度、衰耗等进行监测，分析纤芯性能劣化趋势及纤芯失效的时段，及时发现光缆故障且准确定位故障点，并提前发出预警信息。

同时对该段光缆在线监测提出监测距离的优化，提升光缆在线监测覆盖半径，单向覆盖不低于 150km，双向覆盖不低于 300km，突破国内乃至世界光缆在线极限监测距离。

四、典型应用场景

光缆“零中断”在线监测预警及定位系统应用场景包括 220kV 及以上电压等级线路 OPGW 光缆在线监测。220kV 以下电压线路光缆可选用其中的几个模块使用。

设备配置包括硬件和平台软件两个部分。硬件包括：采用 BOTDR、ϕ－OTDR、OTDR 技术多参量测量的融合模块。软件实现光缆实时故障定位及诊断、隐患缺陷分析及预警、光缆线路评估及覆冰监测三大功能，同时可实现光缆资源管理、系统信息查询功能、系统配置管理及日志管理功能、用户管理功能。可因地制宜选取一个模块或三个模块硬件配置，并根据线路的运行环境配置软件平台。

五、推广价值

OPGW 光缆“零中断”在线监测预警及定位系统对 OPGW 通信线路的状态进行监测，及时、准确地掌握光缆的运行状态并进行运行寿命预估，应对光缆中断或性能劣化等故障等问题并进行预警，保障电力通信网及大电网的安全稳定运行。同时能解决传统光缆运维方法耗时多、成本高、监测精度低且实时性差等问题。且设备安装在站内，具有易维护、使用时间长、方便运维、实时采样等特点，方便使用，能极大提高光缆运维人员的工作效率，保证光缆的安全。

基于状态感知的IMS接入网终端智慧管控装置

国网山东电力

（翟洪婷　张庆锐　张延童　翟　启　卞若晨　刘保臣）

摘要： 国网山东公司集约部署IMS核心网，面临接入网终端业务发放流程复杂、设备状态无法捕获、故障发现和定位困难等难题。IMS接入网终端智慧管控装置通过应用业务发放一键式配置、全网电话设备实时监控、信令流程可视化诊断等技术，实现了不同品牌型号IMS接入网终端配置全自动下发、状态自动感知及故障快速定位，对改变电力交换网运维模式，变被动应急式的维护为主动预防式的服务具有重要的意义，相关技术被鉴定为国际领先。

一、背景

电话交换网覆盖全省各级、各类调度指挥厂站及行政办公场所，在电网安全生产、高效便捷办公中发挥了重要支撑作用。“十三五”期间，山东公司集约部署IMS核心网，承载全省电话用户8万线。IMS技术首次应用于大型企业专网，IP话机、IAD/AG等IMS接入网终端运维面临以下三方面难题。

（1）终端业务发放流程复杂。随着IMS核心设备集约部署，电话用户业务发放（放号、改号、销户等）需运维人员手动配置3套核心网设备（HSS、ATS、ENS等）和终端设备，且因终端设备管控协议私有，需现场手动进行配置，配置过程复杂、易出错。

（2）终端状态无法捕获。IMS接入网终端具有品牌（华为、中兴、宝利通、平治东方等）型号多、数量大、部署位置分散等特点，设备状态难以集中、实时捕获，状态巡视全部依赖人工，耗费大量人力物力，且巡检周期长，巡检及时性难以保证。

（3）终端故障发现和定位困难。IMS核心网承载全省8万线电话用户，每个用户每次注册或通话需至少20个网元/网络设备处理，消息类别多、流程复杂，可视监测技术尚为空白。宏观层面接入网整体运行指标、微观层面单一用户通话信令流程均缺乏有效监控手段，导致故障难以先于用户发现、异常业务恢复耗时长。

为攻克以上难题，山东公司研制一种基于状态感知的 IMS 接入网终端智慧管控装置，实现 IMS 接入网终端的配置一键自动下发、状态集中监管以及信令流程可视化，对改变电力交换网传统运维模式，变被动应急式的维护为主动预防式的服务具有重要的意义。

二、技术方案

（一）技术原理

IMS 接入网终端智慧管控装置主要采用 TR069 远程管理协议，具有协议建立、MD5 鉴权认证、协议交互、数据解析等步骤，主要技术方案如下：

第一步，协议建立：在 IMS 接入网终端（CPE）完成 TR069 功能配置，ACS 向 CPE 发送通知报文，要求 CPE 上报设备固有信息。

第二步，MD5 鉴权认证：CPE 上报设备固有信息，包括品牌型号、序列号等。ACS 对 CPE 进行鉴权认证，认证成功则通信建立成功。

第三步，协议交互：ACS 发送报文查询 CPE 的 RPC 函数库，得到不同品牌型号 CPE 的方法名、参数。

第四步，数据解析：ACS 利用多级反馈序列调度算法，动态分配状态报文的处理队列，解析关键字段，研判运行状态；关联分析信令消息，统计运行指标；ACS 将配置参数发送至 CPE，实现自动配置。

IMS 接入网终端智慧管控装置系统架构如图 1 所示。

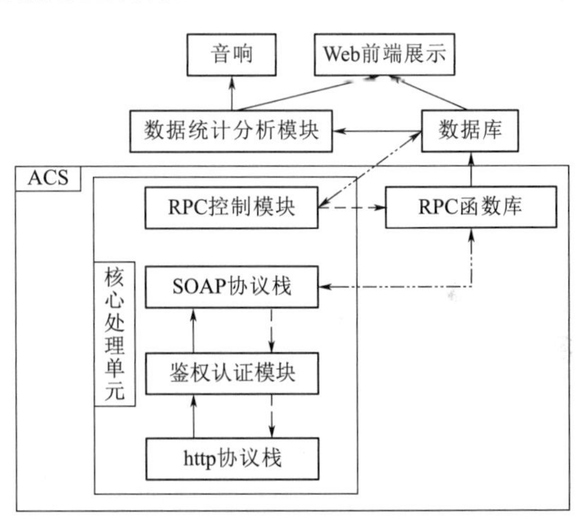

图 1 IMS 接入网终端智慧管控装置系统架构图

（二）创新亮点

1. 创新点 1：应用电话用户业务发放一键式配置技术

一是针对接入网终端协议私有难题，深入分析 TR069、SSH、Telnet 等主流通信设备管理协议，建立全面兼容现网终端设备的协议栈，实现电话终端远程全自动配置、即插即用。二是针对核心设备配置复杂难题，打通 IMS 核心设备、终端设备数据接口，建立完备的分权分域策略，实现全省分权分域、灵活自主的一键式、批量式业务发放，极大提高业务发放效率。应用该技术提出的“柔性割接法”，在汇接迁移、码号调整等重大工程中发挥显著作用，省、市、县均能灵活安排进度、合理规划时间，在国网系统推广应用典型经验。

2. 创新点2：提出全网电话设备实时监控技术

一是针对终端状态难以采集问题，应用基于TR069协议的状态感知、自动上报技术实时采集IP电话状态，应用基于SSH/Telnet协议主动探测、主动问询方式定期采集IAD、AG设备运行状态，实现接入网设备状态全面监管、异常自动预警，在重点用户保障等工作中发挥重要作用。二是针对终端设备数量大、状态感知报文高并发传输等问题，提出状态多级反馈调度算法，多级并行处理设备状态信息，融合应用蚁群智能优化算法，得到局部最优的状态感知消息处理路径，最小化海量设备状态刷新时长，将全省2.5万部IP电话和1.3万台IAD、AG设备状态刷新周期缩短至5ms。该技术被鉴定为国际领先。

3. 创新点3：提出终端信令流程可视化诊断技术

一是针对终端用户通话信令流程复杂、信令流程难以可视化展现问题，将注意力机制模型应用于信令监测场景，实现海量信令消息的实时筛选、过滤、分析、重组，可视化复现全场景注册、通话信令流程，精准复现故障场景，显著提升故障处置效率。二是针对接入网关键运行指标难以掌握问题，应用基于锚点过滤算法的关键指标监控技术，将关键运行指标（注册率、接通率、话务量）设置为锚点，实时计算、动态展示各指标动态数据，有效防范大面积电话用户故障情况。该技术被鉴定为国际领先。

三、应用成效

自2021年以来，IMS接入网终端智慧管控装置在国网公司、南方电网、华能等多家单位推广应用。在电话一键式配置下发、状态实时监控、故障定位等场景发挥重要作用，显著提升相关应用单位电话交换网运维效率和支撑服务水平。累计直接经济效益15747.53万元，经济效益显著。

此外，本成果核心技术还推广应用至华能等大型发电企业调度电话一体化监控、故障自动感知场景，保障了相关单位调度电话业务“零中断”，在外委支出、人工巡视成本、设备购置成本等方面累计节支247.3万元。

四、典型应用场景

IMS接入网终端智慧管控装置部署于IMS交换网中。一是使用SOAP协议栈，经SPG业务发放北向接口，同IMS核心网各网元进行对接，实现IMS核心侧用户数据统一发放；二是使用TR069/SSH/Telnet/FTP协议栈，同IMS接入网IP电话、IAD、AG等终端进行对接，实现IMS接入网终端用户数据自动下发和状态集中监管；三是使用SIP协议栈，IMS承载网网络交换机镜像端口进行对接，实时采集全网信令，实现信令流程可视化展现。典型部署方案如图 2 所示。

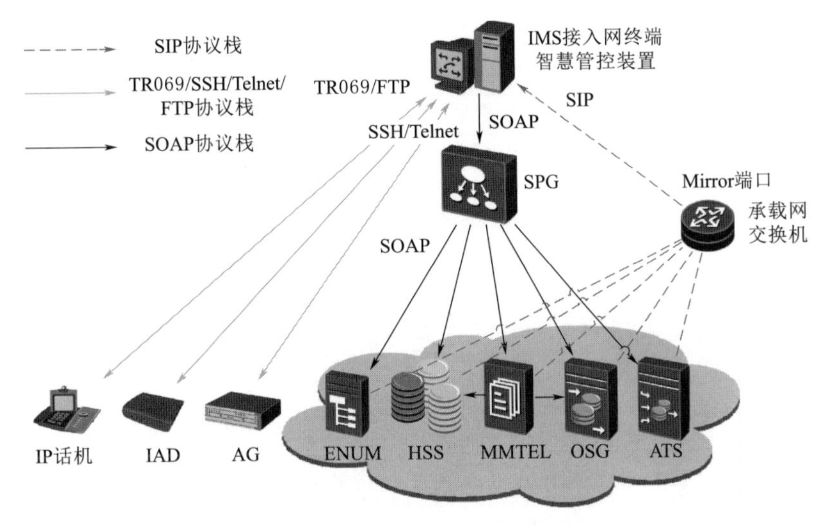

图 2　IMS 接入网终端智慧管控装置典型部署方案

五、推广价值

该成果相关技术已被中国工程院潘德炉院士等专家鉴定为国际领先，在 IMS 接入网终端自动配置、状态快速感知、故障精准预警等方面发挥了关键作用，推动了国网系统内交换专业人员结构调整，优化了服务模式，对加快构建能源互联网新业态具有重大意义。同时，本成果已在电力、煤炭、石油、地铁等行业正式应用，为大型企业交换专网提供了信息化运维重要借鉴，推动了企业交换网技术进步和产业升级，具有广泛的推广应用前景。

无人机在电力通信中的创新应用与研究

国网新疆电力

（祁欣学　解　鹏　宋俊廷　马弘历　高建晔　郜亚轩）

摘要： 无人机技术日趋成熟，凭借其灵活性、机动性、功能易扩展性，逐步被应用于交通管理、测绘建模、电力领域。针对电力线路人工巡视受地理环境、自然环境的影响，巡视效率低、精度差，以及部分线路或者抢修现场处于公网覆盖盲区，巡视检修人员无法及时与外界取得联系，增加了作业风险等问题，国网新疆电力公司利用无人机＋深度相机三维扫描技术、双目视觉障碍物检测技术以及宽带自组网无线通信技术，完成数字化智能巡检及应急局域通信网络一体化系统建设。

一、背景

光缆精细化巡检运维需求日益强烈，随着电网规模的不断扩大，线路巡视工作量日益增加，同时人工地面巡检的传统方式视角受限，无法支持立体化、精细化的巡检新要求。加之近来严峻的安全生产形势，传统的运维方式已无法满足相关要求。利用无人机进行巡检，不仅可以提高效率，还可解决复杂、危险环境下的巡视难题。

部分巡视区域通信不通畅问题亟需解决，首先，由于新疆幅员辽阔，部分杆塔线路处于山区、戈壁等公网覆盖盲区，巡视人员无法利用现有的通信手段与外界取得联系，常出现“进山即失联”的情况，安全性问题显著；其次，这些区域通常自然环境恶劣，电力线路易发生故障，一旦需要紧急抢修，又存在现场抢修人员无法及时将故障相关情况报告后端指挥中心的问题，严重影响故障处置判断及效率。

二、技术方案

（一）关键技术

1. 深度相机三维扫描技术及双目视觉障碍物检测技术

利用深度相机和双目立体视觉模型，提出电力巡检场景下环境立体深度图的简易构建方法，使无人机巡检定位更精确，即使在恶劣天气及强电场环境下，也不会出现失稳问题。同时，提升障碍物检测的鲁棒性，大大提高了无人机自主避障的及时性和有效性。完成电力线路销子、螺母等细小部件的定点拍摄，实现线路精细化智能巡视。

2. 宽带自组网无线通信技术

基于 MESH 宽带自组网多跳中继，提出多种通信方式相互融合，按需动态组网，延伸应急通信距离，快速实现应急局域通信网络覆盖，为抢修现场提供移动互联网、高清语音、百兆数据业务，构建可应用于各种复杂环境的应急通信指挥体系。

（二）创新亮点

1. 无人机＋云台深度相机精细化巡视、验收

无人机搭载云台深度相机对光缆挂点、销子及塔牌进行变焦拍摄，利用双目视觉障碍物检测，实现无人机最佳避障路线选择，实现由单维空间向三维空间拓展，确保巡检线路及无人机安全。经过测试，飞行拍照时回传视频无抖动，照片质量清晰；无论是白天还是夜间，均可实现在百米之外对线缆、螺母、销子进行拍摄，完成故障点排查，如图 1 所示。

无人机搭载激光雷达对输电杆塔进行点云数据采集，利用采集到的点云数据合成高精度点云三维模型，如图 2 所示。在综合考虑多机型多旋翼飞行能力、相机焦距、安全距离、巡查部件大小、云台角度、机头朝向等的基础上规划飞行航线，完成自主巡检任务。这种数字化、立体化的安全巡检方式，大大提高了巡检拍摄照片的有效率以及杆塔关键部位的巡检覆盖率，有效保障巡视效率和质量。

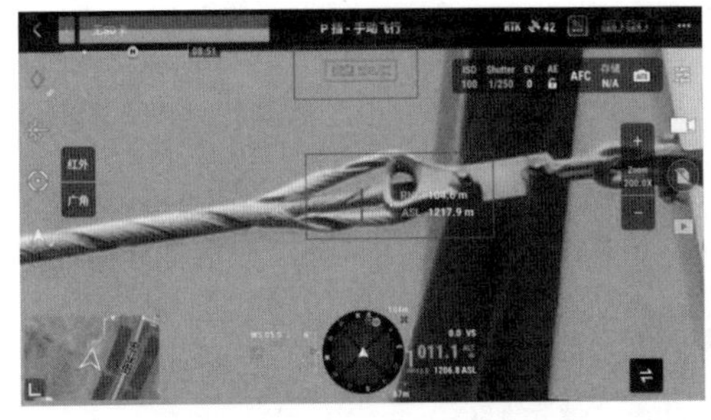

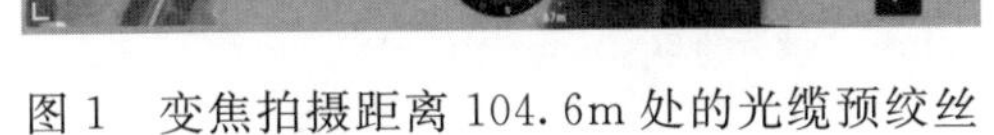

图 1　变焦拍摄距离 104.6m 处的光缆预绞丝

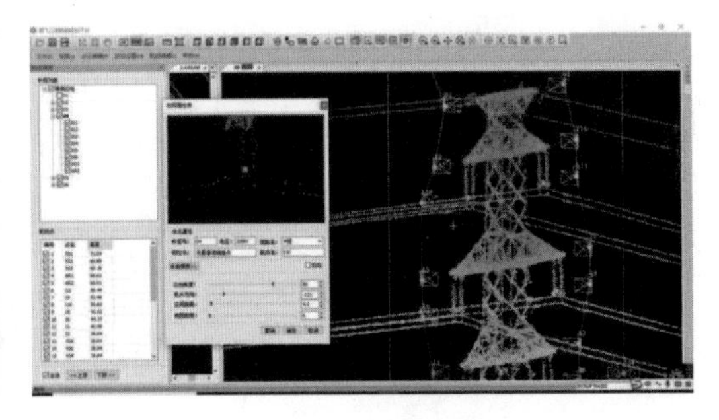

图 2　高精度杆塔点云三维模型

无人机搭载高清相机可近距离检查光缆挂点、接头盒及金具，进行线路精细化验收，避免了人员高空作业，检查得也更为精细，节省验收工时，将拍摄照片收入验收报告和数字档案，形成该工程的“名片”，为工程“零缺陷”投运夯实了基础。

2. 无人机＋自组网设备应急通信

公网＋无人机搭载自组网中继设备实现应急通信网络覆盖。自组网中继设备在公网覆盖区域以有线方式接入公网，同时与高点布置的自组网便携基站通信，再以无人机搭载的自组网中继设备在空中悬停的方式，完成抢修现场的通信信号及 WiFi 覆盖，宽带的无线自组网实现抢修现场运维人员以高清音视频的方式与指挥中心实时通信，

如图 3 所示。

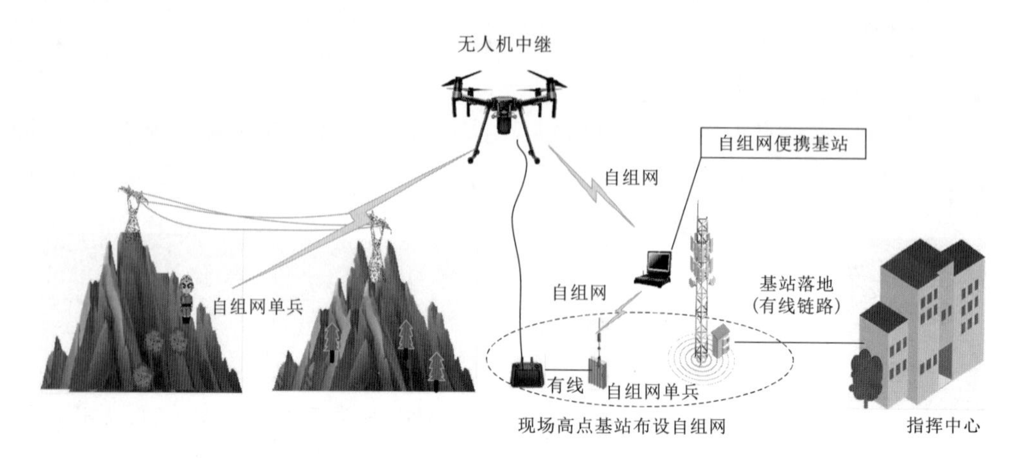

图 3　公网＋无人机搭载自组网中继

超视距＋无人机搭载自组网中继设备实现应急通信网络覆盖，如图 4 所示。指挥中心及抢修现场分别架设超视距通信设备，先建立“点对点”的应急通信通道，抢修现场的超视距设备连接路由器，再将无线路由器及公网对讲机通过无人机中继携带的方式进行信号传递，扩大信号覆盖范围。

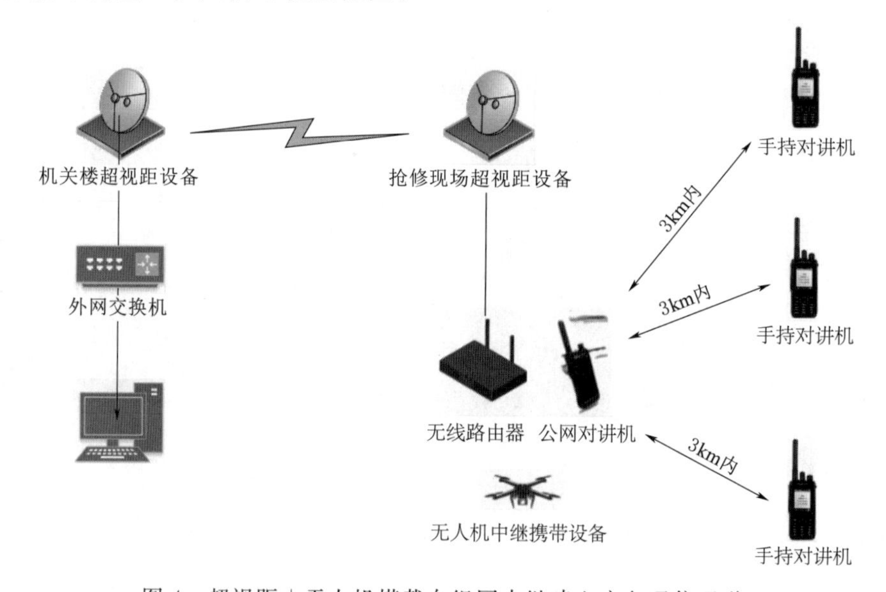

图 4　超视距＋无人机搭载自组网中继建立应急通信通道

3. 无人机＋系留系统应急照明

采用无人机搭载矩阵照明灯＋系留系统＋发电机的方式搭建应急抢修照明系统，系留系统及发电机为无人机的长时间悬停和照明灯提供电源，如图 5 所示。解决夜间抢修时因照明不足而严重影响抢修工作的效率、安全性等问题。

三、应用成效

本项目成果已应用于国网新疆乌鲁木齐供电公司所辖光缆线路的日常巡视、应急保障工作中，取得了以下应用成效。

提高日常巡检、验收效率。极大程度地减轻了运维人员的巡视验收工作量；同时，因无人机可以飞近光缆本体、金具、挂点等，近距离观测排查隐患与缺陷，提高了巡视验收质量。其次，弥补了人员爬杆检查能力不足，提高了巡检安全性。

图 5　无人机＋系留系统应急照明

提升应急通信、照明保障能力。利用无人机快速搭建应急保障系统，可充分展示通信专业在应急通信保障中的作用，现场不但可快速搭建应急抢修照明系统，还可利用无人机搭载自组网中继设备，机动灵活地部署自组网通信网络，实现抢修地点与指挥中心的通畅通信，完成指令的上传下达，提高应急抢修效率。

优化数字化运维模式。利用无人机的激光扫描雷达完成光缆线路的建模，形成详细的光缆数字化台账，以数字化手段辅助光缆定位、收资等工作的开展，构建通信专业光缆数字化、智能化运维模式。

四、典型应用场景

基于无人机的光缆精细化巡视验收适用于城市无人机禁飞区之外的光缆线路，尤其是位于山区、戈壁、自然环境恶劣区域的线路，以及“三跨”位置光缆段等场景。解决特殊区域、位置的光缆精细化巡视验收难题，提高光缆巡视验收质量和效率。

基于无人机的应急通信照明适用于部分线路或者抢修现场处于公网覆盖盲区以及夜间抢修照明的场景，通过无人机搭载方式可以动态扩展公网信号覆盖范围，实现抢修地点同指挥中心之间语音视频信息的交互；无人机＋系留系统解决夜间抢修照明不足问题。

五、推广价值

无人机应用到线路巡检验收中，可满足立体化、数字化的巡检验收要求，一架无人机 1 天可巡视近 70 座基杆塔的光缆线路，有效节省人力物力。同时，数字化精细化的巡视验收，可进一步提升了电网运行的可靠性、安全性，保障了民生用电安全，为经济社会发展做出了重要贡献。

无人机搭载自组网设备，依托公网及超视距技术为抢修作业现场提供大带宽、高可靠性的应急通信网络覆盖，有效确保了线路巡视人员的安全性；同时，提高现场抢修效率和抢修质量，缩短停电抢修时间。其次，大带宽自组网技术以及新型电源模块集成技术的应用，进一步推动了无人机创新应用以及应急通信系统功能的逐步强大完善。

高清视频会议系统新型应急装备研究

国网华东分部、国网江苏电力

（苏　杨　鄢高鹏　徐　刚　陈　鹏　田　然　庞渊源）

摘要： 随着“新型电力系统”建设实践不断深化，各类电力生产业务呈现地域分布广、信息交互频繁的特点，对视频会议灵活广泛地应用于公司会商研讨决策、可视化调度、应急抢险指挥等多种业务场景提出了新的要求。江苏公司通过自主化设计，研制高清视频会议系统新型应急装备，整合了全套视频会议操控、监视等核心硬件设备及协同处理软件，利用其高集成性、强便携性的特点，摆脱会议场地和硬件条件的限制，构建“随时随地开会、每分每秒待命”的强有力电力通信支撑平台。

一、背景

基于多种分离硬件的传统硬视频会议存在以下问题：①设备数量多、体积大，运输困难，搭建困难，即时会议、应急指挥等需快速响应场景难以满足；②设备品牌多，不同设备间的兼容性存在问题，可靠性难以得到保障；③设备接口存在不匹配情况，需额外增加转接头，增加故障点，带来会议风险；④根据一主多备的技术要求，不同设备间接线混乱，操作繁杂，对故障快速定位和及时处理造成影响；⑤难以做到高效操控和集中监视，难以在环境恶劣场地做到高可靠性传输。

随着电力建设步伐的加快，公司迎峰度夏反事故演习、电网负荷演习、白江投运送电仪式等重大外场视频会议不断增加，截至2022年9月底，已召开重大外场视频会议13场，苏州、无锡等多个城市已在变电站、酒店等多个地点召开过一、二类视频会议或同级别的仪式、庆典等重大活动。

外场视频会议地点分布广泛，会场均不具备现成视频会议条件，现场环境复杂。而视频会议保障实时性强，容错度低，随着外场会议形式的多样化，内外网平台同步操控、多通道交互式接入、一主多备等技术保障要求逐步升级。同时，面对灾害等突发事件，抢修现场与应急指挥中心的双向音视频互动需求也更加迫切。在此背景下，确保外场视频会议系统的及时、可靠搭建并顺利投入使用成为重中之重，确保应急场景下的音视频可靠传输，尽快建立一套便携可靠、适应能力强的视频会议新型应急装备成为亟需解决的问题。

二、技术方案

（一）关键技术

针对传统视频会议设备运输困难、外场会议现场环境复杂繁琐等情况，设计出便携、稳定可靠的移动式高清视频会议系统新型应急装备。

研究高清视频会议系统应急装备设备选型，主要包括视频会议终端、音视频矩阵、音视频光端机、调音台等相关设备，实现音视频信号无缝切换、合成显示、实时监视及记录等功能。

研究高清视频会议系统应急装备组装方案，实现多设备兼容，支持多种视频格式转换，在确保视频会议功能需求的基础上，实现应急装备集成度高、体积小、携带方便的目标。

研究高清视频会议系统应急装备接入方案，实现应急装备专线、网络双平台接入，每次使用无需重新接线，避免经常性拔插带来的安全风险，利用软件集中控制，提高系统安全可靠性，提升突发外场会议保障的应急响应效率。

（二）创新亮点

1. 视频会议新型一体化移动视频会议保障单元

建立便携可靠、适应能力强的视频会议新型一体化的移动视频会议保障单元。一是多设备兼容性，选用支持多分辨率的切换台、多接口的转换器、矩阵等兼容度较高的音视频设备，配有类型广泛的音视频模拟和数字接口，最大限度地兼容各类新老设备；同时内置视频转换器，具备格式转换功能，兼容各类摄像机，支持多种视频格式。二是安全稳定性，定制后面板、监视器，每次使用无需对设备进行重新接线，避免经常性拔插带来的安全风险。三是便携易用性。装备集成度高，所有设备采用机架式，集成安装在工业航空箱内，体积更小，携带方便；利用切换台可以选择混合、划像和浸入等各类广播级高品质转场完成画面源之间的切换，配备录制设备和存储设备，方便记录会议内容，同时使用摄像机操控面板来现场切换各机位，功能丰富，且可轻松上手，从容操作。

2. 面向数字化音视频设备操控的协同处理软件

研发数字调音台控制系统，提升设备音视频协同处理能力。数字调音台推杆、按钮、旋钮非常多，在实际使用中非常复杂，不仅有多路的物理输入、输出端口，常通过内部逻辑设置为虚拟端口，进行声音混合，还要避免出现声音环回、啸叫等问题。基于此，为了满足不同环境、场景下的音频需求，开发数字调音台控制软件（软件界面见图 1），直观显示状态，信号、通道、开关清晰明了，通过设置逻辑层面的联动和限位，预设固定模式，以达到减轻人员操作复杂度，提升运行可靠性的目的。

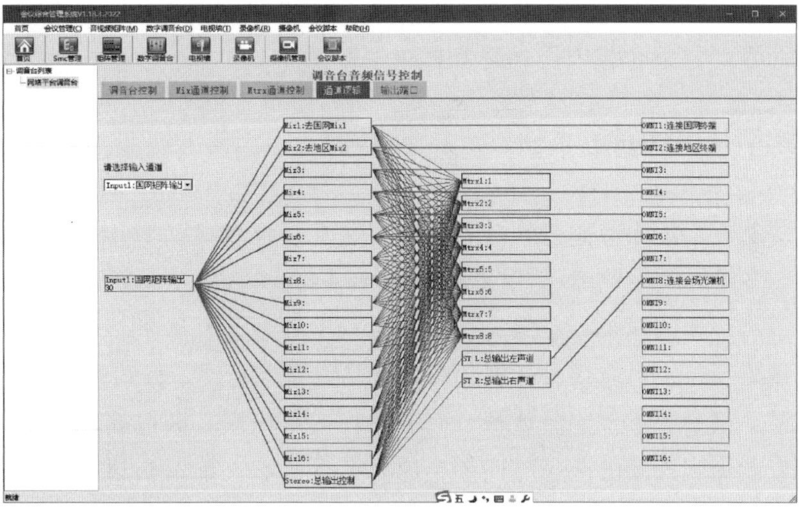

图 1　软件界面图

三、应用成效

（一）重大外场会议可靠传输

目前该设备已应用于公司两会、电力负荷管理演习等多场重大视频会议保障，并在省部级会议“白鹤滩—江苏±800 千伏特高压直流工程竣工投产大会”的现场保障中取得显著成效，确保了外场视频会议系统的及时、可靠搭建并投入使用，提升了突发外场会议保障的应急响应效率，全面提高了视频会议保障工作质效。

（二）应急指挥场景快速响应

对于一些应急场景，例如台风、暴雨等自然灾害，高清视频会议系统新型应急装备的应用，能够确保应急指挥视频会议系统在灾害现场的快速接入，确保灾害抢修现场的音视频信号高质量传输，全面保障公司的应急指挥畅通。

（三）技术先进性

高清视频会议新型应急装备使用软件操作切换台及参数设置面板来现场切换各机位的画面，更改转场并调整键设置，还可以加载用于显示或抠像的图文，控制硬件调音台，自动化录机和节目的片段播放，以及执行宏命令等。摄影机控制功能强大，可以通过 SDI 远程调整光圈和对焦、改动摄影机设置和调色。可以用笔记本电脑独立工作，也可以利用多台笔记本电脑在同一时间切换画面、控制摄影机、混合音频、管理图文和媒体。

高清视频会议新型应急装备配置 17 英寸 1RU 全高清推拉式监视器，具备 1920×

1080全高清分辨率、水平和垂直达到178°/178°全视角，实现PIP/PBP双路SDI信号同时监看，出厂3D LUT较色，进一步扩展了其应用和功能，具备波形、矢量、直方图、像素点测量、双路SDI图像监测等功能。

四、典型应用场景

高清视频会议系统新型应急装备在会商、庆典、仪式成功应用。高清视频会议系统新型应急装备已在“白鹤滩—江苏±800千伏特高压直流工程竣工投产大会”的姑苏站主会场，将外场的视频、摄像、音频信号集中处理，高质量传输至各个省公司室内会场，实现外场与室内会场的音视频高效互动，完美完成了仪式的各项议程。

高清视频会议系统新型应急装备在应急指挥成功应用。高清视频会议新型应急系统可实现将故障抢修现场画面实时回传至应急指挥中心，辅助快速决策和上下协同故障处理。基于新型应急装备高度集成、便携，且可连接公网的特点，通过第五大区专用APN接入信息内网，实现应急指挥中心与抢修现场的双向音视频互动。

五、推广价值

高清视频会议系统新型应急装备成功解决了外场会议保障现场临时搭建问题，将应急装备移运到现场即可实现视频通信；解决外场会议保障中对音视频等信号的实时监控问题；研究结果投入使用后，有效提升会议设备的安全性、可靠性和稳定性；减少视频会议系统的重复建设，提高经济性；提高远程应急指挥能力，在重大故障面前应急处置和安全管控的组织、指挥能力，为突发事件下应急指挥、应急物资调配、应急队伍支援、应急专家会商等提供快速响应。其经济和社会效益不可估量。

光纤配线架监控装置

国网江苏电力

（纪　元　余沸颖　李双岑　贾泽锋　周　琪）

摘要： 随着电网的不断发展，电力通信设备承载的业务类型也不断增多，通信通道的畅通成了信息传输的重要保证。而连接通信设备与光缆的光纤配线架作为其中的重要环节，却因为无法获得运行状态，给通信运检管理造成困难，江苏无锡公司针对这一问题，研发了光纤配线架监控装置。该装置能监控光纤配线架连接端子的使用情况，建立光纤配线架运维资料与现场实际情况之间的动态关联，根据台账数据与实时监控数据的实时比对，即时发现状态变化情况，填补了电力通信系统监控盲区，避免微小状态变化对系统运行造成严重影响，起到防微杜渐的效果。

一、背景

电力通信系统骨干网络主要由光传输设备、交换机等通信设备以及 OPGW、ADSS 等通信光缆（含光纤配线架）组成，其中各类通信设备均为有源设备，基本都已实现网管监控，设备的通道带宽、承载的业务等信息均可以在网管上进行监控及查询维护，为班组日常运维提供了极大的便利。

但是由于连接通信设备与光缆的光纤配线架为无源设备，无法进行实时监控，导致电力通信系统监控存在盲区，一旦出现光配虚连接、光配损坏等故障，运维人员无法准确定位。与此同时，相关运维资料与现场实际情况之间需要人工建立关联，需要耗费大量人工成本且光配资料准确性不足，存在检修工作中误断运行管路的风险。

二、技术方案

（一）关键技术

通过传感器技术采集配线架上的参数，如图 1 所示，并及时反馈到网管端进行进一步分析。网管端根据有业务有尾纤、有业务无尾纤、无业务有尾纤、无业务无尾纤四种情况进行分析。

图 1　光纤配线架监控装置实物图

其中有业务有尾纤和无业务无尾纤这两种情况为正常情况，用绿色表示，并对有业务有尾纤的情况标注业务名称备查。而有业务无尾纤和无业务有尾纤为两种异常状态，用红色表示，需要网管人员根据网管系统（如图 2 所示）显示的告警信息通知通信运维人员去现场进行复核和检修。

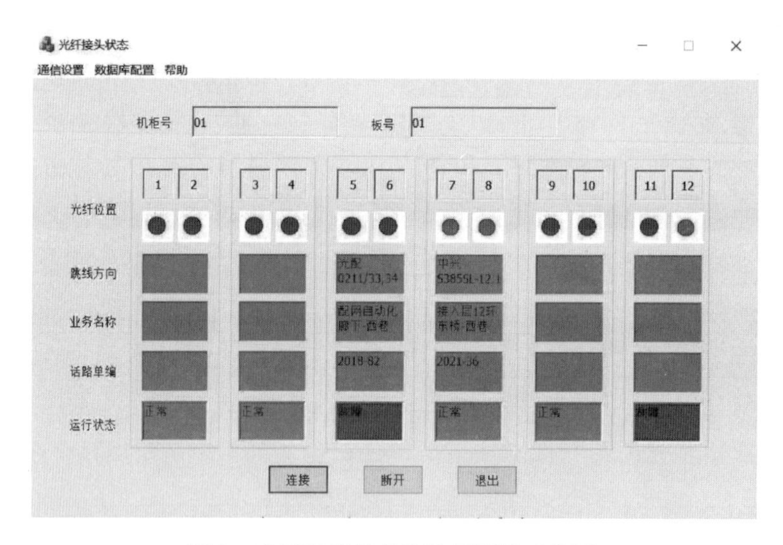

图 2　光纤配线架监控装置网管系统图

（二）创新亮点

传统传感器技术采集到的数据若没有及时上传的通道，也很难发挥高效运转的作用。该装置通过将传感器技术与网管系统相结合，起到相辅相成的作用，既能完成远程监控的功能，也保证了实时性。

三、应用成效

无锡电网在部分变电站的光配架上安装该装置实施监控，通过远程网管系统，发现光配接头虚连接 1 次，发现空芯测试时的误碰 2 次，有效降低了电网运行的风险。

用信息化手段代替传统人工核验，节约了大量人力和时间成本，提质增效成果显著。通信网管运维人员可通过网管系统远程掌握现场情况，且实时性强，有利于及时发现各类问题。

四、典型应用场景

弥补了电力监控系统不能实时监控光配状态变化的盲区，做到光纤配线架运维资料与现场实际情况实时对应更新，提高了光配资料准确性，提升了电力通信系统安全性。

针对现场作业可能存在的误操作、误碰等风险项，该光纤配线架监控装置可以做到即时发现，及时告警，有利于网管监控人员远程监督现场作业人员的操作安全性。

五、推广价值

通过应用光纤配线架监控装置，实现了光纤配线架现场实际情况与运维资料之间的动态关联，能实时监控光配状态的变化，并有效防止误操作、误碰等风险项，保障了通信装置的可靠运行。

后续应用中还能推广到其他需要监控的无源装置，具有普适性。同时还可运用于多个变电站的数字孪生建设，确保同一条光缆上的业务对应性，为后期推广应用及产品化做好准备。

具有稳压功能的高可靠性通信专用架顶电源

国网宁夏电力

（马　龙　闫舒怡　李　洋　简芝宇　钟　磊　张冠群）

摘要： 架顶电源作为同一屏柜内不同通信设备供电的直流配电单元，是通信系统中不可缺少的组件。如果架顶电源两路直流输入压差过大，当较高电压的直流输入失去后，影响通信设备正常运行。通过应用高频脉宽调制技术（PWM）、直流母线电容升压技术和专门设计的铜排连接配电单元制作具有升压、均压和稳压功能的架顶电源，有效控制架顶电源压降，提升通信设备安全可靠运行水平。

一、背景

在对通信电源系统改造及通信电源常态化方式管理过程中发现，在进行双电源负载切换过程中，如果架顶电源两路直流输入压差过大，当较高电压的直流输入失电后，通信设备存在重启的情况，影响通信业务安全可靠传输。

因此，创新小组对本单位负责运维的40座通信站点通信电源进行核查统计。发现在架顶电源两路直流输入同源的情况下，压差小于等于0.5V，非同源情况下，采用高频开关电源＋专用整流器配置时，压差小于等于0.5V；采用高频开关电源＋DC/DC电源或DC/DC电源＋专用整流器方式配置，压差大于等于5.5V。

小组成员又对近10次通信负载切换情况进行调查，调查情况见表1。

表1　　通信负载切换统计

站点名称	通信电源配置	是否同源	压差/V	负载是否异常
110kV盐池变	高频开关电源	是	≤0.5	否
110kV大水坑变	高频开关电源＋DC/DC电源	否	≥5.5	是
110kV惠安堡变	高频开关电源	是	≥5.5	是
110kV月泉变	DC/DC电源	是	≤0.5	否
110kV西团变	专用整流器＋DC/DC电源	否	≥5.5	是

续表

站点名称	通信电源配置	是否同源	压差/V	负载是否异常
盐池县公司中心站	高频开关电源＋专用整流器	否	≤0.5	否
35kV 王乐井变	专用整流器	是	≤0.5	否
35kV 华台变	DC/DC 电源	是	≤0.5	否
35kV 冯记沟变	专用整流器＋DC/DC 电源	否	≥5.5	是
35kV 麻乡变	DC/DC 电源	是	≤0.5	否

分析发现：因所辖范围内变电站一体化 DC/DC 电源的输出电压均为－48V，且无法调整，而高频开关电源和专用整流器因蓄电池组浮充等原因，输出电压设置为 53.5V 左右，若考虑负载电源可靠性，采用高频开关电源＋DC/DC 电源或 DC/DC 电源＋专用整流器方式输入，双路直流输入存在压差大于等于 5.5V。

二、技术方案

（一）关键技术

通过对直流升压、稳压技术进行查新借鉴，受到了启发，提出创新构想，决定利用高频脉宽调制技术（PWM）、直流母线电容升压技术和专门设计的铜排连接配电单元制作具有升压、均压和稳压功能的架顶电源。启发思路见表 2。

表 2　　　　启　发　思　路

项目	思　　路
借鉴技术	高频脉宽调制技术＋直流母线电容升压技术＋专门设计的铜排连接配电单元
思路图	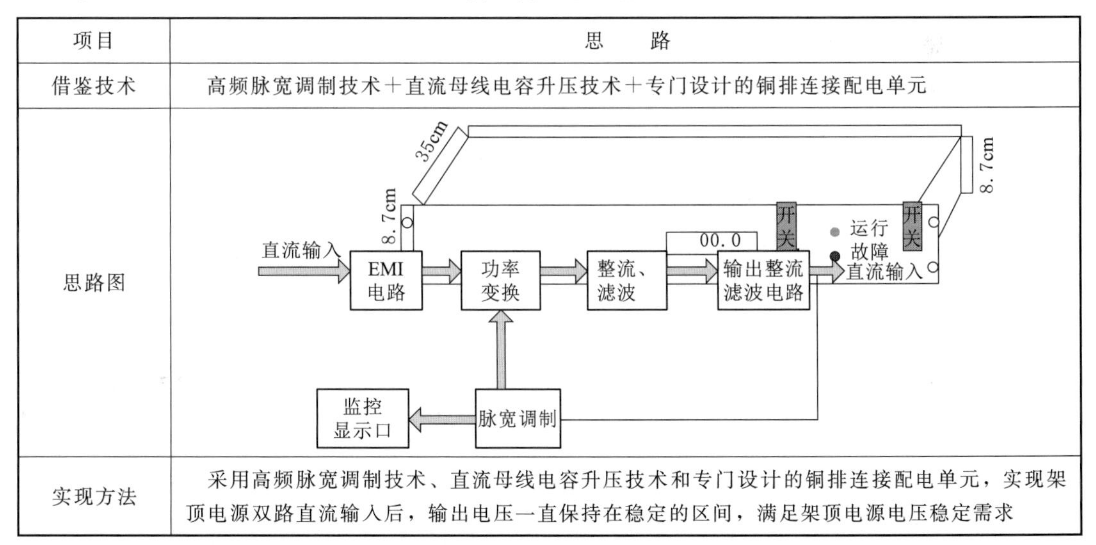
实现方法	采用高频脉宽调制技术、直流母线电容升压技术和专门设计的铜排连接配电单元，实现架顶电源双路直流输入后，输出电压一直保持在稳定的区间，满足架顶电源电压稳定需求

采用高频脉宽调制技术直流母线电容升压技术和专门设计的铜排连接配电单元，对设计的基于脉宽调制芯片，外加高频隔离变压器和整流滤波电路组成正激、自激、推挽式的电路原理进行理论论证（图 1）。

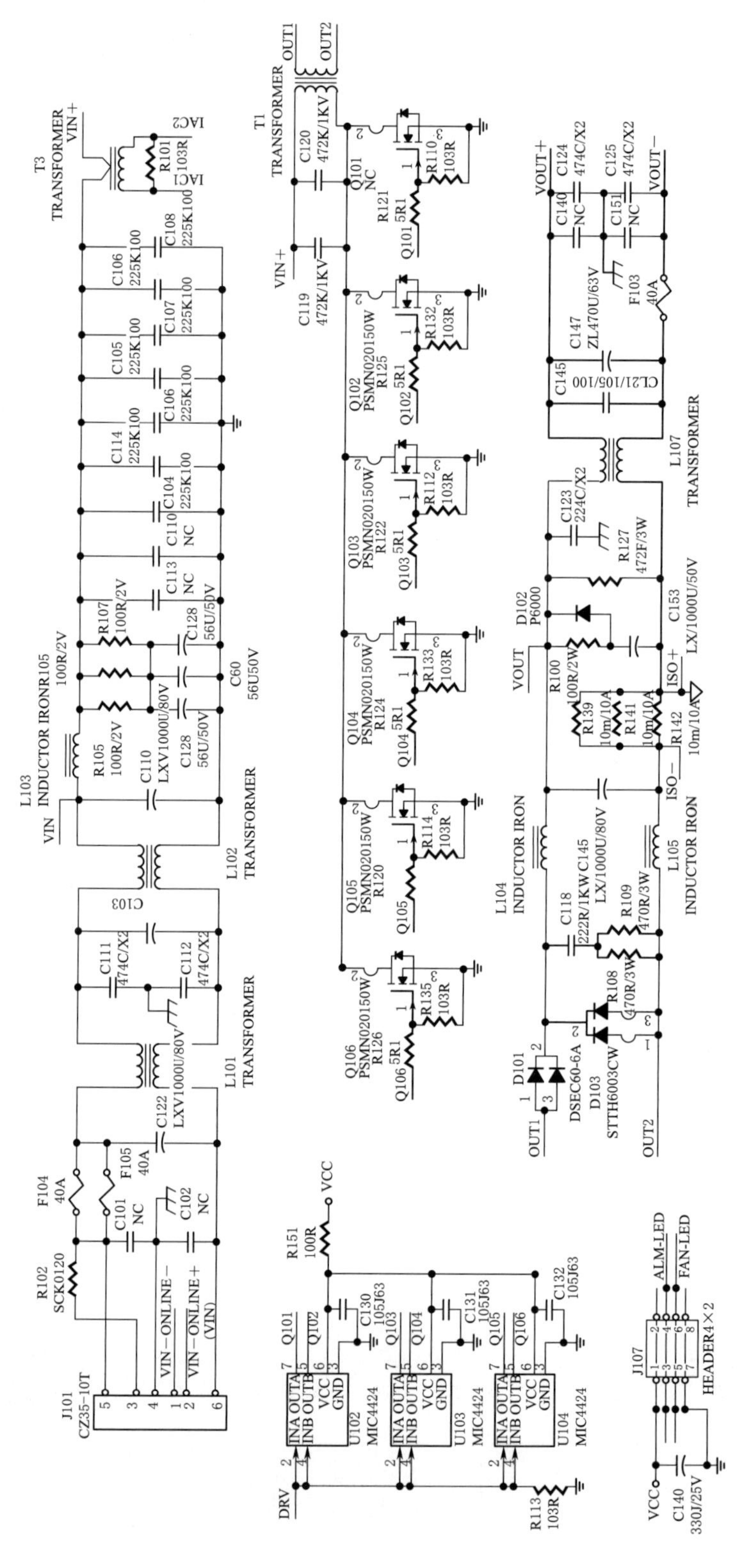
T3
TRANSFORMER
VIN+
R101
103R
IAC1
IAC2
C108
225K100
C106
225K100
C107
225K100
C105
225K100
C114
225K100
C104
225K100
C110
NC
C113
NC
C128
56U/50V
R107
100R/2V
L103
INDUCTOR IRON
R105
100R/2V
C60
56U50V
VIN
C110
LXV1000U/80V
L102
TRANSFORMER
C103
C111
474C/X2
C112
474C/X2
L101
TRANSFORMER
C122
LXV1000U/80V
F104
40A
F105
40A
C101
NC
C102
NC
R102
SCK0120
VIN−ONLINE−
VIN−ONLINE+
(VIN)
J101
CZ35-10T
T1
TRANSFORMER
OUT1
OUT2
C120
472K/1KV
C119
472K/1KV
Q101
NC
R121
5R1
R110
103R
Q102
PSMN020150W
R125
R132
103R
Q103
PSMN020150W
R122
R112
103R
Q104
PSMN020150W
R124
R133
103R
Q105
PSMN020150W
R120
R114
103R
Q106
PSMN020150W
R126
R135
103R
VOUT+
VOUT−
C124
474C/X2
C125
474C/X2
C140
NC
C151
NC
F103
40A
C147
ZL470U/63V
C145
CL21/105/100
L107
TRANSFORMER
C123
224C/X2
R127
472F/3W
D102
P6000
C153
LX/1000U/50V
VOUT
R100
100R/2W
R139
10m/10A
R141
10m/10A
R142
10m/10A
ISO+
ISO−
L104
INDUCTOR IRON
L105
INDUCTOR IRON
C118
222R/1KWC145
LX/1000U/80V
R109
470R/3W
R108
470R/3W
D101
DSEC60-6A
D103
STTH6003CW
VCC
R151
100R
C130
105J63
C131
105J63
C132
105J63
INA OUTA
INB OUTB
VCC
GND
U102
MIC4424
U103
MIC4424
U104
MIC4424
DRV
R113
103R
J107
HEADER4×2
ALM-LED
FAN-LED
C140
330J/25V

图 1　理论电路图

（二）确定方案

通过对分级方案分析，选择确定了选用不锈钢板材制作装置箱体，最大设计尺寸为 2U，仪器屏幕选用 OLED 屏幕模块，电源滤波器选用 EMI 滤波器，变换电路选用电容式，电路控制选用 PWM 控制电路。确定具有升压均压稳压功能的通信专用架顶电源的最佳方案（图 2）。

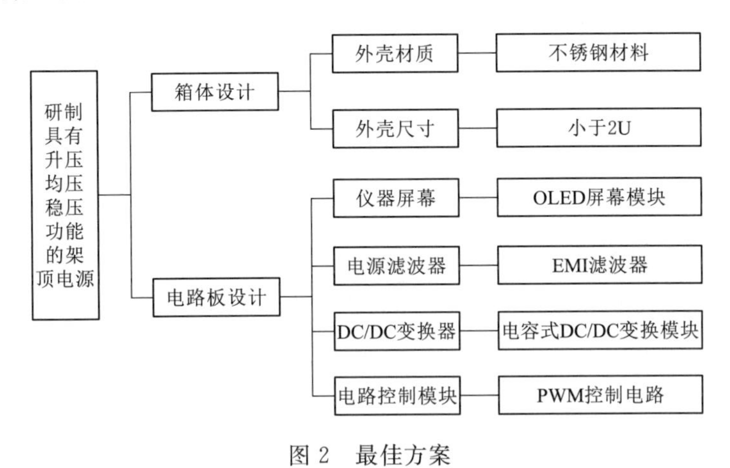

图 2　最佳方案

三、应用成效

搭建六种通信电源配置方式，并分别进行了切换测试，发现无论哪种情况输出电压均保持在 53.5V 左右，2h 过程压降小于等于 0.5V。装置输出电压压降统计见表 3。

表 3　　装置输出电压压降统计

通信电源配置	是否同源	直流输入电压/V	直流输入压差/V	输出电压/V	测试时长/h	全过程压降/V
高频开关电源	是	54/54	0.1	53.5	2	0.1
DC/DC 电源	是	48.2/48.2	0.1	53.5	2	0.2
专用整流器	是	53.3/53.3	0.2	53.5	2	0.1
高频开关电源＋DC/DC 电源	否	54/48.2	5.5	53.5	2	0.4
专用整流器＋DC/DC 电源	否	53.3/48.2	5.4	53.5	2	0.5
高频开关电源＋专用整流器	否	53.3/54	5.2	53.5	2	0.1

（一）升压功能目标

根据现场测试结果（表 4），架顶电源直流输出压降由 5.5V 变为 0.5V，且两路直流输入电压均为 48V 时，输出电压稳定在 53.5V，课题升压目标达成。

（二）均压功能目标

根据现场测试结果，小组搭建的六种通信电源配置方式，不过该装置的输出电压为两路直流输入最高电压，过该装置的输出电压均为53.5V，课题均压目标达成。

（三）稳压功能目标

根据现场测试结果（表4），小组将该装置送于具备相关检测资质的第三方开展检测，检测结果为该装置稳压精度为小于等于±0.5%，课题稳压目标达成。

表4　　装置输出电压压降统计

通信电源配置	是否同源	直流输入电压/V	不过装置直流输出电压/V	过装置输出电压/V	测试时长/h
高频开关电源	是	54/54	54	53.5	2
DC/DC电源	是	48.2/48.2	48.2	53.5	2
专用整流器	是	53.3/53.3	53.3	53.5	2
高频开关电源+DC/DC电源	否	54/48.2	54	53.5	2
专用整流器+DC/DC电源	否	53.3/48.2	53.3	53.5	2
高频开关电源+专用整流器	否	53.3/54	53.3	53.5	2

四、典型应用场景

根据装置解决的问题，该成果的典型应用场景为110kV及以下站点，仅配置一套通信专用高频开关电源，需通信专用高频开关电源和站用一体化DC/DC电源共同为通信设备供电的场景。

五、推广价值

通过新架顶电源的使用，减少通信电源负载切换过程中可靠性验证的时间，提高了工作效率，降低了通信设备运行风险。对于提高供电可靠性、满足用户更加优质可靠的用电需求具有重要意义，取得了较好的社会效益。该装置的推广应用，也将给电力通信系统的安全可靠运行带来保障，对电网可靠供电具有重要意义。

通信快速反应保障装备

国网宁夏电力

（李　潇　古兴民　王福生　温兴贤　马　润　邓文龙）

摘要：探索自主研发“四快”设备，包括“快通应急车载通信机房、快放野战光缆抢修车、快视便携会议设备、快联多通道组网设备”，全力打造一支“训练有素、装备精良、能力全面、响应敏捷”的通信快速反应保障队伍，实现“快接、快通、快联、快视”的新一代通信应急模式，打造银川周边“1小时应急抢修圈”，为电网各项抢险救灾、重要活动保障等应急场景提供有力的通信保障。

一、背景

目前国网宁夏电力公司应急通信系统主要存在以下问题：

（1）专业团队力量单薄。目前公司负责应急通信系统管理的专职人员不足，保障队伍管理制度不够完善。同时，定期应急通信培训工作周期较长，人员应急保障技能和反应敏捷度有待提升，导致应急保障队伍缺乏调动性和流动性。

（2）通信接入手段单一。依赖卫星通信完成系统通信接入，难以满足大带宽、高可靠性、低时延等各异的应急通信需求，以及各种地形环境和恶劣极端天气等条件下的通信需要。同时，无法满足应急抢修人员对语音、数据通信、定位信息的需求。

（3）会议音视频质量较差。现有车载会议系统声音、图像质量较低，仅能满足最基本的应急会商，无法适应重要现场会议保障需求，无法满足临时会场会议转播需求。

（4）通信系统抢修支援能力不足。应急状态下，如果灾害或异常情况导致通信站整体失效，现有应急通信系统无法恢复业务实现正常通信，缺少必要的应急抢修手段。

基于以上问题，信通公司探索自主研发一套通信快速反应保障装备，实现“快接、快通、快联、快视”的新一代通信应急模式。

二、技术方案

（一）关键技术

研究快放野战光缆抢修车：利用现有皮卡车作为承载平台，配置2组1.2km野战光缆并将野战光缆骨架固定在皮卡车后备箱，使用时将骨架搬运至使用位置，同时提供最多2.4km的纤芯接入，实现野战光缆快速展放技术，补强现有应急通信系统就近接入能力，提高抢修效率。

研究快联多通道组网装备：通过丰富现有的通信手段，考虑增加5G专网、WiFi6、窄带自组网3种通信接入方式来满足不同情形下的应急通信需求，为抢险救灾和活动保障提供更便捷有效的通信条件。

研究快视便携会议设备：研发可车载式快视便携会议设备，2人即可完成设备搬运部署，30min内完成会议快速组建，提供全冗余高质量临时会议环境。快视便携会议设备包括集成设备航空箱（调音台、功放、导播台、光口交换机、视频会议终端、PDU、话筒存放抽屉）；音箱航空箱（无源音箱）；线缆箱航空箱（音频线缆、视频线缆、网线、电源线缆）；显示屏航空箱（75寸显示屏）等外围设备。

研究快通应急车载通信机房：打造“可移动传输系统”，配置便携电源1套，传输系统1套，能够实现在应急车内组合使用或便携移动至通信机房应用。可提供短期交流（220V）、直流（－48V）可靠供电，可实现各种环境通信2M业务、IP业务快速部署开通。

（二）创新亮点

通过丰富现有的通信手段，为抢险救灾和活动保障提供更便捷有效的通信条件，目前共有6种通信方式（卫星通信、5G专网、宽带无线MESH自组网、WiFi6、5G公网、窄带自组网）接入来满足不同情形下的应急通信需求。

有5G网络覆盖情况下，利用5G专网技术搭建一体化5G专网便携箱设备，实现点对点音视频会议系统的互联互通，5G专网信号稳定，具有高速率、低时延、大连接优势，可维护性更强，受外部环境影响较小，抗扰性更好。

在公网中断，且救援现场有接入设备的情况下，利用野战光缆接入现场音视频设备实现音视频的互联互通。

在野外断网情况下，无法借助卫星及公网链路，可将音视频信号和数据传输回指挥中心，无线MESH自组网支持全网所有节点之间的双向视频传输，可连接多种视频采集设备。

“可移动传输系统”能够实现在应急车内组合使用或便携移动至通信机房应用：可提供短期交流（220V）、直流（－48V）可靠供电，可实现各种环境通信2M业务、IP业务快速部署开通。

三、应用成效

针对通信站内单套通信电源故障且无法修复时，便携式通信电源可快速部署至通信机房，短时替代故障电源，有效缩短业务影响时间及影响范围；针对通信站内单套传输系统故障且无法修复时，便携式传输系统可快速部署至通信机房，替代故障设备，完成影响业务快速抢通，确保传输设备更换期间业务双设备运行，提高抢修期间的业务运行可靠性；针对通信站整体失效，便携式电源及传输系统可组合使用，利用野战光缆接入正常光缆纤芯，搭建光方向接入运行传输网，开通业务，实现紧急业务快速抢通恢复，大幅提升通信系统应急响应能力。

临时会议场所具备通信接入点时，由野战光缆和 MESH 提供两条互备的中继通道，经过附近的通信接入点接入视频会议网络，利用两套“快视”设备组成两套互相冗余的高质量会商会议；临时会议场所不具备通信接入点时，可利用卫星通道经过国网地面站接入应急会议网络，5G 切片专网利用公网会议平台完成音视频互通，并经省公司 23 楼应急指挥中心转播，形成两套互相独立的会议路由，完成两套互相冗余的会议接入。

四、典型应用场景

（一）救援现场会议搭建

救援现场具备通信接入点时，由野战光缆和 MESH 提供两条互备的中继通道，经过附近的通信接入点接入视频会议网络，利用两套“快视”设备组成两套互相冗余的高质量会商会议。

临时会议场所不具备通信接入点时，可利用卫星通道经过国网地面站接入应急会议网络，5G 切片专网利用公网会议平台完成音视频互通，并经省公司 23 楼应急指挥中心转播，形成两套互相独立的会议路由，完成两套互相冗余的会议接入。

（二）通信应急支援

当发生自然灾害或特殊事件导致公网失效，应急通信保障队员接到应急救援通知时，可派出动中通、会商车前往救援地开展通信应急支援，动中通可通过卫星通道与应急指挥中心建立通信连接，实现音视频回传。会商车与动中通可通过 MESH 实现近距离通信连接，实现音视频传输，提供会商决策。通过窄带自组网设备与数字对讲机，实现近距离通信。通过无人机及单兵设备，可实现动中通或会商车附近 3～5km 范围内的实时画面回传。通过 WiFi6 或 5G 设备可实现抢修现场近距离信号覆盖，保障抢修人员通信畅通。

（三）变电站通信救援

针对通信站内单套通信电源故障且无法修复时，便携式通信电源可快速部署至通信机房，短时替代故障电源，有效缩短业务影响时间及影响范围；在通信站一套通信电源失效且现场无法快速完成故障抢修时，同步使用便携电源接入直流分配屏可确保站内失电的单电源设备15min内快速恢复，大幅缩短通信电源抢修期间设备中断时间，同时不影响另外一套通信电源运行独立性。

五、推广价值

通信快速反应保障装备仅利用便携式移动式电源、应急车载通信机房，可实现各种环境快速部署开通业务；便携会议设备可实现快速与应急指挥中心会议系统音视频互通，有效节省人力物力，具有较大的推广价值。

生产控制业务专用通信设备

国网信通公司

（陈　芳　孙雨潇　朱彦源　张儒依）

摘要：针对传统通信设备厂商技术依赖性强、进口元器件占比高等问题，国家电网公司信息通信分公司开展了安全可控的电网生产控制业务专用通信设备研究。通过对国产化低速率光模块技术、大功率泵浦激光器技术、光波长转换技术等核心技术进行技术攻坚，打造具有自主可控、安全可控、低时延、白盒化等特点的电网生产控制业务专用通信设备，组建一张自主可控、安全可靠的电力通信网，保障大电网安全稳定运行。

一、背景

传统电力通信网存在以下问题：①传统 SDH 设备对设备厂商具有较强的技术依赖性，设备演化方向受厂家制约；②传统 SDH 设备进口芯片占比较大，自主可控程度低，设备可持续性和可靠性容易受外部环境影响；③传统 SDH 设备功能冗余，设备体积巨大，建设投资高昂，无法为电力业务开展定制化服务；④传统 SDH 设备存在大量电处理环节，承载继电保护业务时设备时延过高。故亟需开展安全可靠的电网生产控制业务专用通信设备研究，基于完全国内研制的设备软件、硬件，有效降低外部环境影响；基于极简的系统架构，实现通信设备的超低时延（小于 1μs）。在安全可控、极简架构的通信设备的基础上，实现承载生产控制类业务的电力通信网的高可靠、高稳定。

二、技术方案

建立基于密集波分复用（DWDM）技术的系统架构，研究并提出业务设备和通信设备之间、通信设备各功能主体之间、通信设备与控制中心之间的通信约束；针对接入业务丰富、应用场景差异化大等特点，构建满足业务承载、应用场景差异化需求的重构化系统模型，提升设备的利用率与灵活性。

突破自主可控低速率光收发模块技术，基于差异化的电力生产控制业务，提出了自主可控光收发模块技术方案，利用国产化的硬件、软件，研制出了高灵敏度、波道隔离的光模块，实现了电网生产控制业务专用通信设备的多样化业务承载、超大容量业务承载。

突破大功率 980nm 泵浦激光器技术，提出了高密度泵浦输出的激光器方案，基于高灵敏度的自主可控光收发模块，利用高密度泵浦输出的激光器，实现了系统线路输出侧的高能量输出，实现了电网生产控制业务专用通信设备的超长站距传输。

突破自主可控光波长转换单元的技术，提出了自主可控 FPGA 承载业务处理技术的新型信道模型，研发出了适用于电力生产控制类业务的光波长转换单元，实现了电力生产控制差异化业务的汇聚处理、收发一体化。

突破自主可控通信网络管理系统技术，提出了依靠自主可控服务器、操作系统、数据库的网管软件新型承载机制，依靠自主可控的硬件平台，利用新型 B/S 网络架构，为网管信息交互提供了高效、安全通道，实现了设备物理层和网管系统之间“通防兼顾”，同时为电力通信网新一代统一管理平台演进提供技术支撑。

突破了自主可控光线路保护单元技术，基于自主可控原材料，完成了自主可控光线路保护单元的研发，并成功实现了 1+1 双发选收线路保护，具有切换时延低，通道稳定等特点，保障业务实时交互过程中的传输性能。

三、应用成效

（一）多地开展工程试点

自主可控、安全可靠的电网生产控制业务专用通信设备历经 4 年时间，已完成第二代设备研制，具备承载电网 2M 速率保护、安控等业务以及 FE/GE 速率以太网业务传输能力。设备在河南、宁夏、浙江、安徽等地开展了挂网试点工作，并纳入了国家电网自主可控新一代变电站二次系统示范工程。后续华中特高压环网、福州—厦门特高压以及国网二平面等工程项目，电网生产控制业务专用通信设备也将投入使用。

（二）多项企标、团标、规范制定

自主可控、安全可靠的电网生产控制业务专用通信设备基于密集波分复用技术研发，首次在电力通信网中应用部署。为规范设备的技术路线、设计、生产、制造、测试等环节，引领行业的健康发展；在国调中心的统一部署下，完成了 1 项国家电网企标、4 项中国电机工程学会团体标准的申报工作，以及 1 项技术规范已经发布实施。

（三）技术先进性

研发的自主可控、安全可靠的电网生产控制业务专用通信设备，满足指标：2M 业务最大容量可达 80 路；承载 2M 业务设备时延不大于 1μs；40 路 2M 业务单跨距传输距离不小于 300km；40 路 FE 业务单跨距传输距离不小于 250km；40 路 GE 业务单跨距传输距离不小于225km；支持供能单元、控制单元、风扇单元1+1保护功能；支持线路侧线路1+1保护功能。

重点突破了自主可控光收发模块设计、光波长转换单元设计、大功率泵浦激光器设计与多速率信号混合传输等多项关键技术，研发的自主可控、安全可靠的电网生产控制业务专用通信设备，实现了2M、FE、GE业务长时间无误码、无丢包传输；2M继电保护业务满足了通道误码优于1E-6、通道时延1～12ms无误码传输的传输要求；FE、GE以太网业务满足传输字节64～1518Byte，VLAN的ID范围1～4095，吞吐量100%的传输要求。

四、典型应用场景

自主可控、安全可靠的电网生产控制业务专用通信设备应用场景包括电力骨干通信网、电力二级通信网、电力三级通信网、电力四级通信网、电厂接入侧等。

可因地制宜选取不同功能模块，通过不同功能模块、不同设备、不同系统之间的互联互通（合理选取应用的设备数、模块数、系统数），并部署网络管理系统，可满足生产控制业务不同业务组合、不同传输距离、线路保护等需求，保障电力通信网运行安全可控、低时延、经济高效等。

五、推广价值

自主可控、安全可靠的电网生产控制业务专用通信设备，为新一代电力通信设备突破现有技术体系，构建自主可控电力通信网提供了解决思路。基于先进信息通信技术和国内自主可控产业链，实现设备极简通信、超低时延、自主可控。

极简的架构节约了设备空间、设备成本，可大幅减少通信设备建设成本，减少了生产过程中物资、资源和人力的浪费，进一步降低电力定价中的费效比。

超低时延可满足柔直传输要求，为清洁能源大规模并网提供了条件，可有效提升电力消纳清洁能源的能力，提高了可再生能源在消耗能源中的占比，推进能源生产和利用方式变革，保障国家能源安全，助力“碳达峰、碳中和”目标愿景的完成。

自主可控满足电力设备安全的“底线要求”，自主可控的电力通信设备可极大保障了电网的可获得性和持续性，对于维护电网安全具有举足轻重的意义。电力安全关系国计民生，是国家安全的重要保障，自主可控电力通信设备的研制，将极大地提高电网安全水平，助力打造一张自主可控电力通信网，防范了电力安全风险，进一步增加电力系统的安全性，有力地支撑了经济社会发展、保障了基本民生的重要基础设施和现代社会的正常运转。

基于 2M 光接口技术的线路继电保护通道运维管理提升

国网黑龙江电力

（孙文杰　李　龙　刘明月　付　莹　丁　玲　林向佳　索　辉）

摘要： 随着电力系统自动化和信息化水平的不断提升，传统的电信号传输方式已难以满足现代电网对高速、远距离、抗干扰等要求。基于 2M 光技术的线路继电保护通道运维管理项目中利用 2M 光接口技术将输电线路继电保护装置与通信设备之间通过 2M 光接口直接连接，使线路保护业务设备之间互连更加简化，现场安装调试、日常运行维护更加容易，并且减少光电转换设备的投入，节约了设备投入成本。

一、背景

（一）线路继电保护通道运维模式有待加强

电力系统由于受自然、人为的因素影响，不可避免地会发生各种形式的短路故障和出现异常状态，这些状况都可能在电力系统中引起事故。继电保护的任务就是当电力系统出现故障时，给控制设备（如输电线路、发电机、变压器等）的断路器发出跳闸信号，将发生故障的主设备从系统中切除，保证无故障部分继续运行。当前变电站继电保护装置通过 SDH 光传输网络与对侧保护装置连接的这种连接方式存在 8 个故障隐患点，保护通道一旦发生故障将很难排查出到底是哪一个环节出现问题，必须在两端变电站派人驻守联调，通过分段自环的方式来定位故障。另外抢修不仅涉及通信和保护两个部门的工作人员，而且当线路两侧分属不同供电公司时，两个单位四个部门需耗费较长时间去联络、调试和排除故障。

（二）2M 光接口技术应用基础

近年来，尤其是新的标准逐步推广，各类控制系统在厂站端趋向融合。针对黑龙江省电力通信线路保护业务存在的问题，线路保护业务的发展在现有通信要求基础上，提出了光接口的新要求。2Mbit/s 光接口技术规范最早出现于 IEEE 2020 年制定的 C37.94 标准，该标准旨在规范保护设备和数字复用设备之间的光纤通信接口。它制定了统一的光接口规范，包括接口类型、帧结构、时钟定时等，对于传输数据的内容，能够无限制采用光纤接口直连，使不同厂家的保护装置与数字复用设备能够互通保护信息。目前，国内主流的SDH厂商包括烽火、华为、中兴等均有遵循IEEE C37.94标准的2M光接口板卡，国内的主流保护装置厂商如南瑞、南自、四方、许继等保护装置也有支持2M光接口形式。

二、技术方案

（一）搭建2M光接口通道模拟仿真平台

通过搭建仿真平台对基于新的2Mbit/s光接口通道进行参数测试，分为单机2M光接口的指标测试、单侧传输设备和继保装置互连测试、两侧传输设备联网展开2M光接口通道测试、继保装置联网测试四个阶段。重点对2M光接口通道的稳定性、误码、延时、主备通道倒换进行了测试，用实际数据证明2M光接口的通信性能满足光通信网络技术规范的要求。同时开展两侧继电保护装置在2Mbit/s光接口通道上业务联调的测试，包括通道延时、异常信号检测、保护动作及远跳、远传测试。继电保护装置测试数据信号准确传达，以验证2Mbit/s光接口通道传输保护信号的可靠性达到要求。

（二）科技手段提高线路保护通道运维智能化水平

线路保护通道运行在公司电力通信专网中，公司通信专网为公司电网生产调度、企业运营和管理现代化提供了可靠的基础性保障，有效支撑了大电网安全运行。基于2M光接口技术的线路继电保护通道配置功能强大的2M光接口板，2M光接口板的应用消除了保护专业与通信专业的管理盲区，通过通信光传输系统网管就可有效监控到线路继电保护通道的运行情况，为全面优化线路继电保护通道运维质效，提高继电保护通道运行智能化水平。利用通信光传输系统网管数据库的开放性特点，直接编写一个可读软件，置于后台系统网管服务器中与监控软件同步运行，实时对数据库中线路继电保护通道报警数据进行读取，当报警窗推出报警信息时，网管告警箱中的短信平台也被同步触发，通过软件生成完整的报警文字信息，调用短信群发指令，依次进行短信发送，使专业维护人员可以第一时间通过短信告警信息及时获得继电保护通道告警信息，以便及时协调采取相应的应急措施并进行故障处理，降低通信网络运行风险，减少电网损失，极大提高了通信网络风险管控的及时性，用新的科技手段提升了公司整体的风险管理水平和应对能力，同时也为事故后的故障分析提供了手段，避免重大事故的发生，为客观公正地考察维护人员提供了手段，大大节约了运行维修成本，创造了直接和间接的经济效益，并最终实现管理的科学化。

（三）2M光接口技术提升线路保护通道运维质效

利用2M光接口技术在SDH光传输增加2M光接板，取消掉光电转换接口装置，提升线路保护通道运维质效，简化设备连接结构，光电转换设备不能网管监控，故障率高。从继电保护装置端到端通信连接来看，信号中间转换过程十分复杂，大量的光电转换、跳线、跳纤使得工程实施复杂，可维护性差。采用 2M 光接口技术后一块 2M 光接口板可对应多条继电保护通道方向，节省机房设备占用屏位，减少机房设备安装和线缆布防的施工难度，大大简化设备连接结构，从而全方位提升线路保护通道运维质效。精准故障定位，提高应急抢修故障处理效率，传统模式下只能通过分段自环的方式检查，且必须变电站两侧均派人检查，检查工作会同时涉及通信专业和保护专业，需要各单位各专业密切配合才能检查出问题。

三、应用成效

基于 2M 光接口技术的线路继电保护通道运维能够在三个方面实现效益，一是消除管理盲区，实现运维精准化，光传输设备网管可及时上报 2M 光接口板的运行状态和告警，便于定位故障点，避免网管盲点，加强电力系统继电保护应用可靠性。二是提升数据处理效率，实现结构简约化，应用 2M 光接口板减少中间光电转换装置，简化传输网络结构，提高数据处理效率。三是减少设备投入成本，实现效益最大化，本项目减少了光电转换装置及光放设备的投入，节省了设备成本和维护成本，全方位提升通信保护通道运维质效。

四、典型应用场景

本创新成果已应用于齐齐哈尔地区 220kV 郊光甲线继电保护通道中，安全运行 200 余天，至今未发生故障。全省电力通信系统自 20 世纪 90 年代中期建立光纤通信以来，至今所有 220kV 及以上变电站和绝大部分 110kV 变电站均已覆盖 SDH 光传输网络，全网省网以烽火、华为、OTN 光传输系统分别组成光传输 H 网、光传输 F 网和光传输 O 网，全省城网以中兴、华为分别组成光传输 Z 网、光传输 H 网，全省 220kV 及以上变电站均平时配置两套光传输网络，双网络路由节点多、通道资源丰富，而且双自愈环网的抗损能力非常出色。目前全省电力通信网承载着 220kV 及以上的输电线路的继电保护业务，均可以通过 2M 光接口技术实现继电保护装置与通信设备之间通过 2M 光接口直接互通。

五、推广价值

基于 2M 光接口技术的线路继电保护通道运维实施的推广性在于 2M 光接口技术

是当前大数据时代的趋势，随着统一的 2M 光接口的应用，线路保护与其他控制系统在厂站端更加趋向融合，保护装置与通信设备之间通过 2M 光接口直接连接。整个能源行业均可以依照自身的业务需求和发展特点利用 2M 光接口技术，其可扩展性、高灵活性、高经济性等特点，也决定了基于 2M 光接口技术的线路继电保护通道运维方式必将替代传统的运维模式。

智能 PDU 监测装置研发

国网江西电力

（曹晖晖　龚　琦　卢　磊　刘宏超　王威妮　骆俊豪）

摘要：针对通信配电领域，特别是涉及通信用直流电源分配单元装置，需要一种有效运行的在线监测直流电源分配系统，能及时发现障碍隐患，并迅速对被监测通信设备的电源障碍点进行定位，减少故障判断时间，且能在配电发生故障时及时发出指示和告警，从而能迅速处理及排除故障。智能电源分配单元作为所有用电设备必须配备的设备，在功能性和可靠性上要求更高。此装置提高了系统的可靠性且实现了对这些用电设备的远程监测，降低了人力成本。

一、背景

通信电源分配单元既是通信传输系统的辅助设备，也是通信电源系统的末端设备。现有的直流电源分配单元一般只简单提供单一的电源输出功能，有的也只是加入一些电流过载保护等。机房内直流配电柜虽然可以监测到机房内所有带电设备的运行总负荷，但无法区分每个设备的运行负荷及用电状态。

随着通信系统运行对大电网运行安全、数智化电网发展的重要性越来越高，对通信设备运行可靠性提出了更高要求，因此有必要对直流电源分配单元各个支路负责的运行状态进行管控，对各个支路通信设备的电压、电流、功率等做到监测分析，出现大的波动时能及时发现障碍隐患，并迅速对被监测通信设备的电源障碍点进行定位，减少故障判断时间。一旦配电发生故障，能及时发出指示和告警，从而能迅速处理及排除故障。

二、技术方案

传统电源分配单元只具备电源并联、分配、开断功能，设备运行状态依赖人眼观察和利用仪器仪表测量，设备安装导致的检验难度大、效率不高。而智能电源分配单元监测装置采用高精度电量采集芯片和高速 MCU 控制器，结合电测量技术和数据通信技术研制而成，可采集断路器上、下端直流电压，直流电流，功率，电能等，数据通过智能电表显示，运行状态巡视人员肉眼可见。

（一）硬件部分

1. 更合理的结构设计

一是智能电源分配单元监测装置参照国家计量标准 JJG 842—1993《直流电能表检定规程》并结合多回路测量的要求设计，并进行了大量可靠性冗余设计，具有测量精度高、性能稳定可靠、体积小、重量轻、显示直观、操作简便等特点。

二是智能电源分配单元监测装置采用导轨卡装式结构，安装、拆卸方便，被测信号、输出信号、电源之间互相隔离，安全性高。接负载时所有操作都无需打开设备盖板。接线位置全部出现后，接线端子一目了然，工作地和－48V 一一对应，方便各种电缆的连接。

三是智能电源分配单元监测装置具有短路保护、过载保护、控制隔离的功能。获得 IECEE（国际电工委员会电工产品合格测试与认证组织）的认证。

2. 更可靠的质量

一是严格品控，采用的断路器都为直流－48V 专用断路器；采用的壳体都为 1mm 厚镀锌钢板，内喷防锈油漆后再根据需要喷相应色漆；采用横截面不小于 120mm^2 的铜排。所有采集装置均有 CCC 认证。

二是该装置能够计量每路直流电的电能，测量各种电参量的瞬时值（电压、电流、功率），停电后电能数据保持 10 年以上。

三是智能电源分配单元监测装置具有短路保护、过载保护、控制隔离的功能。获得 IECEE（国际电工委员会电工产品合格测试与认证组织）的认证。

四是环境适应性：产品设计考虑了各种环境因素，具有良好的防尘、防潮和抗电磁干扰能力，确保在恶劣环境下也能稳定运行。

3. 更智能化模块功能

一是通过霍尔传感器，采集每一路断路器的电流和总的输入电压，提供传统配电单元所不具备的二次回路测量部分。

二是搭载高速微控制器（MCU）的智能电源分配单元监测装置，能够在设备本地直观地展示测量数据，本地数据能保存 10 年以上。

三是远程监控能力，通过监控模块的 RS485 接口，利用通信网络，将数据传回中心机房，可以接入动环网管。通信接口规约：MODBUS－RTU 规约；数据格式：可软件设置，“n，8，1”，“e，8，1”，“o，8，1”，“n，8，2”；通信速率：RS485 通信接口波特率可设置 9600bps、19200bps、38400bps，波特率默认为 9600bps，通信格式默认为“n，8，1”。

（二）软件部分

一是现场操作。装置配备直观的用户界面、合理的逻辑控制，简化操作流程，使得非专业人员也能轻松管理和维护电力系统。

二是远程界面。可以集成进动环网管，在集中网管里显示设备的电流、电压、功率的实时状态，并通过后台分析各支路通信设备的运行情况，便于分析设备运行状态。

三、应用成效

智能 PDU 监测装置安装后运维人员实时监测通信设备电源负载状态，提高了通信设备电源监测的实时性，该系统已经在景德镇公司地调信通机房应用，并收到了良好的测试效果，采集数据既可在本地显示，又可通过 RS485 口通信口组成监测网络应用，也可接入现有动环系统里。该装置的应用提升了通信设备电源的运维和管理水平，提升了通信网系统的运维效率。

四、典型应用场景

目前，该装置应用于景德镇地调信通机房，接 1 套运营商传输设备，装置现场安装图如图 1 所示。可实现以下技术效益：

（1）实时监测通信设备电源负载状态，实时巡检。

（2）获取每一个负通信设备载通信设备的数据和状态，并自动记录运行数据。

（3）定期输出便于分析设备运行状态，大大减少人力巡视，提高了生产效率和自动化程度。

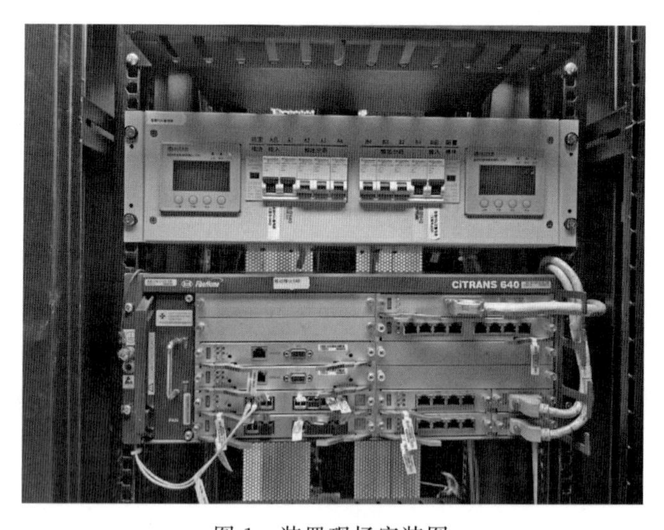

图 1　装置现场安装图

五、推广价值

智能 PDU 监测装置安装后运维人员实时监测通信设备电源负载状态，提高了通信设备电源监测的实时性，该系统已经在景德镇公司地调信通机房应用，并收到了良好的测试效果，采集数据既可在本地显示，又可通过 RS485 口通信口组成监测网络应用，也可接入现有动环系统里。该装置的应用提升了通信设备电源的运维和管理水平，提升了通信网系统的运维效率。

通过本地查看和远程监控的智能配电单元，可远程实时监测每一路通信电源负载空开的状态，及时了解通信设备运行状态，便于发现故障隐患，并利用报警预警系统，对通信设备运行状态进行分析检测。

对比以往的人工运维，现在的智能运维系统实现了设备故障准确定位，缩短了巡视检修的时间，最大限度地降低了检修人员的重复性劳动，节约了大量的车辆、人员往返的费用。随着未来该设备推广使用，经济效益将更加明显，具有十分巨大的经济价值。

“电网资源一张图”＋“听声辨位”助力通信光缆故障处置

国网陕西电力

（杨储华　张志强　牛　瑞　贺　军　武婷婷）

摘要： 为解决通信光缆故障时光缆线路走径信息准确度低、故障定位不精准等问题，国网陕西电力在通信光缆数字化管理的基础上，结合电网资源中台输电杆塔、线路走径等数据完善通信光缆信息，并利用敲击寻缆技术“听声辨位”，精准识别光缆故障真实位置，极大提升了通信光缆故障定位精准度，提高了运维工作效率。

一、背景

如何精准确定故障点位置是通信光缆故障处置的关键，由于杆塔位置、线路走径等信息不够精准和完善及光缆盘余等因素影响，导致通信光缆故障定位偏差较大，现场缺乏快速确定故障位置手段。国网陕西电力积极推进通信管理数字化升级，将光缆线路运维支持系统与电网资源中台信息紧密结合，实现了全省通信光缆资源数字化管理、图形化展示，支撑光缆线路故障位置定位、沟道资源分析及故障现场处置，助力提升通信光缆管理水平，提高光缆故障处置效率。

二、技术方案

（一）“电网资源一张图”助光缆故障“粗”定位

结合通信光缆与输电线路走径一致的特性，从电网资源中台获取相应的厂站、杆塔及电力线路、沟道等电网信息并叠加 GIS 地理信息，构建通信光缆线路真实物理走径，实现“电网资源＋光缆资源一张图”，架构如图 1 所示。

目前系统已完善输电线路走径 3100 余 km，涉及 4000 余座基杆塔、800 余座厂站，系统截图如图 2 所示。

当通信光缆故障，依托“一张图”可将故障点定位到相关的线路段，虽然受到光缆盘余接续等因素影响，但该定位仍然可以精确到百米范围，如图 3 所示。

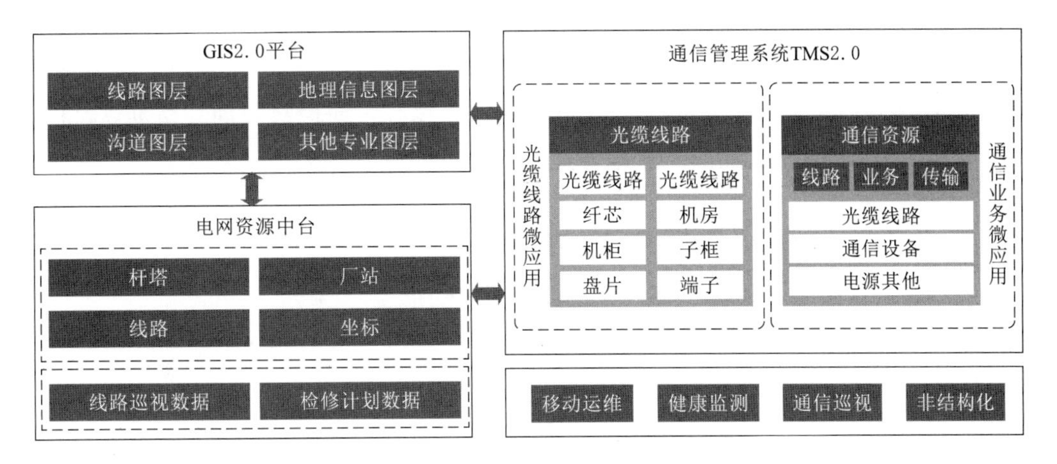

图1　系统架构图

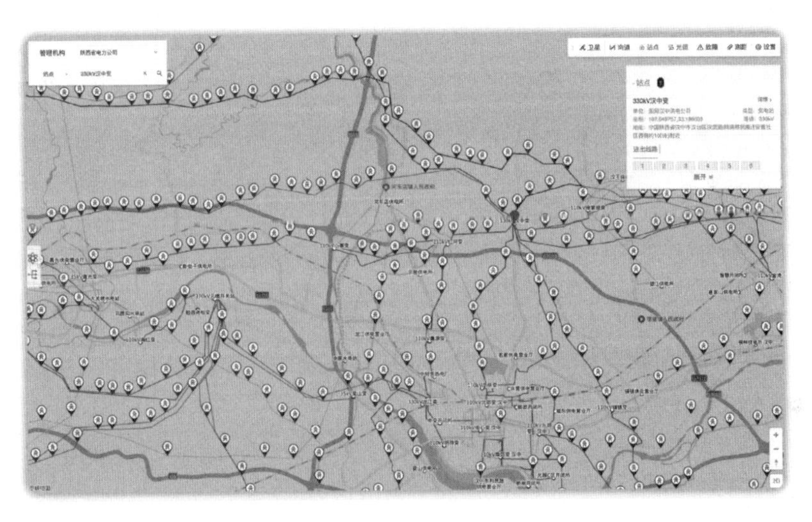

图2　“一张图”光缆走径

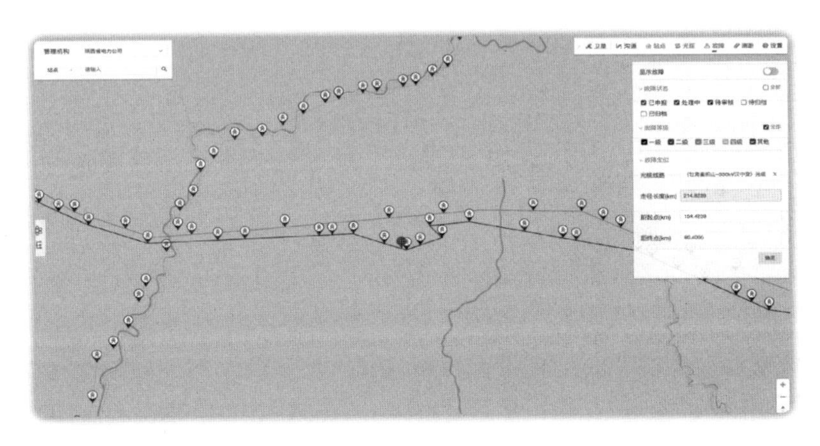

图3　故障定位

（二）“听声辨位”提升现场故障“细”识别

在光缆故障粗定位的基础上，引入光缆巡线分析仪敲击寻缆技术，通过“听声辨位”将光缆故障真实位置确定在亚米级范围，大大提升了通信故障处置精准度。“听声辨位”工作原理图如图 4 所示。

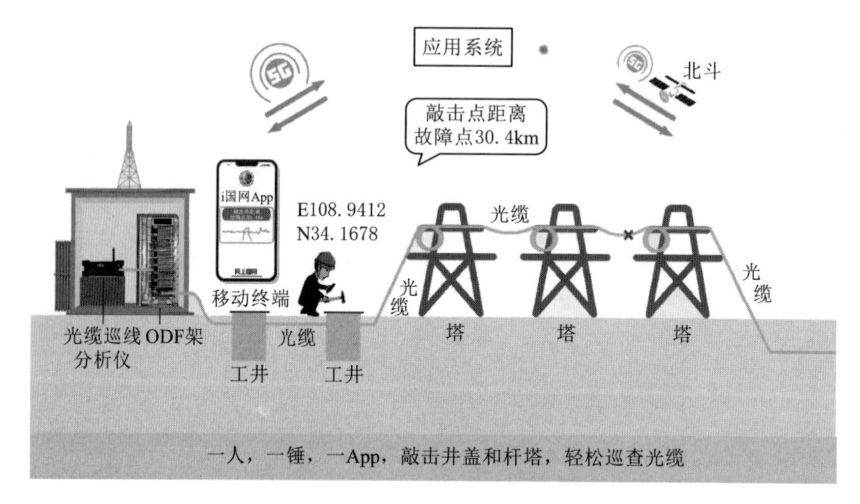

图 4 “听声辨位”工作原理

在通信机房安装光缆巡线分析仪，接入故障光缆纤芯，抢修人员按照“一张图”粗定位的故障位置至附近的杆塔，通过敲击杆塔产生振动，系统采集该振动信号并分析故障点方向，指导抢修人员逼近真实故障位置。

（三）走径信息全覆盖，促通信资源“全”管理

一是实现全省通信线路光缆资源全覆盖，完成光缆线路数字化展示、路由拓扑智能化分析，如图 5 所示。

二是通过将电缆信息与沟道、光缆信息整合，构建光缆沟道模型，实现沟道资源快速分析、全面展示，重要通信线路重点辨识，如图 6 所示。

三、应用成效

光缆资源管理全面覆盖。系统基于电网资源中台已经完成全省全部光缆资源数据，共计通信站点 3877 座，总里程约 68949km，通信光缆总数 4742 条，形成了陕西省完整的“一张图”，并可随着电网资源中台的数据更新进行持续保鲜。

光缆故障处置更加精准。首次将光缆巡线“听声辨位”技术应用于电力 OPGW 光缆故障处置，通过与电网资源中台紧密结合，实现故障定位精度亚米级提升。对 750kV 祁韶线、信洛Ⅰ线，330kV 汉洋线、武汉Ⅰ线，110kV 汉徐线、汉老线 6 条光缆线路（共计里程 457km）进行抽样测试验证，准确率达到 100%。

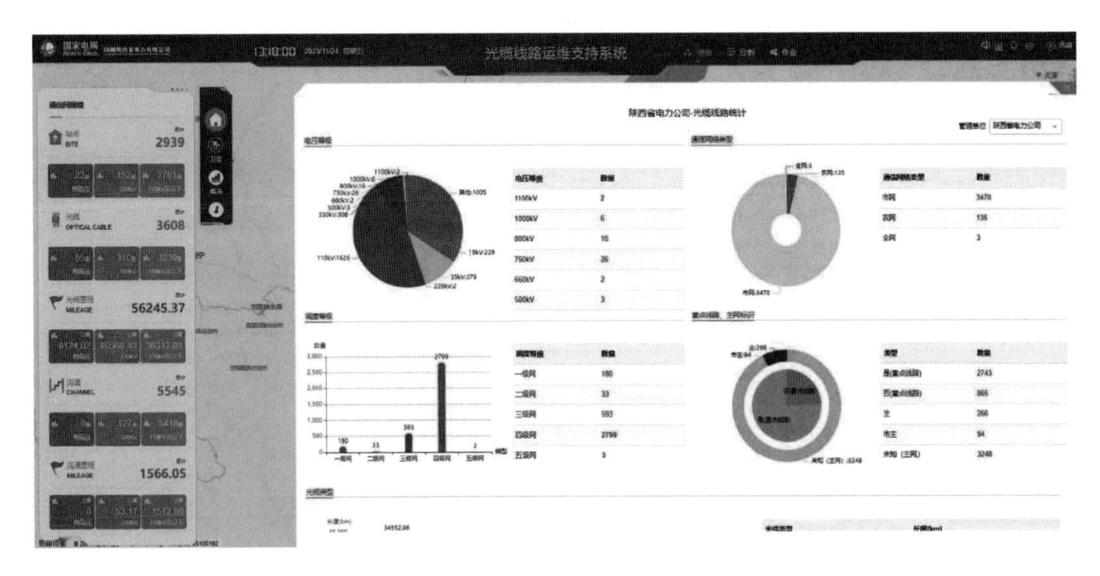

图 5　通信光缆资源管理

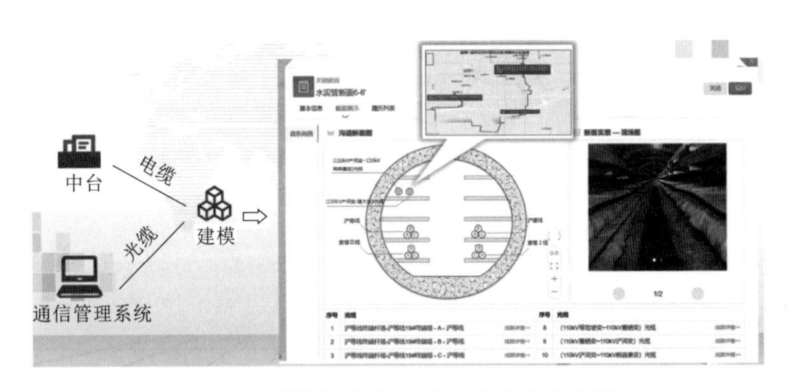

图 6　沟道资源分析、重要通信线路识别

光缆故障处置效率更加高效。目前，该应用可将光缆故障定位的平均定位时长由几小时甚至十几小时，缩短到 60min 内，平均排障时长缩短 60%以上；光缆检修平均时长已经从过去的 8h 以上，缩短为 2.5h 左右，提高工作效率的同时大大节约了人力成本。

四、典型应用场景

促进光缆故障处置精度和效率提升。利用基于分布式光传感技术的光缆巡线“听声辨位”技术，紧密结合电网资源中台的电网资源、地理信息资源，实现通信光缆故障定位精度亚米级提升，并将平均故障定位时间缩短到 60min 内，平均排障时长缩短 60%以上，极大地促进了光缆故障处置效率，为公司实现降本增效。

促进通信资源管理水平提升。目前，系统资源数据已覆盖全省全部通信站点，录入光缆总里程近7万km，累计完成了全省10kV以上4.5万余km的光缆线路走径、架设方式及接续关系，构建沟道模型1500余km实现沟道资源模型化、切面可视化，通信资源管理水平持续提升。

多方面辅助电网故障预警、定位。利用光传输对光缆形变的敏感感知，进行光缆运行实时数据与历史数据比对，对沟道暴力施工、着火、塌方、线路塔基倾斜、线路张力变化等开展预判，为电力线路隐患预警、故障定位提供有力支持。

五、推广价值

该应用以数字化为牵引，实现了“电网和光缆资源一张图”，促进通信资源与电网资源同源维护、协同管理。应用展示可以方便部署在电网资源中台、调控云及公司通信管理系统中，具有较高的推广应用价值。

应用实现了“电网资源＋光缆资源”全维度数据管理，光缆健康信息直观展示，提高了通信光缆资源管理效率，确保了通信光缆资源持续保鲜。当通信光缆发生故障，抢修人员通过“电网资源一张图”可快速定位故障所在的线路或沟道段，并利用分布式光传感技术“听声辨位”确定现场故障点准确位置，极大程度地缩短了故障定位时长，提高了处置效率，降低了人力成本，避免了因排障耗时过长引起的经济损失，具有较高的经济效益。

构建了通信和电网的协同管控体系，在促进光缆故障迅速定位、处置的同时可以辅助电力线路实现隐患预警、故障定位，确保通信网和电网的安全稳定运行，有较好的社会效益。

通信设备带电除尘装置

国网四川电力
（李发均　周　聪　朱宪章　杨清蜜　张时嘉
赖　伟　郑凌月）

摘要： 传统除尘方法存在中断运行业务等弊端，本项目开展课题研究，在设备带电运行条件下，通过专用清洗装置喷洒清洗剂，以化学和物理的共同作用包围、分解、剥离各种污染物，该清洗剂同样适用于清洗低压的通信设备，实现了通信设备带电除尘，可以在设备不停电中段业务的情况下开展除尘工作，并且提高了清洁效果，降低了设备受损风险。

一、背景

通信运维人员在维护设备时一项重要的工作就是为通信设备除尘。传统除尘方法存在以下三处弊端：一是会中断运行业务，需要先将设备断电停运，再取出板卡、风扇等部件，进行如抹布擦、刷子刷、皮老虎吹等操作；二是存在损伤板卡风险，操作时，力量一定要适中，以防碰掉主板表面的贴片元件或造成元件的松动以致虚焊，灰尘过多处需用无水酒精、丙酮等化学清洁剂进行清洁，这时就需要对主板上的测温元件（热敏电阻）进行特殊保护，如提前用遮挡物对其进行遮挡，避免这些元件损坏而引发主板出现保护性故障；三是清洁不彻底，由于一些具有腐蚀性的污染物和带电粒子的积累，盐分、油污等很容易残留在板卡缝隙内，形成顽固污渍，无法彻底清除。

针对上述弊端，创新小组成员开展课题研究，发现市面上有一种高压绝缘清洗剂，具有高绝缘（耐压 220kV）、去污力强、无腐蚀、不燃烧、无闪点等优点，已经在一次电网设备带电除尘作业中广泛应用。在设备带电运行条件下，通过专用清洗装置喷洒清洗剂，以化学和物理的共同作用包围、分解、剥离各种污染物，该清洗剂同样适用于清洗低压的通信设备。鉴于此，创新小组决定研制一种便携式通信设备带电除尘装置。

二、技术方案

根据创新思路，小组成员制定了总体方案，如图 1 所示。

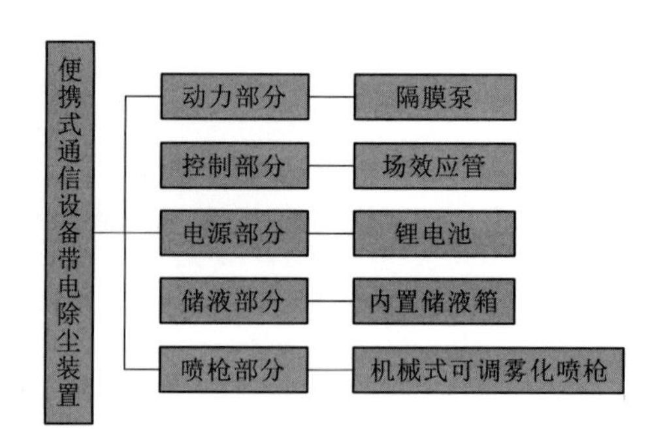

图1　便携式通信设备带电除尘装置研制总体方案图

根据总体方案，创新小组制定了实施对策，见表1。

表1　　便携式通信设备带电除尘装置实施对策表

对策	目　标	措　施
隔膜泵选型及安装	开口流量3L/min 最大水压75PSI 工作噪声<60dB	1. 选择一款30W功率的隔膜泵，额定电压/电流=24V/1.2A，流量1.6～3L/min，最大水压75PSI，噪声55～60dB。 2. 定制合适的橡胶减震垫，通过橡胶减震垫固定隔膜泵，减缓隔膜泵运转过程中产生的震动，隔离机箱共振，降低整体噪声
场效应管调速控制模块制作	电机调速线性度<10% 电流可调范围0～1.2A	1. 设计制作调速控制模块； 2. 测试模块调速性能及开关功能
锂电池的定制与安装	输出电压（24±1）V，连续输出时间>2h 电量指示器：通过仪表实时显示电池电量情况	1. 定制相应规格参数的锂电池； 2. 测试输出电压偏差； 3. 测试持续输出能力； 4. 测试电量指示器准确度
储液箱的定制与安装	防腐耐酸，尺寸：260mm×200mm×200mm，厚度：3～4mm，盖口直径：100mm 液位指示器：通过仪表实时显示储液箱中液位情况	1. 定制PE方形水箱，尺寸、厚度、盖口； 2. 直径满足目标要求； 3. 测试储液量是否达到10L； 4. 测试液位指示器准确度
手持喷枪定制	防滑手柄，带可调节开关，枪尾奶嘴接口可接5～8mm水管 绝缘枪管 可调式雾化喷头，喷孔0.5mm	1. 定制相应规格手持喷枪； 2. 定制响应规格喷嘴； 3. 测试喷嘴雾化效果
集成箱体定制	内部尺寸：420mm×280mm×(250+38)mm 全铝面板，防刮耐磨	1. 定制相应规格集成箱体； 2. 定制内部隔板以及操作面板

续表

对策	目　　标	措　　施
整体组装与调试	装置各部件安装牢固无松动 电路接线正确率100%，无短路、漏电现象 水路各接头安装严密，无漏水现象 装置运转正常，各指示仪表准确显示液量、电量，调速开关均匀控制出水流量，喷枪出水均匀，雾化可调，持续工作时间大于2h	1. 对装置的所有组成部分进行整体组装； 2. 对装置整体进行上电实验，并调试功能

实施对策逐一实施后，创新小组完成了便携式通信设备带电除尘装置的初步研制工作。设备实物如图2所示。

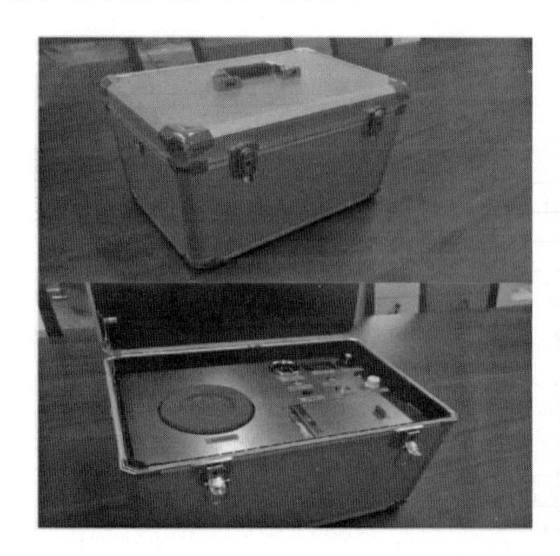
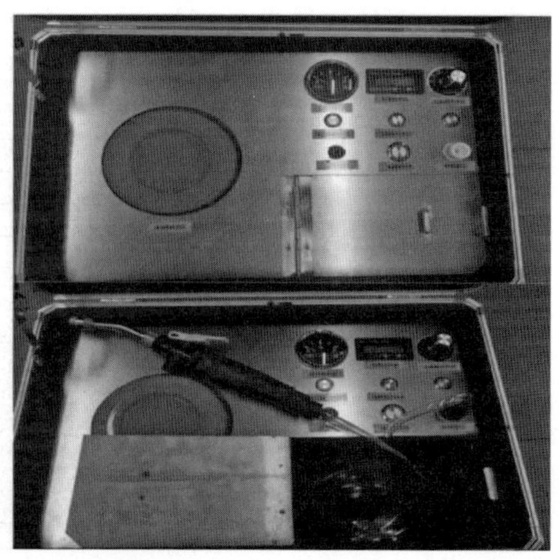

图2　装置整体及操作面板

三、应用成效

经过试用验证，该装置一次加注10L高压绝缘清洗剂，可完全实现1个站点全部通信设备的带电清洗，带电除尘装置清洗效果如下：

一是该装置可在通信设备正常运行条件下，不断电停机，即开展除尘工作，不存在通信业务中断时间，大大提高通信业务可用率。

二是除尘形式以绝缘清洗液冲洗的方式开展，大大降低了机械清扫除尘所带来的损伤板卡元器件的风险，延长了板卡的使用寿命。

三是清洗效果彻底，液体可以借助流体的作用深入清理机械清理难以深入的缝隙、角落，极大改善了除尘效果。

总体来说，该装置除尘效率高，清洗效果优秀，完全实现了研制初衷。

四、典型应用场景

通信设备带电除尘装置的典型应用场景包括：

（1）数据中心。数据中心内服务器和其他网络设备需要持续运行，任何停机都可能导致数据丢失或服务中断。带电除尘装置可以在不中断服务的情况下进行清洁，保证设备的稳定运行。

（2）通信基站。通信基站内的设备需要 24 小时不间断运行，带电除尘装置可以确保设备在运行状态下得到有效清洁，避免灰尘积累导致的散热问题或设备故障。

（3）电力控制室。电力系统中的控制室设备对稳定性要求极高，带电除尘可以避免因定期维护而导致的设备停机。

这些应用场景中，通信设备带电除尘装置的使用可以显著提高设备的可靠性和稳定性，减少因灰尘积累导致的设备故障和维护成本。

五、推广价值

通信设备带电除尘装置的推广价值主要体现在以下几个方面：

首先，这种装置能够有效地保护电子通信设备免受灰尘和潮湿环境的影响，从而延长设备的使用寿命。通过设置防尘网，可以防止灰尘进入设备内部。这样不仅可以降低设备的故障率，还可以减少维护和更换设备的成本。

其次，这种装置还能够提高电子通信设备的可靠性和稳定性。由于设备的内部环境得到了改善，设备运行的稳定性也会相应提高。

最后，这种装置的推广应用还可以促进环保意识的提升。通过采用这种装置，可以减少因设备故障导致的电子垃圾产生，从而减少对环境的影响。

基于 RFID 技术的 ODF 智能可视化监测改造

国网四川电力

（刘　利　白兴勇　余昀东　王桥露　施崇智　王少杨）

摘要： 近年来，随着智能电网建设的深入推进，电网生产及管理对电力通信提出更高要求，高带宽、低时延、高传输质量的电力光纤通信网络飞速发展。其中，ODF（Optical Distribution Frame，光纤配线架）是光纤通信网络中的重要组成部分，目前 ODF 的运维管理手段主要依靠人工，相对比较落后且问题频发。该项成果通过对传统 ODF 进行改造，主要由智能 ODF 设备、智能管理终端、智能 ODF 管理网管系统组成，基于 RFID（Radio Frequency Identification，射频识别）技术主动“感知”光缆状态，实现 ODF 可视化监测，确保光纤资源台账信息的准确性、及时性；同时还能够快速定位端口，缩短检修时间，防止误操作，节约运维成本，开启光缆纤芯资源智能化运维管理新模式。

一、背景

目前电力 ODF 的运维管理手段主要依靠人工使用纸质标签来标识光纤配线端口，用手工抄写和手工录入、修改等方式记录光纤配线信息，以电子表格文档等方式保存光纤配线资料，因而在 ODF 的运维管理工作中产生了大量问题：

（1）光纤配线架中的配线标签寿命短，粘贴杂乱，且容易遮挡端口，严重影响运维质效。

（2）光纤配线信息更新及时性差，手工录入配线资料错误率高。

（3）数量庞大的光纤配线节点、端口，完全采用人工维护时工作效率极低。

（4）光纤配线现场作业管控能力不足，缺乏技术管控措施，易发生端口误拔插事故。

（5）电力通信网光纤资源整体统筹管理困难。

综上，面对海量的光缆纤芯资源，传统的人工运维手段已无法为智能电网运行提供高质量的通信保障，为了提高光缆纤芯资源运维质效，提出一种新的光缆纤芯资源运维管理模式，通过主动“感知”光缆状态，实现 ODF 智能可视化监测管理，在成本可控的同时提高电力通信网运行质量。

二、技术方案

（一）硬件设计方案

智能 ODF 解决方案主要包含电子标签、端口智能管理单元、智能单元控制器、智能集中控制器、智能管理终端以及 1 套智能 ODF 管理系统，共同完成对传统光纤配线架的智能化改造。

1．电子标签

电子标签选用被动式标签（无源标签），采用夹套连接方式用卡扣直接卡接在连接器外框套中，属于外挂式连接，并不改变连接器本身的光学和机械结构，现场拆装方便，不用在熔接盘中取出适配器，如图 1 所示。

在光纤配线架中，每条跳纤两头的连接器均应挂接标签，且标签存储的信息必须配对，用于跳纤的匹配查找。电子标签连接方式示意如图 2 所示。

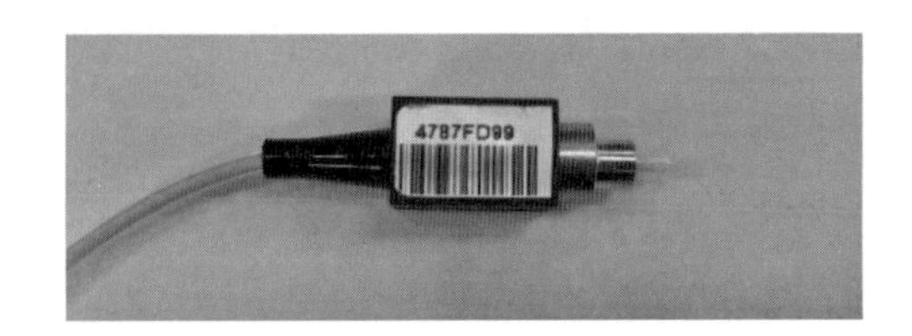

图 1　电子标签

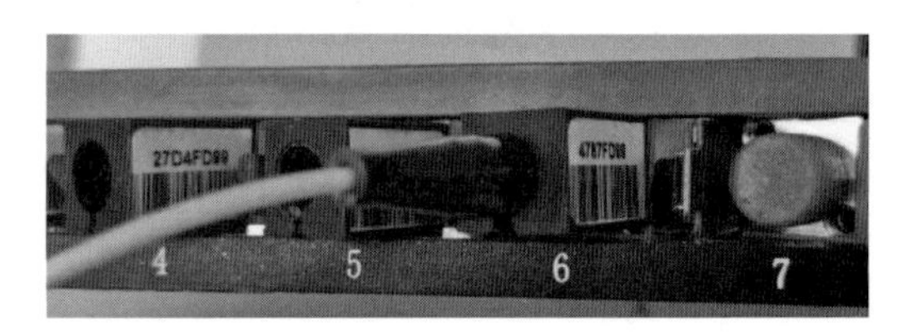

图 2　电子标签连接方式示意图

2．端口智能管理单元

端口智能管理单元为内嵌电子标签阅读器和 LED（Light Emitting Diode，发光二极管）指示灯的有源盖板，通过读取电子标签传递的射频信号，实现对光纤配线端口的管理，智能识别电子标签的插入位置和标签内容。LED 指示灯分别对应相应的光纤配线端口，实现信号告警以及对现场操作的智能引导。端口智能管理单元通过 RS485 数据接口将相关数据传输至智能单元控制器，如图 3 所示。

3．智能单元控制器

智能单元控制器用于管理光纤配线架的单个配线框，可管理本配线框内配线端口的信息数据，支持现场端口管理和现场操作指引。智能单元控制器由 RS485、USB 接口进行供电和管理，通过 RS485 接口上联至智能集中控制器，如图 4 所示。

4．智能集中控制器

智能集中控制器用于管理整个光纤配线架的所有配线框，可管理本配线架内所有配线端口的信息数据，支持现场端口管理和现场操作指引，同时为各配线框的智能部件供

图 3　端口智能管理单元

图 4　智能单元控制器

电。智能集中控制器通过上行的以太网接口实时向智能 ODF 管理系统上报光纤配线架的端口状态，同时接收智能 ODF 管理系统和智能管理终端的控制指令，如图 5 所示。

图 5　智能集中控制器

（二）软件设计方案

智能 ODF 管理网管系统是整个改造建设后的智能光纤管理中心，具备智能 ODF 设备管理、故障管理、分析管理等功能，包括以下功能模块。

（1）资源管理模块：采集和呈现光纤配线设备资源信息，包括配线端口状态、跳纤跳接关系等，并能根据运维要求定期自动巡检，智能 ODF 管理系统的光纤端口信息管理如图 6 所示。

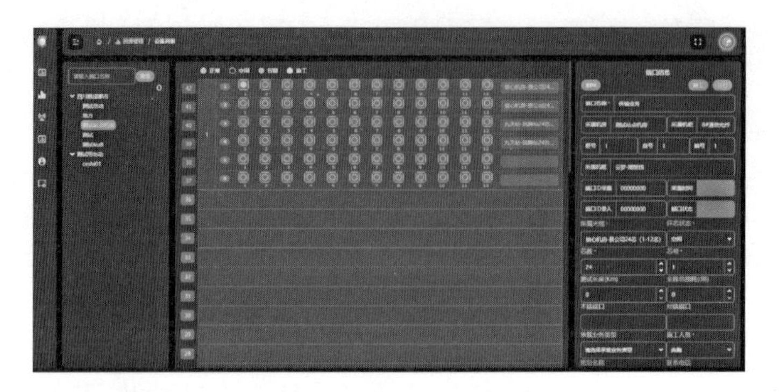

图 6　端口信息管理

（2）光路端口管理模块：该模块主要实现对现网资源的规划，通过光纤及纤芯资源信息自动规划或手工创建光路，智能 ODF 管理系统的光路端口管理如图 7 所示。

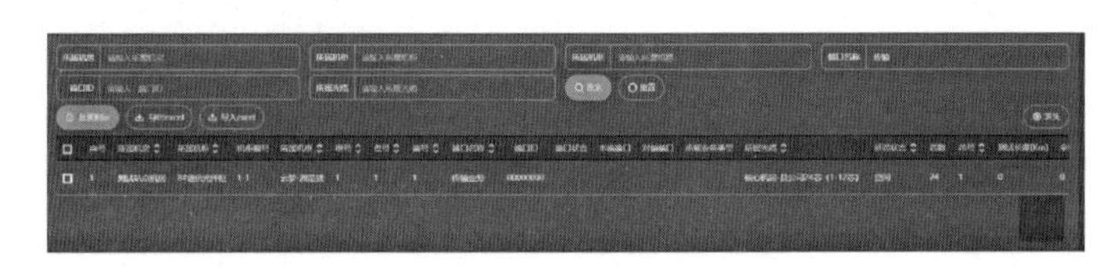

图 7　光路端口管理

（3）故障管理模块：通过对智能 ODF 设备的监测，及时发现存在故障，智能 ODF 管理系统的光纤端口监测如图 8 所示。

（4）分析管理模块：对光纤配线设备、端口等进行统计分析，给出端口利用率等各类建设和运维指标。

（5）端口指引模块：手动下发对应指令，对应端口指示灯闪烁，可视化指引维护人员，一键定位检修端口，提高检修效率，智能 ODF 管理系统的光纤端口指引如图 9 所示。

（6）系统管理模块：包括用户权限管理、系统升级管理等功能，系统管理员通过该模块实现对系统本身的运维管理。

图 8　端口状态监测

三、应用成效

智能 ODF 的应用主要能够取得以下成效：

（1）实现光纤资源的快速、准确调配，提高业务开通效率。引入智能 ODF 网管系统的融合管理体系后，资源系统的信息准确率维持在 100%水平，依托其进行光路调

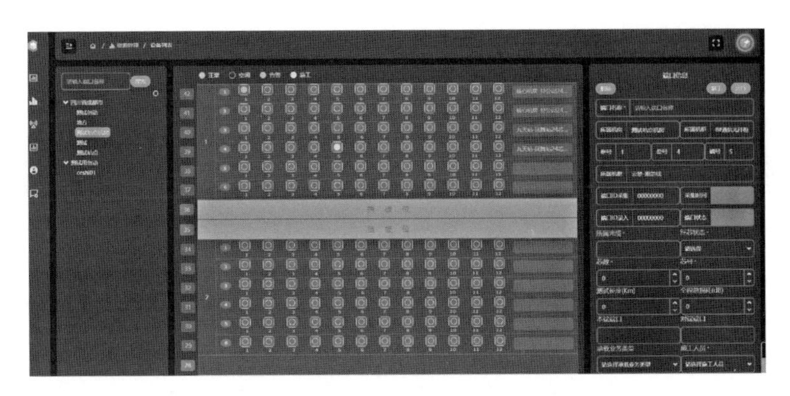

图 9 端口指引

度操作确保不出现偏差，保证资源快速调配，实现业务快速发放。

（2）提高故障处理效率。资源系统可提供准确的光路信息，故障排查目标明确，摆脱了以往凭经验和依靠排查手段进行故障定位的模式，减少了大部分的故障排查工作量，直接缩短故障修复时间。

（3）规避传统运维模式下端口误操作引起的故障。通过可视化的施工指引手段，避免了因误操作造成的断网事件，保障电力通信网的可靠性。

综上，该成果能够提升投资效益，进一步降低人、财、物成本，具有明显的经济效益和社会效益，可以在全省电力系统内部推广使用。

四、典型应用场景

该成果使用方便，安全可靠，可在变电站所主控室、供电营业站所机房、独立通信站点等机柜内部开展试点应用，后续将进行量产。

五、推广价值

经济效益方面，应用该成果能够解决现场标签杂乱、寿命短，数据资料更新及时性差、差错率高，现场施工运维管理困难、效率低等带来的经济成本问题，实现生产效率大幅提升，显著改善光纤资源管理困难等现状。

社会效益方面，由于光纤通道在电力系统中具有举足轻重的支撑作用，涉及调度、保护、自动化、电话、视频会议等多种业务。使用该装置可以极大提升通信运维质效，不仅能够实现光纤资源的快速、准确调配；还能节约抢修时间，规避传统运维模式下端口误操作引起的故障。因此，在通信运维日益精益化和负荷不断攀升的大趋势下，稳定可靠的电力通信能够造福民生，维护电网的正常运转。

基于 WAPI 无线技术的变电站直流蓄电池新型充放电装置及系统

国网山东电力

（薛佳宁　梁　栋　陈　霞　修成林　管清琴　吴　军）

摘要： 变电站内的蓄电池可以在站内交流发生异常时，为站内设备提供临时供电，确保业务不会中断。目前，站用蓄电池的巡检通常固化在春秋检工作中，充放电过程需要现场监视，且需要人工拷贝放电数据，效率较低。本创新成果基于 WAPI 无线技术，结合变电站可信 WLAN 网络建设，在传统蓄电池充放电装置基础上研发变电站直流蓄电池新型充放电系统，可以通过无线射频实现与无线充放电装置本体的通信，在本地对蓄电池组充放电参数进行设置，处理、存储和显示充放电相关数据和蓄电池组的相关状态，并将现场作业数据实时回传。通过研发本创新成果，可以实现蓄电池放电状态实时远程监控、巡检数据实时上传等功能，有效降低现场运维人员工作压力，提高工作效率和数据传输的安全性。

一、背景

变电站内的蓄电池是站内所用电源中直流供电系统的重要组成部分，当站内交流发生异常时，蓄电池会继续为站内通信设备、继电保护、自动装置等设备继续供电，提供临时供电时间，确保故障发生及抢修期间业务不会中断。

蓄电池在使用过程中，需要定期到站上进行充放电试验、外观检查、容量核对等，确保蓄电池运行良好。目前，站用蓄电池的巡检通常固化在春秋检工作中，是春秋检的一项固定作业内容。以 220kV 变电站为例，通常配置 2～4 组蓄电池组，按照 10h 放电率，以 I_{10} 放电电流进行放电，蓄电池充放电过程一般需要 8～10h，且全程需要工作人员在一旁进行现场监视，充放电试验完成后，蓄电池放电数据会存在放电装置中，需要现场作业人员用外接 U 盘转存至内网电脑中。因此，为了正常完成蓄电池检修作业，常常在春检任务中安排专人进行充放电试验监视，并负责数据转存，以免发生充放电错误或放电数据丢失等情况。因此，常常存在作业现场人员配置冗余，检修工作效率低，放电数据 U 盘拷贝不灵活、转存不安全、容易丢失，主站无法实时远程控制等诸多问题。

二、技术方案

随着新型电力系统建设的不断深入，变电站内各类业务终端数量呈爆发性增长，为实现各类终端接入，山东电力在全省统一推动变电站可信 WLAN 无线通信网络建设。可信 WLAN 网络基于 WAPI 技术，具有大带宽、低时延、高安全等特性，可为电力业务提供灵活无线接入方式。结合变电站可信 WLAN 网络建设，在传统蓄电池充放电装置基础上，研发变电站直流蓄电池新型充放电系统，包括前端采集、网络传输、后台管控三个层级，如图 1 所示。

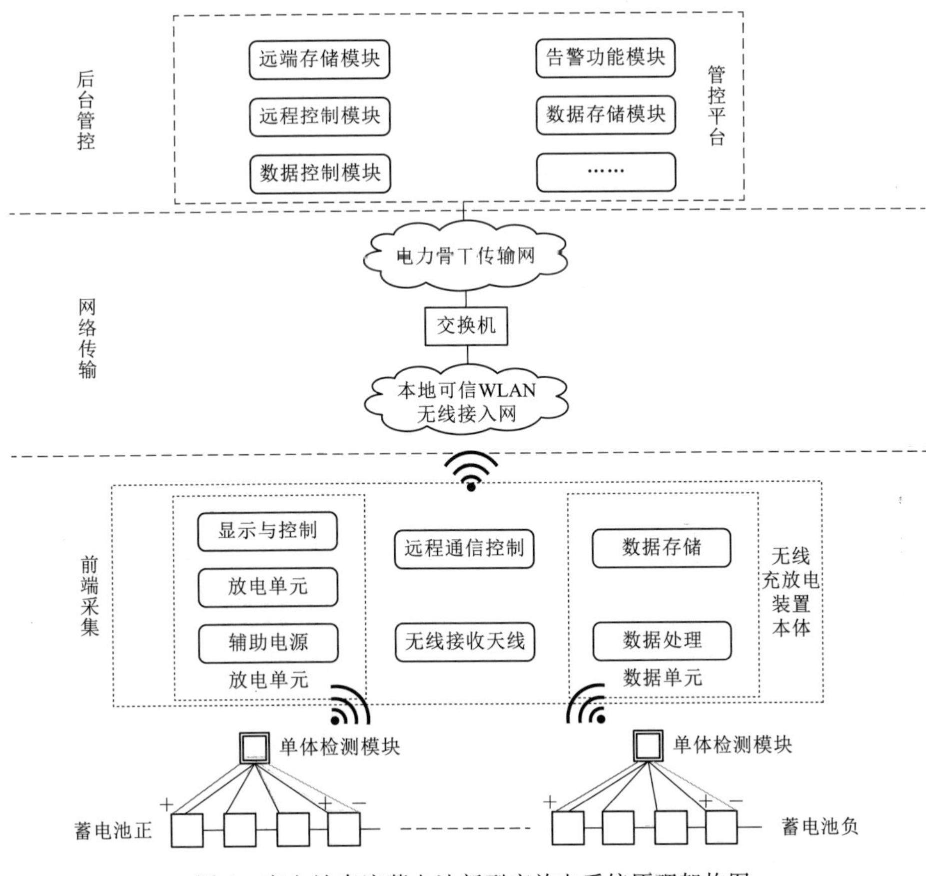

图 1　变电站直流蓄电池新型充放电系统原理架构图

前端采集部分包括单体蓄电池采集模块、无线充放电装置本体。无线充放电装置如图 2 所示，主要包括装置本体、数据单元和放电单元，数据单元细分为无线接收天线、远程通信模块、数据处理模块、数据存储模块。单体蓄电池检测模块通过无线射频实现与无线充放电装置本体的通信，无线充放电装置可在本地对蓄电池组充放电参数进行设置，处理、存储和显示充放电相关数据和蓄电池组的相关状态，并通过支持 WAPI 协议的远程通信模块就近接入变电站可信 WLAN 网络中，将现场作业数据实时回传。

图 2　无线充放电装置

网络传输部分包括本地可信 WLAN 无线接入网和骨干传输网两部分，无线充放电装置中内嵌 WAPI 模组，如图 3 所示，可实现远程通信功能。通过内嵌式 WAPI 模组，无线充放电装置便可就近通过无线接入点 AP 设备接入变电站本地可信 WLAN 网络中。然后，蓄电池数据通过交换机汇聚，上传至站内光传输设备，经过骨干传输网，实现与后台管控部分的数据交互。

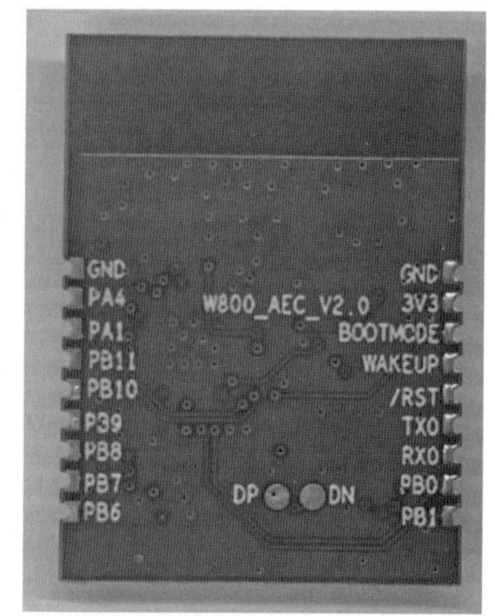

图 3　内嵌式 WAPI 模组

后台管控部分主要指蓄电池远程运维管理平台，集成了数据交互、远程控制、数据存储等。利用远程运维管理平台可进行蓄电池组端和单体单压监测、充放电参数远程设置、充放电远程控制、充放电状态信息在线实时观测、充放电数据实时存储等功能。图 4 为蓄电池远程运维管理平台放电过程实时管控情况，可以直观观测 24 节蓄电池单体电压、蓄电池组组端电压及放电电流、放电时长及核容情况。图 5 为历史数据查询情况，可回溯放电过程各种数据信息。

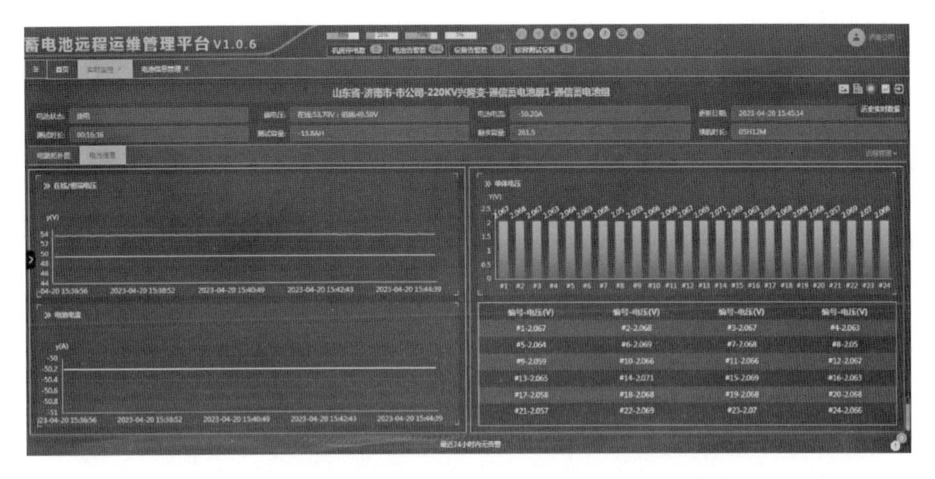

图 4　蓄电池远程运维管理平台放电过程实时管控

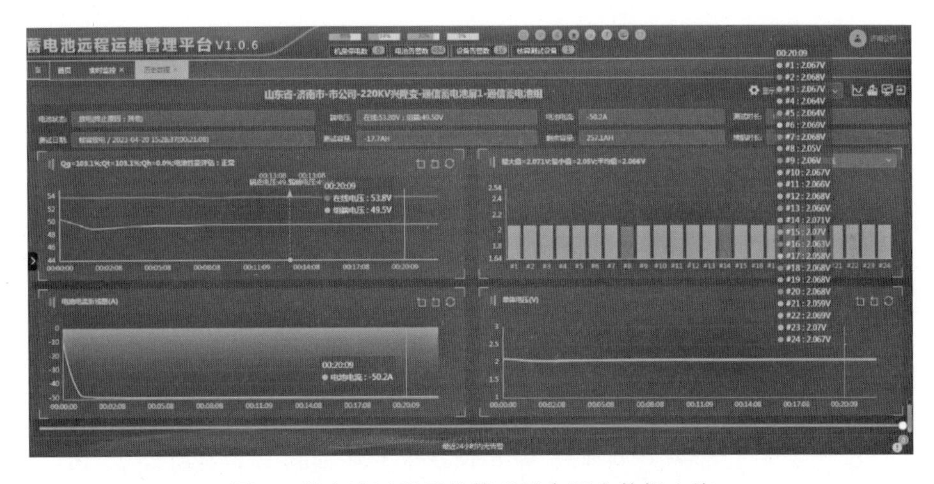

图 5　蓄电池远程运维管理平台历史数据查询

三、应用成效

通过研发变电站直流蓄电池新型充放电系统（图 6），在无线充放电装置内部集成基于 WAPI 技术的无线通信模块，就近接入变电站可信 WLAN 无线通信网络中，经电力骨干传输网回传至主站系统，可实现蓄电池放电状态实时远程监控、巡检数据自动实时上传等功能，有效降低现场运维人员工作压力，提高工作效率和数据传输的安

图 6　变电站直流蓄电池充放电系统

全性。

经济效益方面。以一座 220kV 变电站为例，按照 2 组蓄电池配置，每年进行春秋检 2 次巡检，单组蓄电池需要检测时间为 10h，配置 1 名人员专门进行蓄电池充放电试验过程监视。参考 2024 年济南市最低工资标准 21 元/h，计算可知，全年单站巡检费用＝2 组×2 次×10h×1 人×21 元/h＝840 元，目前济南地区市县运维站点共计 600 余座，在应用变电站直流蓄电池新型充放电系统后，1 年就可节约 600 座×840 元＝504000 元。

安全效益方面。蓄电池充放电数据是十分重要的生产信息，传统放电模式下，需要巡检人员及时采用外接 U 盘进行转存至内网系统，数据安全性存在一定泄露风险。采用变电站直流蓄电池新型充放电系统后，放电数据可实时回传至内网主站系统，并自动保存，无需担心数据泄露风险和人员转存交接不及时等问题。

四、典型应用场景

本创新成果能在可信 WLAN 网络覆盖变电站中推广使用，有效降低现场运维人员工作压力，提高春秋检工作效率。

五、推广价值

本次创新研发的变电站直流蓄电池新型充放电系统，在远程回传时采用了基于 WAPI 技术的可信 WLAN 网络，具有数据实时回传、节约巡检人员、数据转存安全便捷等特点，适用电力系统变电站直流蓄电池充放电作业场景，能在可信 WLAN 网络覆盖变电站中推广使用。

目前，在山东电力，可信 WLAN 无线通信网络建设的典型设计已固化至变电站典型设计中。随着可信 WLAN 网络的覆盖，该项创新可在整个山东电力所有变电站中推广使用。

此外，在电力系统内，除山东电力外，四川电力、河北电力等国网单位和南方电网单位也已经开始变电站可信 WLAN 网络部署，在以上范围都可进行广泛部署和推广。

基于双因子认证和一体化智能锂电的安全低碳智慧运维新模式

国网新疆电力

（马学文　郜亚轩　麦尔丹·吾拉木　刘小庆　阿丽米娜·阿力玛斯　马弘历）

摘要： 电力蓄电池组是变电站内承担直流工作的重要构成设备，是电力设备必要的能源支持。对蓄电池进行日常巡检和定期核容，及时发现故障隐患是蓄电池日常运维、确保其安全稳定运行的关键动作。本项目结合人工智能算法和智能化运维的理论，结合乌鲁木齐供电公司日常通信蓄电池组运维规程等，针对不同电压等级的变电站，因地制宜采用不同智慧运维方式，在地处偏远的220kV变电站采用双因子安全认证的蓄电池远程核容装置，在城区内110kV变电站采用智能一体化锂电源，构建满足乌鲁木齐供电公司日常生产需要的"多手段融合型蓄电池智慧运维模式"，实现蓄电池管理的集中化、可视化、自动化、智能化，大大提升了蓄电池及直流系统的安全性和运维效率。

一、背景

电力蓄电池组是变电站内承担直流工作的重要构成设备，是电力设备必要的能源支持。近年来变电站、配电房、数据中心等通信机房因管理不善引发电源蓄电池事故屡有发生，造成不可挽回的损失。对蓄电池进行日常巡检和定期核容，及时发现故障隐患是蓄电池日常运维、确保其安全稳定运行的关键动作。目前，变电站内蓄电池在运维管理中主要存在以下问题。

（一）传统铅酸蓄电池耐用性较低，寿命短

传统铅酸蓄电池质量和体积能量密度偏低，体积较大，不适宜在质量轻、体积小的场合使用，且循环寿命较短，理论循环次数为锂离子电池的1/3左右。

（二）蓄电池运维依靠人工效率低下

目前对蓄电池的维护工作主要依靠人工，维护人员少，设备数量增多，巡视周期长，无法及时有效发现问题，蓄电池运维智能化水平和运维效率较低。

（三）蓄电池监测功能单一

目前动力环境监控系统只能监测蓄电池电压、蓄电池充放电电流，无法监测蓄电

池单体内阻、单体温度、单体容量等反馈电池健康情况的参数，无法及时判断蓄电池在通信电源交流失电的情况下是否可以给站内负载供电。

（四）传统核容方式耗时长

传统的蓄电池核容操作，需将蓄电池脱离直流母线，然后接上专用的蓄电池放电仪作为负载放电。这种方式费事耗力，还存在一定的操作风险。特别是近年来电力建设速度加快，变电站数量越来越多，运维人员压力不断加大。

（五）现有的远程维护系统安全认证方式单一

目前市面上的远程核容维护系统基于单一密码认证方式，存在钓鱼攻击、黑客入侵和恶意软件攻击等网络安全问题，系统安全性较差。

二、技术方案

本项目结合人工智能算法和智能化运维的理论，结合乌鲁木齐供电公司日常通信蓄电池组运维规程等，针对不同电压等级的变电站，因地制宜采用不同智慧运维方式，在地处偏远的 220kV 变电站，采用双因子安全认证的蓄电池远程核容装置，在城区内 110kV 变电站，采用智能一体化锂电源，构建满足乌鲁木齐供电公司日常生产需要的“多手段融合型蓄电池智慧运维模式”，实现蓄电池管理的集中化、可视化、自动化、智能化，大大提升了蓄电池及直流系统的安全性和运维效率。

（一）项目研究内容的原理

1. 双因子安全认证的蓄电池远程核容系统应用原理

该系统专用于通信电源蓄电池，集电池组监测、远程核容、空调控制、市电监测、温湿度监测等功能为一体。本项目基于 DC/DC 变压技术，通过双因子认证登录远端平台，下发指令通过远程控制单元把蓄电池电压升高至略大于整流器电压，使其直接被通信设备利用，根据实际负载调节放电电流的大小。整个放电过程中，蓄电池不脱离母线，若放电过程中市电停电或蓄电池异常，能够立即停止放电，切换成正常模式。该系统还能实时监测蓄电池的单体电压、表面温度和内阻等运行参数，并基于历史监测数据库在线诊断蓄电池的健康状况。

本项目研究及应用参照图 1 结构模型。

该结构模型由三层组成：

（1）感知层——信息采集，主要由单节及整体采集模块来完成数据采集；同时可以定制化开发系统对接，比如对接综合网管系统等，最终完成蓄电池数据、场站数据等的采集；也可以采用人工方式，进行初始基础数据的录入和配置。

（2）网络层——通过专网实时上传采集数据，提供可靠的数据和各种管理平台。

（3）应用层——提供蓄电池远程智能监测维护系统的应用功能，包括安全认证、

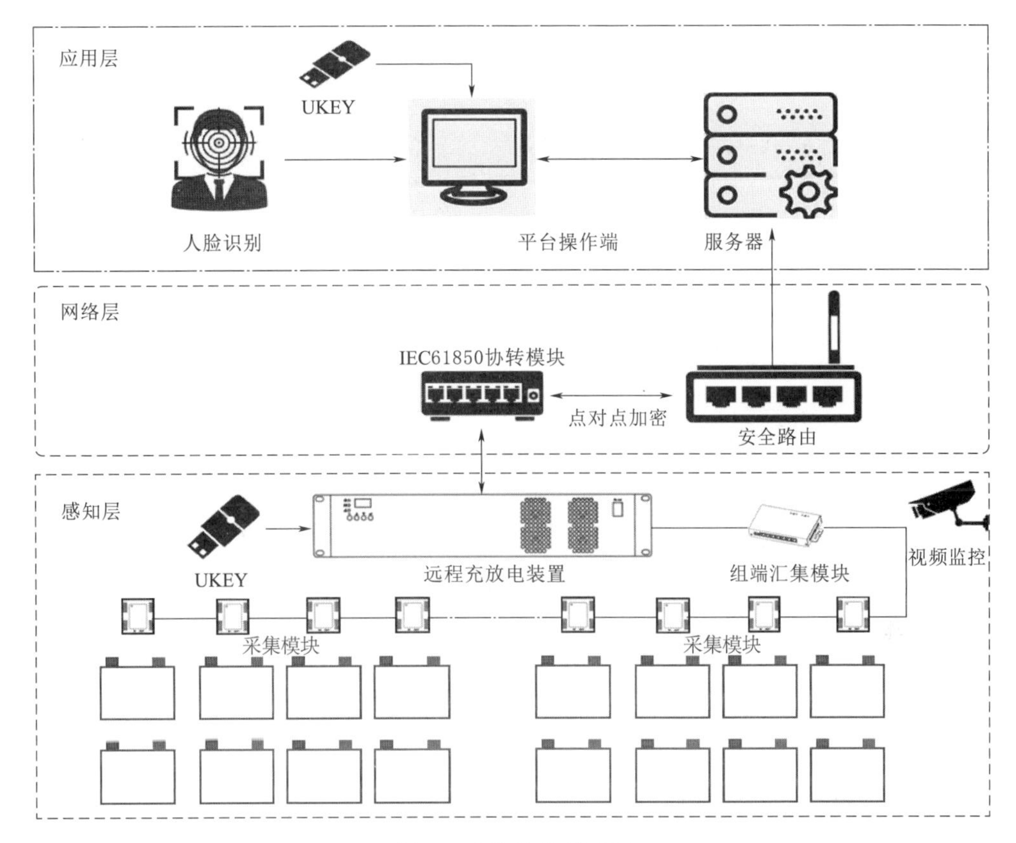

图 1　系统结构模型图

远程核容、性能监测、在线养护等，除了一些基础的蓄电池运维技术外，可以根据具体生产场景进行定制化的功能开发。

2. 一体化智能锂电实现的基本原理

智慧能源锂电池是基于电力电子技术与电化学技术有机融合的新型智慧能源型锂电储能模块，有效兼顾了充电电压、充电时长、安全稳定、使用寿命、利旧扩容、空间利用率的需求。

智能运维功能的实现，需要一体化能源柜及智慧能源网管平台配合完成。一体化能源柜围绕着提高效率、提升性能、安全可靠、小型轻量化、减少电磁干扰和电噪声的轨迹设计。将－48V 智慧能源直流电源单元和磷酸铁锂电池单元集成在一个机柜内，为设备提供安装空间和－48V 直流不间断供电。其中直流电源单元采用全模块化架构，智能调度能源的接入与调节多电压的输出；锂电池部分按需灵活配置需求，实现充放电动态管理。一体化智能锂电池实现原理图如图 2 所示。

智慧能源网管平台通过实时监控站点相关设备的性能和告警信息，实现负载分路精准下电、电池隐患分析、动态分配电池备电容量等功能，为机房精准可靠供电，高效运维提供支撑。

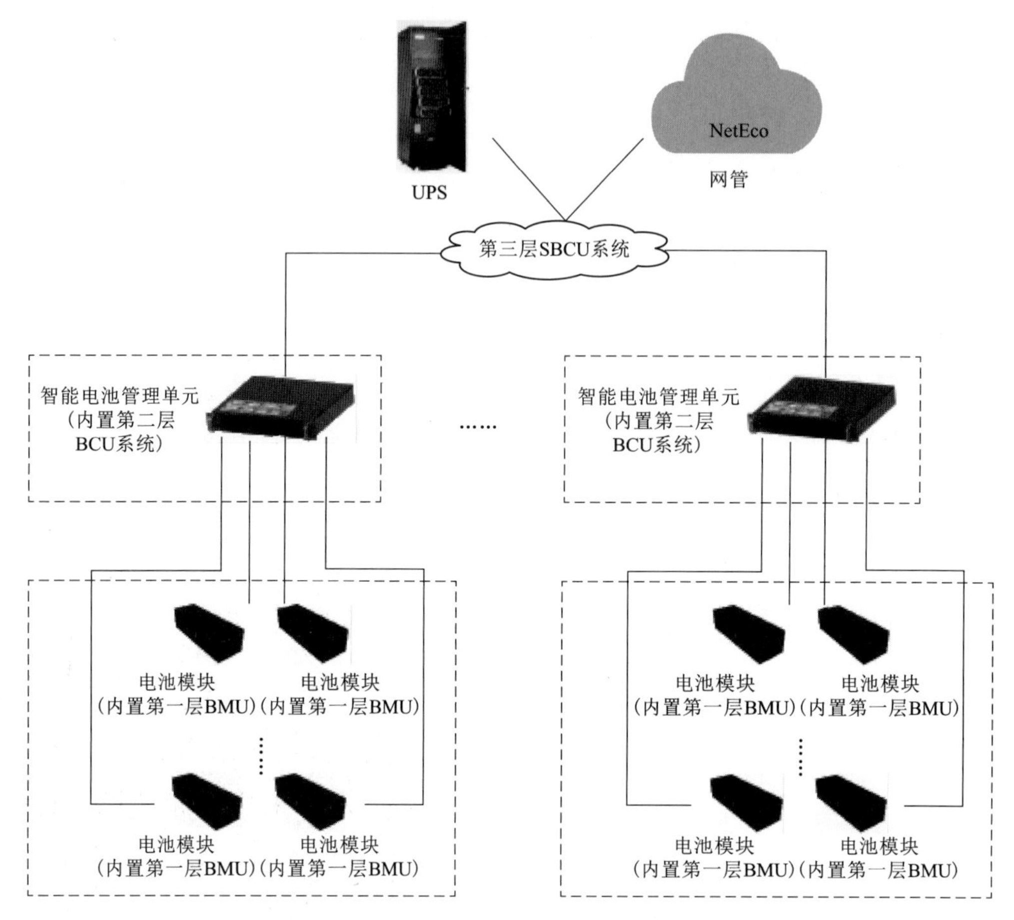

图 2　一体化智能锂电池实现原理图

（二）系统组成

本系统主要由前置管理控制主机、远程充放电主机、蓄电池汇集模块、蓄电池采集模块组成，如图 3 所示。

（1）前置管理控制主机。能够实时获取电源运行状态数据（市电输入、模块数据等），避免时延，保证远程核容安全进行；智能分析判断电源、站端设备运行状态，如发生市电掉电、设备故障、站端电源异常、软件故障、硬件故障等异常情况，停止远程充放电，并管理控制蓄电池组恢复等电位；主动上报远程核容数据，成套管理机制，实现远程核容的安全自主可控，统一数据模型，实现设备集约化管理。

（2）远程充放电主机。平台通过远程下发指令控制主机进行充放电测试，测试结束后上传本次放电数据，并实时上传每节电池的监控数据。

（3）蓄电池汇集模块。收集单体模块的监控和测试数据，打包上传数据给主机，接受主机的测试命令。可制定周期对电池内阻进行测试。

（4）蓄电池采集模块。可对单节电池的电压、内阻、极柱温度进行实时监控，具

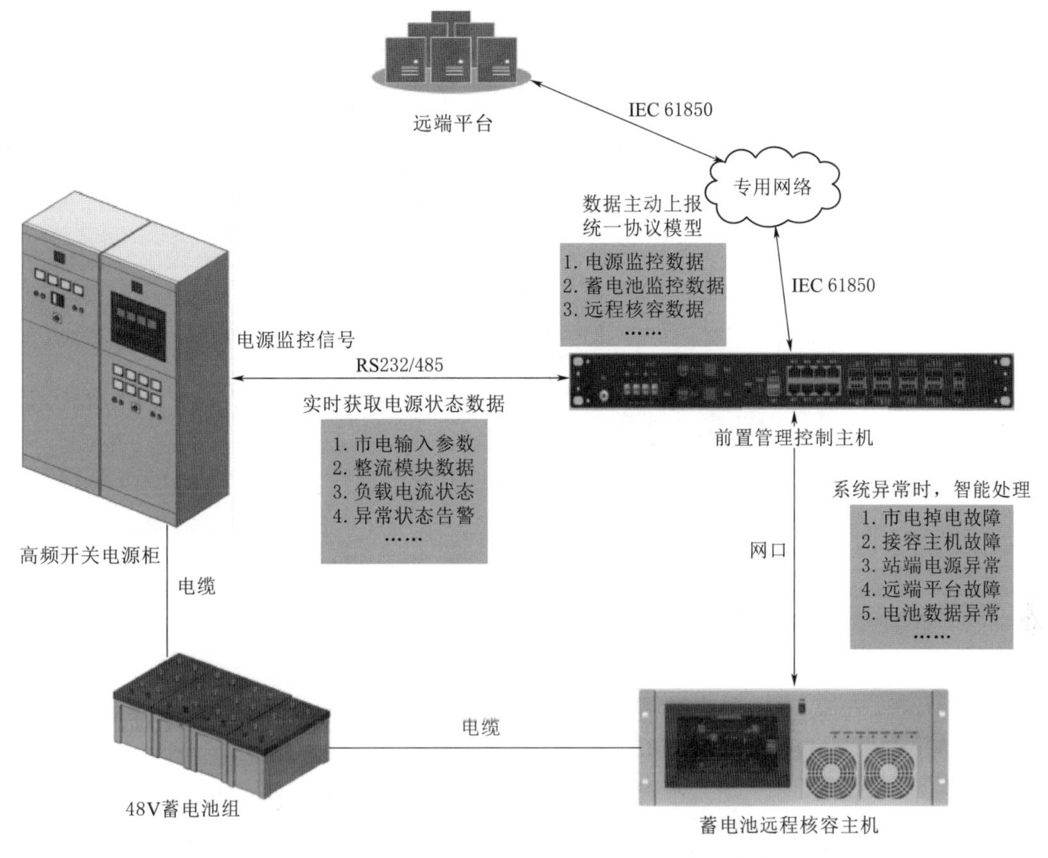

图 3　蓄电池在线养护全自动运维设备原理图

有自动编号、环路通信、反接保护功能。

（三）关键创新技术

创新点 1：基于国密安全算法的密钥构建高度安全的远程核容控制系统。在调度端需通过双因子认证［3D 活体人脸识别＋UKEY 授权（图 4）］才能登录远端平台系统，在下发关键的控制命令时需要 UKEY 授权才有权对站点设备进行控制。所有控制指令采用国密非对称算法 SM2 签名功能，平台端和站端均由公钥和私钥进行验证，大大提高系统网络安全。

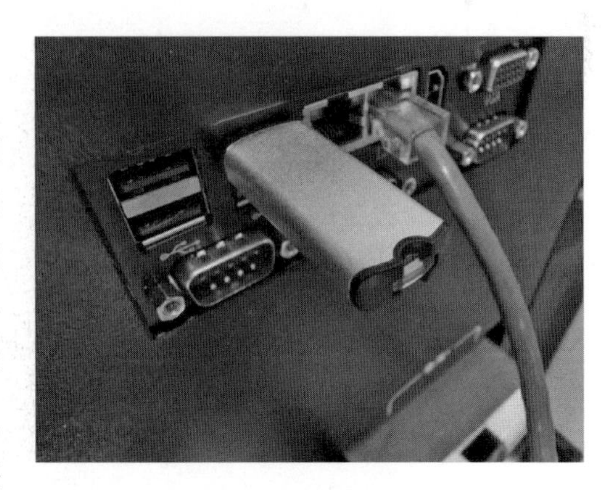

图 4　UKEY 授权

创新点 2：数据可视化管理。平台对整组蓄电池、单体蓄电池的电压、内阻、极柱温度、电导、历史测试数据等都实时展现；对放电及充电全程进行监测，监测过程的数据通过柱状图、变化曲线、数值分析表等多种形式汇总生成蓄电池充放电测试报告，并可导出报表，方便对蓄电池进行管理。基于历史监测数据和放电数据，预估蓄电池剩余容量、续航时间等，筛选出不满足要求的电池，为立项更换提供参考依据。如图 5 所示。

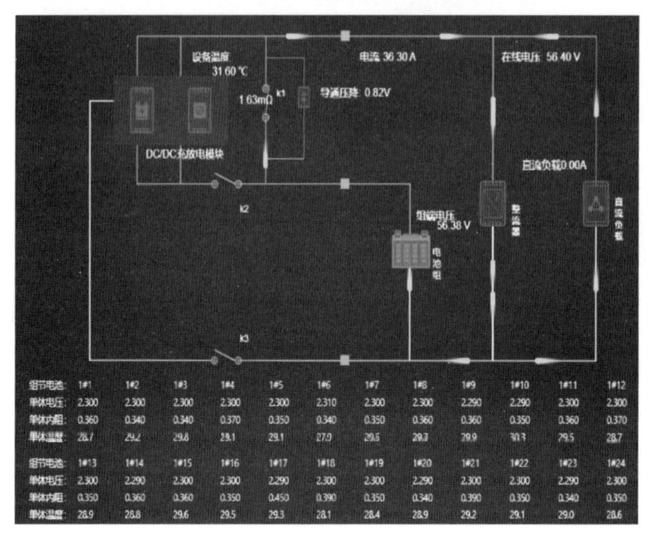

图 5　平台资源可视化展示

创新点 3：采用核心器件大电流自检安全机制。核容测试前，对放电设备进行自检，具备在线常闭接触器 K0 和在线二极管 D0 的测试功能，其测试具备通过不低于 60A 的电流的内部测试环路，并能准确测量常闭接触器的接触电阻和在线二极管的导通压降，同时不影响在线系统电压的波动和系统设备的正常工作。如图 6 所示。

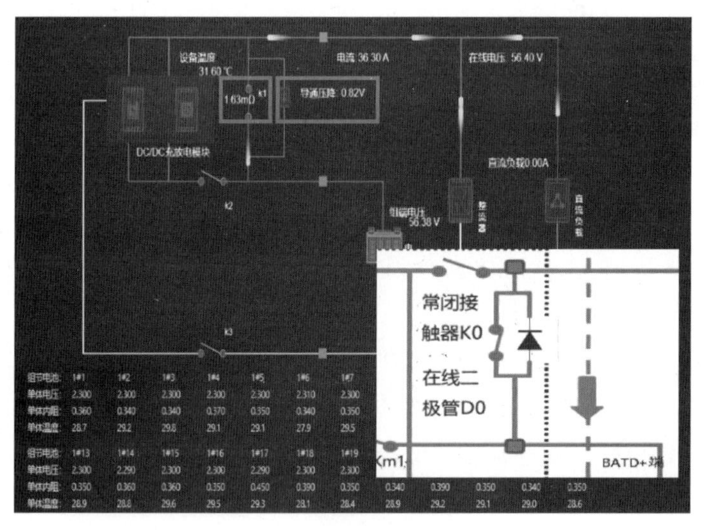

图 6　安全机制原理图

创新点 4：采用 DC/DC 升压技术，利用实际负载进行放电，放电损耗功率低。基于 DC/DC 升压技术，将蓄电池电压升高，使其直接被通信设备利用，由蓄电池给负载供电，用实际负载实现远程放电，放电损耗功率低于 5%。当达到设定的放电终止条件时，切换为限流充电，系统内充电缓冲单元开始工作。充电完成后，蓄电池恢复正常运行状态，由整流器为蓄电池浮充充电。如图 7 所示。

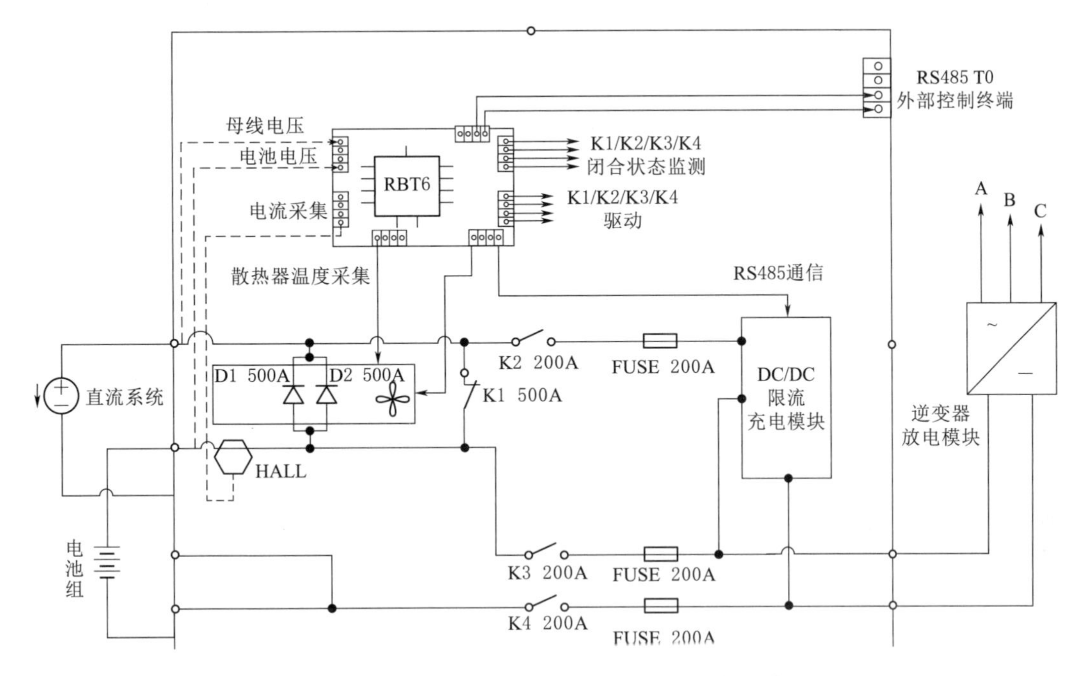

图 7　基于 DC/DC 升压技术的远程核容系统

创新点 5：采用 AI 技术及锂电池等电化学储能技术，实现削峰平谷。智能锂电是基于电力电子技术与电化学技术有机融合的新型智能型锂电储能模块，可自动适配不同充电电压，充电快、使用寿命长。智能错峰，解决市电不足难题，快速部署；智能混用，保障备电时长，保护既有投资；供电与业务联动，避免空载损耗。

创新点 6：一体化智能锂电源采用智能的主动均流控制技术（三层 BMS 架构），实现现网电池利旧扩容。智能锂电采用磷酸铁锂电芯，支持与铅酸蓄电池并联混合使用，支持新旧电池组混并，实现现网电池利旧扩容。搭配华为模块化 UPS，可以灵活扩容支持功率和备电在线分期扩容，真正支撑业务按需部署，降低初期投资。

三、实施成效

本项目的研究和应用，将有助于解决传统蓄电池维护方法存在的弊端、提高蓄电池的维护质量和维护效率、减少相关工作人员所面临的人身安全风险、减低相关工作人员的工作压力、节省日常运维费用等，实现蓄电池组的数字化、可视化、自动化运维，具有广泛应用推广价值，具体成效如下。

（一）实现了蓄电池的智能化、自动化运维

蓄电池远程智能监测维护系统主要是采用智能代替人工的操作方式实现远程核

容、蓄电池监测等，通过软件平台监管实现多站点统一管理，告别逐站进行蓄电池运维的方式，创建作业计划，远程一键启动完成所有机房运维工作。通过全在线蓄电池充放电技术，任何时候保持电池在线，避免市电停电或设备自身的故障而造成电池离线，降低了通信电源系统风险；运维人员无需下站进行拆解线，消除因外出抢修带来的行车安全隐患，有效地保护运维人员的人身安全。

一体化智能锂电源采取一体化能源柜与智慧能源网管平台的数智化技术手段，可有效实现对机房的供电设备、能耗及能效的智能监、管、控，改变当前动环系统对能源设备只监不控现状、对能效指标数据分析缺失及对系统低水平人工运维的现状。进一步通过对能效、能耗重要指标的精准管理，对问题设备、机房定位，对风险设备、站点预测，全面进行日志管理、故障收敛及根因分析，实现自动运维及快速运维。

（二）实现了蓄电池参数全过程监测，提高运维效率

采用国际上先进的测量和分析技术实现蓄电池在线监测（图 8），对蓄电池组进行 24 小时不间断在线监控，具有抗干扰能力强、一致性高和重复性好的特点，替代传统人工维护模式，在线实时监测蓄电池单体及整组的运行参数和性能参数，全面了解蓄电池的性能状态，及时发现落后单体电池，排除安全隐患，保障系统不间断运行。

图 8　蓄电池参数全过程监测

一体化智能锂电源采用具有消防、防雷和过电压防护功能的模块，并对锂电池进行健康度管理和风险性评估；通过负载独立上下电控制，知悉各支路在运状况，实现分路精准下电，保障重要负载备电时间。

（三）节约运维成本，降低蓄电池运维投资

蓄电池远程智能监测维护系统可实现通信蓄电池的核对性充放电，单站耗时每年可节约工时 20h（按每年核容 2 次），单次日常巡检的时间由 4h 降至 20min。节省蓄电池核容的人力及设备的投入，满足了电网客户对蓄电池智能维护管理要求。核容过程中系统发现任何异常情况（如市电停电、电池电压低、电池温度高，网络通信异常等），都将自动中止核容，确保核容过程中的安全性。同时蓄电池保持实时在线，在交流失电时，蓄电池能无缝对负载放电。

一体化智能锂电源通过智慧能源网管平台最大化发挥了人力资源效能，降低了人力资源投入。运维人员随时可以通过平台远程查看电源、电池基本配置以及运行状况，并对其开展负载上下电、电池核容放电测试，以及基本巡视等运维工作。

乌鲁木齐供电公司维护着 170 多套蓄电池，每年投入大量专项资金用于日常运维，但是由于装用规模大、装用点分散，日常人工巡视维护频率低、效率低，依然无法对蓄电池存在的运行隐患和问题进行实时诊断预警，无法对整体的蓄电池质量情况做到心中有数。如图 9 所示，试点部署通信蓄电池远程智能监测维护系统后效果很好，实现了 3 个机房的蓄电池参数的可视化管理和数字化展示，经过模拟测试、极限测试等验证功能后，计划今年将部署至老满城变电站。同时，定制了“一键核容”“在线养护”等功能，更可以对蓄电池的故障诊断、监测等生产环节带来帮助。

四、典型应用场景

本项目实际应用成功后，可以在不同电压等级的变电站逐步推广应用，后续还可逐步应用到通信机房、互联网中心机房、供电所营业厅等所有有蓄电池接入的场所。

五、推广价值

在乌鲁木齐供电公司进行蓄电池远程智能监测维护系统及一体化智能锂电源全网部署后，可逐步推广到全自治区通信电源及蓄电池运维中，甚至服务于全国国网变电站、通信机房等。

（一）直接经济效益

以新疆维吾尔自治区电力公司为例（下属 14 个地市供电公司），单组电池维护需要技术人员带专业设备到现场进行充放电测试：每组电池拆接线时间合计约 1h/人，放电及充电恢复时间合计约 10h，每组维护耗时约 5h。使用远程核容系统后，远程进行在线放电及充电恢复，大规模应用后，人力花费可忽略不计，单站每年节约工时 20h（每年 2 次的放电测试），单次日常巡检的时间由 4h 降至 20min，且如果严格按照维护规程进行维护，每年需要投入一定费用购置相关仪器仪表、车辆，以及支付相关

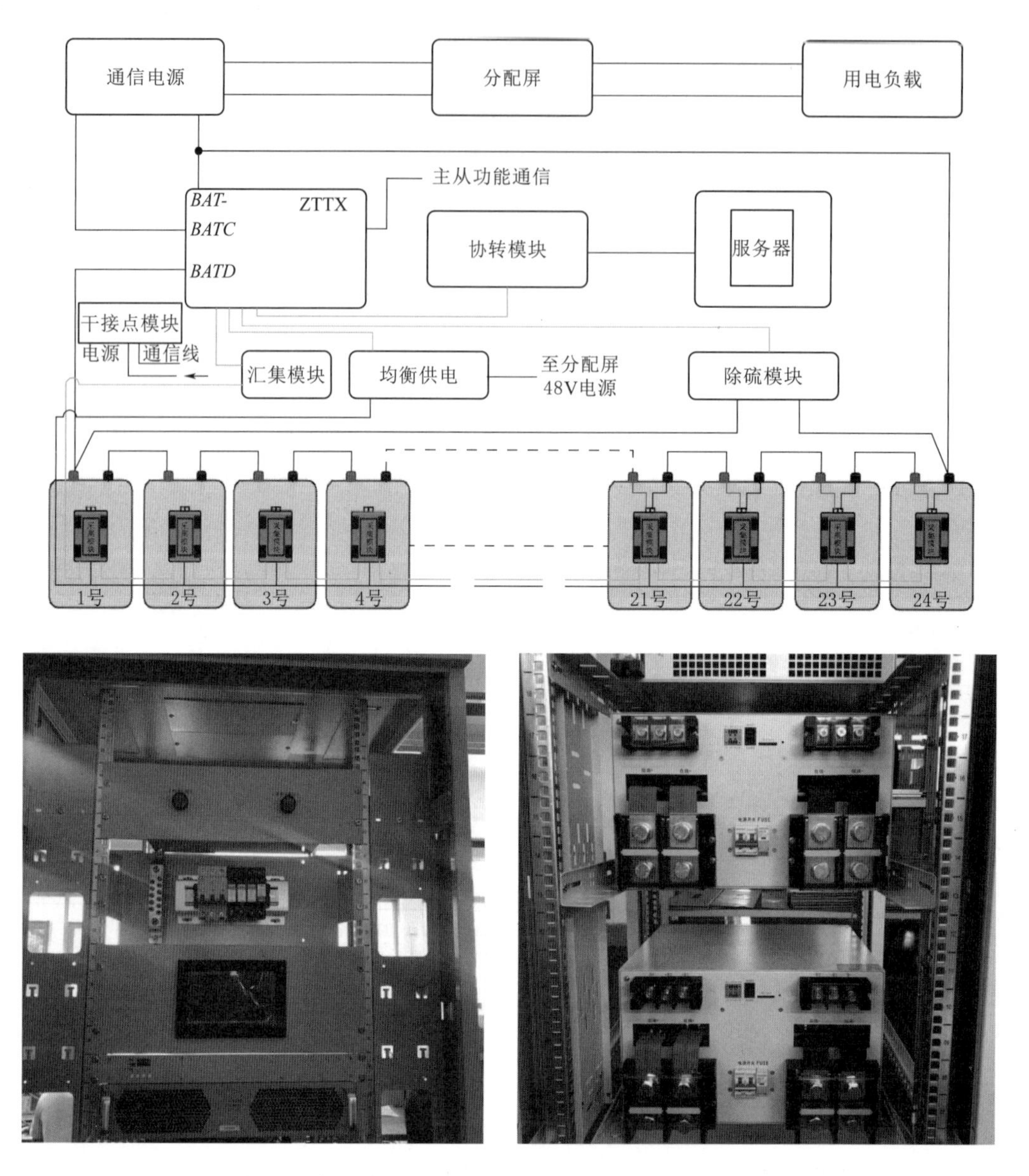

图 9　现场安装原理图（左）和现场安装效果图（右）

使用管理费用。

本项目成果应用后，除在电网安全上所带来的不可估量的影响外，仅从电网的日常运维成本考虑，全自治区每年就可节省可观的维护费用支出。

（二）间接经济效益

远程在线放电，节约电能，减少碳排放。按单站 48V 500Ah 电池组计算，每组电池传统方式放电维护一次需要损耗 24（48V×500Ah=24000Wh）度电，单站 2 组电池，每年 2 次维护需要花费 96 度电，由于传统放电会发热，需要空调降温，由此至少又增加 96

度电。采用 DC/DC 远程放电技术，单站每年节省 192 度电，节省费用 192×0.98＝182.4（元）。每度电≈0.78kg 二氧化碳排放量，单站每年减少 192×0.78＝149.76（kg）碳排放。

本项目成果应用后，蓄电池远程核容全过程无发热，安全性更高，同时避免了传统假负载放电的能源消耗及空调降温的能源消耗，更节能，响应国家“双碳”战略。

电力通信资料库建设与应用

国网吉林电力

（闫　峰　侯钟宝　于海广　郭　靖　徐森林）

摘要： 随着我国的电力通信事业的发展，通信网络的规模越来越大，结构越来越复杂。加强电力通信资源管理，健全电力通信系统资源资料库数据至关重要。项目通过通信资料库的建设，方便了管理人员的日常工作，提高了运维人员故障处理的时效性，为工程建设人员规划、设计、优化电力通信网提供有力支撑。

一、背景

白城供电公司担负着白城地区和黑龙江省泰赉县部分地区的供电任务，资产总额25亿元，供电辐射面积达2.6万km^2，供电客户81万户（其中趸售客户43.17万户），下辖供电生产经营单位19个，受吉林省农电有限公司委托管理农电生产经营单位5个。

电力通信网络的规模也日益扩张，其通信网络的结构越来越复杂，对通信可靠性与通信质量都提出了更为严格的要求。目前，公司电力通信系统包括传输系统、调度交换系统、综合数据通信网系统、IMS行政交换系统、电视电话会议系统、通信电源系统、动力环境监测系统等多种系统，同时还有7628公里光缆线路。设备种类多、管理层次多以及结构复杂，现有通信资源资料处于分散式手工管理的阶段，管理人员将自己所负责的工作内容形成纸质资料文件或者电子文档，存放在不同的地方。管理人员如果不能及时把最新的资料分享给运维人员和工程设计人员等，就会出现资料零散、缺乏完整性、通用性比较差、无法保证资料的准确性和时效性等缺陷，从而导致运维人员对设备的总体概况不清，难以快速有效地进行运行状况的查询分析以及故障定位工作；设计人员无法全面系统地了解设备的真实情况，造成资源重复利用、无法解决系统安全隐患等问题。

二、技术方案

（一）资料库建设原则

（1）电力通信系统资源资料库应以实际工作过程中的数据为基础。涵盖电力通信传输网、业务网、支撑网等系统的所有管线资源、设备情况、拓扑图，各通信站的机房平面图以及机房走线图，相关规章制度、各类流程标准等，根据各类资源的管理职责，各管理人员对自己负责的资源进行数据收集、整理、分析、整合，编制资源资料，保证数据的准确性。

（2）根据不同类型的通信资源，资料的呈现形式可以有所不同，应采用文本、表格、图形等多种界面形式来综合呈现资源的相关信息。例如，光缆线路可以带地理位置的线路图加文字说明的形式记录，调度交换网承载用户情况可以采用表格的形式进行记录。

（3）资料库实现安全共享，将所有资料集中管理，确保管理人员、运维人员、设计人员等相关人员可以及时查看到有效的资源信息，同时根据资源类型和人员角色进行权限划分，只有具备相应资源维护权限的人员才能进行更新、添加、删除资源记录，其余人员只具备查看权限。

（4）资料库应避免资料重复。同一信息避免重复出现在不同的资料中，应将资源信息进行分析、整合，将同一设备或系统的数据尽可能地呈现在一份资料中，这样极大节省了资源查询的时间。

（二）系统构成

电力通信系统资源资料库应包含传输网、业务网、支撑网、辅助资源等四大类资料。传输网主要包含 SDH 光传输系统、OTN 光传输系统、PTN 光传输系统、光缆线路等；业务网主要包含保护安控业务、调度自动化业务、调度电话交换网、行政电话交换网、电视电话会议系统、数据通信网等；支撑网主要包含电源系统、时钟系统、监控系统、网管系统等；辅助资源主要包含工程建设资料、系统运行方式资料、电网安全运行资料、备品备件管理资料、故障缺陷管理资料、各通信站机房配置资料、相关规章制度、各类流程标准等。各类资源可以根据其特点进行不同数据收集，例如物理类资源则应统计设备类型、品牌型号、数量、投运日期、资源使用情况等；空间类资源应统计站点数量、机房平面图、走线图等；逻辑类资源应统计通道、链路、速率等。

三、应用成效

（一）为白城调度实现双保险

随着电网发展，大量风电场、光伏电站、分布式电源入网，电网调度操作变得越来越重要，在发生主调中心失效的突发事件时，实现主调与备用调度无缝切换，确保调度指挥与控制的不间断运行，对电网安全稳定运行有重要意义。一旦发生突发紧急事件导致主调功能丧失，白城备用调度控制系统可迅速投入运行，备用调度实现统一管理、同步运行、同步值班，有力保障了白城电网调控可靠性。

（二）新冠病毒感染期间调度员的“安全岛”

2022 年 3 月，为应对新冠病毒感染，保证电力调度工作正常运转，国网白城供电公司电力调度控制中心根据省公司统一安排、部署，开展主调及备调实现双向值班模式，避免调度人员与外接人员接触。备用调度功能较传统备用调度完善，配有主调、备用调度工作站，且有语音告警功能，负荷批量控制、状态估计、AVC（电压无功自动控制）可以对白城地区厂站进行监视与控制，配有 OMS 工作站，可以完善各类调度相关记录及调度相关工作流程，配有五防工作站，通过“五防”闭锁，可以实现远程操作安全最大化，避免对开关、刀闸误操作。

（三）主备用调度切换演练

白城备用调度系统建成后，为使专业人员能够熟练地进行主备用调度切换，与之前切换演练有较大区别，在白城备用调度建设完成前，白城地调采取的是与松原异地互备方式，通过数据网通道，将白城电网数据转发至松原地调 EMS（能量管理系统）中，由于松原地调 EMS 系统为 D5000，而白城调度 EMS 系统为 E8000，平台应用区别非常大，需要时间进行熟悉，故增加了调度切换时间。而本次主备用调度切换演练采用全新方式，为自备模式，白城备用调度部署系统也是 E8000，调度员上手无任何难度，不需要进行熟悉，提升了调度切换时间，降低了电网指挥风险。

（四）易复制、可推广

目前白城公司已经研究梳理了白城备用调度控制系统的建设历程，总结建设经验和成效，通过技术创新手段保障了备用调度的运维及时性和高效性，并建立了备用调度实用化管理体制，将被调系统建设为可靠、稳定、安全的调控后备系统，为地区电网运行提供坚强保障。备用调度系统整体方案清晰明了，设备连接简洁，系统集成度较高，符合我国大多数地市级调度情况，具有通用性，极具推广价值。

四、典型应用场景

资料库覆盖所有电力通信系统资源的数据。发生故障时，运维人员可以根据资料库中资料，及时对故障设备进行分析，确定故障原因，同时根据资料库中的备品备件数量或者通道资源等数据，快速提出最佳解决方案。管理人员可以根据资料库中的数据准确地提报日常工作中的报表，合理利用通信资源，优化通信运行方式。工程建设人员可以根据资料库中资源数据对工程进行设计，提高设计效率，同时根据缺陷隐患资料进行技改大修工程储备。

五、推广价值

电力通信系统资源资料库的建设，极大地方便了管理人员的日常工作，提高运维人员故障处理的时效性，为工程建设人员规划、设计、优化电力通信网提供了有力支撑；还可以有效地将各种信息资源整合起来，使通信线路更有序，使网络的转换、配置也更高效，这样通信资源的浪费和闲置就得到了妥善解决。

EPON“四位一体”智慧管控系统的研制

国网重庆电力

（王　渝　邓雪波　董其宇　梁　柯　李秉毅）

摘要： EPON网络的稳定安全性直接决定配电网供电可靠性的高低，但目前普遍存在一些问题。本项目研制了一套EPON“四位一体”智慧管控系统，硬件方面，通过关键模块的集成，组装形成站端侧的智慧物联监控器，并且在主站部署控制、安全和无线加解密等服务器，加上中间现有的传输通道，三者共同形成了智慧管控系统的总体架构。实现了配网通信终端光纤通道的智慧切换，解决了光纤通道发生纤芯劣化但未中断时的数据丢包率较大的问题，提高了配网自动化传输的稳定性，将配网自动化业务故障防患于未然，提升通信传输及支撑业务水平。

一、背景

随着公司能源互联网建设推进，对配电自动化需求持续增长。作为配网数据“传递者”，EPON网络的稳定安全性直接决定配电网供电可靠性的高低，但目前普遍存在以下问题：

（一）光纤切换功能存在瓶颈

正常情况下配网业务从终端沿主用光纤通道传输至主站，只有当其完全中断时，流量才会切换至备用通道。但配网沟道环境恶劣，较高概率出现主用光纤劣化但又未完全中断等场景，流量仍在劣化主用通道上继续传输，导致数据丢包率高，传输质量低，配网系统稳定性得不到保障。如图1所示。

（二）光电独立机制存在风险

正常情况下配网数据沿主用光纤通道传输至主站，但当上联“电”通道中断时，流量无法感知，仍选择该通道继续传输而不会进行下联“光”通道切换，直接造成配网业务流量中断，配网系统可靠性得不到保障。如图2所示。

（三）设防手段存在盲区

目前公司对EPON网络安全设防不足，通道完全透明，网络黑客将利用这一漏

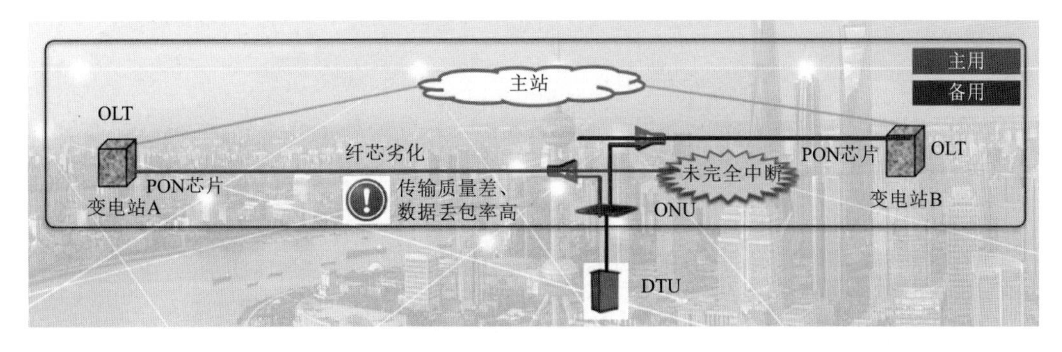

图 1　光纤切换功能瓶颈

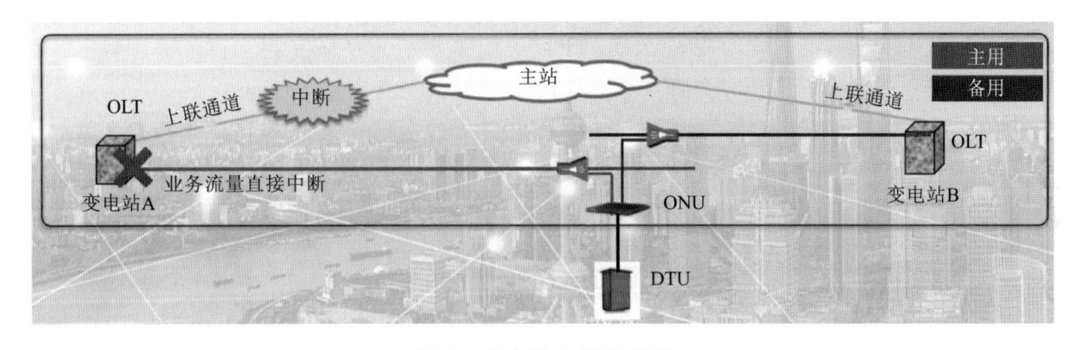

图 2　光电独立机制风险

洞，破解并登录站端设备对其进行非法拦截、渗透、伪造等恶意攻击，严重时可引起整个 EPON 网络瘫痪，威胁公司配网系统的安全运行。

为解决以上问题，团队进行技术攻关，融合四项核心技术，研制一套 EPON“四位一体”智慧管控系统，旨在提高配电自动化数据实时监测率，从而提高配电网供电可靠性。

二、技术方案

本项目研制了一套 EPON“四位一体”智慧管控系统，硬件方面，通过关键模块的集成，组装形成站端侧的智慧物联监控器，并且在主站部署控制、安全和无线加解密等服务器，加上中间现有的传输通道，三者共同形成了智慧管控系统的总体架构，如图 3 所示。软件方面，嵌入自主研发的四项核心融合技术及其算法，为其配套研发智慧管理控制平台，实现对配网通信终端及其光纤通道的人工智能远程监控，具有很强的实用性、安全性和可推广性。

（一）光纤通道非完全智能切换技术

本系统将 ONU 光纤通道监控综合模块从站端的物联控制系统中单独脱离出来，

图 3　系统硬件架构

部署于 ONU 光纤通道的前端，该模块在光路上提供“两进两出”共 4 个光纤接口，插入到 ONU 接入的 EPON 网络中，数据流转发方面仍在光域完成，光通道切换控制方面在电域完成。如图 4 所示。

若主用通道未完全中断，但光纤衰耗值已达到数据无法承受的范围内，如衰耗位于－22～－28dBm 之间，站端控制子系统进行光通道实时监测报数，远程通知并指导运维人员进行光通道切换控制命令下发，完成一次光通道非完全切换，解决主用光纤通道发生纤芯劣化但又未完全中断时数据流量中断的典型痛点，将配网业务中断防患于未然。

（二）光电互锁保护技术

在通信主站集成网络旁路双向侦听模块，每隔 100～300ms 通过 SDH/MSTP 传输网络向下发送一次监听报文，同时 OLT 周期探测其上联以太口端口状态，并与下联

PON 口进行 Track 联动形成主/备光纤通道组。如图 5 所示。

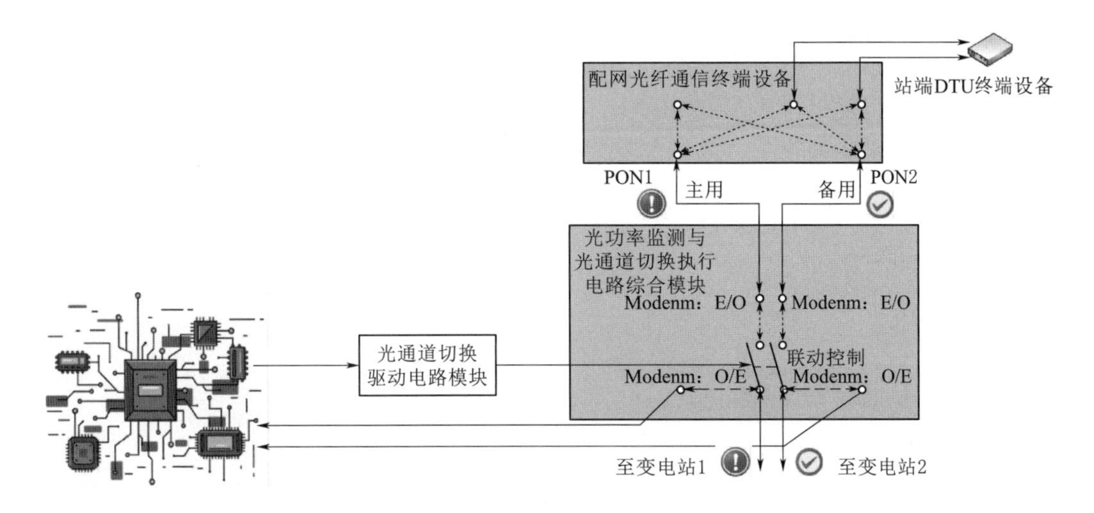

图 4　光纤通道非完全智能切换技术

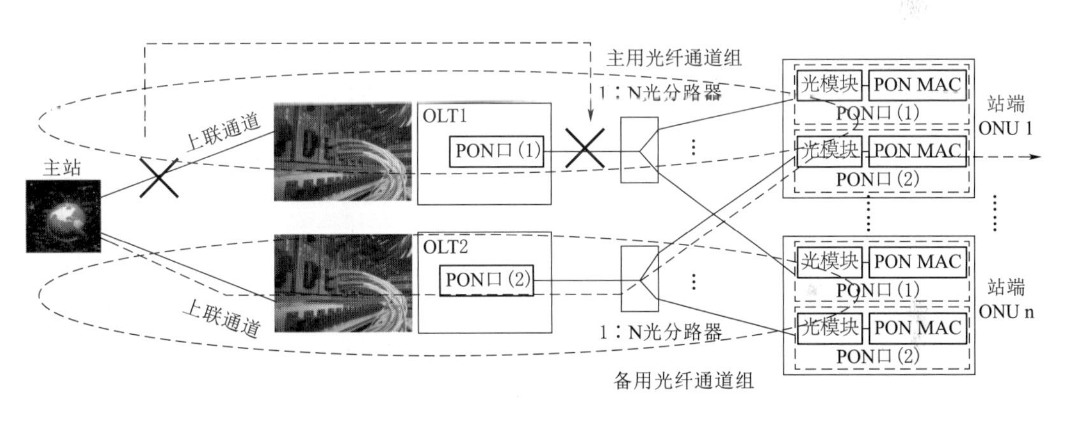

图 5　光电互锁保护技术

若该组内 PON 绑定的上联口故障后，光电互锁保护方案触发，实现下联 PON 口得以感知的功能，从而启动该组内 PON 口跟随性同步关闭，在毫秒级别将配网数据平滑切换到 PON 备用冗余纤芯上，保障配电自动化业务流量的不间断传输。

（三）Stack 安全隧道技术

目前理想的对称加密算法由于存在知识产权、泄密等敏感问题，因此采用自主研发基于 PON 芯片的 Stack 堆栈技术进行解决。通过对 EPON 的下行数据、OLT 密钥更新字节和数据帧进行多重扰码，为每个 ONU 分配完全独立的 LLID 密钥。如图 6 所示。

若在某一时刻系统监测到非法入侵，对该非法报文进行阻断，同时通过镜像映射到蜜罐数据库系统。当下一时刻监测到同种类型的非法入侵时，不仅进行及时阻断，

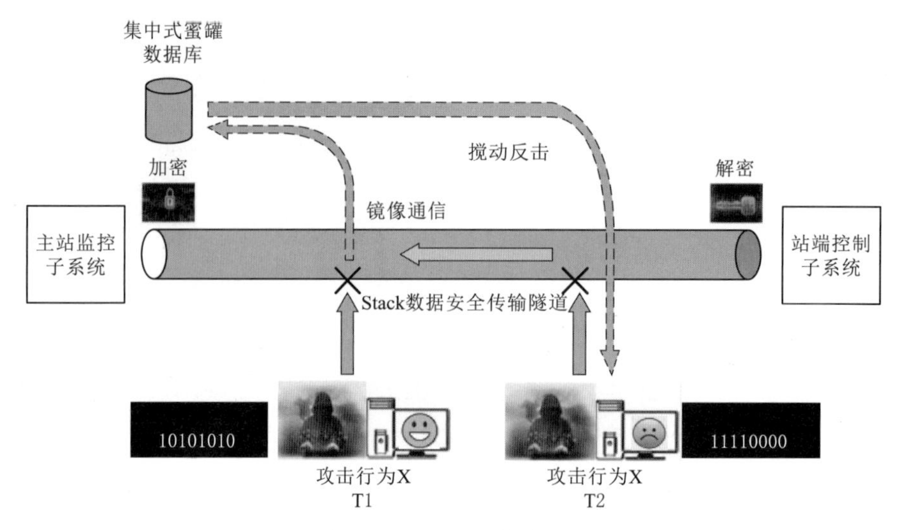

图 6　Stack 安全隧道技术

还会通过数据库的比对解析，对该非法行为进行搅动反击，提高了配网通信数据传输的整体安全性。

（四）VRDF 信息回传技术

站端通信子系统将采集的 ONU 及其承载数据流的实时状态数据通过 VRDF 加密运算、4G/5G 无线公网通道单向回传、专用移动终端 VRDF 解密提取，最终在运维人员的专用移动终端上显示。如图 7 所示。

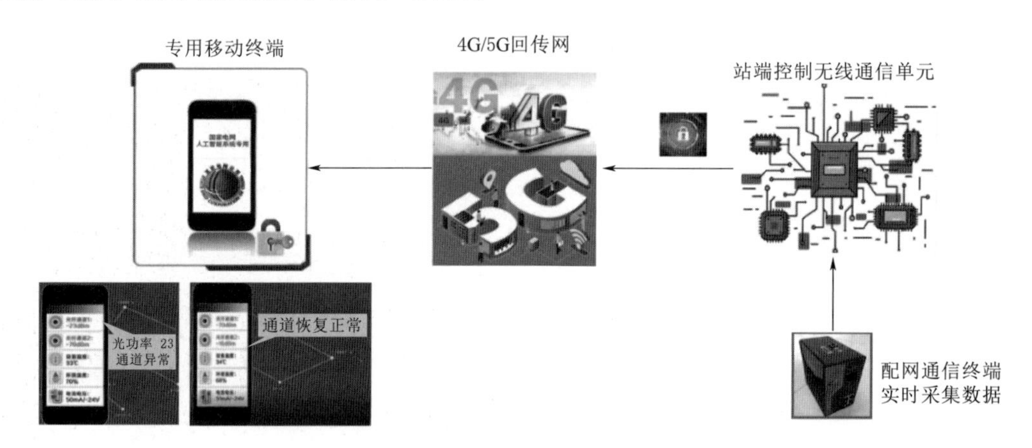

图 7　VRDF 信息回传技术

一方面，由于是在无线公网上针对回传数据再叠加了一层“软加密”安全外壳，可防止外界入侵者对信息的拦截、篡改或代理欺骗，保证了采集信息的实时准确性。另一方面，由于上行采集回传通道与下行控制通道分离，还可规避大型网络的广播风暴、数据冲突等问题。

三、应用成效

（一）推广部署情况

（1）本系统目前已在国网重庆北碚供电公司城区10kV配电网、国家级开发开放新区重庆两江新区的水土片区10kV配电网、国网重庆市电力公司合川供电分公司配电自动化租赁项目等点位正式试点投运超过3年，已成功对接辖区内510余个配网光纤通信设备，运行工况良好。

（2）国网重庆北碚供电公司组织配网光纤通信解决方案展示会1次，邀请国网重庆市北、长寿、永川等7家基层单位以及重庆合晨科技、重庆昌欧科技、重庆科源实业等11家通信行业有限公司共同研讨、体验本系统，宣导本系统竞争优势，获得专业广泛认可，为市场开拓奠定基础。

（3）本项目成果于北京参与泛在电力物联网论坛成果交易展会1次，借助该展会平台和专业媒介（平面及网络）宣导本系统的设计理念、宣传解决方案，从而提高知名度。

（二）已取得的应用成效

1. 业务可靠

本系统实现了配网通信终端光纤通道的智慧切换，解决了光纤通道发生纤芯劣化但未中断时的数据丢包率较大问题，提高了配网自动化传输稳定性，将配网自动化业务故障防患于未然，提升通信传输及支撑业务水平。本系统实施后，通过配电自动化主站对辖区内配网终端在线情况等指标的统计，数据传输丢包率从32.3%降低到1.7%，光纤中断故障次数从前三年平均中断6.2次直接降至0次。同时，配网自动化业务水平和配电网供电可靠性进一步提高，配电自动化中断平均在线率从95.6%提升至97.2%，馈线自动化成功率从73.8%提升至82.5%。

2. 节约成本

本系统实施后，在OLT、ONU等配网通信设备日常巡视运维中，运维人员通过专用终端软件实时收集光纤功率、误码率、业务流量带宽等参数，如遇光纤劣化但又未完全中断等场景，运维人员可通过光通道切换命令的下发，完成一次光通道的非完全切换远程控制，节约了人、财、物等相关成本。根据国网重庆市电力公司统计，以1500台配网光纤通信设备运维为例，采用本系统后全部收回现场巡视小组，一年可平均节约36000h的运维工作量以及10台车辆的运维成本。

3. 安全传输

本系统从“消除源头隐患、提升精益管控”的原则出发，通过自主研发的Stack安全隧道算法，打通主站与站端间的安全可靠连接，建立上下联动的安全隧道机制，全面固化了配网传输通道安全，根本性夯实了整个网架结构的健壮性。本系统实施后，市电科院对北碚公司配网安全渗透测试各项指标合格率均为 100%。根据流量抓包统计分析，北碚公司 2023 年内共拦截并反击通信 EPON 网络模拟攻击 1000 次，拦截、反击成功率均达 100%。

（三）可预见的成效

本系统隶属于互联网通信运维行业。目前，受益于国网公司新型电力系统、能源互联网和人工智能的融合建设和推进，国网公司范围内配电自动化项目全面展开，通信运维处于业务量爆发性增长阶段。随着大数据、云计算和人工智能技术的引入，未来 90%的人工信息运维将被智能运维替代，智能运维将成为电力行业发展的新趋势。

四、应用场景

本系统成果使用范围极广，安全性和可靠性高，立足于国网公司，可面向移动、联通等所有对通信系统稳定性较高要求的通信运营商及政企、医疗、教育、高新产业工业园区等场景进行推广，实现通信终端的实时监测和智能控制，符合通信智能运维发展方向。

五、推广价值

（一）国家战略政策分析

2023 年国家强调人工智能与传统产业融合，开展设备智能感知、远程运维监测与控制、AR/VR 应用等，本系统就是依托公司内部传统的光纤通信网，融合四项核心技术，完全契合国家人工智能产业“三步走”战略。

（二）客户分析

本产品立足于国网公司，可面向移动、联通等所有对通信系统稳定性较高要求的通信运营商及政企、医疗、教育、高新产业工业园区等场景进行推广，能实现通信终端的实时监测和智能控制，符合通信智能运维发展方向，且投资成本低，客户投资意愿较强。

（三）经济效益

（1）光纤功率衰减后智能切换至备用通道，配网数据通道年平均中断次数从 6.2 次降到 0 次。

（2）以重庆市电力公司 1500 台配网通信终端运维为例，全部收回现场巡视小组，一年节约 36000h 工作量及 10 台车辆运维成本。

(四) 社会安全价值

(1) 运用 Stack 安全隧道方案，保证配网通信数据安全、放心、透明传输，网络攻击拦截成功率达 100%，适用于社会上对通信业务数据保密要求较高的高新技术产业。

(2) 邀请专业机构进行产品检测，邀请专业安全等级保护测评单位进行安全风险综合评估，并办理了设备入网许可证。

基于智能图像识别的通信网管智能巡检创新应用

国网重庆电力

（陈　曦　蒋雪峰　吴文勤　李秉毅　夏　荣）

摘要： 当前，市南公司网管设备运行状态的监控，只能由值班人员在机房监控电脑上通过人工查看的方式判断是否发生故障以及故障发生所在线路的信息。本项目以网管设备运行拓扑图识别和线路异常告警为核心，通过外接设备、数据采集、内外网穿透、智能图像识别等技术手段，实现移动端网管设备状态监控和异常通知，促进网管设备监控工作不再局限于机房范围，缩短设备光缆异常发现及定位时间，提升异常处理速率，切实为维护网管设备正常运行工作提供助力。

一、背景

当前，市南公司网管设备运行状态的监控，只能由值班人员在机房监控电脑上通过人工查看的方式判断是否发生故障以及故障发生所在线路的信息，若故障发生时值班人员未在监控电脑前，则无法及时发现和定位故障，导致相关通信网络断开而产生相关损失。缺乏网管设备检测工具，打破时间、空间约束，辅助相关人员随时随地查看设备线路运行状态，第一时间获知网管设备异常告警。

从及时发现网管设备运行异常的需求出发，以保障网管设备安全运行为目标，以网管设备运行拓扑图识别和线路异常告警为核心，通过外接设备、数据采集、内外网穿透、智能图像识别等技术手段，实现移动端网管设备状态监控和异常通知，促进网管设备监控工作不再局限于机房范围，缩短设备光缆异常发现及定位时间，提升异常处理速率，切实为维护网管设备正常运行工作提供助力。

二、技术方案

基于项目需求，本项目关键技术点为基于 Open CV 的智能图像识别技术。采用当前开源图像识别 Open CV 技术，对网管设备运行拓扑图进行精准识别，实现设备异常状态和线路异常自动解析，异常设备及线路名称自动识别。

通过摄像头实时拍摄网管设备拓扑图，并建立基础特征数据库，设置网管设备拓扑图初始状态。网管设备运行过程中出现故障，将通过颜色变化的方式直观反映到网管设备拓扑图上。系统架构图如图 1 所示。

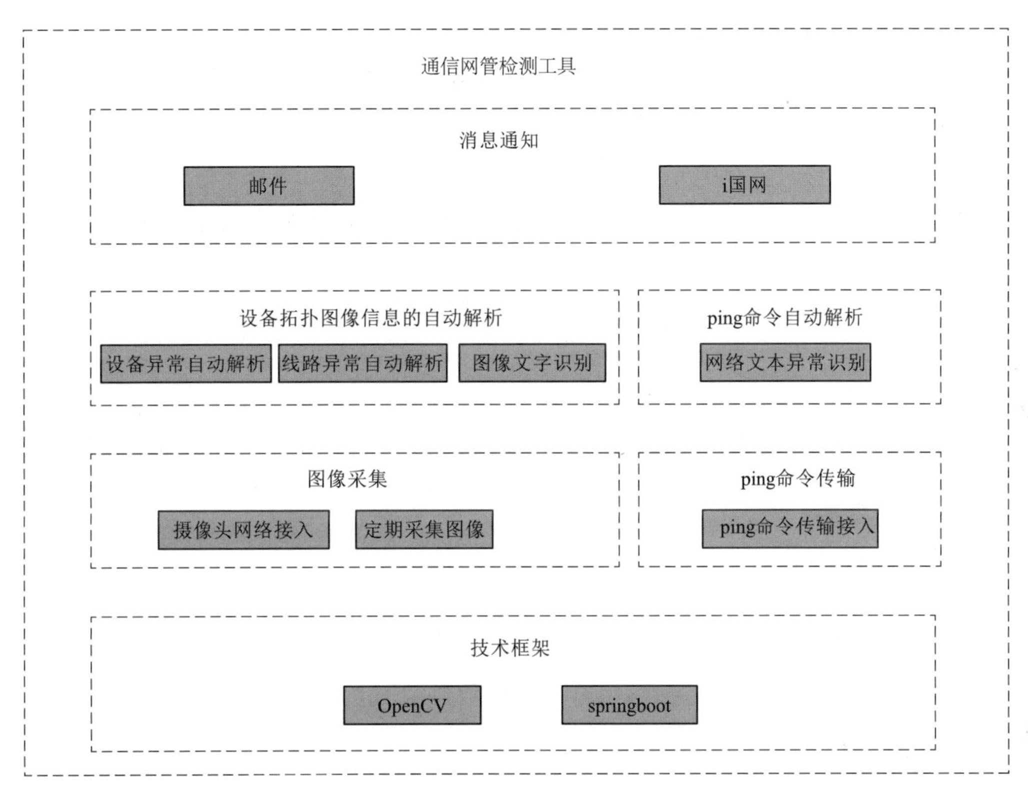

图 1　系统架构图

网管设备故障分为设备故障、线路故障两种类型，并根据故障紧急程度分为：

绿色——正常状态，无需告警。

红色——紧急状态，即刻发起告警提醒。

橙色——重要状态，即刻发起告警提醒。

黄色——次要状态，提示。

天蓝色——警告，提示。

灰色——系统通知。

蓝色——无法识别的设备或线路，提示。

摄像头捕捉到拓扑图上设备和线路的颜色变化情况，则进行图片拍摄操作，对图片特征进行提取，与初始拓扑图进行颜色比对，判断发生故障的是设备还是线路，同时判断当前故障颜色 RGB 值，确定故障所属紧急程度。同时，系统根据基础特征数据库，自动识别出故障设备（或线路）名称。

系统判断出故障后，实时将设备异常状态通过邮件、i 国网消息通知的形式，发送到网管设备运行监控人员处。实现了网管设备运行异常监控的快速识别、快速告警，便于监控人员及相关维护人员快速处理。

系统对网管设备重要节点的连通性进行 ping 值监测，当 ping 值出现非正常连通结果时，系统同样发起告警。

通过智能图像识别与 ping 值监测两种方式结合，对网管设备重要节点实施监控，保证网络的正常运行。

功能清单如下：

（1）实现每间隔 30s 自动采集网管设备拓扑图像等非结构化信息，实时监控数据通信网网管运行状态。

（2）实现网管设备拓扑图像等非结构化信息的自动解析。

1）设备异常自动解析：配置通信网管系统设备运行规则，自动识别设备异常运行状态。

2）线路异常自动解析：配置通信网管系统线路运行规则，自动识别线路异常运行状态。

3）异常设备及线路名称自动解析：识别出异常设备及线路后，自动解析异常设备及线路名称。

（3）实现周期性移动端消息传送与分发，根据消息传送及分发规则配置，实现自动解析后的结构化数据以及非结构化拓扑图像信息及时传送与分发。

三、实施成效

全天候网管设备运行情况智能监控系统已在市南供电公司通信机房正式上线运行。通信运维人员均使用此系统对网管设备进行管理维护。

系统采用智能图像识别及 ping 值监测等方法，对网管设备运行工况进行实时图像解析，自动识别和筛查重要告警并在 30s 内将文字和图像推送至手机端“i 国网”App，打破网管就地监视的空间和时间局限性，异常告警通知有效触达率相较未使用系统前提升 10 倍以上，非工作时间故障发现及处置用时平均减少约 1h。

四、应用场景

项目可应用于供电公司通信机房网管设备运行情况监控，实现供电公司通信机房网络连通性监控需求，能够准确识别网管设备运行状态，并在状态发生变化时，及时发起告警消息通知到信息运维班组成员和营销管理班组成员处。业务链路图如图 2 所示。

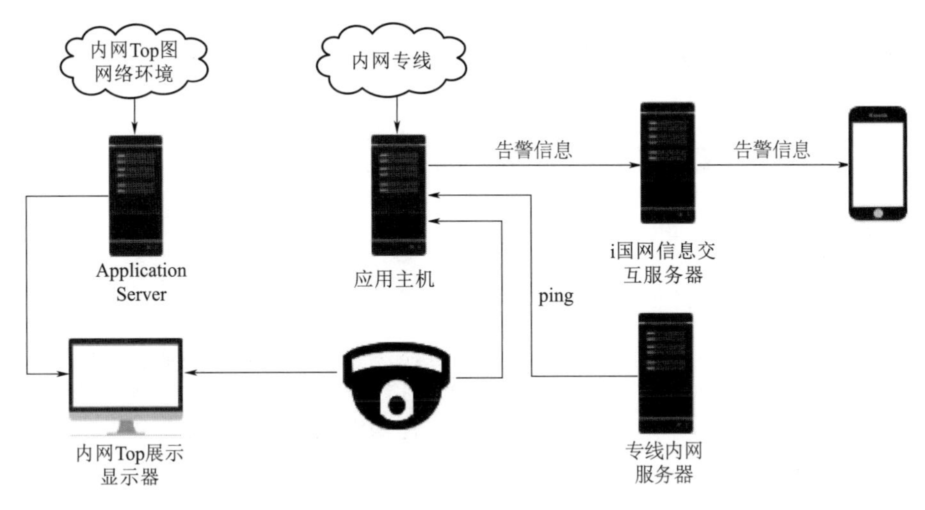

图 2　业务链路图

五、推广价值

本产品对提质增效和基层减负具有重要意义。传统值班人员在机房监控电脑上进行人工查看并判断，需要值班人员长时间在监控电脑前工作。本产品通过智能图像识别、设备线路名称自动解析功能，将网管设备异常告警的判断及提醒缩短为分秒级耗时，能够大幅度提高运维处理时效，减少人工实时检查耗时，快速得到网管设备告警信息，从而大幅提升运维管理的工作效率，减轻基层工作负担，持续推动网管设备运行监控工作的科学高效发展。

本产品有力推动了网管设备运行监控的数字化转型，推动数字化建设。本产品实现网管设备运行监控的数字化和智能化，革新了网管设备运行情况监控和管理方式，极大地提升了网管设备运行维护、告警处理、故障消除工作效率，推动了网管设备监控体系数字化、智能化建设。

输电线路无信号区高可靠无线组网及全链路监测技术应用

国网四川电力

（樊雪婷　李　兴　陈少磊　姚文浩　杨　洋　姚　敏）

摘要： 本方案通过在输电线路侧提出双主站“点对多点＋链状”组网结构以提升通信链路冗余能力，随无线设备（4G/5G设备、无线网桥、MESH自组网）同步部署边缘汇聚终端对通信设备进行运行状态采集，并在省公司平台侧部署通信能力综合监控平台，对输电线路侧通信设备的运行状态进行实时获取、展示、告警，实现全链路运行状态的监测。

一、背景

四川电网是目前全国规模最大、电压等级最多、运行最复杂的超大型枢纽电网，大量线路处于高海拔、高寒地区，地广人稀、环境极其恶劣，人工巡视故障排查难且耗时耗力，开展输电线路实时在线监测及智慧应用是解决痛点的关键，但线路沿线大部分地区电信运营商无线公网信号覆盖强度较差甚至无信号覆盖，导致监测信息数据无法回传。为提高运检效率效益，必须搭建稳定可靠的通信传输通道，行业内针对输电线路无信号区在线监测信号回传网络建设存在多种方式，在网络架构、设备功能、建设成本、网络稳定性等方面各不相同，业务痛点具体如下：

（1）无线通信网络链路网络健壮性较差。当无线通信链路节点跳数较多时，传输带宽将急剧下降，无法满足在线监测高清视频装置远程实时调阅等大带宽业务需求，并且当中间某一跳出现故障时，后端链路部分将整体掉线，缺乏冗余通道。

（2）通信全链路状态监测能力缺失。除业务终端本身故障外，通信设备运行异常也会造成业务终端离线，从而无法进行电网运行状态监测，但具体的故障原因及故障位置无法监控，需要花大量时间进行故障排查，运维人员费时费力。

总体来说，当前输电线路无信号区缺少高效、稳定、智能化运维的通信网络解决方案，存在通信链路冗余能力低、全链路监测能力缺失的问题，不利于智能运检业务的推广应用。

二、技术方案

通过本方案提出的高可靠无线组网架构及全链路监测技术，终端层的在线监测业务数据以及通信设备运行状态数据通过无线中继网传输至公网信号覆盖良好的区域，再经由运营商 APN 专线到达省公司防火墙和前置服务器，通过安全接入网关实现双向认证和加密传输后与信息内网进行数据交互，业务数据传输至对应业务平台，通信设备运行状态数据则回传至输电线路通信能力综合监控平台，实现业务数据高效、稳定地回传至对应业务平台。如图 1 所示。

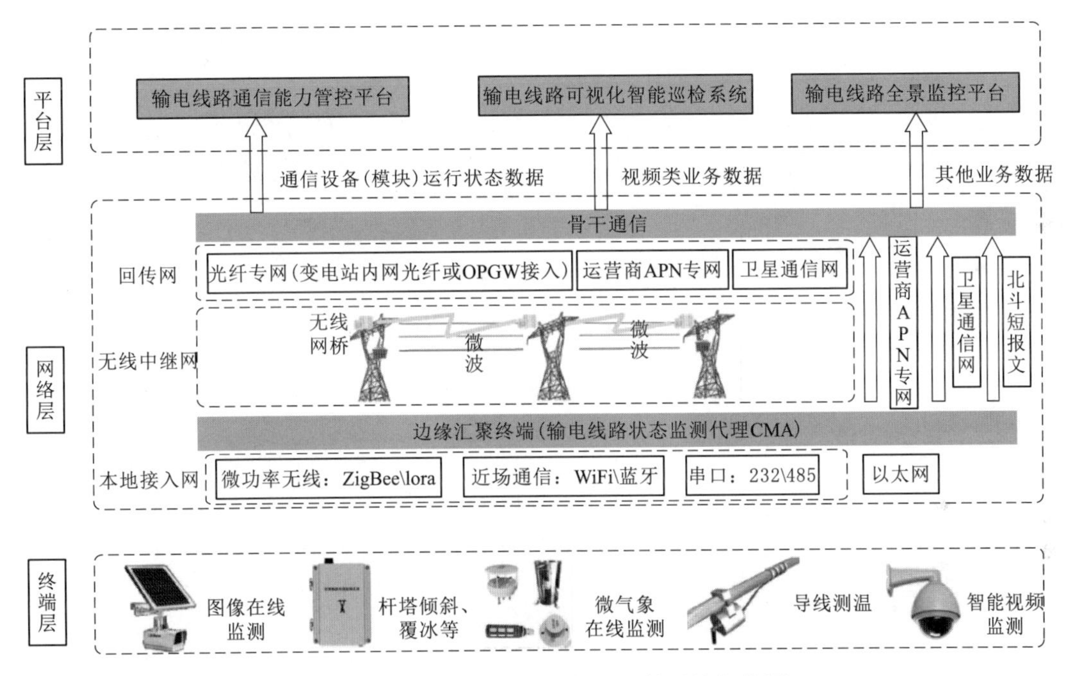

图 1　输电线路在线监测信号回传系统架构图

本项目结合业务需求，开展了以下关键技术创新：

（1）采用“点对多点＋链状”组网方式优化无线中继网整体稳定性。点对多点＋链状组网方案将网络通道分为了双层，网络架构如图 2 所示，其中骨干链状网络层由于减少了中继跳数，有效避免了带宽多跳衰减的问题，同时该方式极大减少了骨干网络节点的数量，有效降低了整体网络通道的故障风险。

（2）采用“双主站”路由自切换技术增强通信链路冗余能力。“双主站”是在链路两端分别建设两套数据回传主站，两套主站互为备份，组网结构如图 3 所示。在骨干链路中，设计主备路由切换机制，常态化按照“流量均衡”原则分别通过两套主站实现数据回传，当链路某一段或某一节点出现故障时，链路将会以故障点为界，数据分别流向两个主站节点实现回传，故障节点数据分流示意图如图 4 所示。

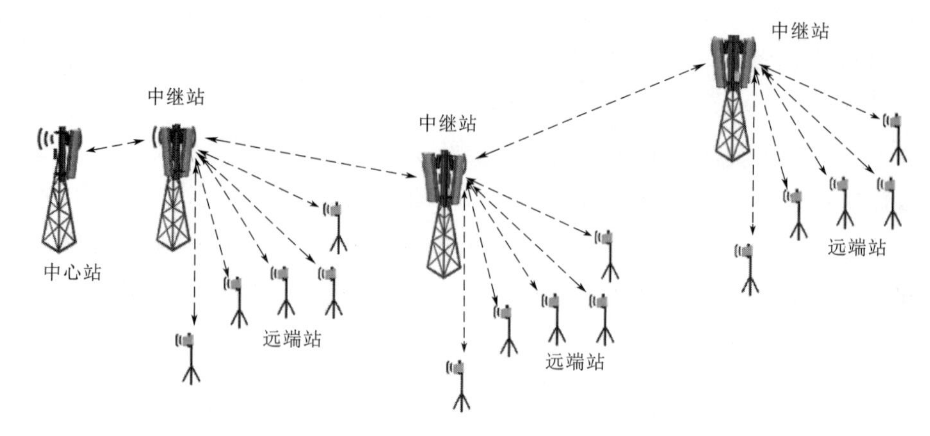

图 2 “点对多点＋链状”组网示意图

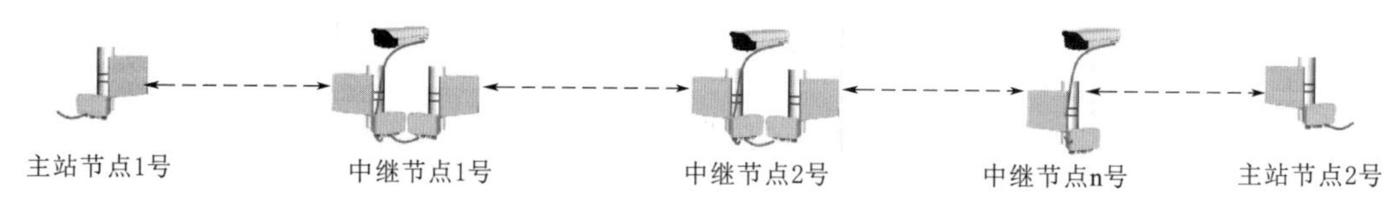

图 3 “双主站”链状组网示意图

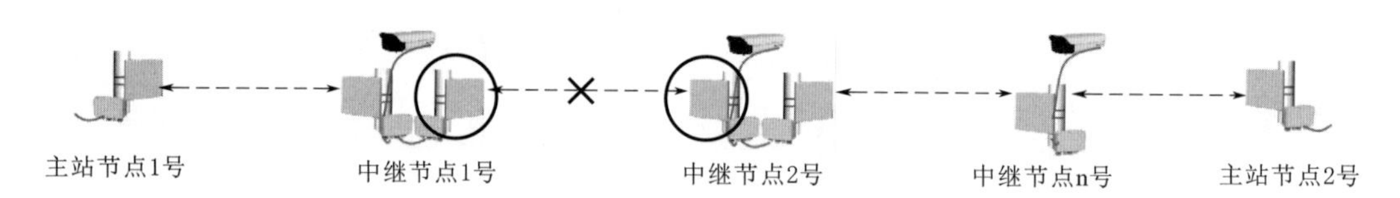

图 4 故障节点数据分流示意图

三、应用成效

本项目方案拟 2024 年在四川地区±800kV 雅湖线特高压线路落地应用，实现了雅湖线四段无信号区域图像装置、视频可视化装置的高带宽业务数据高效、稳定回传至内网业务平台。在输电线路侧，通过部署基于点对多点＋链状组网＋双主站架构的高可靠无线通信网络，解决无信号区数据无法回传以及回传网冗余能力较低的难题；同时部署边缘汇聚终端，依托 AT 指令实现对输电线路侧的各类通信设备（MESH 自组网、无线网桥、公网通信模组等）运行状态数据的实时采集，经无线通信网进行回传。在省公司平台侧，内网部署输电线路通信能力综合监控模块，通过对实时状态数据进行分析判断，及时推送故障信息，实现各类通信设备运行状态的全链路监控，大大提高了输电线路电力通信网络的运维效率。主要的实施成效如下。

（一）输电线路侧

根据±800kV 雅湖线特高压线路实际需求及现场塔位勘测，本项目拟在四段无信号区线路（共计 47.099km）加装无线通信设备主站 8 个、中继站 20 个、远端站 48 个，共涉及边缘汇聚终端 76 套，无线自组网装置 97 套，在 212～242 号区段，共设置 212 号、241 号两个被公网信号覆盖的主站，网络架构如图 5 所示，部分无线通信设备实际部署位置如图 6 所示，在无线中继网正常运行情况下，业务数据根据流量均衡算法规划的路径分别回传至 212 号、241 号两个主站，若 224 号站点故障，则通信设备触发路由自切换机制，214 号及其远端站点数据通过 212 号站点进行回传，230 号、236 号站点数据通过 241 号站点进行回传，保证了其他无故障站点数据稳定回传，有效提升了无线通信网链路的稳定性、可靠性。本项目预计实现共计 54 套普通图像装置、7 套可视化装置（双目协同）的数据可靠回传，解决了输电线路无信号区在线监测信号无法回传、回传组网链路冗余能力较低的问题。

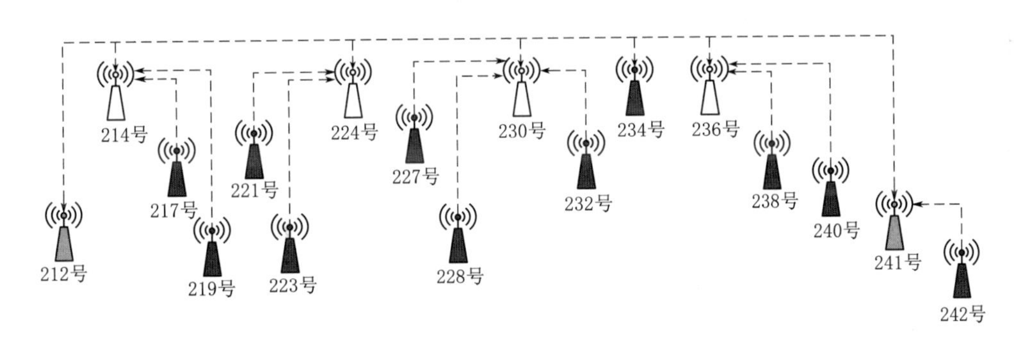

图 5 ±800kV 雅湖线 212～242 号区段无线通信网组网架构图

（二）省公司平台侧

在省公司平台侧基于设备及通道环境状态感知系统，以微应用方式部署通信能力综合监控模块，通过在输电线路侧部署的边缘汇聚终端实现对前端各类通信设备（MESH 自组网、无线网桥、公网通信模组等）运行状态数据的实时采集，包括 CPU 占用率、端口状态、信号强度、连接速率等，状态数据通过无线通信网回传至通信能力综合监控平台，平台已实现 76 套边缘汇聚终端、8 块 4G APN 模块及 97 套无线自组网装置运行状态数据的实时接入，平台综合展示界面如图 7 所示，平台通过对回传的通信设备状态数据进行分析判断，判定通信设备是否处于正常工作状态，若出现故障（设备离线、CPU 占用率高、供电不足等）将及时推送告警信息，告警信息展示如图 8 所示，运维人员可快速且有针对性地进行故障处置，实现了对输电线路无信号区无线通信网的全链路运行状态监测，通过首要分析通信网络因素导致的在线监测设备数据无法回传问题，规避一部分无意义的现场运维需求，提升了整体故障处理的时效性。

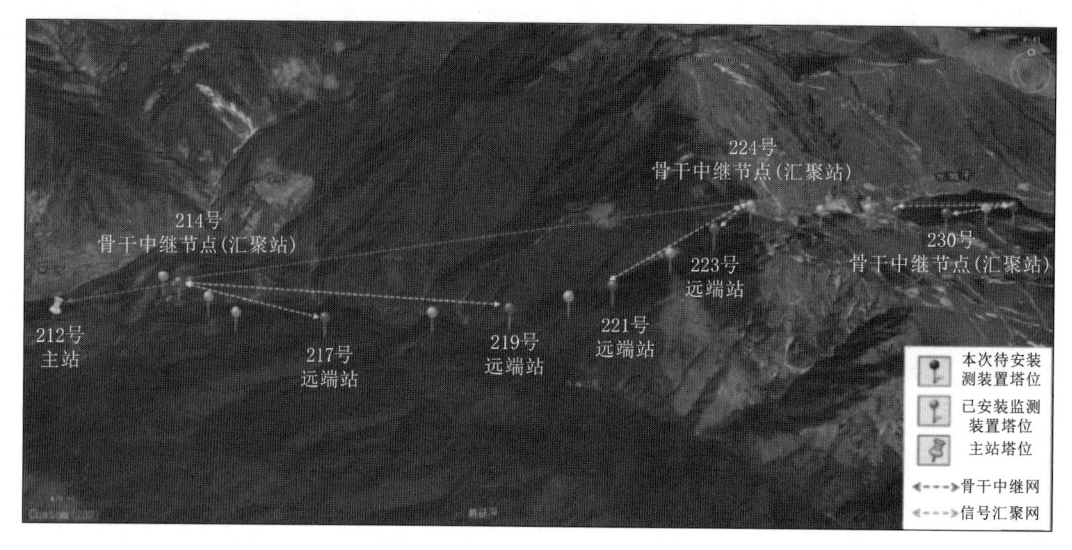

图 6　±800kV 雅湖线 212～242 号区段部分无线通信网设备实际位置图

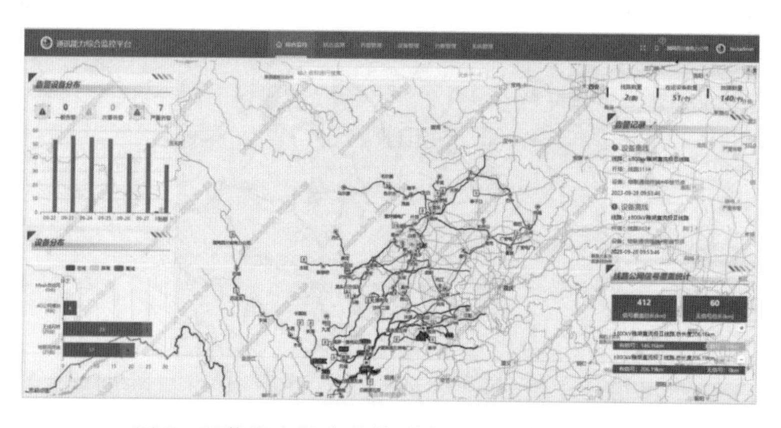

图 7　通信能力综合监控平台——综合展示模块

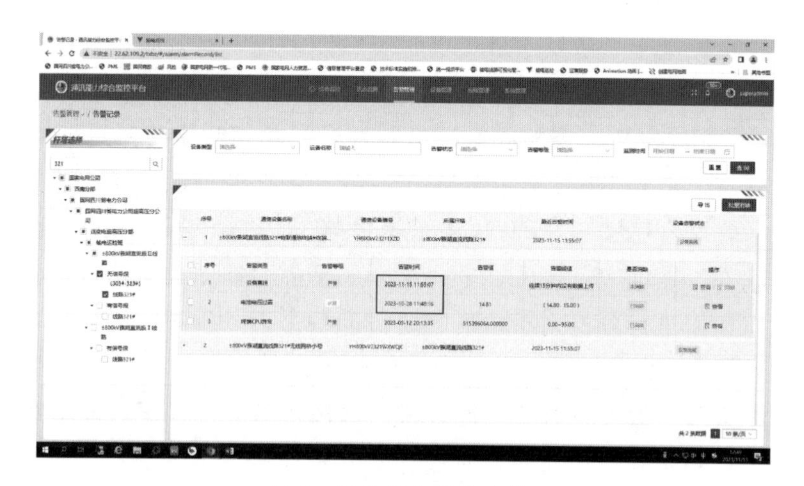

图 8　通信设备故障告警

本项目通过在输电线路无信号区进行实际应用部署，创新应用点对多点＋链状组网＋双主站无线通信网组网架构，研发边缘汇聚终端用于通信设备远控指令以及运行状态采集，并在省公司内网部署通信能力综合监控平台，对通信设备的运行状态进行实时获取、展示以及告警，有效解决了输电线路无信号区回传网链路健壮性较差、通信设备远控能力缺失、全链路运行状态监测能力缺失的问题，为输电线路在线监测数据提供了高效、稳定、智能化运维的通信回传通道。

四、典型应用场景

本方案适用于输电线路无信号区输电线路在线监测业务，将终端层的在线监测设备（主要包括导线温度、导地线微风振动、舞动以及微气象、图像/视频、覆冰监测、防山火等在线监测设备）业务数据高效、稳定回传至对应的业务平台，解决传统方案中存在的通信链路冗余能力较低、全链路监测能力缺失的问题。

五、推广价值

（一）符合国家能源发展战略，提升电网全息感知能力和灵活控制能力，为电网数字化转型奠定了坚实基础

根据国家能源局印发的《新型电力系统发展蓝皮书》，对新型电力系统明确提出“推动电网智能升级”“电网向柔性化、数字化、智能化方向转型”的发展目标。针对输电线路无信号区现有通信网络无法支撑电网设备实时在线监测的问题，创新提出高可靠性通信冗余组网技术、能源调控技术、通信网路全链路监测技术，打通电网运检转型之路的“最后一公里”，推动电网智能化、数字化快速发展。

（二）建设高效、稳定、智能化运维的电力通信网络，具有重要的社会效益

在输电线路应急故障处理中，高可靠性无线通信链路技术可以大大提高输电线路在线监测能力和数据准确性，运维人员能够快速定位故障点和采取措施，提升工作效率，减少故障隐患带来的停电损失，保障电网安全运行，为社会生活和经济发展提供更可靠的电力基础设施。

（三）降低电网设备运维成本，具有良好的经济效益

输电线路无信号区信号回传问题的解决使得电网运维更加高效、精准，减少设备故障和事故发生频率，降低线路的维护成本和事故处理成本，减少隐患故障带来的停电损失。

省内一体化调度交换系统双模技术演进及构建策略

国网冀北电力

（李　莉　孙海波　韩旭东　陆珊珊　李垠韬　朱　聪）

摘要： 新型电力系统协同调控新模式下变电站集控、营销负控等新型多元管控场景增加，应急指挥、作业现场监控等“临时”需求转型“常态”沟通，调度语音业务潜在需求激增。现网电路交换技术体制、网络结构及资源管理方式演进迟缓，老旧设备改造滞后，常规业务保障及增值服务提供能力不足。数智化应用基于IP化数据、行政IMS等分组交换技术应用为调度语音数智化发展积累了经验。针对以上问题，冀北公司开展省内调度交换系统“电路＋分组”双模技术演进研究，考虑系统架构、资源管理、设备部署、服务提供等因素研究系统构建策略，规划建设冀北省内一体化“电路＋IMS”双模调度交换系统，实现基于IMS分组系统多元业务提供及程控交换保底语音服务能力。2024年年底完成冀北调度IMS系统省公司核心系统部署，冀北调度交换网建设工程独立二次项目完成省公司内审。

一、背景

新型电力系统电力流由发—输—变—配—用单向流动转变为源—网—荷—储协同转换，电能按需动态平衡控制信息流趋于复杂，运行管理模式更加多元，集控、负控、虚拟电厂等新兴管控场景语音管控需求增加，安监应急指挥也由“应急”拓展至基建、作业现场“常态”管控，语音交互需求量激增。现阶段，调度交换网主要采用线路交换体制，长期无根本性演进，调度程控交换机部署范围逐步收紧，老旧设备改造滞后，承载网资源利用率低，模拟录音文件价值挖掘不足。部分省公司试点部署软交换系统作为容灾、备用方式，网络规模及增值服务提供能力有限。电网数字化转型基于IP化数据应用，现有调度语音模拟数据应用受限。行政IMS系统在系统内已广泛应用，其技术成熟度及运维经验已具备部分基础，可开展基于调度交换数据的智能化应用及增值服务提供。因此，面向新型电力系统智能语音服务需求，开展调度交换系统演进策略研究，重构电力语音系统，是十分必要的。

二、技术方案

（一）技术思路

调度交换系统基于现有调度程控电路交换系统，部署 IMS 分组交换系统，电路系统作为调度语音业务保底手段，分组系统为智能应用提供基础，采用“电路＋分组”双模技术体制协同工作。

（二）系统架构

省内电路交换系统采用省地双层结构，地调、第二汇聚点部署调度交换机，主要汇接省公司汇接中心、区域放号交换机中继及调度台 2B＋D 接口接入；各地市按子网体量部署调度交换机对子网直调站点进行放号，子网内区域放号节点多机同组、IP 话路板异地备份，降低高密度 IP 话路板故障影响。提升 C3、C4 路由能力，由“口”字形调整为“交叉口字形”连接方式；优化 500kV 以及上站点本地调度交换机中继方式，统一接入省公司级汇接中心 C3 节点。未达推荐运行年限设备保持在网运行，电网侧在网运行非区域放号点汇接电源、用户侧交换机，接入现网 IAD 设备。如图 1 所示。

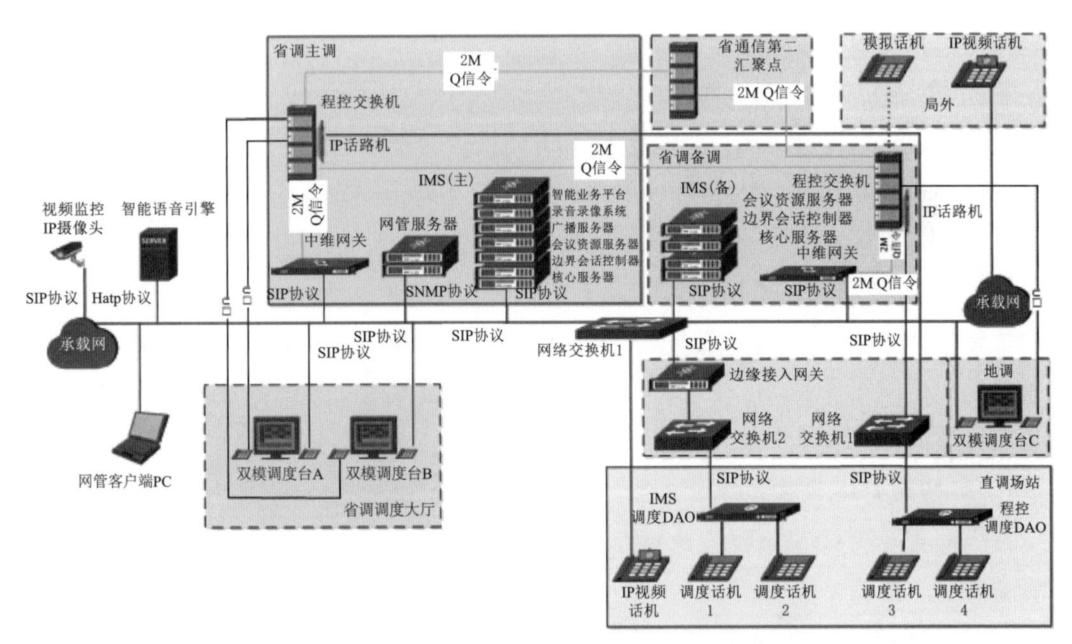

图 1 “电路＋IMS”双模调度交换系统架构示意图

分组交换系统在省调、省调备调部署 IMS 系统核心层设备，包括控制服务设备、媒体资源服务器、边界会话控制器、广播服务器、智能业务服务器、录音录像服务器、中继网关、网管等设备。地调、地调备调（或通信第二汇聚点）部署边界会话控制器接入省级核心层。地市级及以上调度机构部署双模调度台接入双模系统，配置少量路由器、三层交换机承载远程资源接入，后期随调度电话承载网明确调整入相应业务网。

电路与分组系统开通互联中继，提升双模系统可靠性。系统内任意终端间可建立通话。双系统单设备、单链路故障，终端业务不中断。单系统双设备故障，该系统单机失效，调度台轮询拨号不退出。

（三）资源分配及终端部署

为提升调度指挥能力，县调、配调等机构配置调度台，变电站配置 IAD 设备，调度电话 PCM 设备退运。

网调直调厂/场站按 3 路调度电话考虑，省调、地调直调厂/场站按 2 路调度电话考虑，县调直调厂/场站按 1 路调度电话考虑，场站采用 IAD＋模拟话机方式，各级调度机构调度电话号码独立分配，同级调度机构厂/场站侧主、备调度电话 IAD 独立配置，多级调度机构厂/场站侧电话 IAD 共用。电源、用户侧 PCM、调度交换机不能配合退运的，电网侧进行归集。

三、应用成效

根据以上演进思路及构网策略，冀北公司完成电力调度交换网重构总体设计方案，向国调通信处提交《调度交换网技术研究报告（征求意见稿）》，完成冀北 6 项调度交换网建设改造独立二次项目可研内审，规划构建冀北省内一体化“电路＋分组”双模调度交换系统，系统架构如图 2 所示。

（一）重构电路交换系统

优化 500kV 及以上站点调度交换机中继方式；由按调度范围集中放号模式调整为按地域归属子网放号模式，电网资产全电压等级站点调度交换机数量减少 65%，传输网资源压力分散，可靠性显著提升。

（二）构建 IMS 交换系统

省级部署异地双核 IMS 交换核心系统，部署应用服务器，基于分组交换内核支撑语音数字化、智能化应用。

（三）终端智能化、IP 化、复用化

地市级及以上调度机构、变电集控、通信调度等部署双模调度台，实现双模接入及智能化应用；县调部署双接口调度台，提升调度支撑能力，实现县级及以上调度机构调度台 100%部署；场站侧 IP 化改造，省、地、县、集控 IAD 复用，实现电网资产站点 PCM 设备 100%退运。

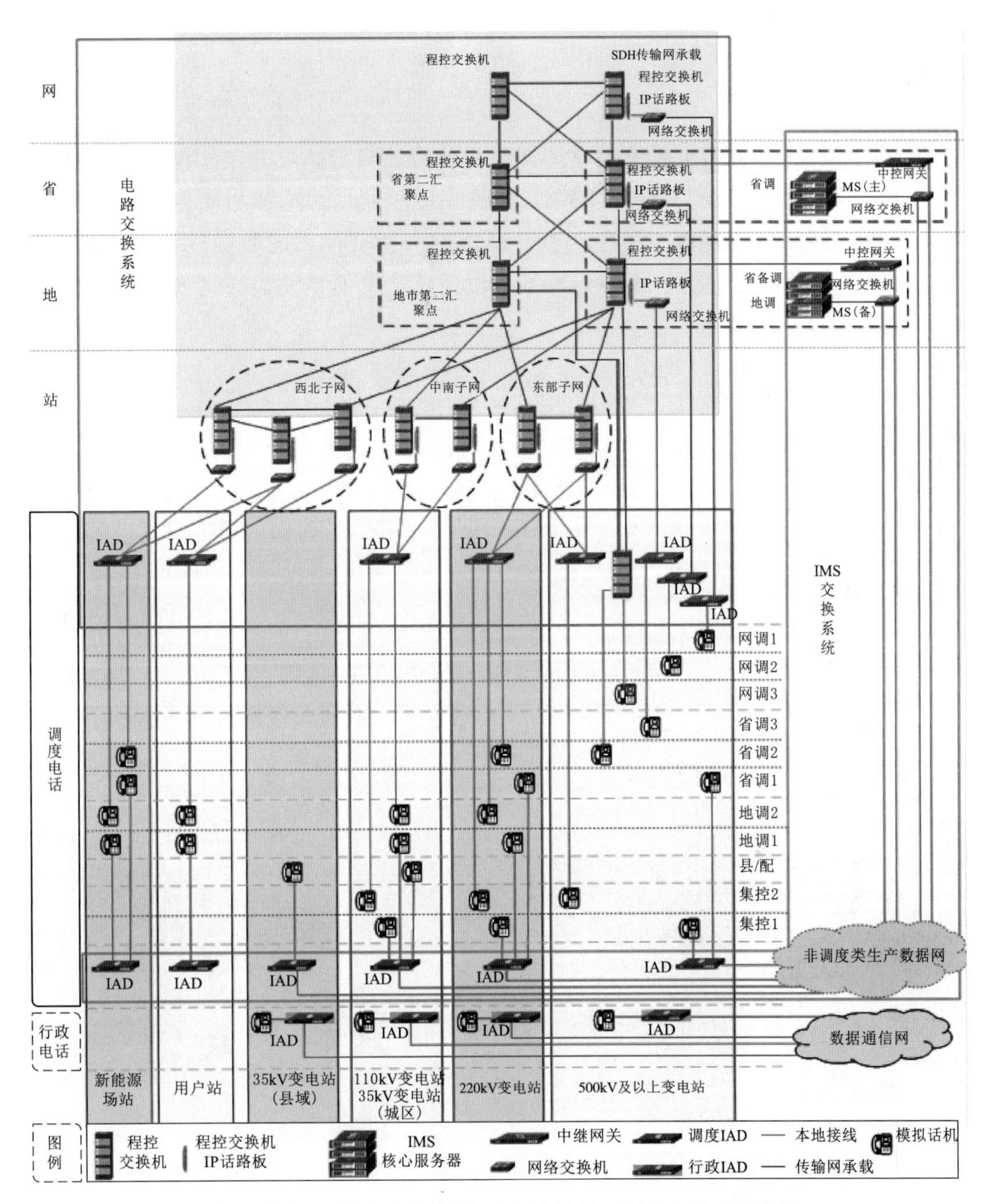

图 2　省内一体化双模调度交换系统站端调度电话组织示意图

四、典型应用场景

省内一体化调度交换系统双模技术演进及构建策略可应用于省域调度交换网规划建设，指导技术政策、系统网架、演进路线及项目安排，推动电力调度交换系统健康演进。

五、推广价值

本成果相关技术可用于系统内省域调度交换系统规划、设计、建设等环节，省内一体化系统构建思路打破调度层级限制，电路系统子网内区域放号减少调度交换机设备堆叠，提升设备利用效率。同时，基于 IMS 的分组交换系统可提供智能功能服务，助力挖掘电力语音数据价值。本成果对推动电力调度交换系统数智化演进，具有广泛的推广应用前景。

基于 TMS 的通信数据智能分析管理微应用

国网天津电力

（孟兆娜　卢　超　李雅君　丁光远　李　尚　刘　赫）

摘要： 为充分利用通信管理系统（TMS）全量通信资源数据，提高通信管理系统辅助分析支撑能力，进一步提升通信专业数字化、智能化水平，国网天津电力在通信管理系统源端资源数据的基础上开发通信数据智能分析管理微应用，结合线下数据台账和调控云一、二次专业数据，完成资源数据质量校核、安全校核、统计分析、图形生成和预占分配工作智能化改造，提高资源数据智能化应用功能的准确性，工作效率提升 80%，有效提高了通信专业数据管理和分析水平。

一、背景

通信网作为电网调度控制的重要基础设施，其稳定运行能力对于提升电网运行可靠性发挥关键作用。随着新型电力系统建设，通信运行中故障快速定位难、通信安全风险发现晚、方式配置周期长、资源利用率低、数字化水平低、智能化不足等问题日益凸显。加快数字化转型，驱动发展方式、生产模式和治理形态变革，成为推动电网高质量发展的必然之选。

随着通信网络的不断发展，新兴业务的不断涌现和信息技术的不断进步，如何同时保障电网安全运行和支撑业务优质服务成为新的挑战。现有通信管理系统的设备台账模型的数据字段统一，用户无法自行增减，难以支撑数字化建设需求。由于不同网省公司的本地化需求各有不同，当前系统在数据展示、分类和筛查等方面仍需人工介入，工作效率低；随着源端数据校核治理工作的细化和深入，无法满足各级各类通信源端数据核验，存在耗时、漏检等问题；此外，新增统计指标的统计方法复杂且仍需依靠人工进行计算。当前系统已无法满足信心电力系统建设运行形势下的通信业务需求，亟待基于传统通信管理系统开发新的数据管理系统，以实现数据的贯通融合和价值挖掘。

二、技术方案

通信数据智能分析系统（Telecommunication Data Smart Analysis System，TDSA）基于通信管理系统源端数据，主要实现资源台账管理、数据质量校核、数据统计分析、图形自动生成、风险隐患分析、资源预占分配、数据历史快照和模板规则管理等功能。TDSA 以通信管理系统数据库为基础并使用动态结构数据库技术，达到可在前台融合扩展资源台账数据库和灵活调整资源台账数据类型和结构的变化需求，包括台账数量和数据结构（如数据类型、字段、索引等）的动态增加、变更和删除等功能；基于动态数据结构数据库存储技术建立管理各类资源台账数据间的关系，构造适应管理需求的台账数据结构，更好地适应不断变化的智能化应用需求。

TDSA 系统通过建立对现有通信资源模型的补充完善，对站点、光缆、传输、数据通信、支撑、业务等系统的数据进行整理，对 TMS2.0 在定制化功能上进行补充完善提升，满足天津公司自有数据记录的需求，补充相关资源间的数据关联性，为通信资源数字化应用需求提供数据基础；通过明确标识异常数据且易应用于大量数据的核查工作，全面提升全量通信资源数据质量，更好地为资源数字化应用赋能；通过建设实时监控的、可扩展分析规则和目标的隐患分析功能模块，应用于日常通信运行安全生产和通信项目建设规划中，将春秋查等专项核查工作转换为常态化工作，全面提升通信安全生产水平；在通信资源新增和变更工作中运用资源预占和隐患预分析功能，避免现场工作中出现资源重复分配、多项目独立规划和方法变动造成的通信隐患风险；运用图形化自动生成或相关数据实时更新的功能，实现图形化数据自动识别“增、删、改”，最大程度减少人工干预，提升通信图形资源的更新效率、准确性和结构调整性，最终实现对电力通信资源数据的有效管理和监测，支持运维人员自主完善通信资源数据库规模和结构关系，形成良性循环，增加资源数据库的准确性和完整性，保障调度生产业务的安全稳定运行。

本系统属于电力通信资源管理领域，在通信管理系统源端资源数据的基础上，将其他数据源的通信或其他专业数据进行融合形成全量通信资源数据库，在结构化数据基础上完成数据质量校核、通信安全校核、查询统计分析、图形生成和预占分配等工作的智能化改造，提高资源数据智能化应用功能的准确性。TDSA 系统首页如图 1 所示，本系统的技术创新点如下：

（1）全量通信资源数据实时校核。系统具备自定义校核规则的自动化数据校核功能模块，可对全量通信资源数据进行合理合规性校核并实时生成数据质量告警，明确标识异常字段的错误原因和修改建议，提供系统界面内对数据校核规则进行自定义编辑的管理功能和数据保鲜工作情况统计功能。

（2）方式资源智能预占分配。以基建技改等工程项目为容器，在方式编制前对所需光缆纤芯、板卡槽位、接口端子和地址波道等物理和逻辑资源进行自动预分配并在相应的台账中完成标记，实现一次安排多个专项的方式，尤其适合于同一类型的业务调整、通道割接等相似方式的资源批量预分配。

（3）灵活数据库和模板规则管理。本系统支持用户管理数据库台账的数据结构和关联关系，可自定义关键件将多个数据源的不同字段进行融合管理和展示，提供镜像抽取、关联选取、生成和统计等数据管理功能；对系统内的所有数据模板、字典目录和计算规则均提供人性化的编辑管理功能，支撑用户可在短期对业务需求完成响应或调整。基于以上特色功能，激活系统自主升级迭代能力，增加系统生命周期。具备字段灵活调整功能的 SDH 设备台账管理界面如图 2 所示。

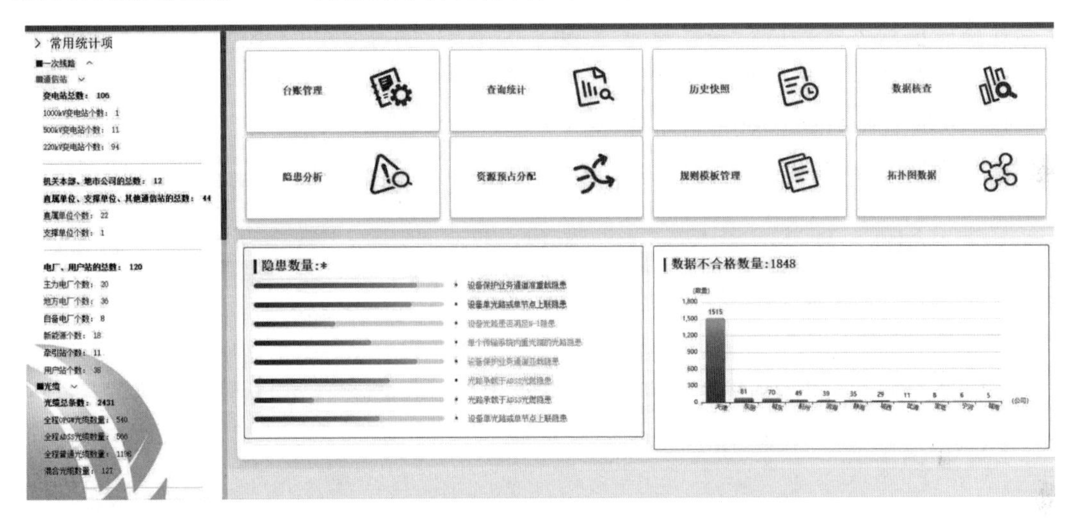

图 1　TDSA 系统首页

图 2　SDH 设备台账管理界面

三、应用成效

本研究成果已在国网天津信通公司三级骨干通信网开展部署和应用，目前实现了 470 台光传输设备、162 台数据通信网设备和 39 台网管网设备的机框、槽位、板卡、端口等实体资源和数据网 IP 地址、传输网 License 功能、OTN 波道等逻辑资源的数字化管理和分配，实现了继电保护、安全控制、调度自动化在内的 23 大类通信业务的实时更新，完成光缆网、传输网、数据网等各级各类资源全部 48 张网络拓扑图的数字化迁移改造，实现了图数一体化管理。根据国调中心对通信资源数据的保鲜要求，以每月 2 次的频率校核全网源端数据并督导地市公司完成相关数据治理，确保数据及时准确迁移至调控云端系统。累计完成 500kV 宁岸输变电工程等 5 个电网基建工程的资源预占分配和通信方式规划，有力支撑了电网工程投运。SDH 设备资源管理界面如图 3 所示，数据通信网资源分配界面如图 4 所示，网络图形自动生成如图 5 所示，SDH 网络拓扑详图如图 6 所示。

图 3　SDH 设备资源管理界面

四、典型应用场景

TDSA 的典型应用场景如下：

（1）全量通信资源数据实时校核。通过深挖通信资源数据逻辑关系，以数据合规、合理、准确为目标制定校核规则，实现对包括地市公司在内的通信数据的自动校核，实现资源数据的长效保鲜和深度扩展。根据国调中心对通信资源数据的保鲜要求，及时校核 TMS 源端数据，确保通信数据及时准确迁移至调控云端系统。如图 7 所示。

图 4　数据通信网资源分配界面

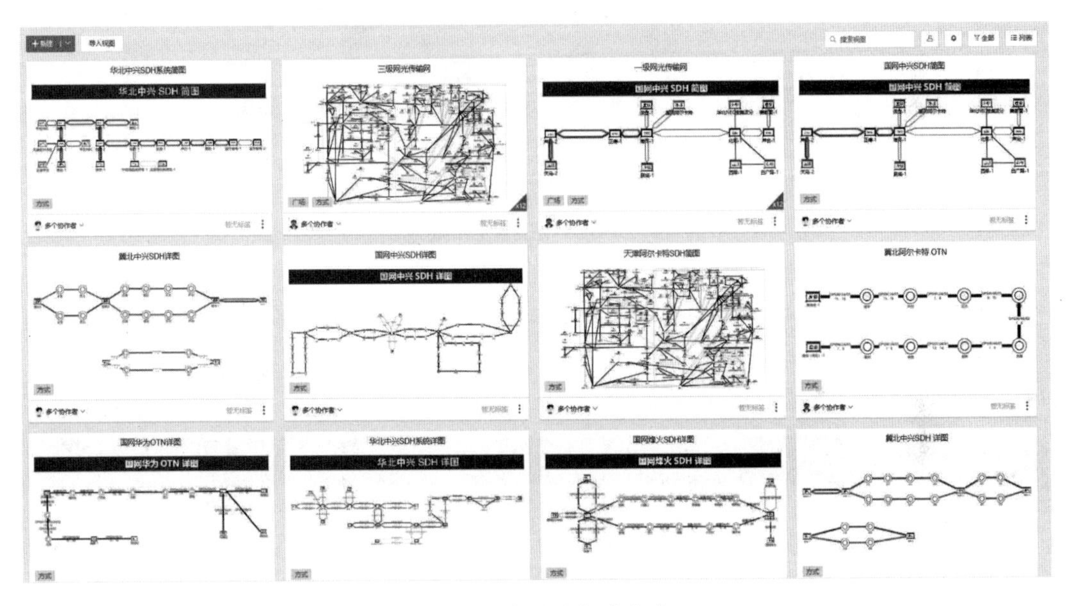

图 5　网络图形自动生成

（2）基于工程项目的通信资源统一分配。资源分配完成后自动形成模板，系统自动进行比对归并学习，根据业务名称匹配对应的模板，并自动进行空余资源智能预分配，资源分配功能模块中集成隐患分析功能。目前完成 500kV 宁岸站、220kV 风顺站等基建工程通信方式的资源预占、安全校核。如图 8 所示。

（3）灵活可调的规则模板。可以对已定义规则进行修改，还支持添加新规则并调用到功能模块，台账种类、数据字段、计算规则和展示模板均能支撑前台调整，支持自主升级迭代台账数据和系统功能，可以在前台实现设备台账类型、参数的扩充、修改，校核规则的修改，方式安排原则的新增/修改。如图 9 所示。

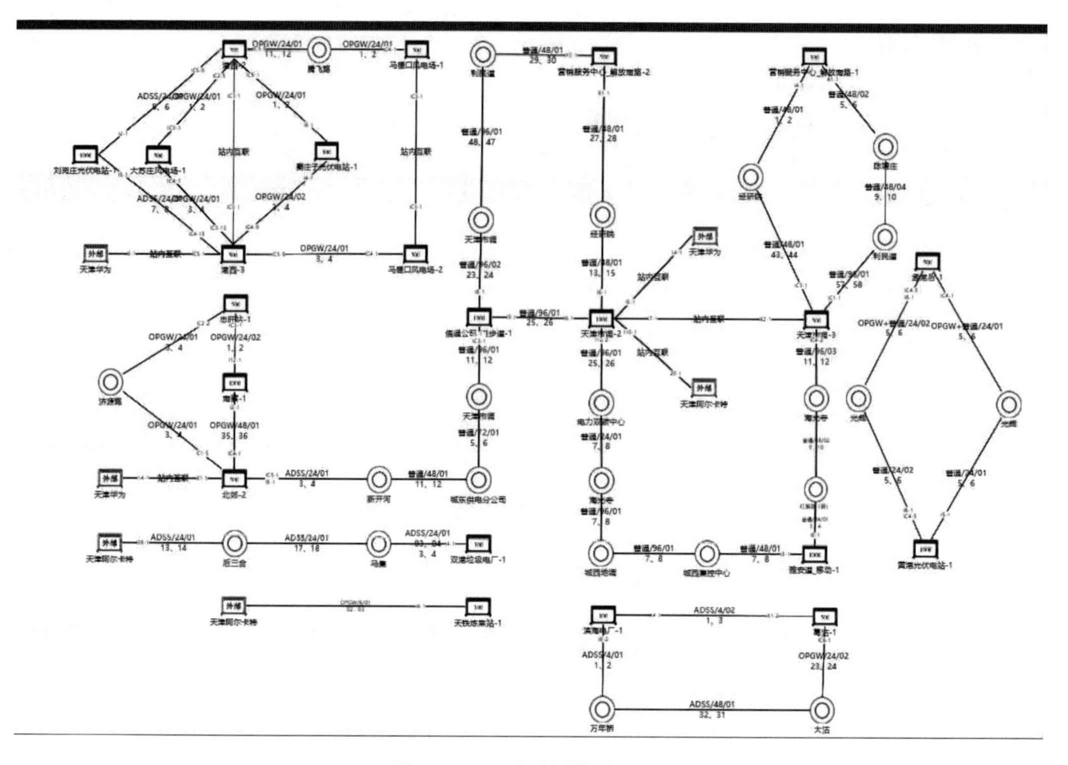

图 6　SDH 拓扑详图展示

站点名称	简称	站点类型	站点分类	电压等级	通信站等级	纬度	经度	运行状态	投运日期	退运日期	权限管辖单位	数据维护单位	产权单位	统计单位	运维单位
电力双碳中心	电力双碳中心	中心站	机关本部	无	A	117.209244	39.138625	在役	2023-05-12 00:00:00		国网天津市电力公司	国网天津市电力公司	国网天津市电力公司	国网天津市电力公司	国网天津市电力公司
220kV京能风电场	京能风电场	电厂	主力电厂	220kV	B			在役	2024-09-26 00:00:00		国网天津市电力公司	国网天津市电力公司	电厂	电厂	电厂
220kV三峡海上风电场	三峡海上风电场	电厂	地方电厂	220kV	B			在役	2024-11-11 00:00:00		国网天津市电力公司	国网天津市电力公司	电厂	电厂	电厂
220kV岳丰风电场	岳丰风电场	电厂	地方电厂	220kV	B	117.0612	39.1254	在役	2024-12-23 00:00:00		国网天津市电力公司	国网天津市电力公司	电厂	电厂	电厂
110kV中广核宁龙风电场	中广核宁龙风电场	电厂	地方电厂	110kV	C	117.2015	39.2142	在役	2024-12-27 00:00:00		国网天津市电力公司	国网天津市电力公司	电厂	电厂	电厂
110kV京能王卜庄风电场	京能王卜庄风电场	电厂	地方电厂	110kV	C	117.457	39.671	在役	2025-01-09 00:00:00		国网天津市电力公司	国网天津市电力公司	电厂	电厂	电厂
110kV华润口东风电场	华润口东风电场	电厂	地方电厂	110kV	C	117.4642	39.6624	在役	2025-01-09		国网天津市电力公司	国网天津市电力公司	电厂	电厂	电厂

图 7　通信资源数据实时校核界面

五、推广价值

当前数据已经成为数字时代的基础性资源和关键生产要素。加快数字化转型，驱动发展方式、生产模式和治理形态变革成为推动电网高质量发展的必然之选。TDSA

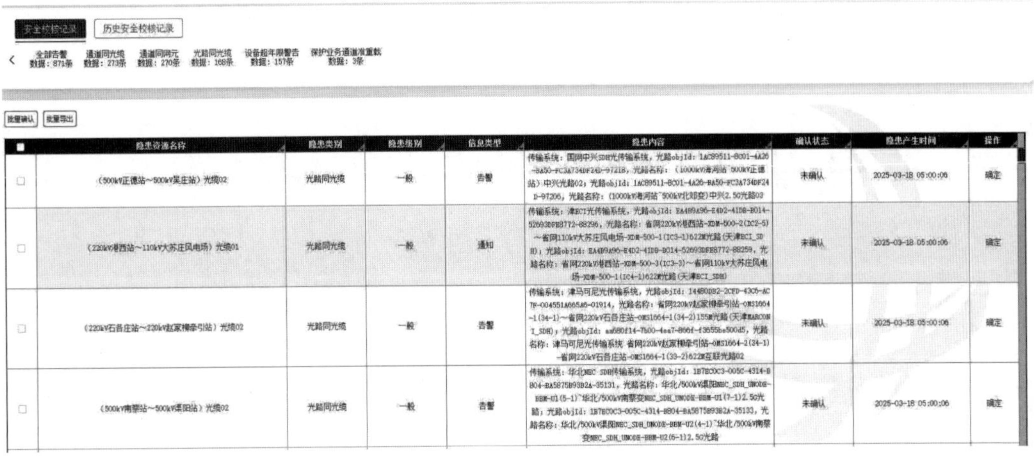

安全校核记录　历史安全校核记录

全部告警	通道同光缆	通道同网元	光路同光缆	设备超年限警告	保护业务通道准重载
数据：871条	数据：273条	数据：270条	数据：168条	数据：157条	数据：3条

批量确认　批量导出

隐患资源名称	隐患类别	隐患级别	信息类型	隐患内容	确认状态	隐患产生时间	操作
（500kV正德站～500kV吴庄站）光缆02	光路同光缆	一般	告警	传输系统：国网中兴SDH光传输系统，光路objId：1AC89511-8C01-4A26-BA50-FC3A734DF24D-97218，光路名称：（1000kV海河站˜500kV正德站）中兴光路02；光路objId：1AC89511-8C01-4A26-BA50-FC3A734DF24D-97206，光路名称：（1000kV海河站˜500kV北郊变）中兴2.5G光路03	未确认	2025-03-18 05:00:06	确定
（220kV港西站～110kV大苏庄风电场）光缆01	光路同光缆	一般	通知	传输系统：津ECI光传输系统，光路objId：EA4B9A96-E4D2-41DB-B014-52693DFE8772-88296，光路名称：省网220kV港西站-XDM-500-2(1C2-5)～省网110kV大苏庄风电场-XDM-500-1(1C3-1)622M光路(天津ECI_SDH)；光路objId：EA4B9A96-E4D2-41DB-B014-52693DFE8772-88259，光路名称：省网220kV港西站-XDM-500-3(1C3-3)～省网110kV大苏庄风电场-XDM-500-1(1C4-1)622M光路(天津ECI_SDH)	未确认	2025-03-18 05:00:06	确定
（220kV石各庄站～220kV赵家柳牵引站）光缆02	光路同光缆	一般	告警	传输系统：津马可尼光传输系统，光路objId：14480DB2-2CFD-43C6-AC7F-004551A665A6-01914，光路名称：省网220kV赵家柳牵引站-OMS1664-1(34-1)～省网220kV石各庄站-OMS1664-1(34-2)155M光路(天津MARCONI_SDH)；光路objId：aa680f14-7b00-4ea7-866f-f3655be500d5，光路名称：津马可尼光传输系统 省网220kV赵家柳牵引站-OMS1664-2(34-1)～省网220kV石各庄站-OMS1664-1(33-2)622M互联光路02	未确认	2025-03-18 05:00:06	确定
（500kV南蔡站～500kV渠阳站）光缆02	光路同光缆	一般	告警	传输系统：华北NEC SDH传输系统，光路objId：1B7EC0C3-005C-4314-B804-BA5875B93B2A-35131，光路名称：华北/500kV渠阳NEC_SDH_UNODE-BBM-U1(5-1)˜华北/500kV南蔡变NEC_SDH_UNODE-BBM-U1(7-1)2.5G光路；光路objId：1B7EC0C3-005C-4314-B804-BA5875B93B2A-35133，光路名称：华北/500kV渠阳NEC_SDH_UNODE-BBM-U2(4-1)˜华北/500kV南蔡变NEC_SDH_UNODE-BBM-U2(6-1)2.5G光路	未确认	2025-03-18 05:00:06	确定

图 8　通信方式资源预占分配界面

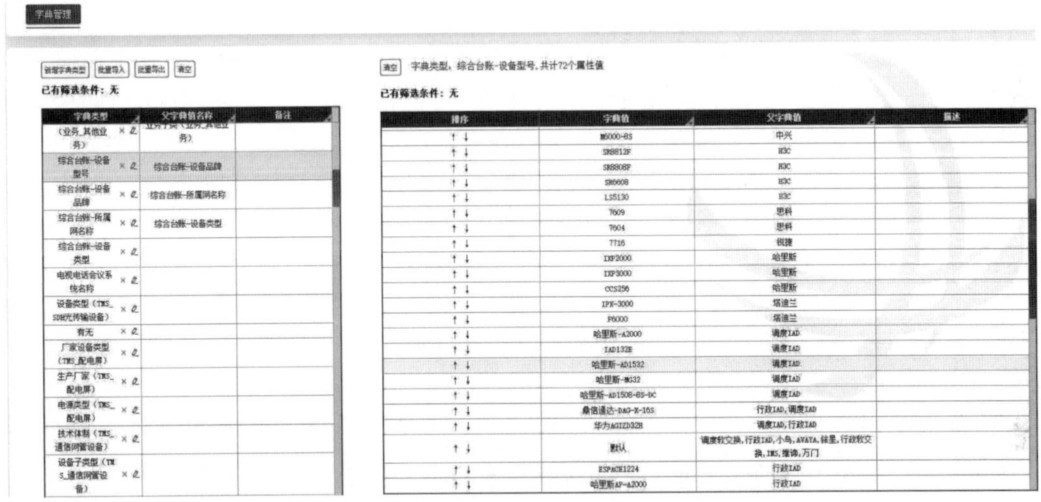

字典管理

新增字典类型　批量导入　批量导出　清空

已有筛选条件：无

字典类型	父字典值名称	备注
（业务_其他业务） × ✎	[illegible]务）	
综合台账-设备型号 × ✎	综合台账-设备品牌	
综合台账-设备品牌 × ✎	综合台账-所属网名称	
综合台账-所属网名称 × ✎	综合台账-设备类型	
综合台账-设备类型 × ✎		
电视电话会议系统名称 × ✎		
设备类型（TMS_SDH光传输设备） × ✎		
有无 × ✎		
厂家设备类型（TMS_配电屏） × ✎		
生产厂家（TMS_配电屏） × ✎		
电源类型（TMS_配电屏） × ✎		
技术体制（TMS_通信网管设备） × ✎		
设备子类型（TMS_通信网管设备） × ✎		

清空　字典类型，综合台账-设备型号，共计72个属性值

已有筛选条件：无

排序	字典值	父字典值	描述
↑ ↓	M6000-8S	中兴	
↑ ↓	SR8812F	H3C	
↑ ↓	SR8808F	H3C	
↑ ↓	SR6608	H3C	
↑ ↓	LS5130	H3C	
↑ ↓	7609	思科	
↑ ↓	7604	思科	
↑ ↓	7716	锐捷	
↑ ↓	IXP2000	哈里斯	
↑ ↓	IXP3000	哈里斯	
↑ ↓	CCS256	哈里斯	
↑ ↓	IPX-3000	塔迪兰	
↑ ↓	F6000	塔迪兰	
↑ ↓	哈里斯-A2000	调度IAD	
↑ ↓	IAD132E	调度IAD	
↑ ↓	哈里斯-AD1532	调度IAD	
↑ ↓	哈里斯-MG32	调度IAD	
↑ ↓	哈里斯-AD1508-8S-DC	调度IAD	
↑ ↓	鼎信通达-DAG-X-16S	行政IAD，调度IAD	
↑ ↓	华为AGIZD32H	调度IAD，行政IAD	
↑ ↓	默认	调度软交换，行政IAD，小鸟，AVAYA，银星，行政软交换，IMS，维谛，万门	
↑ ↓	ESPACE1224	行政IAD	
↑ ↓	哈里斯AP-A2000	行政IAD	

图 9　数据规则模板定义界面

系统合并线下数据台账、归并数据重复字段，将查询统计、图形绘制、数据校核、隐患分析等需要人工介入的日常工作改造为实时性智能化系统功能，对于促进电力通信专业数字化转型具有较大推动价值。

TDSA 系统成果实施后，减少了数据管理和分析方面的人员投入，提高数据质量的同时极大地节省了人工运维成本。目前已利用 TDSA 完成天津三级网站点、光缆和设备等 5 类资源 1 万余条数据的优化处理和图形生成工作，合并 30 个线下数据台账，完成各级各类通信资源 48 张拓扑图的数字化迁移，实现了数据与图形的联动更新和自动校核，数据更新效率提高了 80%，每条数据更新时间较之前减少 65%，充分释放人力，实现工作减负。截至 2023 年 12 月，已利用 TDSA 完成应急通信方案可行性分析、变电站基建方式安排、通信方式资源秋查等工作，处理数据 80 余万条，累计节省人工成本 22 万元。

电力通信接入网故障定位装置及定位方法

国网天津电力

（赵丹阳　夏广波　薛广浩　绪建岭　李志强　刘怡琛

范宇航　孙　斌　李雪川　郝文韬）

摘要： 如何提升电力通信接入网的故障定位速度，快速到达故障地点进行检修和维护是当前通信接入网运维工作中的难题。本项目提供了一种电力通信接入网故障定位装置和基于该装置的定位方法，可以快速定位光纤 EPON 网络故障，提升运维检修准确性、及时性、针对性，有效提升配电自动化运行可靠性。

一、背景

随着电网向用户侧的发展，特别是配网自动化和农网的建设，电力通信接入网应运而生，其主要组成为 OLT（光线路终端）、ONU（光网络单元）和接入网光缆。面对比电力骨干通信网络范围更大，光缆敷设实际情况更为复杂的现象，且 ONU 等光节点海量的接入以及 10kV 农网杆塔位置随用户的要求频繁变动位置的特性，如何提升电力通信接入网的故障定位速度，快速到达故障地点进行检修和维护是非常值得研究的课题。

目前主流的 10kV 通信接入网故障定位方法是通过接入网网管信息，在故障 ONU 所上联 OLT 所在的变电站通过 OTDR（光时域反射仪）进行光缆故障定位，将大体位置告知通信运维人员，联系 10kV 属地供电服务中心线路管理人员一起前往寻找，确认故障究竟是光缆还是 ONU 设备造成的，并进行修复，确认过程十分复杂且涉及进出变电站的各种手续，效率非常低。

目前较为智能的方法是根据 GIS（地理信息系统）提前录入线路信息，通过查看失去信号的 ONU 在 GIS 系统中的位置及光缆区段，从而快速定位故障位置。但此种方法需要及时更新 GIS 中的线路信息，而现实生活中由于 10kV 线路和用户以及周边建设情况的紧密联系，路径走向和杆塔位置时常发生变动，GIS 信息难以及时反映这一情况，需要有专人录入并持续更新 GIS 信息，这显然是不方便且不好实施的。

大量的10kV通信接入网光缆和设备正在投入使用，如何探索出一个高效灵活的电力通信接入网故障定位装置和方法迫在眉睫。

二、技术方案

(一) 提供一种电力通信接入网故障定位装置

如图1所示，定位装置包括：数据处理模块及分别与数据处理模块连接的北斗定位模块、信号采集模块、通信交互模块及电源模块。

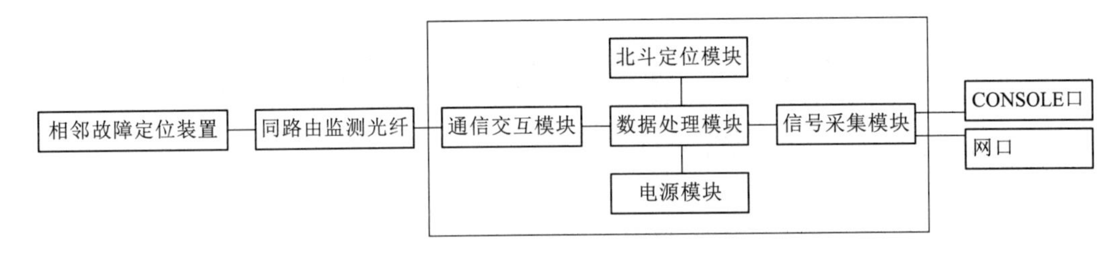

图1 设备组成示意图

(1) 数据处理模块通过收集信号采集模块和通信交互模块的信息，根据与其相连的ONU及相邻的ONU的状态，判断故障种类，并驱动通信交互模块将北斗定位模块采集到的定位和故障判断发送给通信运维人员。

(2) 北斗定位模块根据数据处理模块的指令确定自身的位置信息，反馈给数据处理模块。

(3) 信号采集模块与ONU及数据处理模块相连或直接集成于数据处理模块中，采集ONU设备的状态信息提交给数据处理模块分析。

(4) 通信交互模块通过有线或无线的通信方式与相邻故障定位装置通信，收集相邻ONU状态信息提交给数据处理模块，并根据数据处理模块的指令，发送信息给其他故障定位装置的通信交互模块或通信运维人员。

(5) 电源模块，用于给故障定位装置供电。

(二) 提供基于上述故障定位装置的定位方法

定位方法主要分为5种情况，如图2所示。

1. 情况1

在主路光缆和分路光缆不串接的情况下，当在同一条光缆下的ONU(n)仅有失光告警时，若与该ONU(n)连接的故障定位装置检测到ONU(n)光口收不到光，则与该ONU(n)连接的故障定位装置启动通信交互模块采集ONU($n-1$)和ONU($n+1$)状态信息。如ONU($n-1$)对应光口收到光，ONU($n+1$)对应光口收不到光，则判断光缆故障区段在ONU($n-1$)和ONU(n)两个定位之间的光缆线路上或失光的

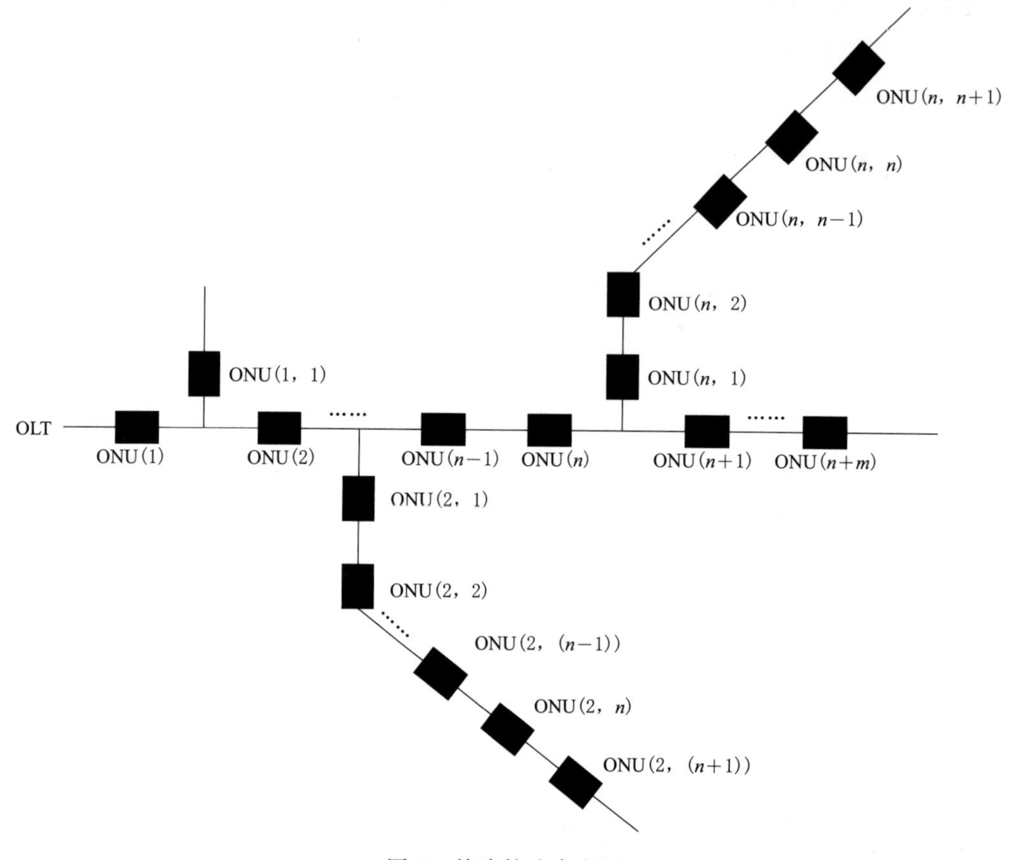

图 2　故障策略参考图

ONU(n）分光器或 ONU(n）光口故障，若光缆无空余线芯给故障定位装置做检测光纤，则发送 ONU($n-1$）和 ONU(n）的定位信息及故障类型信息。

其中，ONU(n）为主路光缆上的第 n 个 ONU，ONU($n-1$）为主路光缆上的第 $n-1$ 个 ONU，ONU($n+1$）为主路光缆上的第 $n+1$ 个 ONU。

进一步地，若与 ONU（n）连接的故障定位装置通过光纤有线方式显示与 ONU($n-1$）无法通信，与 ONU($n+1$）通信正常，则判断故障出在 ONU($n-1$）和 ONU(n）之间的光缆线路段上，此时与 ONU（n）连接的故障定位装置发送 ONU($n-1$）和 ONU(n）的定位信息及故障类型信息。

进一步地，若与 ONU（n）连接的故障定位装置通过光纤有线方式显示与 ONU($n-1$）通信正常，与 ONU($n+1$）通信正常，则判断原因为 ONU(n）分光器或 ONU(n）光口故障，与 ONU(n）连接的故障定位装置发送 ONU(n）定位信息及故障类型信息。

2. 情况 2

在主路光缆和分路光缆不串接的情况下，当在同一条光缆下的 ONU(n）仅有失光告警时，若与ONU(n)连接的故障定位装置检测到ONU(n)光口收不到光，则与ONU(n)连接的故障定位装置启动通信交互模块采集ONU($n-1$)和ONU($n+1$)状态信息。如ONU($n-1$)对应光口收不到光，ONU($n+1$)对应光口也收不到光，则ONU(n)距离故障区段较远，此时故障定位装置不发送位置信息，持续监测自身状态和相邻ONU状态，直到自身故障解除，或待相邻ONU状态变化后重新进行判断。

其中，ONU(n)为主路光缆上的第n个ONU，ONU($n-1$)为主路光缆上的第$n-1$个ONU，ONU($n+1$)为主路光缆上的第$n+1$个ONU。

3. 情况3

在主路光缆和分路光缆不串接的情况下，当在同一条光缆下的ONU(n)仅有失光告警时，若与ONU(n)连接的故障定位装置检测到ONU(n)光口收不到光，则故障定位装置启动通信交互模块采集ONU($n-1$)和ONU($n+1$)状态信息，若ONU($n-1$)和ONU($n+1$)对应光口都能收到光，则判断故障原因为单芯末端故障或ONU(n)分光器故障或ONU(n)光口故障，装置发送ONU(n)定位信息及故障类型信息。

其中，ONU(n)为主路光缆上的第n个ONU、ONU($n-1$)为主路光缆上的第$n-1$个ONU、ONU($n+1$)为主路光缆上的第$n+1$个ONU。

4. 情况4

在主路光缆和分路光缆不串接的情况下，当支路同一条光缆下的ONU检测到光口收不到光时，先确认支路首个ONU的工作状态，当支路首个ONU检测到收不到光时，应通过通信交互模块向主站核实OLT对应PON口状态，若PON口状态正常，则断定故障出现在主路光纤或支路首个ONU分光器或光口上，装置向主站核实主路故障信息；当支路首个ONU检测收光正常时，按照主路的检测方法进行支路故障定位及信息发送。

进一步地，当支路ONU前方的主路ONU的故障定位装置无告警时，则故障为支路首个ONU的分光器或光口处，此时应发送支路首个ONU位置及故障信息。

5. 情况5

在主路光缆和分路光缆有串接关系的情况下，在故障定位装置系统设定时，将有实际连接关系的两个主路ONU及其之间串接的支路ONU作为一个独立的光缆整体进行判断，判断方法与有光纤检测能力的主路光缆相同。

三、应用成效

本项目极大提升了光纤EPON网络下配电自动化及配电通信领域的故障分析及定位的准确性、及时性、针对性，将有效提升配电自动化运行可靠性和故障抢修及时性、准确性，减少了现在多专业信息传递的时间冗余消耗，是自动化背后的自动化智能化方法，预计将为全国范围内数十万台配网自动化及配网通信终端提供可靠的运维服务。

解决了传统定位技术路线受制于多专业资料完整性及信息交互流畅性的问题，能够在故障发生后建立故障设备与抢修人员的直接联系，预先分析故障类型，精准故障定位，既保证了抢修的及时性、准确性，又大大降低了作业人员数量及沟通成本，提高作业效率，为配电网智能化的发展提供可靠的技术保障，在国家战略层级与北斗推广绑定，符合国家利益，在技术上具备明显优势，同时定价合理，在价格上也具备明显优势。核心竞争力突出。

四、典型应用场景

项目可用于国网公司配电自动化实施下的 EPON 网络及国内外通信运营商终端接入的 EPON 网络，为网络运维检修带来极大便利。

五、推广价值

按照每个省（自治区、直辖市）下属至少 10 个地市来统计，每个省（自治区、直辖市）近两年至少有数以万计的通信接入网设备投入，该技术采用北斗卫星定位系统，高度国产化，安全可靠，应用该接入网故障定位设备及方法，将极大地减小运维人员的投入，提升故障查找的及时性、精准性，保障通信接入网建转投平稳过渡。

助力国家信息通信网络终端侧延展，电力配电自动化智能化延伸，提升国内外各行各业通信接入网络可靠性，减少人力成本，提升抢修效率，增强接入网络可靠性。

并联型通信电源系统研究及应用

国网信通公司
（贾　平　周鸿喜　赵晗羽　林　通　佟昊松）

摘要： 电力通信网是独立于一次输电线路的第二张实体网络。通信电源是整个通信网的“心脏”，是通信设备安全稳定运行的基础保障。针对电力通信中现有的串联型通信电源系统中存在的可靠性低、维护量大等痛点难点，并联型通信电源系统通过根本性改变系统的电气结构，增加多样化扩展功能，提供了全新的解决方案。将有效推进通信电源技术进步，提高通信电源系统可靠性，大幅减少铅酸蓄电池使用量，促进节能减排，提高工作效率，大幅减少现场运维工作量，为电力通信网安全运行提供了扎实基础支撑。

一、背景

电力通信网是独立于一次输电线路的第二张实体网络。通信电源是整个通信网的“心脏”，是通信设备安全稳定运行的基础保障。随着特高压电网的快速发展，电网“强直弱交”的形态在一个时期内将持续存在，大电网的安全对电力通信系统的支撑保障水平提出了前所未有的高要求。通信电源是保障通信设备正常运行最核心的基础设施，单站通信电源故障会影响过站的所有承载业务，带来全局性的影响，极易诱发电网设备等级事件（五级～八级）。

现有－48V 通信电源系统主要由交流部分、整流部分（AC/DC）、直流分配部分、配套蓄电池组及监控部分组成。负载设备由两套通信电源分别供电，两路（1＋1）供电完全独立。配套蓄电池组通常为 24 节 2V 密封阀控式铅酸蓄电池逐节串联后接入直流母排。蓄电池串联接入方式的固有缺陷是单节故障影响全组，可靠性相对较低。

针对电力通信中现有的串联型通信电源系统中存在的可靠性低、维护量大等痛点难点，并联型通信电源系统通过根本性改变系统的电气结构，增加多样化扩展功能，提供了全新的解决方案，它三个重要优点：一是增加备用数量则可靠性大幅提高；二是适合全模块化设计，实现即插即用；三是适合智慧运维，实现蓄电池真正免维护。并联型通信电源系统将有效推进通信电源技术进步，提高通信电源系统可靠性，大幅减少铅酸蓄电池使用量，促进节能减排，提高工作效率，大幅减少现场运维工作量，为电力通信网安全运行提供了扎实基础支撑。

二、技术方案

（一）应用场景

并联型通信电源系统由并联直流电源技术结合电力通信应用场景衍生而来。对比站内操作电源应用场景，并联电源技术在电力通信应用场景中需满足不同的特点。并联型通信电源系统既可适用于电力通信站内成套通信电源系统的新建，也可适用于站内存量通信电源系统的改造。应用场景比对见表1。

表1　应用场景对比

项目	站内操作电源应用场景	通信电源应用场景
电压	DC110V/220V	DC－48V
接地	悬浮地	正极接地
电流	平均电流小，短时冲击电流大； 单模块电流2～4A（冲击电流×8）	平均电流大，短时冲击电流小； 单模块电流≥10A
压降	相对压降小，直流馈线长	相对压降大，直流馈线短
供电连续性	间歇性波动	不可中断

（二）关键技术

并联型通信电源系统一般由高频开关整流部分、若干并联组件、蓄电池组、过载电流补偿电路、系统控制功能组件、系统保护功能组件等组成。并联型通信电源系统对电气结构进行了根本性革新，并配备完备的控制保护功能，对比功能图如图1、图2所示。

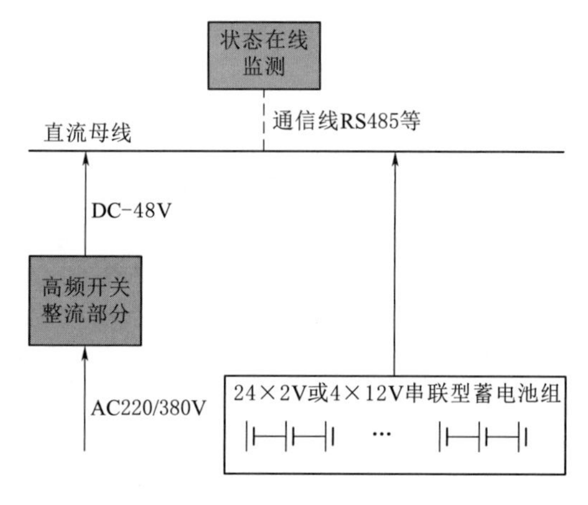

图1　常规通信电源系统

（三）创新亮点

新型并联型通信电源系统从电气结构上解决了串联型通信电源系统存在的固有问题，大幅提升了系统安全可靠性；系统实现了全模块化设计、即插即用；在监控系统协同下并联型通信电源系统在智慧化管理方面实现了新的突破。

一是提出了一种全新的基于并联型直流供电技术的可靠性提升的优化设计。从设备电子电路设计、软件优化等方面研究蓄电池定时均充和浮充管理、温度补偿、容量监测、在线浅充浅放、在线内阻测试等精细化在线蓄电池管理技术，提高蓄电池使用寿命、系统总体可靠性，降低现场运维工作量。

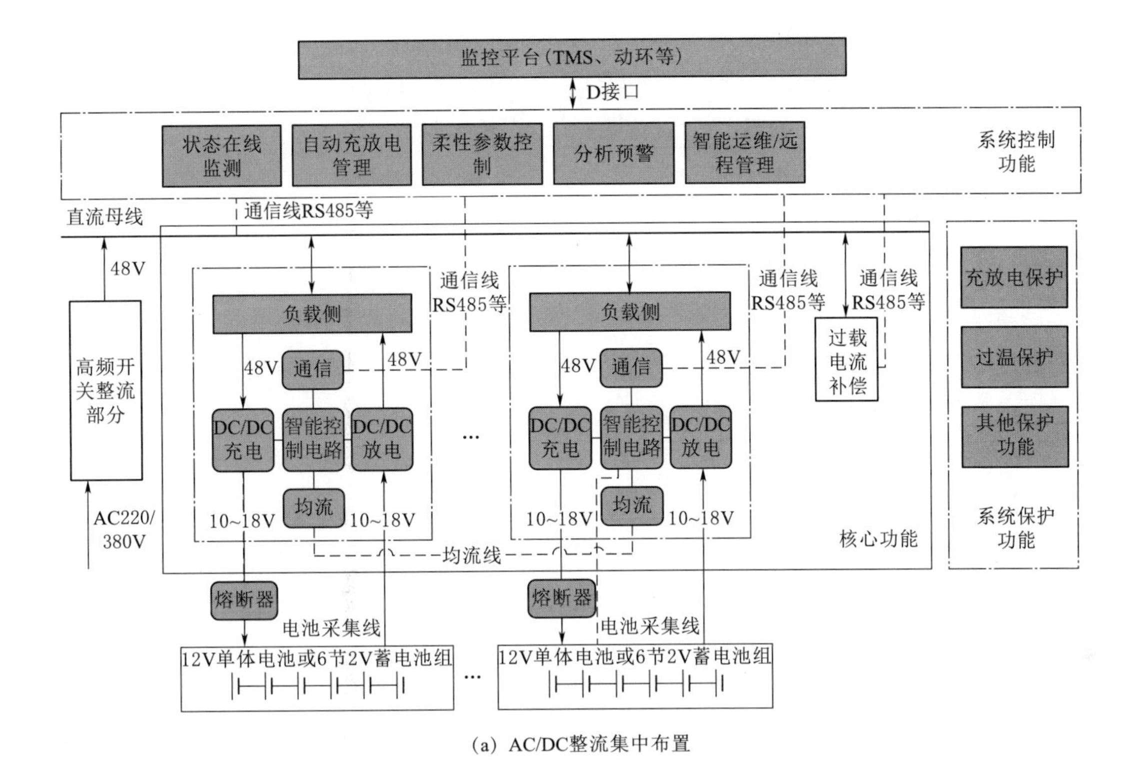

(a) AC/DC整流集中布置

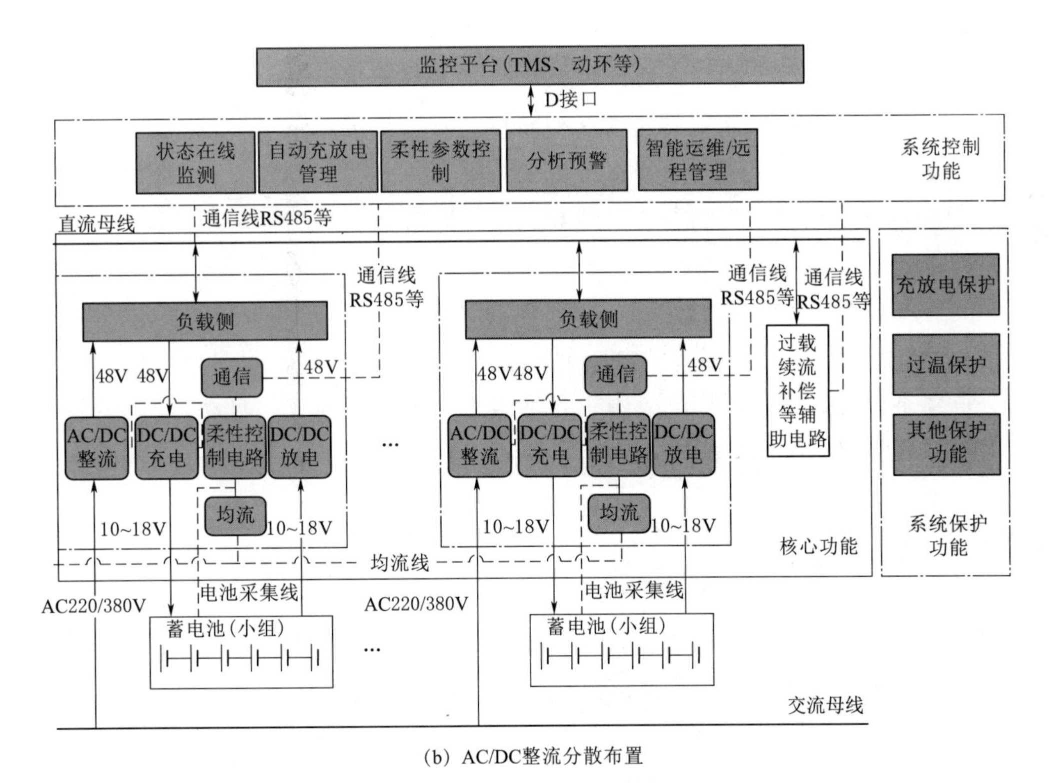

(b) AC/DC整流分散布置

图 2 并联型通信电源系统功能示意图

二是完成并联型通信电源系统成套产品的试制和试点应用：完成了大容量直流电源模块研究，开发集成化的大容量整流模块（50A），形成了可市场化应用的产品，并开展适用于电力通信场景的并联型直流供电技术研究和试点并联型通信电源系统。

三、应用成效

自2020年以来，并联型通信电源技术在电力通信系统中开展了小规模的试点应用。截至2023年9月底，已在国网信通公司、国网浙江、江苏、河南、陕西电力等70余个站点开展了并联型通信电源的试点应用，目前运行可靠，满足运行要求。计划在2024—2025年持续研究和推进设备的优化升级，推进标准发布，并继续在国网冀北、山东、福建、陕西电力等100余个站点开展扩大试点工作。

并联型通信电源系统目前仍在进一步推广应用中，预期可取得较好的经济效益和应用成效。

（1）直接效益方面。以2人2天完成1组蓄电池年度容量测试为例计算，每年每组蓄电池节约的现场充放电工作量为4人·天，按照人力成本500元/(人·天）计算，可节支0.2万元。如果按照公司总体配套蓄电池规模3万组计算，则每年至少可节约现场充放电工作量12万人·天，可节支6000万元。

（2）间接效益方面。并联型通信电源解决了常规通信电源可靠性较低、运维工作量大、现场安全操作风险高等运维难点和痛点。有效推进通信电源技术进步，提高通信电源系统可靠性，大幅减少铅酸蓄电池使用量，促进节能减排，提高工作效率，大幅减少现场运维工作量，为电力通信网安全运行提供了扎实基础支撑。

四、典型应用场景

并联型通信电源系统可广泛应用于各网省公司通信、信息、自动化机房场景，将有效推进电源技术进步，提高电源系统可靠性，为电网安全运行提供扎实基础支撑。

五、推广价值

并联型通信电源解决了常规通信电源可靠性较低、运维工作量大、现场安全操作风险高等运维难点和痛点。并联型通信电源系统采用了全新的电气结构，可推动设备制造在电力电子、系统过载保护、远程控制等方面的科学研究和装备水平提升，有效推进通信电源技术进步，将进一步提高通信电源系统可靠性。

大幅减少铅酸蓄电池使用量，促进节能减排，符合国家“双碳”行动方向。在并联型通信电源系统中不同组件可选用不同类型的蓄电池，可兼容不同品牌、不同批次和不同年限的蓄电池（组），可减少重金属铅消耗，不但具有明显的经济效益，也具有显著的环境效益。

提高工作效率，大幅减少现场运维工作量，为电力通信网安全运行提供了扎实基础支撑。并联直流电源技术独有的自动在线全容量核容技术，大大减轻了通信电源现场运维工作量。

通信蓄电池远程核容

国网上海电力

（郭　苏　赵修旻　沈　青　虞振宇　陈毅龙）

摘要： 截至2024年月底，国网上海电力公司共投运有1867组通信蓄电池作为通信电源系统的后备电源。按照国网公司现行通信电源标准（Q/GDW 11442—2020），投运4年内的蓄电池组需两年1次开展核对性放电试验，超过4年的每年开展全核对性放电试验。采用运维人员在现场进行放电核容的传统手段，需投入大量的人员与时间，并且存在改变现场接线，产生误操作的风险。通信蓄电池远程核容技术可以提升通信蓄电池运维的工作效率并实现标准化、智能化作业。远程核容系统能够实现对核容过程的全面控制，并根据动环系统的监测数据自动出具蓄电池健康度报告，相关结果可及时关联至动环系统和TMS。

一、背景

电力通信网是电网安全、稳定运行的坚实数字底座，而通信电源系统的可靠性又会对电力通信网产生巨大影响。截至2024年9月底，国网上海电力公司共投运有1867组通信蓄电池作为通信电源系统的后备电源。按照国网公司现行通信电源标准（Q/GDW 11442—2020《通信电源技术、验收及运行维护规程》），投运4年内的蓄电池组需两年1次开展核对性放电试验，超过4年的每年开展全核对性放电试验。采用运维人员在现场进行放电核容的传统手段，需投入大量的人员与时间，并且存在改变现场接线，产生误操作的风险。

通信蓄电池远程核容技术可以提升通信蓄电池运维的工作效率并实现标准化、智能化作业。远程核容系统能够实现对核容过程的全面控制，并根据动环系统的监测数据自动出具蓄电池健康度报告，相关结果可及时关联至动环系统和TMS。

二、技术方案

目前普遍使用的阀控式铅酸蓄电池可能存在电池失水、正极板腐蚀、负极板硫化、热失控、负极板腐蚀等失效情况。其中，在蓄电池核容过程中，充电是个放热反应，在恒压充电的条件下，如果电池内部温度高，充电电流会上升，并进一步促进电池内部温度上升。蓄电池相对密闭的结构导致其在充电过程中产生的热量无法及时散发，当热量累计至极限，就会发生热失控造成电池损坏。

DC-DC 远程核容技术虽然有着许多技术优点，但同时存在以下几方面的问题。首先，作为放电负载的通信设备，其运行功率存在波动，将导致放电电流的波动。其次，由于机房通信设备数量限制，可能存在蓄电池放电电流无法达到 0.1C10A（蓄电池额定容量 0.1 倍）的情况。而若采用阻性增功率设备，类似假负载技术方案将在放电时产生大量的热源。基于以上因素，在蓄电池远程充放电时采用制冷型增功率负载，可以解决放电功率不足的问题并稳定放电电流，同时通过制冷降温，减少蓄电池热失控风险，并通过控制运行温度，延长蓄电池运行寿命。

一套制冷型增功率负载装置由两个制冷片组成，单个制冷片可调功率范围为 110～120W，一套制冷型增功率负载装置可调功率为 170～180W。制冷型增功率负载装置为可扩展设计，以适应不同的电池规格及现场负载。

制冷负载的核心是利用半导体制冷的特性，采用两级制冷及混风的方式，将冷气经风道集中送达到铅酸蓄电池表面，对电池精准控温。在蓄电池放电时，系统能够代替现有的阻性负载，制冷放电。

主动制冷负载作为可调负载时：在远程放电过程中，当向实际负载放电电流未达到设定的 0.1C 放电电流时，依次启动制冷模块，并通过调整制冷模块的功率使总负载功率满足要求。

主动制冷负载为直流柜内降温时：实时采集监测蓄电池极柱温度，当某节温度高于高限设定值（TH），启动电池所在层的制冷型增功率负载，直至极柱温度降到设定温度（T 正常），停止制冷型增功率负载工作。

直流电源柜内蓄电池为上下两层安装，因此分别在电池层各安装两套制冷型增功率负载装置，温度传感器采自蓄电池极柱温度。

经过测试，制冷负载工作电流约 11A，可有效弥补通信负载电流过小产生的放电电流缺口，并能在 10min 内将蓄电池温度降低 6℃，且长期稳定将蓄电池保持在理想运行温度。

灭火装置，当通信蓄电池进入深度热失控状态后，极有可能引发火灾等危害，进而严重影响机房通信设备安全运行。除了能够减轻蓄电池热失控风险的制冷负载外，还配置了非储压式全氟乙酮灭火装置作为抑制热失控风险的最后一道防线。

装置采用小型化和模块化设计，有体积小、易安装、灭火高效、绿色环保、绝缘性能好、用后无残留等优点。全氟乙酮是一种常温常压下无色、无味的液体，易于气化并以气态存在，主要是依靠吸热和隔绝燃烧因子达到灭火效果，可以扑灭 A、B、

C、E 类火灾。

当探测到火灾信号时，装置的电引发器工作，使产气组件瞬间产生大量气体，从而增大内部压强。当达到特定压强时，动力组件工作，灭火药剂被加压释放，迅速填充灭火空间，达到降温吸热的效果。

远程控制平台统一接入，通信蓄电池采用远程核容方式后，在系统控制与接入方面存在三个方面的问题：

（1）避免动环传感终端重复建设。目前各省公司已基本完成动环系统建设，实现了对通信蓄电池单体电压、通信电源输入/输出电流等电气参量的远程监控功能。目前的远程核容系统与动环系统间缺乏信息交互，通过独立部署传感装置的方式获取动环数据，存在重复建设的情况。

（2）任务签发不及时。传统蓄电池运维通常根据蓄电池投运年限来进行人工筛选，为需要充放电或更换的站点进行排列，存在遗漏、重复等情况。

（3）远程操作人员安全验证。操作人员存在未经许可非法在主站侧对远程核容系统进行操作的风险，影响电力通信网安全、稳定运行。

远程核容操作平台仅对人、站点、设备、时间等所有信息均与工作票内容符合的工作，才允许执行远程核容。系统将禁止一般权限人员在无工作票任务关联的情况下新建并启动远程核容工作。

三、应用成效

上海公司部署了一套通信蓄电池远程核容并于现有动环系统实现统一接入，在35kV 大宁站安装了一整套配备有制冷负载及灭火装置的通信蓄电池远程核容子站。

通过试点运行，远程核容系统能够实现对核容过程的全面控制，并根据动环系统的监测数据自动出具蓄电池健康度报告，相关结果可及时关联至动环系统和 TMS。

后续，上海公司将持续扩大验证试点规模，进一步改进装置功能，降低单套成本造价，丰富蓄电池隐患管理及改造项目辅助申报等应用功能的开发。预期至“十四五”末，上海公司计划完成 70 个站点的远程核容子站部署。

四、典型应用场景

通信蓄电池远程核容技术和方案可广泛应用于通信、信息、自动化机房的蓄电池运维管理场景，将有效推进蓄电池运维效率，为蓄电池安全运行提供扎实基础支撑。

五、推广价值

远程核容系统能够实现对核容过程的全面控制，并根据动环系统的监测数据自动出具蓄电池健康度报告，相关结果可及时关联至动环系统和TMS。

通信蓄电池远程核容技术可以提升通信蓄电池运维的工作效率并实现标准化、智能化作业，传统手段需要运维人员在现场进行放电核容，需投入大量的人员与时间，并且存在改变现场接线，产生误操作的风险。远程核容技术能够节省大量人力物力，同时避免误操作、触电等人身伤害风险。

基于多参量监测的海缆区界“侦、判、控”联动处置系统研究与应用

国网福建电力

（徐丽红　庄书达　吴君凯　陈泽文　钱思源）

摘要：海底电缆故障存在断裂点探测难、修复时间长、抢修费用昂贵等问题，如何实现对海底电缆运行状态的有效监测，减少海底电缆故障造成损失，是该领域国际关注的重大难题。本系统使用 AIS 系统＋海事雷达监视系统＋VHF 电台相结合的架构，巧妙地利用多源异构融合算法对达到对海缆区界及周边的所有船舶进行 24 小时监视，该项目解决了无法提前识别闯入海缆区界船舶的问题，并结合系统进行自动报警，还可通过研制的可视化软件系统向港区管理部门提供海缆管理、船位监控管理、报警管理、报警回放等信息服务功能。

一、背景

海底电缆是跨海电能输送的重要通道，受海水侵蚀、冲刷和船舶锚害等各种因素影响，可导致海缆故障甚至海缆断裂事故。据统计，80％的海缆故障来自船舶锚害。海缆断裂不但导致大面积停电，对社会影响大，而且海底电缆断裂点探测难、修复时间长、抢修费用昂贵，一次需数百万元甚至上千万元。如何实现对海底电缆运行状态的有效监测，减少海底电缆故障造成损失，是该领域国际关注的重大难题。

国网莆田供电公司科技创新团队完成了一种多参量监测的海缆区界“侦、判、控”联动处置系统研究，并实现其应用，可提供海缆管理、船位监控管理、报警管理、报警回放等信息服务功能。

二、技术方案

本系统使用 AIS 系统＋海事雷达监视系统＋VHF 电台相结合的架构，巧妙地利用源异构融合算法对到达海缆区界及周边的所有船舶进行 24 小时监视，该项目解决了无法提前识别闯入海缆区界船舶的问题，并结合系统进行自动报警，还可通过研制的

可视化软件系统向港区管理部门提供海缆管理、船位监控管理、报警管理、报警回放等信息服务功能。

（1）引入了一项创新性的全方位可视化海缆区界目标检测方法。针对 AIS 获取的样本数据，构建了一个基于多源数据异构融合的海缆区界可疑目标判别算法，并采用了多种技术手段，旨在融合来自不同源头的信息，通过分析 AIS 接收机和海事雷达数据，关联信息数据库，在数据基础上建立灰色预测模型的方法，采用基于线性回归拟合法与灰色理论进行航迹关联分析数据融合的方法，该检测方法大幅提升了目标检测的准确性，也增强了系统对于复杂情况的适应性，该算法能够迅速、精确地辨识潜在风险目标，有力地支持实时风险评估。

（2）构建了一套基于用户监控平台、服务器集群、AIS 接收机、VHF 通信电台和海事雷达的多平台港区海缆区界联合目标检测系统。如图 1 所示。该系统可通过监测平台设置港区海缆区界设置警戒范围，并将获取到的数据进行过滤处理和入库，通过 AIS 接收船舶信息，用 C++ 编写上位机软件将船舶轨迹与信息综合标绘在电子海图上，加入港区海缆警戒区域和雷达图叠加，实现直观的监控和位置检测。开发出软件系统提供海缆管理、船位监控、报警管理等功能，解决海缆区界海图和 AIS 船舶目标可视化问题，直观反映船舶运动轨迹和动向，有助于海缆区域安全维护。多源数据融合技术提取船舶信息，传送至监控平台，经过区域检测算法判断是否进入禁止区域，触发 VHF 电台自动提醒，当有威胁海缆的动作时，通过自动触发报警模块功能对相应船舶发出警告，维护海缆安全。

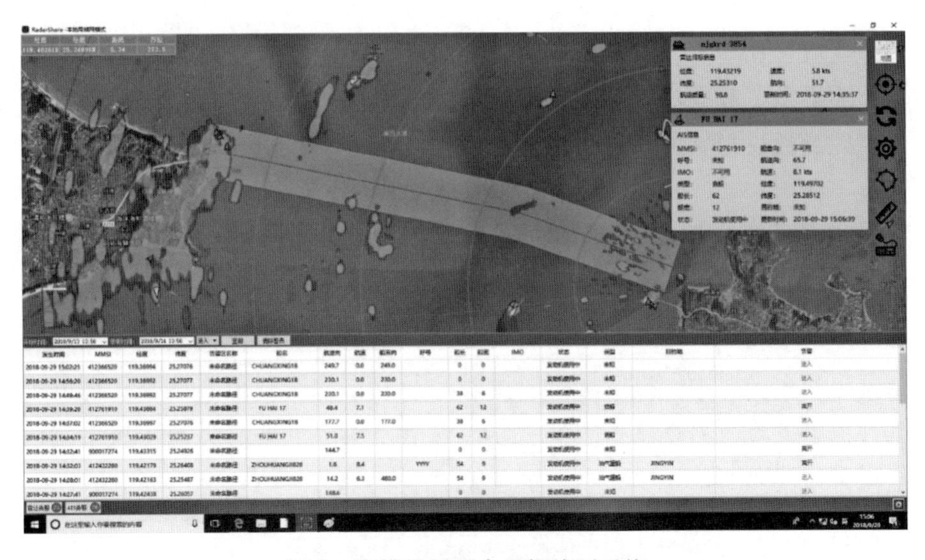

图 1　海缆区界联合目标检测系统

（3）创新性地提出了一种海缆损坏肇事船舶认定方法。通过关联 AIS 船舶识别系统，辅之以船舶目标航迹回放系统精准判定海缆损坏位置，并在电子海图上准确标示受损信息，同时记录闯入船只破坏海缆的证据。结合调取VHF报警时间段内海缆区界内AIS目标数据（停留时间、地理坐标、航向、航速、船号等），融合雷达和AIS信息数据库，分析判断船舶抛锚趋势，识别可疑船只，随后通过VHF自动发送驱离命令。关联利用船舶行驶数据库，在系统电子海图中自动标绘出可疑船只在海缆区界内的航迹轨迹，直观地确认船舶位置，便于管理人员进行肇事船舶的确认及追责证据的收集。这一方法和系统共同构建了更加强大的安全保障体系，有力地保护海缆的安全性。

三、应用成效

借助基于雷达、AIS、视频、声光拒止等多源异构信息融合的海缆区界防护系统的研究、实施及试点应用，实现了对莆田35kV南日线海缆区域内船舶的全天候、多角度的24小时实时在线监控。借助海缆监控系统，海缆保护区域的监控人员能够实时追踪船舶的航行动向，记录可疑船舶的航迹，拍摄图像和视频。这一系统为未来海缆损坏索赔提供了强有力的证据支持。此外，项目的推动下还成功监测到并确认了多起非法采砂船舶的违规行为，向海事、海警、海洋渔业局，以及当地政府及时报警并协同应急处置，相关部门得以迅速响应并进行协调处置，从而有效遏制了海缆外破事故的潜在风险，避免了重大经济损失，达到了项目预期目标。

该项目的实施不仅积累了海缆监控与智能运检方面的宝贵经验，还为省网海缆智能化防护系统的构建提供了可靠技术支持与技术储备。此外，项目的成功案例也为海缆精益化管理提供了有益示范。接下来会不断探索技术创新，进一步完善海缆监控系统，探索更广泛的应用领域，将为海缆的可持续运营提供更坚实的基础，为相关领域的发展注入了活力。

项目的研究成果已在国网莆田供电公司的试点项目中成功应用，实现了对莆田35kV南日线海缆周边海域的全天候多方位实时在线监控。这一实施不仅为海底电缆区域的运行状态监测和事故理赔提供了新思路，还能取代传统的人工海面巡检，降低人员安全风险和运维成本，提升对海缆设备运行状态的有效监督水平。此外，这一研究成果也为福建省多海岛环境下的供电方式安全监控提供了有力的应用基础。新型全方位可视化海缆区界防护系统效益分析见表1。

表1　　新型全方位可视化海缆区界防护系统效益分析表

资产名称	新型全方位可视化海缆区界防护系统		
资产使用年限	8年	平均年折旧	10万元
项目投资	80万元	同规模项目投资	300万元

续表

资产名称	新型全方位可视化海缆区界防护系统		
年度维护费用	5 万元	每起故障损失	200 万元
历史故障数	3 起/年	预计可减少故障数	2 起/年
效益分析	对比以上数据，本项目造价合理，投产或预计每年可为企业减少损失 400 万元，本项目实施后，资产效益明显		

四、典型应用场景

国网莆田供电公司在新型全方位可视化海缆区界防护系统的应用方面取得了重要成果，有效地解决了港区海缆区界闯入船舶自动报警的难题。通过可视化软件系统，港区管理部门能够轻松获取海缆管理、船位监控管理、报警管理以及报警回放等丰富信息，这有助于进行海缆人为因素故障排查和事故定责。系统的建设与部署显著提升了港区海缆区界的防护水平。随着研究的不断进步，该项目的研究成果将在更多领域展现应用潜力。除了岛屿和大陆电网，这项技术还能被应用于岛际间电网、海底电缆以及海上石油平台等领域，为这些领域提供强大的监测和保护能力。同时，项目的成功实施也将为类似的安全监控需求提供有益的参考经验。

五、推广价值

该项目试点应用后，已成功监测并确认采砂船非法作业多起，通过系统取得的佐证资料向海事、海警、海洋渔业局，以及当地政府进行报警处置，及时有效地阻止了海缆外破事故的发生，避免了重大经济损失。同时该技术可用来代替传统的人工海面巡检，降低人员的安全风险和运维成本。该项目预计每年可减少两起故障，为企业减少 400 万元的损失。

该项目为海底电缆区域范围内的运行状态监测、事故理赔提供了新思路；在岛际间电网的海底电缆、海上石油平台的供电电缆监测等领域都有很好的应用推广前景，提高了电网的可靠性、安全性、稳定性，有利于稳定社会秩序，营造和谐社会。

基于无人机巡检的电力通信光缆智能运检体系建设与应用

国网江苏电力

（沈　伟　李　伟　胡　欣　吴子辰　吴海洋）

摘要： 目前电力通信光缆的专业巡检通常采取人工登杆方式（图1），人工巡检方式存在如下几个问题：光缆架设于电力线路下方，需要登高作业，安全风险高；架空线路通常在乡镇田间，巡检人员及车辆进出不便；目视巡检的距离远，不能对线路细节进行巡查，巡查有死角；人工徒步巡查效率低，无法满足巡检频次要求；车辆使用频繁，巡检成本居高不下。针对这些问题，江苏公司开展无人机光缆巡检体系建设与应用，大大推进了电力通信光缆运维工作的信息化转型，推动光缆运维由以现场为主的粗放式人工巡视模式向以系统为主的精益化无人机巡视模式转变，释放光缆运维人员生产力用于光缆的数据台账治理、缺陷隐患分析、巡视结果统计，实现光缆运维工作的模式革新与产业升级。

一、背景

电网企业肩负着构建以新能源为主体的新型电力系统，服务“碳达峰、碳中和”的重大使命。电力通信网作为服务支撑电网高效运营的实体网络，在电网数字化转型中承担了至关重要的作用，同时也对电力通信系统精益化运维工作提出了全新的要求。

电力通信光缆存在着各类风险与隐患，自然原因类如台风、雷击、覆冰；外力因素类如大型施工机械、超高车辆、超高树木；本体质量类如金具缺陷、接头盒缺陷、光缆电腐蚀；等等。为确保电力通信网络安全稳定运行，根据电力通信系统运维规定要求，电力架空光缆每半年需开展一次专业巡检，对光缆本体、光缆金具、接头盒、余缆架、挂牌等进行专业检查并开展缺陷分析。目前电力通信光缆的专业巡检通常采取人工登杆方式（图1），人工巡检方式存在如下几个问题：光缆架设于电力线路下方，需要登高作业，安全风险高；架空线路通常在乡镇田间，巡检人员及车辆进出不便；目视巡检的巡检距离远，不能对线路细节进行巡查，巡查有死角；人工徒步巡查效率低，无法满足巡检频次要求；车辆使用频繁，巡检成本居高不下。

图 1　传统光缆巡检方式

二、技术方案

系统采用激光点云建模技术，挖掘其中的光缆数字化资源，实现对光缆哑资源的数字建模。同时利用 OBB 包围盒自动提取杆塔本体、绝缘子、光缆及附属设施拍摄点。在已生成拍摄点的基础上，结合碰撞检测技术，自动生成机载相机的最佳拍摄位置即无人机的航迹点。借助航迹融合软件，实现光缆航迹与线路航迹的融合。如图 2 所示。

基于光缆设备重点缺陷历史图像，建立全省范围内涵盖 7 大类 17 小类缺陷的缺陷样本库。构建关联分析算法模型，实现巡检图片自动上传平台、光缆缺陷智能识别与自动派单，识别率达 80%以上。采用人工智能技术中的深度学习算法，构建适合光缆线路场景的神经网络结构，对构建的神经网络“喂入”标注的数据，让算法自适应地学到识别对象的颜色、形状、纹理和相对位置等信息，生成具有目标识别和位置回归功能的深度学习模型，从而实现对现实场景中各光缆设备目标的自动识别。如图 3 所示。

针对数据线下流转、安全管控不足的问题，将光缆日常巡检纳入线路日常巡检流程执行。线路专业负责开展巡检计划制定、任务工单维护、现场任务获取、自主巡检作业以及数据回传；通信专业负责提供光缆缺陷算法，融合巡检航迹，做好缺陷的识别及归档流转。对 PMS 输电无人机巡检微应用进行相关业务功能改造，实现输电人员在日常巡视过程中完成通信光缆的日常巡视工作，通过第五区和管理信息大区开展光缆无人机巡视线上作业，减少线下人工干预环节，在 TMS 中新建光缆无人机巡检

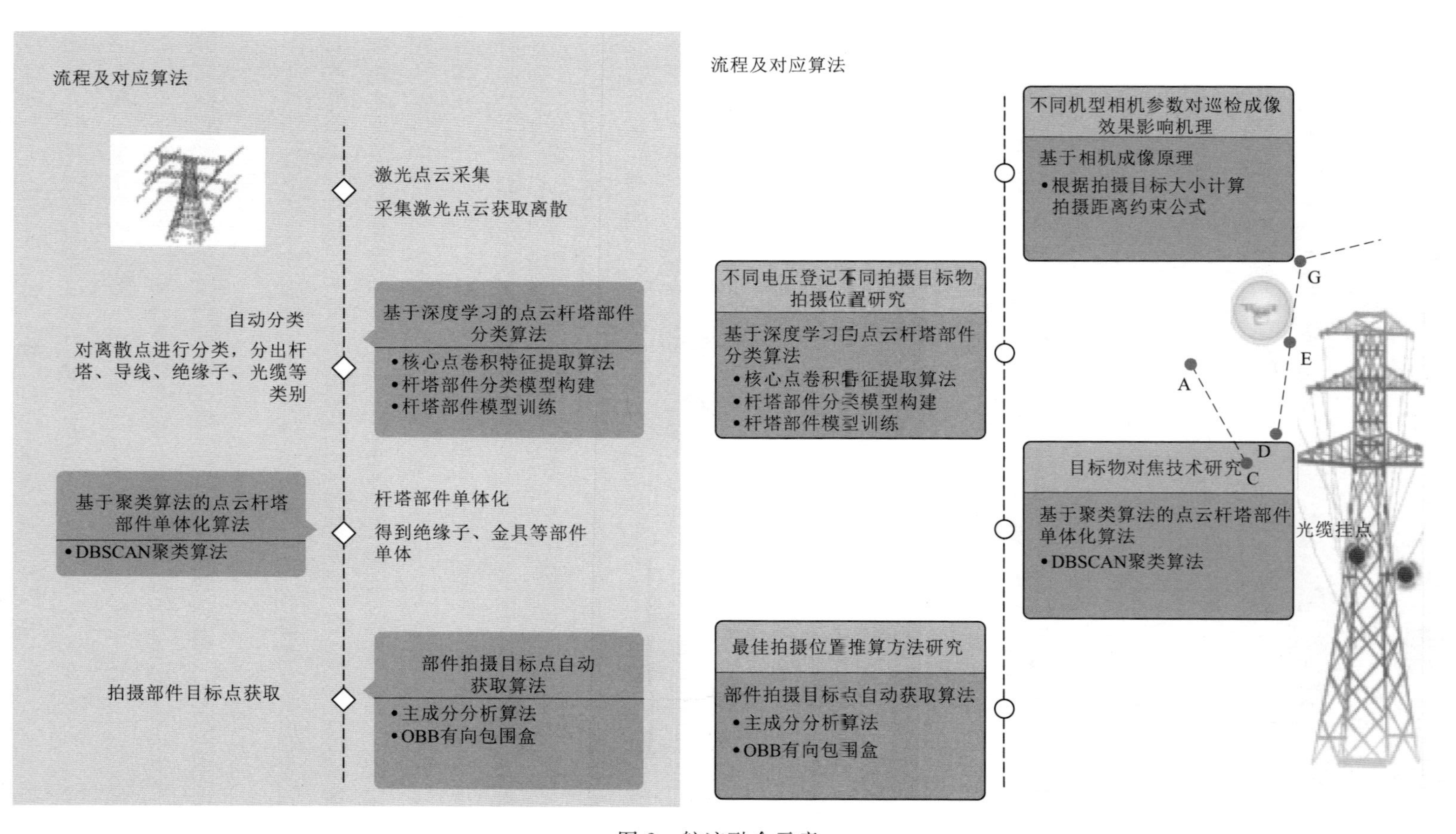
流程及对应算法
激光点云采集
采集激光点云获取离散
自动分类
对离散点进行分类，分出杆塔、导线、绝缘子、光缆等类别
基于深度学习的点云杆塔部件分类算法
•核心点卷积特征提取算法
•杆塔部件分类模型构建
•杆塔部件模型训练
基于聚类算法的点云杆塔部件单体化算法
•DBSCAN聚类算法
杆塔部件单体化
得到绝缘子、金具等部件单体
拍摄部件目标点获取
部件拍摄目标点自动获取算法
•主成分分析算法
•OBB有向包围盒
流程及对应算法
不同机型相机参数对巡检成像效果影响机理
基于相机成像原理
•根据拍摄目标大小计算拍摄距离约束公式
不同电压登记不同拍摄目标物拍摄位置研究
基于深度学习的点云杆塔部件分类算法
•核心点卷积特征提取算法
•杆塔部件分类模型构建
•杆塔部件模型训练
目标物对焦技术研究
基于聚类算法的点云杆塔部件单体化算法
•DBSCAN聚类算法
最佳拍摄位置推算方法研究
部件拍摄目标点自动获取算法
•主成分分析算法
•OBB有向包围盒
A
C
D
E
G
光缆挂点

图 2　航迹融合示意

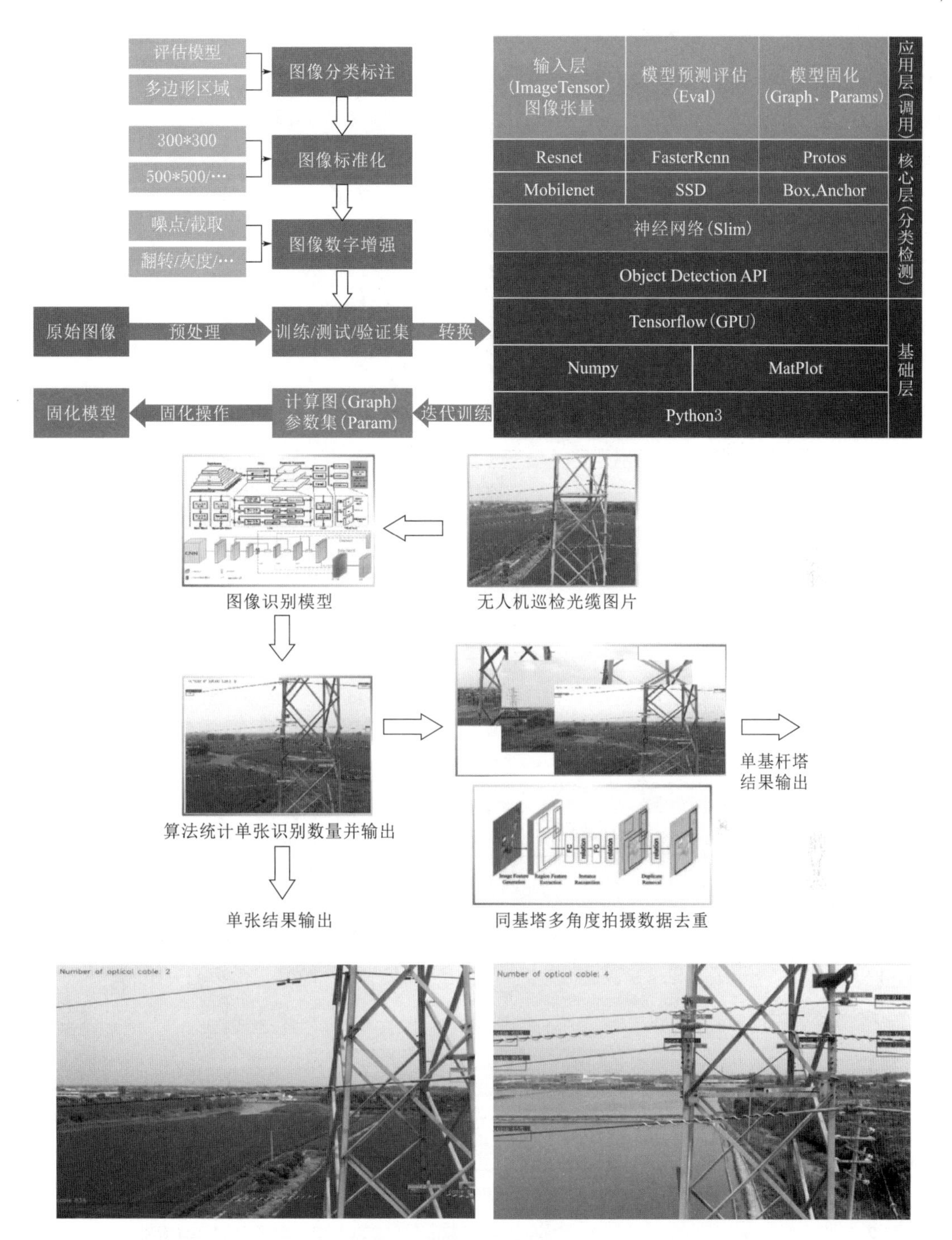

图 3　光缆人工智能识别示意

微应用，支持通信运维人员查询协同巡视光缆的工单，实现计划制定、任务派发、数据回传等业务线上流转。如图 4 所示。

光缆无人机巡检采用微服务的方式，分别在江苏省信通和泰州边缘云部署。日常巡检作业在 PMS 输电无人机巡检微应用完成，算法识别、缺陷标注及数据统计分析等个性化服务在 TMS 通信无人机巡检微应用完成。第三方服务统一采用省公司统推服务：通过统一认证平台实现用户登录鉴权，通过业务中台实现标准业务数据的存储以及与其他业务系统的数据交互，通过无人机公共服务平台实现无人机和飞手相关数据管控，通过非结构化存储平台实现巡检图片和文件存储，通过人工智能分析平台完成图像识别算法部署和交互，通过统一视频平台对无人机实时视频进行转播，通过电网统一 GIS 平台实现与地图服务的交互，通过第五区安全网络将自主巡检 App 接入信息管理大区（内网）。人工标注的严重和危急缺陷推送至 TMS 通信管理系统进行缺陷起单，完成光缆巡检全生命周期管理。

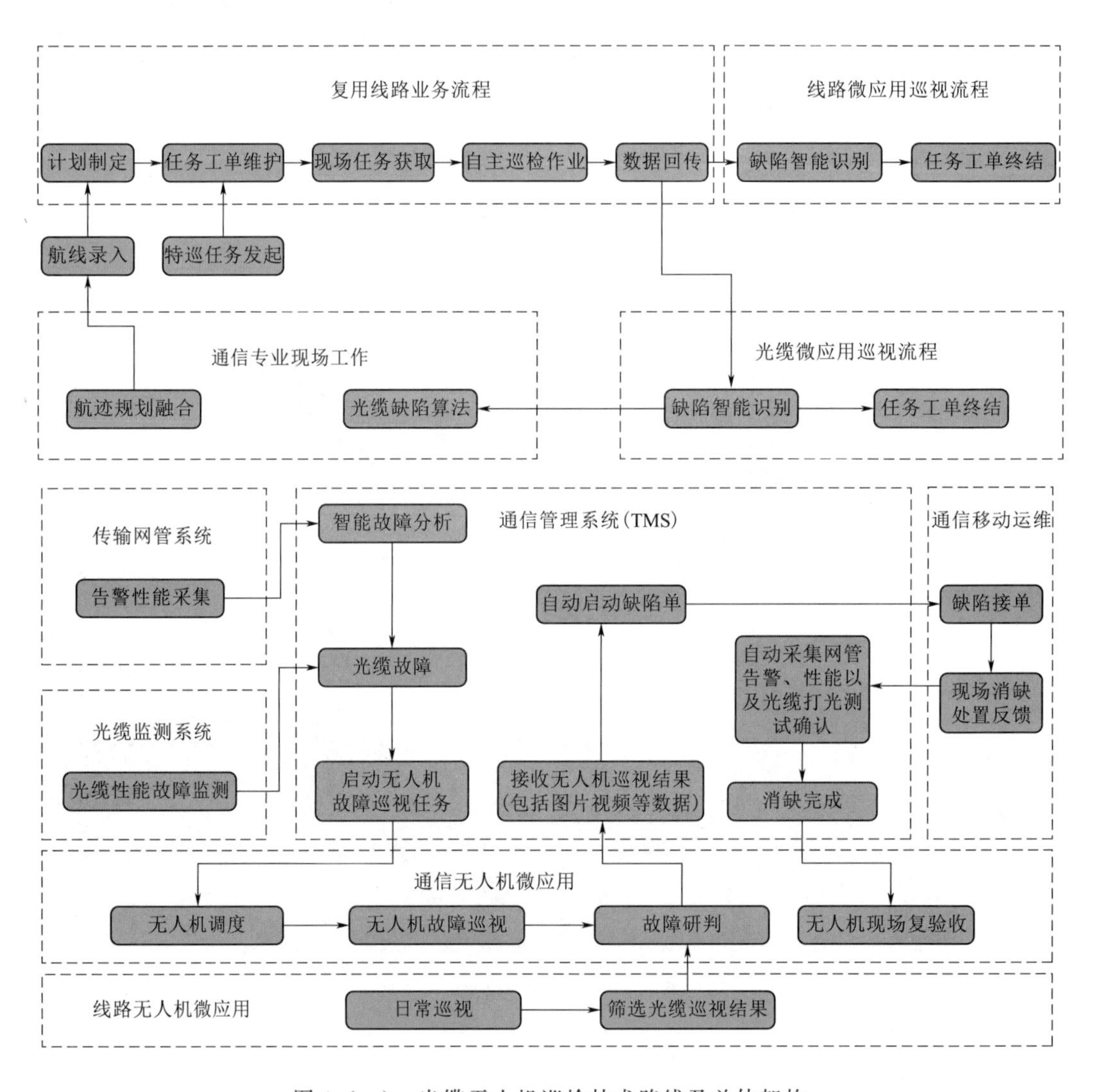

图 4（一） 光缆无人机巡检技术路线及总体架构

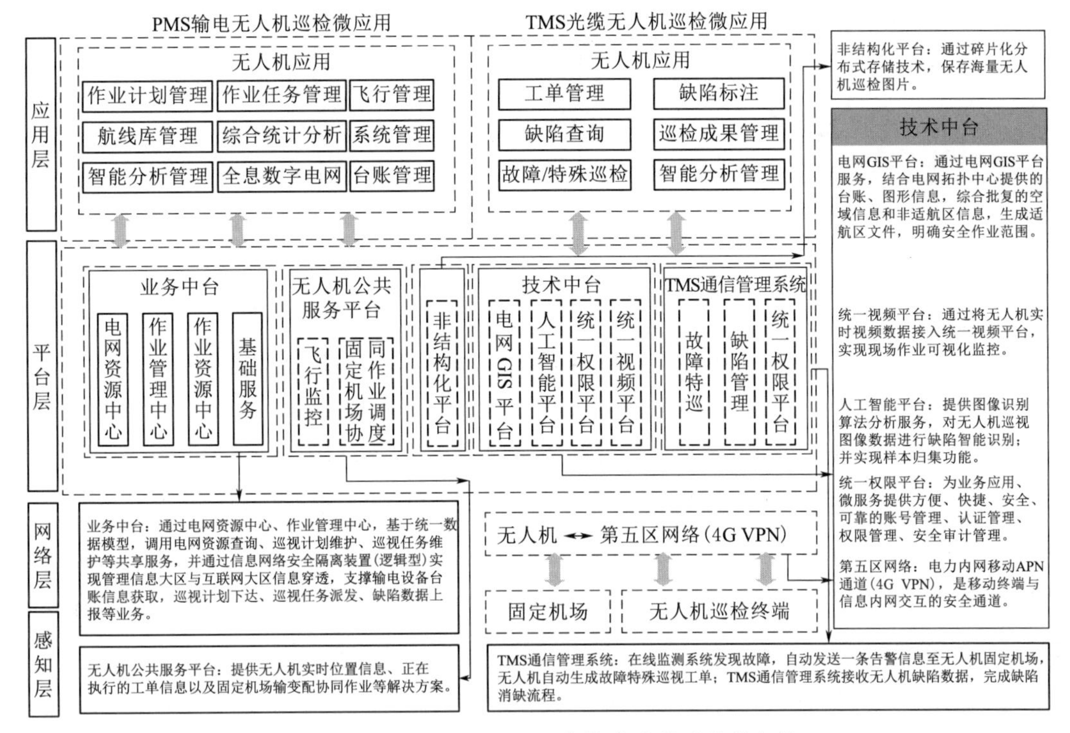

图 4（二） 光缆无人机巡检技术路线及总体架构

三、应用成效

（一）应用情况

1. 光缆无人机应用情况

江苏公司自开展无人机光缆巡检工作以来，已累计巡视特高压线路杆塔 339 基、500kV 线路杆塔 1439 基、220kV 线路杆塔 6039 基，发现缺陷 600 余处，其中危急缺陷 16 处。通过对无人机巡视缺陷的及时处理，将通信光缆缺陷可能引起的通信缺陷扼杀在萌芽状态，提升了省网、国网业务系统的可靠性。通过在“两会”等特殊时段的无人机光缆特巡，加强了通信保障能力，提升了通信服务质量。

2. 通信微应用应用情况

通信无人机微应用上线以来，大大推进了电力通信光缆运维工作的信息化转型。通过光缆日常巡视业务的全流程线上流转，光缆与线路日常巡视工作的融合，打造无人机光缆线路融合巡视样板间，实现光缆日常巡视结果的“一键获取”。推动光缆运维由以现场为主的粗放式人工巡视模式向以系统为主的精益化无人机巡视模式转变，释放光缆运维人员生产力用于光缆的数据台账治理、缺陷隐患分析、巡视结果统计，实现光缆运维工作的模式革新与产业升级。

（二）应用成效

1. 管理水平

实现电力通信光缆三维建模、缺陷智能分析、台账动态管理、巡检智能管控等深化拓展应用场景，驱动巡检模式根本转变，彻底改变了低质效、高成本的传统人工巡检模式，保障了电网安全稳定运行。

2. 生产效率

通过开展无人机自主巡检替代人工登塔巡检方式，光缆线路巡检效率提升 3 倍以上，同比缺陷发现率提升 5 倍以上，同时，无人机巡检发现的缺陷数量是人工的 4 倍。

3. 经济效益

泰州供电公司根据本年度无人机巡检数据以及往年人工巡检数据，进行了对比分析，发现无人机在用工成本以及用工时间方面有明显优势。有望释放通信运检队伍用工人数，减少用工成本，大幅度减少巡检工作对人工的依赖，有效缓解通信运检队伍结构性缺员的突出问题，促进公司高质量发展。

4. 社会效益

无人机光缆巡检提高了电力光缆通信系统的可靠性和安全性，保障信息的顺畅传输，促进社会信息化进程。推动光缆无人机巡检技术的发展和应用，促进相关产业的发展，增加就业机会和经济效益。

四、典型应用场景

光缆无人机巡检具有技术先进性、成本优势和性能参数等竞争优势，可以广泛应用于公司各级输电线路巡检场景，极大改善巡检效率，保障输电线路安全运行。

五、推广价值

随着国家对新型电力系统建设的重视，电网行业正面临着数字化、智能化转型的压力和机遇。光缆作为电网通信的重要基础设施，其安全稳定运行对于保障电力系统的正常运行至关重要。光缆无人机巡检技术符合国家对于智能电网、数字化转型的战略方向，有助于推动电网行业的创新发展。

光缆无人机巡检能够提高电网通信的可靠性和稳定性，减少因光缆故障导致的停电事故。在保障电力供应的同时，也提高了电网的运行效率和供电质量，为社会的生产和生活提供更加可靠的电力服务。此外，光缆无人机巡检可以减少人工巡检的需求，降低巡检过程中的安全风险，提高巡检工作的安全性。

光缆无人机巡检能够提高巡检工作的效率和精度，减少人工巡检的时间和成本。

同时，通过数据分析，可以对光缆的运行状态进行预测和维护，降低维修成本和停机时间。此外，光缆无人机巡检还可以为电网企业提供更加全面的数据支持，帮助企业进行决策和管理，提高企业的运营效率和经济效益。

综上所述，光缆无人机巡检的推广价值十分显著。在响应国家战略政策的同时，能够带来显著的社会效益和经济效益，有助于推动电网行业的数字化、智能化转型，提升电力供应的可靠性和安全性。

电力分布式光伏调控方案及应用

国网河南、河北、山东、安徽电力

（邵　奇　孟　显　周　健　张　坤　陈　新　张　课）

摘要： 近年来，分布式光伏快速增长，截至2024年4月底，全国分布式光伏装机容量达2.6亿kW，其中4月新增装机2745万kW，同比增长52%。河南、河北、山东、安徽四个一类省份创新“采集终端＋规约转换器＋光伏逆变器”的柔性调控和“采集终端＋智能表＋智能断路器”的刚性调控技术路线，实现低压分布式光伏刚性控制和柔性控制。

一、背景

截至2024年4月底，河南、河北、山东、安徽四省实现调度端采集10kV分布式光伏场站共3527座，装机容量1473万kW。其中，通过调度数据网接入的有828座，5G虚拟专网接入的有1287座，采用4G虚拟专网接入的有1412座。调节控制方面，通过调度数据网（光纤专网）或5G无线虚拟专网，在场站侧部署AGC功能实现柔性调节。通信通道方面，10kW分布式光伏场站参与电网调峰，通过调度数据网或4G/5G无线虚拟专网实现。通过省地协同的分布式AGC功能，当达到10kV分布式限电条件时，当值省调调度员将省地协同控制信号投闭环，省调D5000自动将调峰需求发送至17地调D5000，由地调D5000 AGC模块下发遥调指令至符合闭环条件的所有场站，场站AGC模块将指令分解至各逆变器执行。电网有调节需求即实时下发至10kV分布式光伏场站，不分轮次，总调节速率100MW/min。单站点调控效果方面，通过地调调度自动化主站，10kV分布式光伏单站点遥调响应时间实测10～90s（调节步长为装机容量的10%），基本满足电网调节需求。

截至2024年4月底，河南、河北、山东、安徽四省0.4kV分布式光伏312.03万户、装机容量9159.85万kW。其中，刚性可控228.27万户、柔性可控83.76万户。按照通信方式划分，基本全部采用无线虚拟专网方式覆盖。调节控制方面，山东公司通过“省调AGC—用电信息采集系统—集中器—电能表”的方式，实现采集和控制；河南公司通过“省调AGC—地调AGC—分布式源网荷储系统—用电信息采集系统—集中器—电能表”方式，实现采集和控制；河北、安徽公司通过省调和营销部日前会商，基于“用电信息采集系统—集中器—电能表”方式，实现采集和控制。

二、技术方案

（一）调度侧

1. 山东（图 1）

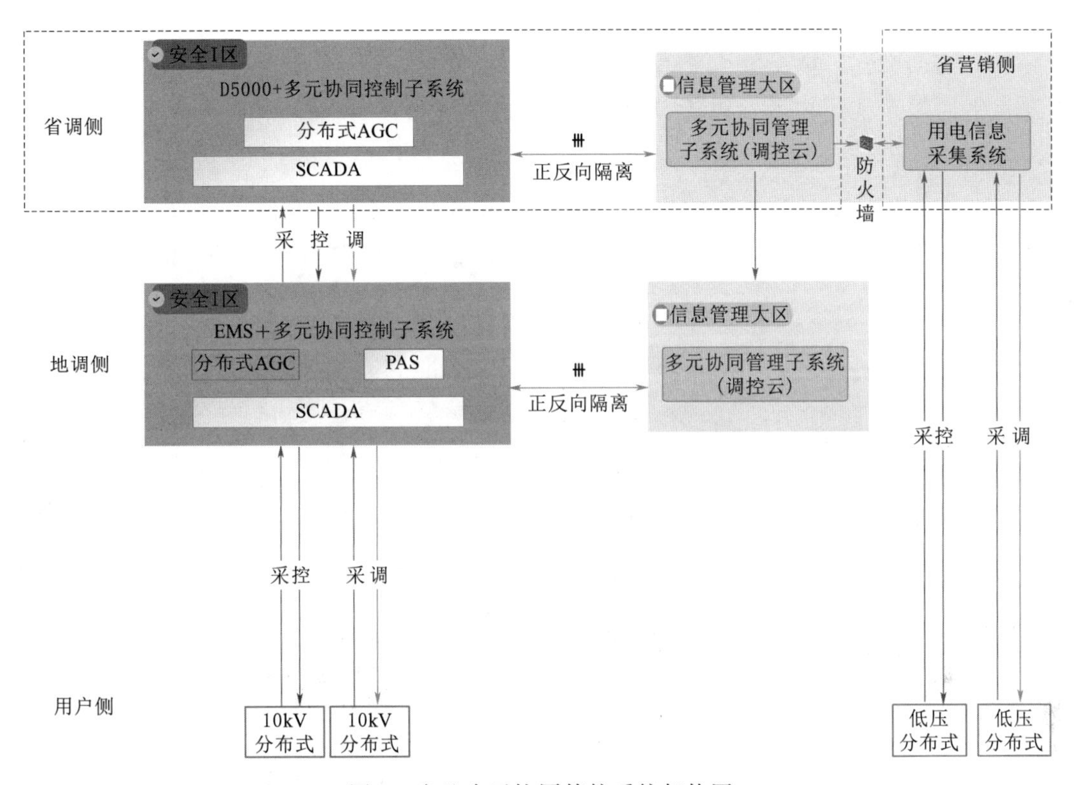

图 1　省地多元协同管控系统架构图

（1）省调侧多元协同管控系统。省调侧多元协同管控系统横跨生产控制大区、管理信息大区。在生产控制大区建设“Ⅰ区+”多元协同控制子系统，在管理信息大区建设多元协同管理子系统，生产控制大区新建“Ⅰ区+”多元协同控制子系统，实现聚合数据接入、综合监视、功率控制及人机界面功能。

管理信息大区主要依托省调调控云主节点计算资源池资源构建多元协同管理子系统，实现省级系统与地区多元协同管理子系统的数据交互，构建用采系统、智慧能源服务平台、电网资源业务中台及配电物联网云平台数据转发服务，实现低压分布式电源、需求响应等资源接入功能。

（2）地调侧多元协同管控系统。地调侧多元协同管控系统横跨生产控制大区、管理信息大区。在生产控制大区建设“Ⅰ区+”多元协同控制子系统，在管理信息大区建设多元协同管理子系统。

生产控制大区新建“Ⅰ区+”多元协同控制子系统，实现资源接入、资源处理、资源聚合、资源监视、功率控制、人机界面功能。

管理信息大区部署多元协同管理子系统，接收省调调控云主节点转发的低压分布式电源、需求响应、电动汽车等数据，并将其转发至“Ⅰ区+”多元协同控制子系统，实现各类资源的可观、可测。系统具有资源接入、处理、聚合、监视及功率预测、承载力评估、人机界面、数据接口等功能。

（3）数据交互。数据经营销用采系统实时数据库直接转发至多元协同管理系统，不经营销用采系统历史库，以提升数据交互的实时性。

2. 河南

（1）总体架构。控制流程的发起端为省调，市公司聚合区域内分布式光伏（不含扶贫光伏项目）、储能、可调负荷资源作为一个整体参与省网调峰。总体架构如图2所示。

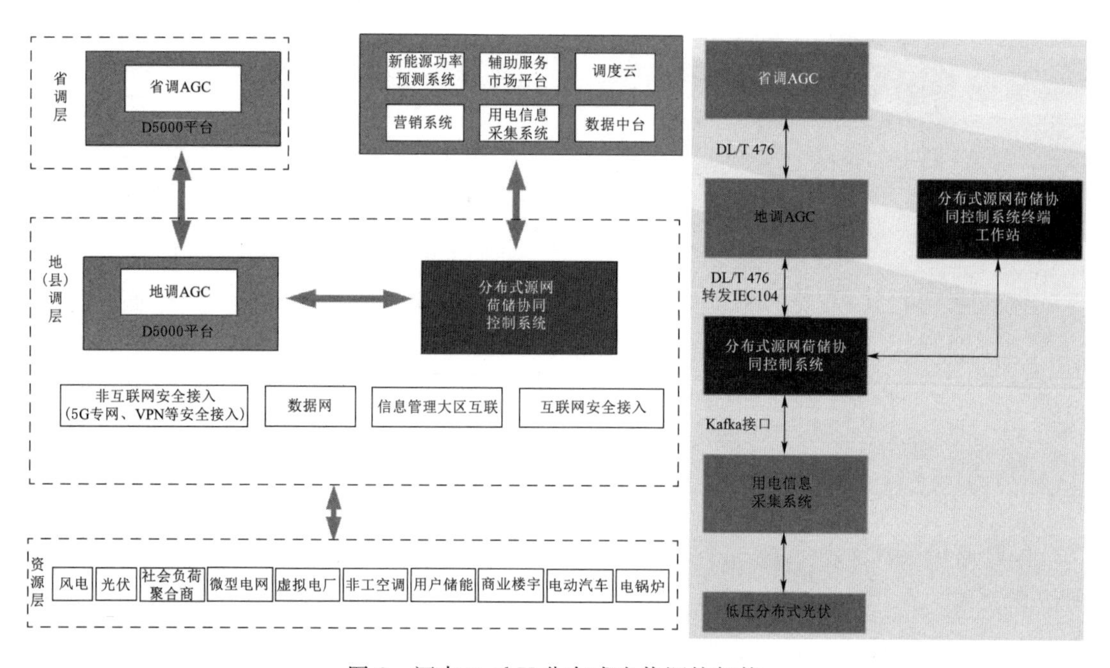

图2　河南0.4kV分布式光伏调控架构

（2）控制流程。以省网调峰场景为例，控制流程发起端为省调，具体控制流程为：

1）省调调度员通过省调AGC向各地调AGC下发对各市公司低压分布式光伏的调峰指令。

2）地调AGC收到指令后，向“分布式源网荷储协同控制系统”转发该指令。

3）“分布式源网荷储协同控制系统”收到指令后，算出与当前低压分布式光伏整体出力值的“差额”，根据既定调控策略，分解得到本次参与控制的“台区组合”。按照“一个台区，一个指令”形式生成指令组合，并发送至用电信息采集系统。

4）用电信息采集系统收到指令组合后，将对每个台区的控制指令分解为对台区下低压分布式光伏用户的指令，发送至台区集中器执行。

5）集中器通过电能表控制光伏专用断路器分合闸，实现低压分布式光伏刚性控制。

6）执行完毕后，用电信息采集系统将执行结果发送至“分布式源网荷储协同控制系统”。

7）“分布式源网荷储协同控制系统”记录参与本次调控的每个低压分布式光伏开关的断开、并网动作时间，更新调控策略“全部低压分布式光伏用户离网累计时长”，为下次调控策略提供支撑依据。

3. 河北、安徽

（1）总体架构。省调和营销部日前会商，确定调控目标和策略，基于用电信息采集通信通道实现控制。总体架构如图3所示。

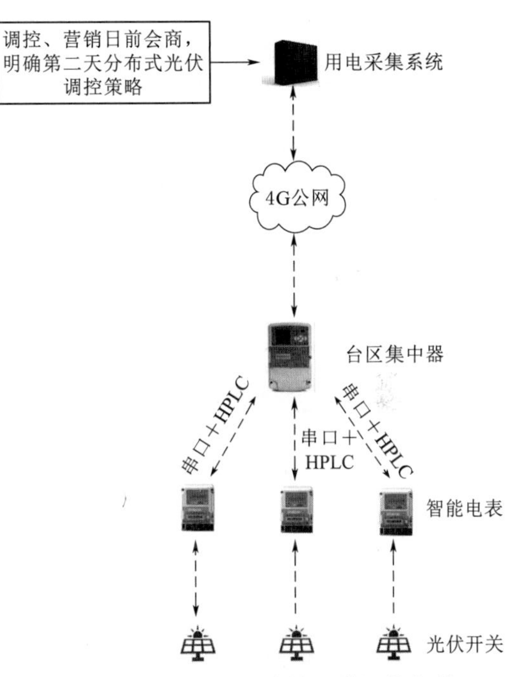

图3　河北0.4kV分布式光伏调控架构

（2）控制流程。

1）为实现一体化电力平衡功能，分布式光伏纳入调峰资源，按照地区分配调峰需求，调控、营销日前会商，明确第二天分布式光伏调控策略。

2）由营销部署分布式光伏控制系统进行策略分解，通信方式采用4G无线公网，并下发控制指令至台区集中器。

3）台区集中器通过“HPLC＋串口”模式，串口通信速率一般为9600bps，HPLC通信时延与网络环境密切相关，将指令发送给智能电表。

4）智能电表控制光伏开关开闭，调控光伏用电量。

（二）营销侧

省级营销用采系统光伏调峰微应用部署在营销生产控制域，当调度控制系统发送调控限额时，通过物理隔离装置将调控限额发送至三级域的交互共享服务，再通过正反向隔离装置推送至光伏调峰微应用，光伏调峰微应用根据调控策略生成调控指令，调控指令通过采集前置、密码机加密，经过Ⅰ型网关、隔离，进入安全接入区，由通信前置将调控指令通过无线专网下发至采集终端，进一步传递至电能表执行调控指令。如图4所示。

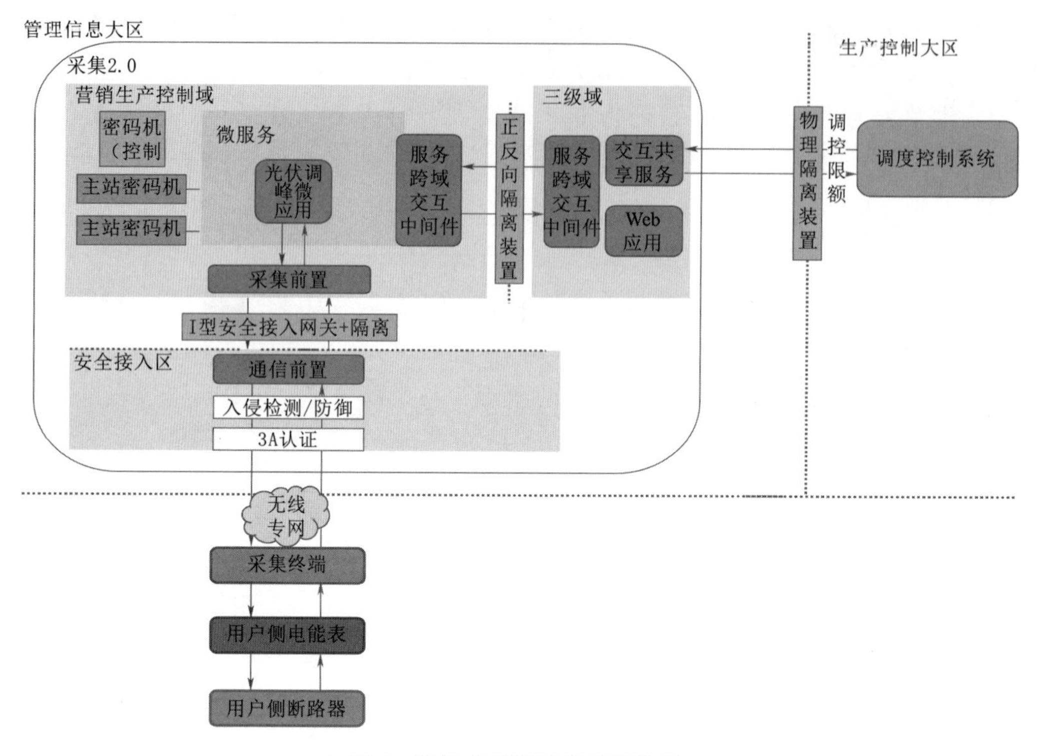

图 4　省级营销用采系统架构图

三、应用成效

（一）调度侧

1. 山东方案

山东为日内调控模式，省级调度自动化系统将分布式光伏控制目标经调控云发送至省级营销用采系统拆解后下发至台区实现刚性或柔性控制。具体见表 1。

表 1　　**调控侧工作流程**

具体环节	下行数据情况	上行数据情况	通信方式	指令发送时延/s
省调 AGC	1 条调控指令	—	—	10
省调 AGC-调控云	1 条调控指令	—	调度数据网	2
调控云-用电信息采集主站	20 万个台区指令	20 万个台区执行结果	调度数据网＋综合数据网	13

2. 河南方案

河南为日内调控模式，AGC 按照每隔 1min 推送 1 条调控指令，且需调度员操作确认指令后，方可向营销侧下发指令，具体见表 2。

表 2　　调控侧工作流程

具体环节	下行数据情况	上行数据情况	通信方式	指令发送时延/s
省调 AGC	1 条调控指令	—	—	1
省调 AGC -地调 AGC	1 条调控指令	—	调度数据网	2
地调 AGC	1 条调控指令	—	—	1
地调 AGC -分布式源网荷储系统	1 条调控指令	—	调度数据网	2
分布式源网荷储系统	20 万个台区指令	20 万个台区执行结果	—	预制策略，人工确认
分布式源网荷储系统-用电信息采集主站	20 万个台区指令	20 万个台区执行结果	调度数据网＋综合数据网	1

3. 河北、安徽方案

安徽方案为日前制定策略，第二日执行。

(二) 营销侧

以河北、山东、安徽、河南四省为例，营销侧的控制指令均基于用电信息采集通道进行下发。

1. 用采系统—集中器时延分析

如表 3 所示，用采系统交互共享服务将调控限额推送至光伏调峰微应用，耗时 0.3s；光伏调峰微应用生成并推送调控指令至采集前置，用耗时 0.5s；采集前置组织数据帧加密后并推送至通信前置，耗时 1s；通信前置将报文通过无线专网传输至台区集中器，用时约 1s。

表 3　　营销用采系统至台区集中器调控耗时

序号	指令下发流程	耗时/s
1	用采系统交互共享服务将调控限额推送至光伏调峰微应用	0.3
2	光伏调峰微应用生成并推送调控指令至采集前置	0.5
3	采集前置组织报文，交给加密机进行加密，并发送给通信前置	1
4	通信前置将报文下发至集中器	1
合计	—	2.8

2. 集中器—CCO 时延分析

集中器与 CCO 之间采用串口通信，通信协议采用 1376.2 协议，通信速率一般为 9600bps。按照 698 协议要求，一次并发抄读 5 个数据项，下行数据帧长 73 字节，上行数据帧长 90 字节，完成一次通信上下行总计耗时为 (73＋90)×11÷9600＝187(ms)。按照公司台区下平均用户 67 户、光伏用户 5 户计算，整台区 1 分钟级高频数据与 96 点高频数据采集叠加累计耗时 13464ms。

3. CCO—STA 时延分析

STA 和 CCO 之间的通信延时与网络环境密切相关，组网层级按照平均 3 级计算，下行使用 136PB 块，上行使用 264PB 块，频段 1 和频段 2 平均速度及耗时见表 4。

表 4　　STA 和 CCO 通信耗时统计

序号	参数	频段 1 平均速度	频段 2 平均速度
1	136PB 块	200kbps	150kbps
2	264PB 块	300kbps	200kbps
3	上下行耗时	(5.4ms+7.04ms)×3=37.32ms	(7.3ms+10.5ms)×3=53.4ms
4	标准光伏台区耗时	6978.84ms	9985.8ms

按照台区下平均用户 67 户、光伏用户 5 户计算，频段 1、频段 2 平均传输时间分别为 6979ms、9986ms，平均约 8482ms。

4. STA—电能表时延分析

若智能电能表采用 698 协议，支持一帧抄读多个数据项，串口速率 9600bps。一用户一次抄读 5 个数据项请求命令帧长 63 字节，电表应答数据帧长 99 字节，串口通信耗时 (63+99)×11÷9600=185.6(ms)，加上帧间隔 3.4ms，共耗时 189ms。

若智能电表采用 645 协议，串口波特率为 2400bps，5 个数据项需要交互 5 帧，帧间隔 3.4ms，单帧请求 24 字节，应答 28 字节，数据交互耗时将达到 (24+28)×11÷2400×5+3.4×5=1209(ms)。

5. 电能、终端表时延分析

DL/T 645—2007 及 698.45 协议规定中的延时要求为 20～500ms，表计普遍按照 500ms 延时生产。集中器未规定对于主站任务的处理响应时延和帧间隔，处理能力差别较大，范围在几百毫秒至一两秒不等。此处以 500ms 计算，对于低压台区采集及分布式电源调控均适用。

6. 总时延分析

按照一个省 20 万个光伏台区、100 万户光伏、每个台区最大 100 户光伏用户测算，山东用电信息采集系统首轮下发完成预计需要 100 万户/2 万户/min=50min，河南、河北等省约为 10s；用采信息系统至电表总时延约为 97.2s。

表 5　　分布式光伏台区总时延分析

环节	下行数据情况	上行数据情况	通信方式	组网层级	下行处理/传输速度	上行处理/传输速度	每户处理/发送时延/s	全部用户全程时延/s
用电信息采集主站-山东	20 万个光伏台区，100 万户	20 万个光伏台区，100 万户	—	—	每秒可以处理 10 万条报文（每条对应 1 户）	每秒可以处理 10 万条报文（每条对应 1 户）	单程：0.00001	10

续表

环节	下行数据情况	上行数据情况	通信方式	组网层级	下行处理/传输速度	上行处理/传输速度	每户处理/发送时延/s	全部用户全程时延/s
用电信息采集主站-山东	20万个光伏台区，100万户	20万个光伏台区，100万户	—	—	每分钟可以处理2万条报文（每条对应1户）	每分钟可以处理2万条报文（每条对应1户）	单程：0.03	3000
用电信息采集主站-台区	20万个光伏台区，100万户	20万个光伏台区，100万户	公网	1	100M，0.1S	100M，0.1S	单程：0.1	
台区	100户	100户	—	—	—	—	单程：0.5	
台区-CCO	1个光伏台区100户，发并离网的字段73字节	1个光伏台区100户，反馈字段90字节	串口	1	9600bps，串行	9600bps，串行	单程：0.1	轮询式：97.2
CCO-STA	100户，发并离网的字段136字节	100户，反馈字段264字节	HPLC	3	200kbps，串行	200kbps，串行	单程：0.03	
STA-电表	发并离网的字段63字节	反馈字段99字节	串口	1	9600bps，串行	9600bps，串行	单程：0.1	
电表	1户	1户	—	—	—	—	0.5	

7. 网络安全分析

网络安全方面，严格按照网络安全防护“安全分区、网络专用、横向隔离、纵向认证”十六字方针配置安防设备，同时完全满足《无线虚拟专网承载电力监控类业务安全防护规范》。

（1）强化边界安全防护措施。遵循2024版《用电信息采集系统（采集2.0）网络安全防护方案》，建设营销生产域、横向边界部署正反向隔离装置进行物理隔离，新增营销安全接入区作为采集终端接入采集系统主站之间的DMZ区措施，断开营销安全接入区与管理信息大区直连，采集终端经由营销安全接入区接入营销生产域。

（2）优化采集系统分域部署方案。采集2.0功能模块分域遵循以下原则：

1）通信前置部署于营销安全接入区。

2）所有涉控业务相关的功能模块及与其无法分离的功能模块，所有与终端交互指令生成或处理相关的功能模块及与其无法分离的功能模块，业务单位认定应重点防护的其他功能模块部署于营销生产域。

3）除以上功能模块外，其他功能模块部署于管理信息大区三级域。

（3）强化涉控终端安全防护。遵循2024版安全方案“设备内嵌安全模块”“分别从传输层和应用层进行加密保护，传输层加密实现身份鉴别、密钥协商和数据加密传输，应用层加密实现数据完整性保护和权限控制”等措施，新增操作系统安全加固、操作系统及应用软件可信启动、SIM 卡通信隔离、安全事件监测等措施。

（4）严格涉控业务流程管理。一是采取“数据加密＋数字签名”等防护措施，加强来源于营销系统、新型电力负荷管理系统、调度系统等控制方案的合法性、机密性和完整性保护。二是营销生产域建立控制命令审核机制，控制请求审核通过以后方生成控制指令下发；审核方式根据命令类型、控制范围等条件，可分为自动审核和人工审核。三是控制密码机增加控制功能软开关，执行控制期间打开，平时关闭。

四、典型应用场景

（一）10kV 分布式光伏调控

刚性控制通过调度员下令与场站操作实现；柔性控制通过调度 AGC 控制光伏逆变器实现。

（二）400kV 分布式光伏调控

按环节分，台区以上包括“AGC 下达的调控目标由用电信息采集系统分解后，传输至集中器”“AGC 下达的调控目标通过调度自建系统（例如河南公司分布式源网荷储协同控制系统）分解形成指令集后，再通过用电信息采集系统传输至集中器”两种模式；台区以下包括“集中器＋智能表＋智能断路器”的刚性控制、“集中器＋规约转换器＋光伏逆变器”的柔性控制技术路线。按调控时间节点分，可实现日内调控、日前调控。

五、推广价值

河南、河北、山东、安徽公司在分布式电源调控方面的技术实践，可以作为其他地区的参考和借鉴，具有很好的示范效应。分布式电源调控通信能力验证成果表明，通过技术创新，实现了对大规模分布式光伏的有效调控。这种技术的应用不仅提高了电网的调控精度和响应速度，还增强了电网的灵活性和可靠性，为电网智能化、自动化提供了有力支撑。

基于 WAPI 的变电一体化通信示范站建设及应用

国网陕西电力

（牛　瑞　王　晨　杨储华　张志强　贺　军　武婷婷）

摘要： 随着新型电力系统建设和公司数字化转型的不断深入，电网运行保障、设备安全运维的挑战和压力不断增加，变电站（换流站）智能化运维、精益化管理要求持续提升，对变电站场景通信支撑能力提出更高的要求。为支撑新型电力系统建设和电网数字化转型，适应现代设备管理发展趋势，陕西电力公司开展基于 WAPI 技术的一体化通信示范站建设及应用，满足变电站（换流站）等场所各业务场景接入的新需求，实现了站内各类宽窄带业务快速便捷的接入，畅通了现场和后台的信息交互，提高了一线工作人员的工作质效。

一、背景

随着电网数智化水平不断提升，新型电力系统建设深入推进，变电场景逐步实现传统人工运维模式向数智化替代演进。机器人巡检、无人机巡检、多媒体监控、高速数据采集等数字化业务激增，宽带业务流量急剧增加，窄带业务种类越来越多，需要本地通信网络具备高带宽、高安全、可移动、易扩展等性能。

目前变电站运维辅助系统多达十余套，主要采用自建光纤、以太网等本地通信网络方式，没有统一标准，没有实现互联互通，没有统一的监控管理，安全性无法保证，也造成了投资浪费。电力系统对通信网络技术体系提出新的要求，亟需一套能够适应未来电力系统发展、支持各类新兴业务的变电一体化通信网络。

二、技术方案

本方案采用基于自主可控无线 WAPI（WLAN Authentication and Privacy Infrastructure，即无线局域网鉴别与保密基础结构）通信技术，将数据通信网延伸到设备终端，提供灵活的通信连接，网络架构示意图如图 1 所示。

总体上分为三个层次设计，分别为终端层、网络层、平台层。如图 1 所示，终端

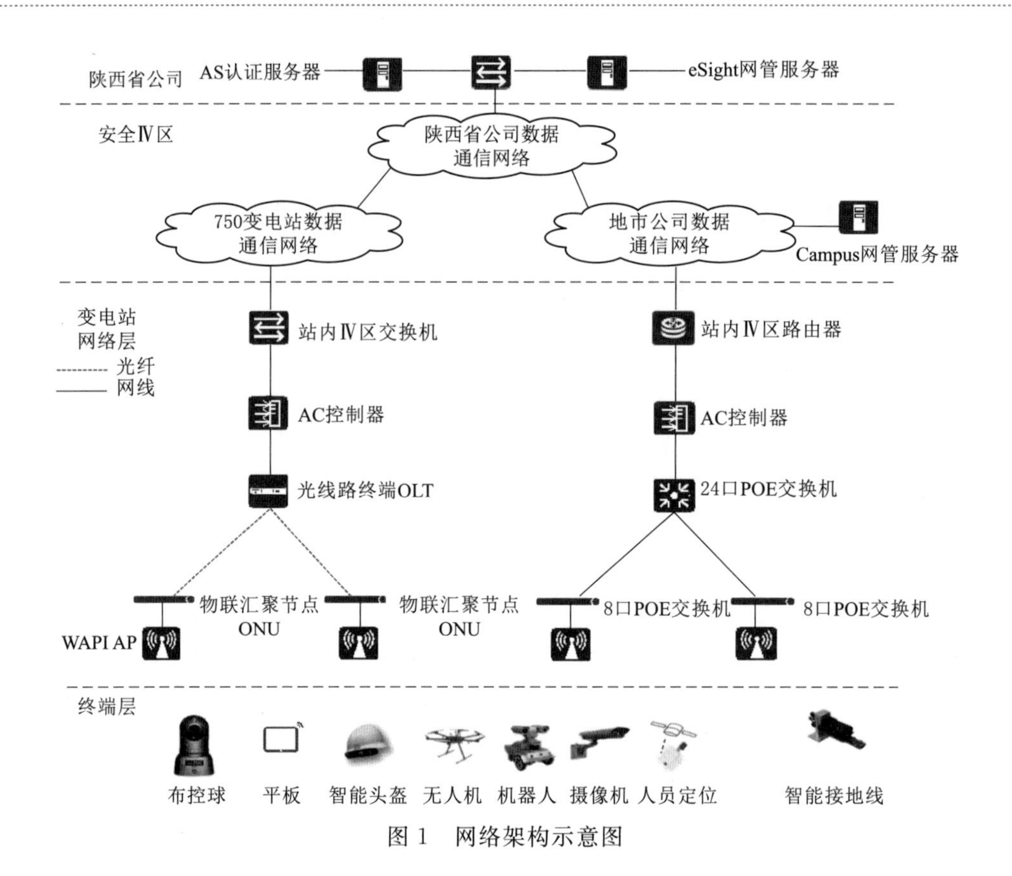

图1　网络架构示意图

层由布控球、智能头盔、智能巡检机器人、无人机等各类业务终端组成，负责采集各类数字化业务数据；网络层是指变电站各种业务终端通过CPE或协议转换器后，接入WAPI网络，传送至数据通信网络，该部分采用工业交换机和光接入设备POL两种方式接入站内网络，实现站内网络与数据通信网打通；平台层是指各种业务终端数据通过综合数据网至平台层，分别至市公司网管服务器和各种市级业务系统服务器，及省公司的AS认证服务器和各种省级业务系统服务器。

在网络层中对站内的业务进行规划，按照“一类业务划分一个SSID，一个SSID对应一个VLAN，一个VLAN分配一段IP地址”的原则，对站内的业务进行梳理，当前按站内业务类型分类规划了8个VLAN，对应的每个VLAN规划了1段B类地址，同时结合业务承载特性和需求，自定义了业务保障等级，启用了Qos能力。按数据报文将每个业务对应的SSID分为由高到低4个等级，高优先级的业务占用信道的机会大于低优先级的业务，保证高优先级的业务在无线网络中有更好的质量。

三、应用成效

目前已在750kV泾渭变、1000kV横山开关站、330kV奥体变、330kV大杨变等站点完成无线接入网络全覆盖。如图 2 所示，750kV 泾渭变使用 65 台室外 AP 设备实现站内室外场景 WAPI 信号全覆盖，室外 AP 信号覆盖距离在 70～100m 范围，终端连接 WAPI 信号后在 2.4G 频段下，上传下载速率约 20Mbps，延时在 100～200ms；在 5G 频段下，上传下载速率约 100Mbps，延时不超过 100ms，且具有自动跳频能力。跳频测试如图 3 所示。

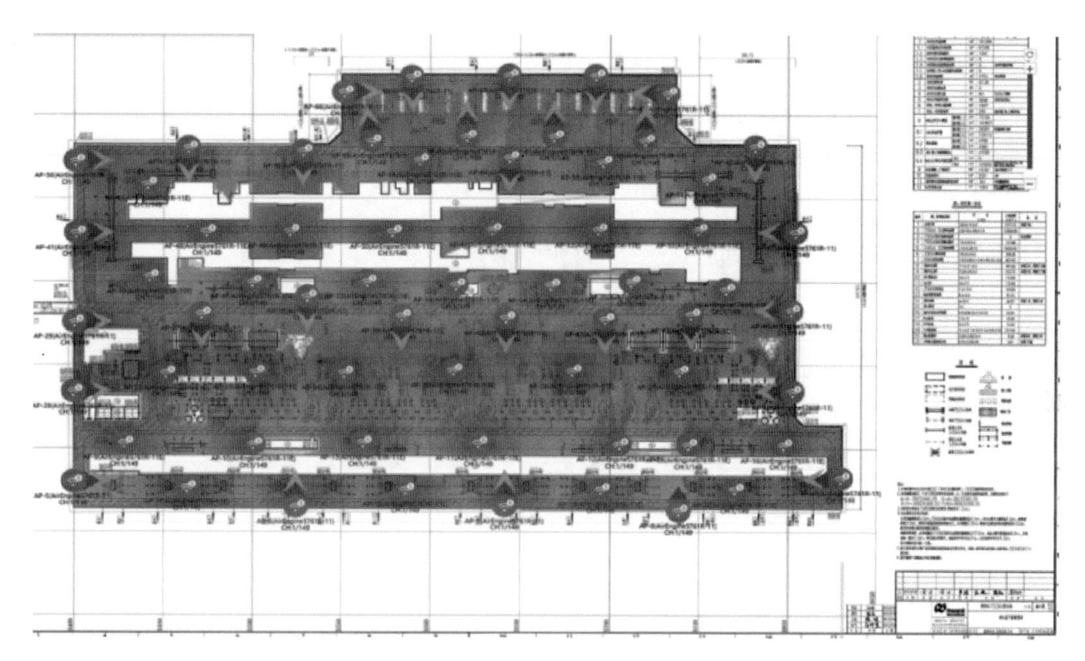

图 2　泾渭变室外无线信号覆盖图

四、典型应用场景

场景一：如图 4 所示，业务接入，原 SF_6 压力表二次电缆模拟接入，需本地查看，无法上传平台实时监控压力数值。现 SF_6 气压表数字化改造，数字表的输出数据通过 WAPI 接入四区信息内网，传感器信息上传到智巡平台。

场景二：如图 5 所示，原布控球经公网和安全接入平台接入信息内网。现 WAPI 摄像头接入 WAPI 网络，上传省公司统一视频平台，布控球采用 WAPI CPE 接入 WAPI 网络并上传至安全管控平台。

场景三：如图 6 所示，原 PAD 通过公网 VPN 方式接入，查看数据不完整、实时性不高。现场人员进行热倒闸等复杂操作时，需增加 1 人在主控室配合操作或操作两人多次往返现场和主控室，操作效率低。现 PAD 通过 WAPI 网络接入四区信息内网。

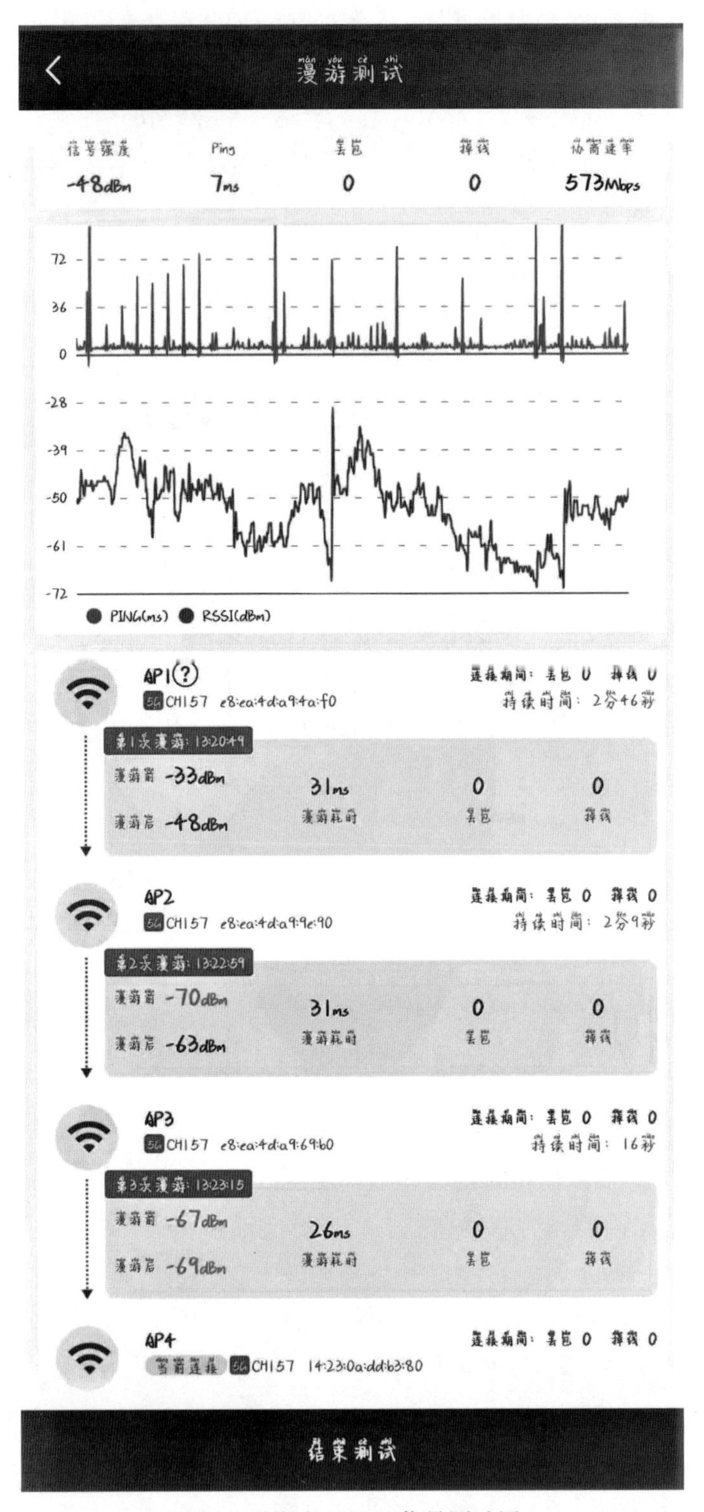

图 3　泾渭变 WAPI 信号测试图

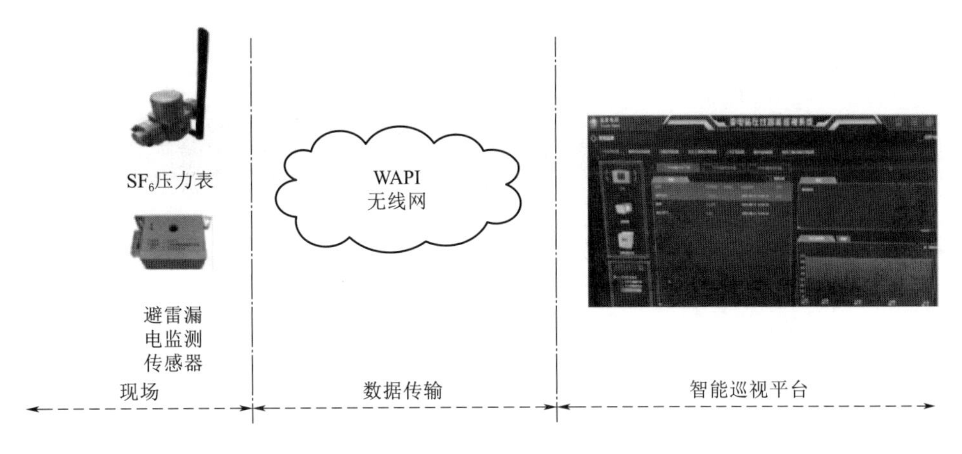

图 4　场景一

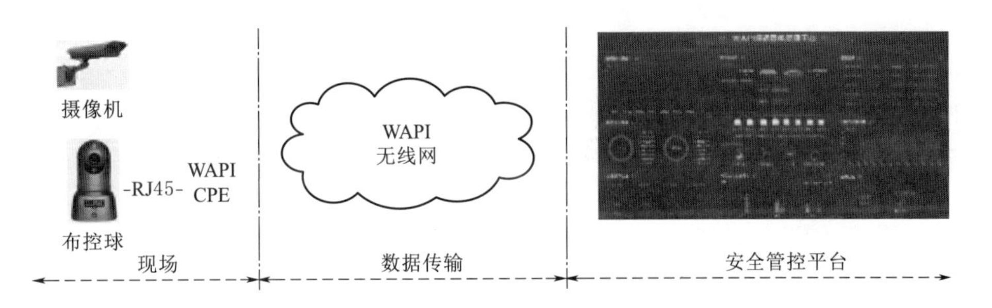

图 5　场景二

五、推广价值

全站 WAPI 网络覆盖后，为全站业务提供了一张大带宽、低延时、可移动和安全可控的通信网络。支持站内各类宽窄带业务快速便捷接入，大大促进了数字化变电站的建设。同时催生出变电站移动巡检应用场景和保护告警动作信息联网等解决生产一线工作痛点的应用场景，畅通了现场和后台的信息交互，大大提高了一线工作人员的工作质效。

在变电站主辅设备全面监控和智能联动等方面，减少了站内改造穿墙凿洞带来的施工风险，以及线缆老化带来的安全运行风险，也实现了对现场工作人员全方位、实时安全管控，提升了现场安全管控水平，同时现场工作人员与后方人员的实时协同工作也提高了安全应急处置的效率。

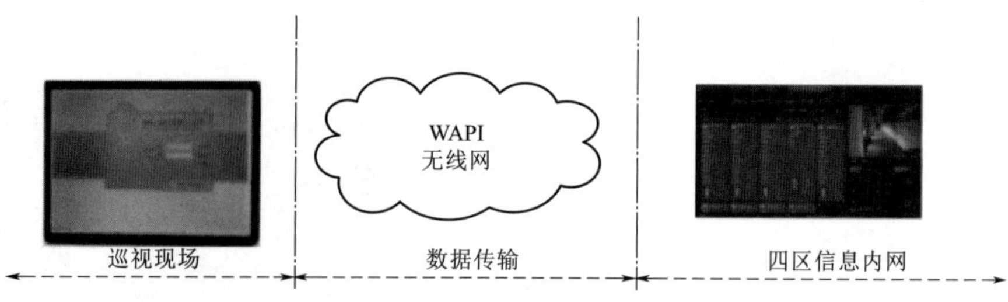

班组配备巡检PAD

接入四区信息内网可在线办票、访问门户网站、i国网等

图 6　场景三

软件平台篇

融合电网安全特性的电力通信路径自动规划平台

国网华北分部

（何天玲　蔡立波　张　维　赵立新　王茂海）

摘要： 通信调度是电网调度的重要部分，通信网的安全稳定运行时刻影响着电网安全。本课题紧密结合电力通信网实际生产运行场景，主要研究了电力通信通道路径自动化规划算法，基于三种应用场景，开发形成通信运行方式智能决策平台。实现电网重要业务通道自动规划与校核、故障检修分析、N—X分析等多种场景下的自动化、智能化。所提出的电力通信调度新理念新方法，可有效解决日常通信调度多依赖人工手段及经验判断、兼顾通信与电力的交互耦合特征上存在不足等问题，提高了电网重要业务抵御N—2故障的能力。

一、背景

电力通信网是与电网共同成长起来的电力系统第二张实体物理网，电网所达之处必有通信网覆盖，通信网无时无刻不在支撑着大电网的安全稳定运行。随着电网供电服务质量的不断提高，电网各项业务的可靠性对于通信通道可靠性依赖更强。

继电保护业务保证在电网发生故障时能够迅速隔离故障点，其“速动性、灵敏性”等特征，依赖于通信通道的高实时、高可靠运行，需要通信通道具有冗余及容灾能力。因此在通道方式安排中按照“双通道甚至是三通道”来考虑，保障通道N—1、N—2故障下继电保护业务的正常运行。安全稳定控制系统的A/B双平面配置，则需要A平面中的n条通信通道，与B平面中的n条通信通道路由完全独立，需保障A平面任意通道中的光缆或设备等资源故障，不影响B平面的任意一条通信通道。

由此可见，通信通道的主备冗余容灾能力，是通信方式安排中的关键，在方式安排中，需结合通信网传输拓扑图，选择及规划最优通道路径，既满足通道独立性要求，又要有效规避通信网重载、规避通信网资源薄弱点，在通道高速率、短时延、更经济方面做好权衡。而这些是目前采用人工手段进行路径规划所面临的一大难题，在复杂度、工作量、全局掌控、经济性判断等方面都是一直以来面临的挑战。

二、技术方案

（一）关键技术

实现新增业务通道路由的自动计算和独立性校核，结合继电保护、安稳等重要生产业务运行特点，制定通信通道独立性校核原则，提出一种基于安全度的电力通信网独立双路由、三路由配置方法，综合考虑可靠度、链路均衡度和时延的安全度，使寻路指标更加适合电力通信网，优选直接关系通道可靠性，短时延、更经济的光缆、设备、组网等10个关键因素作为权值因子，能在通信传输网拓扑地图上，基于源、目的节点自动规划最优路径。

科学避开重载设备及重载光缆。避免通信网光缆或设备故障，造成承载的保护、安控业务中断过多，引起电网连锁故障。

业务通道方式安排实现高可靠通信通道。继电保护业务通道方式充分考虑多回同名线路之间的通道独立性校核，例如线路双回线、三回线、四回线情况，避免因单一通信设备元件故障时，同时造成多回线路保护业务通道受到影响。

设计直观友好的前端界面，能够针对继电保护业务使用A/B口、2M切换装置、单口保护等多类型通道安排形式，计算得出不同的通信方式安排结果，有力支撑通信方式、调度、运维人员运行管理，并可实现跨专业平台资源共享使用。

实现通信故障检修影响保护安稳业务预测的智能化。当通信链路发生扰动时，更为明确、直观地反映对电力系统的影响；精准管控通信检修期间电网当前风险。本场景基于通信设备网络模型以及光缆物理模型，实现通信网光缆故障、设备故障自动识别，分析故障影响范围，并基于业务路径智能推荐功能智能推荐迂回路由，实现了故障检修影响业务的“一键分析”、业务迂回方案的“一键制定”。

通信网组网方式复杂多样，例如：包括光路具有主备/非主备，通信通道非主备/AB口保护/2M切换装置保护等多种形式。因此故障检修发生时，对于通信通道的受影响程度不同，例如：包括中断/影响/不受影响。因此，对于故障检修影响业务的统计分析及中断通道的迂回路由分析，模拟实际生产运行场景，开发形成自动化平台工具，将复杂的线下人工模式创新为线上自动化模式。

实现现网业务N—2自动扫描分析和评估。通信网现承载线路保护业务量多且重要，以前的建设基本是基于线路保护“双路由”原则完成通信通道的方式安排。开展上述线路保护三路由满足情况的分析与评估，若采用人工手段进行全网核查，工作难度很大。

通过提出业务通道N—2扫描分析方法，实现现有保护业务N—2分析，全面掌握保护业务通道N—2能力，对于不满足N—2的情况，自动搜索现网资源条件，具备条件的给出第三路由，不具备条件的由业务 N—2 风险反推出业务的载体通信网的薄弱点，实现业务 N—2 分析及风险点治理，指导通信网“十四五”规划。

（二）创新亮点

1. 运行方式管理模式

运行方式管理，从人工手段发展为自动化手段，对于提高工作效率，提高通信方式管理智能化水平具有重要意义。方式算法的形成，紧密结合运行方式原理，增加了独立性校核、重载校核等约束条件，是通信运行方式算法的创新点和关键点。

2. 通信网风险评估模式

通信网风险评估从凭借经验到采用算法分析，可显著提升通信网风险评估智能化水平。在充分调研电力通信网运行方式的实际基础上，算法考虑光路复用段保护、安稳业务的子网连接保护、继电保护业务三路由多种要素；考虑完全满足、基本满足、不满足 N—2 多种量化指标，是通信网运行方式算法的另一创新点。

3. 海量数据挖掘和资源利用模式

通信管理系统是国网电力通信综合数据承载系统，通信管理系统积累了大量有用数据，将数据充分挖掘利用，研发算法，进行智能化分析，得出有利于通信运行方式管理的计算结果，是运行方式管理的又一重要创新点。

4. 不同系统的横向贯通模式

数据共享，资源互通，实现与调度管理系统的数据互通，与一次专业联合开展电网运行方式风险校核。

三、应用成效

自动路径规划平台实现：①将实际电力通信网全景信息映射到数据库；②模拟真实世界中的通信网保护、安稳业务通道路径规划和独立性校核；③系统设计中既包含逻辑关联清晰、物理意义明确的系统，也包含通信与电网业务状态深度耦合的分析算法。

华北通信方式智能决策平台部署运行有如下优点：①实现通信工作效率显著提升，通信通道方式安排将从 15min 缩短至 5min；②实现通信工作准确性的大大提高，能自动开展通道独立性校核，确保通道间的路由完全独立，保证电网安全性；③通信网保护三路由能力的自动化评估，有效指导通信网“十四五”期间的合理规划建设。

四、典型应用场景

实现华北通信网实现融合安全特性的通信方式智能决策平台。在新增业务通道最优路径规划、在故障检修情况下迂回路由的规划，或者在对现网存量业务进行 N—X 冗余能力校核方面，都具有广泛应用。继电保护业务、安稳业务通道路径自动规划实践案例如图 1 和图 2 所示。

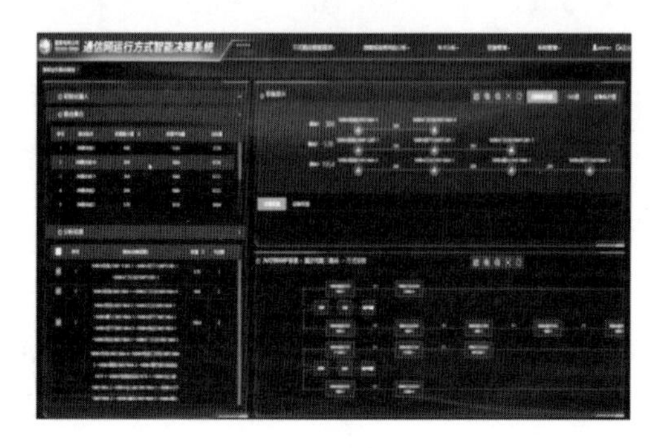

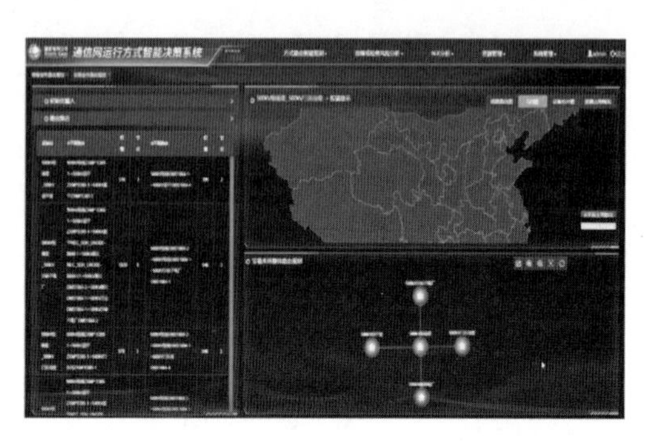

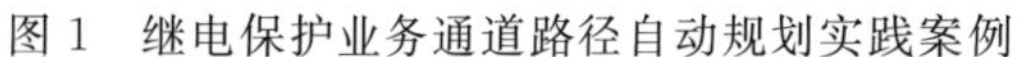

图 1　继电保护业务通道路径自动规划实践案例

图 2　安稳业务通道路径自动规划实践案例

五、推广价值

该系统面向多个专业方向都有使用需求。如：对于通信专业人员，对于电网其他专业人员。如电力调度员通过本系统，可查询通信故障、检修对电网重要业务的影响情况。如电网方式人员，通过本系统，可及时了解通信故障、检修情况下，电网方式是否需要进行调整。

因此研究成果契合当前电网的发展需求，市场需求广泛。成果的全过程研究紧贴生产实际需求，全面将通信方式、故障、检修、管理原则落实到系统设计开发，实用性强。成果是以标准的通信管理原则为基准实现的，应用本系统将提高通信调度运行管理水平，起到了较好的传帮带效果。系统具有较好的可推广价值，具备通用性，可在全国各级电网通信机构部署使用。

基于通信管理系统资源校核预警的深化应用成果

国网华中分部

（卢宇亭　高险峰　张乃平　李东昆）

摘要： 为充分利用通信管理系统（TMS）全量通信资源数据，提高通信管理系统辅助分析支撑能力，进一步提升华中分部通信专业数字化、智能化水平，华中分部通信专业在通信管理系统全量通信资源数据的基础上，结合实际工作需求，开发出了光路跳接点分析及预警、带宽占用率分析及预警、同路由分析及预警共三个实用资源校核预警功能模块。

一、背景

目前，华中分部通信管理系统各类通信数据经过持续不断的保鲜和治理，已具有很高的准确度，系统功能可靠性大大提高。但随着通信网络的高速发展，通信资源数据的大量激增，传统开发的功能模块已无法完全满足通信专业的需求。在通信业务方式安排和校核上，目前华中分部仍靠人工识别判断，费事费力，通信管理系统无法提供智能化的分析和安排；通信管理系统对通信光路和其他各类通信资源的使用情况、承载能力等缺乏有效的分析和判断，无法为通信专业人员提供决策判断；在重要生产业务的跨级通道承载上，通信管理系统目前还无法提供全局监视手段。

为此，华中通信专业在通信管理系统全量通信资源数据的基础上，开发出了光路跳接点分析及预警、带宽占用率分析及预警、同路由分析及预警共三个实用功能模块，解决了华中分部通信专业日常工作中遇到的三个难点问题，进一步提升了通信管理系统的辅助分析支撑能力和实用化、智能化水平。

二、技术方案

（一）关键技术

基于通信管理系统物理资源与逻辑资源侧，构建光路跳接点动态分析方案，研究光路路由跳接点过多、路径过长光路影响业务中断的风险。针对通信光路、光缆、站点等资源构建完整的光路台账信息，从光路起始资源至终止资源，罗列出途径的节点，将节点直接关联至站点和光缆上，具象化展示光路路由的路径，并将节点最多、高阶光缆经过低阶光缆的光路进行预警展示，实现光路资源的全局监视，保障调度生产业务的安全运行。

基于通信管理系统物理资源与逻辑资源侧，构建带宽占用率动态分析方案，研究通信光路带宽占用率过高影响承载通道业务中断风险。针对通信光路构建光路带宽、占用情况分析计算占用率，同时根据配置的占用率阈值对超过阈值的光路进行预警展示，提升通信资源的承载能力及利用水平。

研究光路、业务同路由的风险预警方案，构建光路同路由、业务同路由校核规则，对同一设备的同一方向或不同方向的光路路由是否经过同一条光缆情况进行分析；对同一保护装置下的A/B通道是否存在路由经过同一光缆的情况进行分析；对保护业务单口通道与A/B口两通道之间是否经过同一光缆的情况进行分析，对安控业务A/B平面两通道是否经过同一光缆的情况进行分析，同时还要满足保护、安控三路由情况，实现生产业务安全校验，支撑通信运维工作。

（二）创新亮点

1. 基于光路信息的跳接点动态分析

根据通信管理系统物理资源和逻辑资源侧的光路路由数据，提出光路跳接点的动态分析方法，利用路径算法计算光路配线信息，从起始端口至终止端口进行路径寻址，在路径计算中标记途径节点，根据标记节点计算下一个跳接点，完成路径查找后将标记的节点映射到站点、光缆资源上，形成具体的光路的物理路径，并将途径的节点列出，对节点过多、高阶光缆跳接低阶光缆的光路数据进行预警提醒，完成跳接点的动态分析。

2. 基于资源的带宽占用率动态分析方法

构建基于光路、通道资源的带宽占用率分析方案，对光路带宽的占用进行计算。根据通道端口的时隙交叉计算出路由路径，确定传输段信息，利用路径算法计算端口对应光路，完成该通道速率占用光路的带宽，同时根据配置的带宽占用阈值，对超过阈值的光路进行预警提醒及展示，提升通信资源的利用水平。

3. 一种基于通信资源的同路由校验规则

研究在光路、业务不同路由的情况下满足三路由的校核方法，利用路径算法计算光路配线信息，从起始端口至终止端口进行路径梳理，对路径的节点进行标记，在同一传输系统下，对同一设备的同方向/不同方向的光路路由是否经过同一光缆进行研判；利用路径算法，根据同一线路下的两套或多套保护装置的A/B口通道，计算通道路由是否经过同一条光缆；利用路径算法，根据安控业务的A/B平面通道，计算通道路由是否经过同一条光缆。在完成同路由校核后，还需要满足保护、安控业务三路由的条件，实现生产业务的风险预警及校核，提升故障处理能力。

三、应用成效及典型应用场景

光路跳接点分析及预警、带宽占用率分析及预警、同路由分析及预警三个实用功能模块目前已开发完成并在华中分部通信管理系统上部署，三项功能已投入正常使用，使用情况如下：

（1）光路跳接点分析提升了华中分部故障隐患风险的校核效率，由线下人工校核转变成线上智能校核，目前共完成795条光路的跳接点分析及展示，校核准确率达到90%。光路跳接点分析界面如图1所示。

应用场景：光路影响业务分析，光路影响业务中断预警。

光路跳接点分析 ×

名称：请输入　光路路由：请输入　方式单号：请输入　站点数量≥：请输入　设备：请输入　站点：请输入

收起 ∧　查询　重置

序号	光路名称	光路路由	方式单号	站点数量	A端设备	Z端设备	A站站点	Z站站点
46	华中359-500kV云鑫变-OMS1664（C25-01）~华中360-500kV进贤变-OMS1664（C24-01）马可尼2.5G光路02	500kV云鑫变(OMS1664/1/1-25/1)--500kV江云I线(O/02(500kV江云I线)/II/24/89/3,4)+500kV进江I线(O/02(500kV进江I线)/II/24/89/3,4)--500kV进贤变(OMS1664/1/1-24/1)	方式-2021-华中-0981	3	华中359-500kV云鑫变-OMS1664	华中360-500kV进贤变-OMS1664	500kV云鑫变	500kV进贤变

序号	名称	全局名称	所属区域	站点类型	电压等级	调度等级	是否覆盖通信设备	综合数据网上联带宽	传输网上联带宽	通信覆盖形式	数据维护单位	资产关系	站点属性	产权单位
1	500kV云鑫变	赣江西超高压分公司/500kV云鑫变	江西超高压分公司	变电站	500kV	二级网	是	100M≤带宽<GE	10G	光纤专网	国网江西省电力有限公司超高压分公司	全资	独立	国网江西省电力有限公司超高压分公司
2	500kV进贤变	赣江西超高压分公司/500kV进贤变	江西超高压分公司	变电站	500kV	二级网	是	100M≤带宽<GE	10G	光纤专网	国网江西省电力有限公司超高压分公司	全资	独立	国网江西省电力有限公司超高压分公司
3	1000kV赣江变	赣江西超高压分公司/1000kV赣江变	江西超高压分公司	变电站	1000kV	一级网		GE≤带宽<2.5GE	10G	光纤专网	国网江西省电力有限公司超高压分公司	全资	独立	国网江西省电力有限公司超高压分公司

图1　光路跳接点分析界面

（2）带宽占用率分析针对业务通道中断的风险预警校核由之前复杂的带宽占用计算转变成时长短、效率高的智能分析校核，大大提升了校核效率，目前累计完成420条光路数据的带宽占用分析及展示。宽带占用分析界面如图2所示。

应用场景：带宽占用率分析，光路影响业务中断预警。

带宽占用率分析 ×

路名称：请输入　设备名称：请输入　端口名称：请输入　占用率阈值≥：请输入　查询　重置

序号	光路名称	A端设备	Z端设备	A端端口	Z端端口	速率	占用率
4	可尼2.5G光路02	[illegible]	[illegible]	[illegible]	[illegible]	[illegible]	[illegible]
5	华中154-500kV花器变-OMS1664（C32-01）~华中349-500kV徐变变-OMS1664（C32-01）马可尼2.5G光路03	华中154-500kV花器变-OMS1664	华中349-500kV徐变变-OMS1664	Card 1-31-1	Card 1-31-1	2.5G	1.88%
6	(500kV复兴变~500kV沙坪变)烽火10G光路02	华中89860-500kV复兴变-780A	华中89857-500kV沙坪变-780A	O9953_1FW_TP	O9953_1FW_TP	10G	19.94%
7	华中69-500kV木兰变-OMS1664（C23-01）~华中403-500kV木兰变2-OMS1664（C21-01）马可尼2.5G光路02	华中69-500kV木兰变-OMS1664	华中403-500kV木兰变-OMS1664	Card 1-23-1	Card 1-21-1	2.5G	57.94%
8	(500kV玩鑫变~500kV孟安变）北电2.5G光路02	500kV玩鑫变OME6500	500kV孟安变OME6500	STM16-1-10-1	STM16-1-9-1	2.5G	1.98%

图2　带宽占用分析界面

（3）同路由分析校核应用在华中分部总计完成了1539条业务同路由校核，为华中二级网业务的方式安排提供了高效可靠的辅助决策支撑。保护路由分析界面如图3

所示。

应用场景：业务同路由分析、保护路由分析、安控路由分析。

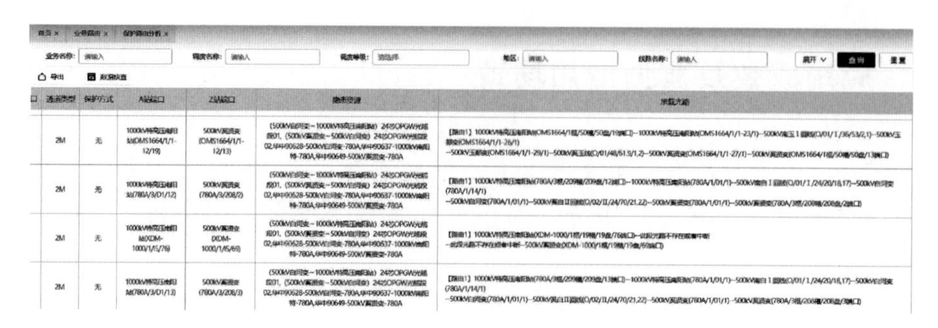

图 3　保护路由分析界面

四、推广价值

基于通信管理系统资源校核预警的深化应用成果在保证现有通信管理系统运维及通信数据管理流程环节的情况下，解决了通信专业日常工作中常见的三个难点问题，缩减了数据分析治理的处理时间，大大减少了人力时间的投入，提高了通信资源分析管理和优化的效率，深化应用成果可方便部署到其他分部及省公司通信管理系统中，具有较高的推广应用价值。

基于调控业务完整状态感知的通信系统运维风险管控模式

国网东北分部

（安　宁　张之栋　马　宇　焦　强）

摘要： 继电保护、自动化、通信三个调度运行二次专业的设备告警信息未实现集中统一监控，在故障处置、检修等运维工作重要环节中，设备运行状态实时信息无法实现及时、准确、完整共享，专业间缺乏协同联动性，导致涉及多项调度生产业务的检修风险预控措施不足，对设备故障原因分析不准确，故障处置及检修操作时间延长，电网安全风险加剧。通过建立二次系统统一监控及调度指挥机制，集中监控二次系统硬件告警信息，优化通信检修计划和方案编制，科学调整通信资源方式，对通信调度检修综合指令下达模式进行分步式改进，实现调控业务运行完整状态的实时感知，提升通信系统运维风险管控能力。

一、背景

继电保护、自动化、通信三个调度运行二次专业在电网安全保障中紧密相关，各专业设备运行管理模式相对独立，设备运行状态信息不能集中监控，检修、故障处置等环节管理流程繁琐复杂，导致检修计划安排统筹性不强，故障分析及处置效率较低，制约电网二次系统综合风险管控能力提升，严重时将对电网安全造成较大影响。需要优化完善现有运维管理模式，强化二次专业横向协同联动，全面提升通信运维支撑能力。

运行监控及故障处置方面：目前继电保护、自动化及通信专业各自配备独立的运行监控网管系统，各系统的实时运行数据未进行互通同步，在继电保护或自动化业务发生故障时，故障排查涉及多个环节，由于处置主导专业不明确，需要各专业同时派人员前往现场处置，处置效率较低。以继电保护装置故障为例，由监控中心发现通道告警后，通知电力调度，再由电力调度转告通信调度进行故障排查。时常发生告警信息发现不及时、汇报不完整，跨省线路两端告警信息不对称，告警消除时间和原因不清等情况，无法对承载业务的运行状态进行同步快速感知及准确分析，导致故障处置时间延长，电网安全运行风险增加。

检修安排方面：目前的通信检修方案仅着重于通信专业的检修内容、影响情况、安全风险分析及应急措施等，未能结合继电保护、自动化系统组网结构及实际运行状态分析，风险分析深度不足，缺乏实现二次专业检修方案及应急措施的联动展现。

检修执行方面：通信调度在检修执行时下达的指令为综合指令。检修期间所涉及继电保护、自动化系统业务的运行状态变化无法实时感知，在操作发生异常时无法快速准确的判断原因并及时采取应对措施，进而增加检修影响扩大化的风险。

二、技术方案

建立多专业网管集中监控模式，实现运行完整状态感知。打破各专业独立监控自己专业网管系统的壁垒，将继电保护在线监视分析系统和自动化 D5000 网管系统的监控界面引入至通信调度监控平台，由通信调度员进行调控业务的全实时监控。系统出现故障异常时，通信调度员可同时接收继电保护、自动化及通信专业网管的告警信息，并进行多方位、跨专业融合分析，迅速准确定位故障点及故障原因，科学高效地指挥开展现场处置。

优化通信检修管理模式，实现检修方案、计划跨专业联动。前期方案编制阶段：组织调度运行二次专业召开重大通信检修前期工作协调会议，融合该检修对各专业系统业务的影响情况进行风险评估，分析制定检修实施方案、“三措一案”及检修期间的系统运行方式图等相关资料；检修计划提报阶段：通过数字平台手段将 500kV 通信光缆检修相关内容同一次电网管理系统相融合，同继电保护、自动化跨专业检修数据联动。基于本地检修数据，进行检修可行性分析，提供图形化界面展示。

实行通信调度综合检修指令的分步式改进。借鉴一次系统调度指令的下达方式，执行通信调度检修指令票，实行通信调度综合检修指令的分步式改进，将关键检修操作分步骤下达通信调度指令，并根据继电保护、自动化系统业务的运行状态变化，及时调整检修操作步骤，严格把控动态风险，消除易遗漏的安全隐患。电力通信检修执行期间，现场作业人员在到达现场后，分部通信调度根据《东北分部通信调度检修指令票》操作步骤，确认现场做好各项准备工作后，方可许可开工。现场作业人员严格按照《东北分部通信调度检修指令票》规定的作业流程节点申请操作许可，通信调度逐级向上级调度申请，东北分部通信调度统一管控检修作业进展，直至检修作业完成。

三、应用成效

2022 年 9 月，根据实施方案措施要求，将继电保护在线监视与分析系统、自动化

D5000 系统的网管告警信息通过终端延伸引入到通信调度室，使通信调度实现了调控业务的完整状态感知，发生通信系统故障后可第一时间掌握调控业务的告警情况并进行综合分析，定位故障点。对去年同期间影响调控业务运行异常的通信故障进行统计，处置时长同比 2021 年缩短 3676min，调控业务运行异常时长同比缩短 1920min。

以实施风险较大的通信电源系统检修为例，通过优化检修方案结构，分解检修执行步骤，实行通信调度检修指令分步下达模式的举措主要收获以下三方面成效：

（1）通信检修管理规范性显著提升。实行优化通信检修管理模式，实行通信调度综合检修指令的分步式改进，解决了通信检修计划填报不规范、审核时间长等问题，通信系统检修“一次性通过率”有效提升；“临检率”“提报不及时率”“审批超时率”等指标实现全部大幅降低。

（2）通信检修实施方式合理性显著提升。在检修方案的审核阶段及时发现检修内容及过渡方案中的细节漏洞，进而采取更加合理的实施方式，检修影响的业务通道时长明显减少，使通信检修对电网安全运行的影响降至最低。

（3）通信检修过程安全风险显著降低。根据新检修方案内容中的《通信检修执行步骤分解表》编制《东北分部通信调度检修指令票》，在检修执行过程中全面实施通信调度检修指令分步下达，严格执行标准化操作，消除易忽略的安全风险，在试点应用阶段的检修中共避免误触误碰的检修 8 项；避免“图实不符”的检修 7 项；避免业务核不准确的检修 13 项；避免操作不规范隐患的检修 8 项，安全风险显著降低。

四、典型应用场景

系统出现故障异常时，可结合各专业网管上报的告警信息，迅速准确定位故障点，分析故障原因，有针对性地安排相关专业抢修人员开展现场处置，有效提升故障处置效率，缩短系统异常时间，节省现场处置的人力及物力资源。检修执行期间，可快速发现装置侧异常状态，及时停止作业，采取紧急处置措施，将系统影响控制到最小。

五、推广价值

通过建立二次系统统一监控及调度指挥机制，集中监控二次系统硬件告警信息，优化通信检修计划和方案编制，科学调整通信资源方式，对通信调度检修综合指令下达模式进行分步式改进，将实现调控业务运行完整状态的实时感知，全面提升通信系统运维风险管控能力。

通信网全景化监视技术研究

国网西北分部

（程　松　李　蛟　王　炫）

摘要： 开展电力通信网全景化监视技术创新，将通信调度监视对象扩展到与电网生产相关的重要二次系统装置（保护、稳控装置等），在此基础上，突破业务网全景感知、通道全链路故障、风险智能预警、路由智能辅助决策四大关键技术，开发部署西北电力通信网全景化监视系统，为通信调度工作提升向“业务网聚焦”的能力提供技术手段。创新成果已应用于西北电力通信网的通信调度工作，有效提升了工作效率和业务保障能力。

一、背景

随着西北区域电网直流、新能源规模的不断扩大，系统运行环境更加复杂。电力通信网作为保障电网安全、稳定、高效运行的基础网络，承载继电保护、安控系统等重要防御性调度业务，对电网运行环境感知、灵活柔性调整、动态故障监测等需求不断提升。

在本创新工作开展之前，因受技术手段的限制，通信调度人员对通信网上承载业务的运行状态感知能力不足，造成保护、安控等业务通道运行监视“隐形化”“片段化”，业务通道故障感知、故障点排查及处置仍需大量依靠人工交流协商、分析判断，影响故障处置效率。例如：在发生业务装置、光电转换等非信通设备故障造成的业务中断时，一方面，电调、通调、检修公司及信通人员需大量沟通协调；另一方面，信通运维人员需频繁上站检查，人员承载力、处置效率明显不足。因此通信调度亟需在技术支撑手段方面实现突破。

二、技术方案

（一）关键技术

1. 业务保障等级判定算法

基于继电保护、安控业务网拓扑结构，结合电网运行、保护及安控信息，综合判断业务对调度生产的影响程度，实现业务网保障模型构建和业务网保障分级算法，从全局层面提升了通调运行人员对业务优先级处置的掌控能力。

2. 全域智能告警算法

整合传输侧及保护和安控装置等各类运行状态、告警信息，研究全链路故障定位原理，构建业务通道模型，实现故障判定，从全链路层面提升防御性业务通道故障处置效率，解决传统通信调度仅能够分析传输侧的故障，对业务侧故障无法判定不足。具体工作包括：全链路故障定位原理方法、全链路通道模型构建等。

本工作提出“对称性”“相关性”“可观测性”“方向性”“聚合性”5 项故障定位基本原理。制定继电保护、安控系统通道故障定位逻辑策略，编制保护定位策略 2 大类 34 项，安控定位策略 6 大类 96 项，奠定故障分析的理论基础。保护定位原理逻辑图如图 1 所示，安控通道模型图如图 2 所示。

搭建“保护双端点”“安控三端点”通道模型，实现告警精准定位，由通道级定位转变为端口定位。

3. 风险智能预警算法

本算法解决通信设备或光缆停运，重大保障、特殊时期，部分通信区域范围和外部环境存在对通信重要业务、光路 N—1 运行及超时的预警盲区的问题。通过风险点聚类方法、风险影响业务范围模型构建和智能推送，实现通信调度由“事后被动处置”向“事前主动防御”转变。具体包括：风险点聚类方法、风险影响业务范围模型构建、风险预警智能推送算法。

4. 路由智能辅助决策算法

通过逐步扩增法、规则排除不符合项法和路径评分法，提供通道路由安排方案，有效解决不同品牌互联互通、业务多级交叉承载、跨省长链路承载等条件下，通道路由设计复杂度大大增加的问题。

（二）创新亮点

西北电力通信网全景化监视系统，将通信调度监视目标扩展到与电网生产相关的重要二次系统装置（保护、安控装置等），为通信调度工作提升向“业务网聚焦”的能力提供了技术手段，有效提升了工作效率和业务保障能力。研究工作突破了业务网全景感知、通道全链路故障、风险智能预警、路由智能辅助决策四大关键技术，在以下主要方面形成创新成果：

（1）构建业务网保障模型，解决了由于传统通调对业务侧监视“隐形化”问题，提升通信调度对业务网全景感知能力和对不同等级业务的分级处置能力。

（2）构建“保护双端点”“安控三端点”通道模型，使重要业务监视中对业务侧、通道侧业务故障处置质效显著提升，告警定位更精准，处置环节和耗时明显压缩。

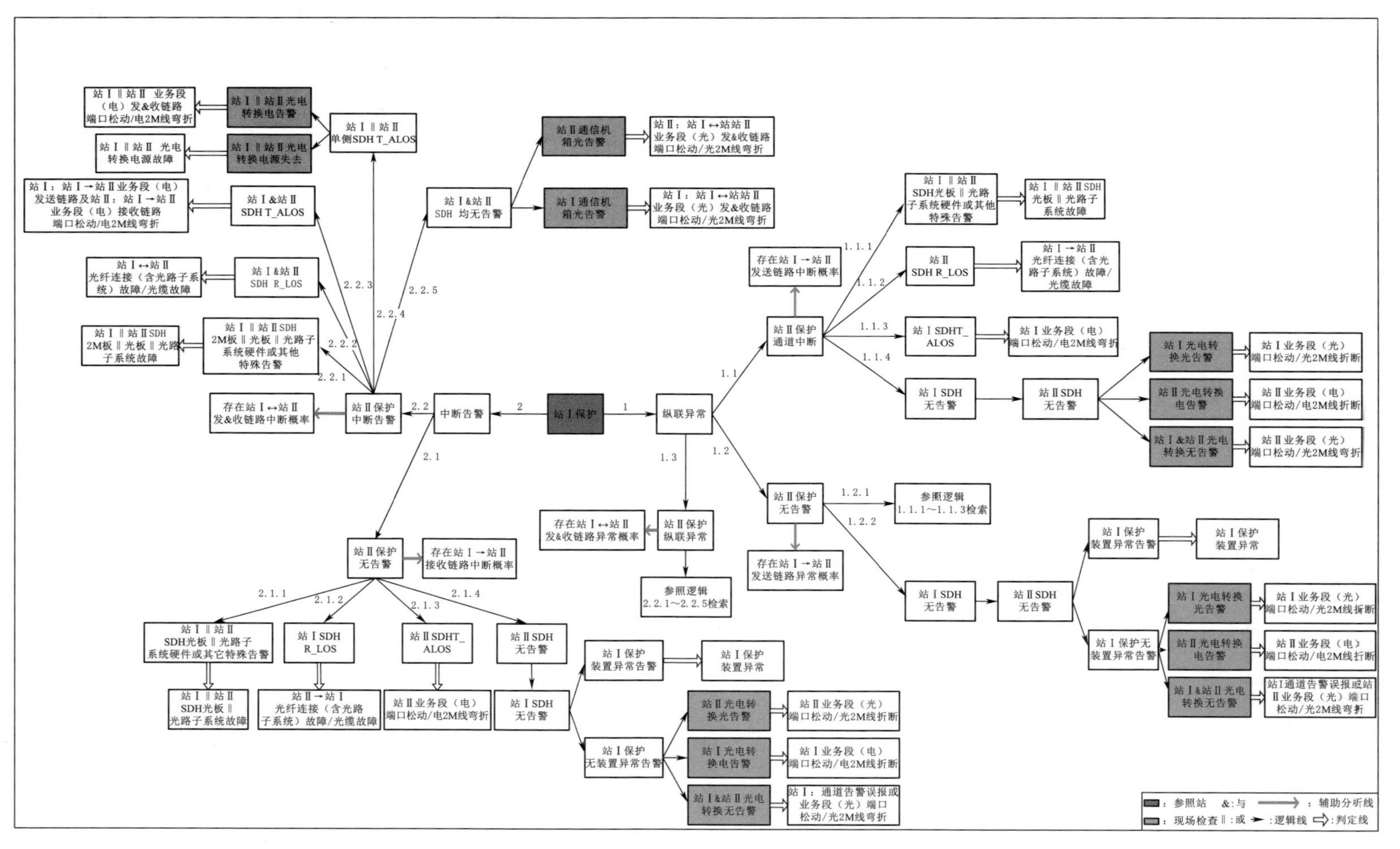

图1 保护定位原理逻辑图

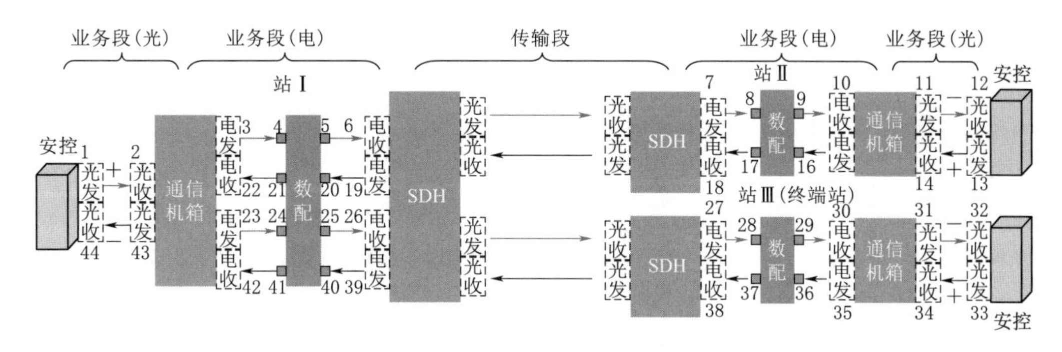

图 2　安控通道模型图

（3）提出风险点聚类方法，构建了风险影响业务范围模型，制定“六类”风险预警算法，促进通信调度的预控性防御能力提升。

（4）提出逐步扩增等路由算法，解决人工开展业务通道路由规划工作的诸多弊端。

三、应用成效

研究成果已应用于西北电力通信网的通信调度工作。新建系统上线后通信调度作业用时相较于传统通信调度作业平均用时，在故障处置环节压缩50%以上，处置时长压缩60.3%，无效运维时间减少82.4h/年。研究成果有效提升了对通信网的运行监视能力和对大电网运行的支撑保障能力，随着电网不断发展，预期会发挥更大作用。

四、典型应用场景

典型应用场景主要涵盖业务网全景感知、全域智能告警、风险智能预警、智能辅助决策等方面。

（1）业务网全景感知。业务发生故障时，从装置（保护、安控）、设备面板、线路等运行状态实时监视，全景式呈现告警信息，通信调度员根据业务网保障等级分级，优先处理极高重要业务。

（2）全域智能告警。分析全链路通道的通信设备、通信光路、继电保护业务、安控业务故障告警信息和影响范围，根据“端到端”全景故障判定逻辑，推送精准故障定位结果，减少故障处置环节，压缩人工排查、一/二次人员沟通时间。

（3）风险智能预警。根据业务N—1、光路N—1、光路同缆、业务极高/单通道、设备节点重叠、气象风险点预警信息，通信调度参考智能预警措施，进行预警业务相应处置。

（4）智能辅助决策。在故障情况下智能分析业务路由迂回的路径，输出多维度路径选项，辅助支撑通信调度员进行路由选择，提升业务通道“抢通”效率。

五、推广价值

本成果可应用于电力通信调度领域，拓展通信网调度的监视范围，提升对电网运行业务的保障能力，为更好地支撑“双碳”新形势下电网防御性业务的实时监视、故障处理等工作提供信息化手段，对持续开展“构建坚强智能电网”“打造新能源配置平台”的工作起到重要支撑作用。

重要业务集中监视应用

国网西南分部

（徐珂航　李　源　张　洪　唐　俊　陈则名

王昊宇　谢俊虎　江泓洋　谭媛媛）

摘要： 电力通信网及业务通道规模迅速发展，网络结构与业务承载方式日益复杂，各级网络资源覆盖不均衡，业务利用各级通信网交叉承载的方式较为显著。业务通道的监视较大程度上停留在只能依托本级通信调度员就地开展，无法实时全程监视交叉业务通道，影响系统及电网安全稳定运行。在国调中心的直接指导下，西南分部以交直流协调控制系统（以下简称“协控系统”）业务通道跨多级传输网交叉承载集中监视为试点，借助TMS平台经过不断的创新与实践，紧密结合协控系统业务开展，构建起了“全站点、全过程、全天候”的协控系统业务通道集中监视的闭环管理模式，对实现协控系统业务高效开展、支撑西南电网安全稳定运行发挥了重要作用，此模式已经在公司范围内推广应用。

一、背景

2018—2019年，西南电网迎来了藏中联网和渝鄂背靠背直流两大重点工程投运，西南主网向西延伸1000km与藏中电网互联，同时与华中—华北电网异步运行，电网结构和特性在短期内发生两次重大变化。在优化国家电网总体结构、明晰各区域电网功能定位、消除全网运行最大安全风险的同时，也使得大电网安全运行的压力向西南电网转移。西南电网“大水电、大直流、小电网、长链条、弱联系”的运行特性，高度依赖协控系统可靠动作来保障电网安全，协控系统的可靠动作又高度依赖于通信网的坚强支撑。然而协控系统业务通道利用国网一级通信网，华中、西南二级通信网，四川、重庆三级通信网交叉承载，跨级业务通道的集中监视问题亟需解决。

二、技术方案

（一）关键技术

1. 跨级业务通道维护与展示

通过上下级之间资源同步，将跨级通道涉及的资源同步至本级，实现跨级通道的串接与展示，系统原有的功能只能实现本级通道的串接与展示。

2. 面向业务的告警集中监视

通过上下级之间告警实时同步，将跨级通道涉及的告警信息及时推送至本级，经告警白名单过滤（可选择将本级采集的告警一同过滤）将影响业务的告警展示于“集中监视”告警操作台。

3. 告警影响业务范围分析

通道串接后，通道随即与设备、板卡、端口等建立关联关系；光路配线制作后，光路随即与光缆建立关联关系。系统通过层层关系的建立，构建通信资源对业务影响的有向图，基于该图分析受影响的业务范围。

4. 影响程度分析

（1）线路板卡故障影响通道分析。在进行线路板卡/端口故障影响通道分析时，涉及对光路MSP保护、通道保护的判断，根据判断结果分析出所影响的通道状态，同时查看通道起点/终点是否存在影响通道运行的告警，核实通道运行状态。

（2）落地板卡/端口影响通道分析。落地板卡/端口影响通道分析先要分析出该板卡所承载的业务通道，因落地板卡/端口不涉及通道保护，因此当落地板卡产生影响通道的告警时，则该板卡承载的通道中断。

影响业务范围和程度分析出来后，在业务拓扑图中实时展示当前业务的运行状态，业务有3种运行状态：正常、可靠性降低、中断，对于不同运行状态的业务，则在业务拓扑图中通过不同的展示形式进行体现。

正常：使用绿色进行展示。

可靠性降低：使用黄色进行展示。

中断：使用红色进行展示。

同时在业务拓扑图中可以查看业务关联的通道。

（二）创新亮点

发挥网管与TMS集成，各级TMS互联互通优势，充分发掘TMS平台潜能，通过各级通信资源共享、监视数据贯通，辅以分析能力，以业务为核心，在TMS系统原有的功能模块上进行完善和扩展，实现跨级通道链路的维护与展示、面向业务的告警集中监视、告警影响业务范围和程度分析、业务拓扑图监视等功能应用，无需额外的硬件成本。

三、应用成效

（一）监视范围更全面

原系统只能监视西南协控雄二级网28条业务通道，目前实现该系统104条业务通道状态实时监视，由此完成了西南协控系业务通道全景监视。在此基础上，全面实现了西南电网一二道防线业务通道及调度数据网通道的全景监视。

（二）故障分析更智能

通过影响业务告警，可以自动分析出所影响业务范围及程度，这改变了原有人工分析的模式；通过通道全链路路由告警信息，还可以直接查看告警发生未知，实现快速故障定位，极大提高了故障分析效率。

（三）故障处置更高效

实现集中监视后，业务中断由原来的业务部门申告到主动发现，且在故障处置时与下级调度机构沟通次数缩减，与之前相比，故障处置步骤由10个降低为6个，协调平均时长从1.71h降低为0.79h，显著提升了通信运行支撑水平。

四、典型应用场景

解决生产控制类业务对通信通道要求越来越高（“三双”：双装置、双端口、三路由），单一层级通信资源难以满足，各级通信资源互济共备已成为常态背景下，跨级业务通道监视和故障处置效率较低的问题。

在解决跨级业务通道监视的同时，也能更好地服务于本级传输网上全量业务通道的监视，聚焦影响业务的告警，辅助调度员快速获得其影响范围以及影响程度。

五、推广价值

重要业务集中监视为业务通道跨多层级、多设备品牌的运行监视提供了解决思路，业务中断由原来的业务部门申告或下级调度单位报告到主动发现，故障影响业务范围由原来的人工查阅台账到自动分析呈现，运行监视效率从分钟级提升到秒级，成为保障支撑生产控制类业务的重要技术手段。在功能部署实施方面仅需基于现有的TMS系统的功能完善和扩展，以较低成本、高效率的方式，实时掌握跨级业务通道状态，大幅提升通信运行监视效率，相关项目成果入选国家电网调度运行典型经验，在《国家电网工作动态》第2896期刊发，获得国网公司软科学成果三等奖。

2022年年底，重要业务集中监视已在6家分部、8家省公司及国网信通公司进行试点应用，各试点单位累计完成2.55万余条生产控制类业务通道的核对、串接与关联，通过工作实际验证了重要业务集中监视应用的部署，有利于完善调管业务监视范围，提升调度监控工作效率，计划明年在剩余未试点省公司开展推广建设工作，进一步加强通信对电网安全稳定运行的保障能力，高效支撑新型电力系统构建。

基于 AI 分析技术的通信机房安全作业智能管控

国网四川电力

（谢　群　唐　龙　张　晶　李小航　杨　鑫　孙雪冬）

摘要： 当前国网四川省电力公司通信现场作业主要通过安全风险管控监督平台进行现场安全管控，但移动布控球或单兵终端难以对通信机房人员进出情况、作业情况做到实时、全方位覆盖，安全管控依旧存在薄弱环节。本篇从人员准入合规性监测、机房作业实时安全监测、任务在线验收等方面论述了基于 AI 分析技术的通信机房安全作业智能管控的应用功效，积极探索并提升通信专业现场作业安全管控能力。

一、背景

当前国网四川省电力公司通信现场作业主要通过安全风险管控监督平台进行现场安全管控，但移动布控球或单兵终端难以对通信机房人员进出情况、作业情况做到实时、全方位覆盖，安全管控依旧存在薄弱环节，也不能对现场作业成效进行远程验收与痕迹化管理，标准化作业闭环管理未充分履行到位。

为进一步提升通信机房作业安全管控成效，切实管住机房人员非授权闯入，国网宜宾供电公司开展了基于 AI 分析技术的通信机房安全作业智能管控研究。通过构建程序化管控流程，有效将人像识别、现场作业反违章 AI 识别、工作票信息关联、施工远程验收等环节高效衔接，打造了智能化、在线化的通信机房作业管控场景，实现了施工现场安全监测、社会工程学攻击防范、作业远程验收等功效，提升了通信机房的精益化管理水平。

二、技术方案

在提升通信现场作业安全管控方面，国网宜宾供电公司充分应用 AI 等新技术，构建了线上化的通信机房作业流程安全管控模式。该管控模式将机房内所有的监控摄像头调用，应用后台算法进行实现。管控流程示意图如图1所示。

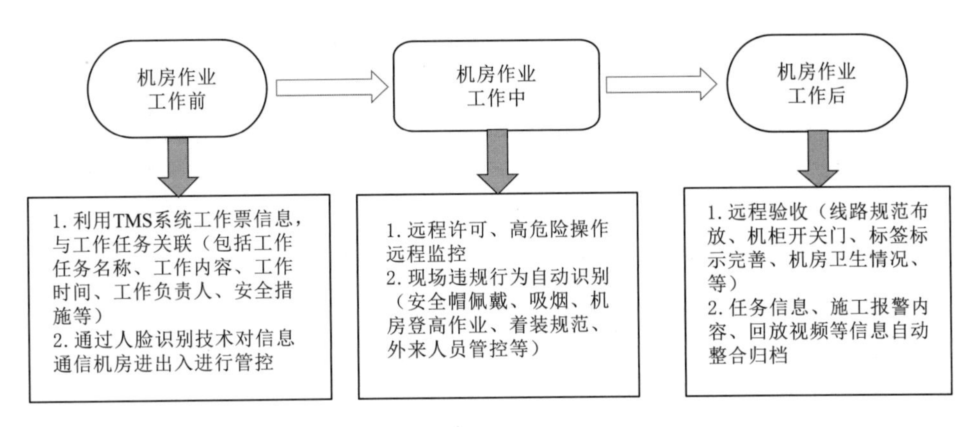

图1　管控流程示意图

人员准入合规性监测：通过对机房全场景进行抓拍，实时记录进入机房人脸信息状态，动态与后台人员准入图像数据进行比对，确保仅工作票所列工作人员进入开展作业，否则触发告警并及时提醒监控人员，如图2、图3所示。

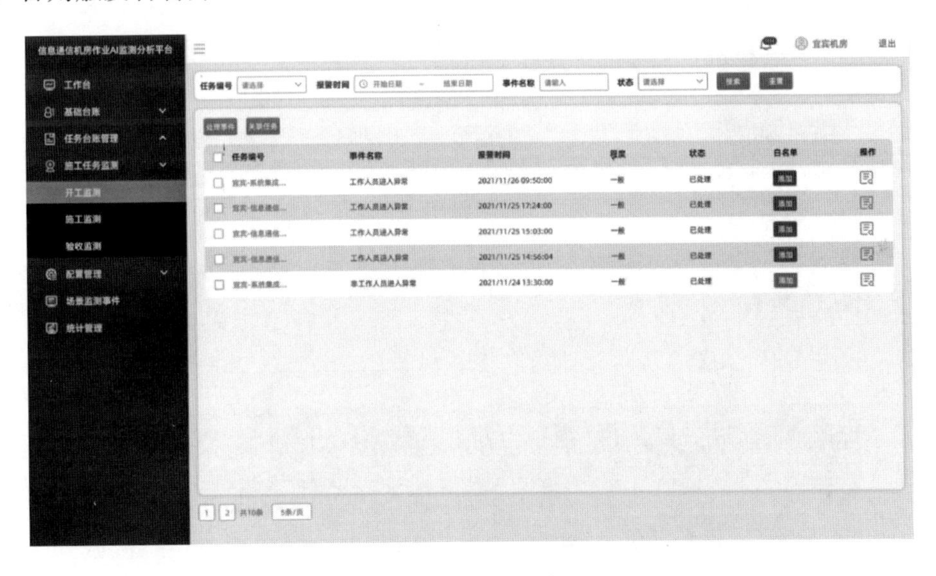

图2　开工监测

机房作业实时安全监测：依托省公司人工智能平台，利用安全帽佩戴、吸烟等算法模型对作业现场进行AI识别，自动研判并产生告警信息；利用国网宜宾供电公司自主开发的机房登高作业、机房环境识别等算法模型，产生告警信息并提醒值班监控人员；并对高风险操作进行远程监控，如图4、图5所示。

任务在线验收：施工任务结束前，远程终结工作票时，值班人员发起在线远程验收。在线对机房卫生情况、线路规范布放、机柜开关门、标签标示完善等内容进行远

图 3　非工作人员告警

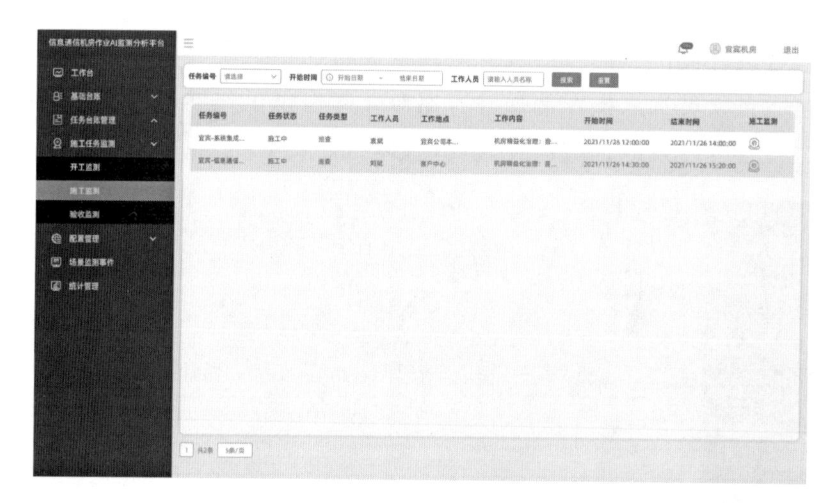

图 4　施工监测

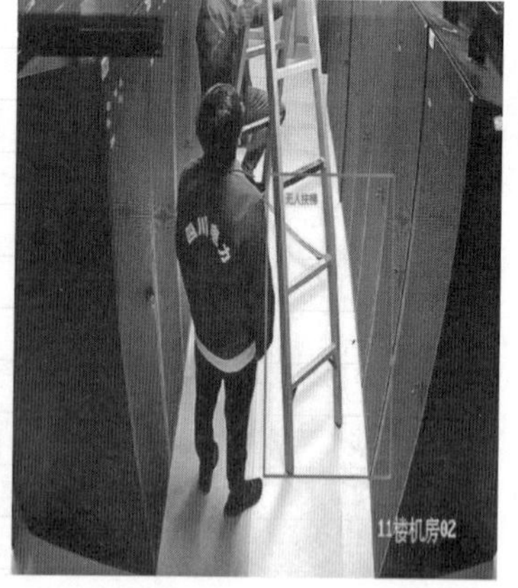

图 5　未佩戴安全帽及无人扶梯告警

程验收和记录，提升通信机房的精益化作业管控水平。在线验收完成后，将该任务基础信息、施工报警内容、回放视频等相关信息自动整合归档，形成在线验收记录单，如图 6 所示。

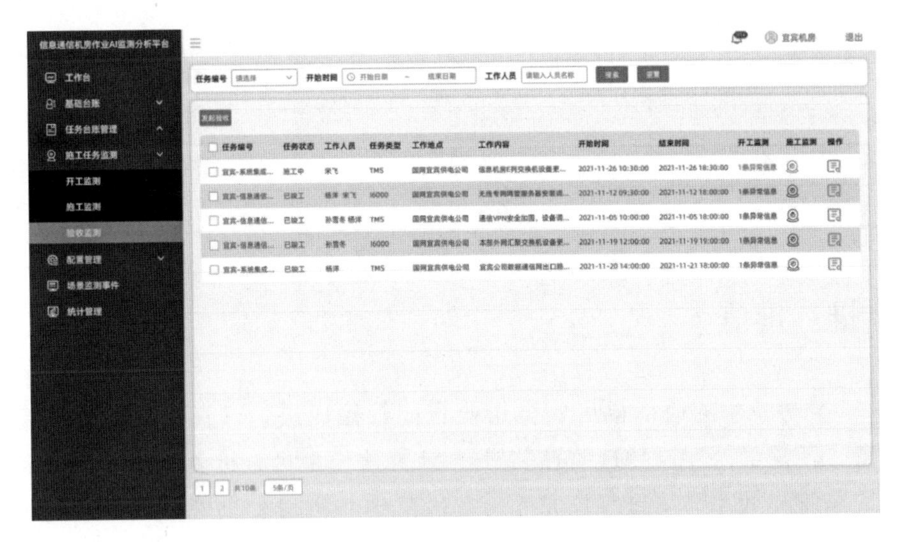

图 6　验收监测

三、应用成效

目前国网宜宾供电公司已在通信中心机房、变电运检中心机房完成通信机房作业 AI 监测部署应用，部分县公司机房、变电站、营业厅机房等已完成接入，构建了高效的在线化手段，实现了对远端通信设备人员作业的规范化管理、远程巡视、远程工作验收等工作任务全生命周期管理，有效减少基层班组的工作量，促进通信专业业务数字化转型。2022 年，累计已开展自主化远程巡视 36 次，自动产生告警信息 10 条次，识别未授权机房进入人员 8 名，发现并纠正机房作业违章 6 次，形成电子化工作归档任务 19 条次，节约人工 288h。

四、典型应用场景

在基于 AI 分析技术的通信机房安全作业智能管控工作中，国网宜宾供电公司通信专业结合现场工作实际情况，自主开发了机房登高作业模型、机房环境识别模型等 AI 算法，并调用省公司人像识别、未佩戴安全帽、作业现场吸烟等 AI 算法，对通信机房作业人员从机房进入、机房作业、作业效果验收进行全流程、实时、线上化管控，详见表 1。

表1　　应用的算法模型

算法模型名称	来　源	备　注
机房登高作业	宜宾公司开发	
机房环境识别	宜宾公司开发	
人像识别	省公司、宜宾公司	省公司人工智能平台
未佩戴安全帽	省公司	省公司人工智能平台
作业现场吸烟	省公司	省公司人工智能平台
着装规范	省公司	省公司人工智能平台

五、推广价值

基于AI分析技术的通信机房安全作业智能管控成果，可直接调用机房建设的视频监控装置，不需额外建设物理监控装置，AI算法模型可直接复制应用，具备较大的现场作业安全管控效率与质量管控成效，在通信中心机房安全管控工作中的推广应用价值较高。

电力通信光缆动态运行风险综合评估

国网湖北电力

（林金强　戴晨昊　陈　涛　吴　冉　顾一鸣　李　伟　吴　强）

摘要： 电力光缆作为电力通信网的重要组成设备，能否安全、可靠地传输业务，直接影响电网运行的稳定，为有效掌握电力通信网光缆段的风险状况，襄阳公司开展光缆运行风险状况评估研究。通过系统性分析电力光缆的风险致因机理，从电力光缆的运行指标、物理指标和环境指标3个方面建立了评估指标体系。基于模糊层次分析法和物元可拓理论构建了电力通信网光缆段的风险评估模型。该模型能够定性和定量地分析每条光缆的风险等级，精准定位光缆段的薄弱环节，科学指导运维人员开展工作，为促进电网稳定运行具有重要意义。

一、背景

电力通信光缆现有的运维方式如下：

（1）在电力通信光缆动态检测中，对于光缆段的状态评价主要通过光缆的故障诊断结果出发，以单一指标从光缆物理特性、服役环境等不同方面对光缆运行性能做出定性评价，尚未有系统、可靠的方法支撑电力通信光缆运行预警，导致光缆整体运行情况无法掌握，一旦电力通信网中的光缆故障失效，将对电力系统的安全生产和稳定运行产生重大影响。

（2）由于业务需求的逐步丰富和网络拓扑的日益复杂，导致通信网中生产控制业务和管理信息业务分配愈加不均衡，部分核心主干链路承载了大量的重要业务，纤芯已接近饱和，网络中存在局部光缆纤芯的瓶颈段，增加了网络的脆弱性，缺少一种高效可靠的光缆动态运行风险综合评估模型，提供业务路由优化建议，均衡链路负载流量和风险值。

（3）在电力通信光缆的运检中，主要还是依靠线路巡检、历史运维资料和专家经验来分析，需要投入大量的人力、物力和财力，并且极易存在巡检盲区和分析不到位的隐患点，且这种方法无法实现预警，只能等故障出现后才能进行现场处理，无法做到故障预测和提前规避。

亟需开展电力通信光缆动态运行风险综合评估，实现光缆运行风险状态全面感知，标识营运过程中的脆弱环节，科学指导养护计划、拓新改建。对光缆段进行差异化管理，指导业务路由规划和流量疏导，提高通道和纤芯资源利用率。对光缆风险有效规避，达到故障前预警，提高光缆服役可靠性，保障电网业务安全稳定运行。

二、技术方案

（一）关键技术

研究电力通信光缆复杂的风险致因机理。利用长期积累的电力通信光缆动态检测数据，结合通信光缆的特点，以光缆段作为评价单元，研究影响电力通信光缆运行风险的关键指标。根据电力通信光缆段的动静态数据进行指标划分，利用建模工具开展对单一关键指标运用风险等级的评价模型研究。

建立电力通信光缆运行风险综合评估模型。分析关键项目对光缆段整体运行风险等级的影响程度，通过专家意见调研的形式，结合实际决策问题与领域内专家知识经验，确定各关键项目相对重要度排序，基于 FAHP、物元可拓论等相关算法建立风险综合评估模型，如图 1 所示。

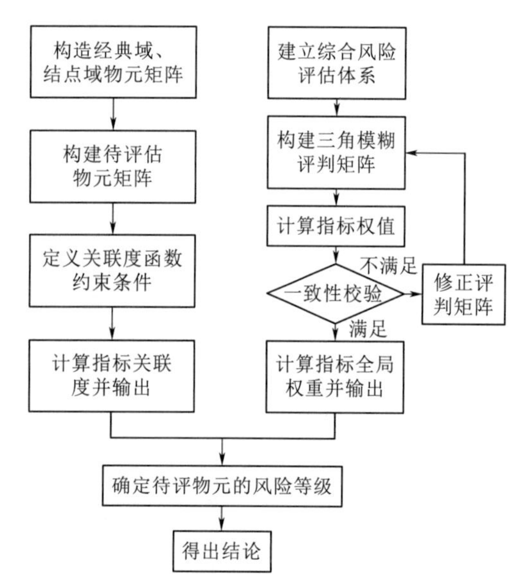

图 1　电力通信光缆动态运行风险综合评估模型

电力通信光缆风险综合评估模型训练。采用大量的历史运维数据、TMS 系统数据、网管历史告警等静态数据，结合在运光缆的各项动态数据，不断训练和完善模型中的各项参数指标，使模型使用于本区域通信光缆的评估。

（二）创新亮点

1. 提出影响电力通信光缆运行风险状态的关键指标体系

根据大量的营运数据和调研资料，从电力光缆的运行指标、物理指标和环境指标 3 个方面共 8 个指标构建了风险评估体系（图 2），并对各指标的评价体系进行量化，通过领域内专家知识经验和实际运行情况，确定指标的相对权值。

2. 基于 FAHP 和物元可拓论，提出一种电力通信网光缆段的风险评估模型

对光缆运行风险中各指标的风险等级、量化标准进行评估，引入指标关联度、综合关联度，对每个指标和整体指标的风险评级进行映射。该模型能够定性和定量地分析每

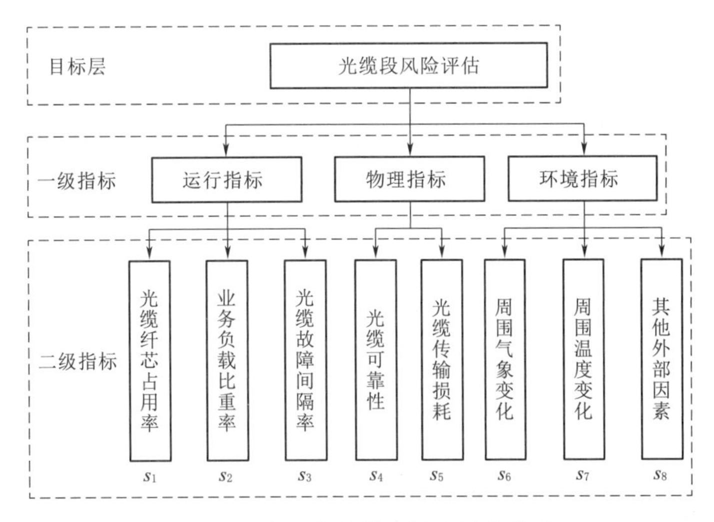

图2　电力通信光缆段风险评估体系

条光缆的风险等级，精准定位光缆段的薄弱环节，高效指导运维检修、业务路由规划。

3. 建立电力通信光缆动态运行风险综合评估在线监测平台

采用 Python、HTML 等开发语言实现模型的试用，能够随时查阅光缆的风险状况，实现电力通信网光缆风险状态的全面感知，对风险等级高的光缆进行预警和提供运维方案。

三、应用成效

（一）动态监测区域内光缆段的风险等级

在服务器上部署光缆段的风险评估模型，根据当前襄阳电力通信光缆的运行年限、光缆类型、故障率、承载业务的情况等，评估每条光缆的风险等级、健康状态。对处于高风险的光缆进行重点标记，分析导致高风险的指标，有针对性地监测预防。实例如下：

以电力通信光缆段 e_{01} 和 e_{02} 的基本状况，通过调查得到基础数据见表1，建模后的风险关联结果见表2，光缆的综合等级见表3。

表1　　电力通信光缆段在运基础数据

电力通信架空光缆段 e_{01}				电力通信直埋光缆段 e_{02}			
指标名称	参数	指标名称	参数	指标名称	参数	指标名称	参数
纤芯占用率 s_1	0.6667	气象变化 s_{61}	1.8	纤芯占用率 s_1	0.25	气象变化 s_{61}	1.2
负载比重率 s_2	0.8071	气象变化 s_{62}	3.6	负载比重率 s_2	0.4099	温度变化 s_7	2.6
故障间隔率 s_3	0.4517	温度变化 s_7	4.3	故障间隔率 s_3	0.8125	外部因素 s_{82}	20
光缆可靠性 s_4	0.9632	外部因素 s_{81}	1	光缆可靠性 s_4	0.977		
传输损耗 s_5	0.2107	外部因素 s_{82}	4.2	传输损耗 s_5	0.2996		

注　s_{61} 为雷击，s_{62} 为风舞；s_{81} 为三跨，s_{82} 为区段施工。

表 2　　电力通信网风险评级关联表

电力通信架空光缆段e_{01}						电力通信直埋光缆段e_{02}					
指标	f_1	f_2	f_3	f_4	f_5	指标	f_1	f_2	f_3	f_4	f_5
s_1	−0.1667	0.333	−0.091	−0.2857	−0.4118	s_1	0.4167	−0.5833	−0.6429	−0.6875	−0.7222
s_2	−0.5178	−0.357	−0.0355	0.071	−0.3251	s_2	0.3168	−0.3168	−0.4144	−0.4876	−0.5446
s_3	−0.0966	0.483	−0.1027	−0.2514	−0.3578	s_3	0.375	−0.625	−0.6875	−0.7321	−0.7656
s_4	0.264	−0.264	−0.632	−0.7547	−0.816	s_4	0.46	−0.54	−0.77	−0.8467	−0.885
s_5	−0.0483	0.1529	−0.2196	−0.3803	−0.542	s_5	−0.2495	−0.0899	0.4229	−0.1188	−0.3487
s_6	−0.1038	0.0833	−0.7	−0.874	−0.9383	s_6	0.4	−0.4	−0.9	−0.952	−0.9657
s_7	0.14	−0.14	−0.7133	−0.8567	−0.914	s_7	0.48	−0.48	−0.8267	−0.9133	−0.948
s_8	−0.05	0.3	−0.4	−0.7867	−0.865	s_8	−0.3939	0.07143	−0.0476	−0.5556	−0.6667

注　表中 f_1、…、f_5 为风险等级；s_1、…、s_8 为风险指标。

表 3　　电力通信光缆段综合风险等级

光缆	f_1	f_2	f_3	f_4	f_5
e_{01}	−0.2082	0.0191	−0.221	−0.315	−0.5189
e_{02}	0.2325	−0.3656	−0.4821	−0.6245	−0.6824

（二）科学有效指导运维人员预防维护、拓新改建、光路路由规划

对襄阳区域所有的电力通信光缆进行监测和评估后会形成光缆综合风险等级的汇总表。运维人员可以根据汇总表中光缆的风险等级有针对性地进行维护。见表 3，电力通信架空光缆段 e_{01} 风险评估为“稍有风险”。其中，光缆可靠性与温度变化的指标评估结果为“无风险”，负债比重率评估结果为“显著风险”，因此，降低电力通信直埋光缆段 e_{01} 的风险等级主要考虑改善其传输的业务配比。电力通信光缆 e_{02} 风险评估为“无风险”。其中，外部因素评估为“稍有风险”，传输损耗评估结果为“一般风险”，应重点关注光缆的传输损耗，对光缆的接续点、线路进行盘查，杜绝隐患。

（三）技术先进性

构建的电力通信光缆段的风险评估模型，能够一定程度上实现光缆段故障的提前预警。通信网的故障大多以光缆的突发中断为主，给运维人员带来了很大的挑战，为避免光缆的突发故障，常常需要周期性地巡线，测试纤芯等，给运维人员带来了较大的工作压力。本模型能够基于历史的运维数据和当下光缆的运行情况，科学分析光缆的健康状态、风险等级，指导运维人员关注特定的光缆和风险点，避免大范围的巡线和测试。

构建的电力通信光缆段的风险评估模型，能够一定程度上指导光路路由、业务路由规划，提高网络的稳定性。从光缆的风险状态入手，分析可达路由中存在的危险点，可以有效保障路由的可靠性，规避重载光缆的出现，将电力通信网的业务风险均衡化

到整个网络，提高整个通信网的抗震性。

四、典型应用场景

电力通信光缆动态运行风险综合评估应用的场景主要是针对通信口专业的运维人员。可以将该场景部署到市公司的运维服务器上，同时开启告警推送等功能，当某些光缆段处于危险或者高风险状态，提醒运维人员多关注该区段的光缆，做好预防措施，准备重要业务的备选路由，规避风险。

五、推广价值

电力通信光缆动态风险综合评估是实现光缆故障前预警、光缆风险管控的有效方案，开展电力通信光缆的风险预警，实现光缆风险状态全网监控是落实国网公司提出“数字化、智能化”建设总体要求的重要举措，为实现电力通信网智能化运维提供有力支撑。

通过分析电力通信光缆复杂的风险致因机理，利用模糊层次分析法（FAHP）、物元可拓论等相关算法建立风险综合评估模型，实现对通信光缆风险全网监控，全面标识光缆运行过程中的脆弱环节，高效指导运维防护，实现故障前预警。

实现电力通信光缆动态运行风险全网监控，分析在运光缆的关键特征指标，掌握光缆段的脆弱环节，有利于实现光缆段的差异化管理和科学决策。

通过定性和定量分析电力通信光缆的风险等级，科学指导养护计划、拓新改建，有效提高运维人员的运维效率；通过对电力通信光缆风险状态的全网监控，提高光缆服役可靠性，指导业务路由规划和流量疏导，提高通道和纤芯资源的利用率。

光功率大数据辅助分析工具

国网青海电力

（李秀英　马洪财）

摘要： 随着新型电力系统省级示范区建设工作的不断推进，电网安全对通信运行可靠性、接入灵活性、网络性能指标提出更高要求。立足保障辖区传输网络系统安全运行的实际需求，依托大数据分析思路，采用 ASP. NET 平台进行光功率大数据辅助分析工具的研究，实现传输系统光路光功率数据的分析研判功能，实现光功率值提前预警及趋势分析，为通信运维人员故障预判处置提供数据支撑，实现故障由“事后处置”向“事前预控”的转变，在保障通信传输系统安全运行方面发挥支撑辅助作用。

一、背景

随着新型电力系统建设工作的不断推进，大电网对信通专业的支撑服务保障能力提出更高的要求，当前通信传输网管光功率数据价值发挥方面无法满足通信专业日益提升的安全运行需求，一是基于传输网管告警的应急处置工作，当前只能实现事后抢修，无法实现事前预控，传输网管光功率越限告警发生时，设备光功率已经超过设定的门限值，将对传输光路及业务安全带来极大的安全风险；二是当前网管系统只能对当前或历史光功率进行查看，无法实现光功率数据的有效分析，且逐一查看操作费时费力，数据应用效率不高；三是未能发挥运行数据在保障通信系统安全运行方面的价值，仅仅停留在数据查询功能，未能通过数据分析，实现运行趋势研判及事故提前预控，亟需依托大数据分析思路，推进光功率大数据辅助分析工具研究应用，实现光功率数据常态的分析研判，在支撑保障通信系统安全稳定运行中发挥数据价值。

二、技术方案

（一）关键技术

统筹考虑通信网络光传输系统运行维护工作实际，针对现有传输网管应用方面改进需求，自行制定光功率值预告警、趋势分析功能解决方案，依托大数据分析思路，利用 ASP. NET，采用三层架构，研究光功率大数据辅助分析工具，开发出操作简易、功能实用、可扩展性高的辅助工具。

工具能够满足个性化需求，基于满足差异化需求设计两种数据库汇总方式：一是将传输网管光路光功率数据导入辅助分析工具，实现全量数据比对分析，减轻运维人员负担，提升运维工作效率；二是可根据重要站点分析需求，手动添加站点并录入数据，形成重要站点分析列表，实现对重要站点光功率数据常态化分析。

设计基于光功率基准值的预警分析机制，结合光路运行实际，合理设置每条光路管功率基准值，科学执行告警策略机制，采用 SQL 语句实现光功率值预告警，即超过基准值视为问题数据并自动分类为提示、紧急告警，利用数据绑定技术实现光功率值趋势分析，达到运行趋势研判及事故提前预控要求。

（二）创新亮点

实现光功率异常事前预警，通过合理设定光功率阈值，基于工具对光功率值的比对分析，实现光功率值预告警功能，在传输网管产生光功率越限告警前，提前分析发现异常数据，并向运维人员发出预警，确保影响光路安全运行的问题隐患能够及时消除。

实现光功率异动趋势分析，每日将传输网管最新系统数据导入辅助工具，构建光功率大数据库，并通过将新数据与前期数据进行比对功能，实现光功率数据趋势研判功能，及时发现光功率数据异动情况，为后续故障定位、应急抢修提供可靠的数据支撑。

实现了简易安全功能需求，准确切入运维需求，统筹考虑开发难度、网络安全等实际问题，从便捷实用、高效安全的方向入手，完成独立离线版本的工具开发，辅助工具无需与传输网管实现端口互联，数据由传输网管导出，再导入至辅助分析工具，无安全泄密的风险。工具界面简洁，操作简单，具有扩展能力和二次开发能力。

三、应用成效

支撑保障地市传输网安全运行，通过光功率大数据辅助分析工具研究及试点应用，在保障地市传输网安全运行方面发挥了支撑作用，提前发现并处理地市骨干传输网 3 处光功率异常问题，分别为 A 站 Metro1000 设备 5 槽 1 口输入光功率突降 2. 8dBm；B 站 OSN1500 设备 5 槽 1 口输入光功率即将越下限，降至 23dBm；C 站 OSN1500 设备 13 槽 1 口输入光功率增大 6. 6dBm，接近输入上门限值。3 项问题均通过检修工作完成处理，实现了故障的事前管控，提前消除了影响设备安全运行的风险。

推动光功率运行数据价值挖掘。通过便捷的光功率数据分析比对，实现光路运行趋势的常态监测，运维人员可根据预警数据，提前开展故障防控处置，从而拥有充足的时间开展故障排查处置，避免应急抢修工作中时间紧张、处置不彻底、业务非计划中断等问题，切实发挥出数据在保障安全运行中的作用价值。

四、典型应用场景

光功率大数据辅助分析工具主要包括传输设备光功率值预告警及光功率数据异动分析功能，通过设定光功率基准值及数据分析判定逻辑关系，实现异常光功率数据的提前预警，强化传输系统安全运行水平。

保障传输系统安全运行，通过数据导入功能构建辅助分析工具光功率数据库，根据实际需求设定基准光功率值，开展传输网光功率数据对比分析，如 图 1 所示，对光功率数据异动或光功率达到基准值的情况进行预警，为通信运维人员提供可靠的数据支撑，在保障通信系统安全运行中发挥数据支撑作用。

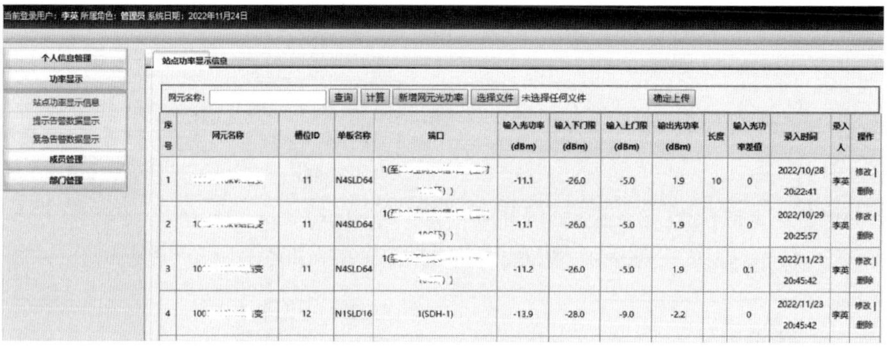

图 1　光功率显示信息页面

辅助调度运行监控工作，光功率大数据辅助分析工具可作为调度运行监控工作辅助工作，可定制化增加站点及设定光功率基准值，满足通信调度运行监控的个性化需求。通过个性化设置监控节点，能够实现对重要站点光功率变化趋势的掌握，如图 2 所示，从而做到调度监控由“事后通知”到“提前防范”。

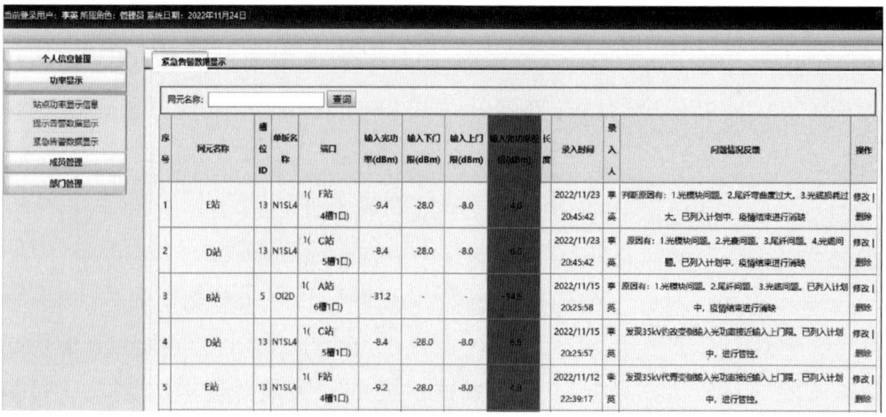

图 2　数据分析显示界面

更好地发挥运行数据价值，光功率大数据辅助分析工具依托大数据分析思路，从光功率数据对比分析节点入手，不断强化运行数据价值发挥，在推进通信智能化运维工作方面发挥了一定的作用。后续，将持续推进工具功能完善，立足通信运维工作实际需求，解决影响运维质量的实际问题。

五、推广价值

电力通信网是保障电网安全运行的重要组成，光功率大数据辅助分析工具从大数据分析思维入手，强化运行数据价值发挥，通过技术创新手段，实现传输系统光功率类故障的提前预警，在防范传输设备光路中断、杜绝通信业务非计划中断中发挥了支撑作用。并通过数据分析功能，为通信运维人员、调度人员提供便捷高效的信息化工具，切实提升了人员的工作效率。

通信 GIS 系统

国网浙江电力

（虞思城　杨佳彬　沈爱敏　王嘉承　潘人奇）

摘要： 通信GIS作为获取、处理、管理和分析通信网和电网地理空间信息和关联关系的重要工具，是运维检修数字化的新举措。针对通信网和电网网架建设规划难、检修计划协调难、检修风险评估难、故障消缺实施难和光缆异构分析难等痛点，浙江公司开展通信GIS系统建设，通过制定电网通信统一数据模型，建设调控云统一数据源，校核录入通信资源等手段结合WebGIS和AI分析算法等新技术，实现电网通信一张图呈现，检修风险智能管控，光缆异构智能分析等功能，构建适应新型电力系统的电网通信数字化协同管控体系。

一、背景

电力通信网以一次线路架构为基础，跟随一次线路做规划设计和建设，辅助一次线路的运行和维护。通信网和电网（简称“两网”）紧密相关，在建设和日常运维过程中存在如下问题：

（1）通信网和电网的资源信息相互独立，存在信息壁垒，在网架规划和设计过程中，缺乏清晰的图形工具来呈现两网的关联关系，缺乏高效的对比工具来计算两网薄弱环节，缺乏智能的分析工具来指导网架的优化和设计。

（2）在日常的检修和运维过程中，检修风险难预控，紧急故障难分析。因通信网和电网的检修管理协同不足，电网检修对通信网业务的影响以及通信网检修对电网运行的影响分析困难，检修工作的风险难把控。通信网和电网故障发生突然、原因多样、现象复杂、关联紧密，故障原因判断困难，消缺方案制定困难，影响故障恢复速度。

（3）因光缆开接和光缆段路径变换导致的光缆异构，难以在相关一次线路检修过程中精准分析线路中断对整体光缆网架和业务的影响。

基于以上问题，需以数字化牵引，搭建调控云通信电网统一数据源，构建通信GIS系统应用，对通信和电网数据做分析，消除两网信息壁垒，预控检修工作风险，缩短故障响应时间，强化光缆异构管控，提升两网协同管理能力，保障电网和通信稳定运行。

二、技术方案

（一）技术方案

对通信模型进行分类汇总，将通信对象细分为通信网、传输网、光缆网等“三张网”，以三张网为主体的全量静态资源，包括通信站、光缆、设备等物理资源及通道段、通道链路、通信业务等逻辑资源和各类资源之间的关联关系。根据以上资源类型和关联关系制定《电力调度通用数据对象结构化设计　通信模型》。

利用开源 WebGIS 技术，将电网和通信网信息在一张地图上清晰呈现，图形化描绘光缆线路和电网线路的网架关系。对现有线路数据进行统计，结合 AI 智能算法，分析线路运行年限和网架薄弱环节，指导网架设计；自动对比通信和电网业务运行路径，分析检修影响范围，强化检修风险管控；分析故障影响范围，在地图上呈现故障地理信息，生成光缆迂回路径和故障消缺方案，加速故障恢复。

对异构光缆的异构原因进行分类总结，对异构光缆异构点进行现场勘察，编制异构清册，绘制异构光缆手工图并录入 GIS 系统。在 GIS 系统中，利用图论算法根据光缆段纤芯连接关系计算异构光缆路由，自动生成异构光缆逻辑图、异构纤芯路由图，结合断点和业务路由信息，智能分析异构光缆检修和光缆缺陷的业务影响范围。

（二）创新亮点

1. 基于调控云，建立统一数据模型

消除电网和通信网信息壁垒，以调控云作为数据唯一来源，统一调控云和第三方通信应用系统的通信底层数据规范，再调控云平台将电网与通信数据融合，实现数据协同处理，在保证数据准确性、完整性的基础上，缩短 GIS 数据运维时间，降低数据运维成本。

2. 首次实现通信电网一张图

统筹通信网和电网资源，实现通信电网一张图，自动分析汇总设备运行状态和各类检修工作，不仅为设备检修、故障研判等提供预警，而且为优化通信网提供数据支撑。

3. 多维度剖析，智能生成抢修方案

以数字化技术辅助通信网和电网故障消缺，缺陷发现、故障定位、消缺方案制定均可利用通信 GIS 内嵌功能实时分析、实时获取。GIS 地图以图形化方式描绘故障点地理信息，帮助运维人员迅速掌握故障现场条件，准确开展消缺准备。

4. 构建基于光缆段的异构光缆管理模型

使用光缆段之间纤芯连接的物理关系，实时计算光缆和业务的逻辑路由。在光缆异构状态变更后，仅需更新异构点纤芯连接关系即可全面更新光缆异构信息和业务路

由信息，简化了异构光缆的数据管理方式，提高了异构光缆数据的准确性。

三、应用成效

（一）实现模型数据归一融合

电力通信通用数据模型的制定，使通信资源存储的规范性和信息表达的准确性均有提升。统一的资源模型，实现了调控云作为唯一数据源，GIS系统实时调用调控云数据并将修改信息100%反向同步至调控云，消除数据的差异性，降低数据运维成本。

（二）提升通信网和电网生产管理协同

基于规范化数据模型，建成通信GIS系统，汇集调控云端电网和通信数据，实现电网通信一张图，清晰展现两网架构关系，消除两者的信息壁垒，构建电网通信协同管理体系。

（三）提高检修风险预控水平

以调控云为平台基础，GIS系统实时获取和分析电网检修信息，智能计算一次线路检修对通信光缆、通信业务的影响情况，提前对通信运维人员发出风险预警。根据光缆日常运维工作量进行测算，线路摸排、现场勘察、业务核查等作业环节可减少60%的工作量，继电保护、电力调度数据网、电力调度电话等重要电网业务的管控准确性可提升至99%。

（四）强化异构运维风险管控

异构光缆的异构分类、风险评估、现场核查、“一线一册”资料编制、工程资料管控等工作的实施，将异构光缆的基础数据准确率提升至99%以上。光缆线路一张图、异构光缆逻辑图、异构光缆手工图、异构纤芯路由图等工程图纸管理功能，极大提升了异构光缆运维工作效率和准确率，全面把控异构光缆运维检修风险。结合数字化手段，在线路方式变更后及时上报异构变更情况，实时计算光缆线路和业务对应情况，实现数据的实时保鲜，将异构光缆的智能化运维管控水平提升到新的高度。

四、典型应用场景

通信GIS系统针对主网可辅助通信和电网规划设计、检修计划平衡、检修风险预控、故障消缺，以及异构光缆的精细管控；针对配网可辅助城区管井查询、光缆路径规划和故障快速定位；针对保护专网可辅助保护路由规划、传输专网设计和故障紧急迂回通道搜索等。

通信GIS系统以调控云为平台和数据基础，作为调控云的系统模块，以微服务的形式对外提供应用服务。用户可通过谷歌浏览器，分权分域在通信GIS系统中获取所属通信资源信息。通信 GIS 还提供了系统独有资源如站点现场照片、光缆异构手工图等数据的调用接口，供第三方应用二次开发调用。

五、推广价值

通信 GIS 系统以数字化牵引，促进通信电网协同管理，加快新型电力系统的建设进程，在以调控云和国分云为基础的新型电力大数据平台下有较好的推广应用价值。

通信 GIS 系统以调控云为唯一数据源，利用精准的资源信息提升检修效率，减少通信运维的人工成本；网架结构的智能分析，辅助规划设计，减少网架优化的建设成本；检修风险的智能预估，降低检修作业风险，避免因电网检修引起的经济损失；可见通信 GIS 有较高的经济效益。

通信 GIS 系统构建了通信和电网的协同管控体系，以数字化手段辅助通信网和电网的规划建设、运维检修和故障消缺，使网架规划更合理、运维检修更安全、故障消缺更迅速，保障通信网和电网的稳定运行，加速新型电力系统的建设进程，有较好的社会效益。

智慧线路巡检系统

国网蒙东电力

（汪文华　高　波）

摘要： 利用电力电子、5G 无线通信、无线传感、AI 智能识别等技术整合成一套智能输电线路巡检系统，能够解决高压输电线路的维护困难、成本高的问题，减少人力投入，提高线路巡检效率。

一、背景

蒙东电网 1000kV 线路共计 11 条，线路总长 528.80km；500kV 交流线路共计 80 条，线路总长 6480.91km；220kV 线路共 426 条，线路总长 15124.88km，输电线路长期受到自然环境千变万化的影响，如大气污染、强风、洪水冲刷、滑坡沉陷、鸟害以及外力破坏等，且蒙东地区常年季风较大，对线路影响较大，输电线路巡检和维护分散性大、距离长、难度高、人员少。目前线路巡检主要为人工巡视，人肉眼难以观察到线路、杆塔的微弱变化和线路的实时运行状况，不能及时做出预警和发现隐患，不能实时掌握线路情况以及定位故障，导致故障处置时间长，影响线路正常运行；同时输电线路数量多、分布广、受环境因素制约大，巡检费时费力且受天气限制，巡检效率低，因此人工巡检已不满足于如今的电网线路巡检，需要一种既不受天气、环境影响，又能节省人力成本的巡检方式。

二、技术方案

（一）关键技术

利用电力电子、4G 无线通信、无线传感、AI 智能识别等技术整合成智慧电力线路巡检系统，该系统包括：自然环境监测、输配电电杆塔“姿态”监测、异物监测、输电线电流监测、光缆在线监测等功能，具体组网结构如图 1 所示。

智慧电力线路巡检完全代替人工巡检，解决线路维护的工作量大，故障排查时间较长、人工投入成本高的问题。具体功能如下：

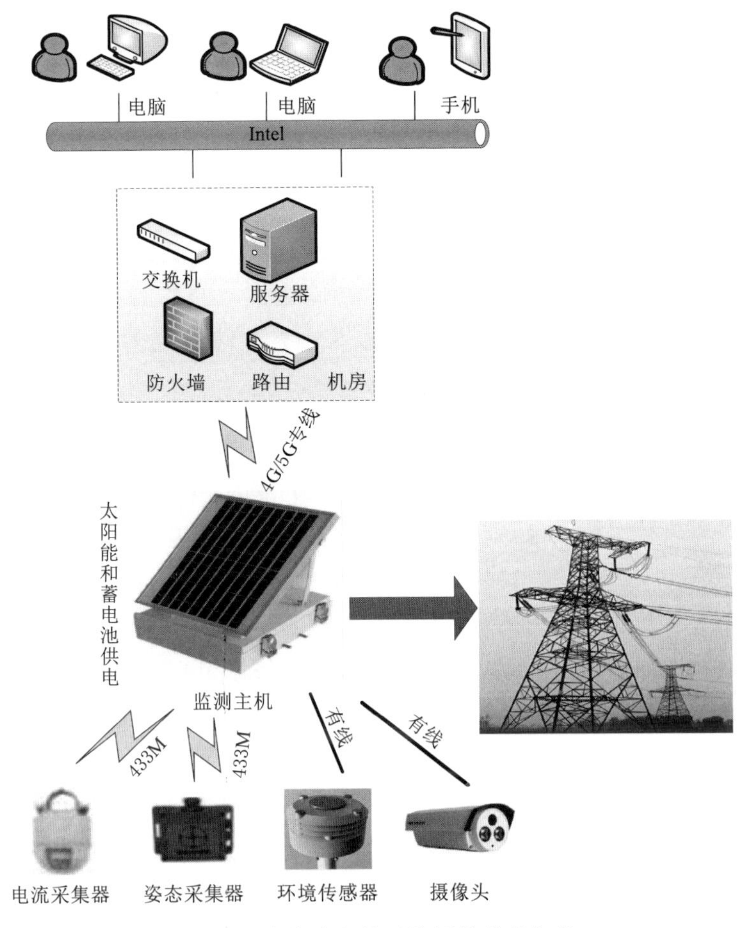

图1　电力线路巡检系统网络传输拓扑

(1) 自然环境监测。输电杆塔安装空气温湿度、风速、方向以及污染气体等传感器，实时监测自然环境的变化。根据长期的大气环境数据信息，综合评估输配电线路的老化情况。

(2) 输配电杆塔“姿态”监测。通过在杆塔上安装多个“姿态（加速度）”传感器，实时监测杆塔多点的“姿态”情况，当杆塔发生猛烈的外力撞击或者杆塔的“姿态”由于洪水或者地震发生改变时及时发送预警信息。

(3) 异物监测。通过安装小型摄像头采集装置，定时抓拍图片并对图片进行对比分析，当发现有异物存在时，通过喇叭发出报警，防止鸟类或者大型设备破坏，同时将图片通过4G/5G网络传输到后台，方便运维人员判别是否需要进行本地维护。

(4) 输电线电流监测。靠近杆塔附近的输电线上安装多个电流/电压采集点，实时采集各条输电线路的电流和电压情况，当发生断电的时候，可以根据各个杆塔的线路运行电流，快速找到线路发生断裂的地方，加快运维队伍的运维效率。

(5) 光缆在线监测。通过安装光缆在线测试仪，定时测试运行光缆通断情况，并定位故障位置，将测试结果反馈给后台，便于运维人员快速找到故障点。同时数据库后台接入通信网方式资料，当光缆故障时，可以迅速查询到光缆所影响光路及承载业务情况，缩短故障处置时间。

（二）创新亮点

1. 融合多种通信技术的数据传输体系

系统融合多种通信方式，根据不同采集设备特点，监控主机分别通过 433M（ZigBee）组网、光纤、RS485 有线等多种数据传输方式与监测设备通信，监控主机与后台服务器采用 4G/5G 自组网技术进行数据传输，能够适应多种不同的安装场景。

2. 融合光缆在线监测的线路故障定位系统

首次将光缆在线监测功能融合于线路监测，不仅能够通过采集线路运行电流变化情况快速找到线路断点，同时具备光缆在线监测、断点定位及影响业务分析功能，促进电力巡检与光缆监测的有机结合，有助于综合判断线路运行状态，准确定位并及时消缺故障，确保电力线路的安全稳定运行。

3. 基于多种供电方式的唤醒式低功耗电源系统

系统采集设备采用多种供电模式，包括：太阳能供电、风光互补供电、市电供电、蓄电池供电等多种供电方式。同时设备供电模块采用定时唤醒间歇供电方式，减少设备耗电，蓄电池可使用 5 年以上，大大缩减成本。

三、应用成效

（一）日常巡检效率提升

随机选取其中 5 条线路使用智能巡检，巡检中对输电线路中每个杆塔的各个指标数据进行查看并记录。巡视结果为智能巡检 1 条线路用时平均大约 1h，而原始人工线路巡检平均巡视时间 3.2h 左右。同时智能巡检不受地理位置、天气等环境因素和线路性质影响，同时巡检范围能覆盖线路、杆塔的各个指标数据，及时发现隐患，有效提高巡检效率。

（二）形成一个智能巡检体系

系统兼远程零接触数据采集和大数据分析于一体，利用电力电子、5G 无线通信、无线传感、AI 智能识别等技术整合成智慧杆塔监控系统，提高输电线路运行的可靠性及生产运行管理精准化水平，有助于保障安全生产，提升管理效率。

四、典型应用场景

本系统适用于电力系统内运检、基建等多专业应用，可在国网内其他 26 个网省公司推广，同时也适用于国外的国网控股电网及国外承建基建项目的相关管控应用。也可将此设备安装至电信运营商的铁塔中，实时监测，确保民用的电信信号稳定。

五、推广价值

将该系统应用于蒙东地区220kV及以上线路规模计算：

每年人工巡检成本＝(线路数量×巡检频次＋月平均故障次数×12)×每次成本＝(500×12＋5×12)×2000＝1212(万元)。

智能巡检年成本＝(单套系统成本×杆塔数量)/设备周期＋维护成本＝(2300×40000)/10＋800000＝1000(万元)。

通过以上粗略统计，智能巡检较传统人工巡检预计每年节约成本200多万元。

在社会效益方面，能够加强电网杆塔的基础数据掌控，提前预警，减少电网故障。提升应急抢修能力，最大程度降低灾害对电网运行造成的影响，避免停电事件发生，尽快恢复供电，提升电网企业社会形象。

通信检修影响业务分析工具

国网河南电力

（王　雷　盛　磊　张宁宁　刘　岩　刘慧方　金　靓）

摘要： 随着电网与通信网快速发展，通信网承载电网保护安控等业务呈现覆盖范围广、业务数量大、通道方式复杂等特点。目前由于缺乏影响业务分析工具，在通信故障处置、检修安排等运行工作中仍然采用传统的线下人工方式开展业务校核，费时费力，效率低。国网河南信通公司依托通信管理系统，创新研发并应用通信检修影响业务分析工具，通过建立全网通信业务“一本账”，实现检修影响业务“一键导入”以及通信业务 N—X 运行风险“一键校核”，原“小时级”工作通过“一键”功能“分钟级”解决，实现了通信业务安全校核由“线下人工”到“线上智能”方式转变，经过全省推广应用，实现通信传输网 376 项检修票影响业务自动填报，有力支撑了“7・20”郑州特大暴雨灾害应对，极大提升了电网“三道防线”通信支撑保障能力。

一、背景

在通信检修或者应对突发事件时，通信调度员通过人工分析业务通道中断影响范围、制定应急保障方案，耗时低效，极易导致安全事件或造成电网事故扩大。例如 2021 年“7・20”郑州特大暴雨期间，500kV 嵩山变和官渡变通信设备存在浸水全停风险，嵩山变承载生产业务 2700 余条，官渡变承载生产业务 3200 余条，一旦两站同停，将造成中州安控系统 7 子站失去，3 地区数据网上联中断。如果采用人工校核方式，需耗时 3h，完成 5000 余条业务影响范围分析，纯人工模式已不能满足安全保障要求。针对此类问题，国网河南信通公司开发通信检修影响业务分析工具，在“7・20”郑州特大暴雨期间，将小时级工作量压缩至分钟级，实现通信业务校核的线上分析。

二、技术方案

（一）关键技术

1. 构建物理资源数据与逻辑路由数据动态关联模型

将业务资源、光路资源、通道资源、业务通道关联资源之间碎片化的通道信息自动拼接与补充，针对存在时隙交叉的端口进行分支计算，找到该分支进行多条路径的寻址，确定该传输段的信息，通过对转接通道的分析，从接续点完成物理路由的拼接，实现多段路由通道完整贯通（图1）。攻克通道跨网、2M端口转接，以及光电转接造成通道路由数据中断的难点，解决不同组网方式下，数据分析不完整的难题。

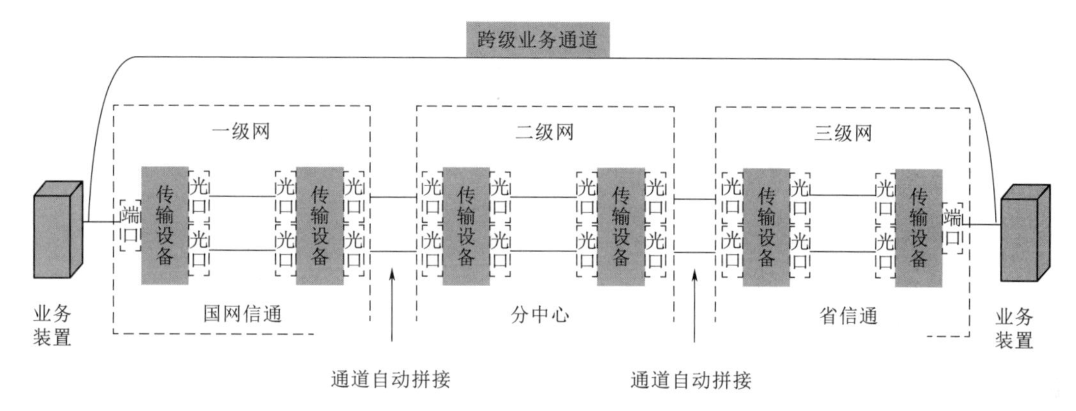

图1　多段路由通道自动拼接

2. 建立影响业务分析规则

首先，对光路及业务的物理路径进行归集，依据资源关联关系，将受影响的通信物理资源转换为受影响的光路资源；其次，按照逻辑关系（光切主备光路、1+1主备光路、单光路；同塔/非同塔双回光缆、架空/沟道/隧道敷设形式；SNCP、单通道配置方式）制定规则，实现光路及影响业务的分析判断（图2）。

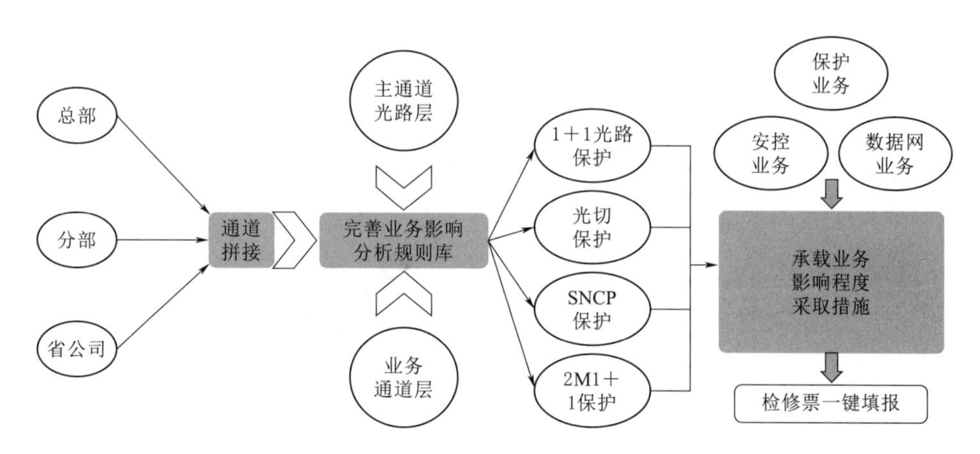

图2　基于规则的影响业务分析流程图

（二）创新亮点

1. 采用微服务、微应用架构，建立全网通信业务“一本账”

基于通信管理系统平台，采用微服务、微应用架构，贯穿生产控制大区、管理信息大区，具有低耦合、高性能、易维护、部署灵活、功能开放、迭代快速的优点。通过建立数据提取和关联规则，自动分析生成光缆、光路、业务通道路由关键关联信息“一本账”（图 3）。

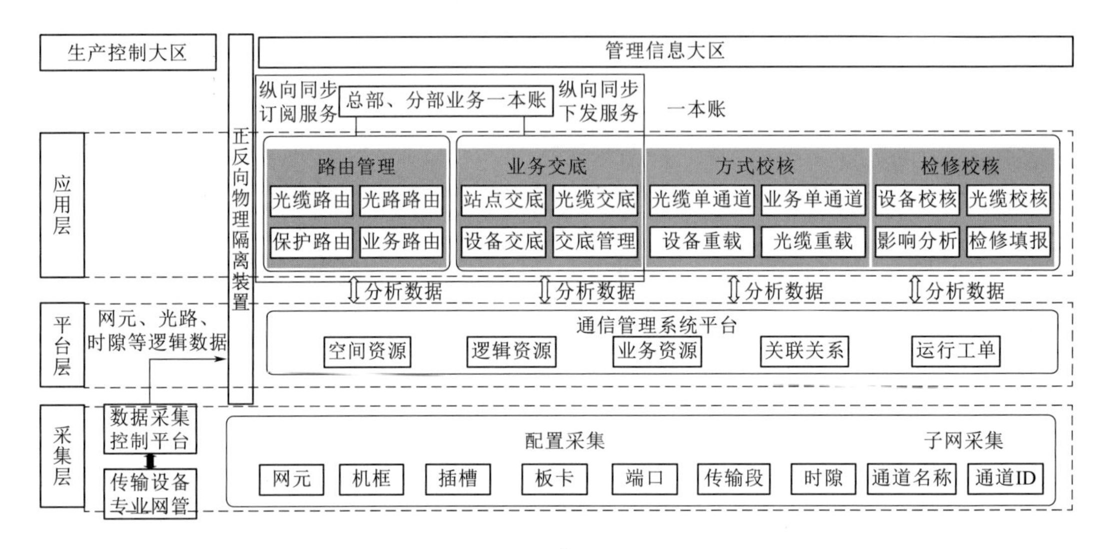

图 3　构建一本账

2. 建立唯一身份 ID 编码，提升数据数量

规范保护、安控、调度数据网等各类业务命名，借鉴身份证理念，对业务通道信息建立唯一身份 ID 编码，通过增加业务通道名称和标签 ID 采集功能，实现传输网管与通信管理系统数据一致性校核，提升资源数据质量，保障影响业务分析的准确性（图 4）。

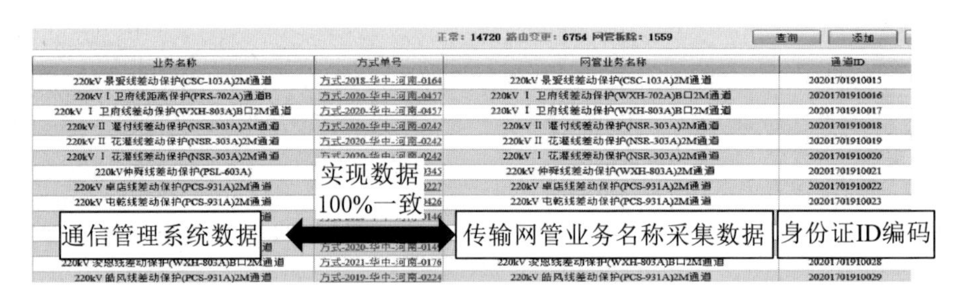

图 4　业务通道信息的唯一身份 ID

3. 开发影响业务分析工具，实现对调度一次业务的关联分析

制定双重化配置的线路保护、安控、调度数据网业务判别规则，由通信通道的风险分析，进一步实现对电网运行风险的分析。结合灾害影响预判，自动计算多点、多线故障对通信网及电网的影响，提前发出预警，指导做好通信网防灾减灾工作（图 5）。

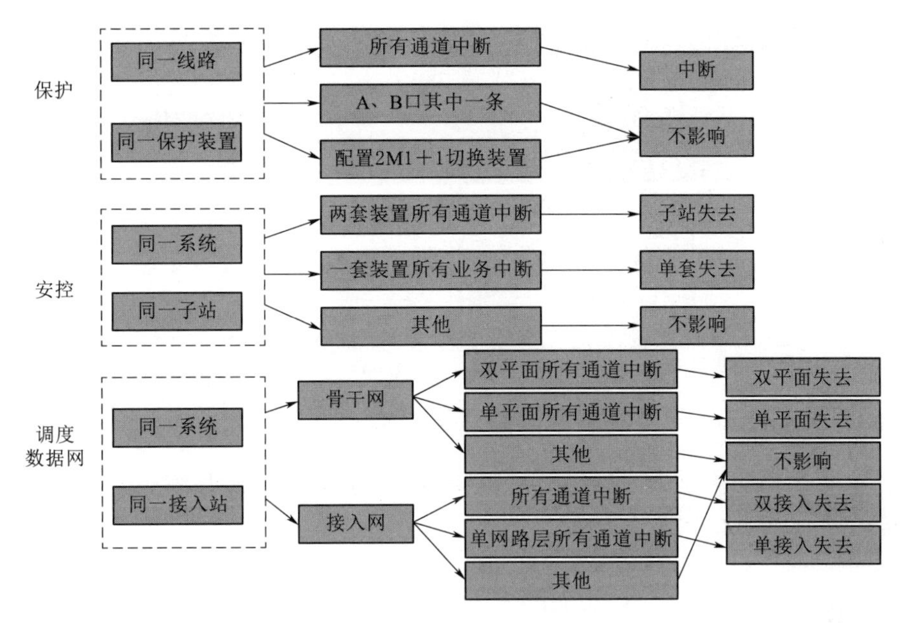

图 5　通信与一次关联分析

三、应用成效

“通信检修影响业务分析工具”作为 2022 年国调中心重点任务，于 2022 年 4 月在全省 18 地市公司推广应用，8 月完成华中分部部署应用，11 月完成国网信通公司部署应用。通过该工具应用，实现通信网业务安全校核由“线下人工”向“线上智能”方式转变，极大缩短了典型场景业务校核时间，效率得到百倍提升；调控运行由“面向设备”向“面向业务”方式转变，在故障处置、检修安排中，业务保障更加有效；安全风险防控由“简单粗放”向“多维精准”方式转变，在隐患治理、运维作业、灾害应对中，业务保障措施更加精准。

四、典型应用场景

（一）有力支撑“7·20”郑州特大暴雨灾害应对

通过一键校核，评估 5000 余条生产业务运行风险，快速校核灾害对通信系统影响范围，第一时间上报国调中心和省公司防汛领导小组，开展业务迂回处置，避免中州安控系统 7 子站业务同停风险，为电网灾害应对提供依据。

（二）通信检修影响业务“一键填报”

通过对光缆和设备单点检修影响业务校核分析，辅助检修人员进行通信检修影响

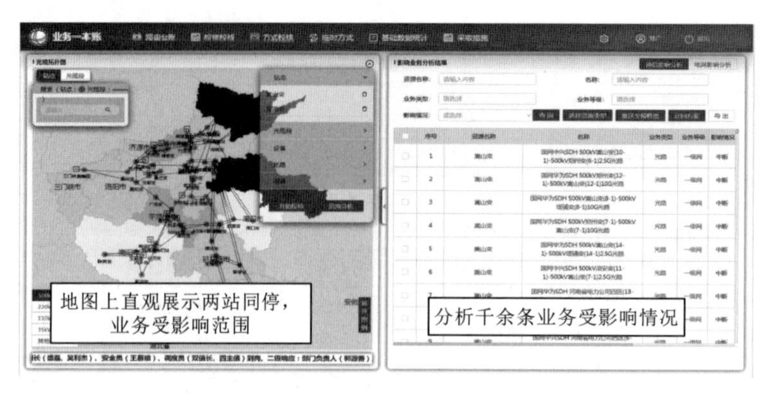

图 6　500kV 嵩山、官渡两站同停影响分析

业务填报与审批，自动校核填报三级网检修票 376 张，校核时长缩短至分钟级，保护、安控业务校核准确率达到 100%。

五、推广价值

“通信检修影响业务分析工具”已在国网信通、华中分部、河南公司部署应用，在灾害应对、电力保供、调控运检等方面发挥了重要支撑作用，促进通信网业务安全校核方式、通信网调度运行调控方式、通信网安全风险防控方式三方面的质效转变，为推进电力通信专业的数字化转型、协同保障大电网安全提供了坚强保障。

电视电话会议视频信号故障自动检测系统

国网江西电力

（武　冬　彭　超　郑美兰　殷　芳　方　蓉）

摘要： 电视电话会议视频信号故障自动检测系统结合 RPA 和图像识别技术，从多个维度对视频会议终端信号进行自动检测，若信号检测出异常，则自动弹出故障告警信息，可提醒保障人员点名发言时切备用系统，并可自动操作 SMC 会管平台将主席轮巡暂停，然后及时将故障画面踢出轮询。

一、背景

此应用成果落地之前，主会场会议保障人员只能与主会场参会领导同步观看各分会场轮询或点名发言画面，当分会场上传画面出现异常时，不能提前预知并及时操作踢出轮询，影响会议召开效果，无形之中增加保障人员心理压力，故实现电视电话会议视频信号故障自动检测具有十分重要的意义。

为了解决以上问题，江西公司潜心研究电视电话会议视频信号故障自动检测系统，以使每场视频会议效果达到最佳，为用户提供优质的视频会议技术保障。

二、技术方案

RPA 视频信号故障自动检测系统主要由三个部分组成：①会议终端登录程序；②会议终端异常图像检测程序；③会议终端明细表，包含终端名称、终端 IP、终端 Web 登录账号及密码等信息。

RPA 视频信号故障自动检测系统运行流程图如图 1 所示。

会议终端登录程序。运行会议终端登录程序后，系统自动打开终端明细表，Web 登录所有参会视频会议终端，并点击设备控制，打开视频控制，如图 2 和图 3 所示。

会议终端视频图像信号检测。检测视频图像信号主要是收集适量的故障视频图像，作为图像识别训练集对会议中的视频图像进行画面比对。应用图像识别技术自动

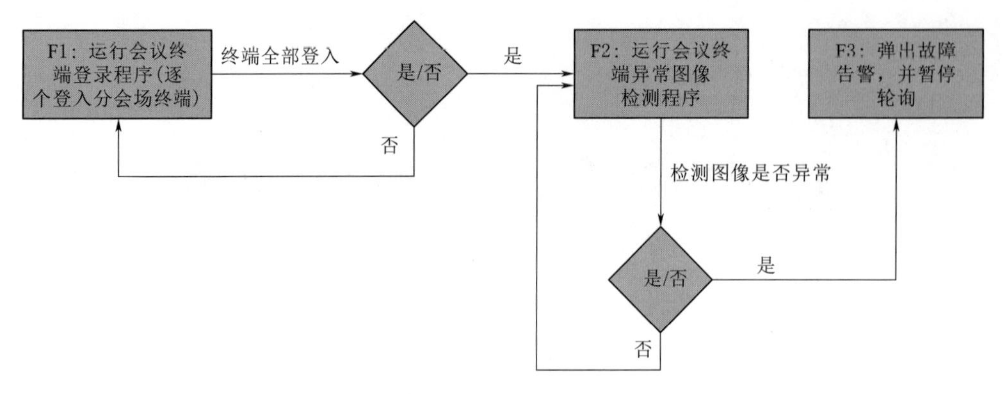

图 1　RPA 视频信号故障自动检测系统运行流程图

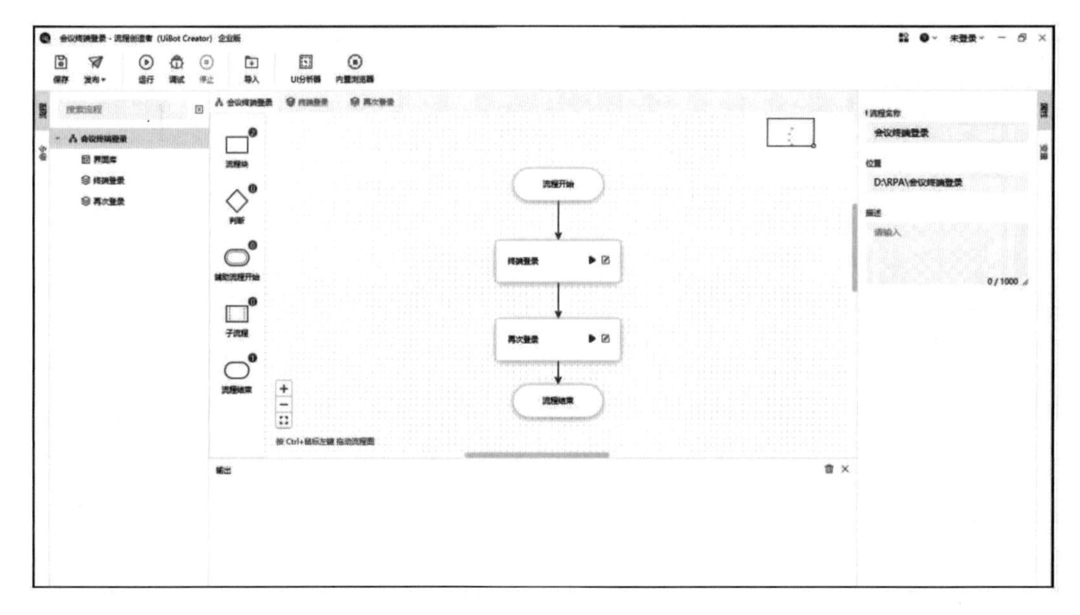

图 2　会议终端登录程序图

识别出故障画面，然后将检测出的故障信息，进行告警弹出，并自动暂停主席轮询或剔除相应故障画面，如图 4～图 6 所示。

三、应用成效

成果首先应用到应急视频会议系统，在多场会议调试保障中，能准确自动检测出故障画面。此成果应用后，故障画面能提前预警并及时处置，大大提升了会议召开效果和公司各业务部门对会议保障服务的满意度，为江西公司安全生产提供了有力支撑。

随后逐步将成果应用到公司行政、一体化会议系统中，为江西公司行政会议、一体化会议持续提供优质技术保障，进一步提高公司经营管理效率。后期考虑将此应用推广至其他网省公司，提升全网会议召开质量。

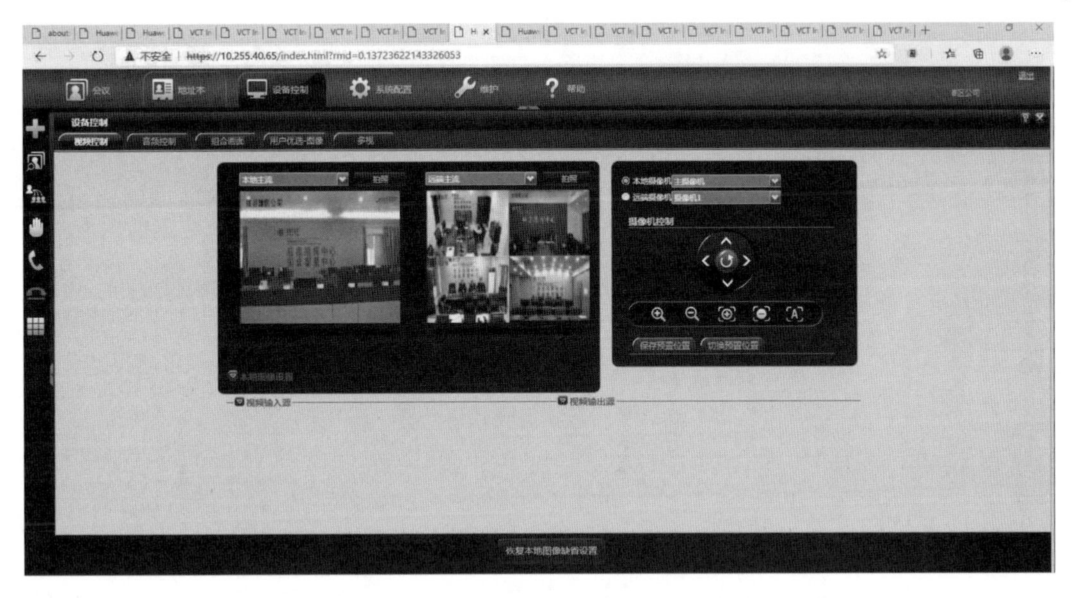

图 3　终端视频控制界面图

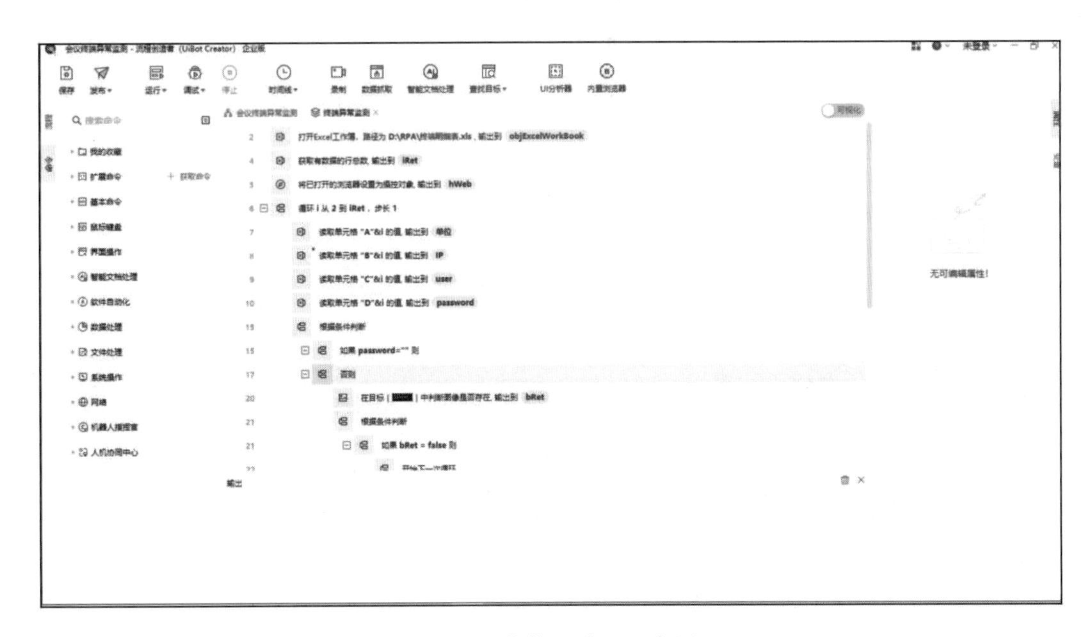

图 4　图像信号检测程序图

四、典型应用场景

该成果适用于行政、一体化及应急会议系统，主会场观看轮询或点名发言时，若有分会场出现视频信号故障，可提前预警，自动弹出告警信息，并可自动操作 SMC 会管平台将主席轮巡暂停，然后及时将故障画面踢出轮询，点名发言前可提前切至备

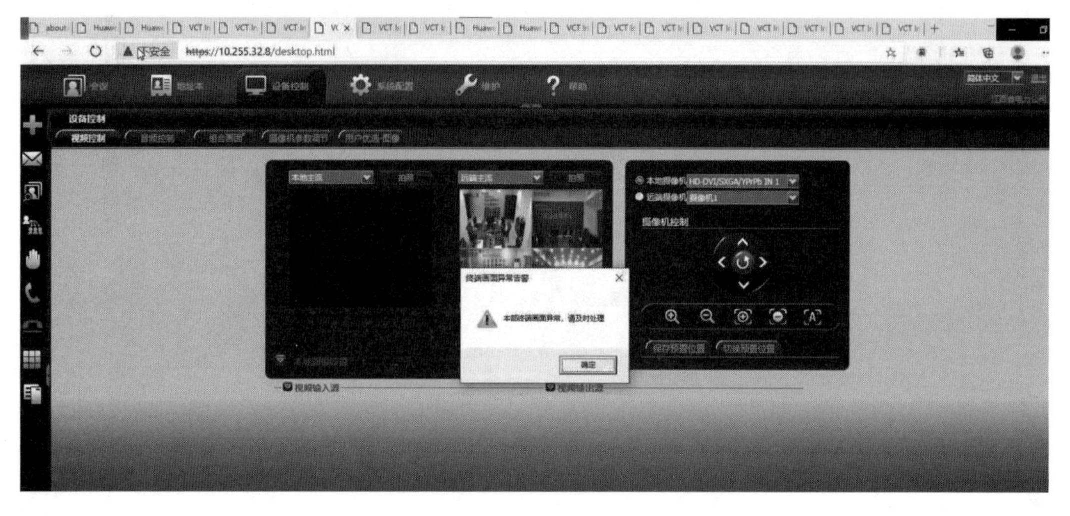

图 5　异常图像检测结果图

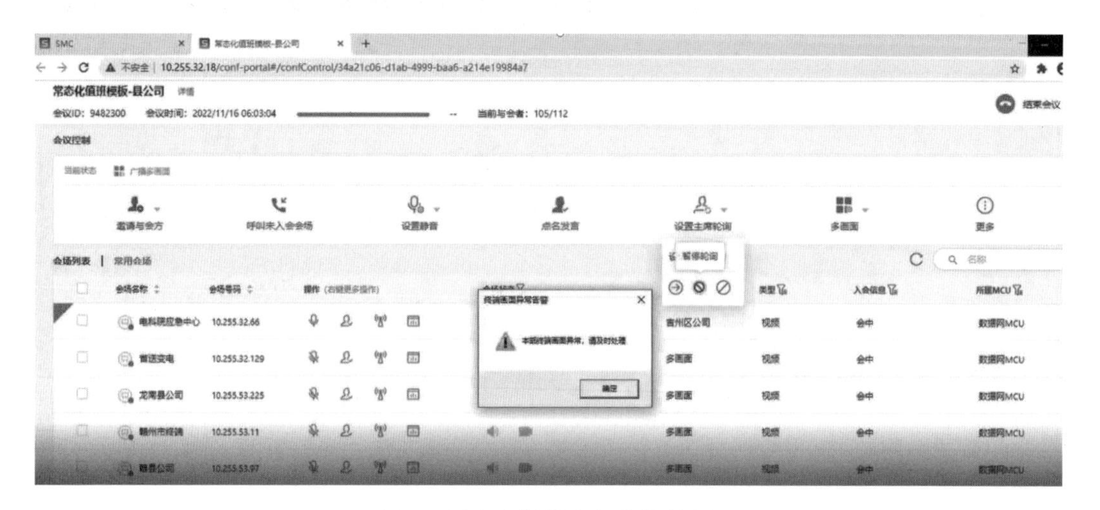

图 6　异常告警触发暂停轮询图

用系统，避免出现会议保障失误。若分会场较多的公司，为维持系统流畅性，建议使用两台 i7 12 代处理器、内存 64GB 的检测电脑。

五、推广价值

此研究成果可极大提高视频会议召开效果，提升公司经营管理效率，具有较大推广价值。目前全网电视电话会议系统的技术原理、终端登录方式等基本相同，可较易推广至国网、其他网省公司和地市公司，助力视频会议提质增效，且可极大节省公司投资成本。

基于区块链的电力通信网管综合安全防护体系

国网辽宁电力

（宋曼瑞　王　钥　冯文钰　刘婷阳）

摘要： 针对目前电力系统变电站等区域通信机房无单独准入控制机制和网管安防手段薄弱等问题，提出基于区块链的通信网管综合安全防护技术，建立基于共识机制及多维身份信息验证的通信机房准入机制，开发基于区块链认证的电力通信网管综合安全防护平台。提升通信系统的安全防护水平。

一、背景

通信专业需要进行运维的通信设备种类繁多，各个厂家都针对自己生产的通信设备提供各自封闭的网管系统。运维人员需操作的网管系统繁多，在实际应用中，此种运维方式存在一定的网络安全隐患，其主要表现在：①网管机房部署多个网管终端，运维人员若不注意容易产生误操作风险；②不同厂家网管系统无统一权限管理机制，相关运维操作存在越权操作风险；③网管机的操作无行为审计日志，如遇误操作难以排查原因及事故追责。

为提高电力通信网运行的安全性，亟需提升通信网管系统的安全管控能力，确保电力通信网可靠运行，更好地保障电力系统安全稳定运行。

二、技术方案

（一）关键技术

创新性地提出了人体生物特征结合授权信息的身份认证信息存储方法。由于人体生物特征采集条件变化范围较大，背景噪声复杂，本项目通过神经网络模型提高比对信息准确度，实现了高可靠性的人体生物特征识别。

构建了基于区块链技术的安全身份认证过程。基于区块链技术，设计身份认证机制，实现了身份验证结果的完整性、机密性和真实性，同时能够抵御多种网络攻击手段。

实现了完整的网管系统用户授权行为日志审计。利用区块链的防篡改和可溯源特性，建立授权行为日志，高效地保存到区块链上并提供审计功能，实现了网管系统访问历史记录的可信溯源。

（二）创新亮点

1．基于区块链加密的安全数字身份认证机制

提出基于区块链加密的安全身份认证记录方法，用于确保身份认证信息的可信性。研究建立区块链＋人脸识别的双因子身份认证模型方法，提高网管系统授权的安全性。具体包括：构建包含授权密码和面部特征数据的融合数据结构，将授权信息和面部特征信息加入区块，并生成区块头。提出融合国密算法的存储机制，确保信息安全，同时通过区块链的Merkle树结构及Hash头进行信息查找，提高数据读取速度并确保身份认证行为可溯源。

2．基于区块链的防篡改网管系统登录行为审计方法

提出基于智能合约的网管系统登录行为记录方法和审计方法，确保准确记录运维人员的操作行为。通过结合数据库、区块链、分布式存储等技术，实现面向网管系统的行为监管追溯。具体包括：

结合区块链及IPFS分布式存储技术研究面向网管系统行为日志数据的安全存储模型，保障数据和电子文件的不可篡改、完整性和可靠性。设计基于角色的分级动态访问控制和基于m—n多重签名的行为日志数据提取方法，进而构建基于智能合约的网管系统行为日志数据访问方案，实现网管系统行为日志速率和访问安全的双重保障。构建日志数据库、区块链和IPFS集群之间的日志数据处理和传输通道，对接底层日志数据库、区块链网络、IPFS存储系统，实现日志数据的自动抽取、可靠存储和安全管理。

3．开发基于区块链的通信网管系统安全防护平台

为实现对网管系统操作的安全管理，屏蔽非授权用户对网管系统的操作，设计并实现通信网管系统安全防护平台，保障针对网管系统的操作是可溯源的，并且操作员是可信的。

三、应用成效

（一）建成网管系统运维人员角色权限的访问控制管理体系

在网管机上部署基于区块链的通信网管系统安全防护平台，通过平台的身份管理功能，对第三方运维人员、网管操作员、管理员分别建立不同账户，每个按照角色区分权限。通过平台的人体生物特征识别功能验证操作用户，明确不同账户的访问权限，细化了针对网管系统的访问控制，降低了网管系统误操作及恶意破坏的风险。

（二）实现网管系统访问日志的可信溯源

本项目研发的基于区块链的通信网管系统安全防护平台，具备系统访问日志审计功能，通过构建的区块链对访问授权进行记录，使网管系统操作记录有据可查。

（三）技术先进性

研发的基于区块链的通信网管系统安全防护平台，满足指标：身份认证响应时间小于 1s，存储网管系统运维人员身份信息大于 1000 条，可提供网管系统授权日志历史记录大于 10000 条。

创新性地提出了人体生物特征数据与区块链的信息融合方法，实现基于区块链加密的安全身份认证体系架构，并用于网管系统授权，确保身份认证信息的可信度，提高网管系统操作的安全性。

四、典型应用场景

基于区块链的通信网管系统安全防护平台应用场景包括通信中心机房、变电站通信机房等可连接网管系统的终端，部署方式包括集中式部署和分布式部署两种，可对网管系统形成全方位安全防护，同时利用数据库、区块链、分布式存储等技术，实现面向网管系统的行为监管追溯。

五、推广价值

基于区块链的通信网管系统安全防护体系，为网管系统的操作授权管理提供了新的解决思路。基于人体生物体征识别和区块链技术等先进信息通信技术，面向通信网管系统实现多角色多权限的访问控制，提升网管系统的安全防范能力，保障电力通信网络的安全运行。

基于云端融合的光缆智能管理系统

国网信通公司

（王　颖　李　黎　唐　佳　高菲璠）

摘要： 电力通信光缆作为骨干通信网的基础设施，在实际运维工作中，运维单位每年定期开展光缆性能检测，利用人工记录填报的方式保存测试结果，存在填报数据不准、人工工作繁琐等问题，因此电力通信光缆运维手段的数字化、智能化创新升级是一项重要举措。国网信通公司从实际痛点问题出发，研发了基于云端融合的光缆智能管理系统，包含云系统和端单元，云系统实现了电力通信光缆资源及纤芯性能的智能管理，开发端单元——光缆性能测试App程序，实现对光缆测试仪表的智能控制、测量数据自动获取、安全高效回传，利用云端的交互自动流程，实现了现场工作的简单化和操作的标准化，大幅提升光缆日常运维工作质效。

一、背景

电力通信光缆实际运维工作中主要存在三方面的问题：一是运维工作繁杂，测试数据主要依靠人工记录，缺少海量数据智能分析工具；二是测试性能单一，仅有纤芯衰耗性能测试数据，且记录数据无光缆沿线细节分布数据；三是数据有效性低，测试结果有效性受人为因素影响，目前尚无数据校验机制。因此，当前的光缆运维管理模式缺乏智能化运维工具，现场运维工作繁琐，缺少智能化工具支撑，亟需通过智能化、自动化的技术手段来实现光缆的智能管理。

本项目从实际工作需求出发，创新研发了基于云端融合的光缆智能管理系统，为光缆的运行维护管理提供了一种智能化、标准化、自动化和实用化的工具，有效提升光缆运维工作效率和自动化管理水平。

二、技术方案

（一）关键技术

基于云端融合的光缆智能管理系统包含云系统和端单元两部分，云系统和端单元也分别是项目的两大内容。

云系统通过多数据接口，完成静态数据、动态数据和管理数据的统一存储和建模，并且面向故障诊断、隐患预防和运维管理三个主要工作场景来展开实际应用，实现了光缆管理一张图，主要创新点是基于多维数据的光缆全寿命隐患管理。

端单元分为两部分，包含安装在手机上的移动 App 和自研开发的智能测试仪表，可以通过移动 App 控制智能仪表进行测试，并且将测试结果回传至云系统。其中智能仪表是集衰耗和应变多类性能采集的仪表。

当云系统下发工作任务后，现场运维人员在移动 App 可以看到测试任务，通过 App 触发智能测试仪表对光缆性能进行测试，同时将采集数据自动回传至云系统。在测试过程中，移动 App 和智能测试仪表，一是可以统一设置测试标准参数，确保测试结果的规范；二是对测试数据进行验证，确保没有测错或者传错的数据；三是可以进行坐标定位，验证测试站点是否正确，并且为故障定位提供数据支撑。

（二）创新亮点

构建了更适合光缆自动化运维管理的“云—端”光缆智能管理系统。实现云系统与端单元的互联互通，为光缆的运行维护管理提供了一种智能化、标准化、自动化和实用化的工具，有效提升光缆运维工作效率和自动化管理水平。

自主研制了光缆现场测试作业终端。主要包括移动端 App 和智能检测仪表，实现了光缆测试中移动 App 与智能检测仪表的采集控制和数据自动回传等，规范了测试仪表与移动作业终端的交互方式，实现光缆测试“一把尺子量到底”。

实现了自动化、标准化的光缆运维作业流程。通过云端下发光缆巡检监测任务，测试方案、测试内容、仪表配置同步下发到移动端，现场运维人员仅需开启移动 App 与测试仪表的连接，调整测试纤芯就可以完成全部测试工作。

三、应用成效

应用成效主要包含云系统和端单元两部分，云系统实现了 2019 年至今在西北、三峡、东北、西南等地区开展的 200 余段、1 万余 km 光缆纤芯性能测试数据的智能管理和分析，其中龙政线已实现全线管理。端单元分为移动 App 和智能仪表，目前已开发 App 和仪表，实现两者间互联，开展了白广路至电科院 4 条普通光缆现场测试；智能仪表方面，目前依托国网科技项目已经实现了与哈尔滨工业大学的仪表互联，但由于仪表应用具有局限性，因此通过与 EXFO 和中国电科第三十四研究所等主流仪表厂商进行交流，选取应用范围广的几款测试仪表型号，实现与移动 App、云系统的联调功能。

四、典型应用场景

基于云端融合的光缆智能管理系统有效解决了OPGW光缆运维压力大、测试数据不全等实际生产问题，无需运维人员手动记录测试数据并进行存储上传，简化光缆测试的现场操作方式，从而大幅减少了运维工作量，具有广阔的应用前景和推广价值，典型应用前景主要体现在：

（1）简化光缆性能测试流程。推广基于云端融合的光缆智能管理系统在全网的应用，形成统一的光缆测试流程、标准，简化光缆性能现场测试工作，提高测试结果可靠性。

（2）深化光缆性能测试数据的应用。利用项目成果深入分析光缆运行状态，评估性能劣化趋势，实现光缆风险预警。

（3）支撑电力通信网络的稳定运行。利用项目成果统一管理光缆资源与动态运行数据，有效监测光缆资源利用率、隐患和可用情况，为承载业务迂回提供辅助决策，提前开展应急预案，保障电力通信网的安全稳定运行。

五、推广价值

在经济效益方面，通过基于云端融合的光缆智能管理系统，实现了云端智能光缆监测管理平台、移动端光缆巡检监测App、测量端智能光纤测试仪表三者之间的互联互通，提供光缆测试任务的标准化、自动化手段，简化了光缆测试巡检工作，减少测试数据人为导入导出环节，便捷了光缆现场运维的操作，可有效节约光缆运维单位的人力、物力、时间。

在社会效益方面，该成果实现了“云系统的光缆管理一张图，端单元的一把尺子量到底”，有效提升光缆运维管理水平，有力支撑电力通信网安全可靠运行，为保障国网公司对外的优质服务水平，提供技术服务支撑。

应急综合业务融合系统平台

国网新疆电力

（张雪瑞　冯　杰　郝　玮　李　欢　吾米提·阿不都米吉提　杨站齐）

摘要： 近年来随着新疆电网建设的不断发展，应急通信随之在各项电力保障中发挥重要的作用，为满足不同制式下应急装备的统一接入、数据贯通、可视化展示的使用需求，新疆公司利用融合通信技术，建设应急综合业务融合系统平台，可有机融合多种应急通信设备，突破系统间信息交互的壁垒，实现现有各系统之间的通信融合与统一调度管理，为公司快速指挥、科学决策提供高效可靠的通信保障支撑手段，提升应急响应处置效率。

一、背景

新疆地区由于幅员辽阔、边境线长、地形条件复杂、自然环境恶劣，导致新疆电网安全运行与企业稳步发展面临暴风、暴雪、沙尘暴、地震等自然灾害的挑战与社会稳定的双重压力。新疆电网的迅速发展，对应急通信保障的需求也日益增加。复杂多样的场景和需求都对应急通信保障范围、响应能力和管理能力提出了更多要求。

现有应急通信系统存在以下问题：①现有的应急通信系统包括卫星通信、卫星电话、视频会商、移动4G应急、VOIP语音电话等，各系统相互独立部署分散，不便于统一管理和使用，极大地制约了应急响应处置的效率；②应急通信装备种类繁多，通信制式各有不同，分散在全疆各地部署，彼此之间回传的音视频互联互通性差，后方无法及时有效掌握现场应急处置情况，跨区作业缺乏统一的调度管理机制，无法做到统一指挥调度。

亟需开展应急综合业务融合系统平台技术研究，依托平台横向打破音视频信息壁垒，支持各类终端设备无缝接入，建立智能协同、高度融合的多业务互通机制，满足多元化业务场景对应急指挥调度需求；纵向贯通“运行—调度—管理”全过程数据，打通各个环节、业务系统之间互联，建立扁平化管理模式，实现设备、资源和人员的可视化管控，统一指挥和管理。

二、技术方案

（一）关键技术

以 IP 网络技术为基础，以下一代网络（NGN）技术规范为架构，以软交换技术为核心，建立适合应急通信的融合通信机制。开发基于 FreeSwitch 软交换平台的音视频融合软件系统，通过支持 SIP、H323、GB/T28181、ISDN PRI 等协议，实现当前主流多媒体的数据交互，从而打通应急通信中多个业务系统的音视频信息壁垒，最终实现将固定电话、卫星电话、VoIP 语音、卫星通信、视频会议等多种类型的终端接入融合平台，通过融合平台可以按需选择任意组合的终端，建立统一的音视频会议。同时构建丰富灵活性平台，支持第三方系统的对接，为后期大设备升级、运维交互提供便捷。如图 1 所示。

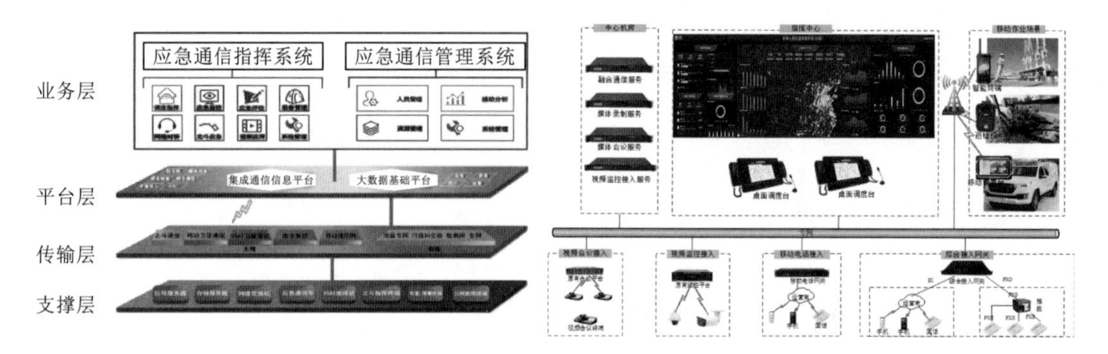

图 1　应急综合业务融合平台系统架构图与实施内涵逻辑图

开发 C/S 架构模式的卫星通信管理系统，以卫星资源统一管理、自动分配、自动调度技术为核心，支持星状和网状卫星通信网的管理，突破国外卫星通信管理系统的技术壁垒。利用通用 GIS 地图的公共接口、移动 App 技术、ORC 图形识别技术、GPS 定位技术等，实现基于 GIS 地图下应急装备的实际位置信息管理、轨迹追踪管理和应急资源统一调度管理等功能，实现对应急资源的实时监测、统一指挥调度。

（二）创新亮点

1. 实现各类终端设备无缝接入，音视频业务融合统一调度

建立通过中间接口与 VSAT 卫星通信系统、4G/5G 音视频传输、视频会商、集群通信和单兵通信等系统的无缝对接，将各类终端设备采集到的信息传输到媒体融合网关，基于 IP 网络对各类音视频信号进行传输与处理，通过不同系统间网关协议、编解码转换技术、接口匹配协议等多种方式将各类视音频信号进行统一转换与处理，使其各类信号到达融合平台后，成为系统标准的统一格式，实现不同类型终端信号源、传输及显示的统一融合。统计分析界面如图 2 所示。

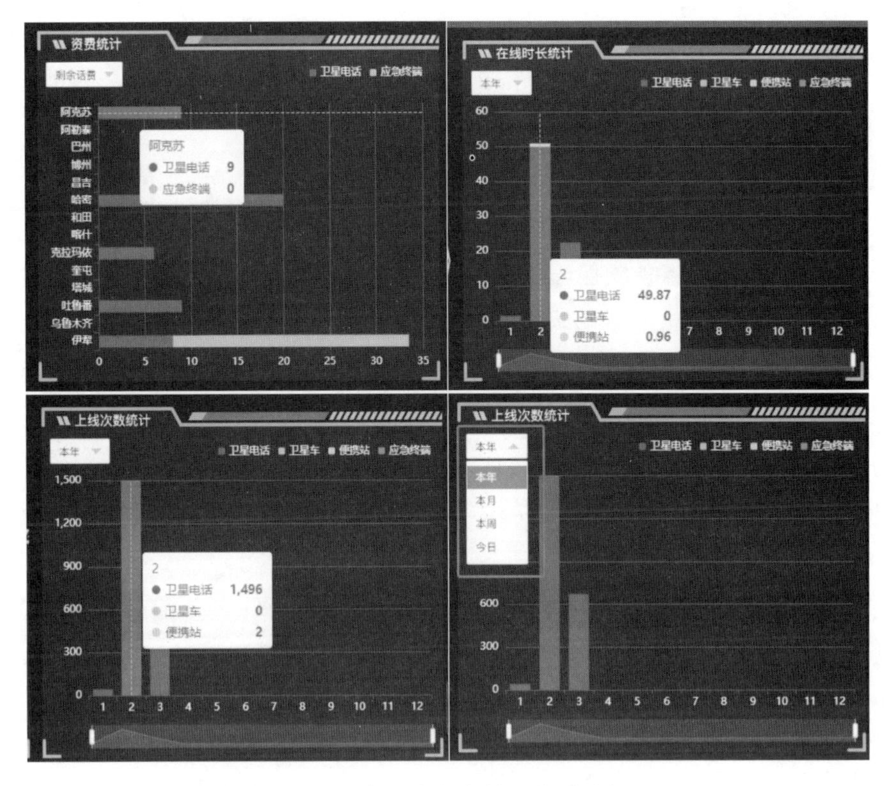

图 2　应急融合平台装备管理统计分析界面

2. 基于地图实现应急业务“一键调度”功能

解决现有应急指挥系统难以实现不同场景下应急装备实时联动、统一指挥调度问题，以 IP 数据交互为手段，构建全新的“多终端在线互联、多任务并行执行、多信息共享展示”的透明调度指挥模式。实现各类终端设备无缝接入、音视频业务融合统一调度、设备运行状态可视化监控、人员运动轨迹全过程跟踪、基于地图的应急业务“一键调度”功能。“一键调度”界面如图 3 所示，设备运行监控界面如图 4 所示。

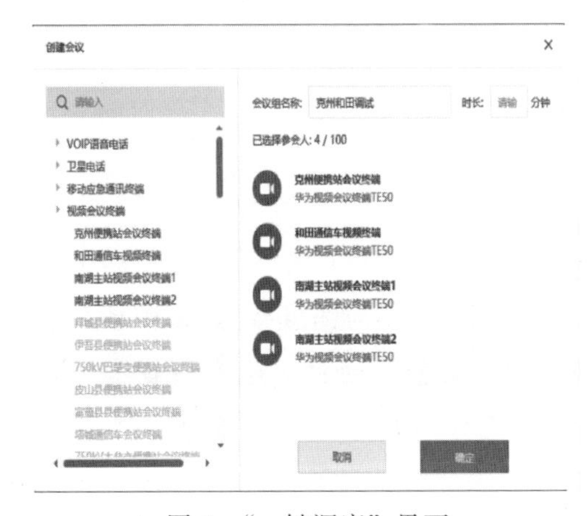

图 3　“一键调度”界面

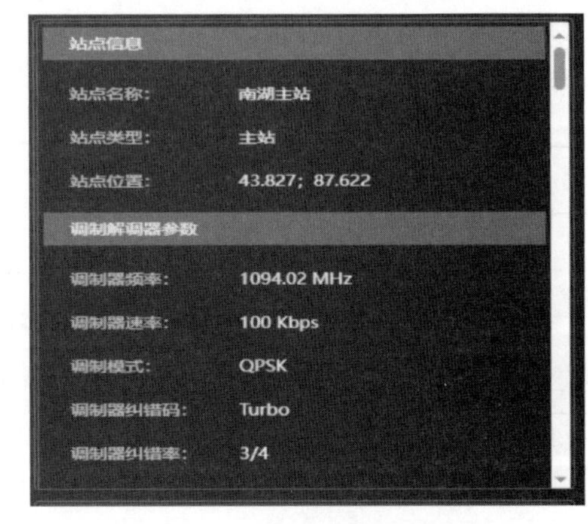

图 4　设备运行监控界面

三、应用成效

（一）应急响应水平有效提升

依托应急综合业务融合系统平台，打通各类装备之间互联互通，根据不同保障场景需求，统一调度全网应急保障资源，在发生突发事件时，应急响应部门接到任务通知，能够迅速派出应急保障队伍，建立现场与应急指挥中心互联互通。经实际演练评估测算，应急响应平均时间由原来的4h缩短至1.5h，大幅提高了应急响应速度。

（二）实现精益化应急专业管理

立足当前应急通信专业保障现状，依托信息化、数字化技术手段提升应急管理工作效率。

在装备管理层面，实现对现有各类终端设备进行集中管理，能够远程实时监控设备运行状态，全程追踪运动轨迹，设定任务后自动开展巡视，并通过线上自动记录、统计分析，实现装备、资源及人员的管理方式由“人工粗放式”向“集约精益化”转变，节省了大量的人力、物力以及时间成本。

在业务管理层面，打通了系统设备之间的信息壁垒，建立统一的音视频会议，将不同系统设备的音视频数据进行融合，实现了视频会商“一键通信”，不同业务场景的保障效率更加高效。

在应急指挥调度层面，建立全网应急资源统一管理和指挥调度一体联动机制，确保应急状态下指令传达及时、准确、顺畅，人员集结响应迅速，能够更好地应对各类突发状况，给各种复杂场景下应急通信提供保障。

（三）应急通信运维成本显著降低

依托应急综合业务融合系统平台，由省信通公司统一管理应急通信资源，并负责全疆卫星通道租用、卫星电话套餐及移动流量卡办理等工作，运维费相较以往降低近36％。

四、典型应用场景

应急综合业务融合系统平台适用于各网省电力系统应急通信系统，应用场景包括暴风、暴雪、沙尘暴、地震等自然灾害下的电网抢险救灾，基建、生产现场和抢修等专业的小型分散作业现场管控，重大活动及重要保电期间应急通信保障。

可因地制宜地根据实际应急通信装备和系统种类进行业务数据融合，能够随意对不同装备、系统间组网，还能单一调度某一种应急通信装备，在不同的应用场景选取不同的应急通信装备进行机动灵活的应急通信保障。同时还能实现数字化应急专业管理，推动电网应急通信数字化转型。

五、推广价值

应急综合业务融合系统平台的开发针对性强，以问题为导向，打造电网应急装备在面向未来信息化改造过程中有效的示范性工程，推动电网应急通信数字化转型。融合平台的关键技术及指挥调度管理模式具有很好的推广应用前景，可面向全国电力系统应急业务综合管理和服务提供参考借鉴，因地制宜针对各网省电力系统不同种类的应急通信装备和系统定制化开发，助力应急专业管理提质增效、企业降本增效，具有良好的社会效益和经济效益。

新一代超融合通信网络管理系统

国网西藏电力

（黄华林）

摘要： 针对目前不同厂商、不同网络的多厂家并存状况情况，研究不同厂家网管平台的接口开放性、接口协议差异一致性，对统一接口定义策略进行分析，研究新一代的统一网管虚拟化结构，进行结构的方案设计工作。通过虚拟化隔离技术，实现资源的使用率提升，并实现传统服务器无法实现的数据安全、服务器安全、业务安全等，多措并举提升统一管理平台的稳定性、安全性、易用性。

一、背景

针对目前西藏电力通信网网管类型多、不同厂家系统各自独立、接入网元数量增长快、运维难度大等问题，开展基于新一代超融合技术的统一网管技术研究，实现通信资源集约化、精细化管理，提升系统运维效率。

二、技术方案

（一）关键技术

本研究开展基于新一代超融合技术的多厂商网管系统的融合技术可行性分析及技术方案研究，其主要的技术成果以提出解决方案为主：研究分析网管融合系统架构，形成可行的网管融合方案；分析研究“云平台”技术构建网管安全系统，形成完善的通信系统安全防护体系方案；研究网管系统监视指挥系统部署方案，形成融合网管监视指挥系统建设方案。

（二）创新亮点

1. 新一代统一网管目标架构研究

创新设计网管系统的技术架构，提出新一代的超融合统一网管框架结构。为更好地满足客户和业务，建设一个能力开放的、数据集中共享的、架构灵活扩展的、具备长期演进能力的、满足业务发展和客户服务要求的新一代网管系统。

2. 统一网管接口技术研究

给出不同厂家网管平台的接口开放性、协议一致性分析，结合试验内容提出融合部署的建议。

3. 统一网管底层数据模型研究

给出超融合网管底层数据、表字段定义，形成统一的表结构，对现网业务可能存在的性能影响进行分析研究及评估，给出分析结论，并提出实施建议。

4. 统一管理平台池化资源的虚拟化技术研究

研究分析统一管理平台池化资源的虚拟化技术，提高通信网络的管理效率。为提高工作效率，降低维护成本，实现通信网络跨域、跨层次集约化管理，通过提升系统的自动化水平，实现配置、故障、维护自动化的目的。

5. 理论研究和试验验证工作

对超融合网管系统安全防护机制、安全隔离、传输安全进行研究分析，提出参考建议，提升面向电力系统管理的服务能力。满足电力系统生产管理需求，实现先于上层系统发现故障、端到端全程监控和管理、生产系统性能和质量监控、灵活弹性地配置电力生产系统对于网络和业务的需求等目标。

三、应用成效

项目已于2024年完成成果验证工作。通过设计、构建、验证并测试了基于超融合方案的传输综合网管系统平台，证明了系统演进分步走技术路线的可行性和有效性，具备实现通信资源集约化、精细化管理、提升系统运维效率等成效。

四、典型应用场景

研究分析通信网管融合系统架构，分析研究“云平台”技术构建网管安全系统，形成完善的通信系统安全防护体系，研究通信网管系统监视指挥系统部署，形成融合通信网管监视指挥系统建设。

五、推广价值

通过本研究成果，为后期公司通信设备网管系统的集中建设提供可行性方案，打破各通信设备厂商技术壁垒，实现通信网管集中监视，促使通信设备运行检修向精益化管理方式转变，提升通信设备故障处置效率，较大地节约成本，逐步实现通信设备精益化管理。

电力通信智慧调度一体化解决方案

南瑞集团

（朱鹏宇）

摘要： 服从服务于公司发展战略是通信管理工作的基本使命，要求通信管理工作应依托现代管理理念，提供一体化的人工智能在电力通信领域的解决方案，以提高公司通信管理水平。南瑞集团针对在通信调度三大场景：缺陷快速定位、影响业务分析、迂回路由优选，分别开展了研究。利用人工智能技术在经验总结、知识挖掘、持续演进等方面的优势，提升对大规模复杂通信网的认知能力，推动通信管理提质增效。

一、背景

电力通信管理系统经过多年建设与应用，积累了海量的实时数据与运行数据，但在缺陷诊断分析、业务路由规划等核心运维工作上仍然主要依赖人工经验，不仅效率低下，难以满足日益庞大、复杂的通信网络安全生产需求，而且在通信网络出现复杂故障时，无法快速定位故障点并制定应急迂回路由。网省公司已开展或正在开展设备网管省集中工作，大量告警集中展示对通信调控人员告警监视是一个挑战。国网通信处组织开展的自动派单工作虽然已经初步达到实用化程度，但也遇到瓶颈，需要通过人工智能技术研究，进一步提升缺陷诊断的准确性，实现自动派单的高实用性。通信故障发生后，应急处理还是凭借方式人员的经验进行应急路由规划，缺乏对通道路由可靠性的定量分析。需要通过人工智能技术研究，挖掘影响通道路由可靠性的影响因子，建立业务通道可靠性模型，辅助方式人员找到最佳路由通道，提高抢修速度和质量。

二、技术方案

（一）关键技术

研究基于人工智能的通信设备状态自动化检测和缺陷诊断技术。通过通信设备状态自动监测，研究告警归并、相似性计算模型、无监督学习及缺陷标签化等技术，实现缺陷智能诊断。

研究基于业务通道可靠性分析的迂回路由优选技术，利用大数据分析技术研究设备可靠性以及其拓扑关系对业务通道的影响程度及变化趋势，实现业务通道可靠性分析。研究基于通道可靠性的路由优选技术，实现通道迂回路由的自动判断和优选。

研究电力通信运维知识图谱技术，打通多元数据壁垒。应用缺陷诊断研究成果，进行缺陷单起单判定及缺陷的定位定级；随后在工单派发环节将知识图谱作为缺陷单的一部分下发，并将工单结果反馈给知识库迭代更新模型；最终将工单入库，定期对错单进行学习，完成缺陷“诊断—处置—反馈—学习”的闭环，建立缺陷全生命周期的智能化闭环管理典型示范，提升电力通信运维管理的精益化水平。

（二）创新亮点

提出基于无监督学习的告警归并与数据增强模型，实现通信缺陷知识库构建；提出基于同构匹配的缺陷单定位模型，实现缺陷精准定位；提出基于融合研判的知识更新架构，实现缺陷精准定位与知识迭代。

针对历史告警提取其时间、空间、光路、光缆、业务各关键维度，构建基于无监督学习的告警聚类模型，实现告警同源聚合；基于告警聚类研究成果，构建基于半监督学习的缺陷聚类模型，实现缺陷研判知识库构建；针对实时告警，基于告警聚类模型与缺陷相似模型，实现知识库搜索及缺陷定位，相关成果指导TMS缺陷诊断功能建设，避免了自动派单对哑资源台账数据强依赖性，提升其准确性和智能化水平。

提出基于深度学习的通信运维实体提取研究并构建基于图数据库的通信运维知识图谱，实现实体识别并构建知识图谱；提出基于承载规则实现影响业务知识推理架构，实现高效的影响业务分析。

针对通信网业务通道，基于链路光缆类型、光缆等级、跳数、厂家及技术体制等关键特征，构建基于模糊层次分析法的通道可靠性模型，实现通道各维度属性对其影响程度及变化趋势分析；研究基于业务通道可靠性模型的迂回路由自动判断优选技术，实现对受影响业务迂回路由应急规划，指导TMS迂回路由判断方式建设，提升其精益化水平。

提出基于模糊层次分析法构建业务通道可靠性模型并结合专家知识实现迂回路由可靠性分析流程；提出基于业务通道规则实现业务通道制约，保障路由优选率的同时提升算法时效性。

基于通信通道和所承载的通信业务的关联关系，通过知识图谱有向图构建实现通信检修影响业务分析，实现通信检修风险的智能决策。指导TMS业务影响分析方式，提升其时效性。

三、应用成效

研究成果在江苏、河南、冀北、河北、福建等单位进行试点应用，为新一代通信管理系统（SG－TMS2.0）的建设奠定了基础。核心成果基于知识图谱及知识库的缺陷单自动派发系统在各试点单位进行了试点应用，通过采集三、四级通信传输系统及重要站点通信动环系统告警及设备信息，完成缺陷知识库构建、告警聚类模型搭建和缺陷智能研判，试用期间告警归并正确率达到90％，迂回路由判断准确率达到85％，派单准确率达到90％。相关技术创新克服了对设备台账数据质量的依赖，提升了通信缺陷研判准确率，有效提高了本地区电力通信网络的运行可靠性。

四、典型应用场景

电力通信智慧调度一体化解决方案主要应用场景为电力通信调度场景。相关功能指导国网通信管理系统（SG－TMS）中告警展示方式，区别于传统的告警流，将以缺陷为对象进行告警展示；指导TMS缺陷诊断建设，区别于传统基于白名单和人工规则的诊断方式，提升其准确性和智能化水平；指导TMS迂回路由判断方式，提升其精益化水平；指导TMS业务影响分析方式，提升其时效性。

五、推广价值

基于无监督学习的通信诊断方法研究有利于提升缺陷诊断的正确性和完整性，提高一线运维班组工作效率，缓解运维人员不足的压力。

通信管理系统接收到大量设备原始告警，仅依据告警白名单进行过滤，以及基于白名单的缺陷规则，会产生一定比例的自动派单的漏派、错派。基于无监督学习的通信诊断方法研究，是在现有通信管理系统缺陷诊断的基础上，通过人工智能技术手段提升缺陷诊断的正确性和完整性，解决电力通信调度运行人员人工故障判断大多依靠经验、工作质量管理难、并发故障不好兼顾等问题，从而减少一线运维班组缺陷抢修的盲目性，提高工作效率，在一定程度上缓解一线运维班组人员数量增长幅度低于通信设备及光缆增长幅度的实际困境。

通过大数据技术，建立业务通道影响因子的特征模型，进一步研究基于业务通道可靠性模型的迂回路由自动判断优先技术，重点解决电力通信调度运行中故障快速处置、业务智能重构、方式优化安排、风险评估预测与设备运行状态健康管理等实际生产问题，自动安排满足继电保护及安全稳定控制系统通道独立性、可靠性要求的通信通道，提高通道方式安排及通信通道故障处置效率，从而为大电网安全稳定运行提供可靠的通信保障能力。

基于北斗定位的通信光缆信息管理系统及移动应用

国网辽宁电力

（张恩蒙　李小兰　卢　毅　王雨昕　刘洪刚）

摘要： 通信光缆网络是电力通信网络中的关键基础设施，对电网的可靠运行提供重要支撑。然而通信光缆网络的管理面临着故障排查难、信息利用率低、数据即时性差等诸多挑战。因此提出基于北斗定位的通信光缆信息管理系统及移动应用，该系统借助北斗定位系统所提供的精确地理信息，将物理上存在的光缆资源以数据的形式映射在虚拟空间，实现了线路资源展示、运维指挥调度、现场作业分析和路由设计辅助等功能。同时，为了满足电力通信运维人员现场作业的需求，本系统提供了基于i国网架构的App微应用，满足现场移动作业中对通信资源查询、故障处理、资源设备识别、光缆路径地图查看和现场数据采集的需求，提升了作业现场故障处理和更新数据的效率，保证了系统数字孪生空间的准确性。

一、背景

通信光缆是电力通信网络中的重要基础设施，为电网的可靠运行提供重要支撑。然而通信光缆网络的管理面临着诸多困难，比如：

（1）故障排查难。光缆抢修现场缺少结合通信光缆信息的地图应用支持。故障申报后，需要通信调度人员在桌面系统中进行故障模拟定位，再通过电话告知现场抢修运维人员大概故障位置，严重影响抢修效率。

（2）信息利用率低。通信光缆管理工作依赖大量重复性操作，严重影响了通信光缆资源管理的效率。如光缆信息查询只能通过内网PC端，导致运维人员在开展现场检修工作时，无法在作业现场查看光缆走径、接续关系、光缆业务承载等具体信息。外出作业时，需要打印出相关光缆图纸作为现场作业主要参考依据，严重缺乏数字化手段辅助。

（3）数据即时性差。通信光缆资源数据存在缺失或偏差。如遇到光缆改造或配线架线芯调整的场景，现场只能通过人工记录的方式留存资料，经常出现数据更新遗漏或延误，影响故障的统计和分析。因此提供基于移动应用的数据采集工具极为必要。

二、技术方案

面对上述需求，国网沈阳供电公司利用数字孪生理念，提出基于北斗定位的通信光缆信息管理系统及移动应用项目。该项目旨在建立全市通信线路基础资源的统一信息共享平台，实现沈阳供电公司通信光缆资源的统一管理。

系统基于微服务架构，采用 B/S 应用结构，基于 J2EE 技术路线，使用 HTML5 技术实现各类应用功能及统计分析报表，集成 Spring 应用开发框架、网络安全技术、数据库技术等，安全稳定性强，灵活适应用户环境，具有部署快、使用便捷、响应速度快等特点。

系统基于北斗定位技术，实现对通信站点地理位置、沟道地理位置、通信光缆物理路径、故障点地理位置数据的实时采集及获取导航路线，方便运维人员快速有效地到达作业地点，开展运维工作。

系统通过基于深度学习算法的路径规划技术，实现根据纤芯空闲状态、最小跳接数、最短路径等多维参数的分析，快速有效地提供多种光路路由设计方案和光缆路径规划方案。

系统提供了基于 i 国网的 App 微应用，根据业务架构设计了通信资源查询、地图展示、故障处置、现场作业等功能子系统，共计 179 项功能。系统支持信息安全和权限设置，可以按照部门、角色、工作组和个人进行授权和权限控制，确保系统的可靠性和安全性。系统还提供安全机制、日志机制和审计机制，严格遵循信息系统安全保密标准要求，保障网络传输和存储安全。具体可实现以下功能：

（1）光缆资源数据查询。实现通信光缆资源相关数据查询，为现场作业人员核实光缆网络相关信息提供有力支撑。

（2）光缆网络拓扑展示。基于北斗定位实现通信光缆网络在数字地图中的展示和定位，通过光缆物理拓扑、逻辑拓扑、光路拓扑在地图中展示光缆走径和光路分布。

（3）光缆故障精确定位。现场抢修人员通过 OTDR 获取光缆断点和测试起点的距离，在 App 微应用中输入该距离，可根据光缆走径快速定位故障点，并通过北斗定位导航至故障点进行抢修，同时现场通过 App 微应用反馈故障处置信息。

（4）光缆信息采集核对。现场作业人员通过 App 微应用及时更新光缆数据，可保证通信光缆网络数据采集即时性和准确性，保证系统数字孪生空间的准确性。

三、应用成效

沈阳供电公司已完成沈阳地区长达 8000 余 km 的光缆信息采集工作，包括承载光缆的竖杆塔信息、竖井口信息、光配资源信息（图 1）等关键节点。以此构建出详尽的光缆拓扑，实现光缆资源共享平台。

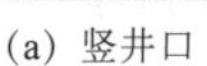
(a) 竖井口

(b) 杆塔

(c) 光配

图 1　信息采集图

系统可视化大屏（图 2）部署于电力通信调度指挥大厅，通过北斗定位系统实现“光缆资源一张图”，直观呈现光缆资源全貌，包括线路分布、运维状态、作业分析、纤芯利用率等关键信息。

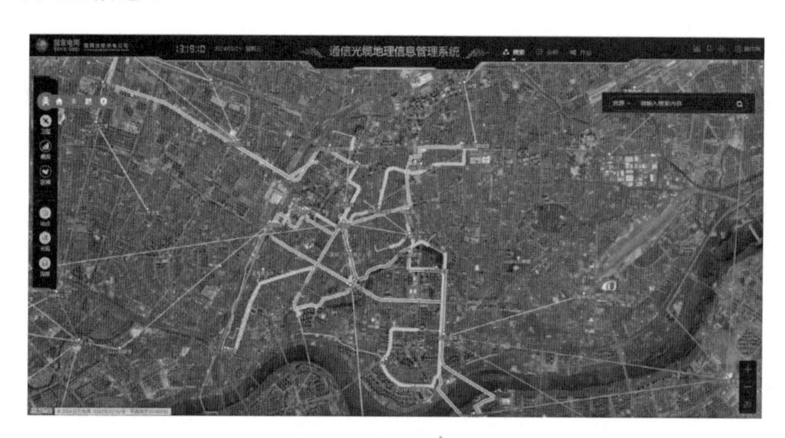

图 2　系统可视化大屏图

一旦发生故障，通信调度人员能在大屏上快速定位故障点，极大缩短排查时间。具体可实现以下功能：

（1）线路资源展示。在数字化地图上展示光缆、站点、沟道等信息，可直观了解整体通信光缆网络规模及运行状态。每项信息具体分为若干小项，可查看与光缆资源相关的所有详细信息。

（2）运维指挥调度。系统提供 TMS 数据接口，可实时发现通信网络中的设备告警信息进而确定故障光路范围，通信调度人员可据此指挥现场作业人员抢修。

(3) 现场作业分析。运行管理人员在光缆作业准备阶段可使用系统了解相关光缆段是否存在三跨点，以及光缆内纤芯使用情况等信息，便于合理规划现场作业内容。

(4) 路由设计辅助。本系统利用物联网和 AI 技术，为运行管理人员提供光路路由设计智能辅助。只需选择要创建光路的两个站点，系统可根据最短物理路径、光纤使用情况、最小跳接数等设定权重，自动会推荐出若干路径供运行管理人员进行方案筛选。

通过使用本系统，沈阳公司光缆平均抢修时长从 8.7h 大幅缩短至 3.5h，光缆故障抢修效率提升 60%以上（图 3）；光路路由设计时长从 3.2h 缩短至 2.1h，光缆路由规划效率提升 35%以上（图 4）。

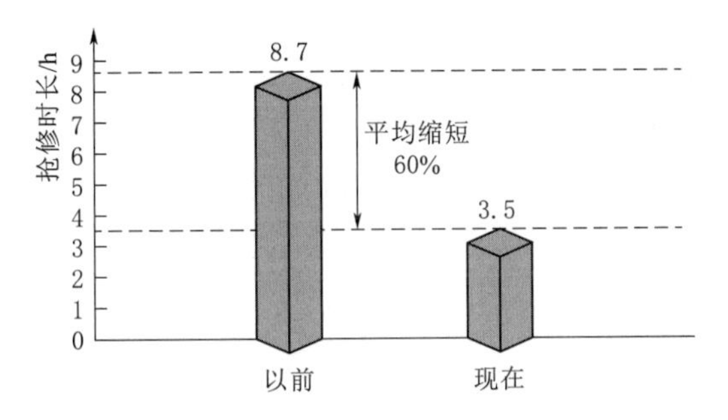

图 3　使用本系统前后故障抢修时长变化

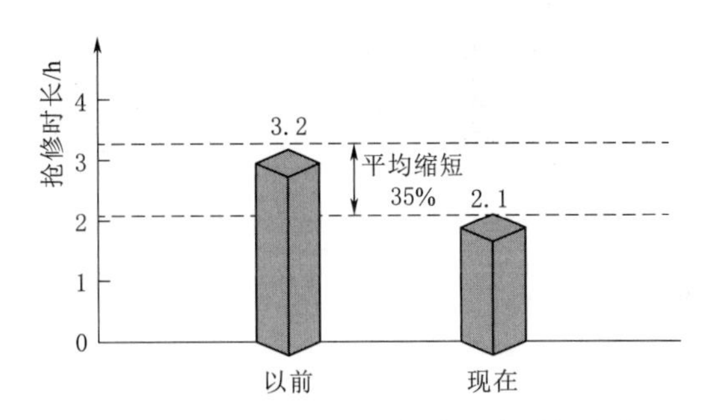

图 4　使用本系统前后光路设计时长变化

四、典型应用场景

本系统的数据可视化大屏可部署于电力通信调度指挥大厅，完成通信光缆资源的信息管理、通信线路资源展示、通信线路资源统计、通信资源业务调度等功能的管理推广应用。利用该系统可建立通信光缆网络基础资源的统一信息共享平台，打造服务于通信光缆网络一线运维的支撑性信息化工具，全面实现通信光缆资源信息的统一管理。

对于现场作业人员，本系统所提供的 i 国网 App 微应用将解决光缆信息查询、光缆识别、光缆故障定位及处理等难题，改变了之前通过电话进行故障点位置沟通、通信资源信息查询确认和通信资源数据更新的工作方式，通过 App 微应用数据回传，极大增强了数据的可靠性，减少业务操作难度，提高业务处置效率，节约人员成本。

五、推广价值

本系统移动端以 i 国网 App 微应用的形式嵌入在国网统一线上服务入口，具备较强的扩展能力，可满足用户不断增长的需求。未来可与其他电力专业的数据相结合，引入大数据和人工智能应用，提供更为智能化的通信资源管理的同时也可为其他专业的移动端应用提供辅助支持。移动端更加便捷和灵活，与移动互联网的普及趋势相适应。云计算和虚拟化技术的应用进一步提高了系统的部署和运维效率，以及系统的稳定性和安全性。综上所述，基于北斗定位的通信光缆地理信息管理系统及移动应用在电力通信专业具有极大的推广价值，可在通信光缆网络管理领域发挥重要作用。

通信设备及光缆保护重载智能分析

国网河南公司

（王兆强　王舒琪　马学民　赵　鹤　付春红　罗　磊

邹富城　夏小朋　刘慧慧）

摘要： 随着智能化电网建设，各项业务数量急剧增加，随之而来的就是通信设备及光缆的重载问题。通过开展通信设备及光缆保护重载智能分析应用研究，能准确分析相关通信线路上保护业务的数量，优化线路上保护稳控业务通道，及时改善重载光缆和设备的运行状态，辅助消除光缆和设备上的重载问题，提高电网的可靠性，保障大电网安全稳定运行。

一、背景

近年来，随着智能电网的发展，对电网控制与管理的要求也随之提高。作为智能电网的关键技术之一，继电保护业务的可靠性将直接影响整个系统的安全稳定，稍有不慎就会导致安全事故的发生。随着周口电网的快速发展，通信设备和光缆承载保护业务数量急剧增加，单台设备、单条光缆承载 220 千伏单口保护业务 8 条及以上，属于重载设备或光缆。当前，为适应新版《安全事故调查规程》新要求，进一步提高保护稳控通道可靠性，地区传输网优化完善工作日益繁重。基于保护路由和各类通信资源进行通信设备及光缆保护重载智能分析应用研究，准确分析通信设备或通信光缆承载的保护稳控业务，对于优化分担保护稳控业务通道，减少保护稳控二三路由节点数量，消除重载设备和重载光缆，降低通信设备事件风险，提高供电可靠性和供电服务水平。

二、技术方案

（一）关键技术

本项目根据要求，实现通信设备和光缆承载保护稳控业务的智能数据管理、在线定位、重载告警、可视化展示等业务模块的功能优化及技术提升，以全面支撑业务发展的需求。

具体研究内容如下：

（1）搭建保护稳控业务通道基础资源数据库：包含站点、设备、光缆、光路、保护稳控业务。

（2）光缆网络图及保护方式自定义配置：在网页上进行高性能的图形渲染，创建自定义图形和线路，实现站点、线路、设备的自定义配置及通道类型设定。

（3）保护方式预警前置：基于预先定义的比较规则或阈值条件来触发预警，实现保护方式的重载预警前置。

（4）可视化展示：实时呈现通信设备和光缆承载的保护业务信息，重载告警展示。

（二）创新亮点

"智能"分析代替人工排查：结合文档解析库、图形渲染、统计模型等技术，可快速判别目标设备或光缆是否存在保护重载现象，对比传统的人工排查方式，降低劳动强度，提高工作效率。

精准分析，快速排查：当前，保护稳控通道缺乏有效的精确分析工具，通信运行方式实时变化，完全通过表格进行文字记录管理。通过该平台能精准判别通信设备或光缆是否存在保护重载现象，并给出可视化展示和结果输出，对比人工甄别工作方式，提高判定准确性，降低设备安全风险。

实现重载光缆信息全查询：可视化显示保护业务可通过所有路径并优先显示最佳保护路径，全面掌握通信网保护业务及保护路由信息，精准分析保护是否重载，实时展示重载通信设备和重载光缆，提升传输网查询效率，提高供电服务水平。

三、应用成效

支撑通信光缆保护安防业务的安全运行，通过通信设备及光缆保护重载智能分析应用研究及试点应用，在保障本地区电网安全运行方面发挥重要作用，发现并处理地市通信重载光缆和设备 3 处，分别为 220kV 川关线、关淮线、迟川线。3 项问题均通过路径优化，实现对重载业务的迁移，提前消除了影响电网安全运行的风险。

通过对在运光缆和设备业务数据的价值分析。通过便捷的重载智能分析，有效快速分析、计算、判别通信设备或光缆通道是否出现保护重载现象，及时消除重载设备和重载光缆，极大降低通信设备事件风险。切实发挥出数据在保障安全运行中的作用价值。

四、典型应用场景

项目成果可应用于通信光缆和设备重载运行分析及新业务下发后重载预测场景，平台界面如图 1 所示，通过路由数据库和传输拓扑图的本地信息数据实现通信设备和光缆保护稳控重载智能分析和可视化展示，精准掌控重载设备和重载光缆。

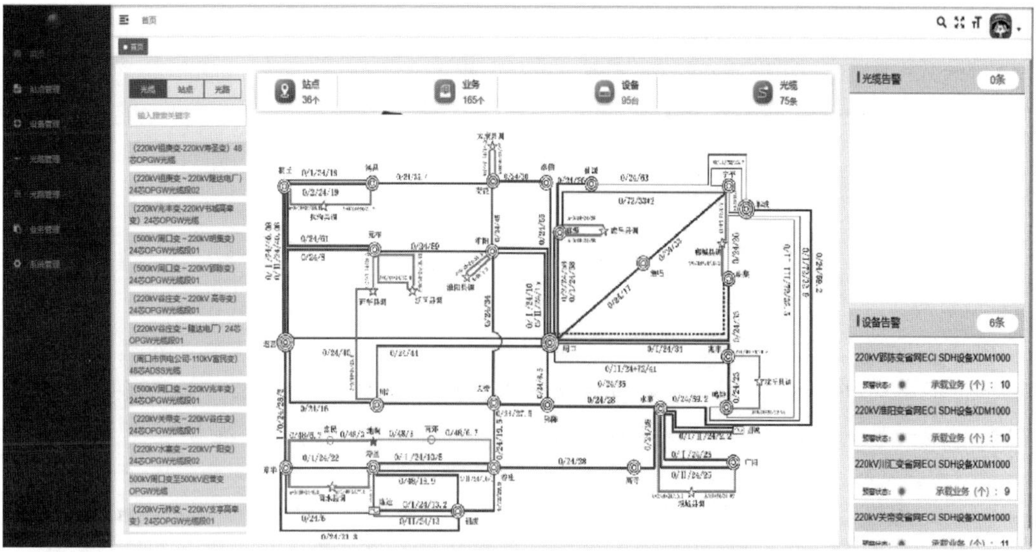

图 1　重载应用分析平台界面

五、推广价值

该智能化分析系统融合多源数据整合、精确分析工具和可视化技术，可快速判别目标设备或光缆是否存在保护重载现象，解决传统的人工排查响应速度慢、精确度低等问题，通过减少人工干预和预测性维护，降低设备故障率和运维成本，通过快速响应和动态调整，减少停电事故带来的经济损失。

通过引入新的技术手段，实现对传统的保护稳控重载判别判定方式全面优化，实现保护重载的智能分析和智能判定，实时掌握设备和光缆承载的保护业务状态，能够有效推动地区传输网的网格化完善，最大限度满足保护路径的安全性，降低通信设备风险，对提高供电稳定性、提升电网企业形象、提高公司优质服务形象具有积极的社会效益。

电源一张图

国网浙江电力

（刘晨阳　孔文杰　叶荣珂　娄　佳　范　超）

摘要：“电源一张图”作为本站直流电源系统运行工况的主要监视窗口和各项监测功能的跳转入口，实时展现当前直流电源系统接线方式和整体运行情况，使单站电源接线、告警点位及关键运行参数一目了然。“蓄电池工况图”“负载接线图”是电源一张图的延伸，用接线图的方式，综合展示蓄电池运行工况数据和直流分配屏的每一路分路的属性及工作信息。“电源一张图”创新成果，大幅度提升了通信调度人员监控巡视和故障发现效率，切实提升了通信电源运行管理水平。

一、背景

随着浙江电力多元融合高弹性电网建设的不断推进，对变电站二次系统的可靠性提出了越来越高的要求，而直流电源是保证二次系统平稳运行的基础。

从近年来浙江公司和其他网省直流电源故障情况来看，ATS切换装置、断路器、隔离开关、整流模块等设备类故障占绝大多数，但监控不到位、告警不及时、数据不全面也是造成设备故障的重要原因，暴露出当前直流电源系统存在以下不足：①电源故障动态多元，难以精准定位，人工处置预案适应性差；②电源监控系统往往直接呈现底层监测数据，缺乏系统性数据分析，使调度监视和故障发现效率大打折扣；③电源系统开关和线缆线径配置多为静态参数，多数情况下难以获取数据开展安全性评估，造成安全运维和精益化运维水平较低。

二、技术方案

“电源一张图”（图1）对电力变电站直流电源系统的通信电源、蓄电池、直流配电柜等进行数值监测，将通信电源交流进线、整流模块、直流输出和蓄电池等各个主要组成部分建模为风格统一的逻辑框图，组合后最终形成简明清晰的直流电源系统全息视图。一张图动态呈现直流系统核心监控点位实时采集值及告警情况，且支持各部件图元与监控设备绑定，图元展示主要为采集点实时采集值及告警，展示点位包括但不限于：

（1）电源部分展示：三相交流输入电压、负载总电流、直流输出电流、直流输出电压、整流模块输出电压、整流模块输出电流。

（2）蓄电池部分展示：电池组电流、电池组电压。

直流电源系统各组成部分具备光标背景，通过光标颜色变化显示运行状态，实现故障设备精准和快速定位，使维护和管理从人工被动看守的方式向可视化监测和管理的模式转变。

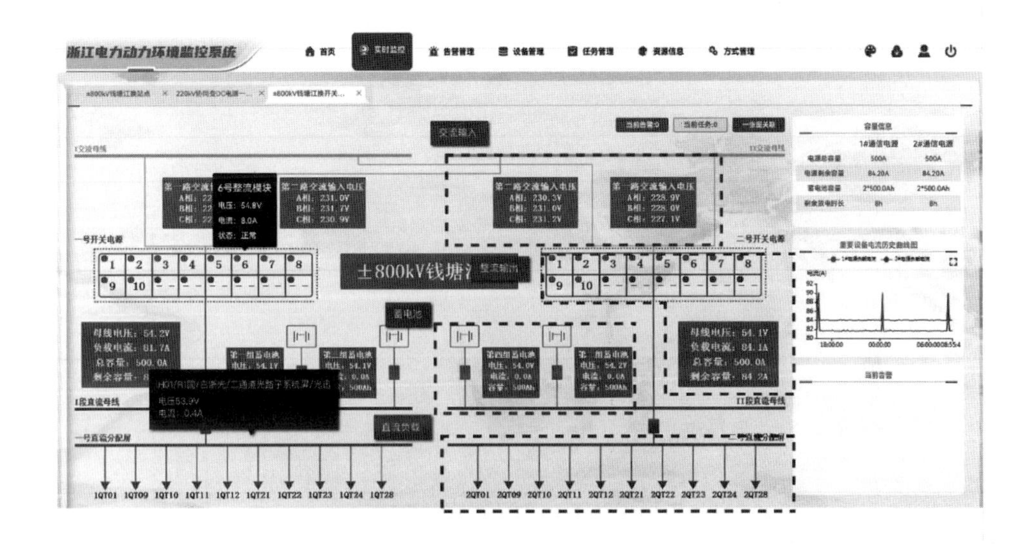

图 1 “电源一张图”主页面

“负载接线图”（图 2）实时展现各分路开关容量、开合状态，以及负载电压、电流和负载设备台账等信息，是负载监测、设备缺陷辅助判断的有效手段。将电源日常方式管理由原先的“人工校核、手动更新”方式转变为“系统校核、自动更新”，提升电源运行方式自动化管理水平。另外，负载接线图使单路负载运行电流工况监测成为现实，强化了重要负载精益化运维能力。

“蓄电池工况图”（图 3）对蓄电池采集的各种数据进行关联及综合分析，将获取到的健康数据和运行数据分别进行特征提取，形成健康特征数据库和运行特征数据库。实现对蓄电池寿命测算的智能分析功能，有针对性地对蓄电池提出合理部署建议并智能生成检修及系统优化建议。

此外，还研发了安全校核模块（图 4）包括交直流线径校核、开关容量校核、整流容量校核、蓄电池后备时长校核，周期性检修分析模块包括蓄电池核容分析、交流切换分析，结合 TMS 系统的设备台账信息、检修票信息等，实现直流电源系统的运行状态分析，提供对直流电源系统质量评价体系建立的依据。同时对在运直流电源系统健康状态开展评价，并提出风险处置预警。

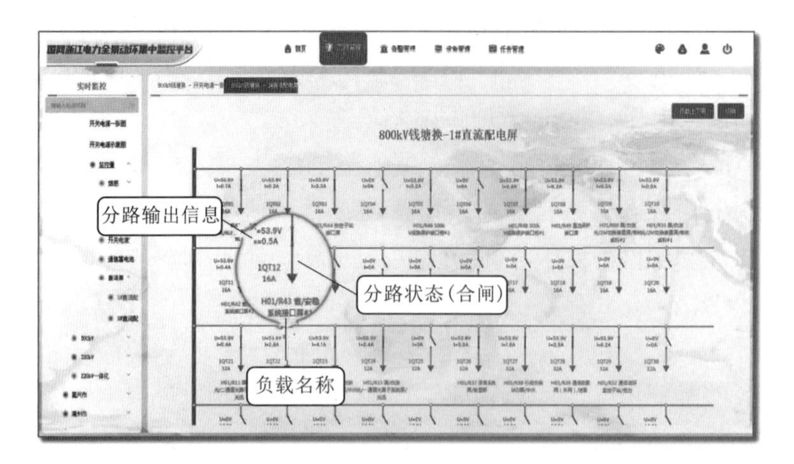

图 2 “负载接线图”页面

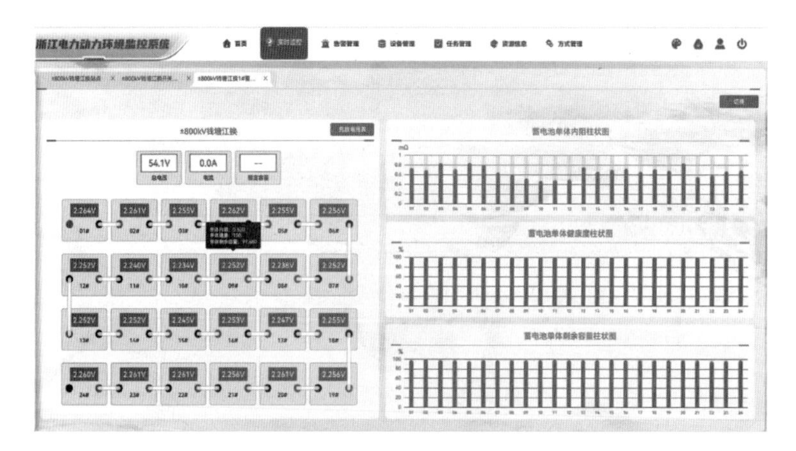

图 3 “蓄电池工况图”页面

序号	告警信息	告警产生时间	告警结束时间	告警持续时长
暂无数据				

设备状态评价

序号	评价内容	状态量	得分	备注	评分细则
1	设备容量	蓄电池容量	10	正常	通信站蓄电池组供电后备时间不小于4小时，地处偏远的无人值班通信站应大于抢修人员携带必要工器具抵达通信站的时间且不小于8小时，不满足扣10分
		分配屏断路器余量		正常	各容量断路器余量>20%得10分，20%≥余量>10%扣5分，余量≤10%扣10分
2	设备年限	高频开关电源	0		<10年10分，≥10年每超出一年扣5分，扣完为止
		蓄电池	10	正常	<8年10分，≥8年每超出一年扣5分，扣完为止
3	性能评估	负载均衡度	0	各整流模块不均衡度≥5%	系统中各整流模块并联工作，且均分负载，不均衡度≥5%扣5分
		稳压稳流测试	10	正常	核对实际输出电压、电流与电源显示数据，数据偏差≥5%扣5分
			5	正常	正常运行状态下，整流电源输出电压纠偏稳定，输出电压波动偏差≥5%扣5分
4	[illegible]	接线方式		正常	每套高频开关电源是否有两路来自不同母线的交流输入，只有单路扣10分
		[illegible]	10	正常	[illegible]

图 4 通信电源自动安全校核功能

三、应用成效

截至 2024 年 12 月底，该成果已在国网浙江省电力有限公司及其直属单位、11 家地市公司辖区内获得了不同程度的应用。系统分析与管理平台及环境监测功能已覆盖省内 500kV 站点及以上站点 60 座、220kV 站点 161 座，总体收效显著。此外，该成果还在国网信通公司、国网宁夏公司等单位推广应用。

目前，该成果的应用成效主要体现于调度监视能力和效率的提升。传统的直流电源系统现场消缺平均耗时 40min，且运维人员无法直观分析故障真实原因。该成果实现了直流电源系统的故障预警与快速定位，故障验证时间缩短至 10min 以内，故障发现和定位效率提升 75%，为故障处置赢得了宝贵的时间。

四、典型应用场景

“电源一张图”相关应用率先在亚运保障站点开展试点并逐步推广，现已覆盖浙江公司范围内各级通信站点 221 座，其中特高压站点 6 座、500kV 站点 54 座、220kV 站点 161 座。在上述站点的电源监控巡视、故障定位分析、运维台账管理、运行方式校核等应用场景中发挥着重要作用。

五、推广价值

“电源一张图”是通信专业数字化转型重要成果之一，为通信调度监视人员提供了信息齐全、界面友好的单站全景监测窗口，为运行方式管理人员、运维人员提供了一系列可用实用的信息化管理工具。有助于全方位提升通信电源调度监视、设备管理、方式管理能力和水平。对系统内其他单位建设新一代动环监控系统具备一定的借鉴和推广价值。同时，系统设计和建设中的一些创新尝试也供后续推进 TMS2.0 等系统建设时进行参考和借鉴。

基于多维多态"光缆一张图"的数字化转型平台

国网江苏电力

（李念森　李　伟　朱信刚　陈　鹏　王延祥　张云翔）

摘要： 为响应国家电网公司提出的"开展数字化转型，打造具有数字化运营的能源互联网企业"的发展方向，支撑好数字化转型十大工程建设工作，江苏省调选取"光缆一张图"作为通信专业数字化转型的样板间，以"光缆一张图、数据一个源、业务一条线、一人一系统"为主线，打造光缆可定制化"驾驶舱"，同时结合电网一张图实现数据同源、层次互补、交互灵活、多维数据、多时态融合的"电网＋光缆网一张图"可视化展示及应用，助力通信专业数字化转型，支撑通信专业数字化转型平台的灵活构建和基层一线创新。

一、背景

根据国网公司《国网公司数字化转型发展战略纲要》和江苏省电力公司《国网江苏省电力有限公司关于印发2022年电网数字化提升专项行动工作方案的通知》要求，国家电网公司和江苏省电力公司着力加快推进数字化转型建设，打造具有数字化运营的能源互联网企业，为新型电力系统注入数字动力。通信网作为与电网共生并存的第二张实体网络，作为数字化转型工作的基础和平台底座，迫切需要数字化技术赋能通信专业管理。

二、技术方案

（一）关键技术

1. 系统及技术架构

如图1所示，系统分为应用层及数据层，应用层实现了数字化展示应用及数字化管理应用，数据层遵循"数据一个源"原则，实现电网资源数据中台地理信息数据和TMS光缆数据台账的交互。

2. 模型创新

如图2所示，基于新一代基础模型和江苏个性化应用需求，对模型进行扩展，通

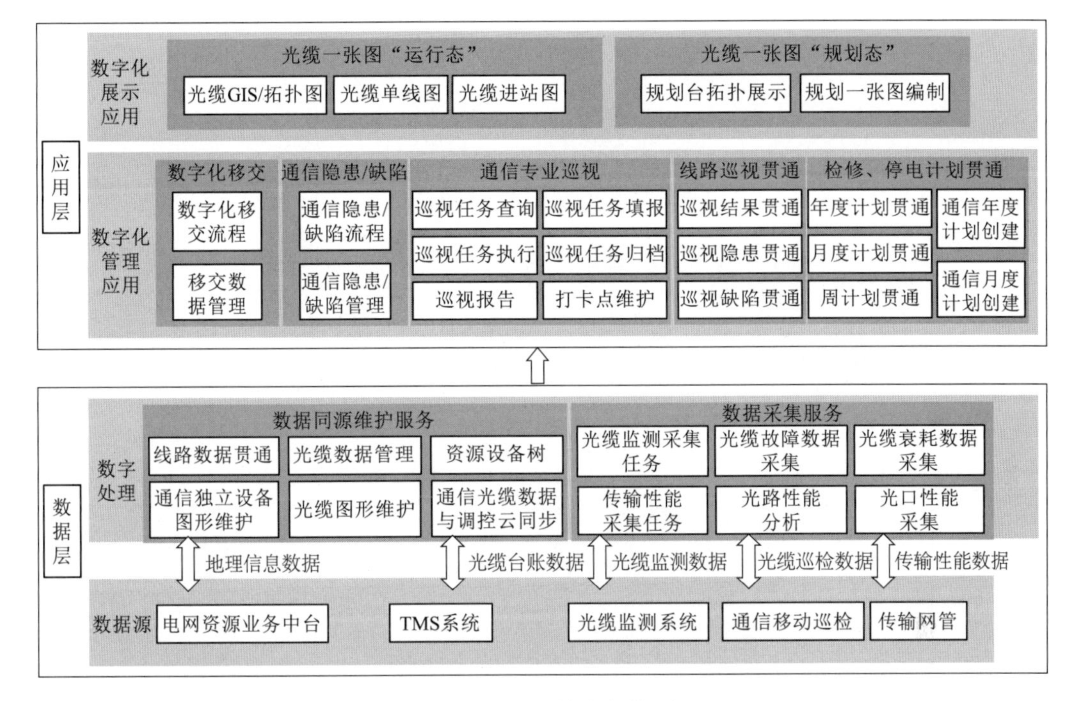

图 1　系统及技术架构图

过 27 个扩展模型更好地支撑光缆数据精益化管理需求。

3. 光缆资源可视化，一键布局

如图 3 所示，多维多态“光缆一张图”主要实现光缆网网架图（面）、光缆单线图（线）、光缆沟道图（点）、光缆网运行态、光缆网规划态“三图两态”的展示和应用，全面展示通信光缆的资源规模、运行情况、作业状态，为光缆网的运行、规划工作提供直观的调控管理人机交互平台。

如图 4 所示，调控监视场景包括运行状态图、风险预警图、缺陷热点图、异构红线图等各种可定制化专题视图，调度人员可通过专题视图实时查看、评估光缆运行状态。

如图 5 所示，基于现网资源的运行情况及业务配置规则，辅助以智能化分析手段实现业务占用资源的规划配置及业务最优路径分析，从而在不同层面实现光缆资源的统一、智能调度，提高通信资源利用率。

4. 底座构建，支撑高效、灵活通信应用

在遵从国网 TMS2.0 统一通信数据模型的原则下，通过贯通电网数据模型与通信数据模型，实现数据在 TMS、OMS、PMS 等多个系统之间的横向互通；通过交互“电网一张图”“配网一张图”已有网架、无人机等应用，最大限度应用已有数据成果，避免重复性数据录入和维护工作。

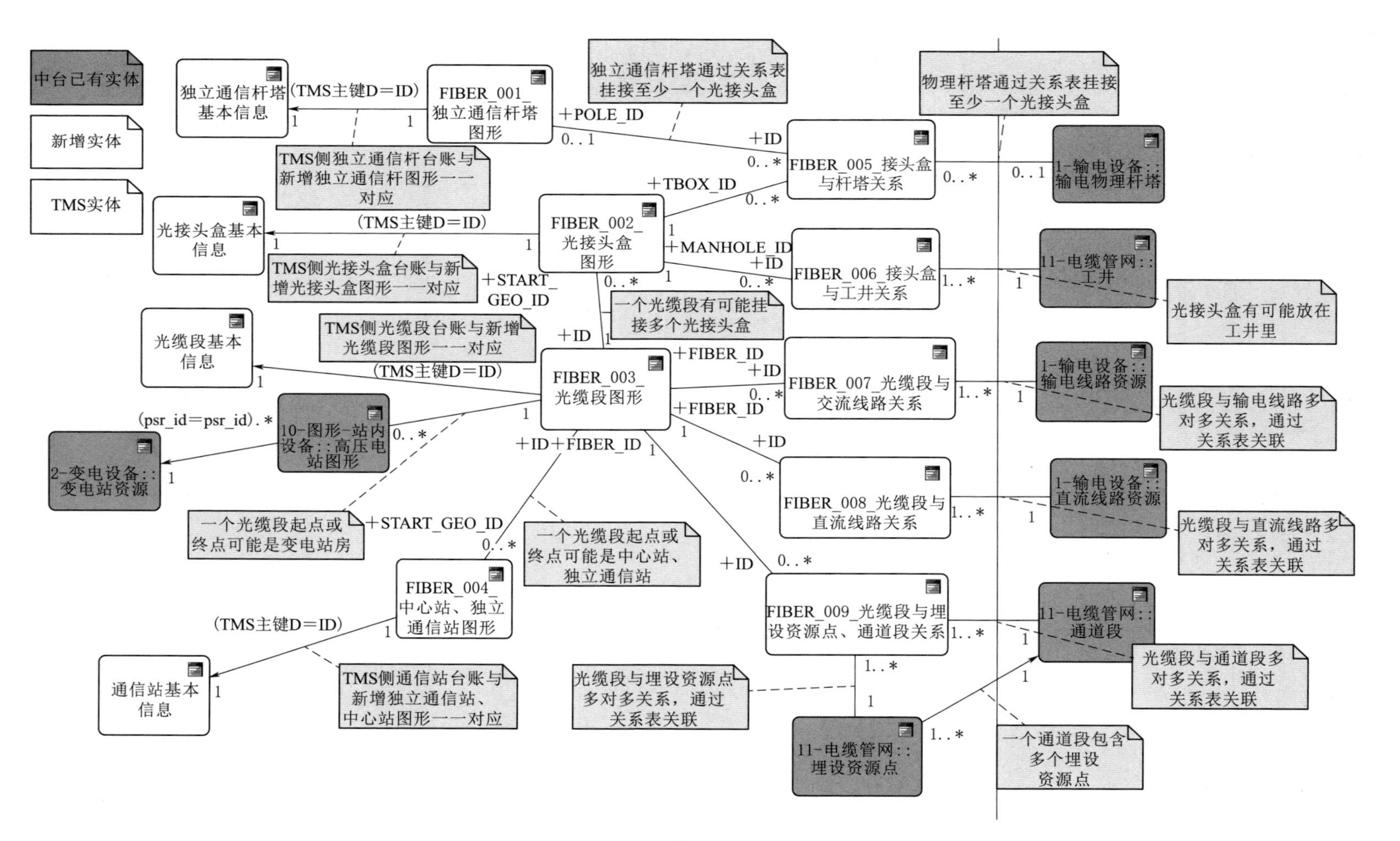
中台已有实体
新增实体
TMS实体
独立通信杆塔基本信息
(TMS主键D=ID)
FIBER_001_独立通信杆塔图形
+POLE_ID
独立通信杆塔通过关系表挂接至少一个光接头盒
物理杆塔通过关系表挂接至少一个光接头盒
TMS侧独立通信杆台账与新增独立通信杆图形一一对应
FIBER_005_接头盒与杆塔关系
1-输电设备::输电物理杆塔
+TBOX_ID
光接头盒基本信息
FIBER_002_光接头盒图形
+MANHOLE_ID
FIBER_006_接头盒与工井关系
11-电缆管网::工井
光接头盒有可能放在工井里
TMS侧光接头盒台账与新增光接头盒图形一一对应
+START_GEO_ID
一个光缆段有可能挂接多个光接头盒
光缆段基本信息
TMS侧光缆段台账与新增光缆段图形一一对应
FIBER_003_光缆段图形
+FIBER_ID
FIBER_007_光缆段与交流线路关系
1-输电设备::输电线路资源
光缆段与输电线路多对多关系，通过关系表关联
(psr_id=psr_id).*
10-图形-站内设备::高压电站图形
2-变电设备::变电站资源
+ID+FIBER_ID
FIBER_008_光缆段与直流线路关系
1-输电设备::直流线路资源
光缆段与直流线路多对多关系，通过关系表关联
一个光缆段起点或终点可能是变电站房
+START_GEO_ID
一个光缆段起点或终点可能是中心站、独立通信站
FIBER_004_中心站、独立通信站图形
FIBER_009_光缆段与埋设资源点、通道段关系
11-电缆管网::通道段
光缆段与通道段多对多关系，通过关系表关联
通信站基本信息
TMS侧通信站台账与新增独立通信站、中心站图形一一对应
光缆段与埋设资源点多对多关系，通过关系表关联
11-电缆管网::埋设资源点
一个通道段包含多个埋设资源点

图 2　模型网架图

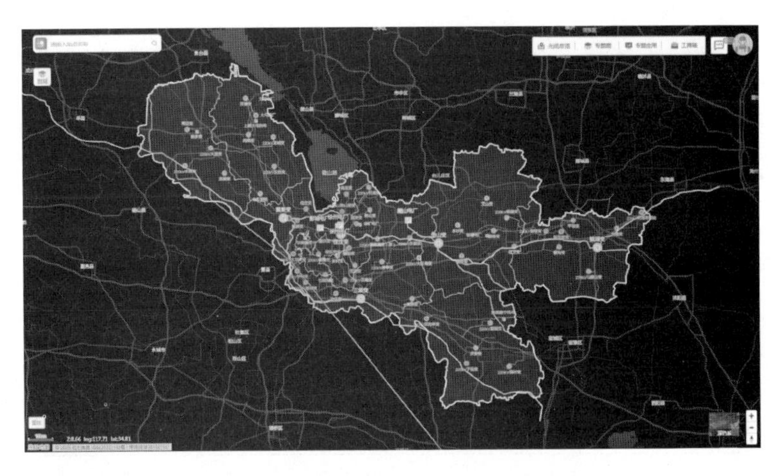

图 3　光缆资源可视化—光缆网架图

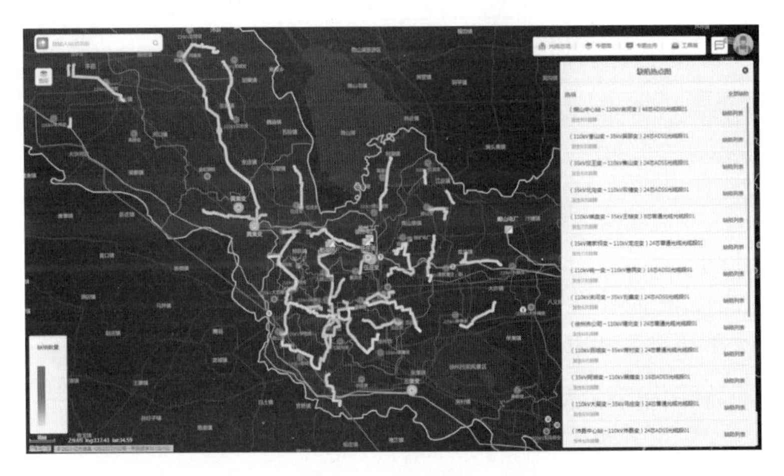

图 4　光缆运行监视—缺陷热点图

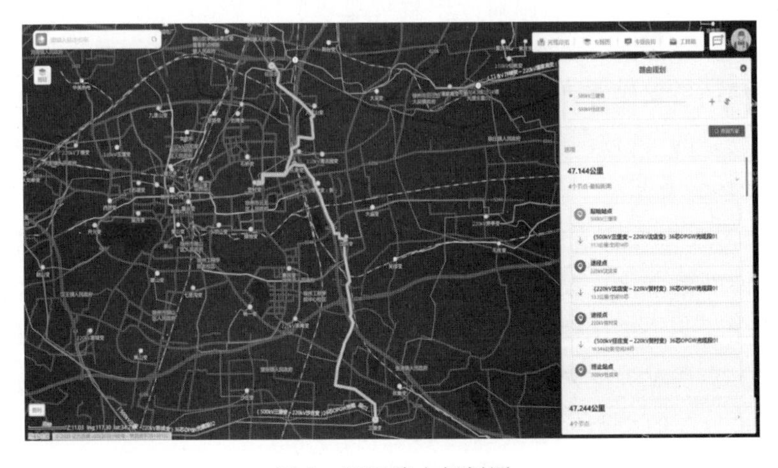

图 5　迂回路由规划图

5. 故障处置，全流程在线

依托多维度、多时态的光缆数据，支撑故障处理全流程在线，实现故障发现自动化、诊断智能化、定位精准化、处置高效化，为基层运维减负提效。故障处置全流程在线如图 6 所示。

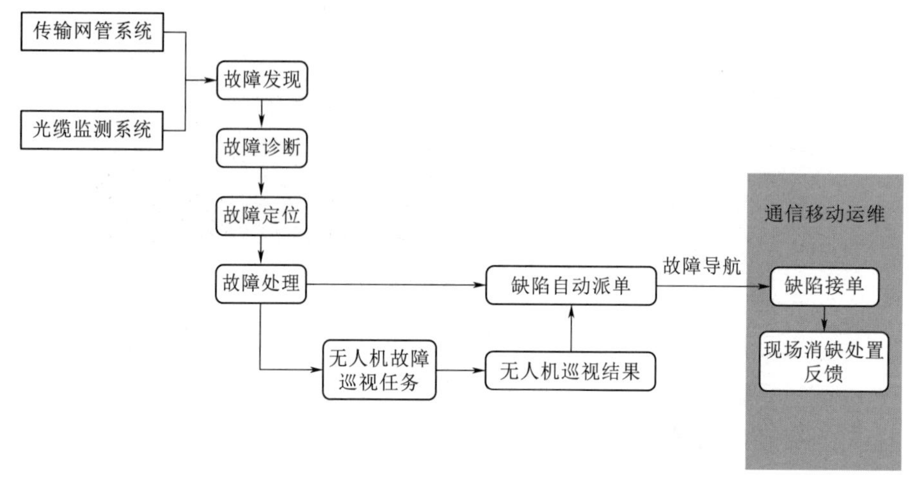

图 6　故障处置全流程在线

（二）创新亮点

1. 数字孪生建模及模数图一体化动态绘制技术

基于数字孪生建模及模数图一体化动态绘制技术实现对通信光缆资源的精益化管理和缆路资源的数字化虚拟映射，提升了光缆网状态感知的及时性、主动性和准确性，完成“光缆一张图”多维多态的可视化展示及应用。

2. 通信同源维护应用

“光缆一张图”基于电网资源业务中台构建通信同源维护应用，实现通信与电网跨专业数据融合和业务协同，打破了通信与电网之间的专业壁垒，并创建标准化异动流程，实现系统间的数据保鲜，提升了业务中台的服务能力，同时对其他专业基于业务中台相关业务场景的贯通起到良好的示范作用。

3. 数字化移交应用

“光缆一张图”作为通信专业数字化转型的重要实践，通过数字化移交构建了规划态与运行态之间的数字化桥梁，实现对验收资料线下管理模式的重塑，通过线上流程实现光缆结构化与非结构化数据的运维与保鲜，保证了数据的完整性、准确性和及时性。在此基础上实现对沉没光缆资源数据的挖掘，光纤网络哑资源不再是静默的静态资源，而是可再分配的动态资源。

4. 光缆开断典型场景维护应用

光缆开断典型场景是根据光缆异动场景，通过图形维护工具，快捷完成光缆台账维护，实现不同场景的光缆在维护过程中可能发生的各种物理连接和结构变化。该模块支持新建站点、光缆、杆塔、接头盒等资源信息。支持敷挂接头盒、光缆纤芯变化、光缆T接开断、光缆开断环路、光缆杆塔迁移等多种场景的图形化快捷维护，光缆开断前如图7所示，光缆开断后如图8所示。实现自动更新接头盒与光缆段数据，完成光缆异动、检修多场景运维工作，提升光缆数据维护效率。

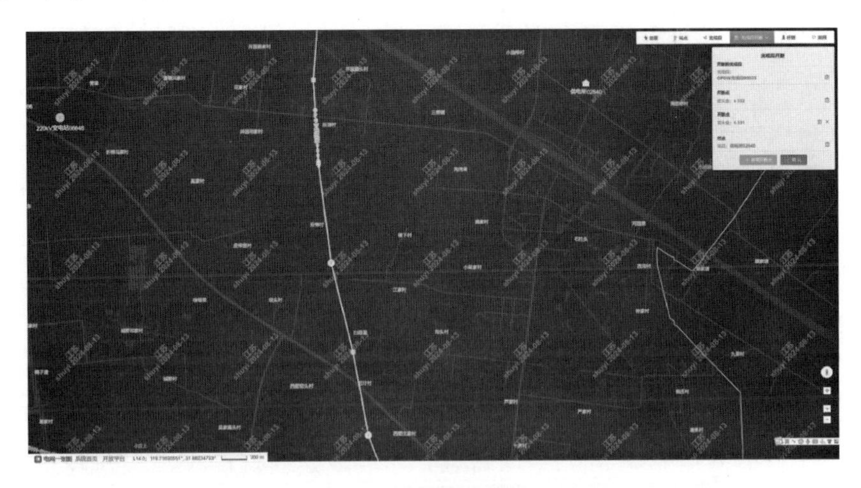

图7　光缆开断前

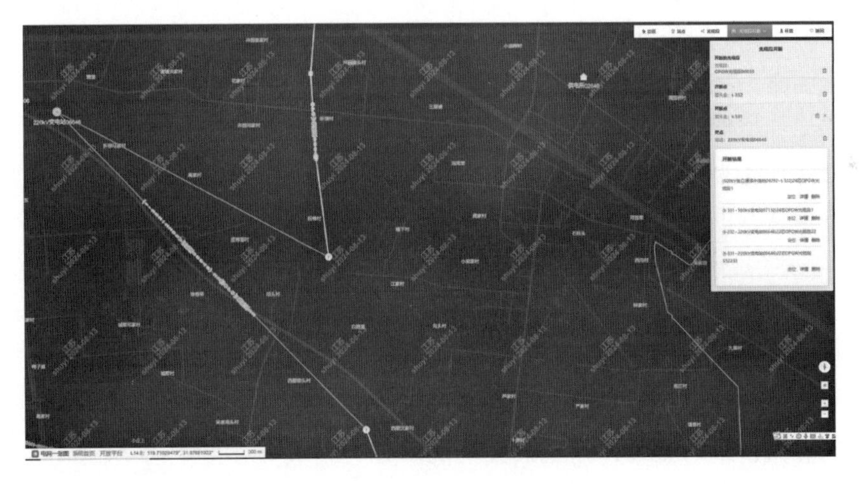

图8　光缆开断后

5. 规划辅助决策应用

运行分析规划辅助决策是光缆运行统计的深化应用和延伸。通过运行分析结果将隐患光缆改造纳入规划库中，生成项目建议书。并在规划前一年进行项目申报提醒，完成规划光缆的编辑和项目申报工作。当建设竣工后启动数字化移交，生成相应的台账履历，从而为光缆改造、修理工程提供重要的立项依据和参考价值，进而能够提升光缆网运行健康度，保障电网与通信网的稳定运行。

三、应用成效

（一）精益求精，管理效益大幅提升

“光缆一张图”平台建设，实现了光缆网＋电网“三图两态”的“全景”展示、“全维度”管理；通过建立线路台账和光缆台账的比对校核机制及异动通知的关联绑定，实现了光缆台账命名规范及准确率100%；通过打通专业壁垒完成电网和通信的业务协同，实现光缆与一次线路检修在线协同率100%；通过数字化移交，重塑了验收资料离线管理模式，实现线下管理数据100%线上化和数字化，管理成效显著加强。

（二）降本增效，经济效益显著提高

“光缆一张图”通过对光缆监测、无人机精益化巡检、电网业务协同等各类信息贯通，实现运维工作降本增效，试点单位徐州公司自“光缆一张图”投运后至2023年10月底，及时发现消除隐患50余次，故障次数与去年同期相比，下降30%。依托“光缆一张图”实现对故障处理全流程管控，满足快速应急抢修需求，将原先平均6.5h的故障抢修时间缩短为3h，平均缩短光缆故障处理时长53.8%，经济效益显著。

（三）保驾护航，社会效益日益增强

通过通信专业数据底座的构建和电力光通信网络物理光链路的数字化建模及管理，实现了试点单位徐州全域100%各电压等级光缆、全省91.3%的220kV及以上光缆一体化管理，形成自主创新技术3项，申报国家发明专利4项，并向多个网省公司分享数字化建设典型经验。“光缆一张图”的建设应用，保障了电网、光缆网安全稳定运行，塑造了良好的企业形象，社会效益日益增强。

四、典型应用场景

场景一光缆资源可视化：通信调度人员可以在一张图上直接了解通信光缆的资源规模及分布情况、站内光缆沟道及敷设情况、运行情况、作业状态等。

场景二调控监视：调控监视场景包括运行状态图、风险预警图、缺陷热点图、异构红线图等各种专题视图，调度人员可以通过专题视图实时查看、评估光缆运行状态，检修、缺陷状态光缆在图中以气泡图形式展示，点击气泡显示故障及检修具体信息。

场景三故障处置：支撑调度运行人员故障处置全过程管控，实现故障发现自动化、故障诊断智能化、故障定位精准化、故障处置高效化。

场景四专业巡检（日常巡视）：可通过移动终端开展日常巡视工作。支持巡检任务发布，在巡视过程中，系统自动记录巡视轨迹、巡视时间、现场照片等信息。若在巡视过程中发现隐患或完成整改，按系统提示填报发送至TMS系统形成运行及整改

记录。

场景五业务协同—巡视协同：通过线路巡视结果的共享，将线路上可能引起光缆故障的隐患、缺陷及时通知到通信专业，由通信人员对隐患、缺陷数据进行判别，决定是否启动通信缺陷/隐患的处理流程。

场景六检修光缆异构分析：系统自动分析计算异构光缆，调度人员可通过异构光缆专题红线视图查询异构光缆分布情况，点击附件，可查看异构点详情。

场景七运行统计分析：分析光缆运行年限、纤芯使用情况，少于4芯提出光缆纤芯使用预警；对光缆缺陷、检修数据进行统计，分析光缆缺陷原因，形成光缆运行分析报表，方便调度人员统计光缆运行情况数据。

场景八科学规划辅助：规划数据来源有两个：批复过的基配套通信建项目；运行分析辅助规划。其中运行分析辅助规划可基于更多维度的光缆运行统计分析结果，包括光缆故障率、光纤覆盖率、纤芯可用率、光缆重载、故障纤芯预警等指标，自动分析必要性较强的光缆建设需求，为调度人员在规划设计时提供光缆网的规划建设、断面补强等决策依据。

场景九数字化移交：当项目竣工后，由建设单位整理移交材料，启动数字化移交流程，其中结构化数据支持填写数字化移交Excel表单后直接导入，非结构化数据支持附件的上传。

场景十路由规划：根据起始站点、终止站点、途经站点，自动进行光缆路由规划，提供最短路径、最少节点、光缆类型、纤芯余量等规划规则，同时将光缆路径在图上高亮显示。

五、推广价值

基于多维多态“光缆一张图”的数字化转型平台，切合国网公司、省公司在专业管理数字化、信息化的管理要求，是通信专业数字化转型管理提升的一次可贵尝试。

该平台多个专业方向都有使用需求。如：除对于通信专业人员，对于电网其他专业人员，如电力调度员通过本系统，可查询通信故障、检修，对电网重要业务的影响情况；如电网方式人员，通过本系统，可及时了解通信故障、检修情况下，电网方式是否需要进行调整等。该平台具有较好的可推广价值，具备通用性，为内网网页部署，可在全国各级电网机构部署使用。

年度运行方式智能化管理

国网东北分部
（安　宁　张之栋　马　宇　焦　强）

摘要： 基于新一代通信管理系统资源和运行数据，对通信年度运行方式中的相关光缆、设备、业务等关键数据进行一键统计，并对年度检修、故障等运行情况进行统计分析，形成同某一时期的环比及上一年度的同比分析，以及光缆网、传输网、数据网、重要业务系统等关键指标分析统计。

一、背景

新一代通信管理系统已经实现专业监视管理、检修管理、缺陷管理、资源信息管理、资源图形管理、资源查询统计、数据迁移工具、通信采集平台等功能模块，实现了监视、资源、检修、缺陷等业务支撑，能够满足通信运维等日常工作需求，并对基础生产运行工作提供了支撑工具，是保障电网安全生产、支撑经营管理的重要支柱。目前系统中已经积累了大量的通信业务数据，为进一步开展通信数据的挖掘分析和综合展示相关应用打下了良好的基础。

以往统计分析数据均是靠人工处理，存在数据偏差不准确问题，没有专门的业务场景对资源数据进行统计分析。通过通信年度方式智能管理功能建设，按资源类型、单位为统计维度，统计光缆、设备、业务，检修、故障总量及变量，形成本年数据同比及与上一年度的环比分析、图形展示，并实现光缆网、传输网、数据网、重要业务系统等关键指标的统计分析。

二、技术方案

（一）关键技术

年度运行方式智能化管理基于“微服务微应用”的设计理念，基于新一代通信管理系统建设，整体满足国网电网数字化架构要求，基于《电力调度通用数据对象结构化设计　通信模型》设计要求对现有模型按需扩展，基于公司现有开发平台开发，在 TMS2.0

现有公共基础服务的基础上，实现光缆、设备、业务、年度检修、光缆缺陷、设备缺陷、业务缺陷、业务通道缺陷以及关键指标进行统计分析。系统展示效果图如图 1 所示。

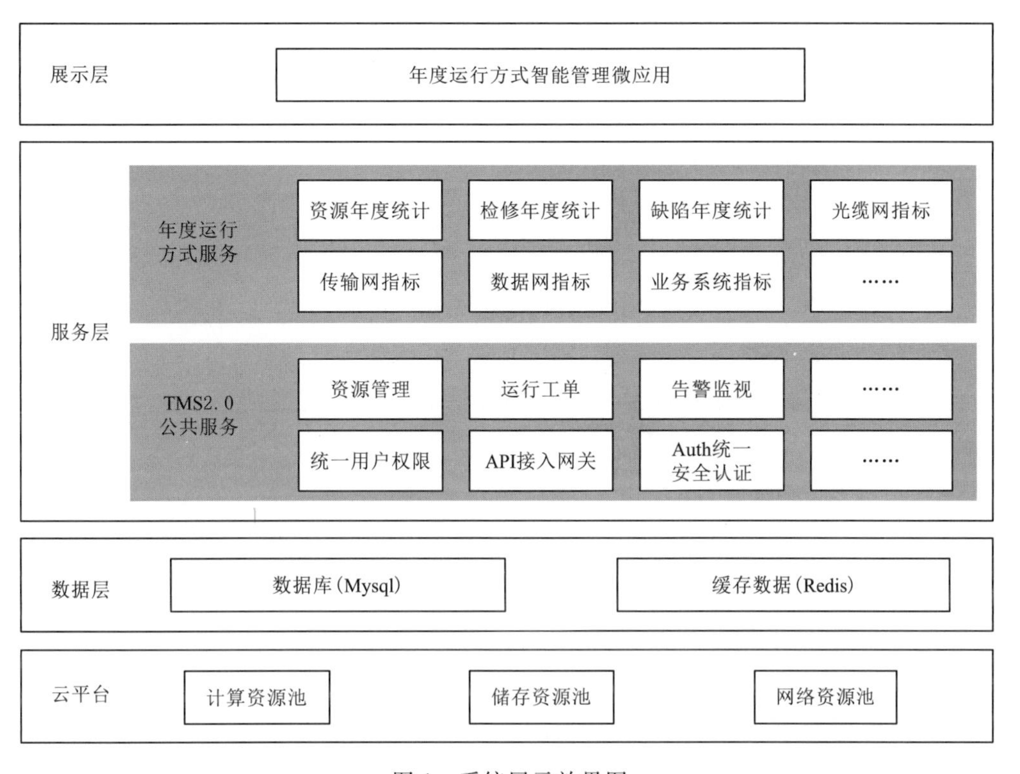

图 1　系统展示效果图

1. 资源年度统计

以产权单位为统计口径，按光缆类型、电压等级统计各单位光缆总量和增减量；以产权单位为统计口径，按设备类型分别统计各单位传输设备（光传输设备、微波设备、载波设备）、业务网设备（PCM 设备、数据网设备、交换机备、电视电话会议设备、机动应急通信设备）、支撑网设备（同步设备、电源设备）总量和增减量信息；以调度单位为统计口径，按业务类型分别统计各单位继电保护、安全自动装置、调度电话、自动化、行政电话、电视电话会议、综合数据网、其他业务数量总量和增量信息。

2. 检修年度统计

以检修票内容为统计口径，对检修、方式、缺陷、风险预警、值班等运行管理数据进行挖掘分析，实现全局性数据生态展示。

3. 缺陷年度统计

以光缆段运维单位为统计口径，按光缆类型分别统计各单位缺陷次数、缺陷时长、次数百分比、时长百分比及缺陷原因信息；以通信设备运维单位为统计口径，按设备类型分别统计各单位缺陷次数、缺陷时长、次数百分比、时长百分比及缺陷原因信息；

以调度单位为统计口径，按业务类型（继电保护、安全自动装置、调度电话、自动化、行政电话、电视电话会议、综合数据网、其他业务）分别统计各单位缺陷次数、次数百分比、缺陷时长、时长百分比信息；以关联业务的调度单位为统计口径，统计通道链路缺陷总次数、缺陷总时长，按业务类型（继电保护、安全自动装置、调度电话、自动化、行政电话、电视电话会议、综合数据网、其他业务）分别统计缺陷次数、次数百分比、缺陷时长、时长百分比信息。

（二）创新亮点

基于新一代通信管理系统的设备台账、业务台账和通道路由数据，实现光缆网、传输网、数据网、业务系统等关键指标的量化展示。

1. 光缆网指标分析

根据本级光缆网数据，提供跨区光缆三路由率、跨省光缆三路由率、跨地市光缆三路由率等指标展示。

2. 传输网指标分析

根据传输网资源和拓扑信息，提供超期服役设备占比率、光传输设备成环率、光传输设备间主备光路配置率、网络带宽瓶颈区段数（段）、核心网络断面带宽冗余度、设备国产化率以及自主可控光传输设备信息、核心板卡冗余配置率等指标信息。

3. 数据网指标分析

根据通信数据网设备台账、业务通道路由数据，提供骨干网链路峰值带宽利用率、接入网链路峰值带宽利用率、骨干网节点上联双链路占比、接入网节点上联双链路占比、骨干网节点双设备占比、接入网关键节点双设备占比、超期服役数据通信网设备占比等指标信息。

4. 业务系统指标分析

根据保护、安控业务台账和业务通道路由数据，提供保护安控业务“三双”配置正确率、保护业务光纤化率、设备重载信息、光缆重载信息、保护业务三路由率、保护通信通道已具备三路由率、保护单口装置配置占比、单口线路保护装置单接口单通道配置占比、线路保护单口装置2M切换装置配置占比、线路保护单口复用通道MSP（1＋1）配置占比等指标信息。

三、应用成效

对分部所辖通信网的光缆、设备、业务总体规模，年度检修、故障等运行情况，以及光缆网、传输网、数据网、重要业务系统等关键指标，进行图形化的统计展示，全面展示了通信网资源规模、运行情况，为通信网的运行、规划工作提供直观的调控管理人机交互平台。

提供了高效、安全、可靠的通信环境，提升了电网运行效率，整体加强分部支撑国网数字化建设相关安全运行保障支撑能力。

四、典型应用场景

目前，年度运行方式智能化管理应用正在东北分部开展试点应用建设。在通信运行方面，实现对站点、设备、光缆、业务通道规模、专网覆盖关键指标的展示场景，有效对设备运行状况进行统计分析；在日常的检修运维工作中，实现对于光缆、设备、通道、业务等重要数据的集中分析能力；在业务保障方面，实现业务运行、保障、故障处置、应急方式的关键指标展示场景。系统展示效果图如图 2 所示。

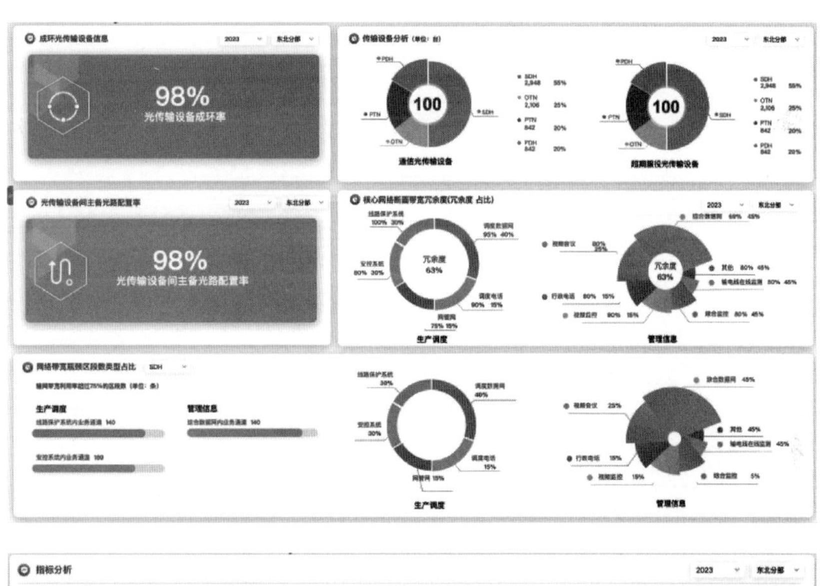

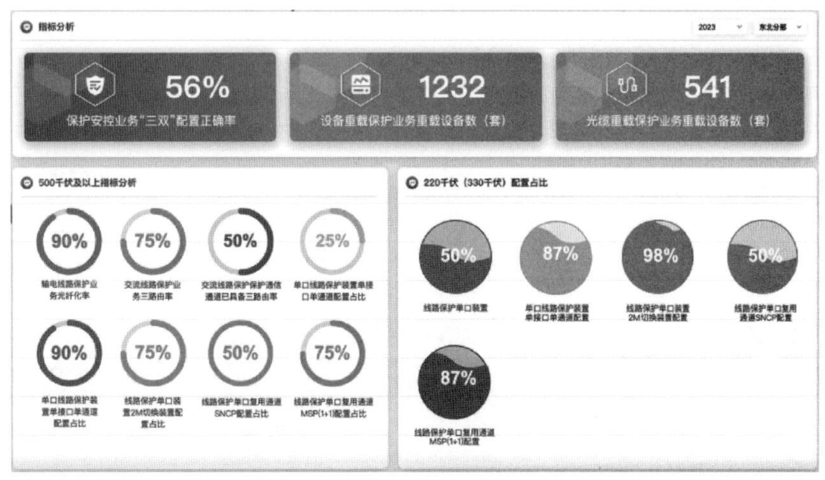

图 2　系统展示效果图

五、推广价值

年度运行方式智能化管理的应用实现了年度运行方式管理的智能化、数字化提升，该功能的构建将大幅提高运营效率和管理水平，推动通信资源的调度和管理更加科学、合理、高效。同时，该功能也将为通信系统规划建设提供更加准确、全面的数据支持，为各单位通信专业战略规划和发展提供更加可靠的依据。该应用是基于新一代通信管理系统建设的微应用，在全网范围内具备较好的通用性，具有较大的推广价值和借鉴意义。

配电通信调控技术支撑系统

国网福建电力

（张良嵩　张松磊　张宏坡　侯功华　徐　伟　王慕玉　许佳东）

摘要： 本课题围绕数智化坚强电网建设转型，以“技术先进、业务智能、覆盖全面、支撑有力”的架构设计为目标，采用“集中＋分布”省地两级部署，着力打造“混合通信一体化、可观可测全感知、调控运行智能化”的能力，推进配电通信调控一体化管理新模式建设，通过配电光纤专网集中纳管、无线专网和公网设备接入、资源数据统一管理、系统智能运维和工单流程在线化管理等工作，全面支撑配电通信网数字化转型，助力新型电力系统的高质量发展。

一、背景

随着配用电业务发展规模不断扩大，终端通信接入网络的运行维护、业务调度、资源管理等工作量呈现指数级增长。目前配电通信网设备厂商提供的网管差异较大，部分设备没有网管，缺少“标准统一、接口统一、数据共享”的综合网管系统。同时，电力无线公网业务缺乏统一管理，无法实现无线公网物联网卡、APN 虚拟专线等资源的实时运行监测。此外，缺乏设备资源和调度运维业务相结合的智能管控体系，难以支撑运维人员开展工作，给配电通信网的全过程运维管理带来巨大的挑战。

为满足配电通信网高效、稳定的运行要求，迫切需要加快配电通信网信息化建设的步伐，建立支撑混合通信环境下的综合网络管理、网络运维监控及优化、业务调度的统一的配电通信网管理系统。

二、技术方案

（一）关键技术

1. 配电光纤网综合监视

配电光纤通信专网（福建采用工业以太网技术体制）的组网形式采用 3 层拓扑结构，包括：核心层、汇聚层、接入层。通过标准 SNMPv2c、SNMPv3 技术手段实现对跨专业和跨厂商的设备配置、性能和告警数据的采集和配置下发。为实现跨专业、跨厂商间的设备纳管，规范工业以太网入网操作，通过收集各设备厂商的 MIB 库，实现交换机设备主动推送 trap 和 syslog，建立被动采集和主动采集两种模式，提升数据采集实时性。为推进通信网络设备整合、归并设备品牌、优化老旧设备、改善配电光纤专网网络结构、市信通连同各运维班组对二层交换机反复掉线、无法纳管等情况进行摸查和分析，逐步实现配电通信光纤专网设备的配置、性能、告警及网络运行状态等信息统一呈现监控与管理，从原有的“多厂家、多节点、跨域维护”向“单点采集、数据统一、集中监控”方式进行转变，打破跨域维护壁垒，完成多厂家数据融合，实现配电通信网络的集中监控、统一维护。如图 1 所示。

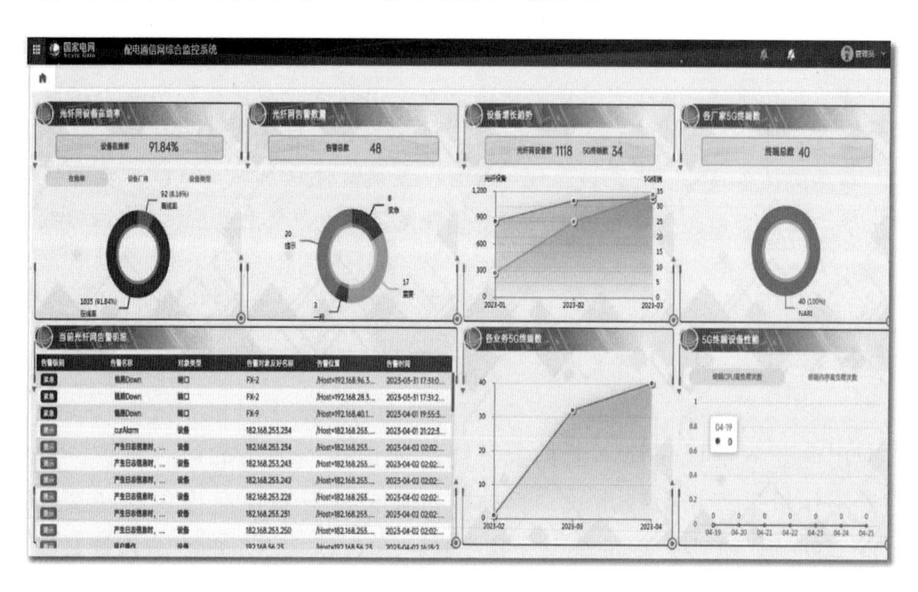

图 1　光纤网设备综合监视模块展示

2. 5G 通信网综合监视

福建公司采用“核心网 UPF 下沉、承载网硬隔离、接入网 RB 资源预留”的方式构建电网专属 5G 电力虚拟通信网，并协同信产、南瑞、四信等多个终端厂商，制定 5G 终端设备 TR069 协议规范以及入网步骤，对于需要纳管的 5G 终端厂商按照接入规范实施，实现 5G 虚拟专网切片数据、物联卡数据、通信业务终端统一采集及各类数据指标的实时监测展示，通过整体规模、终端卡概况、切片业务及质量等多个维度展示的界面，使运维管理人员可以快速高效地定位 5G 虚拟专网及通信业务终端问题。如图 2 所示。

（二）创新亮点

1. 构建省地部署架构，促进协同调控管理

系统采用“集中＋分布”省地两级部署的方式建设，在省公司侧部署配网集中监

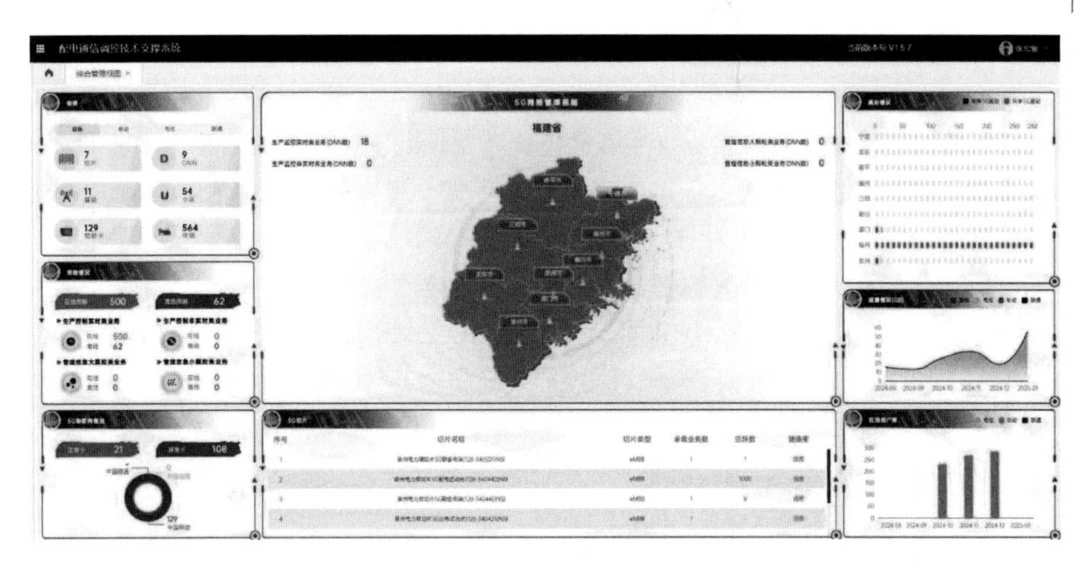

图 2　5G 网络综合监视应用界面

控系统主系统，实现全省配电通信的综合展示、资源管理、运行管理、5G 切片网络监测等功能；在各地市公司侧部署配网集中监控系统子系统，实现对配电光纤综合监控和 5G 通信终端管理等功能，各地市公司通过省地数据通信网分权分域的方式访问主系统应用，上下级间纵向互联实现数据及业务贯通。

2. 构建统一模型，实现数据动态保鲜

为确保系统数据同源，以“模型统一，数据唯一”为原则，在《电力调度通用数据对象结构化设计　通信模型 V3.1.5》基础上，完成配网模型分册编制，支撑配网管理功能应用。根据不同的数据类型，开展相应的数据同源建设，主要包括以下几个方面：①设备数据入口：通过地市配电通信综合监控子系统采集配电通信光纤专网和 5G 调控业务虚拟专网通信终端的设备数据（包括：告警、配置、性能）；②5G 切片数据入口：通过运营商开放平台采集 5G 切片数据；③哑资源和工单数据入口：空间和光缆数据等基础哑资源数据和工单数据通过配电通信调控技术支撑系统主系统的台账和工单录入维护管理；④主系统与子系统间通过数据更新接口，保障内部数据的同步性和唯一性。

3. 组建 5G 虚拟专网，实现异构网络管控

通过对接基础电信运营商 5G 开放平台，部署 5G 电力虚拟专网实时监测系统，实现 5G 虚拟专网的运营监视功能、资源管理功能、切片管理功能和统计分析及展示功能，构建配电通信调控支撑系统“有线＋无线、专网＋公网”的异构网络统一管理模式。

三、应用成效

（一）实现对配电通信光纤专网集中监控

通过对配电通信专网内的设备 IP 地址池进行轮询访问检测，实时监控设备的配

置、性能、告警、日志等信息，通过采集信息整合分析，实现基于业务的在线监测。已实现对配电通信光纤专网 10 余个厂商共计超过 11000 台光纤网设备的告警、性能实时监视。通过告警和性能信息与业务信息进行关联性处理，为通信运维人员提供基础的告警和性能的统计分析报告，作为分析决策依据，提高网络可用率，为故障处理、业务保障等提供支持。

（二）实现 5G 虚拟专网与通信终端的可视化监控

通过对终端网络内的设备 IP 地址池进行轮询访问检测，实时监控终端的配置、性能、告警、日志等信息以及对设备的远程下发配置的功能，包括终端重启、ping、上下行速率诊断、日志抓取、配置备份和恢复、软件升级、参数设置、恢复出厂设置功能，已实现 300 余台 5G 通信终端设备，目前已采集监控 5G 通信终端 300 余台、物联卡数量 320 余张、切片数 11 个、DNN 11 个，进一步提高了公网通信管控水平。

（三）提升资源集约化管理能力

通过对空间资源、光缆网资源、IP 网资源、配电光纤网设备资源、5G 资源的统一纳管，形成统一规范的资源模型，实现设备网络资源信息和通信业务资源集中管理。系统已实现 20000 余个站点、19000 余条光缆段等资源管理，并通过资源自动发现、关联、核查以及资源管理流程标准化、作业计划自动化等多种手段，实现资源从投退到退役整个生命周期的线上化管理。

（四）提高配电通信运行调控管理水平

实现调度管理、缺陷管理、检修管理、计划管理、方式管理、并网管理的“六统一”，运行管理能力的应用趋向在线化、网络化、智能化，使流程化功能由线下转变为线上，工单流转效率提升 30%，大大降低了工作流程的流转时间，各流程统一模板，使得数据规范性提升 20%，实现业务流程化、数据规范化、权责明确化、操作高效化，强化了对通信网络安全稳定运行的有效支撑，促进全方位的专业协同，提高运行调控效率及管理水平。

四、典型应用场景

当光纤网设备故障，影响该站点配电网调度指令的正常下发，系统敏锐捕捉并呈现相关告警（图 3、图 4），调度人员第一时间完成系统故障工单派发，接单后一线运维工程师迅速赶赴现场展开故障处理工作，大大提高了故障处理效率。

五、推广价值

该系统依托智能运维与数据分析技术，实现了配电通信网络的全天候监控、精准

图 3　系统告警派单应用展示（1）

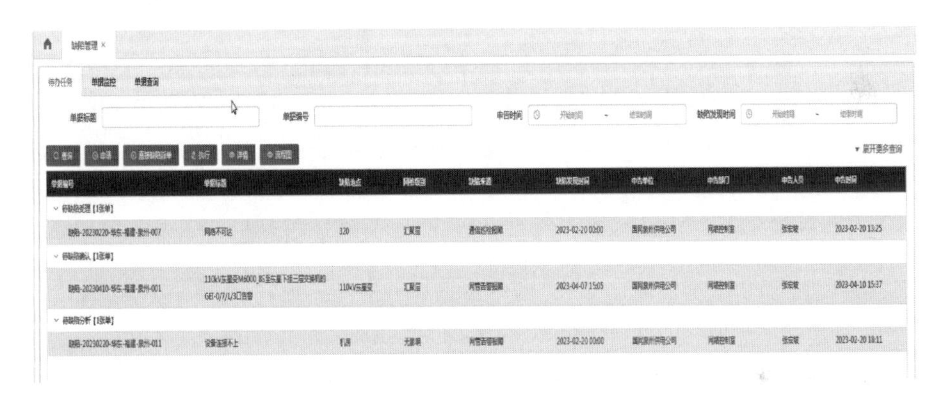

图 4　系统告警派单应用展示（2）

故障预警与智能诊断，为运维决策注入科学高效动力。同时，其“集中＋分布”的省地两级部署架构，有效促进了通信、调度、运维等多专业协同，打破信息壁垒，实现资源高效整合。凭借其技术的先进性、功能的全面性、成效的显著性，可在全国各级电网通信机构推广应用。

业务应用篇

通信调度大屏综合展示系统

国网华东分部

（陈　熙）

摘要： 华东分部通信调度是区域通信网调度指挥的中心，同时也是通信专业对外展示的窗口。针对通信调度工作实际需求和特点，充分利用现有的通信调度室大屏，开发面向不同场景的大屏综合展示系统，有效提升了通信调度的实时监视能力和故障处置效率，展现了通信对电网安全的重要支撑保障作用。

一、背景

华东通信调度管辖的区域二级通信网承载了大量500kV及以上电网继电保护、安稳控制、频率协控、调度数据网、调度电话等重要电网生产业务。通信调度当前的运行监视手段主要依赖于专业网管和TMS系统，告警推送机制主要面向通信设备。故障处置判断需要综合多个系统推送的信息，并辅以图表等资料来确定业务影响范围和程度，对通信调度员的个人能力要求较高，不便于通信调度员全局把控网络运行实况，不利于故障的快速定位和处置。

华东通信调度室此前已建设了面积达15m^2的小间距LED拼接屏，但仅用于设备专业网管和TMS等系统的拼接显示，未充分发挥大屏的综合展示能力。结合上述因素，亟需开展华东通信调度室大屏综合展示关键技术研究，从服务通信调度员日常运行监视的角度出发，建立多业务系统来源数据支撑体系，重构相关数据间业务逻辑，实现跨专业和多维度的数据融合，简化通信调度员从不同途径获取信息再进行人工整合决策的繁琐过程。

二、技术方案

（一）关键技术

1. 数据获取和推送

将TMS系统作为大屏的主要数据来源，通过Oracle数据库notify功能来实现数据变更的监听，结合消息引擎、WebSocket等技术将TMS系统中存在告警、预警及工单状态转变的实时事件推送至大屏展示，便于通信调度员通过大屏第一时间获悉网络运行状态和急需处理的工单。同时，从TMS系统获取的基础资源台账，以图形化界面直观展示通信网络整体规模和变化发展情况。

2. 叠加电网一次图层和数据

根据电网一次接线图SVG文件模型重新解析其拓扑信息，把模型中站点抽象成“点”、线路抽象成“线”，与TMS系统中的光缆基础数据和业务台账信息进行关联匹配，以类似电网接线图的形式实现通信光缆、业务通道与一次线路的融合展示以及检索功能。

3. 实现PC端简易维护

建立前端（大屏）和后端（PC）即时通信通道，通过WebSocket技术将大屏可视化平台功能同步至PC端的小屏，由PC端小屏通过该通道传送控制指令给大屏前端，实现大屏上不同业务场景的切换和对展示内容的调整。

（二）创新亮点

1. 重要生产业务和电网一次网架的叠加展示

基于通信网站点和光缆与电网的高度依存关系，整合电网一二次和通信网业务数据，梳理电网和通信系统中各类线路、设备、业务及其实时状态的继承关系和逻辑联系，实现电网一次网架与电力通信网接线图叠加展示。

2. 光缆网架与气象信息的叠加展示

使用开源地图组件构建光缆拓扑图，基于气象服务接口获取台风、寒潮等可能对通信系统产生影响的灾害气候信息，叠加通信光缆地理拓扑进行综合展示。

3. 面向工单流转的信息推送

基于通信检修工作流的实时监控技术，对底层工作流进行自动分类和分析，通过待办工作流展示，直观展示各检修流转节点并提示调度员做相应处理，实时掌握各检修进展情况。

三、应用成效

（一）打通数据壁垒，挖掘数据价值

充分发掘和利用现有的数据资源，打通通信资源数据、实时告警、业务流信息和电网一二次设备的数据壁垒，实现在大屏上面向不同应用场景、面向不同用户需求的全景化图形展示。

（二）提升通信调度工作效率

将通信调度员日常值班关注的核心重点工作集中到大屏上，并以图表形式直观展示，避免人工周期巡视可能的遗漏或响应不及时，使通信调度值班工作更加高效、有序。

（三）完善针对自然灾害的风险预警和监控

引入气象数据，针对可能对光缆网架造成破坏的台风、寒潮等气象灾害因素开展监控，提供实时气象灾害路径叠加到光缆地理拓扑图上展示的功能，辅助值班员评估风险和执行通信保障任务。

提升通信专业对外展示效果。通过图形化手段对分部所辖通信网的基础设施/设备规模、承载的业务情况、核心业务流程完成情况进行综合展示，展现通信专业的作用和工作成效，提升其他部门、专业对通信专业的认知度和认可度。

四、典型应用场景

通信调度室大屏可视化平台为通信调度员提供了四大应用场景：通信网概况、运行监控、全景监控、值班员辅助。其中通信网概况场景主要用于查看通信网整体规模统计数据、区域分布特点和发展历程，展现通信专业的发展和在电网中的基础支撑保障作用；运行监控场景用于查看主干传输网拓扑、提示设备告警/检修/缺陷情况，便于通信调度员全面掌控当前网络的运行状态；全景监控场景基于电网一次结线图将调度厂站、一次线路与各类通信资源、业务通道信息融合进行展示，直观反映了通信网与电网的深度绑定、相互依存关系，用户可通过电网结线图视角了解和查询电网厂站/线路与通信网、重要生产业务的承载关系；值班员辅助场景提供分部本部大楼通信系统的实时监视和图形化展示，并为值班员提供重要告警速览、重要检修工单跟踪等功能，提示通信调度员当前需要重点关注、优先处置的运行事项。

此外，开发了基于 PC 端的小屏系统，用于对大屏的切换控制，对界面风格、布局、内容进行调整。其中，“全景监控场景”提供的线路与对应光缆、重要生产业务通道路由信息的检索也主要在小屏 PC 端实现，进一步拓展了大屏展示系统的应用范围和使用场景。系统展示效果图如图 1 所示。

五、推广价值

华东分部通信调度大屏展示系统在《国家电网有限公司信息通信业务大屏内容设计规范（2018 年版）》的基础上，结合华东分部实际，以用户需求为导向，充分挖掘和利用现有系统的资源数据，通过数字化手段提升日常工作效率，展示通信专业的工作成效，对系统内其他单位建设通信调度大屏系统具有一定的借鉴和推广价值。同时，系统设计和建设中的一些创新尝试也供后续推进“调控云”上跨专业数据融合、TMS2.0 等系统建设时参考和借鉴。

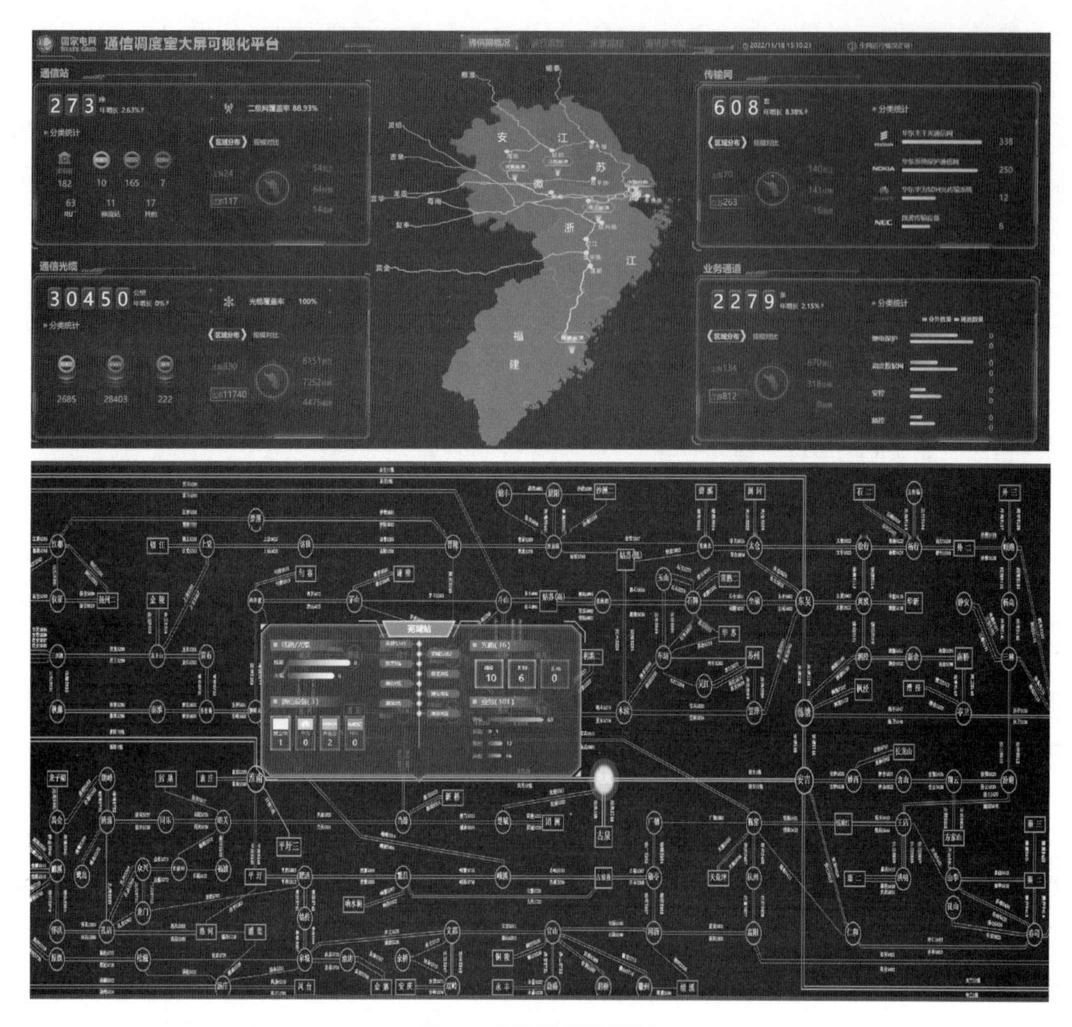

图 1　系统展示效果图

新一代应急通信体系及关键技术

国网北京电力

（海天翔　王萍萍　王娟娟　郝晨宇）

摘要： 以2021年北京公司支援河南电力抢修事件为切入点，调研分析各类应急突发事件可能导致的固定电话、互联网、4G/5G手机公众移动通信网络不可用等极端情况。在各类突发极端情况下，系统需满足无运营商公网环境下应急现场通信网络覆盖的需求，故开展面向城市电力应急的新一代空天地融合应急通信技术研究及应用，以期有力支撑电网抢险指挥调度，助力快速恢复电力供应，有效开展防灾、减灾救援。

一、背景

地震、洪水、暴雨等各类自然灾害或其他重大突发事件，具有极强的破坏性和不可预见性，会对电网系统的正常运转造成破坏。电力应急通信系统是保障电力救援和调度指挥的必要手段，系统要能确保快速反应和有效处置，全面支撑电力救援工作的开展。

以支援河南电力抢修事件为切入点，调研分析各类应急突发事件可能导致的极端情况，如局部地区环境、基础设施被破坏，导致通信设施受损、基站倒塌、光电缆断裂，造成应急现场固定电话、互联网、4G/5G手机公众移动通信网络不可用等极端情况。在各类突发极端情况下，系统需满足无运营商公网环境下应急现场通信网络覆盖的需求，初步形成了以“超小型便携卫星站＋无线宽带MESH自组网设备＋超短波对讲＋融合通信平台”为核心的新一代应急通信系统解决方案，围绕该方案开展相关研发和测试工作。

二、技术方案

（一）主要关键技术及产品

1. 卫星

高通量卫星可不通过主站，即可实现互联网数据接入，在一些应急情况下，地面设施受到破坏，可以快速恢复通信系统，实现数据回传。其中便携站采用最先进的卫星通信技术，具有很高的机动性和便携性，通过Ku或Ka波段的卫星Modem，使用亚太6D等HTS宽带卫星资源，在3～5min内快速搭建小区域局域通信网络，可实现10Mbps速率互联网接入、无线局域网搭建、微信与腾讯视频会议、MESH自组网接力传输等功能。

2. MESH自组网

MESH自组网是一种专网无线多跳网络，产品采用OFDM/COFDM技术，不依赖任何基础通信设施，可临时、动态、快速构建分布式无中心的多跳无线IP MESH自组织网络，网络采用分布式架构，具有自组织、自恢复、高抗毁能力，支撑数据、语音、视频等多媒体业务多跳传输，设备可在高速移动下组网通信，一键启动后自动搜索和组网，能自组织、自优化和自修复，最大可支持6～10跳、32节点，具有灵活、易用、易扩展、高带宽等特点，可广泛应用于抢险救灾、临时会议、有限空间作业、无线图传、单兵组网、车辆组网、无人平台（无人机、无人车、无人船）等场合。

3. 超短波

超短波集群在现场公网信号短时间内无法恢复的应急场景下，可解决现场作业人员间的即时语音通信能力（窄带语音通信），确保调度指挥管理工作可以正常、有序、高效开展。超短波集群系统具备分组分群呼叫、全体呼叫、单独呼叫、用户呼叫权限控制、短数据传输、数字加密、无噪声通信等特点。

（二）解决方案

本方案采用“空天地一体”的建设思路，最终实现在发生较大灾害，或较大范围失去公共通信能力时，保证电力应急救援现场、前线指挥部及应急指挥中心快速恢复通信的能力。

1. 应急现场与应急指挥中心间的远程通信系统

主要采用便携式卫星通信终端的方式，利用卫星通信覆盖范围广、通信距离远、抗灾能力强的特点，在公网运营商中断时，可构建前线指挥部和后方指挥部的骨干回传网络，以最快速度恢复前线指挥部通信能力，及时传递重要信息。

2. 应急抢险现场本地通信网络

在应急现场采用无线MESH自组网、超短波对讲系统、个人单兵终端等技术相结合的方式，构建应急现场本地通信网络，确保应急现场抢修指挥与调度管理工作高效开展。

三、应用成效

（一）牵头推进国网新一代应急通信系统建设

牵头推进国网新一代应急通信系统建设，紧紧围绕应急状态下的通信需求和新一代应急指挥系统功能需要，充分体现通信系统的基础性作用，加强组织、统筹规划、整合资源、合理布局，实现跨区域的互联互通和资源共享，全面支撑应急联动。新一代应急通信系统具有“标准统一、技术先进、接入多样、部署灵活”的特点，注重新装备、新技术的融合应用与开发，重视标准体系建立和平台化系统建设，形成覆盖广阔、灵活多样、安全可靠的应急通信综合平台，满足建设新一代应急指挥系统的要求，为电力安全生产和抢险救灾提供高标准、高效率、高可靠的通信应急保障。

（二）高质量完成北京公司重大活动保障工作

应急通信系统作为重大活动保障通信技术支撑的重要手段，参与二十大保障、930广场鲜花活动、冬奥保障等多次重大活动保障工作，同时兼顾“迎峰度夏”“迎峰度冬”等常态化应急保障工作，高质量完成“河南抢险支援”“北京公司冬奥应急演练”“冬奥组委赛时一天应急演练”“松山保电支援团队汇报现场音视频回传”等各项重大保障工作，检验并锻炼了技术实战能力。

（三）参与并圆满完成2022年北京公司防汛度夏保障工作

在2022年防汛度夏演练中，应急通信系统作为现场唯一通信手段，在渡河抢险、无人机勘察、动中通等多个场景中发挥了举足轻重的作用，利用新一代应急通信系统，将无公网信号区域的音视频和各类数据回传至北京电力公司总部指挥中心，为整个保障工作的总体指挥提供了有力的通信保障。

四、典型应用场景

（一）应急通信场景

在应急抢险场景中，公网通信完全中断，可通过便携式卫星站或者动中通卫星车提供互联网接口，卫星互联网落地后可通过MESH自组网设备实现互联网业务的延展。MESH自组网设备相互间组成自组织网络的同时还向下输出WiFi信号，WiFi覆盖半径50～100m，可以接入手机、无人机、笔记本、Pad等各类终端。整个应急通信网络从卫星设备架设、对星完成到MESH自组网设备启动并接入各类终端，用时5～8min，可在应急抢险现场快速、便捷部署，满足现场互联网接入需求。

（二）有限空间场景

在有限空间内部，因其封闭、狭窄、环境复杂，公网通信系统在其内完全中断，进入内部的人员存在通信困难、难以监测体征、出现危险救援困难等情况。MESH自组网设备结合安全管控边缘计算装置，可以有效解决以上难题。MESH自组网设备在有限空间隧道内可实现单跳150～400m的延伸距离，通过多跳可延伸至1km以外，可实现有限空间内音视频通信、布控球回传、手环和气体检测仪接入、各类物联网传感器接入，为有限空间智能化管控提供有力的通信保障。

五、推广价值

项目成果可在试点应用的基础上向全市城市电力应急领域推广，全面保障电力应急环境下的应急网络快速组建和应急业务可靠高效接入和传输，提升城市电力应急处理能力。项目成果还可在全市电力应急领域应用的基础上，逐步推广至国网各电力公司的电力应急通信中，实现面向不同地域环境、不同应急场景、不同通信技术适应性条件下的城市电力应急通信网络建设和管理应用，并在此基础上，探索新的应急通信模式和业务模式，推动技术和业务创新。

同时，项目成果还可以在城市电力应急领域的推广应用基础上，全面向涵盖其他行业的城市电力应急领域推广，支持火灾、内涝等自然灾害和突发性事件的应急处理，提供快速、便捷、稳定和可靠的通信能力，缓解应急事件危险，降低人民生命财产损失，维护社会稳定，促进社会和谐发展。

主配网一体化数据通信网

国网河北电力

（张洪治　苏　汉　李美茹）

摘要： 随着新型电力系统的建设，国网雄安新区供电公司打破传统主配网划分模式，以SDN技术为基础，搭建网络综合管理平台，融合纳管GPON设备，实现主配网统一运维管理，构建各类业务深度融合的数据通信网。通过综合管理平台对配网终端的自动识别、自动配置，实现了主配业务贯通、终端即插即用，业务接入时间缩短90%，运维管理效率得到了极大提升。

一、背景

传统电力数据通信网采用MPLS VPN技术进行业务的传递与拓展，需要投入大量的路由器以及三层交换机进行区域骨干网络的部署，使得网络建设成本、运维成本居高不下。同时配网站点存在规模巨大、分布广、环境恶劣、站点变动频繁等特点，传统配网通信多采用无线物联专网形式，信号易受地形、环境影响，系统可靠性差。

随着新型电力系统建设的推进，传统无线物联专网的接入形式已经无法满足新型电力系统对配网高可靠性的要求，亟需进行数据通信网建设新模式探索。

二、技术方案

（一）关键技术

为满足新型电力系统建设要求，国网雄安新区供电公司借助雄安配网站点光纤全覆盖的优势，创新建立从10kV配网节点至地调、省调的“三级汇聚、双路上联”数据通信网。以SDN技术为基础，对网络进行了扁平化结构改造，同时融合GPON技术搭建网络综合管理平台，在配网侧将GPON设备虚拟成接入交换设备，通过OLT＋ONU的形式实现组网、管理双融合，完成对配网开关站、配电室的全光网络覆盖。有效提高了接入层带宽，降低了设备故障率，减少了网络运维成本，提升了运维管理效率。

（二）创新亮点

以“多网融合”为目标，搭建网络综合管理平台。如图 1 所示，通过 SDN 控制器侧 GPON 管理组件的部署实现 GPON 设备纳管。在同一个网管平台实现交换设备/GPON 设备拓扑融合展示，在同一个拓扑上实现交换设备/GPON 设备融合管理。具备原 GPON 网管功能的同时，还能通过融合网管平台将 SDN 控制器的功能扩展到 GPON 侧，实现网随人动、自动配置、终端自动识别认证、第三方厂家设备纳管等功能。实现主配网通信业务统一承载、网络统一监控、资源统一管理、通信设施一端运维、业务通道一键开通、操作指令一传到底、海量终端一插即用的目标。

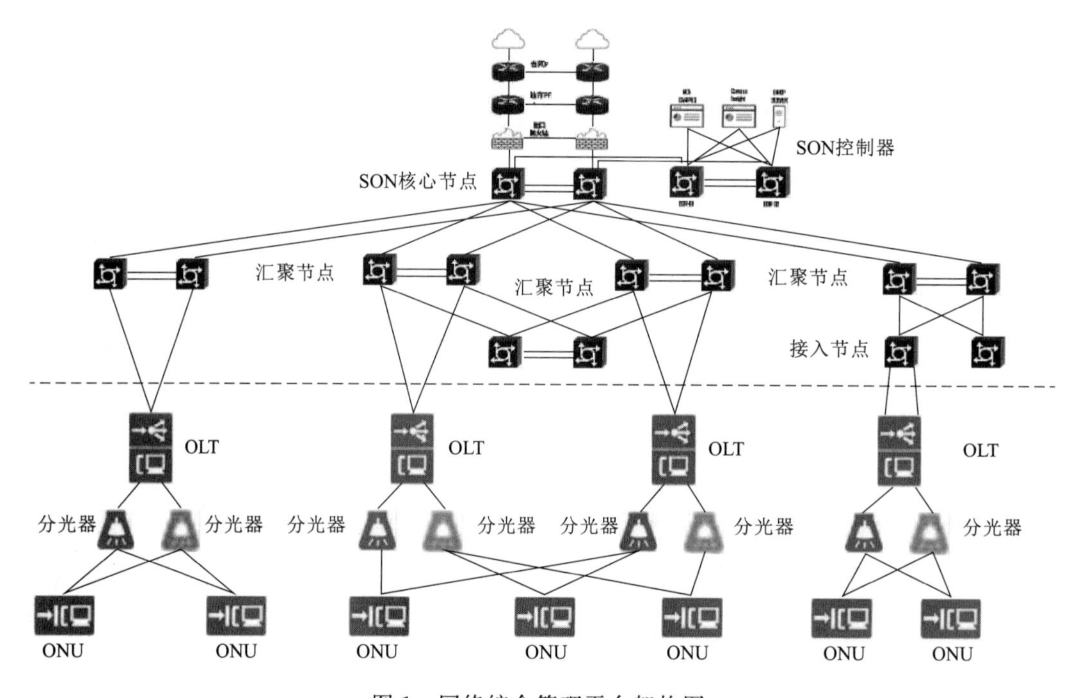

图 1　网络综合管理平台架构图

扁平化优化网络结构、业务流向定制化。雄安主配一体化数据通信网取消传统骨干路由器配置，按照核心层、汇聚层、接入层三级架构进行划分，汇聚层配置三层交换机，以环形组网形式进行链路设计，覆盖公司本部、下属县公司及重点变电站，OLT 设备采用双上联形式接入汇聚层或接入层交换设备。10kV 开关站、配电室作为配网业务主要应用场所，依托配网光缆实现片区级环形组网。配网终端业务由 ONU 承载，采用“手拉手”的保护方式实现了 GPON 全光接入，终端单归属或双归属接入变电站的 OLT 设备，实现通道冗余。依托网络综合管理平台，根据不同配网业务的特点定制化进行接入策略配置和网络规划，根据需求配置不同的东西向流量隔离、哑终端接入识别、业务最小化 VLAN 划分等策略，满足新型电力系统对网络边缘更高的网络安全防护和缺陷快速定位要求。

三、应用成效

自 2022 年 9 月投运以来，雄安新区主配一体化数据通信网共接入配网终端 2300 余台，业务接入时间缩短 90%，网运维管理效率提升 80%以上。目前该网络具备以下功能：

（一）自动化配置

实现主配网业务的自动编排，对所需的 VLAN IF 接口、Loopback 接口、VTEP IP、路由等配置的自动发放，完成网络设备的自动配置。可以对交换机、OLT 设备进行自动化业务配置，操作指令一传到底。

（二）网络配置演算

支持快速识别同一张网络在不同时间点的网络配置的前后变化，包括全网设备变化、配置文件、接口链路、IP 路由的变化等。

（三）多厂商设备统一监控

通过 SDN 控制器实现对多家厂商交换机的统一管理。支持多厂家的交换机、路由器、防火墙等设备通过 SNMP 纳管，统一图形化查看设备接入状态、告警、性能指标，实现整网统一运维，统一管理。

（四）终端识别

通过 SDN 控制器使用 MAC OUI（组织唯一标识符）、NMAP（Network Mapper）工具、SNMP 主动探测等技术进行主配网终端识别。

（五）终端认证准入

通过 SDN 控制器实现主配网终端的统一认证。基于 MAC 认证、Portal 认证、802.1X 认证，可以实现接入 SDN 网络以及 GPON 网络的终端认证，认证通过后方可访问网络中的资源，从而保证网络安全。

四、典型应用场景

要实现新型电力系统下高可靠性、配电网一体化的网络，要求在规划阶段通信光缆和电力线路同步建设，片区开关站、配电室具备集中分布且光缆全覆盖。

以雄安容东建设区为例，该区域内开关站、配电室密集分布，之间通过管廊连通。在设计建设阶段采用光电同路由设计，同步铺设，依托光缆环形接入实现全光覆盖。开关站配电室的建设模式常见有“双花瓣式”“单环网”“双环网”等。“双花瓣”接线光缆敷设示意图如图 2 所示。

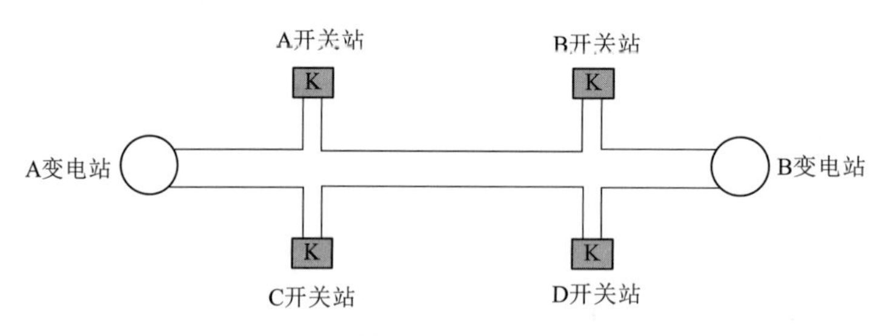

图 2 “双花瓣”接线光缆敷设示意图

将 OLT 设备部署在 A/B 变电站；开关站以分光器（或者一级分光器）为主；站内 ONU 以及环上其他开关站的 ONU 通过光跳纤接入本站分光器，然后经跳纤分别直连两个变电站内的 OLT。OLT 设备直接挂在各变电站的接入交换机或者汇聚交换机下，实现到控制器的互通。最终控制器能够管控 OLT 实现对 ONU 终端的业务部署，对主配网终端的自动识别以及认证。

五、推广价值

GPON 主要依托于配网光缆线路展开，借助单芯光信号的传输，实现业务在单芯上的可靠承载。鉴于 PON 网络架构存在较多分光器和纤芯跳接的情况，对光缆的熔接质量要求较高，需要在配网片区光缆验收阶段严格控制光缆及配线设备的验收标准，辅以智能化状态监控手段，保证依托于配网光缆环形结构而部署的 GPON OLT+ONU“手拉手”保护方式可靠连接。在建设阶段，严格按照 SDN 数据规划以及 OLT 单归属、双归属的设计要求进行编制方式单，并通过 SDN 控制器完成 OLT 业务配置一键下发，提前完成方式单的执行，开关站、配电室侧 ONU 终端即插即用，无需等待，业务终端通过 ONU 端口实现自动识别以及认证及准入操作。雄安 SDN 网络的投运以及 GPON 网络的融合，使 SDN 智能化运维能力凸显。通过建设，目前雄安配网已接入终端设备 2300 余台，庞大的接入网终端数量并未使网络维护变得复杂，相反故障率大大降低，整体运维成本缩减了 30%以上。

基于 5G DNN 隧道技术的视频会议系统

国网冀北电力

（李云红　王　宪　白　杰　付薇薇　段寒硕　徐广超）

摘要： 采用 5G DNN 隧道技术进行视频会议组网，同时与现有公司系统内网视频会议系统对接，实现高效、低成本临时视频会议场景接入。

一、背景

近年来，随着公司降本增效、规范管理等不断加强，公司视频会议的应用显著提升。尤其在 2020 年年初新冠病毒感染发生以来，为避免人员聚集，各类视频会议呈井喷式爆发，公司现有视频会议室不能满足公司视频会议的需求。新接入视频会议场景，主要受通信光纤、设备等因素制约，导致网络通道调试时间长，投资成本过高。因此降低经济成本，快速高效临时接入视频会议场景具有重要意义。

二、技术方案

（一）关键技术

秦皇岛信通分公司党支部联合中国移动秦皇岛分公司政企客户部党支部，开展了“党建和创”活动，经共同探讨，结合双方各自专业优势，合作研发了创新成果“基于 5G DNN 隧道技术的视频会议系统”。该课题采用中国移动 4.9GHz 频段、2.6GHz 频谱资源开展 5G 专网视频会议网络建设。在局端及站端采用 5G CPE 进行协议转换（5G 转以太网），在 5G CPE 配置专用 DNN 隧道，同时 5G CPE 采用加密技术进行数据加密，通过采用 5G 网络切片技术，数据通过 GTP 隧道协议的封装和解封装出入 5GC（5G 核心网）UPF 设备，保证无线通道的网络安全性。视频会议通过专用 DNN 发起会话建立请求，数据通过专用 DNN 隧道分流到 UPF 切片网络内，完成端到端的数据打通，实现会议的建立。

（二）创新亮点

为满足场景应用需求，采用专用 DNN（Date Network Name）隧道技术实现业务隔离，通过网络切片技术实现网络级 SLA 保障、安全隔离，对视频会议通道安全性提供双重保障。采用 NAT 地址转换技术，实现私有地址通过公网传输，同时有效避免网络外部攻击，进一步提升网络安全性。

三、应用成效

在实际应用过程中，通过 5G 专用 DNN 隧道技术和网络切片技术，网络安全性得到了有效保障。同时 5G 网络高带宽、低时延的特点，确保了视频会议音视频流畅，具有很好的会议体验感。同时接入不受公司现有通信光纤、设备等资源限制，具备高效、灵活、可靠的特点。

四、典型应用场景

基于 5G 的视频会议业务适用于具备 5G 网络的任意节点，尤其在公司系统内不具备视频会议条件的情况下临时增设视频会议接入节点，基于 5G 的视频会议可高效快速低成本实现接入。

五、推广价值

5G 网络视频会议业务可以实现 5G 网络覆盖任意节点视频会议场景，接入方便灵活，尤其对于应急指挥具有重要意义。同时独立于公司系统内现有专线网络，也可以作为另一种网络形式提供备用网络通道。除视频会议业务外，在自动化业务、城区配网业务等均具有较大的应用空间，以提升业务通道的安全性、稳定性、经济性。

面向电网生产业务的智慧通信调度技术

国网冀北电力

（赵子兰　张姣姣　白　杰　朱　聪　段寒硕　付薇薇）

摘要： 面向电网生产业务的智慧通信调度技术研究与应用，通过搭建通信专业与保护、安控、自动化等专业的信息共享平台，一方面将调度语音管理系统与调度自动化控制管理系统相集成，电力调度实现便捷、高效、智能的下发调度指令；另一方面将通信数据与其他专业数据共享，在故障情况下，对缺陷设备及光缆自动派发工单，各专业人员在处置过程中查看信息共享平台，实时掌握故障应急处置进展及现状。

一、背景

随着新型电力系统建设，大电网呈现特高压超长距、跨级跨区特点，电力通信网作为支撑电网安全生产的基础支撑平台，对电网继电保护、安控、自动化及调度电话等业务的保障重要性日益提升。为更好支撑电网安全生产，助推清洁能源消纳，电力通信网对电网继电保护、安控、自动化及调度电话等业务的保障重要性日益提升。目前面向电网生产业务的通信调度主要存在以下问题。

（1）电网各专业均侧重于本专业设备状态管理和监视，缺乏跨专业数据融合共享平台，无法对保护、自动化、通信等专业设备现状，资源数据情况进行统一展示，电网生产业务呈现分段式管理。

（2）调度语音管理系统未与调度自动化控制系统有效集成。电力调度人员在日常监控和操作时使用调度控制系统人机工作站，在应急情况下，需切换到调度台拨打或接听调度电话。调度自动化控制系统与调度语音管理系统间缺少智能联动、智能应答等功能，导致工作效率较低。

（3）通信专业运维智能化程度低。目前，通信告警研判依靠人工判断方法，难以快速处理海量实时数据与运行数据，效率较低。在紧急情况或现场变动情况下，派发工单调整灵活性差，无法结合人员、资源、现场情况实现最优调度。

因此，亟需利用人工智能、知识库、数据挖掘等新技术发展成果，提高电网辅助系统跨专业联合应急处置效率与智能化水平，促进电网调控运行模式由“分析型”向

“智慧型”转变。

二、技术方案

（一）关键技术

1. 搭建信息融合的共享平台

一是搭建通信业务与保护、安控、自动化等专业的数据共享平台，通过整合各专业数据，对各专业资源数据形成卡片式展示，实现状态全面感知、信息全局共享。二是利用人工智能、数据挖掘等新技术手段，通过数据分析与关联访问，实现在各专业设备的关联性分析，实现电网业务端到端透明管理。

2. 融合调度语音管理系统与调度自动化控制系统

一是将调度语音管理系统客户端集成在调度自动化控制系统人机工作站上，调度语音管理后台独立应用部署在调度自动化控制系统中，实现软件融合。二是调度录音及转发系统将程控系统的录音文件同步到调度语音管理后台服务器中，实现录音统一管理。三是研究调度自动化控制系统与调度语音管理的智能联动应用，解决实际业务中无法同时使用调度自动化系统人机终端和调度电话的问题，大幅减少调度员的日常工作量。

3. 实现通信调度工单智能派发功能

一是搭建通信故障缺陷知识库迭代更新模型，并根据反馈结果对知识库进行标注积累，实现缺陷“诊断—处置—反馈—学习”全生命周期智能闭环管控。二是完成通信实时告警采集处理优化、94 类告警白名单过滤和 13 类场景告警归并，构建缺陷诊断模型。三是完成场景设置等功能研发与部署，实现了通信告警智能压缩和缺陷智能研判，打通了缺陷自动发现—派发—现场接收—处理反馈的全链条闭环流程。突破了场景感知、信息推送、工单调度、分析决策等自动化运维关键技术，实现了通信调度工单智能派发。工单智能派发通过对网络资源、运行数据、检修数据等进行分析精准定位，为系统优化提出有价值的依据，为安全风险预警、检修计划安排、系统实用化评价等工作提供有效的支撑，推动调度管理更精更细。

（二）创新亮点

首次应用人工智能技术，实现通信数据与保护、安控、自动化专业数据信息融合共享，提出各专业设备状态、资源数据的卡片化展示，打造智能化信息共享平台，促进各专业数据融合展示。

首次将传统调度语音管理业务延伸到调控业务系统终端“人机工作站”，实现调度通信与调度自动化设备之间的数据交互、信息共享，并建立调度电话业务与调度控制业务智能化联动机制，实现智能应答，为调度员提供智能、友好、高效的系统支撑。

首次应用知识图谱技术，建立了覆盖通信传输设备、通信光缆等环境的缺陷派单规则，首次实现了从通信告警到通信缺陷的智能诊断、自动生成、自动派发。

三、应用成效

在新型电力系统的驱动下，发挥调度在新形态下的全网指挥和资源调配能力，实现能源互联网信息广泛采集、高效处理和全环节共享，推进信息通信与电网生产和企业运营在“技术上、业务上、流程上”的三个融合，更好地服务于能源互联网企业建设。该成果获得 2020 年度“1＋5”信通专业创新创效课题评比一等奖，发表 EI 检索论文 1 篇，发明专利 5 项。

基于信息融合的共享平台，通信的资源数据实现了与保护、安控、自动化等专业感知与共享。设备告警归并率达到 90％以上，设备故障处理时间平均减少 70％，人力成本平均减少 67％，本成果有效控制了通信网运行风险，提升调度精益化管理水平，优化海量数据资源配置和使用，可节约调度人员工作量。按照每年 800 次影响业务分析每次 0.5 人·天计算，可节约 400 人·天/年，预计可创造经济效益约 32 万元/年，冀北公司五地市可创造经济效益 160 万元/年。引领了公司信息通信调度管理发展的创新变革，提高了国网冀北公司服务经济社会发展大局的能力，实现了企业和社会共赢。

四、典型应用场景

该成果已在冀北公司电力调度成功应用，提升了通信主动服务能力，提出各专业设备状态、资源数据的卡片化展示，打造智能化信息共享平台，促进各专业数据融合展示。提升了通信专业主动服务电网业务的能力，提高了调度管理精益化的支撑能力。调度语音管理系统与调度控制自动化系统相集成，实现了电力调度人员直接使用人机工作站接听拨打调度电话，使用融合功能在通话时一键打开厂站图，使用一键会议功能开展消息通知，使用录音同步查询功能开展回溯查询工作，操作便捷，功能丰富，有效提升了电力调度人员应急处置工作效率。通信调度工单智能派发功能提高了故障处置的效率，实现了由通信告警监控到工单监控的转变，由设备级分析到业务级分析的转变，实现了基于智能调度的人工智能技术应用，促进了通信调度监控与现场运维信息交互的业务融合，优化了调运检一体化模式下的业务流程融合。

五、推广价值

冀北公司于 2021 年综合项目研究背景、总体原则、技术实现方案、功能实例等方面向其他省公司介绍整体技术方案，技术成果得到国调中心高度认可，要求各省调按照冀北公司技术方案作为典型经验进行推广。同时，该成果可推广至系统外其他安全生产运行单位，促使各单位提升调度精益化管理水平，优化海量数据资源配置和使用，打通信息通信领域技术与传统电网业务管理实践间的互通，优化应急调度系统，提升调度精益化管理和调度运行工作质效。

会议视频监测管理系统

国网山东电力

（王雨晨）

摘要： 在新冠病毒感染常态化防控的大背景下，山东公司每年召开视频会议超过2000场。为实现专业提升增效，山东公司通过改进SLIC、AP、HMM等先进算法，建成了具有自主学习能力的会议视频监测管理系统，成为国网首家实现轮询监控—异常记录—整改意见下发一键式管理的单位。相关成果被国网公司多次调研并高度表扬，其推广应用已被列为2023年重点工作。

一、背景

随着国网办公厅关于落实中央“八项规定”、改进“文风会风”要求的提出，视频会议作为提升会议效率、节约会议开支的有效手段，在国网系统内得到了有效推广和应用，是国网公司践行“八项规定”的重要手段。然而，现有的视频会议系统的运维工作基本依赖人工监控，存在系统智能化水平低、运维人员工作强度大等问题。因此，传统的视频会议系统运行模式已不能适应新形势下的用户以及系统运行要求，主要理由如下：

一是分会场布置无法自动检测。在公司办公室下发的有关视频会议分会场管理的通知文件中，对参会单位的会场布置进行了规范要求。现有系统中，对分会场的布置检测完全依赖人工完成。以一场行政会议的调试为例，山东公司共有超过125家分会场。按照每家分会场查看10s，每次调试至少查看3遍画面为例，每次行政会议调试时间超过1h，严重影响工作效率。

二是轮询故障无法自动监测。现有系统中无法支持轮询质量实时监测，出现网络延迟、画面定格、蓝屏黑屏等视频传输故障时，无法及时反馈故障信息。因此，每次会议需派专人监测轮询画面质量，工作枯燥乏味，技术含量低，造成极大的人力资源浪费。

三是系统功能不能满足用户多样化需求。现有的电视会议系统无法支持参会人员自动签到、特写画面智能分析等技术，难以满足用户多样化需求。为提供更优质丰富的会议服务，需进一步对系统功能进行优化和丰富。

二、技术方案

（一）关键技术

1. 发明分会场布置规范自动检测技术

采用跳帧算法，在降低程序运算量和资源占用量的同时，满足检测结果的实时性、可靠性和准确性；发明 Canny 算子对去噪挡板、地板位置进行边缘检测，判断挡板是否倾斜、挡板高度是否符合标准、是否有地板被拍摄入画；首次采用 PaddleOCR 文字检测算法对截取画面进行文字区域检测，识别分会场名称和国网图标对应的文字区域信息是否完整；计算灰度图像的均值和方差，判断灯光亮度是否符合标准；使用 YOLOv5 算法进行分会场画面的人员检测，准确获取第 1 排人员数量，进而判断座椅数量是否符合规范。分会场布置规范的检测方案如图 1 所示。

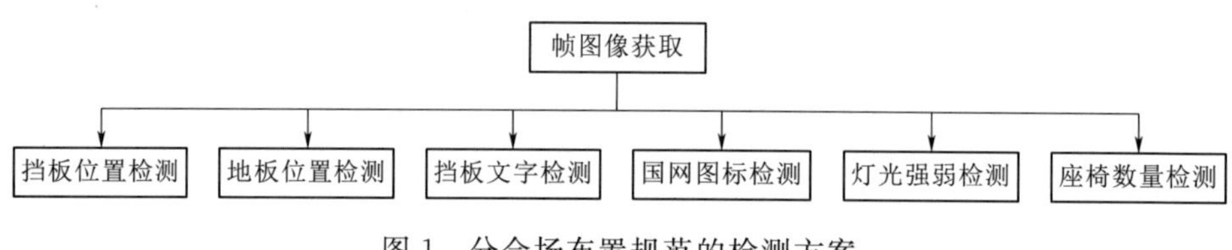

图 1　分会场布置规范的检测方案

2. 首创分会场轮询故障的自动检测技术

应用 HSV 颜色模型、灰度变换等算法，实现对蓝屏、黑屏的检测；改进拉普拉斯滤波算法，计算滤波图像方差，判定当前画面是否存在花屏/马赛克问题；沿用 PaddleOCR 文字算法检测模型，比对参会方是否将画面返送；研发视频流处理技术，实时获取分会场轮询视频流的实时帧率，判断是否存在画面卡顿；发明基于视频会议场景的灰度投影算法，估计视频流中相邻帧之间的位移偏差程度，判断当前分会场画面是否存在画面抖动。分会场轮询故障的检测方案如图 2 所示。

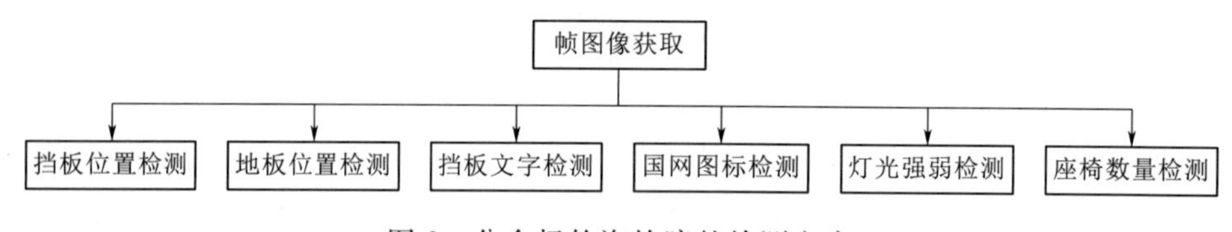

图 2　分会场轮询故障的检测方案

3. 研发特写画面自动检测技术

绘制发言席位置、发言人位置特写检测框，结合 SSD 算法辅助特写画面检测，大大减轻会议调试人员工作压力。研发基于 HMM 的人员动作识别算法，实时会服倒水、领导喝水等画面的自动检测，并为运维人员提供镜头切换提醒。建立各分会场参会人员的人脸数据库，根据各分会场的轮询视频，进行人脸定位、检测和识别，进行参会人员统计和考勤。

（二）创新亮点

1. 首创了一种多会场关键帧提取的方法

针对公司视频会议场景数据量大、亮度不均、背景信息变化大等特点，提出了一种多会场关键帧提取的方法。该方法通过灰度变换、关键比例系数转化等技术，在海量轮询视频中准确、高效地选取会场关键帧，用于后续监测画面质量及轮询传输质量。相较于传统图像处理方式，处理速度提升超过90%，精度提升超过70%。

2. 发明了一种算法并行执行的线程池处理机制

采用多线程设计规则，能够同时运行多个智能检测算法，并保证检测速度和精度。在任务处理过程中，按响应先后顺序添加至任务队列，并在线程刷新时自动启动多个任务；每个线程均使用统一的堆栈大小，通过设定不同的优先级，决定线程刷新顺序。所有运维场景下的线程执行时间均低于300ms，综合检测速度超过100fps，成功实现12项技术指标实时监测。

3. 设计了系统智能化学习的策略

设计智能化学习机制，并率先部署至分会场灯光强弱检测项。自动获取并分析运维人员反馈的后台标注数据，并充分结合多种评判机制，将分析结果映射至底层参数。随着使用时间的增加，系统参数无需手动调整，且算法易用性将不断增强。

三、应用成效

（一）率先实现会场布置和轮询质量的自动监测

依托自主研发的会议视频监测管理系统，实现画面质量、轮询质量共12项技术指标的实时监测，成为系统内首家实现轮询监控—异常记录—整改意见下发一键式管理的单位。会场调整意见下发时间由小时级缩短至秒级，明显减轻会议运维压力，填补“视频会议画面质量自动监控”行业空白。

（二）技术先进性

会议视频监测管理系统成功实现文字检测识别速度小于100ms、综合识别速度大于100fps、检测精度大于95%的关键技术指标。会议平均调试时间缩短超过90%，会议联调及时率、会议保障完成率均超过99%，助力公司提质增效。

四、典型应用场景

会议视频监测管理系统（图3）应用于山东省电力公司会议调试和保障中。在召开视频会议时，为实时检测各分会场视频会议画面，在主会场侧视频矩阵上分接一路视频信号，实时抓取分会场画面，并将画面传送给图像检测系统，利用计算机视觉技术对会议图像数据进行检测，自动给出操作建议。

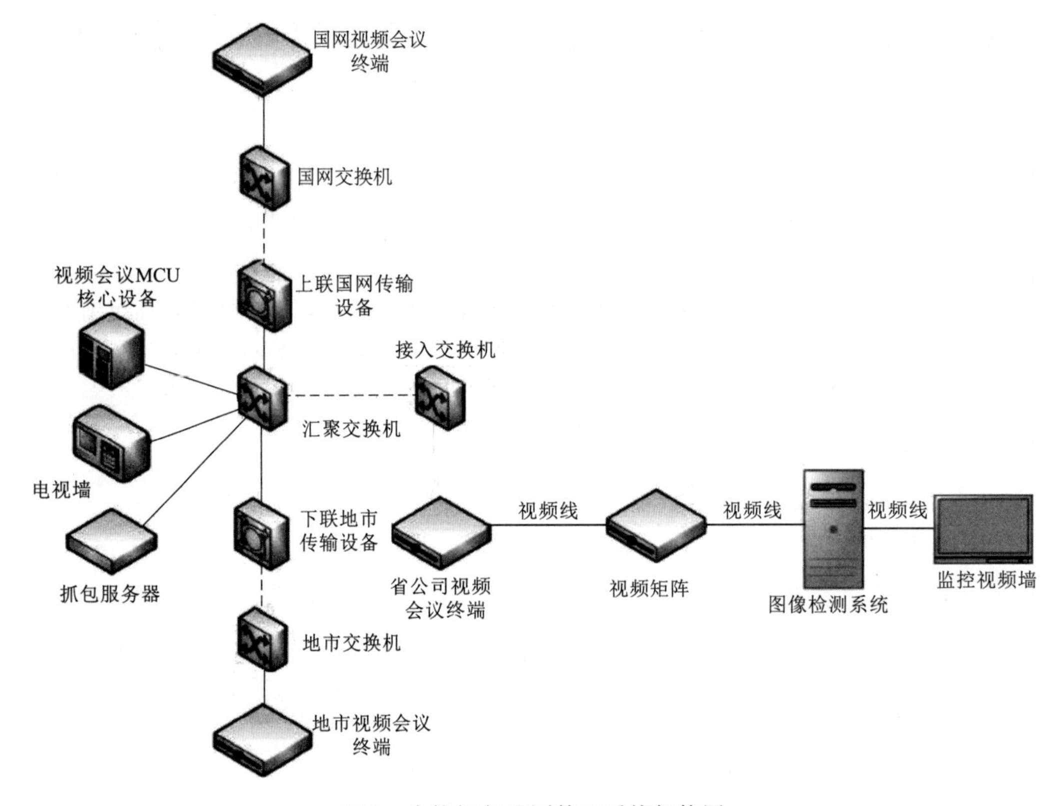

图3　会议视频监测管理系统架构图

五、推广价值

会议监控指挥系统投入使用后，以山东公司为例，按照人力成本16万元/人计算，每年可节约人工成本（省公司＋17地市）16×18＝288（万元），解决了会议专业人手不够、过度依赖人工盯守的问题，为基层减负，助力通信专业数字化转型。同时，视频会议作为公司对外展示的重要平台，其优质的画面质量为公司营造了技术领先、服务优质的社会形象。

调度交换与调度自动化系统融合联动应用

国网浙江电力

（马　平　段玉帅　吕　舟　郑　星　段凌霄）

摘要：“调度交换与调度自动化系统融合联动应用”作为浙江公司 2022 年推动电力通信数字化建设重点，已经在国网绍兴公司落地。方案基于前期调研和现有调度交换技术体制，结合已有 2M 中继 IP 化延伸案例，确定了浙江公司调度交换与调度自动化系统融合联动的技术路线、应用目标和功能定位。试点验证工作采用“基于 SIP 协议＋双模电力调度台”技术路线，实现了包括调度来电推图、厂站图/告警窗口关联热键拨号等功能，为下一步扩大系统部署，构建“调度通信智慧助手”等人工智能研发及应用，提供扎实工作基础和拓展能力。

一、背景

“调度交换与调度自动化系统融合试点”作为推动电力通信数字化建设重点工作，纳入浙江省调 2022 年度重点工作。为确保试点验证工作的完成，浙江电力调度控制中心组织通信、自动化专业开展了前期方案编制，调研自动化系统和交换机厂家在系统研发、挂网测试与应用成效的情况，结合国网公司系统已有的调度交换 2M 中继 IP 化延伸研制和实用化案例，确定了浙江公司调度交换与调度自动化系统融合联动的技术路线、应用目标和功能定位。在传统电力调度台接听调度电话的基础上，基于 SIP 协议＋双模（PBX＋SIP）电力调度台，实现电力调度来电推图、厂站图/告警窗口关联热键拨号、录音统一查询等功能，更好地服务电力调度，提升通信手段智能化水平。

二、技术方案

（一）关键技术

采用 SIP 协议＋双模（PBX＋SIP）调度平台架构，将调度电话系统组网、承载、控制和业务进行有效分离，对于新业务功能构建会更加灵活，其中涉及如下关键技术点：

（1）调度业务双模映射技术。基于调度交换双网模式下，实现调度交换在电路和IP双模通道下的功能映射和数据同步，解决双网通道下的业务功能同步，达到通道切换条件下功能使用者无感的目的。

（2）调度交换能力全流程开放。结合场景将基础调度功能粒度进行合理划分和封装，设计灵活可扩展的全流程控制信令界面转换机制和方法，构建出调度交换能力标准化界面。

（3）调度交换能力界面管控技术。在调度交换能力开放条件下，分析系统业务控制信令界面的通道安全性要求，设计多业务并发情况下的异步信令干扰过滤机制和界面管控措施。

（4）构建调度交换统一数据模型。基于SIP的数字化能力，构建调度交换数据模型，将调度话务数据、路由组网数据和调度语音内容数据构建出有效的关联性，进一步将调度交换网的业务进行数据化展示（包括实时和非实时数据），同时基于业务数据化的逻辑关联性深度分析，反向优化和提升调度交换网结构和路由。

（5）基于正反向隔离装置的跨区数据摆渡。将通信能力开放网关的来电通知事件消息等传递给三区的业务应用，实现来电推图等功能；将三区的上层应用呼叫请求转发给通信能力开放网关，实现点击拨号、网络化下令电话通知等功能。

（6）封装统一的融合API。针对Ⅰ/Ⅱ/Ⅲ区系统融合应用及协议安全要求，分别完成各区调度交换能力API的封装，底层调用逻辑和通信方式对上层业务应用透明，各区系统上层应用分别以各自区域的相同界面进行调用。

（7）自助式视频会议技术。结合调度视频协作要求，在三区操作PC上设计互联网视频会议操作体验的自助式视频会业务，实现调度业务的便捷远程协作和系统数据远程共享。

（二）创新亮点

（1）联动呼叫无时延。调度交换系统和调度自动化系统之间采用接口联动方式，通过控制信令消息互通，调度员通话外设沿用调度台手柄，不采用呼叫同振方式，呼叫无时延。

（2）调度员通话习惯延续。调度桌面不新增硬件外设终端，在调度自动化系统业务界面增加电话拨打入口，在提升拨号效率的同时延续“调度台手柄式”通话习惯，并达到调度员对桌面整洁的期望。

（3）继承高质量语音体验。相比基础方案中使用App软编解码及耳麦、USB手柄外设，深化方案沿用专业调度台，保证高质量语音，满足调度员对语音质量高要求。

（4）融合应用拓展更灵活。构建了调度通信能力调用统一接口，在一致的技术架构下可快速拓展到新一代调度技术支持系统和三区调控云、OMS等系统。

（5）系统联动安全可靠。通过调度通信能力调用统一接口，减少异构系统的耦合程度。单边系统故障不会影响对端联动的系统，系统间影响可降至最低。

（6）功能可持续拓展。基于通信能力开放网关，可结合调度需求进行能力拓展，包括智能语音识别、声纹识别、智能呼叫、监控视频融合等功能，可适应电力调度业务发展需求。

（7）组网模式兼容性强。组网模式延续通信专业特点，能够兼容电路交换和 IP 分组交换，适应多种不同的通信技术体制发展。

三、应用成效

浙江公司完成电力调度交换与调度自动化系统融合联动应用在绍兴落地，试点验证工作取得了预期成果，实现了为电网调度员提供调度电话与自动化业务的融合功能体验，包括调度来电推图、厂站图/告警窗口关联热键拨号等功能，为下一步浙江公司开展构建面向调控云的“调度通信智慧助手”提供扎实的工作基础和拓展能力。

四、典型应用场景

“基于 SIP 协议＋双模电力调度台”技术路线的调度交换与调度自动化系统融合联动应用，利用现有程控交换系统和双模调度台，增加基于 SIP 协议的交换系统和通信能力开放网关，构建调度交换统一能力界面，终端层以双模调度台为核心，通过能力界面将调度能力开放给Ⅰ/Ⅱ/Ⅲ区的各类系统统一调用，适用于以调度台作为调度通信终端的省调、地调、县调、集控站、500kV 变电站等各个调度节点。

五、推广价值

结合实用化经验、现网调度坐席条件和实际需求，“基于 SIP 协议＋双模电力调度台”的调度交换与调度自动化系统融合联动应用为电网调度员提供调度电话与自动化业务的融合功能体验，更好地服务电力调度，有效提升通信手段智能化水平，也为后续面向Ⅲ区的各类系统统一调用、人工智能功能（智能语音播报、智能问题解答等）研发及应用提供扎实的工作基础和拓展能力。

行政交换网体系及关键技术

国网黑龙江电力

（孙丽茹　李　龙　周凤峻　赵天微　张天航　刘金鑫）

摘要： 随着电力系统的快速发展，基于电路交换的传统行政交换系统已经不能满足电力企业的相关需求，IMS 行政交换系统将取而代之。绥化供电公司结合黑龙江省行政交换网的组网方案，通过配置互通中继网关、IAD、AG 等设备，建设具有 IP 化、扁平化的组网方式，为用户提供视频通话等多媒体业务。

一、背景

黑龙江绥化供电公司现有行政交换网面临以下现状：① 经过多年的运行，用户板卡故障频繁发生，设备维护工作量逐年加大，维护压力大；②为建设具有中国特色国际领先的能源互联网企业，国家电网公司行政交换网的覆盖水平和业务要求不断提高，为坚强智能电网提供有力的通信保障。但目前国网绥化公司行政交换网采用电路交换技术，主要提供语音、传真等窄带通信业务，难以承载视频通话、统一通信等多媒体增强业务，无法与企业信息化系统同步发展。

因此，有必要遵循国网要求的行政交换网技术体制，结合黑龙江省行政交换网的组网方案，对绥化地区行政交换网进行改造。

二、技术方案

（一）关键技术

IMS（IP Multimedia Subsystem）技术，即 IP 多媒体子系统技术，被认为是下一代网络的核心技术，是在软交换完成控制与承载分离的基础上，进一步实现了呼叫控制层和业务控制层的分离，使其网络架构更为开放和灵活。IMS 技术可提供全新的多媒体业务形式，其在保留语音服务的基础上，实现数据传输、视频会议、移动办公等功能，能满足终端客户更新颖、更多样化的多媒体业务需求。

IMS 采用业务、控制、承载相分离的体系架构，由业务/应用层、会话控制层和承载控制与接入层组成。业务/应用层：由各种应用服务器组成，提供各种业务实现，如PSTN仿真业务集、呈现业务、即时消息业务等；会话控制层：IMS的核心层，具有呼叫控制、安全管理、业务触发、资源控制、网络互通等核心功能；承载控制与接入层：将各种接入网络汇总到IMS核心网中，完成对现有网络的互通及对承载的控制。

（二）创新亮点

1. 全面融合

不仅能实现对现有的TDM话音100%的继承，还能基于同一平台叠加增强的业务体验，包括丰富的一站式融合会议、UC、企业总机业务等，解决了用户多业务平台相互独立带来的业务隔离、运维复杂等问题。一个平台同时支持语音电话、视频电话、多媒体会议等的全媒体通信与协同应用，简化部署，大大减少采购和维护成本。

2. 安全可靠

智能的安全分析架构能有效帮助防御各种DDOS攻击和智能用户行为攻击，实现业务过载保护；信令、媒体加密确保通信内容的安全；多级的高可靠性保障机制确保系统高可靠性。

3. 能力开放

IMS提供双层能力开放，提供丰富的开放能力接口，支持将通信能力以网络侧API的接口形式开放，也支持独特的向下的SDK开放，将通信的各种业务应用嵌入到国网的业务流程中，“可见即可沟通”，通信能力不仅可以实现与国网业务系统、OA、ERP等系统的融合，使通信来驱动其业务流程，提升业务流程处理效率，还支持将SDK能力植入到各种互联网终端中，使得终端具备通信的能力，助力国网的信息化转型。

三、应用成效

（一）IMS行政交换网实测

IMS行政交换网核心网元采用部署原则，包括IMS核心网设备、电路交换设备、软交换设备在内的独立行政交换系统。核心网采用双机异地主备方式进行容灾，选择通信网主节点及第二汇聚点各部署一套设备。设备应包括会话控制（S/P/I-CSCF）、用户数据库（HSS）、域名解析及号码映射（DNS/ENUM）、多媒体资源控制及处理（MRFC/MRFP）、媒体网关控制（MGCF）、接入网关控制（AGCF）、中继媒体网关（IM-MGW）、会话边缘控制（SBC）以及业务应用设备（AS包括MMTel、统一通信等）及其接入数据承载网CE设备。

由IMS设备替换现有电路域行政交换机，本次IMS设备并不是绥化供电公司独立的系统，绥化供电公司本地部署MGW设备1套、AG设备2套、IAD设备2套，交换网的核心部分部署在省公司和绥化备调，绥化供电公司本地设备通过综合数据网挂接在省公司和绥化备调。

（二）IMS行政交换网运行稳定，更好地为电力生产营销服务

现阶段绥化供电公司行政交换网采用IMS技术。在绥化供电公司本部，生产大楼各配置一套AG设备；在供电大厦和变电检修大楼各配置一套IAD设备，上述4个站点开通用户数占绥化交换机总用户数的90%，在未采用IMS行政交换网之前，时常会出现个别站点中继电路板吊死现象以及用户版或者电源板等故障现象，严重影响办公效率，自从采用IMS交换网之后，上述现象没有发生过，大大提高了办公效率，以便更好地为电力生产营销服务。

四、典型应用场景

（一）IMS在移动网络中的应用

随着竞争加剧，各大运营商都在积极探索业务的差异化以及各类新业务的发展，IMS为移动运营商提供了丰富的移动网络增值业务，比如用IMS来提供即时消息、PoC业务、视频共享业务等，为企业集团大客户提供IPCENTREX业务和为公众客户提供VoIP第二线业务等。

（二）IMS在固定网络中的应用

网络演进与转型是目前摆在固网运营商面前最大的课题，在演进与转型过程中，固网运营商利用IMS向企业集团大客户提供融合的企业应用，向ADSL宽带用户提供VoIP应用。

（三）IMS在固定网络和移动网络中的应用

目前全球运营商正向全业务运营商迈进，固网与移动网的融合迫在眉睫，比如WLAN和5G的融合方式，用户需要拥有一个双模终端，一般在WLAN的覆盖区内优先使用资费更低的WLAN接入方式，具有更大的数据业务带宽。当离开WLAN的覆盖区后，终端就会自动切换到5G网络，从而保证两个区域之间语音的连续性。目前有很多运营商都在测试此方案。由于IMS中的SIP协议非常灵活，处理除了实现基本的VoIP，还在多媒体业务的应用上具有很多优势，巨大的潜在业务需要继续去挖掘。

五、推广价值

IMS行政交换网体系打通了企业链信息孤岛，实现了企业与企业、企业与政府间的信息互联互通、资源共享，加快了企业链整合，促进了企业创新发展。以企业为基础，搭建交换网体系，为政府、产业相关企业、社会相关方提供统一、开放、共享的互动平台，使得相关企业互利互惠逐步形成共赢的经济生态共同体，为建设具有中国特色国际领先的能源互联网企业做出贡献。

基于电话网互联的广覆盖视频会议应用

南瑞集团

（罗　威　蒋　政　高　亮）

摘要： 为适应移动办公、线上会议的瀑布式增长需求，研究了基于新一代IMS交换网体系的视频会议与电话互联技术，提出了基于电话网互联的广覆盖视频会议应用模式，并研制了一点通视频会议系统，满足海量电脑终端、话机终端和手机终端的联合组会需求。基于IMS核心交换网的音视频融合网络架构，整合硬视频、软视频和电话资源，构建公司安全、灵活广覆盖的智能协作系统，实现视频会议的规模化广覆盖，支撑基层人员自助式开展视频远程办公，尤其满足现场应急办公通信，以及变电站、营业厅的基层视频延伸扩展需要。

一、背景

公司存在行政硬视频会议系统、一体化资源池视频会议系统、内网软视频会议系统等多套视频会议系统。行政硬视频会议系统和一体化资源池视频会议系统均为硬件视频会议系统，会议资源相对紧张，会议使用前需要完成审批，并通过专用会议室或会议设备开展视频会议，不适合于规模化基层办公用户使用。内网软视频会议系统使用传统的“创建会议室＋选择会议室入会”模式，操作上不够简洁，无法提供目前互联网会议产品类似的便捷操作体验，同时由于采用私有通信协议，目前仅支持内网办公电脑终端之间开会，不支持公司办公电话和公网终端开会，使用范围受到一定限制，并且在运维保证方面，缺少厂商服务支持，存在较大的系统运行安全风险。目前缺少一套能够满足广大用户的安全性、便捷性的自助化操作的桌面级视频会议系统，难以满足办公协作的日常需要。

二、技术方案

（一）关键技术

1．视频会议资源池组网及动态调配技术

研究视频会议资源池承载网络柔性调配技术和资源池MCU资源动态组网技术，

提出复杂网络环境下动态调整视频清晰度来实现视频会议业务质量保障的解决方案。

2. 视频MCU资源池虚拟及安全防护技术

针对整个视频网络媒体流、信令流的处理及传输过程开展全场景网络安全防护技术研究。包括视频会议资源池承载MCU视频处理、媒体转换资源的虚拟化技术，以及视频协作数据的安全防护技术研究，提出虚拟化MCU视频处理、分发、压缩和还原技术的安全防护技术方案。

3. 视频会议资源池与异构会议系统、IMS交换网的融合互通技术

研究视频会议资源池与异构会议系统、IMS交换网的兼容性融合互通技术，提出虚拟视频会议与其他音视频资源整合和广泛覆盖技术方案。

（二）创新亮点

1. 提出基于IMS核心交换网的音视频融合网络架构

提出基于IMS行政交换网电信级标准协议音视频互联互通的网络架构。实现行政电话、视频、会议业务整合，支撑构建新型电力业务应用的音视频融合网络架构。打破电话、视频、业务系统之间相互孤立，无法实现电话、视频与电力办公生产系统融合的壁垒。

2. 提出基于IMS交换网的广覆盖音视频泛在接入方法

提出基于IMS交换网的广覆盖音视频泛在接入方法。利用IMS行政交换网的支持异构网络、不同终端、多种业务相互融合的优势，同时利用其开放性、标准化能力，实现与公司全网行政办公电话、办公电脑、公网电话终端、硬视频终端的接入。提供内网用户之间的会议声音、图像互通、远程协作的便捷应用。

3. 提出新型一体化自助式融合音视频办公模式

提出新型一体化自助式融合音视频办公模式。研制了一点通视频会议系统，利用办公电脑整合办公电话和视频会议操作，改变了传统手动拨打电话、无法自助式开展视频会议的办公通信方式，实现满足海量协作应用，基于办公电脑客户端的新型音视频融合办公体验。

三、应用成效

基于电话网互联的广覆盖视频会议系统，实现与IMS行政办公电话系统、硬视频会议系统的融合应用，满足公司现代化办公通信需要。利用IMS行政交换网的天然广覆盖能力，实现与公司全网行政办公电话、公网电话终端的会议声音、图像互通，不仅覆盖范围广，建设成本也更经济。同时，为实现在一体化资源池硬视频会议系统上召开的公司重要会议经本系统向各单位用户分发，可在网省公司层面，与一体化资源池硬件视频会议系统对接，实现硬视频会议向基层用户的覆盖。作为公司硬视频会议

系统自助、灵活的内网协作通信技术手段，为规模化协作终端应用提供安全、高效、可靠的通信协作基础。

基于电话网互联的广覆盖视频会议系统，指标满足：①提供视频会议、桌面共享、自助预约及加入会议等基础内网视频协作功能；②支持与 IMS 行政交换网对接，实现办公电话、办公电脑、公网电话等不同终端的广覆盖参会；③最大操作响应时间小于 5s。

四、典型应用场景

基于电话网互联的广覆盖视频会议系统应用场景包括：①公司广大用户的自助式视频会议的组建，不仅支持内网办公电脑之间开展音视频会议，同时也支持与公司办公电话、公网电话的会议语音接入；②重要公司会议向广大基层用户的覆盖，将在硬视频会议召开的重要公司会议通过办公电脑终端、话机终端、一体化会议硬件终端、公网电话终端向广大办公用户分发；③现场作业的远程指导与协作，通过内网办公电脑提供共享桌面的指导与结对协作，可快速定位问题，提供针对性的解决方案，快速解决现场问题，提高工作效率。

基于电话网互联的广覆盖视频会议系统，可整合公司电话、音视频资源，有效提升公司办公协作效率和通信资源利用率，助力公司提质增效。

五、推广价值

在经济效益方面，通过广覆盖视频会议系统的建设，为员工提供高效广泛方便的沟通渠道，提高管理和办公效率。员工更多地使用自助视频会议，通过高效的内网协作，提高生产办公的无纸化水平，实现节能减排，节约成本，降低损耗，间接增加公司整体效益。

在管理效益方面，通过在办公电脑上为基层员工提供自助式、灵活操作的视频会议协作系统来召开会议，可大大提升基层人员开展日常大量工作例会、讨论会的协作效率，在内网上直接快速安全地开展远程文档共享协作、系统培训演示、技术交流的工作；对于无办公电脑的基层人员，还能通过办公电话、公网手机以语音方式便捷式参加会议讨论，提高了员工之间交流的流畅性和便利性。

在社会效益方面，构建公司安全、灵活广覆盖的智能协作应用，实现视频会议的规模化广覆盖，提高各部门员工的工作效率，从而为确保电网安全运行、社会发展提供安全、可靠、可持续的电力供应，为促进能源和电力工业发展，服务经济建设做出重要贡献。

IP 承载技术在调度业务与通信系统融合领域的同振延时优化应用

国网辽宁电力

（齐　霁　马伟哲　王　鸥　曹　铭　柳　璐　王东东）

摘要： 为推动调度交换系统业务深度融合，满足调度席位的智能化、联动化需求，国调中心组织开展调度电话技术体制向智能化演进研究及建设。由于当前程控调度台与人机工作站采用并行工作方式，二者存在同振延时现象，导致融合系统无法得到高效利用，制约了融合系统智能化应用的进一步研究发展。

IP 承载技术在调度业务与通信系统融合领域的同振延时优化采用“电路交换保底＋IP 高级应用”的设计理念，将同振单元转至 IP 接入网关，通过信令流向调整时延缩短同振延时。本方案在人机工作站延时振铃问题上，全网首次取得同振延时重大突破，经国网电力科学研究院专家测试同振延时约 0.5s，远超现网 3s 应用效果，为后续调度交换系统向智能化应用发展打下坚实基础。

一、背景

目前，调度电话与调控指挥业务是相互独立的操作系统，调度指挥人员难以进行便捷的切换操作，电话语音和监控画面也无法实现智能交互。为此，《国调中心关于推进调度电话新技术应用工作的通知》要求，开展调度电话与人机工作站融合系统建设，且当前为并行工作方式，主要是采用语音中继互联、同组共振等技术打通调度交换网与调度自动化系统。在该方式下，二者存在同振延时现象，同振延时在 10s 左右。

由于调度工作的特殊性，要求调度员对来电第一时间响应，亟需解决同振延时问题。由此，国调中心组织专家组历时近 1 年开展多次优化方案讨论，将同振延时由 10s 优化至 3.5s，但依然无法满足同时振铃的目标。

二、技术方案

（一）同振延时现象原理分析

根据国调相关文件要求，融合系统间主要采用语音中继互联、同组共振等技术打通调度交换网与调度自动化系统，因同振功能在调度机内部实现，同振延时发生在调度机与调度台信令交互过程中。具体信号分析如下：

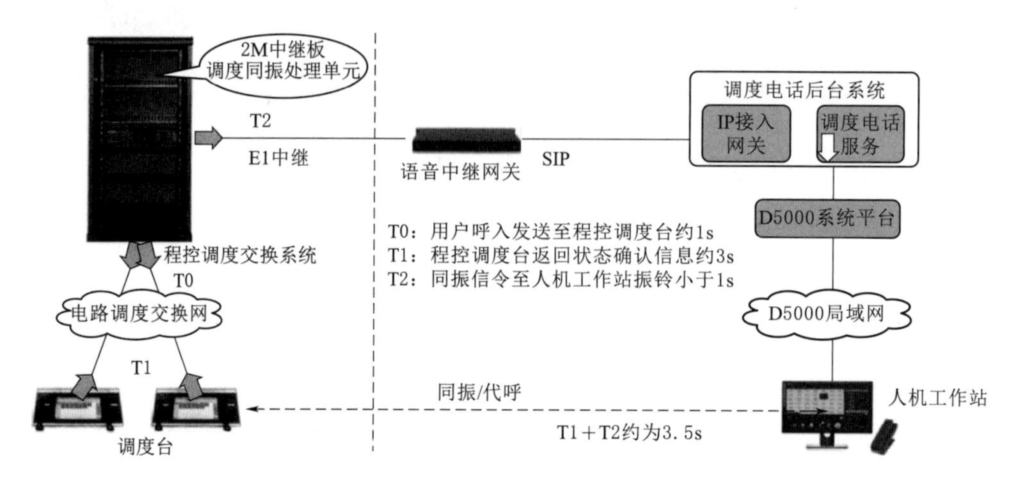

图1 调度电话与人机工作站延时信号流图

（1）调度用户呼叫至调度服务模块分发呼叫至调度台（两系统共同占用时间），如图1中T0所示，约为1s。

（2）调度服务分发呼叫至调度服务模块确认组内调度台状态，如图1中T1所示，约为3s。

（3）中继同振处理单元到中继同振呼叫请求至中继用户振铃，如图1中T2所示，约为1s；总时长即为T1＋T2，实测约为3.5s。

调度服务模块需要确定组内每个调度台状态后，才开始中继同振请求，故时延长度受限于程控调度机性能。

（二）同振延时优化方案原理介绍

如图2所示，IP承载技术在融合系统的同振延时优化应用，是通过研制IP接入网关的同振模块，将同振单元转至IP接入网关，通过信令流向调整时延缩短同振延时。延时优化后，从外部调度用户发起呼叫，调度机接收到呼叫请求直接发至IP接入网关，实现人机工作站振铃T0约1.5s。调度机收到呼叫请求发送至IP接入网关，返回程控调度机至调度台振铃T1约2s。时延控制在0.5s以内，实现振铃无感知。

优化方案具有如下特点：

（1）协议标准：语音通信采用SIP标准协议。

（2）振铃调节：实现同组成员振铃时间可调节，保障程控调度台和人机工作站同时振铃。

（3）安全可靠：通过D5000总线安全通信；程控侧采用路由及通道配置提供迂回策略提供安全保障。实现程控调度台和人机工作站同时振铃，且已申报实用新型专利一项。

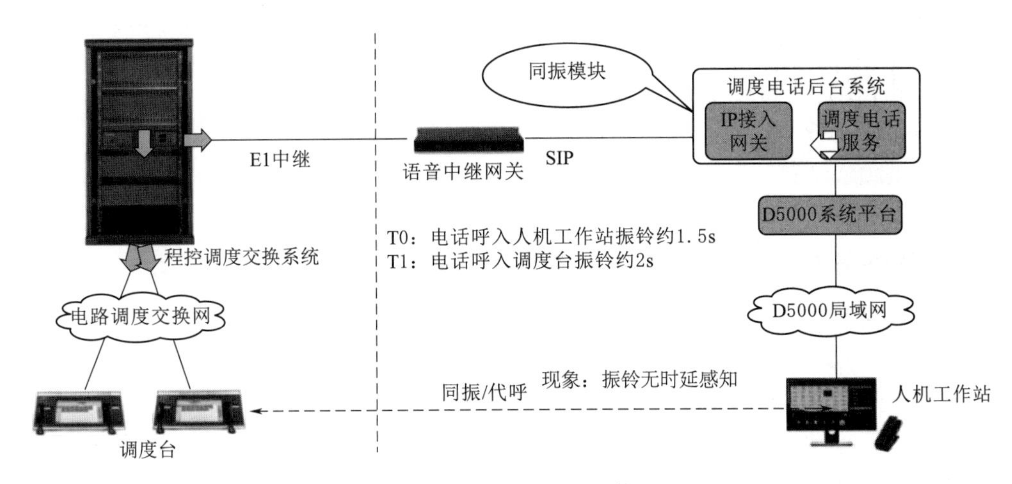

图 2　IP 接入网关实现同振信号流图

IP 承载技术在调度业务与通信系统融合领域的同振延时优化应用摆脱了程控调度机性能约束，在与不同品牌的程控调度机的延时测试中，同振延时均保持在 1s 内，具备通用性及可拓展性。

三、应用成效

（一）同振延时参数领跑全网

辽宁公司在国网本溪供电公司完成的融合系统建设，实现了调度机与人机工作站同振延时无感知，同振延时控制在 1s 以内的成绩获得国网充分认可，国网专家组前往辽宁本溪项目现场调研指导，听取了项目建设情况汇报及建设效果演示，并开展现场交流。

（二）智能语音交互便捷高效

借助同振延时优化方案的良好成效，辽宁公司同步完成了语音识别、语音转译等多项智能功能的建设，推动公司调度指挥系统由数字化向数智化转型。

（三）优化方案通用可推广

本方案真正打通调度交换网与调度自动化系统，打破程控调度机性能和品牌私有协议对同振的影响，成功入围 2023 年电力通信创新应用案例及 2024 年能源网络通信创新应用卓越案例。

四、典型应用场景

本方案全面实现调度机与人机工作站同振延时无感知，在厂站来电的调度场景下，同振延时优化语音业务可以第一时间得到响应，实现调度电话与人机工作站融合系统的高效利用。

同振延时优化提高了融合系统的人机工作站客户端利用率，为智能业务的深入应用、专业横向融合奠定坚实基础。

五、推广价值

向调度各级逐步推广。辽宁公司在此方案基础上，继续深化应用及智能化水平提升，并逐步向各级调度进行推广。

为智能调度奠定基础。调度电话与人机工作站融合项目已在多个省部署试运行，该方案可解决其他省公司同振延时问题，为全网智能调度转型奠定基础。

供其他领域借鉴参考。该方案仅通过信令流向调整时延缩短，不受接入调度交换机私有协议限制，可以为地铁、铁路等社会各调度领域提供有益借鉴。

切片分组网 SPN 在电力通信网中的建设应用

国网山东电力

（薛　纯　刘　浩　张秋实　李梦真）

摘要： 先进的通信网络是构建新型电力系统的基石，对通信通道的可靠性、灵活性、安全性提出了更高要求。通过综合考虑电力业务需求、传输技术发展、通信设备现状，最终选定切片分组网 SPN（Slicing Packet Network）技术路线作为电力通信网的演进方向。SPN 技术具有超大带宽、超低时延、灵活切片、集中管控的技术特点。为验证 SPN 技术在电力通信系统的适配性，对业务的承载能力、保护能力、切片隔离能力进行测试与验证。经过全场景全业务测试对比，SPN 相较传统技术体系更加契合电力通信网发展。

一、背景

目前，电力通信系统存在以下三大问题：

（1）传输网带宽资源不足，需重点加强对大颗粒分组业务的承载能力。随着调度数据网带宽升级和第一接入网改造，以及一键顺控、人机交互等新业务持续向 IP 化和宽带化发展，各类业务对通信带宽需求进一步提升。因此需建立新的传输平面来满足带宽升级需求。

（2）接入灵活性不足，需提高网络对新能源厂站的接入能力。传统 SDH、OTN 等传输设备单板接入成本高，对调度数据网等 IP 业务传输灵活性不足，需要更加灵活的传输平面支撑新能源调度数据广泛稳定接入。

（3）PTN 管道隔离度有限，需重点加强对调度数据网业务的隔离能力。PTN 虽高效承载 IP 分组业务，但 PTN 的业务隔离基于 MAC 层以上的 MPLS－TP 技术，PTN 承载生产控制大区业务和管理信息大区业务的隔离安全性仍有争议。需要创新技术体制，优化承载方式，实现生产控制业务在传输中与其他业务之间的“硬隔离”。本篇提出用 SPN 新技术解决电力发展难题，并通过测试验证其可行性。

二、技术方案

SPN 是适配 5G 的新一代通信传输技术，具有超低时延、超大带宽、集中管控、软硬切片等技术特点，网络业务承载能力和安全隔离能力较传统传输设备有了质的提高。SPN 兼顾“高可靠硬隔离”和“弹性可扩展”能力，可为电网通信业务提供差异化定制承载的服务。其关键技术主要是灵活切片技术及 CBR 技术。

关键技术一：灵活切片技术。传统的分组网络无法满足电力业务确定性时延需求，而 SPN 提供灵活切片技术，既可以专网专用安全隔离，为重要生产业务提供安全有效的传输保障，也可以在同一通道内带宽复用，提高传输效率。以日照地区 220kV 东港变电站为例，如图 1 所示，对生产控制大区Ⅰ区、Ⅱ区的业务如继电保护、调度数据网业务分别划分为独立切片，专网专用；对管理信息大区Ⅲ区、Ⅳ区各划分一个切片，如调度电话、动环监控，在同一个切片内传输，支持业务的带宽复用，保障业务传输效率。

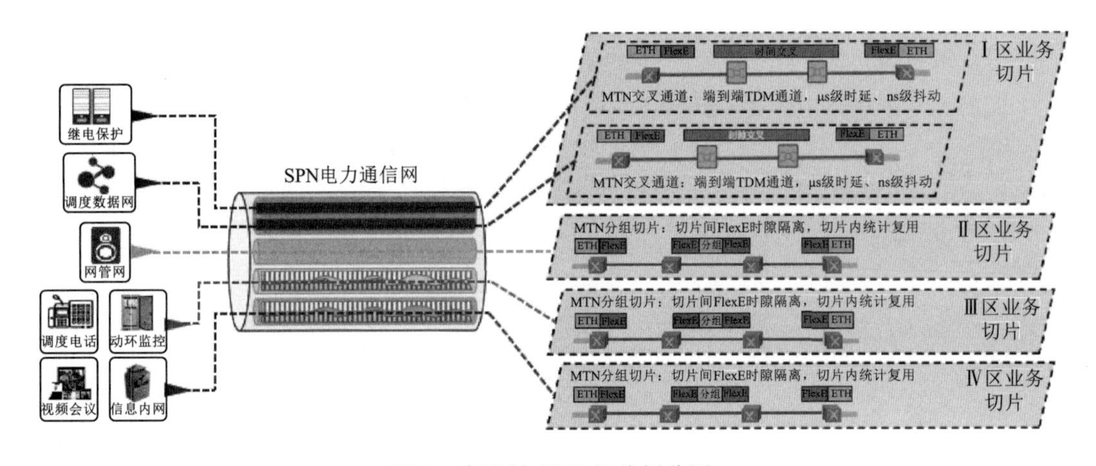

图 1　东港站 SPN 切片划分图

关键技术二：CBR 技术。在 SPN 设备中，传统的 E1 基于 CES 电路仿真技术，在首尾节点分组转发，不满足隔离要求。基于 CBR 的 E1 技术，在 E1 板卡上进行时隙化映射，整个转发路径的所有节点上都是端到端的 TDM 时隙交叉，可满足生产控制业务“端到端独享硬管道”的隔离要求。通过对原生 MTN 技术进行小颗粒时隙扩展，采用层次化架构完全兼容的 SPN 架构，新增小颗粒通道层 FG－SE，基于 TDM 时隙复用与交叉设计，提供 10M 颗粒硬隔离管道。每 5G 大颗粒支持 480 个 10M 时隙，10GE 接口支持 960 个 10M 时隙，承载效率达到 96%，提升切片承载效率，灵活满足多样化带宽需求。

SPN 创新亮点：一是国网首张 SPN 电力通信网在日照供电公司正式上线运行，电网业务数据传输迈入低时延、大带宽、高可靠承载时代。二是结合电网生产业务小颗粒度、高可靠性的特点，首家提出使用 10M 小颗粒切片技术验证 SPN 网络承载继电保护业务可行性，破解低成本消除保护业务重载隐患的难题。三是创新发挥 SPN 切片隔离特性，对不同业务的传输需求进行个性化的切片定制，为各类电网生产控制或管理业务提供安全可靠的通信传输通道。

三、应用成效

SPN 技术的落地应用，为国内电力通信传输技术演进提供全新思路。其实施成效主要包括四个方面。

一是网络结构“优”。通过梳理 PTN“老弱病残”设备，完成设备的更新迭代。针对老旧设备、低版本设备、故障频发设备、无备品备件设备，通过逐步替换 PTN 设备，优化网络结构，形成 SPN＋PTN 混合组网模式，最终形成 SDH＋SPN 双平面架构。进一步优化网络，实现 PTN 向 SPN 的平滑演进。梳理光缆网络，“精挑细选”搭建组网。根据站点层级、光缆类型、光纤资源、承载业务、地理环境综合考量搭建核心层、汇聚层、接入层。梳理重要业务，合理方式安排。

二是稳定运行“优”。充分发挥 SPN 软硬切片的隔离特性，对不同业务的传输需求提供个性化定制承载服务，为各类电网生产控制或管理业务提供安全可靠的通信传输通道。自系统上线后，将调度数据网、数据通信网等现网业务割接至 SPN 网络承载；采用软硬切片技术实现各类业务数据的安全隔离，生产业务与管理信息业务之间基于硬切片达到物理隔离的效果。

三是示范引领“优”。与国网电科院、国网山东省电力公司经研院共同完成国网科技项目承接落地，完成华为 SPN 承载小颗粒业务测试验证，完成《基于 FlexE 的切片网络性能和安全隔离测试》等方案编制和论证工作。充分利用国网首家 SPN 光传输系统，创新应用场景，最大限度激发和释放 SPN 应用潜能，全面促进电力通信网由“支撑保障”向“赋能引领”演进。

四是人才培养“优”。以人才梯队建设为引领，提高通信人员 SPN 建设网络规划、配置和故障处置能力，助力通信专业复合型人才培养。结合 SPN 建设，全员全过程参与现场勘查、组网安装、设备调试、业务割接，消除一线人员“贵族化”心态，全面提升核心业务自主运维能力，做到工作流程、工艺标准、施工要点、网管操作等内容心中有数、手中有策、行动有力。

四、典型应用场景

（一）SPN 应用场景一

为检验 SPN 技术体系与电力通信的适配性，历经一年时间完成调度数据网、信息内网等 8 类现网业务挂网验证，12 大类、35 小类性能与安全测试。选取日照市公司中心站、日照第二汇聚点、县调、500kV 变电站、220kV 变电站、110kV 变电站及独立通信站等 9 座站点，模拟现网搭建核心层、汇聚层、接入层组网，形成具有电力特色的组网模式。SPN 设备采用华为 OptiX PTN 990E、华为 OptiX PTN 970 两类型号。通过对 SPN 隔离能力、保护能力、切片能力进行测试，其各项指标均满足要求。与 PTN 相比，SPN 既可提供 MPLS－TP 的逻辑隔离，又可以提供 FlexE 时隙交叉的硬隔离，更贴近电网生产业务需求；与 SDH 相比，SPN 的业务接入能力更强、接入方式更灵活，且带宽扩容能力强；与 OTN 相比，SPN 带宽能够达到同级水平，且对小颗粒承载能力更强，更易运维，更适配未来业务发展方向。

（二）SPN 应用场景二

为验证 SPN 落地应用的可靠性，利用 84 套设备搭建核心层、汇聚层、接入层，形成具有电力特色的组网模式和业务承载模式。实现最大传输带宽提升 5 倍至 50G。主要承载调度数据网、信息内网、动环监控、调度电话等业务。其中数据通信网、视频会议等三区、四区业务承载安全性达到物理隔离水平。同时联合国内权威检测机构泰尔实验室以及华为公司完成华为 SPN 传输系统 CBR 测试验证工作。共开展 5 大项 16 小项性能测试，主要包括 CBR 业务转发功能测试、CBR 业务保护能力测试、CBR 承载差动保护业务测试、业务切片隔离性测试、CBR 多业务承载能力测试等。在泰尔实验室专家的监督认证下，测试各项业务的性能及安全指标，详尽验证时延、误码率等重要参数，重点验证调度数据网的承载能力。并通过与传统的 E1 基于 CES 电路仿真技术对比，验证承载生产控制业务的可行性。经中科院院士、能源研究会主任等专家认定，填补了多项技术空白、达到国际领先水平。

五、推广价值

从国家战略政策上来说，“十四五”是国家能源转型战略实施的关键时期，在国家“双碳”战略和国家电网公司“一体四翼”发展布局的背景下，电网安全生产和新兴业务持续向 IP 化、宽带化演进，对电力通信网络的带宽、时延、可靠性以及业务差异化管理提出全新挑战，现有 SDH、OTN 已不能完全满足新型电力系统业务传输需求。经论证，SPN 超大带宽满足大颗粒业务的承载需求，超低时延满足对时延敏感业务和

5G 通信的苛刻需求，软硬切片满足电网生产业务的安全需求。集中管控满足电力通信系统智能化运维要求。

从社会效益上来说，SPN 标准由我国主导，是我国首次在传输领域实现整体原创性技术进入国际标准，其核心芯片和光模块均为国内自主设计，研发生产环节实现国产自主可控，奠定了电力通信网络安全和产业链供应链安全的基础。SPN 技术的落地应用，为国内电力通信传输技术演进提供全新思路，其超大带宽、超低时延、灵活切片、集中管控的技术优势解决了电力通信网发展难题。

从经济效益上来说，SPN 以低成本构筑更大容量组网能力，较之传统电网通信设备更经济高效。SPN 具备即插即用优点，适合网络拓扑不断变化的市域电网场景，有利于各类新兴业务承载。

基于 OSU、WAPI 等多技术融合的全光配电通信网建设及应用

国网上海电力

（黄 冬 黄 阳 甘 忠 陈毅龙 周 琤 朱 铮 仇张权 徐 光）

摘要： 新型电力系统的发展对承载重要生产业务的电力通信网提出了更高的要求，电力通信网形态也有极大的改变。本项目主要基于 OSU、WAPI 等新技术的组合应用开展研究，在长兴 5 个站点，开展了全光配电通信网试点建设，解决了长兴地区长距离通信延迟、单通道等问题，同时实现新型电力系统背景下大量 IP 业务的有线无线接入，兼顾传统自动化、继保、语音通信、视频等业务的承载，切实满足大电网安全稳定高效运行的需求，在未来推动新型电力系统建设的过程中有较大的推广空间。

一、背景

长兴岛位于长江入海口，沿线通信设备常年处在风吹、潮湿的环境中，同时细长的岛屿形状也造就更长的通信距离，而且长兴岛与横沙岛之间仅有一条线路通道，可靠性较差，随着横沙新型配电网的建设及新型电力系统的发展，越来越多的新业务加入，对电力通信设备及性能都提出了更高的要求：一是具备快速建网、部署简单的能力，新增连接更快速；二是具备差异化承载能力，基于统一的承载网，对不同业务提供差异化服务；三是具备三层到边缘的能力，智能配电终端之间通过三层连接互相通信，故障处理更快，管理更简化；四是具备智能运维的能力，支持网络管理控制自动化、智能化，实现管理效率的极大提升。

针对长兴电网规划建设及新型电力系统对通信网络的要求，提出一种可实现具备基础承载、安全可靠、高性能特征的电力通信网络方案，主要从光纤传输技术、无线通信技术、全光接入技术、统一管理技术、网络安全技术等五个方面，对 OSU、WAPI 新技术的组合应用开展研究，并在长兴 5 个站点开展全光配电通信网试点建设，解决长兴地区长距离通信延迟、单通道等问题，同时实现新型电力系统背景下大量 IP 业务的有线无线接入，兼顾传统自动化、继保、语音通信、视频等业务的承载，并且

实现全网统一管理和安全性设计，实现新型电力通信网络研究的总目标。长兴光传输网络组网如图 1 所示。

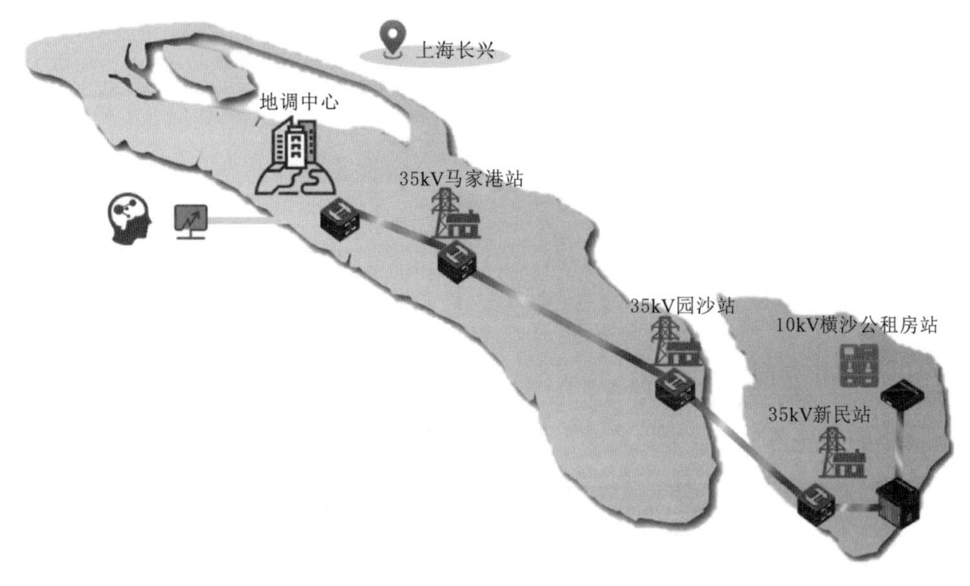

图 1　长兴光传输网络组网图

二、技术方案

本技术方案包含五个部分，包含：①光传输网络实施设计；②变电站全光网和安全无线网络实施设计；③基于 5G 的备份通信网络实施设计；④网络管理实施方案设计；⑤安全性方案设计。从通信规划上分类，也可分为传输网络、接入网络和网络管理与安全规划三类。设计图如图 2 所示。

（一）光传输网络实施设计

OSU（Optical Service Unit，光服务单元）光传输既具备传输硬管道的能力，同时也具备分组复用的集约化能力，可以更好地匹配新一代电力通信网的能力要求：第一，快速建网、部署简单。大网通过标准 OTN 互联。第二，差异化承载。对于最高价值的继保类业务等，通过独享硬切片的方式保障高可靠性和稳定性。第三，支持基于最小 2.66Mbps 的 PU，净荷为 2M 可承载 E1 业务。第四，智能运维。网络管理控制在自动化基础上不断智能化，实现管理效率的大幅提升。设计图如图 3 所示。

（二）变电站全光网和安全无线网络实施设计

基于安全可控的 WAPI（Wireless LAN Authentication and Privacy Infrastructure，无线网络授权与保密结构）+ POL（Passive Optical LAN，无源光局域网）技术的集合，实现变电站内的高速有线和无线网络覆盖。在业务接入层面引入 EC（Edge Com-

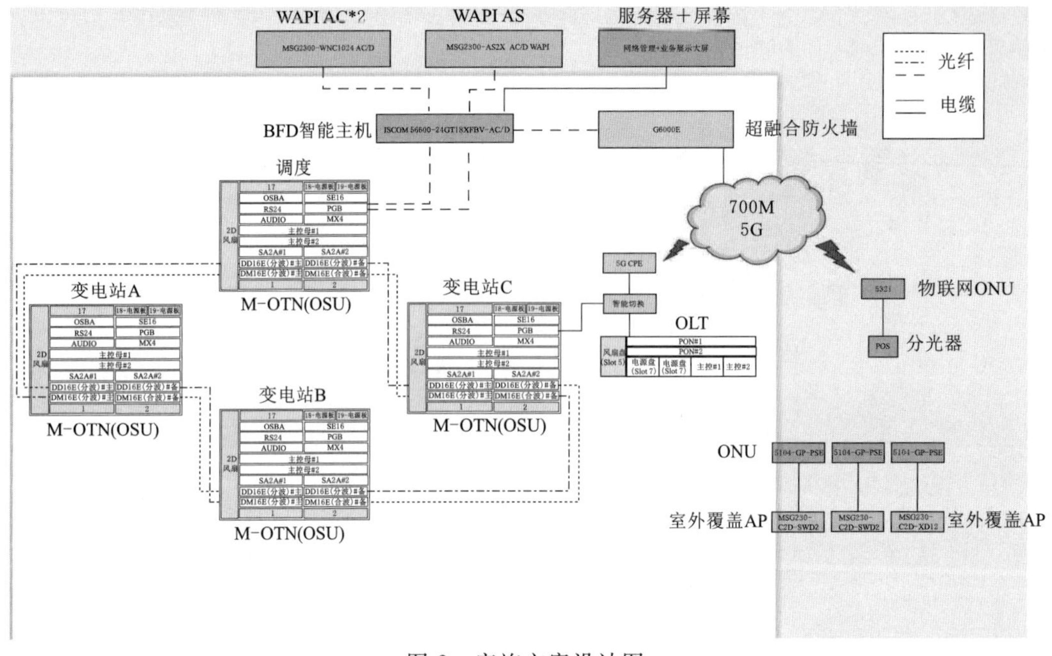

图 2　实施方案设计图

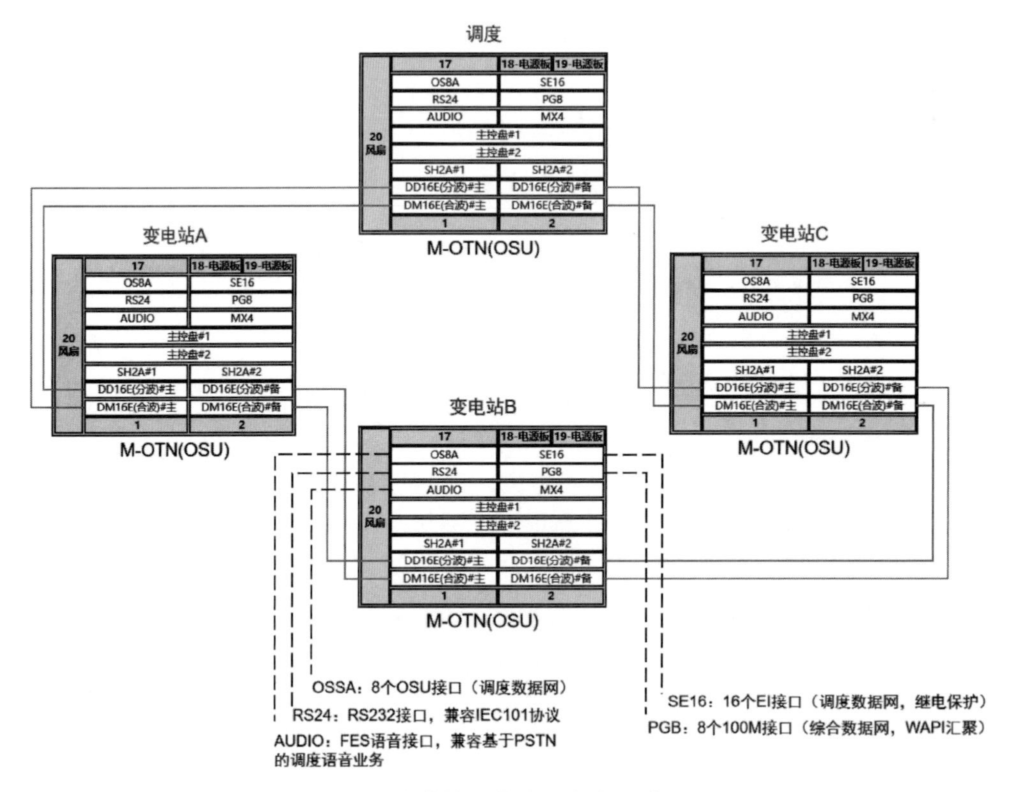

图 3　光传输网络实施方案设计图

puting，移动端边缘计算)，实现 IP 业务、物联网业务、辅助控制业务、环境监测业务同时接入，并用一个物理网络承载。设计图如图 4 所示。

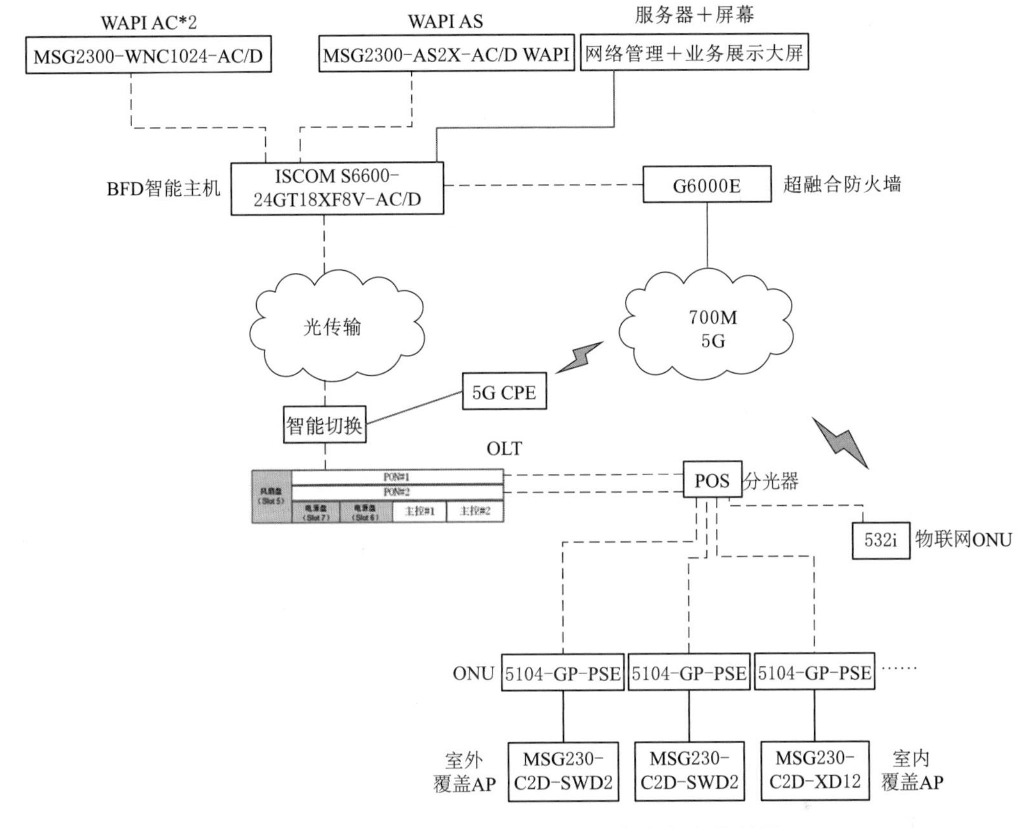

图 4　变电站光网和安全 WLAN 实施方案设计图

(三) 基于 5G 的备份通信网络实施设计

方案结合 5G 技术大带宽、低时延以及切片安全特性，研究试点 5G 网络承载主网电力业务可行性，实现电力业务在电力光纤专网与 5G 网络之间的智能切换。在变电站出口光缆中断情况下，将电力监控业务及调度电话业务切换至 5G 网应急承载，迅速恢复业务。采用成本适中的软切片方案，并且 5G 是作为光纤通信的备份通信方案，为站内的 IP 类业务实现双通道保护，同时实现 5G 网络和变电站内光纤通信物理隔离。设计图如图 5 所示。

(四) 网络管理实施方案设计

由于本方案涉及 OSU、WAPI、SG 和 POL 技术四种通信技术，其网络管理机制存在差异，为实现统一管理，拟研发一套集成化通信网络管理平台。针对数据通信设备、光传输设备、无线通信设备等进行管理维护的网管解决方案，面对用户日益复杂的 IT 环境，实现了全方位管理，提供拓扑、配置、资产、故障、性能、事件、流量、报表等网络管理功能。

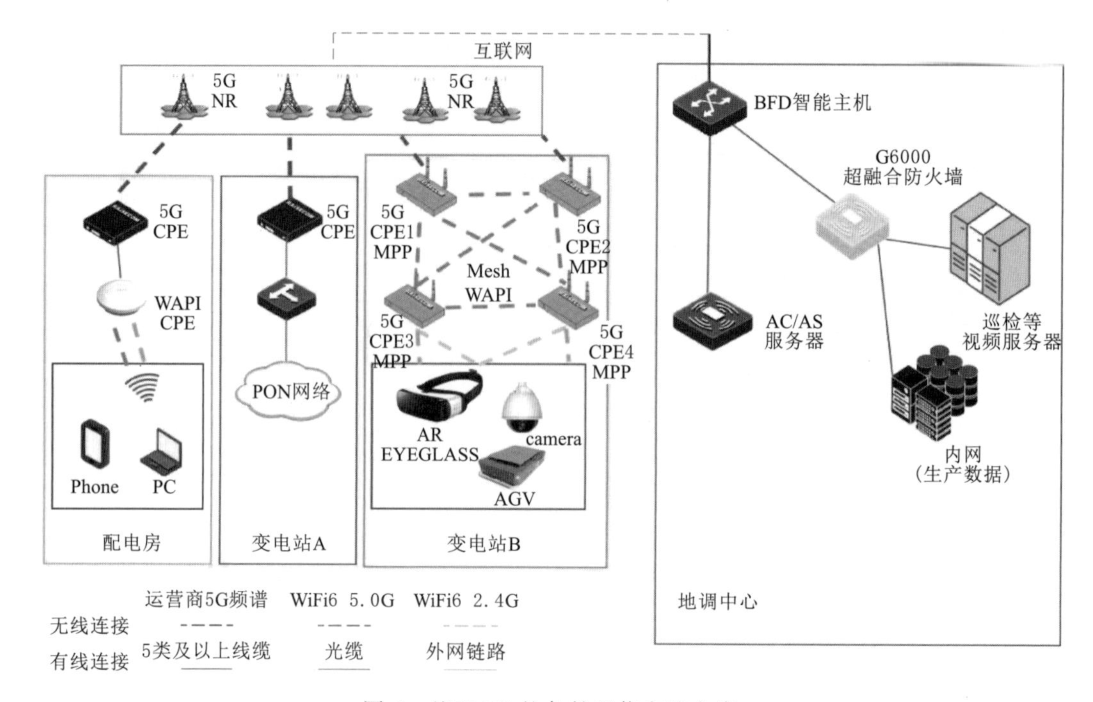

图 5　基于 5G 的备份通信实施方案

（五）安全性方案设计

1. 无线网的安全性设计

AS 的证书签发功能（CISU）支持提供 WAPI 证书签发服务，强制使用数字身份凭证作为身份凭证，能够为接入的 AP 和 STA 签发数字身份凭证，系统采用了国家密码管理局批准的 SM4 对称密码算法对传输数据进行加解密，充分保障了数据传输的安全和用户信息的完整。

2. 全网安全性设计

ARP 欺骗是常见的网络攻击，能造成很严重的网络故障，甚至大面积的网络瘫痪。通过伪造 IP 地址和 MAC 地址实现 ARP 欺骗，能够在网络中产生大量的 ARP 通信量使网络阻塞，攻击者只要持续不断地发出伪造的 ARP 响应包就能更改目标主机 ARP 缓存，造成网络中断或中间人攻击。

3. DdoS 攻击防护

DDoS（Distributed Denial of Service，分布式拒绝服务）攻击是在 DoS（Denial of Service，拒绝服务）攻击基础上产生的一类攻击方式。DoS 攻击一般是采用一对一方式进行，而 DDoS 则可以利用网络上已被非法侵入并控制的一些主机针对特定目标进行攻击。

4. 外部扫描攻击防御

扫描攻击是指攻击者通过扫描窥探就能大致了解目标系统提供的服务种类和潜在

的安全漏洞。

三、应用成效

（一）业务承载强

通过引入 OSU 技术将主配通信网络进行贯通，保证业务端到端毫秒级时延，实现了业务运维方式以及配电通信网网架的极简化，打造了安全、高效、可靠的主配一体化通信网络。同时，保留了原有 OTN/SDH 硬管道、零丢包等优势特性，增强了业务灵活性以适配主流分组业务，在光层通过大颗粒交叉，实现超大的光层带宽，在接入层实现最大 40G 的光层带宽。引入 OSU 技术后，站内视频信号无论是流畅度还是清晰度都大幅提升，视频效果如图 6 所示。

图 6　远程许可效果图

（二）应用场景广

基于安全可控的 WAPI＋无源光局域网技术的集合，实现变配电站内的高速有线和无线网络覆盖。巡视机器人、机器狗等无线终端设备在接入 WAPI 网络后，实现现场视频和数据，大带宽、实时传输，实现全地形巡视设备无缝衔接，WAPI 无线手机终端的多功能应用和信号全覆盖，传输时延低至 3ms。在此基础上实现了运行监测、远程巡视、运维管理、指挥联络、移动办公等业务的全面承载，远程巡视画面如图 7 所示。

（三）切换时延低

采用智能切换技术实现 5G 无线虚拟专网对站内 IP 类业务的备份通信。网络智能切换过程中采用了旁路保护技术，实现 5G 无线虚拟专网与光传输网络相互独立，并进一步保证设备异常时，业务可正常通信。基于链路保持功能，可实现毫秒级的保护倒换时延。多次切换时延稳定在 1～2ms。此外 5G 网络技术的加持还打破了传统光

图 7　远程遥控站内巡检机器人画面

缆、光纤等物理传输介质的束缚，打通了长、横两岛之间的第二座通信桥梁。

四、典型应用场景

主要面向电力行业各类主体，提供包括配网、微电网、厂站等源网荷储通信一体化解决方案，可应用于国内现有配电通信网 xPON 技术的升级改造以及站内的无线局域覆盖。

五、推广价值

通过引入 OSU、WAPI、5G 等先进技术，长兴公司电力通信网在性能上实现了从低速延迟到极速响应、从有线承载到无线传输、从单回链路到双路交替，在功能上实现了调度数据、智能巡检、环境监测、负控平台等 17 类业务的可靠、高效承载。

未来电力系统将不断向数字化、智能化乃至数字孪生方向发展，而本次应用技术符合新型电力系统的发展方向，同时也结合了实际业务发展情况，提出了安全、管理与通信并重的方案，为建成可见、可知、可控的透明化电力系统提供强有力的通信技术支持。

基于智能调度台系统的调度电话与调度业务联合联动应用

国网江苏电力
（兰　健　束　一　柳　旭　潘裕庆　程晓翀　陈　鹏　姜　彤　蒋应应）

摘要： 调度电话依托智能调度台系统，为调度员提供对外联系的语音服务，人机工作站依托调度技术支持系统，展示各种电网实时监控画面，两种手段相互独立，未进行互通，调度员难以进行部分业务的切换操作，电话语音和监控画面缺少智能交互。为提升现有调度交换网应用水平，需在两套系统独立运行的同时，通过提升调度交换系统的通信平台融合能力，打通调度交换系统与调度技术支持系统，促进调度电话与自动化数据应用的智能交互，提升调度员工作效率。

一、背景

调度交换系统作为电力调度最重要的支撑系统之一，急需提升智能化水平以提供更为有力的保障。调度电话依托智能调度台系统，为调度员提供对外联系的语音服务，人机工作站依托调度技术支持系统，展示各种电网实时监控画面，两种手段相互独立，未进行互通，调度员难以进行部分业务的切换操作，电话语音和监控画面缺少智能交互。

为提升现有调度交换网应用水平，需在两套系统独立运行的同时，通过提升调度交换系统的通信平台融合能力，打通调度交换系统与调度技术支持系统，促进调度电话与自动化数据应用的智能交互，提升调度员工作效率。

在省、市、县各层级结合实际需求情况需要使用调度台实现更多元更智能的调度业务以及和其他调度业务系统实现业务联动，实现调度员调度电话与调度业务的工作效率提升，完成以下目标：

（1）基于智能调度台实现接入调度台系统后的新扩展功能。

（2）基于智能调度台实现调度电话与网络化发令系统的业务联动。

（3）基于智能调度台实现调度电话与人机工作站的业务融合联动。

二、技术方案

（一）关键技术

调度交换系统智能通信业务网关功能完善。通过各种模块、多种控制接口等第三方接口，实现系统内 SIP 消息和外呼消息的转换及交互、调用调度台呼叫发起与接听、调度台状态推送及呼叫消息事件上报、调度站点通知对象同步、对接第三方系统配置对接授权等功能。通过文字广播实现文字广播呼叫逻辑、通道建立、TTS 文字转语音功能并供业务逻辑模块调用等功能。

生产控制大区、管理信息大区的调度技术支持系统功能完善。扩展调度技术支持系统功能，实现了融合应用人机功能通信号码支撑、调度技术支持系统与智能通信业务网关控制流及呼叫信息交互，将调度技术支持系统三区的控制流及交互信息摆渡到一区。由调度技术支持系统进行统一管理人机工作站通话管理等程序组成调度电话功能场景，可多机并列运行，可实时在线检测、细分场景和人员进行调度电话权限管理等。对融合调度电话服务器相关的监视及告警等功能进行了完善，实现了对场景名、运行节点、场景状态、启动时间等状态进行实时监视，对离线、故障的场景进行告警、监视融合调度电话场景服务器的运行状态。

另外还设计了来电提醒功能、来电联动人机图形、新人机功能场景图拨打电话、告警窗快速拨打电话，实现了来电时新人机工作站图形界面直接显示来电厂站的电话号码和厂站名称，可以通过新人机工作站提示一键联动打开工作人员需要的场景图形界面、在新人机画面浏览器的厂站图或其他使用场景功能图形中一键式快速呼叫相关调度电话，对于紧急的告警信息上送，调度人员可以通过告警信息快速定位需要联动处置的电话号码并直接拨打出去。

对融合调度电话的相关管理功能与服务改造，实现了电话数据统一实时存储及管理、电话模型信息资源管理、电话模型数据同步、所有人机工作站呼叫请求收集与来电信息的消息广播分发。

管理信息大区的网络化发令系统功能完善。完善发令系统功能，并与调度电话融合联动，实现了调度员在网络化发令系统选择某张或多张票点击一键预发、正令发令、正令收令、正令作废等点击操作时，系统同时自动通过接口调用调度交换系统进行语音广播通知；受令人员接听语音广播通知后，可根据语音提示按键确认。网络化发令系统上的通知接收转台、操作票显示各厂站的接通与确认情况、发令与调度台通讯录名称适配、实时同步发令系统电话、发令系统电话设备维护等功能逐步完善。

（二）创新亮点

1. 融合应用扩展统一灵活

第三方接口采用统一的扩展接口，在现有的技术构架下可方便快速地实现与调度技术支持系统的融合。

2. 联动业务多样化

不仅实现了调度电话与D5000及新一代人机工作站的联动，还实现了调度电话与网络化发令系统的融合，为调度员提供了更多样的便捷方式。

3. 语音服务智能交互

从单一的基本语音功能，升级为语音、视频、数据等多业务融合调度通信解决方案，满足多种手段下发调度指令的需求。通过调度电话与调度业务系统联动，实现双方功能、数据共享，调度方式不再是传统的语音调度一种方式，调度员可以通过更加智能化、高效率的调度方式，更加迅捷、准确地下达调度指令，在日益复杂、庞大的电网下，为高效、敏捷、智能化调控做好支撑。

4. 语音业务安全稳定

在组网模式上实现电路交换网与智能调度台系统的双网互备，每套核心均具备独立放号和交换能力，充分验证了在任一单核心模式下的业务安全性；在终端配置上采用双模调度台，实现IP线路和电路线路两种放号模式互备，在支撑实现调度高级应用的同时，保障了终端基础电话业务的安全稳定性。

5. 跨区安全有保障

在新一代调度技术支持系统一区和三区中间新增部署正反向隔离装置，在现有三区Web服务器上部署通信网关交互服务和三区跨隔离传输服务；一区新增融合调度电话场景服务器用来部署人机站通话管理模块、一区跨隔离传输服务及新一代调度技术支持系统适配平台，很好地解决了跨区的安全问题。

6. 功能可持续扩展

智能通信业务网关提供调度台呼叫相关功能控制接口API，此接口API可根据调度需求进行扩展，后续可开发更多的功能，可与更多的系统实现联动，如操作票系统、调度小助手等，持续适应调度业务发展需求。

三、应用成效

基于智能调度台系统的调度电话与调度业务联合联动应用已在省调、镇江地调、昆山县调建设落地，试点测试达到了预期效果，实现了为调度员提供调度电话与调度业务的融合应用体验，包括预令融合广播通知、正令融合广播通知、调令直接拨打电话、调令广播通知接通状态及确认结果显示、来电提醒功能、来电联动新人机图形、新人机功能场景图拨打电话、告警窗快速拨打电话等功能，解决长期以来调度电话和人机工作业务相互独立、难以联动问题，有效提高调度员工作效率。

四、典型应用场景

应用适用于以智能调度台作为调度通信终端，具有智能化调度业务联动需求的省调、地调、县调等。

五、推广价值

该融合试点应用在省、市、县三级调度均解决了长期以来调度电话、人机工作站、发令系统相互独立、难以联动问题，基于智能调度台能力，实现调度电话与新一代人机工作站及网络化发令系统的业务融合联动，有效提升调度员日常调度电话与调度业务的工作效率，更好地服务电力调度，促进通信技术智能化数字化发展。

特高压换流站宽窄融合无线局域组网

国网上海电力

（张德桢　沈　翔　李　辉　郝跃东　欧阳震　马　伟　范承志）

摘要： 为满足特高压换流站设备状态智能感知的需求，设计适用于换流站的无线宽窄带组网方案。本方案基于“自主可控、架构可靠、运维灵活、向下兼容”的数字化换流站物联体系建设理念，构建全站统一的物联网络，有效解决一次设备在线监测、智能巡检等布线难、覆盖范围广、可移动等业务通信难题，实现在线监测、智能巡检、移动作业、视频监控等宽窄带业务统一接入，达到“安全可靠、覆盖广泛、接入灵活”的建设目标，以高质量服务公司智能运检体系建设，赋能设备管理数字化转型。

一、背景

近年来，随着智能电网、数字电网建设的推进，出现了以机器人巡检、可视化作业、变电状态在线监测为代表的新型业务，这些业务总体呈现出“大带宽、移动性、大连接、低时延”的特点，对特高压换流站内通信网络提出了更高的建设要求。

因此，亟需开展换流站宽窄融合无线传感网架构及关键技术研究，攻克电力宽窄带业务同时承载的技术难题。无线传感网络技术具有海量连接、部署灵活、低成本等优势，是获取电网运行及设备状态、环境等基础数据经济、便捷的方式，可以作为有线通信方式的有效补充，助力“碳达峰、碳中和”目标的实现。

通过开展系统试点应用，建立覆盖站内各类物联感知终端的无线传感网络，同时提供有线、窄带无线、宽带无线等接入能力，实现换流站场景下宽窄带差异化终端的统一接入。

二、技术方案

特高压换流站宽窄融合无线物联网络架构如图 1 所示，站内物联网络由有线接入网、无线宽带接入网、无线窄带接入网等构成。在规划区域搭建网络架构，配置覆盖规划区域的物联汇聚节点设备。物联汇聚节点各个区域的各类传感器、智能终端，将数据统一传输至站端边缘物联代理。

对于涉控涉敏类的窄带无线采集控制终端，前端需要加装安全模块、后端需要通过安全接入网关，方可接入站内网络。涉控涉敏类终端和一般终端的划分，与《智慧物联体系安全防护方案》（国家电网互联〔2021〕24 号）保持一致。

宽带认证服务器 AS 与综合网管（统一对接宽带、窄带、有线通信设备的网管）目前部署在站端，实现宽窄带无线网络设备远程统一监控和管理。

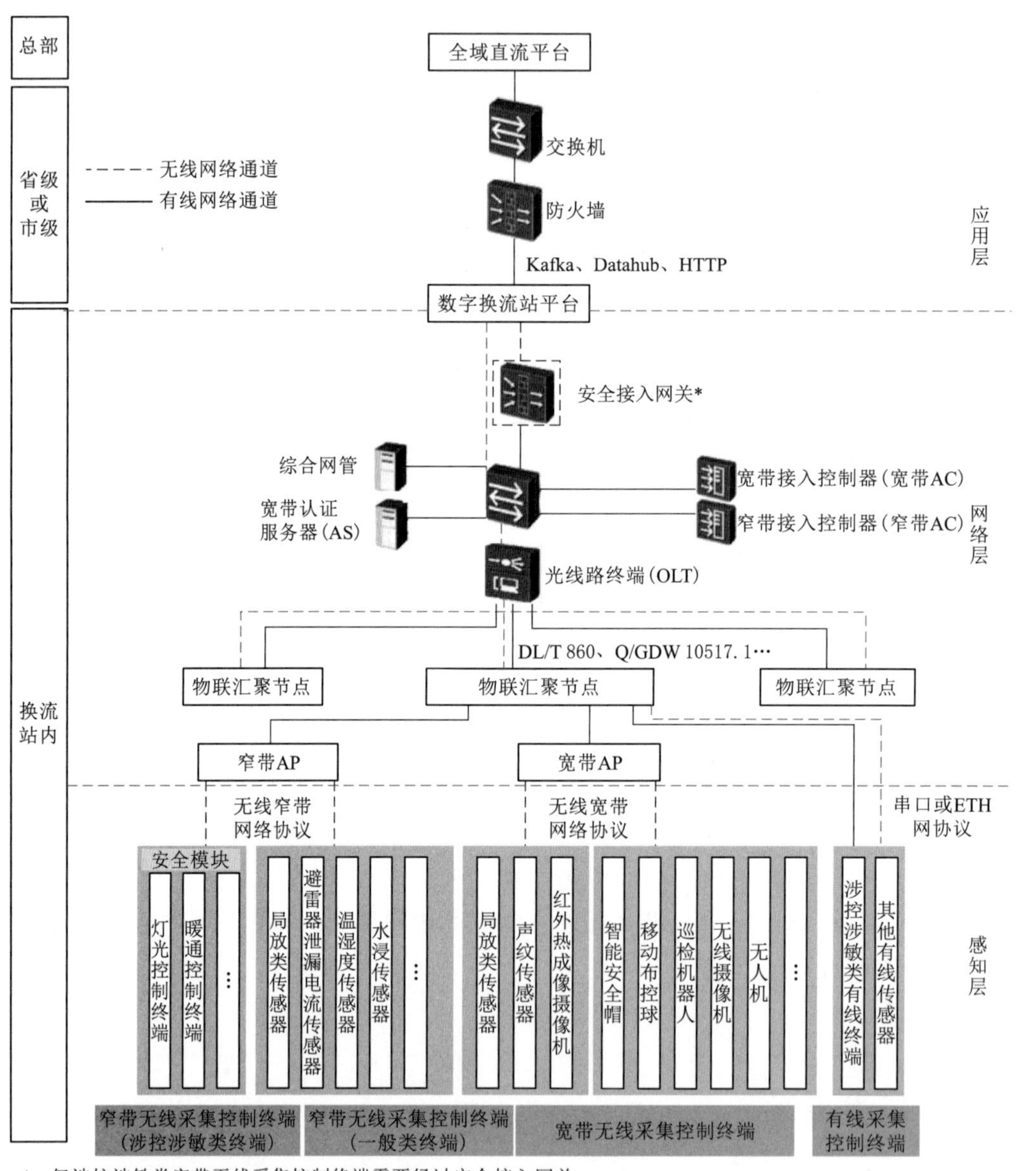

图 1　特高压换流站宽窄融合无线局域网整体架构图

1. 无线宽带网络建设

无线宽带接入网遵循中国无线局域网安全强制性标准（WAPI），其定位是为移动作业、智能巡检等具备“大宽带、移动性”特点的业务提供大带宽无线网络接入服务。

2. 无线窄带网络建设

无线窄带接入网遵循国家电网公司输变电设备物联网微功率无线网通信协议标准，其定位是为站内无线采集控制终端、数字化远传表计等终端提供无线窄带传输接入通道。

3. 物联汇聚网络建设

物联汇聚网络建设范围包括物联汇聚节点、无源光网络和光线路终端。

三、应用成效

无线宽窄带融合局域网络在国网上海特高压公司±800kV奉贤站换流区域进行试点建设，目前已完成设备安装调试，并已接入无线摄像机等业务，验证了技术路线的可行性。主要设备清单见表1，安装现场照片如图2所示。

表1　　奉贤换流站无线局域网主要设备配置表

序号	设备名称	单位	型号规格	数量
1	WAPI室外接入设备AP	台		8
2	WAPI AC接入控制器	台		2
3	WAPI AS服务器	台		1
4	输变电窄带AP	台		4
5	输变电窄带AC	台		1
6	接入交换机	台	最大交换容量≥672Gbps，最大包转发率≥126Mbps，支持24个千兆电口，4个万兆光口；支持POE+	2
7	光线路终端OLT	台		1
8	物联汇聚节点	台		4
9	eSight网管	套	部署在数字换流站平台	1
10	窄带网络管理软件	套	部署在数字换流站平台	1

通过在奉贤站换流区域铺设无线宽窄带局域网，实现换流区域无线宽窄信号覆盖，后续可根据业务需求，逐步接入各类业务传感终端设备。由于无线通信的便利性，新增传感设备不需要再另外敷设通信线缆，给施工带来了很大便利，能够节省

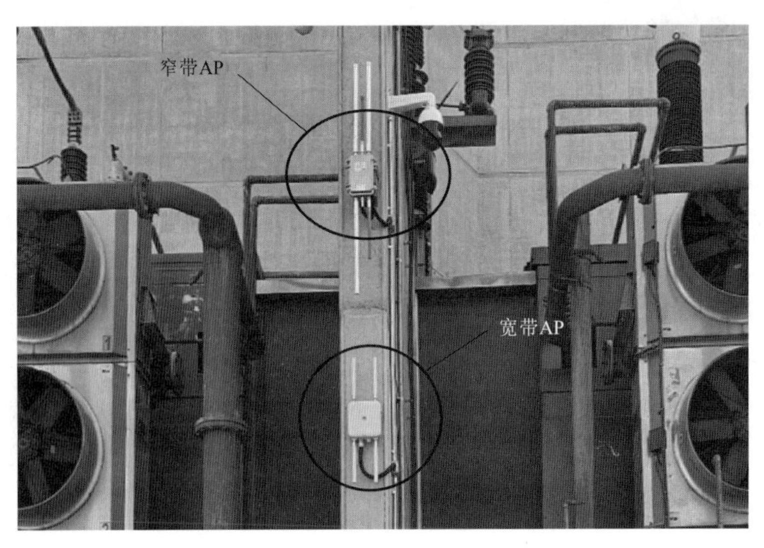

图 2　奉贤换流站无线局域网 AP 设备安装实景图

大量人工成本，缩短设备调试时间。另外，通过无线宽窄带无线局域网建设，可以满足更多业务应用场景通信需求，有效支撑了换流站设备全方位、全天候智能监测和智能巡检。

四、典型应用场景

目前已在奉贤站换流区域安装有无线摄像头，通过 WAPI 协议将实时视频传送至站内硬盘录像机，实现视频业务的无线传输功能。后续奉贤换流站将依托无线宽窄带局域网及换流站物联网体系，开展换流变、换流阀、调相机、阀冷、测量装置等 24 类设备在线状态监测、数据汇集、检修决策等高级应用建设（图 3），实现设备监视分析、故障诊断、告警解析、寿命评估等高级功能，推动设备管理数字化转型、智能化升级。

五、推广价值

通过换流站宽窄融合无线局域组网创行案例实践，形成以 1 个数字化应用平台、1 套标准化传输网络、N 个智能感知终端为基础架构，以“建设全景化数据自动采集”“灵活化终端便捷部署”“智能化终端就地分析”“集约化网络可靠互联”为特征的数字换流站物联体系，高质量服务公司智能运检建设。项目组将总结试点建设经验，持续跟踪试点运行状态，深化试点应用，作为典型数字换流站示范建设推广至其他换流站及变电站。

图 3　特高压换流站典型应用场景

基于 OPGW 通信的智慧输电线路场景应用

国网福建电力

（唐元春　夏炳森　杨林满　缪张赫　游露倩　沈苏阳）

摘要： 首次提出按需选择 OPGW 接续点的新方法，统筹兼顾了输电线路状态监测、5G 等多业务通信的新需求；首次应用直线杆塔专用接续装置，化解非耐张塔上设置 OPGW 光纤接续点难题；首创双层结构“即插即用”多业务共享 OPGW 光纤接头盒，颠覆了传统 OPGW 接续方式，率先实现多业务共享大芯数 OPGW 光纤，显著提升大芯数 OPGW 利用率。在输电智慧线路首先开展推广应用，配合边缘物联代理装置就地接入线路测温、避雷器监测等采集数据以及基于 AI 技术的防山火双光谱视频监测数据，支撑线路状态实时感知与智能诊断业务；支持输电线路铁塔无线＋有线混合通信中继站建设，支撑无人机机巢灵活数据接入，提升无人机超视距、大范围、长距离输电线路巡检飞行的作业效率。

一、背景

OPGW（光纤复合架空地线）随输电线路同塔架设，其制造工艺先进、信号传输可靠、运行安全稳定性高、适合长距离传输等特点，是电网企业不可替代的优质资源。特别是在线路穿越沙漠戈壁等无人区时，更加凸显其相对于运营商普通光缆的技术优势。随着 OPGW 制造技术不断突破，复合光纤已从 24 芯提升到 144 芯以上，大芯数 OPGW 投入运行后已有更多富余纤芯可供利用。但长期以来，受限于传统 OPGW 制造和接续技术，OPGW 按长度 3～5km 分盘原则，在输电线路耐张铁塔上随机选择接续点，配置全芯数熔接 OPGW 接头盒，逐段熔接形成长度达几十千米至几百千米以上的点对点 OPGW 光纤传输通道，投入运行后难以开断抽取利用富余纤芯，实现业务就近接入，故大量空余纤芯无法综合利用。

随着电网逐步向新型电力系统演进，智慧输电线路全景感知、边缘计算、无人机、人工智能等应用需求日趋迫切。国家工信部、国资委大力推动开放输电线路铁塔挂载 5G 通信基站等，也对共享电力 OPGW 光纤提出新需求。新业务的产生迫切需要一种能够承载多业务共享的“即插即用”OPGW 光纤接续技术，实现信号就近接入和光纤资源综合利用。

二、技术方案

（一）自由引下，灵活接入

本项目研究首次把直线塔作为 OPGW 接续点，研制了专用三角连板装置（图 1），替代直线塔上 OPGW 悬垂金具，在不改变输电线路荷载及杆塔结构前提下，将 OPGW 经三角连板开断引下，实现非耐张塔上新业务近距离接入 OPGW 技术突破，满足输电线路上所有塔形的新业务通信均可接入 OPGW 的特殊需求。同时在接续点位置的选择上，颠覆了纯粹以 OPGW 分盘长度及耐张塔作为接续点位置选择的传统方式，从接续点设计源头上实现多业务共享 OPGW 光纤灵活接入。

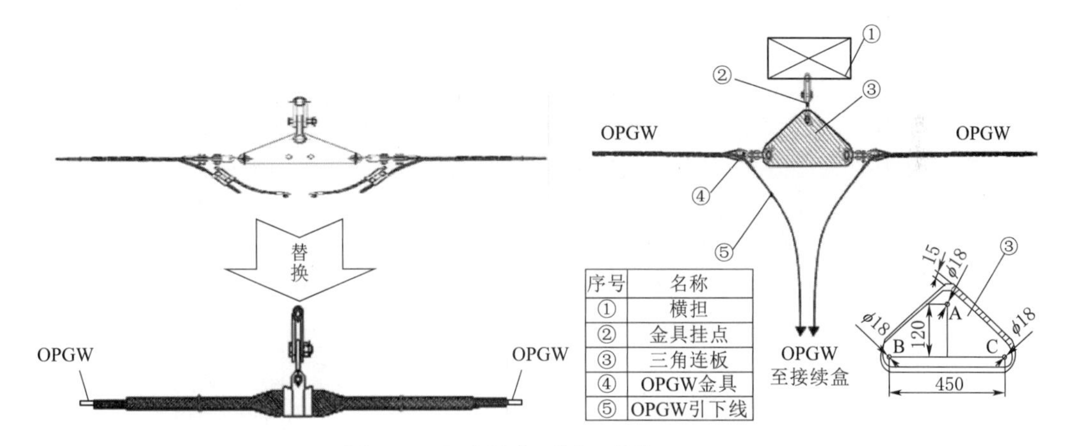

图 1　三角连板装置图（单位：mm）

（二）即插即用，资源共享

本项目率先提出二层结构混合式 OPGW 接头盒研发设计方案（图 2），通过共用圆形底盘将大芯数 OPGW 纤芯一分为二。其中上层的大部分纤芯继续采用固定熔接方式，传输电力系统通信业务；下层抽取部分光纤接入适配器，提供了可供智慧线路等业务灵活接入的通道资源。适配器采用双芯接口设计，使用 A－B 型跳线进行跳接（图 3）。该方案颠覆了全纤芯数熔接的传统方式，在避免打开熔纤接头单元、保证光缆在运业务安全稳定的前提下，创造性地实现新业务“能上能下/即插即用”就近接入 OPGW 共享电力优质光纤。

（三）拓宽边际，稳定畅通

以新型接入技术为基础，本项目成功构建了智慧输电线路通信和检测的一体化方案。如图 4 所示，智慧线路系统通过将各类传感器数据、视频光谱数据汇聚至边缘物联代理装置处理后，统一上送至物理管理平台以供管理决策，此过程对信道的稳定性提出了严苛要求。自研多业务共享 OPGW 接头盒通过共享 OPGW 光缆的优质资源，

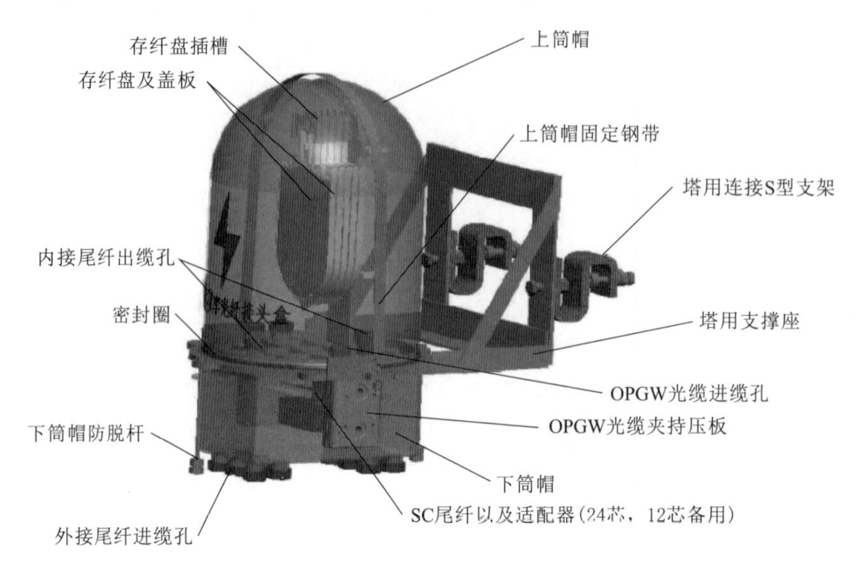

图 2　二层结构混合式 OPGW 接头盒装置图

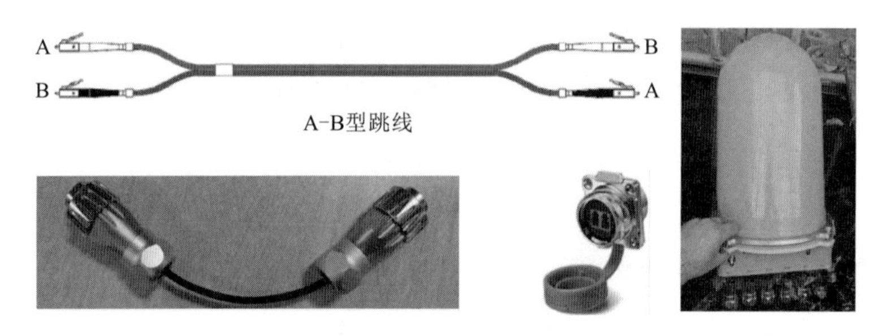

图 3　A－B 型跳线装置图

有效满足了各类信号的带宽及时延需求，其灵活的引下接续方式，实现了业务需求就地接入，解决了线路无公网区域的通信难题，保障了智慧输电线路的全程监测。该方案全面提升线路在线监测和风险智能研判的能力，增强电网安全可靠性。同时，也为线路无人机机巢部署、支撑无人机超长距离巡检飞行作业、5G 共享通信网络部署等新业务应用提供了典型的系统解决方案。如图 5 所示。

三、应用成效

2023 年，在项目试点应用过程中，已开发了以下实施场景，并获得了良好的应用成效。

（一）实施场景 1：实现 OPGW 光缆多业务共享应用和输电线路全景感知

对福州地区 220kV 井门变—营前变 OPGW 光缆进行智能化升级（图 6），结合三角连板结构、新一代多业务共享 OPGW 接续盒和千兆级环网自愈型以太网交换单元，

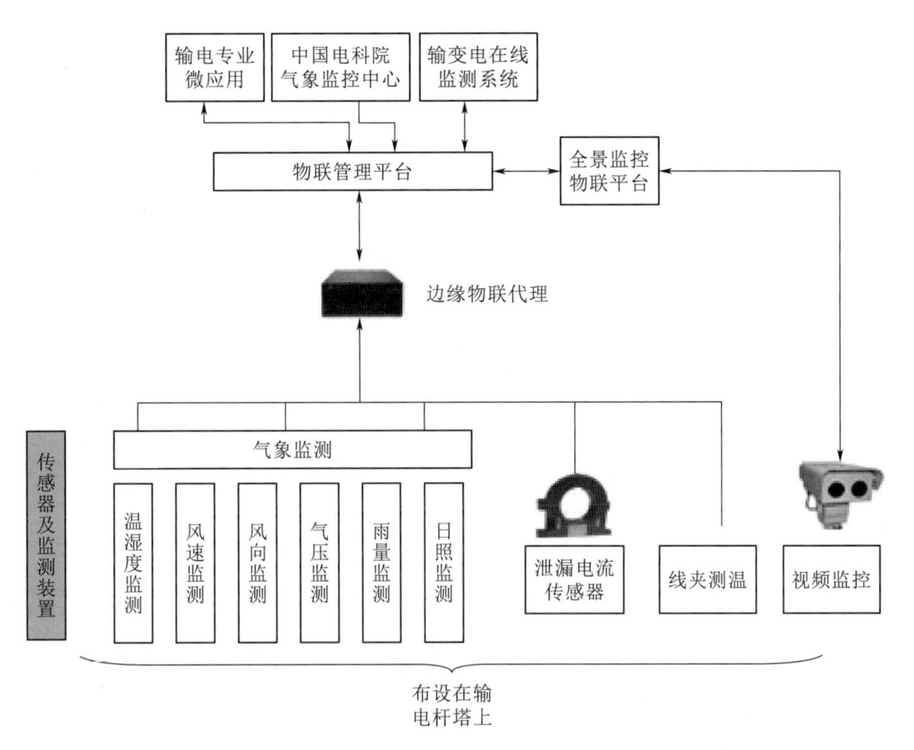

图 4　边缘物联代理装置监测信号回传

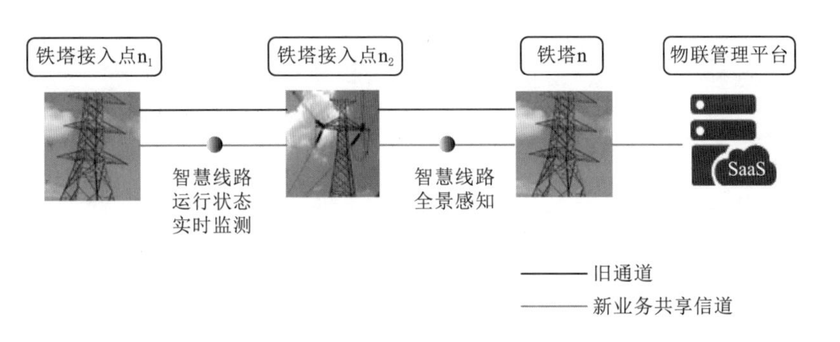

图 5　多业务共享接续技术

为骨干网提供高可靠、大带宽的通信通道的同时，满足长途与短途光纤动态调整和线路沿线即插即用的通信需求；通过智慧线路边缘物联代理装置，接入线路测温、避雷器监测、污秽检测、微气象等采集监测系统及传感器，实现对输电线路运行状态监测和线路走廊、森林山火的实时全景感知，打造具备主动预警和智能研判能力的先进输电线路。

（二）实施场景 2：构建输电线路大型无人机巡检飞行测控数据链

选择输电线路制高点铁塔上架设混合通信中继站，接入输电无人机机巢，抽取大芯数 OPGW 富余光纤回传无线信号，形成无线通信与 OPGW 光传输融合的飞行测控数据链，支撑输电无人机超视距、大范围、长距离的输电线路巡检飞行作业。如图 7 所示。

图 6　营前变—井门变架空输电线路试点应用

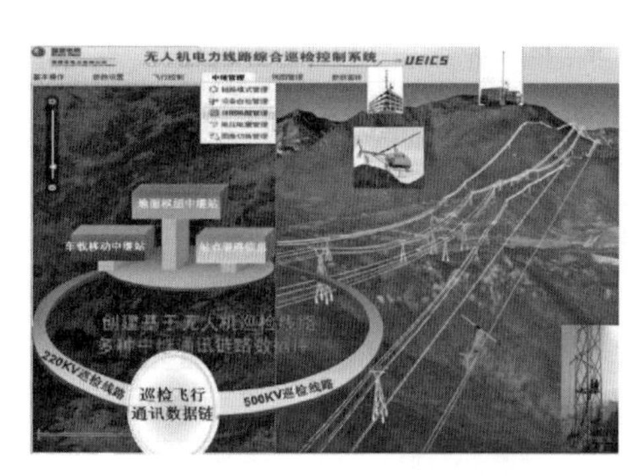

图 7　输电线路无人机巡检飞行测控数据链应用

（三）实施场景 3：构建架空和海底电缆混合线路全程运行状态融合监测系统

在福建平潭岛架空线路与海底电缆混合输电线路实时在线监测应用中，利用该技术抽取 OPGW 及海缆复合光纤作为海缆分布式监测传感和监测信息的数据回传通道，实现福建平潭岛海/陆电缆混合线路实时温度、应力应变、舞动振动等运行状态全天候实时在线监测。如图 8 所示。

图 8　福州平潭岛实时在线监测应用

四、典型应用场景

智慧输电线路全景感知、无人机飞控等电网业务对输电线路通信实时性、可靠性、可扩展性和高效性提出更高要求。相对于无线公网，光纤专网具备物理隔离性，具备更强的数据安全保障和更低的数据泄露风险。

本项目在全国电力系统推广应用，将大幅提高智慧输电线路状态监测通信可靠性，保障新型电力系统安全稳定运行，实现无线公网的可替代性和经济性。在无线公网无信号地区，实现业务就近接入；在无线公网弱信号地区，代替公网光纤通道，提供更加安全稳定的信号传输通道；在公网信号良好地区，降低应用公网增加的 4G/5G 基站建设和通道租用成本，产业化经济和社会效益显著。同时，显著提升大芯数 OPGW 利用率，实现已有光纤资源的效益最大化。

本项目在通信领域进一步推广应用，可为城乡接合部及部分山区的 4G/5G 通信网络建设提供更多搭挂 4G/5G 基站的牢靠电力杆塔，大量富余优质纤芯可供包括 4G/5G 基站信息回传在内的新通信业务融合共享，有效降低建设成本，缩短建设周期，加快 5G 通信网络全面部署建设步伐，有力推动电力和电信企业共建共享、绿色发展、协调发展，市场化应用前景广阔，产业化效益显著。

五、推广价值

（一）大规模产业化应用

结合“十四五”期间建设改造工程，预期近 5 年将有 33073km 的应用和发展规模，按平均 2～3km 一个接头盒估计，可增加 10200～15300 个信号接入点，在福建电网及全国电力系统进一步推广应用，将发展更大的市场规模。

（二）为偏远区域行业信息通信领域构建可靠专用通信网络

可应用于穿越偏远山区、荒漠输电线路沿线附近的高速公路、石油石化开采钻探区域、铁路沿线、环境监测等无信号、弱信号偏远区域共享 OPGW 优质资源，构建可靠专用通信网络。

（三）提高国防通信容灾抗毁能力

可为国防通信提供电力特有的备用光纤传输通道，共享电力系统特有 OPGW 优质资源，代替公网光纤通道，提供更加安全稳定的信号传输通道，助力构建安全可靠、军民融合、多维支撑的国防通信网络，进一步提高容灾抗毁能力，保障国防信息通信安全畅通。

IMS 系统云化技术应用

国网江苏电力

（梅增杨　束　一　陈　鹏　江　凇　柳　旭　蔡　昊）

摘要： 国网 IMS 行政交换网承载公司员工办公电话业务、重要用户外线电话与传真机业务以及与运营商外线互联业务，是公司内保通信的核心业务。针对现网 AT-CA 架构面临产品即将停服、设备老化无备件等风险，江苏公司组织云化 IMS 技术、产业与应用调研，开展云化系统深度测试及试点应用，指导全网进行行政交换网技术改造，为公司“十五五”期间行政交换网规划提供重要建议。

一、背景

国网 IMS 行政交换网改造启动于 2014 年，总部及 27 家网省公司均采用 ATCA 架构核心网。首批完成建设的网省公司核心网已达设备改造年限。随着技术发展，AT-CA 架构已近产业链终结。中兴、华为设备厂商已于 2022 年停止 ATCA 架构的核心网设备生产，2026 年将停止备品备件服务，对公司 IMS 行政交换网的安全运行带来隐患。因此，IMS 行政交换网的更新迭代具有强烈的必要性和紧迫性。

云化 IMS 建设已成为通信行业主流解决方案，技术标准成熟，产业链完善，国内外运营商大规模应用。江苏公司积极响应国调重点工作安排，一是充分开展云化 IMS 技术、产业与应用调研；二是搭建规模化测试环境搭建，开展云化架构 IMS 系统深度测试及试点应用；三是储备 2025 年技改项目，成为国网系统内首家安排 IMS 云化改造的单位，为后续全网各单位 IMS 虚拟化改造提供指导建议和先行样例。

二、技术方案

（一）电力云化 IMS 硬件配置模型

江苏公司首先以 IMS 核心网业务性能需求为基础，逐个网元分析软件所需计算资源。经过理论计算得到单节点、双节点所需硬件最小资源，并在试点实践中通过反复验证，为系统增加合理冗余度，确保系统经济安全运行。最后为 IMS 系统核心网硬件设计提供了一套简便计算公式：

$$[U,E]_{best}=f\{\lambda[\alpha\sum_{i=1}^{I}\sum_{j=1}^{J}p^{j}(m,n,k)+\beta q(u,v)]/\mu\} \quad (1)$$

各符号含义见表1。

表1　　电力云化IMS硬件配置模型说明表

符　号	含　　义
U、E	计算节点、控制节点数量
I	网元类型总数
J	第 i 个网元中包含的虚机类型数目
m、n、k	单个虚机的CPU核数、运行内存及磁盘容量
$p^{j}(m,n,k)$	第 j 个虚拟机所分配到的硬件资源
u、v	电力行政交换的用户数量和业务并发数
$q(u,v)$	用户数量 u 和业务并发数 v 对应的算力资源大小
$f(\cdot)$	服务器数量与虚拟机所占资源之间的对应关系
α、β	权重系数，$\alpha=0.7$，$\beta=0.3$
λ	云化IMS系统资源冗余度
μ	虚拟机平均CPU利用率

（二）技改项目物资方案

江苏公司组织开展两轮物资辞条评审会议，共有11家网省单位参与，形成了具备可扩展性、可适配于全网技改项目采购的物资方案。其中，虚拟化IMS核心网设备需综合考虑各单位用户体量，分别设定5万、10万、20万用户量级物资方案。各单位可根据实际需求，灵活增加扩展描述。江苏公司配置案例见表2。

表2　　云化IMS系统改造主要设备材料清册（江苏公司配置案例）

序号	类型	名称	规格参数	单位	数量	备注
1	虚拟化IMS核心网设备	虚拟化IMS核心网设备，10万	1.1硬件：虚拟化IMS核心网专用主设备硬件，采用NFV架构。包括控制节点服务终端（3节点）、计算节点服务终端（11节点）和存储节点服务终端（4节点），共计18台服务终端，用于部署云平台软件、IMS功能网元软件、IMS网管软件等；硬件架构容量不少于10万用户； 1.2系统功能：不少于10万用户容量和400条2M中继。包含CSCF、MGCF、MMTEL AS、MR-FC、MRFP、HSS/ENUM、DNS、CCF、EMS、终端代理服务等网元功能。 1.3配套辅材：预制光纤LC－LC 10m/根：360根 预制光纤LC－SC 20m/根：16根 超五类网线：360m	套	2	物料码：500132283（自编技术规范书，加扩展描述）

续表

序号	类型	名称	规格参数	单位	数量	备注
2	交换机	交换机	局域网交换机，万兆光≥48，100GE 光≥6	台	12	技术规范 ID：A436-500143246-00001
3	机柜	机柜	机柜，600mm×2200mm×1000mm	台	6	物料码：500088468
4	电源线	电源线	电源线单芯 RVVZ-35mm^2	m	960	

（三）三层一体化智能运维体系

由于云化技术及软件定义网络 SDN 技术的引入，对于 NFV IMS 运维人员除了传统 IMS 系统运维和网络安全管理等运维能力外，还需要具备云平台运维管理能力，理论学习内容总计 200 学时，具体科目见表 3。

表 3　　云化 IMS 系统运维技能学习科目

学习科目	学习内容	学时
云技术知识	掌握 Openstack、docker、KVM、OVS 等技术	24
云平台硬件、网络知识	掌握硬件、网络数通等知识技能，熟悉资源池硬件网络规划、网络搭建，设置和维护，网络性能管理	40
IMS 核心业务	掌握接入/承载/核心网流程，具备跨域业务设计、测试、验证能力	40
云平台应用配置	掌握 SDN/VNF/云平台各组件配置知识	24
IMS 业务维护	掌握 VNF 各网元性能、故障处理能力	24
云平台功能维护	掌握 VNF 内部设计态规划部署、内部虚机故障迁移策略实施	24
云平台功能调整	掌握网络云/NFV/SDN 等未来网络一线监控和调度能力，具备相关故障预判和定界能力	24
总　计		200

公司交换人员在云平台知识零基础情况下，对运维能力进行实践能力的培养应考虑留有 6～9 个月时间，在此期间设备原厂应提供驻场运维服务。

（四）IMS 业务应用云化重建部署

云化 IMS 系统改造过程中，应预留充足的软硬件空间，实现业务云资源与 IMS 云资源相互隔离，并完成一点通点击拨号服务、信令采集服务、录音服务器和适配服务以及第三方电话会议网元的云化重建部署。

未来可依托云平台技术，开发 IMS 系统业务应用通用白盒模块，提供标准的接入方案和安全策略，并为其他系统提供通话记录、消息推送、未接来电短信通知、录音、通知推送、一键呼叫等接口服务能力。后期如有新上增值业务，只需适配白盒化系统的对接要求，即可完成软件部署安装，进一步提升云化 IMS 系统的业务统一开放能力。

三、应用成效

（一）云化 IMS 安全性与经济性有机统一

深度考虑 IMS 行政交换网的用户容量、话务模型等特征，结合系统安全性要求，经测试，以满足 20 万用户接入、5000 业务并发量为例，云化 IMS 硬件资源可预估压缩至普通商用方案的 70%。

（二）提升行政交换网系统可扩展性

利用云平台技术有效缩短业务应用上线周期，提高部署和运维效率，便捷化集成、开放各类接口服务，具有强大的业务统一开放能力。

（三）探索建立云化 IMS 系统运维体系

通过合理的课程配置培养 IMS 运维人员硬件、虚机、网元三层运维基础技术能力，制定合理的运维辅导期，积累运维人员实操经验，实现运维体系的平稳过渡与提升。

四、典型应用场景

（一）开展 IMS 行政交换网云化改造

目前，国网系统内首批完成 ATCA 架构 IMS 建设的网省公司核心网已达设备改造年限，依据产业现状与技术分析结论，IMS 行政交换网向云化架构演进、实现软硬件健壮性和功能性提升已成必然趋势。国网各单位可分批进行改造，前期建设省份运行过程中持续验证、不断迭代优化网络建设方案和三层运维经验。

（二）开展 IMS 系统对内、对外业务拓展

完成 IMS“一点通”与云化 IMS 系统的适配性部署，开发 IMS 系统业务应用通用白盒模块，提供标准的接入方案和安全策略，实现语音服务集成应用。未来可探索通过 SBC 设备与外部运营商建立 SIP 中继，为接入更多新型多媒体业务应用提供可能，进一步提升语音业务服务水平。

五、推广价值

江苏公司拟编制《国家电网公司 IMS 行政交换网虚拟化总体设计》，研究国网

IMS 行政交换网从现有 ATCA 架构平滑过渡到云化架构的合理演进路线，并提供典型设计、造价典型方案及配置案例作为附件，可指导各网省公司进行技术改造和物资采购。同时，基于云化 IMS 系统，实现 IMS 一点通业务应用迁移部署，以及研发建设业务应用白盒化系统，可有效提升行政交换网可扩展性和服务水平，对系统内各单位也具有较强的借鉴和推广价值。

空调负荷控制通信解决方案

国网浙江电力

（肖艳炜　汤亿则　徐阳洲　徐晓丁　高渝强）

摘要： 空调负荷作为典型的柔性负荷，在缓解电力供需紧张方面具有重要作用。本文针对空调负荷控制业务需求现状，分别通过不同通信技术手段实现对省域空调负荷的监测和调控，形成全网空调负荷通信统一解决方案和通信运维管理体系，全面提升空调负荷控制业务通信能力。

一、背景

2023 年浙江省全社会最高用电负荷达到 10190 万 kW，创下历史新高，其中空调负荷最高 3300 万～3900 万 kW，约占全社会最高负荷 40%，造成空调负荷高企的很大原因系用户未严格按"夏季不低于 26℃、冬季不高于 20℃"的要求设定温度，造成调温负荷急剧增长，挤用其他生产负荷空间。经数据测算，若严格按照空调节能要求，能够为工业企业生产腾挪用电空间，最大程度保障经济发展。因此，空调柔性控制的负荷调节能力在缓解电力供需紧张方面潜力巨大，尤其在浙江灵活电源相对受限的情况下，空调负荷资源作为需求侧资源，其灵活调节作用将成为保障新型电力系统电力可靠、稳定和低成本供应的关键手段。空调负荷控制架构图如图 1 所示。

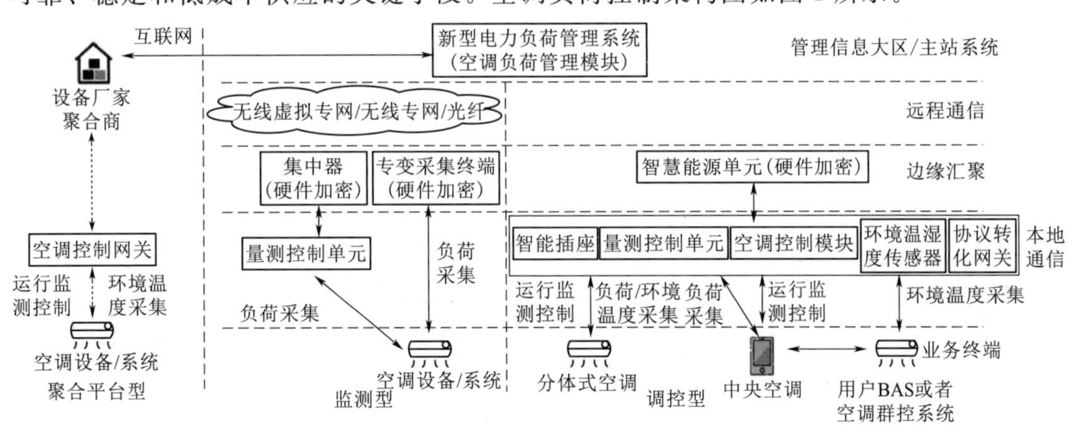

图 1　空调负荷控制架构图

二、技术方案

（一）关键技术

1. 监测型/调控型通信方案

（1）远程通信。主要涉及智慧能源单元、集中器、专变采集终端与主站通信。已有光缆覆盖或通信管沟预留到位的智慧能源单元等设备优先采用光纤专网接入；暂无光缆或管沟资源的优先采用无线专网接入；不具备无线专网建设条件的，可以采用无线虚拟专网，但应满足电力监控类业务安全防护要求。

（2）本地通信。主要涉及智慧能源单元、集中器对下通信。智慧能源单元、集中器根据下行通信网络现状，因地制宜采用HPLC、HPLC＋HRF双模、RS485等技术与本地通信网关、空调通信网关、协议转换网关互联。其中空调通信网关对下通过RS232技术实现对空调的柔性控制，协议转换网关对下通过以太网或者RS232与用户侧空调控制系统互联，由用户侧空调控制系统对本地空调进行调控，本地通信网关对下通过Lora、WiFi等通信技术与智能插座互联，智能插座通过内嵌38kHz红外光电收发器实现对空调的柔性控制。

2. 聚合平台型通信方案

聚合平台型通信网络根据聚合商接入位置，大部分网省公司通过互联网大区与负荷聚合商进行信息交互。

（二）创新亮点

1. 形成了全网统一空调负荷控制通信整体方案

梳理各省现有空调负荷控制通信方式现状，对比分析远程通信、本地通信技术体制特点，形成全网统一的空调负荷控制通信解决方案。

2. 提升了空调负荷控制通信性能及安全防护能力

从通信通道安全、通信终端安全等维度提升了空调负控业务安全性；研究了5G RedCap与智慧能源单元适配关键技术；优化了现有本地通信性能时延，确保负荷调节指令可靠下发及负荷监测数据实时上送，为空调直控解决通信技术瓶颈。

3. 构建了空调负荷控制通信管理体系

通过深化与运营商的战略合作，基于浙江电力省域无线通信综合管理平台，实现了包括智慧能源单元、集中器等在内的通信情况集中监视，运用数字化监测管理手段实时掌握设备通信运行状态，做到提前发现问题和异常情况，减少故障的发生和影响，确保负荷控制业务的稳定运行。

三、应用成效

2023年7月13日，央视《新闻直播间》栏目播出《迎峰度夏 浙江创新开展企业移峰填谷和空调负荷柔性调控措施》，报道国网浙江公司利用电力负荷管理系统协助政府开展企业移峰填谷和空调负荷柔性管理，有效转移高峰负荷，在降低全社会高峰用电需求的同时降低企业用能成本。

2022 年 11 月 14 日，新华社新闻官方账号发布“瞰中国｜浙江：聚焦空调负荷管理 为冬季用电保驾护航”，报道浙江各地聚焦空调负荷科学管理，全面提升全社会能效水平，做到“千瓦可控必控、度电可调尽调”。

2022 年 11 月 7 日，《中国电力报》“迎峰度冬 保暖保供”专题，报道浙江探索空调负荷管理，力求“千瓦可控、度电可调”。

2023 年 6 月 9 日，中国能源新闻网报道“浙江电力加强空调负荷柔性调控能力”。

2023 年迎峰度夏，国网浙江电力协同浙江省能源局首次大规模启用空调负荷柔性调控措施，7 月 10—12 日，累计参与空调用户 9 万余户次，最大压降空调负荷 152 万 kW，日均压降空调负荷 108 万 kW，效果显著，执行期间通信整体运行情况良好，满足空调负荷柔性控制业务需求。

四、典型应用场景

（一）市场模式

空调负荷资源市场主体的盈利来源为需求响应补贴及电力辅助服务收益。省负荷管理中心负责资源及主体管理，市综合能源公司及第三方聚合商平台负责组织空调负荷资源参与需求响应与电力辅助服务，与用户签订电力需求响应以及电力辅助服务协议，代理用户参与市场交易，并根据协议中约定的分成比例对收益进行分配。

1. 空调用户独立参与需求响应

2022 年空调用户独立参与需求响应 4 次，出清容量 1.61 万 kW，平均响应负荷 1.53 万 kW，累计发放补贴 24.57 万元；2023 年未开展需求响应。

用户参与记录如图 2 所示，执行详情如图 3 所示。

2. 以聚合商方式参与需求响应

2022 年商业楼宇空调以聚合商方式参与需求响应 11 次，出清容量 0.98 万 kW，最大响应负荷 2.59 万 kW，累计响应电量 32.45 万 kW·h，发放补贴 115.58 万元。

2022 年需求响应期间，负荷聚合商执行统计如图 4 所示，聚合商方案执行明细如图 5 所示。

（二）行政模式

除市场模式外，空调负荷调控通过行政方式同样具备实践经验。国网浙江电力坚持“政府主导，政企协同”，2023 年 7 月 10—12 日，经浙江省能源局审批通过，国网浙江电力组织实施空调调控，参与用户 9 万余户次，执行时长 6h，最大压降负荷

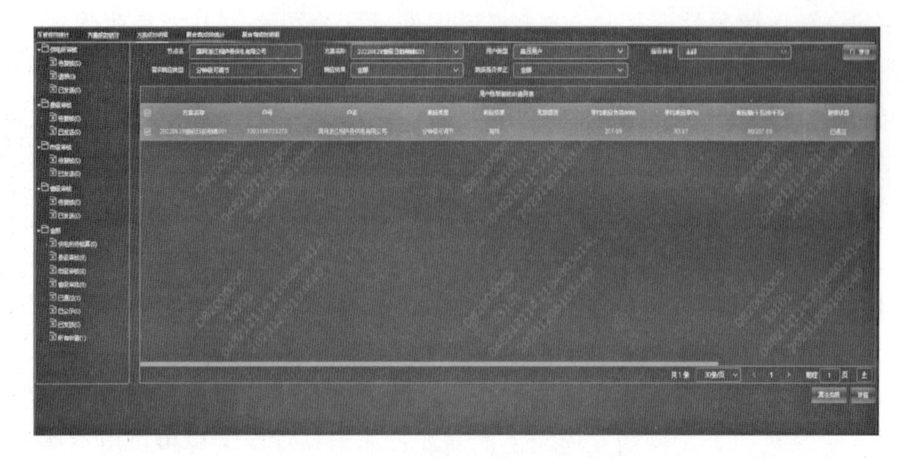

图 2　独立用户参与记录

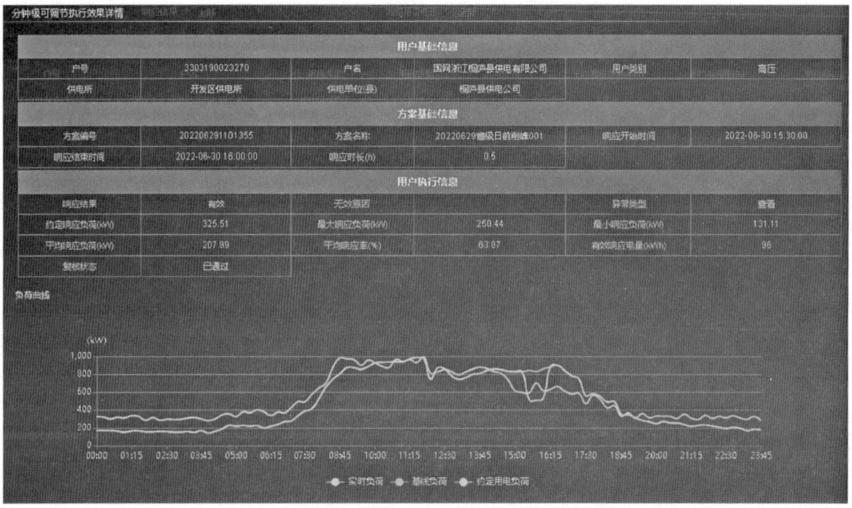

分钟级可调节执行效果详情

用户基础信息					
户号	3303190023270	户名	国网浙江桐庐县供电有限公司	用户类别	高压
供电所	开发区供电所	供电单位(县)	桐庐县供电公司		
方案基础信息					
方案编号	202206291101355	方案名称	20220629省级日前削峰001	响应开始时间	2022-06-30 15:30:00
响应结束时间	2022-06-30 16:00:00	响应时长(h)	0.5		
用户执行信息					
响应结果	有效	无效原因		异常类型	查看
约定响应负荷(kW)	325.51	最大响应负荷(kW)	250.44	最小响应负荷(kW)	131.11
平均响应负荷(kW)	207.89	平均响应率(%)	63.87	有效响应电量(kWh)	96
复核状态	已通过				

图 3　独立用户执行详情

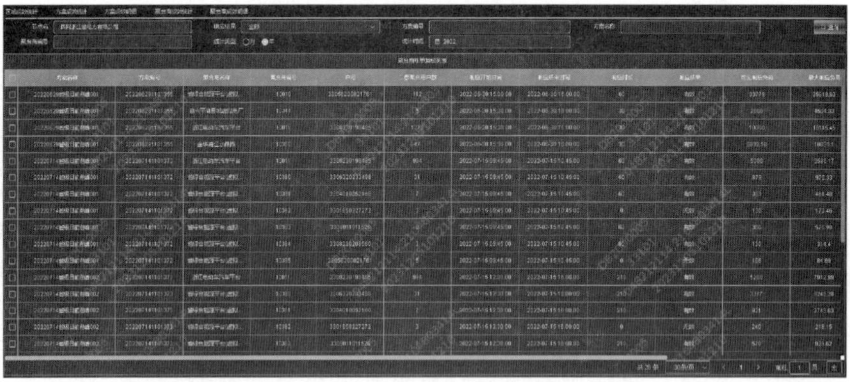

图 4　负荷聚合商执行统计

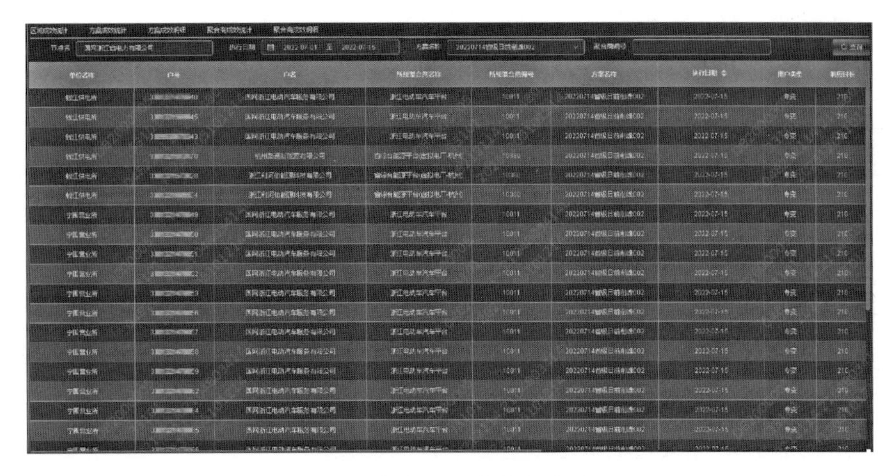

图 5　负荷聚合商执行统计

152 万 kW，累计节约电量 673 万 kW·h。调控实战阶段，各级负荷管理中心按照政策规定编制空调调控方案，配合开展提醒告知、调节控制、实时监测与监督指导，确保执行到位。执行结束后开展执行效果评估，支撑政府通报、用户评价等工作。

五、推广价值

（一）经济性

2023 年，浙江投资 4 亿元开展空调负荷管理能力提升项目，实现可调节能力 219 万 kW，每年预估受益 1.23 亿元。

（1）通过调用用户侧空调负荷资源进行高峰负荷削减，可以减少新增或推迟扩建电力设备容量，在极端天气或其他因素导致电力供应不足的情况下，降低购电成本。目前国网浙江省电力有限公司一般工商业及其他用电代理购电交易价格为 0.5249 元/(kW·h)，2022 年迎峰度夏期间政企协同连续实施 19 天有序用电措施共计 456h，电力市场交易价格高达 10 元/(kW·h)。

通过本项目的实施，以 1 年内实施 10 天有序用电，每天在尖峰时段进行空调负荷调控 2h 计算。预计 2 年可为公司节约 11438 万元［30.18 万 kW×20h×2a×(10－0.5249)元/(kW·h)≈11438 万元］购电成本。

（2）能有效起到削峰填谷、提高负荷率的效果，为发电机组稳定经济运行创造了条件，减少了发电机组的调峰开停次数，也在一定程度上降低线损。在负荷出现缺口时，可避免电力中断，减少了用电量的损失。

（3）从用电企业节能的角度看，当前分时用电电度平均价格为 0.7611 元/(kW·h)，通过本项目的实施，未来两年内在采取有序用电措施期间预计可节约 918.8 万元［30.18 万 kW×40h×0.7611 元/(kW·h)≈918.8 万元］。

（二）可行性

空调负荷柔性调控项目可为空调负荷可调控资源实现安全感知、精准控制、柔性调控。数字化牵引空调负荷特性全面分析，商业楼宇、党政机关等公共建筑空调负荷感知能力全面提升，空调用电结构和能效水平全面优化，促进了全省空调用电节能增效，提升全社会用能效率效益，助力形成绿色低碳生产生活方式，全社会节能降耗、节约空调用电氛围全面形成。

空调负荷感知能力提升项目从需求侧着手，能够在夏、冬两季用电高峰时段削减负荷峰值，保障电网安全稳定运行。在极端天气或其他因素导致电力供应不足情况下，能够减少工业企业限电频次与时长，减轻限电影响，保障经济的平稳发展。

（三）必要条件及可推广性

近年来，公司经营区空调负荷持续快速增长，2022年夏季部分地区空调负荷占最大负荷比例超过40%，成为拉大用电负荷峰谷差、加剧电力供需紧张形势的重要因素。按照国网公司党组要求，在保供应、保经济的双重要求下，对空调负荷实施有效监测和优化管理，成为公司电力保供工作的重要举措。根据营销市场〔2023〕38号《国网营销部关于优化空调负荷管理服务电力保供助力经济发展的通知》，各省公司要高度重视、周密部署，公司领导亲自挂帅，按照“民生空调价格引导、商用空调政策约束”的思路全力做好空调负荷优化管理。

2023年6月5日，浙江省有关领导批示：“空调负荷柔性调控是我省需求侧管理工作的创新，各地要加快推进，省能源局、省电力公司要加强指导，按周调度，力争迎峰度夏前实现300万kW响应能力，并取得实战实效。”

2023年8月10日，国网公司领导调研浙江公司指出：“总结好空调负荷调控经验，进一步摸索更经济高效的负荷调节手段。”

2023年9月18日，国家发展改革委经济运行调节局领导调研浙江省电力负荷管理工作，指出：“要持续细化需求响应和有序用电方案，落实冬季空调取暖负荷调控验证。”

雄安新区光纤到户试点应用

国网河北电力

（耿少博　陶陈彬　张洪治　孟　昱）

摘要： 为满足负荷管理业务“最后一公里”的可靠接入需求，借助雄安新区电力光缆覆盖率高和运营商业务覆盖面广的优势，在雄安容东片区深度协同运营商，在业务末端开展创新业务合作模式，通过光猫（光网络单元）进行电力业务透传，实现对通信光缆、业务系统、网络设备等数字基础资源的共济共享，为电力业务入户和直采直控方案提供了新的思路。

一、背景

随着经济发展带动全国用电负荷特别是居民用电负荷的快速增长，夏季、冬季用电负荷“双峰”特征日益突出，极端气候现象多发，增加了电力安全供应的压力。为了适应新型电力系统建设新要求，电力负荷管理要发挥双重作用，一方面保障电网安全稳定运行、维护供用电秩序平稳；另一方面促进可再生能源消纳、提升用能效率。

近年来，为了满足新型电力系统对配网侧业务的接入能力和可靠性需求，公司持续加大电力通信光纤专网的建设投资，势必在网络末端与运营商末端网络有所交叉。雄安公司借助雄安电力通信光缆已100%覆盖到用户10/0.4kV配变的基础设施优势，通过共享光纤、自建光纤等两种形式分别开展光纤到居民、光纤到企业试点，研究电力光缆到台区、光纤到用户的工作思路和空调控制方案。

二、技术方案

（一）光纤到居民

1. 设计思路

结合雄安新区商业住房特点，一是商业住房全精装交付便于智能插座批量安装，二是运营商基础设施（机房资源）已实现共享便于业务对接两个主要特点。创新进行以太网型集中器开发，兼具经济性和可推广性，谋划共享（租用）运营商已有光缆网络或PON系统，利用智能插座作为末端采集/控制模块，实现电力业务入户、负荷管理系统直采直控的试点目标，并通过HPLC汇聚光纤专网回传的形式进行对比。如图1所示。

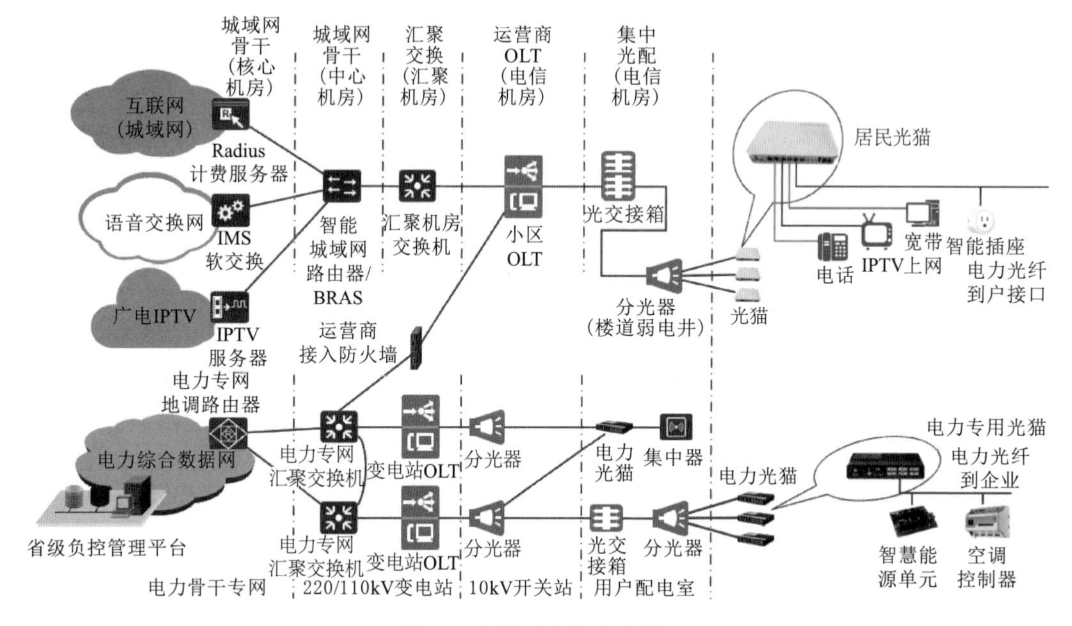

图1　光纤到户业务拓扑

2. 业务架构

（1）共享光纤。负荷管理系统—用电采集系统—（光纤专网）—以太网集中器—电力OLT（新增部署）—运营商光纤（租用）—户内电力ONU（新增部署）—智能插座。

（2）共享PON系统。负荷管理系统—用电采集系统—（光纤专网）—以太网集中器—运营商PON系统（租用）—户内光猫（租用专用接口）—智能插座。

（3）自建光纤（HPLC）。负荷管理系统—用电采集系统—（光纤专网）—HPLC集中器—智能插座。

（二）光纤到企业

1. 设计思路

充分利用雄安电力通信光纤专网覆盖率高、业务延伸便利的优势，借助智慧能源单元兼容性强、支持通信手段多、安装灵活的特点，谋划高可靠、全光纤专网承载的企业用户接入形式，实现电力业务到企业户的试点目标，负荷控制以柔性调节为主，可调容量在7%～9%之间。

2. 业务架构

负荷管理系统—用电采集系统—（光纤专网）—智慧能源单元—协议转换网关—中央空调集控系统（BA）—水冷机组空调。

三、应用成效

从使用效果上看，光纤到户方案在保证业务安全性、经济性的前提下，通过与运营商末端通信基础资源的互济共享，实现了业务的可靠接入。对于居民负荷控制、0.4kV分布式光伏等电力光纤覆盖难度高、无线接入不稳定的小微节点业务接入提供了新的思路。

四、典型应用场景

本次试点范围涉及企业、居民用户两类。其中居民用户尤其适用于有负荷调控需求但是改造困难的老旧小区，通过适当调整运营商通道与电力业务对接点的位置来实现业务的可靠接入；对于企业用户，适用于光纤专网建设程度较高的区域或企业用户本身有其他光纤接入需求一并建设的情况。

五、推广价值

企业用户接入技术方案比较单一，但是对电力光纤覆盖要求较高，仅限在光纤专网建设较成熟的地区开展；居民用户由于居住比较集中，业务类型比较单一，可推广较强，尤其是针对新建和改造小区，单元楼格式统一，实施有统筹安排，比较有利于集中调控的实现。

终端接入篇

支持多业务的电力物联网通信系统构建及可靠传输技术

国网天津电力

（王忠钰　尹喜阳　卢志鑫　刘乙召）

摘要： 针对国家战略发展需求和工程技术难点，结合国网天津市电力公司的物联网在电网企业转型建设示范专项。在多业务统一接入、精准通信和通信网络趋优进化三层面耦合递进研究，研发具有自主知识产权的统一接入物联终端设备，并部署通信网络智能决策辅助平台。提出的多业务综合承载网络统一物理架构可实现10类业务统一接入；提出的站端时延可测可控方法填补了现有通信传输时延边界无法精准预测的空白；基于提出的语义描述网络仿真场景高效建模方法研发的通信网络智能决策辅助平台可实现可靠性优化、N—X故障分析、资源优化调度等关键功能100%全覆盖优化管理，通信信道分析综合效率提升19%，有效助力物联网技术在电力行业领域的规模化应用。

一、背景

随着国家“双碳”目标的提出，能源结构变革的国家方针制定，分布式新能源及柔性可控负荷大量接入电网，构成了新型电力系统。为实现对“源—网—荷—储”的协同控制，就需要电力物联网提供泛在感知、可靠传输的能力。但受所承载电力业务安全性约束和差异化QoS需求影响，电力物联网从设备接入、网络架构到系统优化运行都有特殊性，并存在以下技术挑战：①电力业务间要求严格的安全隔离，致使不同业务重复建设物理网络，高建设运营成本严重浪费；②海量电力业务传输QoS差异性大，不确定性强，低时延预测准确度阻碍新型电力系统精准调控、稳定运行；③电力通信网运行优化模式为开环离线型，造成网络建设、性能提升周期长，资源优化效率低。

亟需开展支持多业务的电力物联网通信系统构建及可靠传输关键技术研究，构建“状态全感知、设备全连接、数据全融合、业务全智能”的全域电力物联网，实现新能源、柔性负荷等设备的“可观、可测、可调、可控、可追溯”，支撑新型电力系统安全稳定运行，助力实现“双碳”战略目标。

二、技术方案

（一）关键技术

综合运用特征表征、特征匹配、安全隔离、可信计算等关键方法和技术，建立电力业务与物联网通信系统适配性评估模型；提出一种基于时隙复用安全隔离的综合承载多业务统一接入物理架构及实现方法，进一步基于该架构，提出一种自适应熵值权重的电力物联网业务接入终端可信辨识方法。

综合运用复杂网络、QoS 流映射、网络演算等关键方法和技术。首先，建立基于复杂网络理论的电力物联网拓扑优化规划模型；其次，提出一种支持时延/时序交互影响的多模协作通信策略；进一步基于该通信策略，提出一种基于随机网络演算的站端业务传输时延可控方法。

综合运用实体语义标签、自然语言处理、图神经网络、可靠性优化等关键技术与方法。首先，提出了一种语义描述的网络仿真场景高效建模方法；其次，提出一种面向多维业务数据的基于图结构的语义级模糊匹配方法；最后，提出一种结合电网业务和网络结构的节点重要度网络可靠性优化仿真方法，综合研发一种通信网络智能辅助决策平台，实现了电力物联网通信系统优化反馈管控。

（二）创新亮点

1. 多业务统一安全接入技术

构建了基于时隙复用安全隔离的多业务统一接入物理架构，研发了电力物联网统一通信终端，改变了现有电力物联网针对不同类型业务重复建设通信系统的现状，实现一套物理网络全面安全接入 10 类电力业务。在此基础上，提出的基于自适应熵值权重的电力物联网业务接入终端可信辨识方法提升终端辨识精准度 35%。

2. 贯穿电网行业输变配用全环节的多业务高效通信传输策略

提出了基于电力物联网的多模协作通信策略和随机网络演算的“站—端”时延可测、可控方法，实现了多业务传输时延概率分布曲线紧致贴合业务延时统计分布曲线，平均误差仅为 0.128%，填补了现有电力通信传输时延边界无法精准预测的空白。精准时延计算避免了由于延时估计误差而乐观设计导致的分布式能源调控系统失稳风险，有效提升新型电力系统精准调控、稳定运行能力。

3. 面向电力工业物联网的通信网络仿真技术及优化管控方案

发明了基于语义描述的电力物联网通信系统高效建模方法，提出了综合物理模型和业务数据资源协同可靠性优化提升算法，研发了覆盖运行全生命周期的多层网络融合交互智能辅助决策运维平台，实现了电力物联网运行优化模式由开环离线转换为闭环在线迭代，通信信道分析综合效率提升 19%。

三、应用成效

（一）天津市应用情况

本项目技术成果在天津市滨海新区广泛应用，结合天津滨海智慧能源小镇、能源互联网综合示范工程建设，着力构建完善的电力物联网信息通信体系架构。配电物联网方面，滨海新区已安装2700余套智能配变终端，项目支撑生态城核心区395套智能配变终端、186台智能配变融合终端、2000余套低压开关监测单元等设备接入；输变电物联网方面，助力游乐港变电站1200余个感知设备、输电线路129个感知设备接入，部署边缘物联代理装置，基于本项目的多业务统一接入承载及业务精准传输，结合变电站实际业务需求，实现该站主辅设备状态感知与监控、远程智能巡检、倒闸操作“一键顺控”等功能；综合能源方面，辅助建设天津滨海源网荷储多元协调调度控制平台，实现了各类可调资源广泛接入，实现分布式电源柔性消纳率100%，通过各类资源可调潜力分析，生成精准控制策略。

（二）全国其他省份应用情况

本成果具有强应用辐射性，联合北京中电飞华通信有限公司、南京南瑞信息通信科技有限公司进行推广使用，在北京、江苏、浙江、西藏、新疆、陕西、河北等全国27个省（自治区、直辖市）的电力通信网建设及改造工程中应用，研发的通信终端、远程通信模块、时间敏感交换机等设备产品被大量采用，实现了物理网络承载多类电力业务，进一步提升了全环节的通信能力与技术装备水平，有效提升了网络资源利用率、运行管理效率。

四、典型应用场景

支持多业务的电力物联网通信系统构建及可靠传输关键技术应用场景，主要包括配电物联网、输变电物联网及综合能源方面。主要实现区域配电自动化、分布式新能源、新型直流负荷等多类业务统一承载；应用项目站端精准通信传输技术，实现变电物联网场景下对主设备温度、局放、电流等信息的采集分析，辅控设备的远程监控、站内设备的远程巡视、倒闸操作实现程序化自动操作等，为站内设备运行、控制等提供了精确的时延保障，极大提高了变电专业工作质量，提升了运检人员工作效率和准确性；应用项目网络资源协同趋优进化技术，大幅缩短业务通信通道优化、规划时间，通信业务通道分析综合效率提升19%，有力促进电网企业提质、增效。

五、推广价值

本技术体制有效提升电网企业生产管理水平，助推企业转型发展。关键技术研究和工程示范为大量分布式能源、输/变/配电网终端、电力用户等海量数据采集提供全面、高效、可靠的通信支撑，助力实现设备异常的智能诊断、故障范围的快速锁定和分析，降低复杂工况下的设备运维难度和运营成本。

本项目的试点示范工程，实现将分布式能源、输电网、变电站、配电网、用电设备等通过物联网进行灵活可信连接，让能源系统在数字世界重新统一融合，打通多业务数据壁垒，充分应用数据价值，实现智能决策分析和协同调控，精细化提升能源利用效率。

进一步与大数据、云计算、物联网、移动互联、人工智能、区块链、5G 等先进技术相结合，融入城市智慧市政（电、水、气、热基础能源、管网、路灯等）、智慧交通、智慧安监等基础设施建设全环节，打造状态全面感知、信息高效处理、应用便捷灵活的万物互联系统，为加快建设智慧化国际化城市提供强大的“动力引擎”。

能源互联网5G技术应用

国网山东电力

（孟　建）

摘要： 为了深入贯彻习近平总书记关于“加快5G等新型基础设施建设，积极丰富5G技术应用场景”的重要指示精神，全面落实国网战略和“一体四翼”发展布局，加快5G融合应用，国网山东省电力公司青岛供电公司（以下简称“青岛公司”）聚焦“双碳”目标，发挥5G技术在以新能源为主体的新型电力系统中的作用，构建了关键技术突出、示范成效显著、创新要素集成的能源互联网5G技术应用示范。先后获得全球5G自动化最佳创新商业项目奖、全国绽放杯等多项国内外大奖，入选工信部首批《“5G+工业互联网”十个典型应用场景及5个重点行业实践》等。

一、背景

当前，以5G为代表的新一代信息通信技术创新活跃，加速与经济社会各领域深度融合，日益成为推动经济社会数字化、网络化、智能化转型升级的关键驱动，有力支撑了制造强国、网络强国建设。

我国主导的5G数字新基建和新型电力系统，分别引领着未来数字革命和能源革命的浪潮，成为“碳达峰、碳中和”目标实现的关键载体，为社会经济发展注入了崭新动能。国家电网有限公司及时准确把握能源革命和数字革命相容并进的大趋势，密切跟踪5G技术发展，积极推动5G在新型电力系统的融合应用。青岛公司及时准确把握能源革命和数字革命深度融合的大趋势，积极探索5G与电网融合发展的道路，致力打造能源互联网5G技术应用示范新高地。

2019年8月，公司与中国电信、华为公司联合签署了5G战略合作协议，共同组建了5G技术应用实验室。2019年10月，建成了国内最大的5G智能电网实验网。2020年7月11日央视新闻频道的专题深度报道了公司5G智能电网实验网建设情况。目前，公司建成三大运营商4张电力切片网络，实现青岛地区全覆盖，开展了十余项课题研究，取得了一系列丰硕成果。

二、技术方案

（一）关键技术

1. 网络建设

建立切片网络，保障业务数据安全。网络切片是 5G 有别于 4G 的技术特征之一，是 5G 赋能行业的关键要素。青岛公司国内率先融合 5G 核心网 UPF 下沉技术、承载网 FlexE 技术和无线网 PRB 技术，构建高可靠性 5G 电力切片网络，并业务划分生产控制大区和管理信息大区两个物理隔离的切片，每个切片内划分为两个逻辑隔离的分区，实现电网数据在 5G 电力切片流转。目前，完成三大运营商共计 4 张 5G 电力切片网络建设，其中包括电信 5G 实验网络基站 35 座、三大运营 5G 商用网络基站约 3.5 万个，可实现青岛地区全覆盖，有效支撑各类电力 5G 应用的开展。

2. 安全测试

开展安全验证，提升网络防护水平。依据国家电网公司信息网络安全防护总体方案要求，构建满足不同电力业务安全隔离需求的 5G 电力切片，确保业务数据安全。国网范围内率先完成三大运营商商用 5G 网络安全测评，根据测评结果完成网络加固，提升 5G 网络安全水平。国网范围内率先研制 5G 网络安全高速隔离装置，增强 5G 与公司网络间低时延隔离能力，为 5G 在电网深化应用提供安全支撑。

3. 管理平台

建成管理平台，实现资源可管可控。基于运营商 5G 网络服务能力开放，国网范围内率先建成了具有自主知识产权的 5G 电力切片网络管理平台，满足动态电力切片端到端定制、自动化部署的应用需求，对 5G 网络运行状态、安全态势、服务保障等实时监控，保障电网业务安全，满足精细化、透明化自管理需求，实现 5G 切片的可管、可控，为 5G 在电网的大规模应用打下坚实基础。

4. 应用赋能

聚焦关键业务，深化技术应用赋能。国内率先基于 5G SA 网络完成“毫秒级精准负荷控制”5G 承载试点验证，国内率先开展基于 5G SA 网络的自同步对时配网差动保护研究，国内首次研发基于 5G＋北斗的无人机智能巡检系统，国内率先完成 5G＋带电作业机器人远程控制作业，国内率先 35kV 智能断路器柜 5G 通信接入。此外，在 5G＋分布式能源接入、配网差动保护、电力线路监测、移动办公、5G 700M 频段应用等方面也进行了业界领先的探索与应用。

5. 共建共享

资源共建共享，推动 5G 技术电网应用。利用电网和运营商双方资源，结合 5G 技术特点，一方面提升电力基础设施及设备 5G 信号覆盖广度和深度，满足电网需求；

另一方面是平衡运营商5G信号覆盖成本，实现5G信号的低成本覆盖，最终推动5G规模化应用，助力智能电网建设，实现双方共赢。在5G基站探索部署智能电源，降低运营商的电费成本。依托电力杆塔资源，联合运营商开展了电力杆塔光缆、基站建设资源共享工作。依托电力通信资源，与运营商开展电力通信资源深度共享工作，实现变电站低成本覆盖。

（二）创新亮点

1. 国内率先构建5G电力切片网络

基于业务需求和网络切片技术理念，国内率先构建面向电力的端到端切片网络。利用5G切片技术，在电网域和运营商域配置相应的安全防护措施，建设满足电力控制类业务通信性能与安全要求的5G电力虚拟专网。

2. 国内率先开展5G切片网络监测

基于运营商能力开放，研究5G电力虚拟专网实时监测和安全态势信息共享，建立切片管理平台，提高电力控制类业务信道感知能力。

3. 创新电力业务5G技术应用赋能

国内率先开展精准负荷控制、配网差动保护等业务5G电力切片承载方案研究，并开展承载应用验证及示范，分别验证规模应用下5G性能、安全与可靠性指标。

4. 创新电网、运营商共建共享模式

采用电网资源+运营商技术模式，实现双方资源深度共享，提升5G信号覆盖水平，推动5G规模化应用，降低5G信号覆盖成本，实现双方合作共赢。

三、应用成效

（一）经济效益

1. 5G传统光纤模式替代

传统通信模式下，每个电力终端建设成本4万元，按照5000个终端计算，总建设成本为2亿元；采用5G模式，现有通信终端价格0.2万元，总建设成本为1000万元，预计可节省建设成本1.9亿元。

传统业务模式改进：相比传统无人机巡检模式，5G+北斗无人机智能巡检模式效率提高8倍以上。投运一年以来，累计节约巡检费用420余万元。

2. 共建共享模式创新

采用共建共享模式，以覆盖山东电网为例，保守估计运营商侧预计未来五年节省投资2亿元，电网侧预计节省投资7000万元。目前仅青岛就共享电力杆塔光缆建设的规模就达到了4000多km。

（二）社会效益

服务保障电网的安全经济运行。应用 5G 的大带宽特性、低时延特性、广连接特性，提升电网运行可靠性和管理水平，形成构建能源互联网的广泛共识。共享共建模式实现双方资源深度共享，大幅减低 5G 建设及应用社会成本，形成良好的社会效益，有效推动国家 5G、智能电网等新型基础设施建设。

四、典型应用场景

成果坚持战略要求和业务需求双向驱动，将 5G 技术在电网中的应用作为推动构建以新能源为主体的新型电力系统的重要举措，围绕解决能源互联网业务“最后一公里”通信安全、高效、灵活接入的难题，开展多维度、深层次应用。

本成果选取 5G＋北斗智能巡检无人机等 10 个典型应用场景，涵盖电力发、输、变、配、用、调、物资等电力生产全环节，形成完整的 5G 电力应用解决方案，此外成果还选取 5G 基站削峰填谷等 4 个共建共享案例，形成了典型 5G 共建共享解决方案，具有良好的推广性。

五、推广价值

5G 特点与电网需求及智能电网高度契合匹配，5G 技术应用必将成为构建新型电力系统的重要环节，对实现“碳达峰、碳中和”目标具有重要意义。项目成果及相关方案先后入选全球移动通信系统协会（GSMA）《5G 独立组网驱动应用案例集》、工业和信息化部《“5G＋工业互联网”10 个典型应用场景及五个重点行业实践》、中国电力企业联合会《电力 5G 应用创新典型案例》等，具有良好的推广价值。

虚拟电厂参与调度系统通信关键技术

国网上海电力
（陈毅龙　姚贤炯　肖云杰　甘　忠　周笛青）

摘要： 随着新型电力系统建设以及供电环境日趋紧张，可调负荷作为电网需求侧管理重要资源，亟需提升虚拟电厂快速、可靠、安全参与电网调节的能力。同时，针对目前电网对于虚拟电厂参与调频、调峰愈发迫切的需求，上海公司开展支撑虚拟电厂参与调度系统的新型通信系统建设。通过应用SPN、SDN、AI调度算法等新技术，建设具备确定性时延、集中控制、灵活适配三大特征的新型通信系统。利用安全层面，通过终端威胁感知、可信安全交互、业务安全检测等新手段，构建“端管云”新型通信系统安全架构。

一、背景

虚拟电厂参与调度系统的通信网络目前存在以下问题：

（1）多厂家设备互通困难，差异化终端统一接入复杂，端到端通信指标难以按需保障。

（2）点对点专线通道资源无法复用，易造成重复投资，成本巨大，数据网络设备软硬件紧耦合，路径由设备自身计算决定，通信时延难以保障，网络无法集中控制，难以实现虚拟电厂跨区域的协调决策。

（3）网络“固定管道”的模式，难以适应业务对数据大量交互的需求和对下属资源的实时控制能力。

（4）安全方式以信息安全为主，大多依赖于附加、外部协商及信息加密，缺乏完全由通信系统自身提供的内源式防护手段，难以在提供安全能力的同时，保障控制信息实时交互过程中的传输性能。

亟需开展虚拟电厂参与调度系统的通信网络体系及关键技术研究，实现需求侧可控负荷的智能互动，虚拟电厂参与调度系统通信网络的“通密一体、传防融合”。

二、技术方案

（一）关键技术

建立虚拟电厂的感知、传输和应用信息流模型；研究并提出多级虚拟电厂之间、虚拟电厂各参与主体之间、虚拟电厂与调控主站之间量化的通信信息传输约束；针对虚拟电厂构成主体种类丰富、接入形式灵活、业务需求差异大等特点，构建满足虚拟电厂差异化业务需求的通信网分层控制架构，提升虚拟电厂的自组织性与协调性。

突破虚拟电厂接入协议灵活适配技术，提出通信网络资源认知方案，基于SDN解耦虚拟电厂通信网络数据平面与转发平面，利用虚拟化技术，实现业务通道按需切片，提出基于分段路由的广域路径调度方案，实现软件可定义的虚拟电厂通信网络。

设计适应虚拟电厂运行特性的安全防护策略，突破安全接入技术，提出基于物理层安全的内源式防御信道模型，研制电力内生安全光通信终端，解决通信加密、隐藏和窃听发现一体化的安全问题，实现虚拟电厂通信系统“通密一体、传防融合”。

提出辅助调峰、调频控制信息时延保障方案，提出面向电力市场交易的通信资源切片方案，研发虚拟电厂通信资源调度系统，实现可控负荷的参数聚合与通信调度。

（二）创新亮点

1. 一种基于统一信息交换模型的多目标虚拟电厂分层控制架构

基于DL/T 1867—2018《电力需求响应信息交换规范》等需求响应信息交换模型标准，提出虚拟电厂下不同用能终端的信息模型设计方法和扩展方法，规范化底层用能终端的信息表达形式，支撑采集到的信息能以统一的形式在电力通信网上承载，并实现不同实体之间的信息互联互通。根据虚拟电厂多级业务需求将虚拟电厂的通信体系架构分为感知层、接入层、骨干层、调度中心。感知层由虚拟电厂采集与控制终端组成；接入层设备向下兼容多种通信规约，适配多种感知层设备；骨干层承载着虚拟电厂系统的通信骨干网络；调度中心负责多点分布式能源与外部电网的协调控制、分布式能源发电功率分配与控制等。

2. 面向虚拟电厂通信业务时延保障的虚拟资源调度机制

提出基于虚拟资源的确定性网络切片编排技术。对底层网络资源进行虚拟化，引入节点重要度模型作为切片部署参考，进而通过深入强化学习完成业务所需虚拟资源到物理资源的高可靠映射，保障切片的隔离性。在切片内部，针对不同确定性时延业务，综合节点带宽、负载均衡度和主备路由相似度等因素建立整个网络的抽象模型，通过使用DQN算法业务的源点到目的节点找到一条最优主路由和一条在时延、带宽和链路均衡度的备用路由，保障业务的安全性。

3. 基于内生安全光传送网的多业务优化服务与IP业务的安全通信方法

在原有网络体系架构的基础上，提出了一种全新的体系架构，增加了OEUk层级，专注于安全扩展，在体系架构进行修改的基础上，提出了一种全新的多业务服务的方法。通过为每个IP业务的宿节点与前一个IP业务的宿节点间，同一个波长通道承载的所有IP业务分配相同的密钥，完成加密、传输和解密，最终完成所有IP业务的安全通信，可以有效节省密钥资源，解决了现有IP业务安全通信方法安全级别低、密钥资源利用率低的问题。

三、应用成效

（一）上海电网率先开展“可调节负荷”调频实测

上海市调调度员启用源网荷储运行管理和监控平台，根据电网直流闭锁导致功率缺额较大、频率较低的情况，调整负荷聚合商上海腾天节能技术有限公司的可调节负荷量。按照负荷聚合商上传的调节空间下发控制指令，迅速降低虚拟电厂的负荷，协助调节电网频率。

本次虚拟电厂主要由商业楼宇组成，通过聚合商业楼宇中的中央空调、循环泵、风冷热泵进行调节。调节动作响应迅速，秒级下达，数据分钟级返回，比传统源网荷储系统小时级调节快捷很多。

（二）内生安全光通信终端样机顺利部署

本项目研发的内生安全光传输终端，经国网上海电力组织下，选取实际接入的光纤通道进行示范测试，测试路由为曹家堰—宣化—长宁路1027，该线路全长4.7km，损耗为3.6dB，设备在实际链路中传输，并实现无误码、防窃听安全传输。

（三）技术先进性

研发的虚拟电厂通信资源调度系统，满足指标：控制接口种类不小于3；支持分布式能源节点并发接入数不小于200；支持并发业务种类不小于10；动态拓扑更新时间不大于1s；支持动态策略数不小于3；支持辅助调峰、调频业务通道质量动态分析功能；支持电力市场交易业务通道动态切片生成与释放功能；切片生成与释放时延不大于500ms；切片通道并发处理数不小于200。

重点突破了物理层安全传输系统纠错编码设计、光电信号处理安全接收方法设计与多阶信号高速同步等多项关键技术，研发的内生安全光通信终端LYY-EndoDef-100在传输能力上，实现了50Mbps 64字节小包业务的长时间无误码、无丢包传输；传输延迟低于70μs，远低于700μs的指标要求；传输距离上，达到了50km，满足30km传输距离的指标要求；在安全性能方面实现了49.46%的非法方误码率，远超指标要求。

四、典型应用场景

虚拟电厂通信技术应用场景包括公共建筑可控负荷、电动汽车及其配套充电桩等之间通过已有通信网络或新建通信网络进行虚实互联，由虚拟电厂通信资源调度系统进行通信网络资源的控制和监测。

可因地制宜选取单应用场景和多应用场景协同的两种模式，通过虚实互联实现不同主体、不同设备、不同系统之间的互联互通（合理选取参与试点应用的设备数、主体数、系统数），并部署虚拟电厂通信资源调度系统，验证保障虚拟电厂可靠稳定运行的通信控制适配能力、通信可视化功能、并发接入特性、时延可测可控能力以及网络虚拟化资源隔离特性等。

五、推广价值

虚拟电厂参与调度系统通信网络体系，为新一代虚拟电厂突破现有网架约束，构建跨域、云化的虚拟电厂平台提供了解决思路。基于先进信息通信技术，聚合满足准入的大用户、电动汽车、第三方独立主体聚合平台等海量可调资源，虚拟电厂参与电网调峰、调频能力，为推进能源转型、实现“两个 50%”重大目标开辟新路径。

面向调控业务的5G与量子加密融合

国网安徽电力

（崔亮节　张　荣　谢　民　王　韬　蒯文科）

摘要： 针对5G承载电网调控业务的安全风险，安徽公司深入研究了量子密钥、5G通信和调控业务融合应用关键技术，设计了“统一量子密码服务平台＋定制化密码应用”的整体架构，在省公司统建了1套省级电力量子密码服务平台（以下简称量子密服平台），在应用侧研制了3款5G量子密码应用装置，基于量子加密提升分布式新能源接入、虚拟电厂等主网调控业务和配网差动保护、配电自动化等配网调控业务传输的安全性，形成了可复制、可推广的典型案例，为“5G＋量子”技术在电网调控领域的应用提供了重要参考。

一、背景

随着以新能源为主体的新型电力系统建设，海量分布式新能源并网接入，源网荷储友好互动，对通信网络的灵活接入、实时性、可靠性和安全性提出了更高要求。为保证业务传输的实时性和可靠性，目前电网控制类业务通道多采用光纤方式，无法实现电网末端光纤全覆盖，接入灵活性不足，迫切需要采用接入更加灵活的无线通信技术。

传统无线通信技术在性能和安全性上存在诸多不足。5G通信技术以其大带宽、低时延、海量接入特性，尤其是切片技术，为承载电网控制类业务提供了可能。然而，5G网络基于运营商公网搭建，切片的安全性等有待进一步论证。同时，5G网络现行普遍采用基于计算复杂度的128位Snow 3G、AES、祖冲之加密算法，密钥随机性和实时性有待提升，存在算力提升被破解的安全隐患。

结合香农“一次一密”理论，基于信息论无条件安全的量子密钥分发技术可实现对算力提升的免疫。然而，现有的量子密钥分发技术需依赖于光纤资源，需要至少一根裸纤芯实现光量子信号的远程传输，难以延伸至电网末端海量分布式新能源终端，限制了应用范围和应用规模。

因此，非常有必要开展量子密钥与5G通信、调控业务深度融合关键技术研究及“5G＋量子”应用产品研发，在电网调控领域形成可复制、可推广的“5G＋量子”典型案例，提升5G承载电网调控业务的安全性。

二、技术方案

（一）关键技术

提出了面向5G无线通信的量子密钥在线分发技术。基于香农“一次一密”理论，将由光纤QKD系统实时生成的量子密钥，通过初始充注的保护密钥“一次一密”加密传输给一对量子密钥应用设备使用，构建5G量子加密隧道，将量子密钥分发的场景从必须具备裸纤芯拓展到可采用无线通道，拓展了应用场景，大幅提升了部署灵活性，并降低了建设成本。

相较于传统加密技术，“5G＋量子加密”方案具备以下特点：一是采用的量子密钥具有真随机性，量子密钥的随机性由量子力学原理保证；二是用于调控业务加密的会话密钥采用“一次一密”方式更新，量子密服平台实时更新会话密钥；三是会话密钥高频更新，密钥的更新频率秒级可配置；四是与电力业务深度融合，量子加密与电力业务需求深度融合；五是系统可靠性高，支持量子密钥、经典密钥的无缝切换。综上，该方案可满足新型电力系统背景下主配网调控业务的大带宽、高并发、低延时的差异化安全通信需求。

（二）创新亮点

1. 设计并搭建了基于SDN理念的首套省级量子密码服务平台

基于SDN理念，设计了面向通道加密、身份认证、数据加密的差异化量子密钥应用策略，研发了首套支持量子随机数、多厂家多制式QKD密码源，支持多种量子密码应用策略，支持对外提供统一API接口的量子密码服务平台，并在国网安徽省电力公司统一部署，满足不同电力业务的差异化量子密钥应用需求。

2. 提出了面向主网调控的“5G＋量子＋纵向加密”应用方案

针对新型电力系统分布式新能源并网、“源网荷”友好互动、虚拟电厂等业务安全接入需求，在主站侧对纵向加密认证装置进行量子化升级，在终端侧研制首套5G量子纵向加密认证装置，利用量子密服平台实时分发和统一调度的量子密钥构建纵向加密隧道，并选取芜湖公司和合肥公司开展示范应用，探索5G＋量子保密技术在分布式新能源群调群控和虚拟电厂等主网调控业务中应用的可行性。

3. 提出了面向配网调控的“5G＋量子＋横向加密”应用方案

针对配网差动保护业务安全提升需求，结合人工智能技术预测配网差动保护业务状态，提出差异化的量子密钥应用策略，研发具有精准时间同步功能的5G量子横向加密通信终端，利用量子密服平台实时分发和统一调度的量子密钥，构建量子加密隧道，实现对5G无线通道的加密，并选取合肥公司开展示范应用，验证面向配网保护业务的5G与量子密钥融合技术应用的可行性。

4. 提出了面向配电自动化的“5G＋量子＋通道加密”应用方案

针对配电自动化业务无线通信通道安全提升需求，研发“5G＋量子＋通道加密”系列装置，利用量子密服平台实时分发和统一调度的量子密钥，构建量子加密隧道，实现对5G无线通道的加密，并在芜湖公司打造了国内首座“5G＋量子”10kV智慧开关站，提升配电自动化业务承载的安全性，助力芜湖“零计划停电”示范区及无为智能配变终端示范区建设。

三、应用成效

（一）助力安徽5G承载电网调控业务安全提升

通过将5G通信、量子密码技术、电网调控业务深度融合，构建了一道安全可靠便利的基础网络，有效解决电力智慧系统的安全和接入的问题，提升5G承载电网调控业务安全性，助力安徽公司数字化电网的建设。项目综合利用人工智能、大数据、5G和量子技术等新技术，切实提升了电网调控系统的5G通信网络质量、安全，提升社会用户对电力系统先进技术的感知，增加对电力系统的信任度。

（二）形成了可复制、可推广的“5G＋量子＋调控业务安全提升”典型方案

项目设计了“统一量子密码服务平台＋定制化密码应用”的整体架构，在省公司统建了1套量子密码服务平台，支持光纤QKD、量子随机数、量子卫星密钥源，支持量子密钥的生成、统一管理和灵活调度，可适配各类电力业务场景。在应用侧，针对不同调控业务场景，提出了涵盖“5G＋量子＋纵向加密”“5G＋量子＋横向加密”“5G＋量子＋通道加密”的主配网安全提升整体解决方案，部署“5G＋量子”加密定制化装置，融入现有安全防护体系，构建量子加密通道，实现主配网调控业务安全提升，为“5G＋量子”技术在电网调控领域的应用提供了重要参考。

四、典型应用场景

项目搭建了省级电力量子密码服务平台，可为各类电力业务场景提供差异化的量子密钥服务。

针对主网调控场景，项目研制了首台5G量子纵向加密认证装置，可适配分布式新能源群调群控、虚拟电厂等业务场景。

针对配网调控场景，项目研制了首台5G量子横向加密网关样机，实现配网差动保护业务的安全传输。

针对配电自动化场景，项目研制了“5G＋量子＋通信通道”系列产品，实现5G

通信通道的安全提升。

五、推广价值

项目提出的“5G+量子”方案、部署的省级量子密服平台、研制的系列“5G+量子”系列装置，适用于不同电网调控业务场景、不同设备种类、不同应用模式，可有效提升分布式新能源接入、虚拟电厂等主网调控业务和配网差动保护、配电自动化等配网调控业务传输的安全性，有效支撑新型电力系统建设，助力国家“双碳”目标达成，具有很好的推广价值。

面向配网差动保护应用场景的5G移动边缘计算平台

国网福建电力

（陈德云　林彧茜　陈锦山　陈月华　侯功华　张良嵩）

摘要：“双碳”及新型电力系统建设形势下，配电网的安全稳定面临着严峻挑战，配网保护技术需要大力改进。5G技术为配电网线路应用电流差动保护原理提供了潜在的可能，福建公司研制了5G移动边缘计算MEC平台，研发了具备双向轻量级加密认证、二次鉴权及对时同步功能的5G通信终端，提出基于网络与业务双重探针的5G端到端网络质量实时监测方法，提出适用于小颗粒高密度双向业务的5G无线空口优化调度策略以及上下行对称时隙配比方案，提出配网保护装置冗余机制、容错机制、省流机制，提出面向电力控制类业务的5G端到端网络切片方案及试验方案，项目成果在福州公司长乐10kV新东湖Ⅰ路等地进行了应用，具有良好的推广应用价值。

一、背景

“双碳”及新型电力系统建设形势下，分布式电源、储能系统、可中断可调节负荷大量接入配电网，配电网的安全稳定面临着严峻挑战，对配电网保护提出了更高的要求。

当前配网保护主要采用无通信通道的阶段式过电流原理，选择性较差，容易造成故障范围扩大、用户停电时间变长、变电站主变压器烧毁等事件发生，并且不适用于具有多端电源的新型配电网。

5G技术具有比4G更强的技术水平，具有三种典型的应用场景，但是由于3GPP 5G标准仍在分阶段制定中，包括运营商网络、芯片及终端产品、配套产品尚在迭代，在电力系统中的应用可行性及方案还需进一步探索。

电力线路电流差动保护技术能够快速切除线路全长中任一点的故障，得益于完善稳定的电力光纤通信网络，该技术在电力主干网中已经得到了成熟和完善的应用，然而应用于配电线路中还存在如下问题：对于点多面广的配电网线路而言，光纤网络存在敷设成本高、路由通道申请难、施工维护困难、利用率低等问题。电力线载波的通信带宽、可靠性及抗干扰性等性能无法满足电流差动保护需求。4G及其之前的移动蜂窝通信网无法满足终端—终端通信模式，通信时延及可靠性无法满足电流差动要求，安全性不足，因此被规定不能承载电力控制类业务。5G技术具有优越的性能及典型应用场景，但是面对复杂的配网差动保护应用，尚有诸如移动边缘计算、网络切片定制等技术待解决，亟需开展5G应用关键技术研究，形成低时延、高可靠、高安全的5G配网差动应用方案。

二、技术方案

（一）关键技术

1. 5G移动边缘计算平台与网络切片关键技术研究

研究计算存储能力与业务服务能力向网络边缘迁移技术，进行边缘计算平台架构、分流机制和平台接口关键技术研究，使应用、服务和内容可以实现本地化、近距离、分布式部署，构建高可靠、低时延、适配电力业务特征的5G移动边缘计算架构，通过充分挖掘网络数据和信息，实现网络上下文信息的感知和分析，有效提升了网络的智能化水平，促进网络和业务的深度融合。

2. 基于5G移动边缘计算的配网差动保护业务关键技术研究

调研配网差动保护应用业务现有组网架构，开展基于5GMEC网络的关键技术研究，包括端到端之间基于HDLC的私有协议、时延抖动控制、组网架构、网络带宽、信息安全等关键技术，形成基于5G的配网保护业务应用方案。

3. 基于5G的配网差动保护应用实验验证

联合运营商搭建5G试验网络和电力系统业务验证网络，搭建实验验证环境，针对5G网络技术架构，开展物理层、网络层、应用层的性能测试验证，针对不同电力业务需求，验证5G网络承载配网保护等控制类业务的功能、性能、可靠性。

（二）创新亮点

提出基于物理层ToF分流、自适应随机环境资源分配策略、软时延门限的5G移动边缘计算方法，研制了5G移动边缘计算MEC平台，满足配网差动保护等低时延需求的电力应用。

研发了具备双向轻量级加密认证、二次鉴权及对时同步功能的5G通信终端，适配电力业务多种需求，并保障电力控制类业务安全性。

提出基于网络与业务双重探针的5G端到端网络质量实时监测方法，实现差动保护业务与5G空口联合数据链路问题定位功能，解决了配网差动保护应用通道异常难以定位的问题。

提出适用于小颗粒高密度双向业务的5G无线空口优化调度策略以及上下行对称

时隙配比方案，实现上行免调度，并对配网差动保护业务进行高等级调度QoS配置，提高业务传输误码率水平，减少重传发生概率以及延时抖动。

提出配网保护装置冗余机制、容错机制、省流机制，提升基于5G网络的继电保护业务的可靠性。

提出面向电力控制类业务的5G端到端网络切片方案及试验方案，在接入网侧使用3%RB资源预留，承载网使用FlexE技术，核心网使用MEC下沉切片方案；行业内首次针对5G配网差动保护应用，从实验室验证到现场部署试验，从终端、网络到系统，从业务功能、性能到安全渗透测试，全方位进行了100余项现网测试验证。

三、应用成效

该项目于2021年5月起，在福州公司长乐10kV新东湖Ⅰ路、台江10kV群升Ⅰ路、台江10kV群升Ⅱ路等三条10kV线路进行5G配网差动保护示范应用，2021年9月长乐10kV新东湖Ⅰ路5G配网差动保护线路正式投运。

四、典型应用场景

项目成果可应用于中压配电网线路的继电保护，在线路各端配置配网差动保护终端及5G通信终端/模块，在5G网络侧构建符合电力控制类业务要求的5G网络切片，部署移动边缘计算平台，即可实现5G配网差动保护应用。

五、推广价值

项目成果有效解决了在无法建设光纤的区域配网差动保护业务没有合适的通信通道的问题，通过本项目的应用，可在较低的成本投入下，将故障隔离时间从数分钟缩短至几十毫秒，最大限度地减少故障停电范围和时间，增强了线路关键电力设备的安全保障能力，具有较高的实用价值和推广意义。

基于UNB及230M电力无线专网通信技术的变电站及电力管廊运行环境智能监控系统

国网湖南电力

（曾　瑶　李　娜　黄静漪　伍　颖）

摘要： 本成果围绕变电站及地下管廊环境监测问题，结合场景结构特点及生产实际需求，基于IoT-G 230M电力无线专网、UNB无线通信、电力物联网技术，设计了一套变电站及地下管廊智能环境监控平台设计，实现了配电网电力沟道、变电站环境的智能化全景监视，为电力线路及设备的运维提供有效支撑。

一、背景

传统的环境监控一般采用RS485等有线通信技术，监控存在死角，场外生产、出站电缆沟等区域环境未能实现实时监测，同时现有的环境监测设备通信网关接口单一，通常仅支持RS485/232、以太网等有线通信接口，温湿度、烟感等传感器安装时需开槽打孔，破坏了变电站建筑墙体结构，安装困难，且安装后位置无法移动，传感器无法大量布设；电力管廊环境无法有效监控，日常运维检修依然采用传统的人工主导方式，部分地区虽有有限的实时监测数据，但采用传统的WiFi+EPON通信方式，信号绕射及穿透能力弱，需大量安装无线中继设备，造价昂贵，无法满足变电站及电力管廊对于全场景、全天候智能化监测的要求。

二、技术方案

本成果中本地通信采用UNB、LORA通信技术，远程通信采用IoT-G 230M电力无线专网技术，系统模型及架构示意图如图1所示。

总体上分为四个层次设计，分别为感知层、网络层、平台层、应用层。其中感知层由各类采集传感器、智能管廊终端、UNB智能基站组成，负责采集电缆沟道温度、

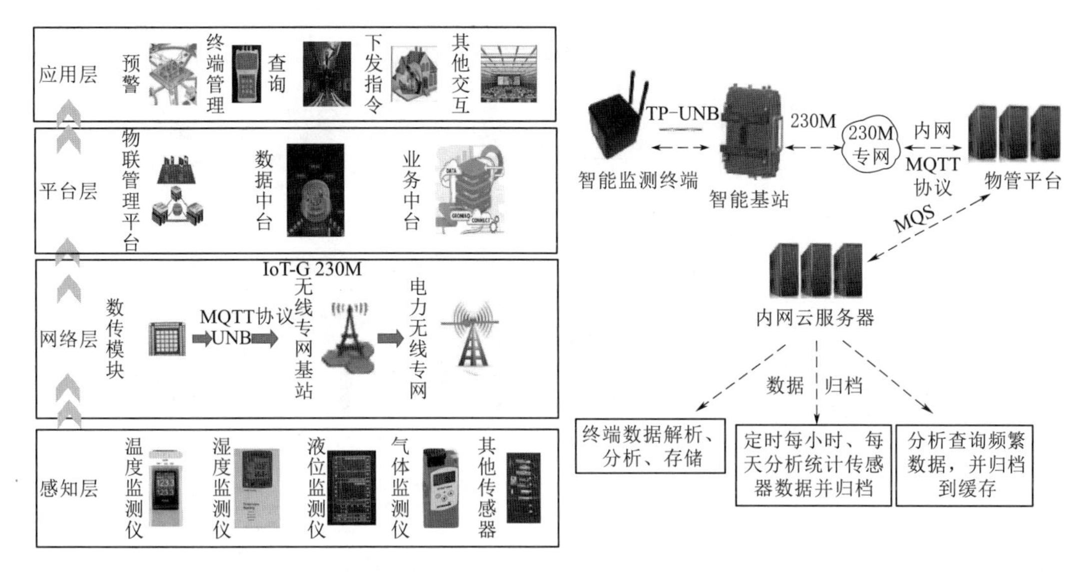

图1　系统模型及架构图

湿度、液位、有害气体等各类数据。网络层指的是UNB无线基站至平台层远程通信部分，该部分采用IoT-G 230M电力无线专网，数据经过UNB智能网关MQTT协议转后230MHz空口传至就近无线专网基站，通过电力SDH传输网络进入电力无线专网核心网，通过OTN+PTN专线通道后进入省公司云平台层。平台层包含省统一物联管理平台、数据中台、业务中台，物联管理平台通过订阅、发布的方式与UNB智能网关进行数据交互与控制，系统通过COAP协议与物联管理平台进行数据交换。应用层实现系统的数据显示、统计分析、事故告警、历史SOE、GIS展示、数据分析、故障预警、终端管理、UNB智能网关管理与控制等功能，实现电力管廊状态信息监控与告警等。

本成果通过对传统通信网关进行MQTT物联协议及无线专网通信模组、UNB微功率无线通信接口改造，采用UNB微功率无线本地通信+IoT-G 230M无线专网远程通信的架构设计，在变电站及电缆管廊搭建微功率无线自组网局域网，部署有害气体、温湿度、倾斜、红外灯微功率无线传感器，实现变电站各专业设备、站内外电缆沟运行环境的智能实时监控。通过对变电站融合环境监测平台北向连接物管平台MQTT协议、接口的开发，实现平台与物管平台数据的贯通，实现变电站不同生产场所、不同场景环境及设备线缆运行数据的统一监测。基站及终端安装部署、系统功能展示如图2、图3所示。

本成果主要分为通信网关物联协议、通信接口改造、变电站及电缆沟UNB无线局域网搭建等内容。UNB无线局域网以娄底公司110kV建设变为起点，吉星南路电缆沟尽头为终点，起点终点各安装UNB基站设备1个，实现变电站及电缆沟4km区域内UNB信号全覆盖，此外UNB基站通过230m电力无线专网及物联协议改造，具

（a）UNB基站天线　（b）基站处理单元　（c）智能传感器及UNB终端

图 2　基站及终端安装部署

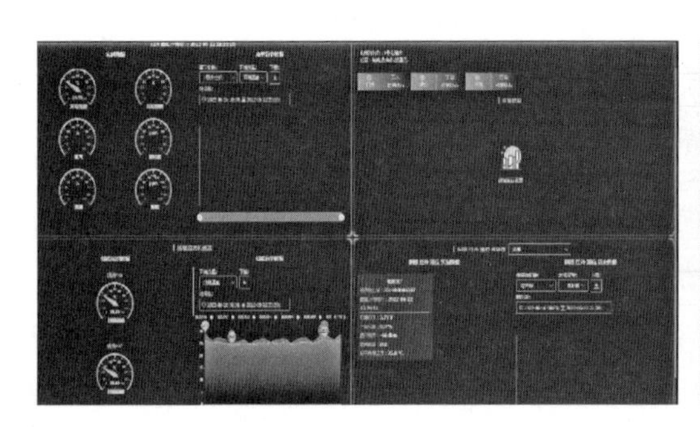

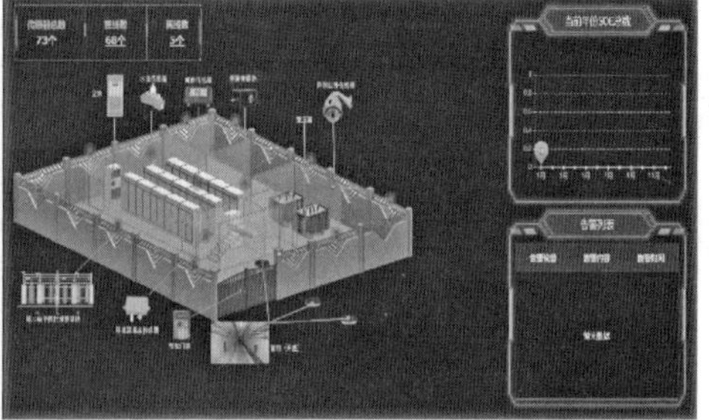

图 3　系统功能展示图

备 UNB 本地通信、无线专网远程通信的功能，变电站各场所温湿度、烟感、智能门禁、电子围墙、变压器实时区域红外测温等传感器及终端通过无线 UNB 接入无线网关，同时开发了变电站及电缆沟多维环境监测系统，通过北向连接物联平台开发，成功实现了与物联平台间的数据订阅、发布，交互，本成果在娄底市娄星区吉星路全程 4km 的电力管廊及变电站中成功进行了应用，实现了该电力管廊及变电站水浸、温度、湿度、有害气体、局放、电缆本体状态感知、智能门禁、电子围墙等 170 余个传感器接入系统，实现了各专业、各作业场所环境信息的全方位智能监控，为电力线缆、设备及时预警故障研判提供了强有力支撑。

三、应用成效

本成果按标准架构实现海量感知层终端物联接入，通过对普通通信网关进行物联协议及无线专网通信模组改造，使传统的网关具备了标准物联接入的能力，解决了传统微功率无线网关设备无法接入物联平台的问题。

通过搭建变电站及出口电力管廊微功率无线局域网，采用 UNB、IoT－G 230M 无线专网通信技术，功率低、信号覆盖范围大，实现变电站及出口电力管廊环境信息、线缆运行状况的实时全景监测，为变电电力管廊火灾、环境异常的实时预警提供了有效支撑，将各场所、各专业环境监测化零为整，实现变电站主控室、高压室、场外生产区域、电力管廊等场景环境统一监测，解决了原有动环监控系统分散、各专业数据无法贯通的问题。

本成果采用微功率无线通信技术、无线传感技术，具备成本低、覆盖广、终端易安装的特点，解决了传统 EPON＋WiFi AP 取电困难、安装位置固定、布线破坏变电站及管廊基础的问题。

四、典型应用场景

本成果在变电站及电力管廊环境监测中有着很好的应用场景，通过搭建 UNB 微功率无线局域网，实现覆盖范围内所有传感器的本地无线通信灵活接入，同时采用电力无线专网远程通信回传，部署灵活，数据传输安全性高，在配电房、配电台区、环网柜环境监测中也可适用。

五、推广价值

2021 年 10 月起，试点基于 230M 电力无线专网的变电站及电缆沟多维环境监测系统研发应用成果，在娄底供电公司 110kV 建设变及吉星路电力管廊进行了安装部署，实现变电站及出口电力管廊环境信息、线缆运行状况的实时全景监测，为变电站、电力管廊火灾、环境异常的实时预警提供有效支撑，实现变电站主控室、高压室、场外生产区域、电力管廊等场景环境统一监测，解决了原有动环监控系统分散、各专业数据无法贯通的问题，具有较强的推广使用价值。

从经济性分析，可大量节省资金，采用传统 WiFi 方式，4km 电力管廊及变电站各场所信号覆盖，需部署 50 个 AP、2 个 AC，加上电源线布线，成本约为 110 万元，采用本系统使用 UNB＋230M 电力无线专网总成本约为 25 万元，单次工程实施成本节省 85 万元，且后续需运维的设备数量更少，仅需运维 2 台智能基站，运维成本可大幅下降。

快速部署的用户侧设备电气状态监测物联网系统

国网陕西电力

（宋　辉　张志强　牛　瑞　武婷婷　贺　军）

摘要： 研发快速部署式智能物联网电气分析系统，包含传感器、集中器、后台实时分析软件。能够在电气设备运行的状态下快速安装部署，监测电流、温度、三相不平衡等数据，通过多种物联网通信手段传输，实现事故预警、数据智能处理、网络拓扑自动绘制、三相不平衡优化方案等功能，并与应急指挥系统联动。

一、背景

各类重大活动举办场所，很多是临时搭建的，现场供电往往从就近配电室取电，存在以下问题：

（1）配电设备及保电设备（如大型电源车、应急抢修车等）自身并没有对配电侧重点设备做到电气数据实时监控的在线监测系统或配套的监测设备。

（2）传统的电流互感器、烟雾探测器、电压互感器、漏电监测等设备安装复杂、功能分散，断电施工周期长，不具有系统辨识性，无法对临时供电系统状态做出整体分析，导致无法及时进行故障停电、断电、电气火灾的实时监测和预警，只能在故障发生后排查问题。

（3）通用的电气在线监测系统无法定向分析重大活动保电现场专用设备及系统的电气数据，起不到数据综合诊断的作用。

本项目针对临时的配网用电设备打造状态感知、应用便捷灵活、信息高效处理的物联网系统。开发快速便携部署的智能传感设备，提高对配网电气设备状态的“智能感知”能力，使配网处于实时“可观测”状态。后台智能监测分析，建立监测数据库，实现配电隐患精准、快速检测，对电气设备故障分析归类、提前预警。

二、技术方案

（一）关键技术

便于快速拆卸安装的物联网智能电气参数传感装置，卡扣式装配，采用阻燃材料，可安装于低压配电柜、配电箱、表箱等开关出线部位。无需停电、无需接线、快速部署、免维护，纳安级低功耗，集参数测量、状态监测、数据处理、通信管理于一体，智能识别电气设备电流、温度、三相不平衡等数据。

同时接收不低于100路的物联网智能传感数据，可通过公网、专网、有线、无线等通信方式将数据转发给后台。

智能分析软件实现了数据的历史趋势查询、事件智能分析，对各个检测变量进行阈值设定，实现智能诊断安全隐患、事故预警、网络拓扑自动绘制、三相不平衡优化方案等功能。与应急指挥系统联动，结合保供电临时设备（如电源车、应急抢修车等）数据做出状态指示及应急保障数据指导。

（二）创新亮点

1. 创新点1——研发低功耗、快速部署、可同时支持电流\电压\温度\浸水检测的多数据物联网传感器

项目根据实际使用环境，基于3个限定条件：①使用电池给传感器供电，可保证其一直工作，避免传感器未供电产生的磁饱和；②增加副边补偿绕组的圈数，同时限定检测的最大电流，即可最大限度地防止磁饱和的产生；③设计分布式多气隙磁环，能够显著地减少气隙漏磁量，增加磁环的聚磁作用，增大了传感器的线性测量范围。设计出一款不饱和的闭环式霍尔电流传感器。

自组网无线物联网通信技术，用于传感器与集中器之间通信。传感器内置电池，一般要求能够工作5～10年以上。因此传感器模块必须具备超低功耗工作的能力。具体优势如下：

（1）优化代码能够降低代码运算和空间复杂度。采用合适数据类型，如尽量少使用32位数据类型、符号整形变量等，都能够降低代码的平均功耗。

（2）适当减少通信数据流量，判断错误的数据信息并丢弃，对数据包进行压缩，尽量避免通信堵塞冲突的产生。

（3）选择合适的睡眠模式。节点进行通信时能耗最高，而进入睡眠模式时能耗最低，所以节点时应在空闲时及时进入睡眠模式，能有效地降低节点功耗。

（4）在网络分布比较密集的情况下，通过获取节点间的通信量来选择合理的发送功率，使节点的功耗进一步降低。

2. 创新点2——研发采用支持向量算法的电力设备运行状态预警系统

本系统为了做到更智能、更可靠地保电，采用了Kalman滤波数据预测与SVM结合的故障预警算法。其具体工作原理是以电路稳态运行状态下的电流、电压、中性线电流值以及温度值作为电路稳态运行的状态表示，利用Kalman滤波对下一时刻的电路运行状态估计，在得到估计值后通过与实际测量值进行作差，从而得到各相应参数的偏离值。然后将得到的各项偏离值作为SVM的输入，利用训练好的SVM模型就可

实现对故障的预判，从而实现故障预警。当电路运行状态正常时，其电流、电压等参数与历史数据相比变化不大，而当线路中出现故障时，其对应的实测参数值将发生突变，此时实测值与根据历史值进行 Kalman 滤波预测得到的估计值失去匹配。因此，以电压、电流、中性线电流以及温度的偏离值作为 SVM 的输入就可判断确定当前所属的故障类型。

其中，误差协方差矩阵、状态噪声协方差矩阵、观测转移矩阵以及观测噪声协方差矩阵的初值均由经验值所得。

系统通过 Kalman 滤波器得到对电路运行状态参数的估计之后，利用获得的实际测量值，就可得到与当前估计值不匹配所导致的偏离值。将此时获得的偏离值作为 SVM 的输入，利用事先训练好的 SVM 模型就可对当前故障类型进行判断。本系统中的 SVM 核函数选用的是高斯核，SVM 模型是通过实验采集大量电路运行正常状态以及非正常状态下的数据训练所得。

三、应用成效

根据在重大保电活动现场对设备电气状态监测预警的实际需求，对本项目成果开展以下应用。

2021 年 6 月起，项目样机在陕西公司应急指挥中心安装及试用，指挥中心设备间的供电信息、设备运行状态、重要设施运行参数等关键信息和数据均以可视化、场景化的方式实时全面呈现。

2021 年 8 月，项目样机在国网陕西省电力有限公司揭牌仪式会场、陕西省人民大厦会议现场配电室实地部署和成功应用。

2021 年 9 月，项目样机在陕西公司 101 会场“十四运”电力指挥保障中心现场部署，取得了较好的应用效果。

四、典型应用场景

快速部署物联网用户侧设备技术应用场景，包括：临时搭建的重大活动举办场所的配电室；电源应急抢修车等在用户侧的配电系统；需要对配电侧重点设备临时进行电气数据实时监控分析等应用场景。

可因地制宜选取单应用场景和多应用场景协同等模式。本项目在 2021 年“十四运”的多个比赛场馆快速部署安装，在系统 GIS 地图页面能监测全省各个场所的电气运行状态。

项目成果便于快速部署拆装，提高了工作效率，节省了人力成本。能够及时对用户侧电气设备保供电时潜在的隐患进行自动识别、诊断，做出预警分析，同时与现有的应急指挥系统联动，便于工作人员根据数据对隐患做出分类分析，确保正常供电。

五、推广价值

每年配电室因过负荷、设备故障引发的安全事故屡见不鲜，造成的社会财产损失价值无法估量。随着重大保供电活动越来越多，为了减少因监测不足、技术手段不够引发的断电事件，研发物联网智能检测系统是非常必要，也是十分具有市场价值的。

本项目将快速部署、智能数据采集、感知预警技术结合起来，用于保供电隐患检测，是电网运维与管控的重要技术创新项目，是行业技术发展的具体应用方向，使配电侧设备安全生产达到新高度。

本项目成果具有良好的市场应用和产业化前景，经济效益和社会效益明显。极大地节约了人力和物力投入，提升了保供电设备安全检测效率，增强了对事件分析准确性，涉足的技术领域具有拓展和推广价值，本项目的成功研制将会产生明显的社会经济效益，对行业科技进步具有积极意义。

面向分布式资源区域管理的5G通信融合组网技术

国网甘肃电力

（马志程　赵金雄　宋　曦　李文辉　杨　勇　朱小琴）

摘要：随着分布式新能源大规模并网、高比例消纳，电网调度运行模式向源网荷储协调控制、输配微网多级协同转变，催生出分布式光伏调控、精准负荷控制、新型配网保护等新业务研究应用需求，对电力通信覆盖范围、带宽时延、可靠性、安全性提出更高要求。国网甘肃省电力公司通过5G通信融合组网技术应用提升电网通信性能与可靠性，以5G网络为基础、以能源综合监测平台为支撑、以直采直控模式的智能调度为手段，为实时预测新能源出力，根据5G＋分布式能源综合监测平台采集到的相关指标数据，为各供电公司县调、地调系统提供数据决策依据，提高清洁能源消纳比例，保障电网安全稳定运行。

一、背景

甘肃新能源开发建设助力国家“双碳”目标实现。然而受自然因素影响大，调节能力弱，并且光伏并入电网的发电系统调峰和调频的能力有所欠缺，各地区在分布式光伏发电项目上考虑的消纳市场与配网稳定性问题日渐凸显。2020年工业和信息化部、国家发展和改革委员会等部门多次明确将适度超前部署5G等新型基础设施建设，并提出进一步发挥5G等“新基建”的规模效应和带动作用。国家电网公司响应国家政策，积极推进5G通信技术在“发、输、配、用”环节的应用，通过开展分布式能源直采直控的5G通信融合组网技术应用，实现分布式能源数据的“可观可测”和管理上的“群调群控”，有效降低并网出力随机性对配网运行的影响，提升新能源消纳能力，增强电网调度对分布式电源监视、控制的能力，提高电网的可靠性、安全性和经济性，助力构建以新能源为主体的新型电力系统。

二、技术方案

（一）关键技术

1. 构建虚拟专网及切片

甘肃公司使用可满足安全承载要求的5G无线虚拟专网，采用5G SA模式，并基于接入网侧空口切片RB资源静态预留，与其他业务隔离定制SIM卡。接入网使用独立电力专用5G通信终端。无线侧使用PRB资源预留、基站设备共享，专网用户通过切片ID接入，专网业务无线资源动态预留。承载网侧支持FlexE接口，以提供通道隔离和多端口绑定功能，承载网设备支持分段路由（SR）和L3 VPN，以实现硬切片内不同控制业务的软切片隔离。核心侧于电信中心机房内，基于独立物理资源，建设电力专用AMF、SMF核心网元，并建设专用防火墙；于地调通信机房内，同运营商建设租赁电力专用下沉UPF。流量经UPF卸载并通过防火墙进入本地PTN传输网，最后经本地安全网关设备传输至能源综合监测平台。

2. 安全措施部署

分布式电源调控业务端到端硬切片内通过5QI和VLAN等技术设置端到端软切片，优先级设置为中，单向通信时延（终端至安全接入区入口）小于20ms，故障倒换时延小于50ms，单向时延抖动小于50ms，RB资源占比为1%，可靠性大于99.99%，单通信终端带宽大于48.1kbps。

数据安全方面，与移动公司签约专用的切片标识和DNN，业务上线时根据切片标识和DNN选择ToB控制面网元和电力专用UPF，UPF自带防火墙与客户侧设备之间通过PTN专线承载，利用L2VPN或者L3VPN保证业务隔离。UPF采用ULCL分流策略实现加密数据的转发，并使用RBAC进行访问控制。

（二）创新亮点

1. 具备对端到端业务的5G网络质量监测功能

5G技术的超低时延、高可靠特点在网络建设的初期存在不确定性，无线空口网络普遍存在突发大时延，会影响调控类业务的开展，5G网络性能是逐步优化的过程，需要具备相应的网络质量监测手段。本项目中电力专用5G通信终端根据电力业务特定报文加入时间戳标记，在不影响电力调控类业务及安全认证功能的前提下，实现端到端网络质量进行监测。

2. 支持根据电力应用规则进行电力自定义切片选择

分布式电源在同一园区业务内可能存在实时业务和非实时业务，运营商侧通过不同DNN切片进行不同业务的无线网络逻辑隔离，5G电力通信终端可增加多路5G DNN切片配置，选择对应的分片信息，实现端到端的切片隔离，保证电力业务规划的扩展性和数据安全性。

3. 支持“国网芯”安全加密认证及鉴权

分布式电源调控类业务对5G虚拟专网的安全防护要求非常高，5G通信终端除了完成设备的安全加固要求，支持基本的“机卡绑定”、双向鉴权等网络要求，还提供了内置“国网芯”SD卡，支持业务终端到业务系统的加密认证。加密卡支持国家密码管理局认可的高强度加密算法，可以实现文件和数据的电子签名，支持多种国密算法，如SM1、SM2、SM3、SM4等，支持主流国际算法，如DES、AES、RSA、ECC、SHA1等。

三、应用成效

（一）助力分布式能源业务数字化

分布式能源监测方面，通过部署各类5G通信终端、电力5G虚拟专用网络、5G＋分布式能源综合监测平台，基于5G网络实时采集回传发电数据，可直观对比不同传输方式下的通信时延变化，通过带宽、时延、吞吐量、抖动等指标数据掌握5G传输的实时数据变化。同时，形成以天、周、月为单位的分布式光伏发电效率趋势图，支撑后台进行分布式光伏发电效率影响分析，实现对分布式能源数据的“可观可测”，助力分布式能源业务数字化转型。

（二）优化分布式能源管理模式

分布式能源管理方面，案例通过5G＋AI技术的融合应用，深入分析基于5G网络采集到的海量数据，提供全系统性联动的预警工作，针对即将到来的恶劣天气、故障情况或地质灾害进行推算，实时调控分布式电源、储能等为甘肃新能源并网后配网运行安全性与稳定性提供科学分析依据，推进分布式能源“群调群控”及电网数字化转型。

（三）凸显新型电力系统经济性

基于5G技术的分布式新能源，以直采直控模式实现配电自动化，经济性方面综合考虑业务终端规模、通信需求、建设成本、运行维护成本等因素的基础上，将5G公网与光纤专网进行多维度技术经济性比较，5G的技术经济性优于光纤专网，针对甘肃省内大量分布式能源接入需求，进一步凸显5G规模应用具有良好的技术经济性。

四、典型应用场景

（一）分布式光伏通信建设改造

分布式光伏场景的5G接入改造采用直采直控模式。将连接通信管理机的RS485线直接对接内置型5G终端，5G终端以Modbus RTU协议采集逆变器的运行信息之后，以电网IEC104协议上报给能源综合管理平台，实现5G通信改造；5G通信终端内置加密功能，转发数据经运营商的5G虚拟专网DNN通道，以保证数据的安全传输。

（二）储能电站通信建设改造

针对储能站场景进行5G通信的改造，使用5G通信终端连接储能站控制柜内采集接口，一方面5G通信终端通过RS485接口有线直连储能站，另一方面连接EMS系统辅助采集信息，储能站EMS开启新的TCP/IP协议端口给能源综合监测平台，采集信息经5G通信终端，通过5G虚拟专网传输到能源综合监测平台，进行实时数据采集和监控，通过实时更新的统计数据直观掌握设备的充放电量情况以及根据储能电站上送的运行数据，分析系统运行状态，挖掘或抽取有用的信息。

（三）充电桩建设改造

一方面，充电桩调控信号需要改造4G通信为5G通信，然后上报到物联管理平台，可直接替换充电桩的4G无线路由器，对端的主站物联管理平台的通信网关相应地切换为5G通信。另一方面，通过5G通信终端完成到能源综合监测平台的无线转发，可展示充电枪状态、直流充电设备属性、充电桩设备日志查询、启动充电服务、停止充电服务、设备故障管理等信息展示和交互。

五、推广价值

5G通信融合组网技术面向分布式能源直采直控的5G通信融合组网技术，接入灵活性、便捷性更高，光缆建设运行投资成本将大幅降低，相对于2G/4G，可有效提高新能源的广泛接入和调控能力，支撑实现对分布式电源的可观可测可控和群调群控，奠定了分布式资源区域管理的基础，开启分布式资源区域间协同管理的前章，推动电力系统向数字化、网络化、智能化转型发展。

深度定制化电力5G通信终端

信产集团

（王　丹）

摘要： 在新型电力系统建设深入推进的背景下，亟需健全端到端的安全可靠的电力通信服务体系。按照“需求驱动—技术攻关—产品研发—应用提升”的总体思路，突破融合5G的电力高安全可靠的通信关键技术，研制具备产业核心竞争力的深度定制化电力5G通信终端产品，在上海、甘肃等地形成面向多业务场景的差异化5G应用解决方案，在实际应用中解决一线业务通信需求，为电力5G规模应用奠定技术基础。

一、背景

随着5G技术标准推进、芯片及模组上市、商用网络规模建设，公司围绕“双碳”、5G新基建、数字化转型等发展战略，将5G列为信息支撑体系的重要组成部分。针对5G在行业深度应用中面临的设备体积大、功耗大、成本高、集成度和一体化设计不足等短板问题，在终端集成化方面，亟需加速5G通信在电力业务终端内部的整体集成，提升业务运行整体可靠性、降低成本，从技术、标准、应用、生态等方面持续推动5G在电力行业的融合创新，落实推进5G规模化应用，促进产业数字化转型。

二、技术方案

重点攻克5G安全防护、端到端网络切片、高精度定位与授时、时延敏感网络、网络监测与管理等关键技术，提出了适用于电力行业的5G通信产品设计方法，从接口协议、业务流程、数据安全、可靠传输、电磁兼容、功耗、外观等多方面实现了电力5G通信终端的深度定制化设计，通过市场需求迭代优化自研形成适配负荷终端、分布式能源终端等电力5G通信终端产品，适配多种应用场景的差异化需求，在安全防护、可扩展性、易管理运维等方面具有优势，基于此，构建了具有可复制、可推广、可跨行业实施的5G应用解决方案。

提出了一种5G空口高精度同步授时方法。基于无线终端设备需要向行业设备提供通信功能的同时，也需要提供准确时钟信息，提出一种基于无线技术的自下而上的通过本地提取的准确周期性信号，与网络侧具有绝对时间服务器配合获取准确时间的技术，该技术不依赖 IEEE 1588 时针同步网络，只要终端接入的 5G 基站系统具备卫星同步信息即可实现 0.1μs 级时钟同步，确保没有卫星信号时系统依然可用，为电力系统安全运行提供保障，并减少本地终端的卫星接收设备，从而降低设备成本。

提出了一种基于 5G 终端探针的网络质量监测技术。针对 5G 网络性能不稳定和监测手段复杂的问题，提出一种在 5G 通信终端中内嵌网络监测探针功能的方案，可实现 5G 承载电力业务的初始入网检测及评估，并在业务运行过程中长期实时监测网络性能，不依赖外部设备就可快速准确测量时延、抖动、丢包等 5G 网络性能参数，同时通过终端网管组件支持大规模部署时对终端的远程监控和管理，为 5G 技术在电力业务中的广泛应用提供技术保障。

提出一种适配电力通信的基于“国网芯”的终端安全技术。“国网芯”安全加密认证及鉴权技术可以实现文件和数据的电子签名，支持多种国密算法与主流国际算法，是国网系统内首款获得工信部设备进网许可证和无线设备型号核准证的 5G 工业级通信终端；通过增加安全组件实现在 5G 终端和安全网关之间建立 VPN 通道，可对网络数据进行安全加密，加强业务终端和服务端数据通信的安全性，提升终端安全性能；支持根据电力应用规则进行电力自定义切片选择，通过增加多路 5G DNN 切片配置，选择对应的分片信息，实现端到端的切片隔离，保证电力业务规划的扩展性和数据安全性，满足不同电力业务的差异化通信需求。

三、应用成效

电力 5G 通信终端产品已在山东、甘肃、福建、上海、河北、浙江等省（自治区、直辖市）共 20 余类业务中开展标杆示范建设，定制化研制 8 款通信模块和 3 款通信终端，累计部署应用超 1.5 万套，形成了可复制推广的电力 5G 应用解决方案，创新性实践了 5G 新技术与电力业务的高效融合应用，多次获得业界认可，成功入选“2021 全球工业互联网融合创新应用行业推广十二大优秀案例”“2021 能源企业信息化管理创新成果”“2022 年电力 5G 应用创新优秀案例”，为 5G 在电力行业的融合创新应用树立典范，相关产品及解决方案在数字中国、文博会等展会中展出，获得广泛关注。

针对国网上海客服中心用电负荷管理系统，充分利用 5G 技术构建负控业务高效灵活可靠的接入网络，通过将 5G 内置型通信模块嵌入负控终端，将实时采集工业用户等负荷数据并传输至用电负荷管理系统主站进行处理和分析，在上海临港、徐汇等区域首次实现用电负荷管理系统的 5G 技术创新应用。经测试，负控业务终端到用电负荷管理系统主站平均延时在 20ms 左右，满足负控业务超低时延、超高可靠和高安全的信息传输需求，极大地提升了用电负荷管理信息传输效率，与 230MHz 数传电台速率相比提升了 5000 倍，与光纤接入相比节约人工运维成本 67%左右，较好地支撑负荷精细化管理和精准决策。

针对甘肃省分布式能源规模日益增大且受自然因素影响大、新能源调节能力弱的问题，在分布式光伏、储能站、充电桩三种场景进行 5G 改造，通过部署集成电网安全加密芯片的 5G 通信终端、电力 5G 虚拟专用网络、5G＋分布式能源综合监测平台，实现 5G 时延、带宽、吞吐量、抖动的直观展示，掌握 5G 传输的实时数据变化，通过 5G＋AI 技术的融合应用，解决部分场站缺乏有效承载力评估和实时监测的难题，有效支撑实现分布式电源的有序接入和可观可测可调可控，经测试，有效提升了新能源安全并网消纳能力。

截至目前，已累计承载地方电厂站内采集监测管控、输电线路可视化监测、无人机巡检、变电站配电房智慧运检、配网差动保护、负荷控制、分布式能源直采直控、电能质量监测等业务。经多个区域的应用验证，通信设备及系统运行稳定、安全、可靠，在野外复杂电磁环境下运行良好，无故障，综合验证了 5G 网络性能与承载不同电力业务的适配性和可行性，业务上行速率达到 10Mbps 以上，端到端平均时延在 20ms 以下，业务可靠性达到 99.999%。

四、典型应用场景

深度定制化的电力 5G 通信终端，除具备高可靠通信能力外，依据电力行业需求支持多种特色功能及管理能力，具备良好的推广应用价值，可广泛应用于源网荷储各环节。

（1）针对采集类业务。聚焦分布式能源场景，通过 5G＋本地技术融合实现新能源泛在接入及数据高速可靠传输，实时预测新能源出力情况及分布式光伏电站、储能电站等消纳侧情况，为促进源网荷储协调互动提供决策依据。

（2）针对控制类业务。聚焦配用电侧分布式光伏调控、配网保护、负荷控制等业务终端，提供超低时延、更低成本、灵活接入的远程通信服务，同时端到端硬切片大幅提升业务通道的安全隔离性，提高供电可靠性。

（3）针对作业类业务。聚焦电力各环节监控巡检场景，通过 5G 通信终端实现多业务终端的便捷接入，实现监控巡检视频数据的实时回传及画面流畅性，支撑电力各环节实现智慧巡检、全息感知和远程控制。

五、推广价值

电力定制化 5G 通信终端将业务系统、通信网络与业务终端密切联系起来，充分发挥5G技术接入便捷灵活、低成本、高可靠、确定性通信等优势，建立无缝覆盖、支持海量终端低功耗接入及数据高速传输的新型智能电力通信网，服务源网荷储各环节信息互联互通，以实现多方数据的充分共享，有效打破源网荷储各环节间的业务壁垒，支撑实现源网荷储互动更友好，新能源消纳水平更平衡，绿色电源应用更充分，提高电力行业“保供电、促民生”水平。

F5G 全光变电站终端接入网架构研究与应用

国网四川电力

（马　玫　陈少磊　曾　丽　苏　鹏　钟　睿　李　博）

摘要： 本项目变电站终端接入网架体系基于 F5G（The 5th Generation Fixed Networks，第五代固定网络）全光网络，为变电站各类物联监测装置提供一种全新的通信接入。变电站业务终端接入网简化为两个层级（全光接入网＋站内光传输），其中全光接入网由基于 F5G OSU PON 技术的 OLT＋ODU＋ONU 组建，统一接入视频监控、移动作业、物联类传感器等业务终端，出站经 SDH/OTN 传输网回传，实现与业务平台完成数据交互；在德阳公司部署一套网管系统实现链路端到端运行状态监控，出现故障实时告警并精确定位故障点。基于 F5G 全光网络的变电站终端接入网架实现了对变电站各类业务的统一接入，简化站内通信网络结构，提高运维检修效率，高效支撑变电智能运检和数字化转型中业务的实施和推广。

一、背景

随着新型电力系统建设深入推进，变电站业务类型逐渐增多，如视频监控、设备及环境智能监控、物联网类以及巡检机器人等，传感器和智能终端的数量正在迅速增长，站内通信网络逐渐呈现出大带宽、多连接、高可靠性的需求，变电站现有终端接入网络逐渐凸显出以下问题：

（1）接入标准未统一。变电站站端视频监控装置、机器人、在线监测装置等种类增多，而各业务大多采用自建通信网络，缺乏统一的标准、规划和管理。

（2）接入网络复杂。由于各类前端采集设备数量较多，导致接入网络层级多、网状网复杂，如固定视频业务室外交换机与室内交换机级联或堆叠、在线监测装置无线中继等。

（3）网络运维难度大。接入网络缺乏高效的链路监测手段，导致网络运行状态难掌握，设备全面感知能力较弱，发生故障时往往需要花较长时间进行故障定位分析，后期运维压力大。

二、技术方案

目前传统方案如图 1 所示。

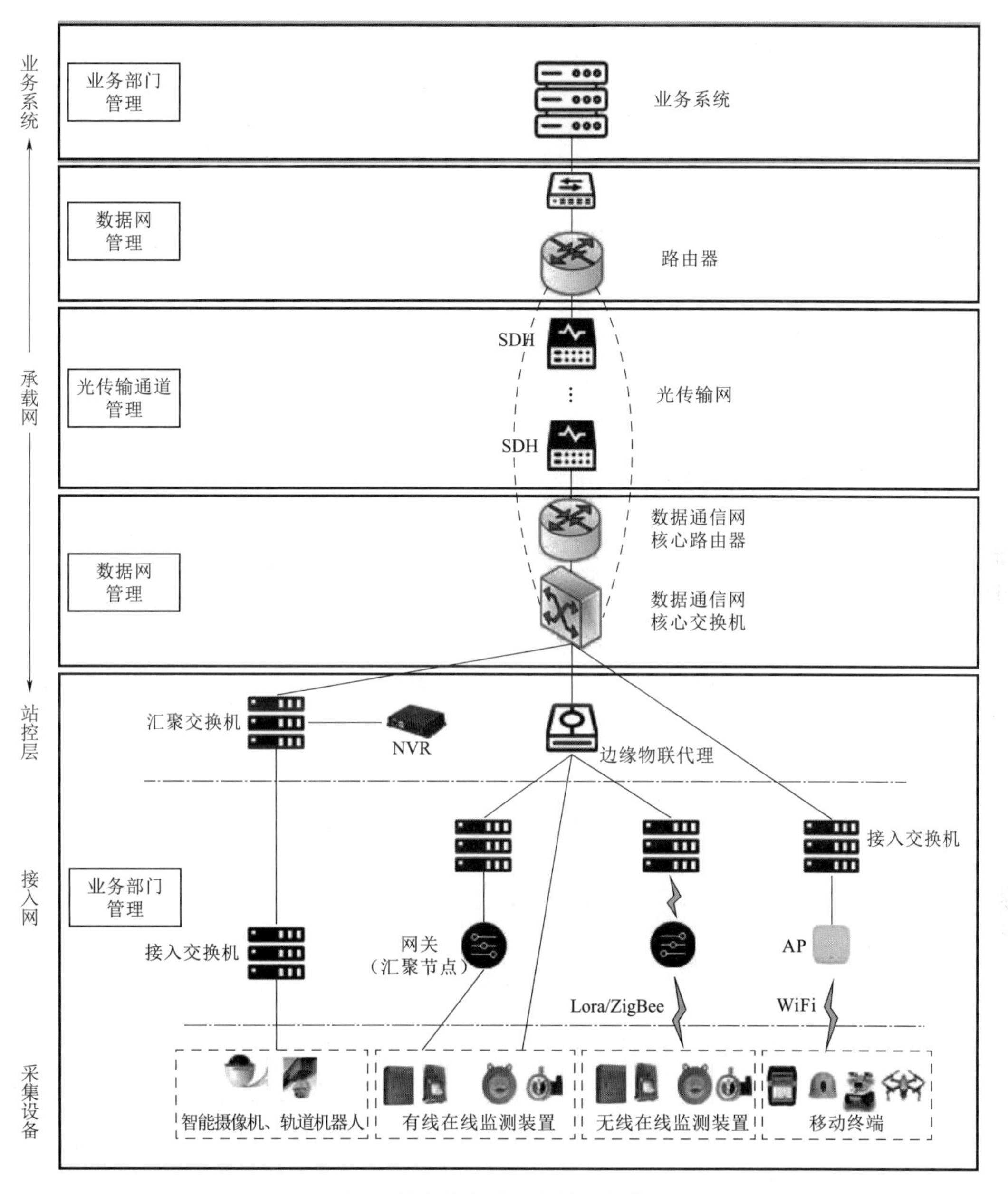

图1　传统变电站业务接入架构图

传统的变电站业务接入网络由采集设备、接入网（接入交换机）、站控层（汇聚交换机）、承载网（数据通信网和光传输网）、业务系统多个环节组成。各环节由不同的专业部门负责管理（其中站内接入网由业务专业部门自行建设运维），网络层级复杂，缺乏统一管理。

因此在德阳公司选取了10个变电站开展变电站内全光网络试点验证，在每个站点均部署ONU网关设备，完成站内各类终端业务接入，在4座数据汇聚站点部署OLT

设备（1+1），其余相邻变电站通过 ONU 就近接入。完成站内信息汇聚后，通过 SDH 设备利用光传输网完成业务承载回传。站内方案架构图如图 2 所示。

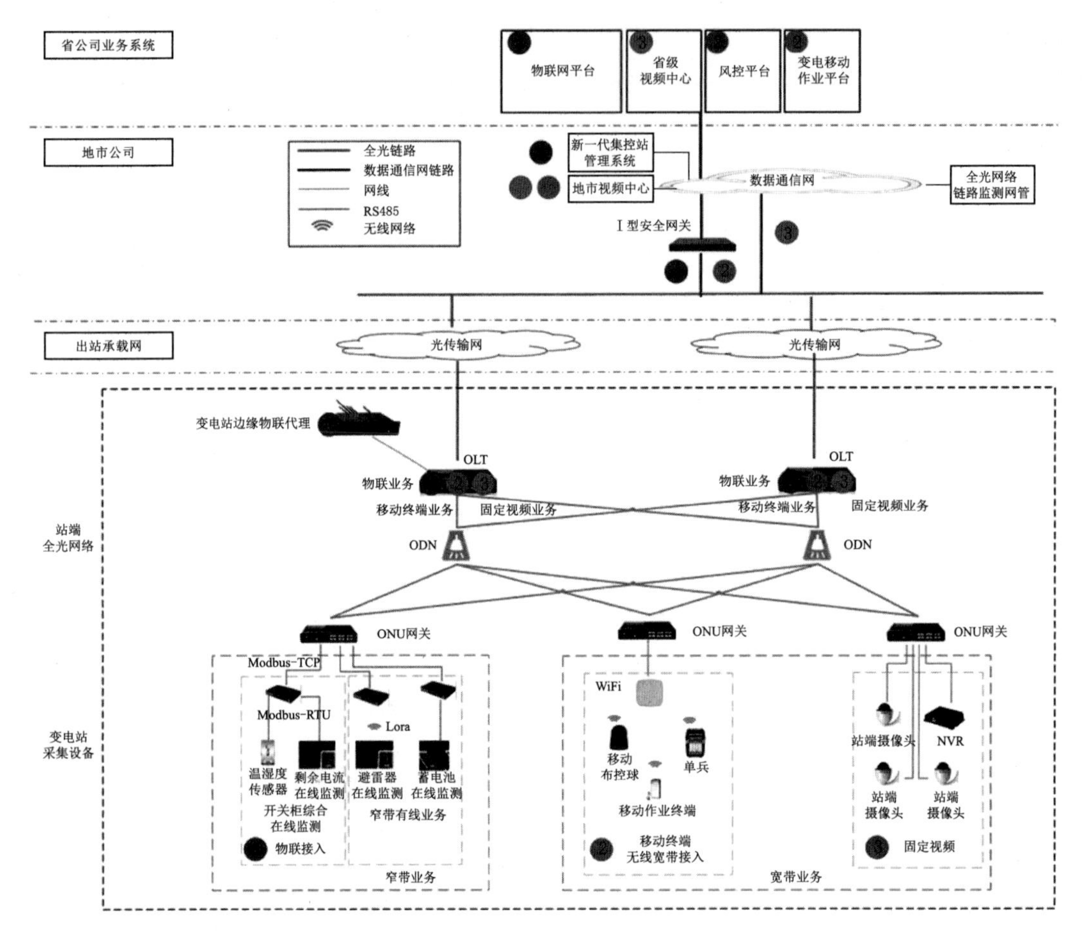

图 2　变电站全光接入网络架构图

以 220kV 秋月站为例，物联传感、移动终端、固定视频三大类业务，分别通过 ONU 接入站端 F5G 全光网络。通过 PON OSU 技术实现不同种类业务的硬管道隔离；采用“Type-C 双归属”方式实现冗余保护，当 ONU 及往上的光纤链路、分光器、OLT 设备出现故障时，自动切换至另外一条链路。

三、应用成效

本项目方案已在国网四川德阳供电公司部署，实现了辖区内 220kV 孟家、220kV 秋月、110kV 杨嘉等 10 个变电站（站点分布如图 3 所示）内高清视频、物联传感业务、移动作业终端的统一接入，三类业务均一跳接入标准的 ONU 网关，整合原来各业务可能出现的多跳级联、汇聚的网络，简化网络结构，增加网络的可靠性，并在

F5G网络中采用OSU PON硬管道隔离技术，实现不同业务间的物理隔离；在市公司研发部署一套F5G网管系统，对链路运行状态进行实时监测，协助运维人员进行故障排查。

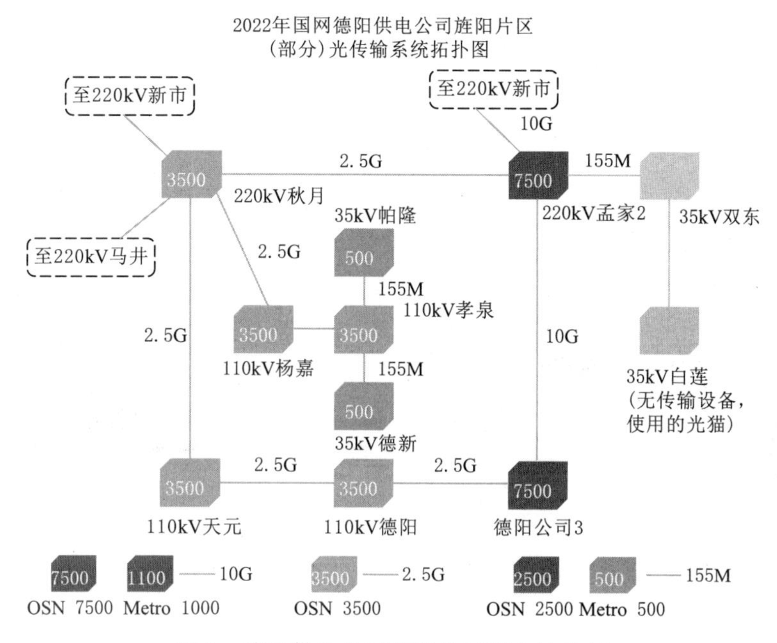

图3　德阳供电公司旌阳片区变电站分布

变电站F5G全光网络可有效简化站端网络架构，实现端到端网络通道全链路监测，可作为优化站端通信网络架构、数据高效回传的技术路线，具体实施成效如下：

(1) 为各业务搭建原生硬管道（NHP）专线，实现专网专用及多网合一。如图4所示，本项目通过在F5G网络中构建原生硬管道（NHP），在同一网络中隔离出不同的专线或专网，实现不同业务统一承载的同时，保障相互间物理隔离，避免不同业务间互相影响，NHP网络从根本上杜绝了不同业务由于抢占通信资源造成的拥塞和丢包等问题，关键业务的可靠性达到99.999%，从而使网络具备高可靠、低时延和确定性。

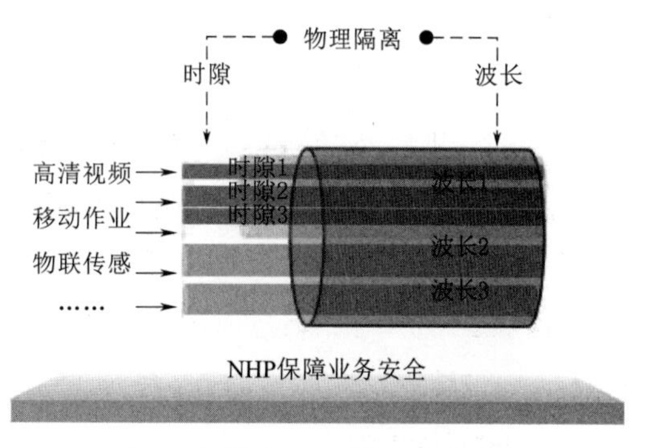

图4　硬管道（NHP）专线技术

(2) 实现端到端链路监控，监控能力延伸至通信网络末端，降低网络运维难度。F5G网络管理系统包括网络拓扑管理、链路性能监控、告警分析、故障定位等功能模块，实现对10个变电站通信网络的端到端全链路监测，监控能力延伸至通信网络末端，当网络中某一链路或网络设备出现故障时，会第一时间进行弹出告警，并准确定位故障位置，提供可能的故障原因，协助运维人员进行故障排查，一线运维人员无需手工使用命令行方式逐段排查故障点，大大简化故障排查流程。业务故障排查流程如图 5 所示。

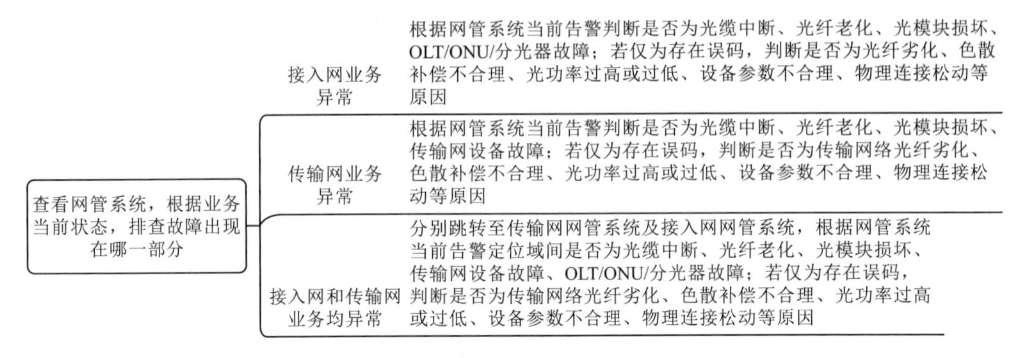

图 5　业务故障排查流程

（3）规范终端接入网标准体系，有效支撑各项标准创新验证。本项目牵头申报 IEEE P2897 OSU Flex of PON in Power Systems 国际标准，规范标准化引领 F5G 物联网络架构演进。

四、典型应用场景

F5G 全光网络可适用于以下变电站业务：

（1）高清视频。室外/室内部署 ONU 接入视频监控装置，数据通过 OLT＋SDH 至地市局经综合数据网与视频中心实现数据交互。

（2）移动作业。在站端室内部署 ONU 接入变电站无线专网，承载布控球、单兵等移动终端业务，数据通过 OLT＋SDH 至地市局经物联专网与统一视频平台实现数据交互。

（3）物联业务。在站端室内部署 ONU，接入开关柜、主变设备、GIS 设备在线监测装置的汇聚单元，与站端边缘物联代理实现数据交互。

五、推广价值

建设和推广 F5G 全光变电站接入网络在电力行业具有重要的价值，包括：

（1）统一变电站接入网络架构，简化网络层级，智能化运维水平显著提升。通过本项目的推广应用，可实现对变电站各类业务的标准化统一接入，同时搭建端到端全链路监测系统，实时监控链路运行状态，大幅提升运维效率。项目成果可推广应用至变电站、换流站、集控站等接入网络建设，满足新型电力系统业务数据承载接入灵活、大带宽、高可靠性的要求。

（2）符合国家光网发展战略，是F5G在能源行业应用的落地体现。2021年政府工作报告中提出“要加大5G网络和千兆光网的建设力度，丰富应用场景”，在变电站内应用F5G全光网络，打造绿色低碳的全光变电站，有助于实现新型电力系统建设和“双碳”战略目标。

（3）有利于建设安全、可靠的电力网络，具有重要的社会效益。建设和推广F5G全光变电站接入网络，有利于电网数字化、智能化业务方式的开展，对于保障电网安全运行，为社会生活和经济发展提供更可靠的电力基础设施等，具有重要的社会效益。

（4）采用硬管道隔离技术，节约建网成本，实现端到端全链路监测，提升运维效率，具有良好的经济价值。建设和推广F5G全光变电站接入网络，能够实现在一张物理网络上承载多类业务，并做到物理隔离，提升网络安全，避免重复建设网络。同时搭建F5G网管系统实现智能化运维，减小运维人员压力，节约运维成本。

分布式光伏通信接入典型方案

国网河北电力

（许玲玲　耿少博　韩　涛　刘雪冰　孟　显　周　健　杨成飞）

摘要： 为解决海量分布式光伏接入给电网运行带来的问题，通过对分布式光伏接入业务需求分析，开展多通信技术方案验证，形成保定分布式光伏采集和控制的通信支撑方案。基于分布式光伏群调群控需求，结合分布式光伏并网现状，总结保定分布式光伏群调群控试点建设情况，提出基于用电信息采集系统、配电智能融合终端、调度独立直采直控 3 种技术路线，并对这 3 种技术路线进行对比分析。近期，存量分布式光伏建议采用基于用采系统的技术路线，用最低成本迅速满足电网调峰等基本需求；远期，逐步推广 5G 技术，推动分布式光伏由跟网型设备向构网型设备过渡。

一、背景

河北保定电网新能源发展迅猛。保定电网渗透率高、典型性强，新能源整体呈现装机规模高速发展、低压并网比重提升、局部地区渗透率超高的特点。海量分布式接入造成了运行监测、功率预测、电网调峰、配变反送等一系列问题，亟需通过系统性、规模化的通信手段，支撑分布式光伏接入需求。

为解决海量分布式光伏造成的运行监测、功率预测、电网调峰、配变反送等问题，通过对分布式光伏接入业务需求进行分析，开展多通信技术方案验证，形成保定分布式光伏采集和控制的通信支撑方案，实现分布式光伏“可观、可测、可调、可控”的“四可”需求。

二、技术方案

基于分布式光伏群调群控需求，结合分布式光伏并网现状，总结保定分布式光伏群调群控试点建设情况，提出基于用电信息采集系统、配电智能融合终端、调度独立直采直控 3 种技术路线，对 3 种技术路线进行对比分析。

（一）基于用电信息采集系统的分布式光伏控制

基于用电信息采集系统的方案架构如图1所示。

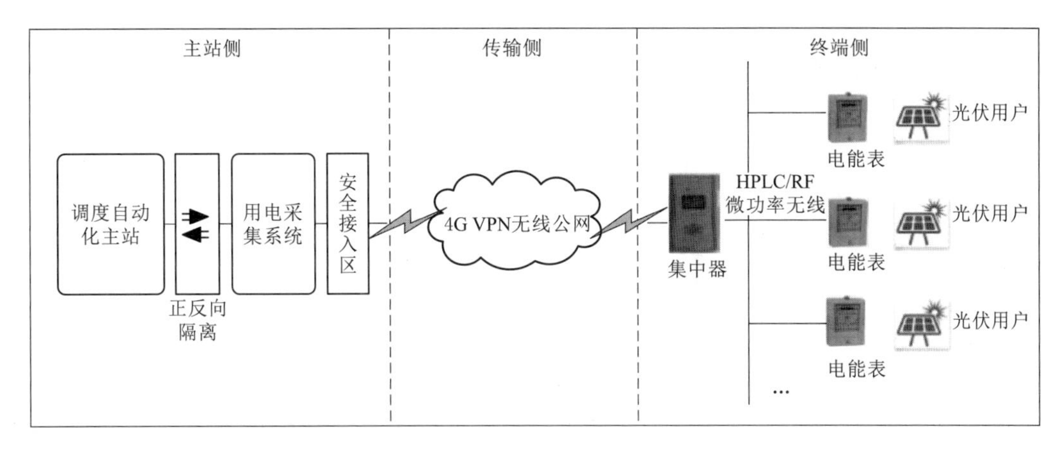

图1　基于用电信息采集系统的方案架构图

可观可测：基于用电信息采集系统实现低压分布式光伏用户15min级负荷数据全采集。保定已试点1min信息采集，支撑实时控制需求。

可控：调度D5000系统（部署低压分布式光伏远程批量控制功能模块）下发控制策略，用电信息采集系统转发控制命令智能电表并离网控制光伏用户。

通信组网：远程通信由台区集中器至用采系统，主要采用4G VPN无线公网；本地通信由台区集中器至智能电表，主要采用HPLC/RF微功率无线方式。

（二）基于智能融合终端的分布式光伏群调群控

基于智能融合终端的方案架构如图2所示。

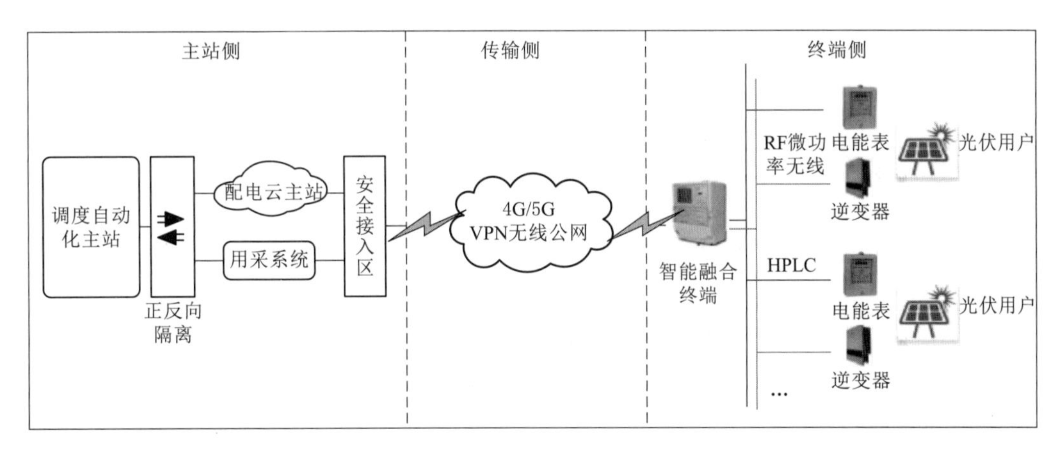

图2　基于智能融合终端的方案架构图

可观可测：配电自动化主站基于台区智能融合终端实现台区光伏用户的电压电流、有功无功等电气量的1min数据采集。

灵活调控：配电自动化主站（部署低压分布式光伏远程批量控制功能，与调度系统数据交互）下发控制策略，台区智能融合终端下发控制指令光伏逆变器。

智能融合终端具有边缘计算能力，可部署定值策略远程下发至光伏App及高级应用App，实现台区内“源网荷储”区域自治。

通信组网：远程通信由台区智能融合终端至配电自动化主站、用采系统，主要采用4G VPN无线公网；本地通信由台区智能融合终端至光伏逆变器、智能电表，主要采用HPLC、RF（微功率无线）、RS485/CAN/M-BUS方式。

（三）基于调度系统独立直采直控方式

可观可测：基于研发调度集约化三合一监控终端，实现台区光伏用户的电压电流、有功无功等电气量的1min数据采集。

可控：调度D5000系统（部署低压分布式光伏远程批量控制功能模块）下发控制策略至调度集约化三合一监控终端转发至光伏逆变器实现光伏用户柔性控制。

通信组网：主要采用4G/5G VPN无线公网。

三合一装置：针对低压分布式光伏监控所需设备数量多、投资成本高、占用空间大、能量损耗高等问题，创新研发调度集约化监控终端，在传统数据采集设备基础上，嵌入国内首张调度专用安全加密芯片，将数据采集、加密认证、无线通信等原分散设备的功能集约整合到一个设备中，实现数据采集、传输、加密、监测等功能集中搭载，作为调度直采直控终端。

开展分布式光伏支撑通信技术验证，开展基于4G虚拟专网、4G+LoRa、5G虚拟专网、光纤的4种分布式光伏控制技术示范，在保定徐水区建成全国首个基于5G的分布式光伏监控系统，首次实现了分布式能源集群对大电网电压、频率的毫秒级快速支撑。

基于4G/5G/光纤/微功率技术的光伏柔性控制技术示范如图3所示，实现光伏台区区域自治如图4所示。

三、应用成效

根据基于用电信息采集系统、配电智能融合终端、调度独立直采直控3种技术路线的对比分析结果，保定低压配网采集和调控通过“用采主站+集中器+智能电表”模式，配合营销部完成分布式光伏智能电表HPLC改造，加装光伏专用断路器和规约转换器，重点扩容无线虚拟专网规模，支撑实现保定全域13.6万户分布式光伏可观可控。如图5、图6所示。

四、典型应用场景

以上技术路线可应用于分布式光伏采集与控制、储能装置采集与控制、微网装置

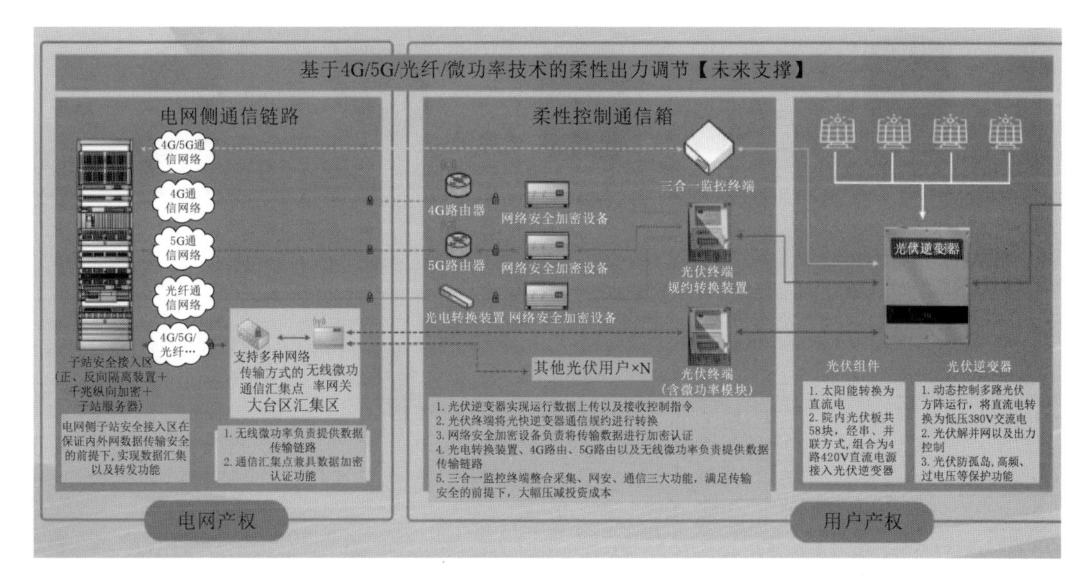

图 3　基于 4G/5G/光纤/微功率技术的光伏柔性控制技术示范

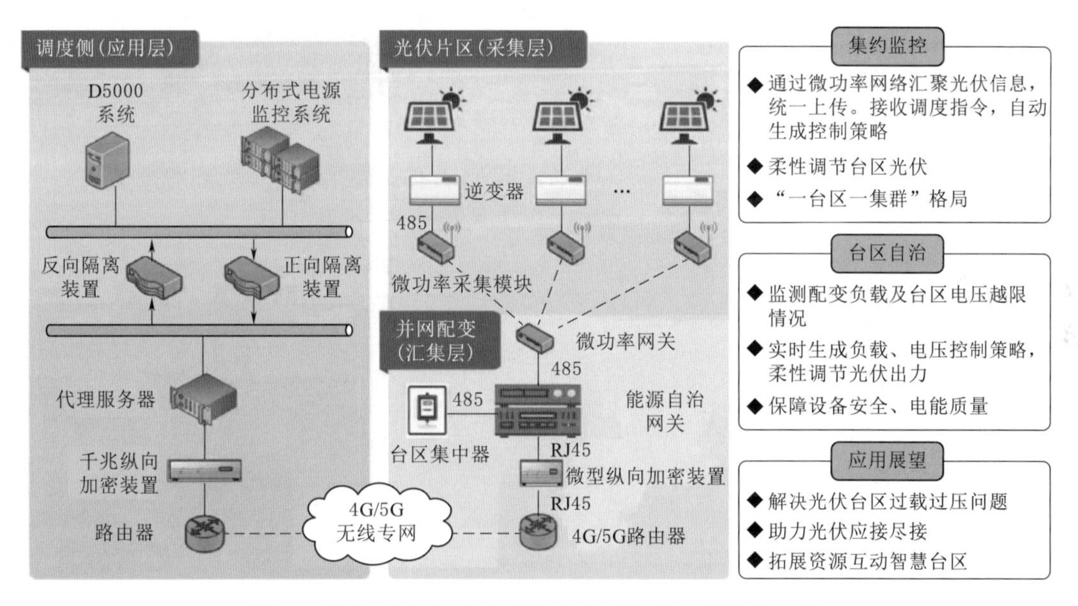

图 4　基于 4G/5G/微功率技术实现光伏台区区域自治

采集与控制。

五、推广价值

坚持统筹创新示范和推广经济性，按照设备购置、施工建设、终端对接、运维资费等维度，综合评价各类通信方案经济性，形成推广结论：近期，存量分布式光伏建

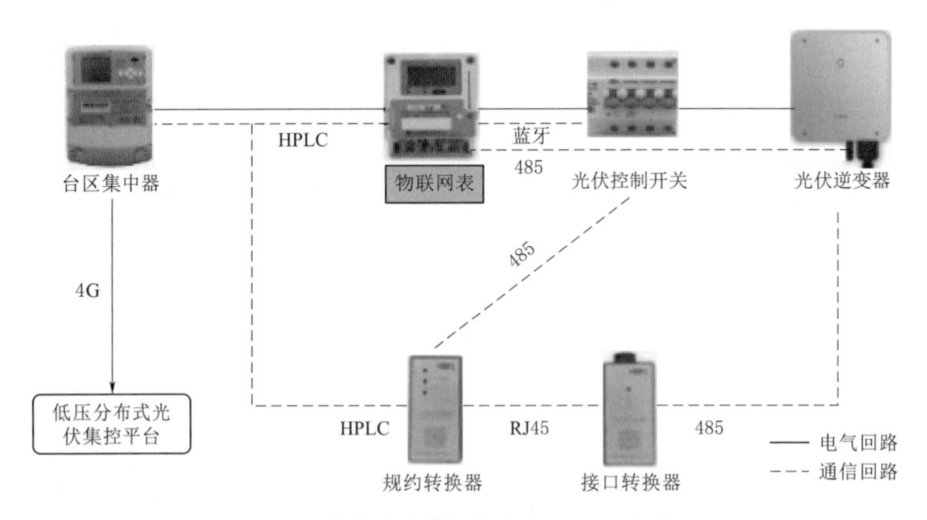

图 5　分布式光伏智能电表 HPLC 改造

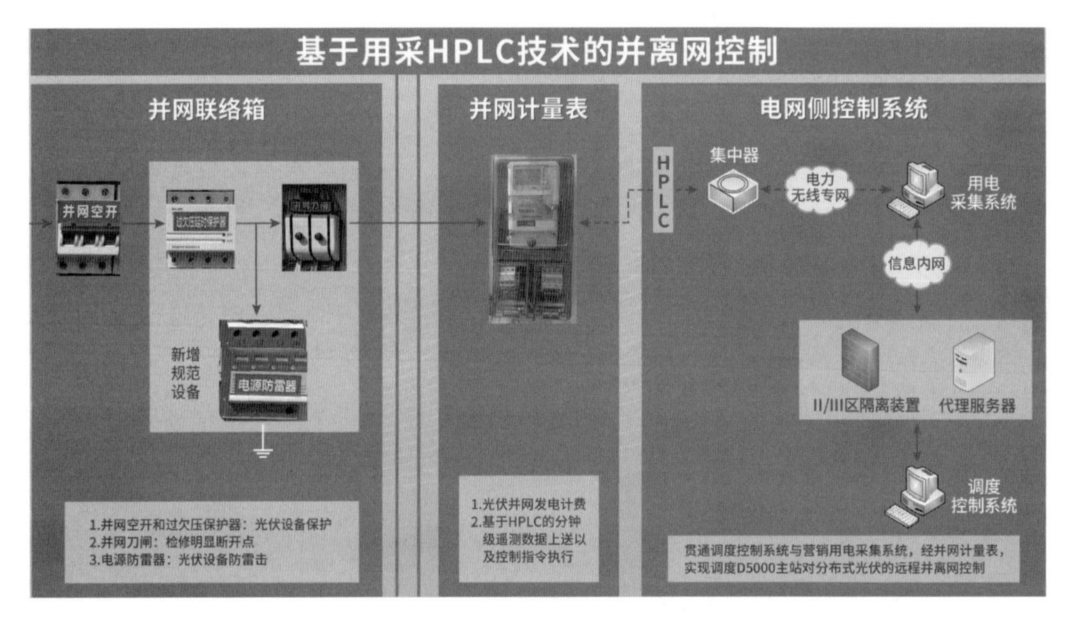

图 6　基于用采 HPLC 技术的光伏并离网控制

议采用基于用电采集系统的技术路线，用最低成本迅速满足电网调峰等基本需求；远期，逐步推广 5G 技术，推动分布式光伏由跟网型设备向构网型设备过渡。

可信无线接入技术的应用

国网青海电力

（迭世影　杜永宏）

摘要： 针对配电室和UPS电源室环境监控采用有线模式、人工巡检过程存在安全风险以及未能实现远程操作确认等现状，试点探索基于WAPI技术的宽带无线网络，满足配电站房数字化传感器、视频实时采集、控制需求，实现机房状态全面监控，减少人工现场巡检的次数，从而保障电网安全和用电可靠性，提高运维管理工作水平。

一、背景

青海公司大部分配电站房（包括配电室和开关站）没有专用通信通道，缺少实时运行监控手段，只能依靠人工定期巡检。配电站房数量众多，而且在地域上分布非常分散和广泛，巡检周期很长，存在安全隐患。当前，青海公司正在试点开展智能配电站房智能辅助系统建设，在配电站房改造、扩建等过程中，本地感知层通信主要应用二次线缆、WiFi、LORA等通信方式。其中，大量二次线缆敷设、封堵等工作，存在线缆敷设难度大、火灾隐患增加的问题，大量的二次线缆也会额外增加日常运维工作，提升故障消缺难度。巡视业务采用WiFi技术进行通信，WiFi安全性较低，存在被破解入侵风险；部分配电站房（如地下室）无公网/弱公网覆盖，导致移动巡检等业务无法开展。

二、技术方案

（一）整体方案

为支撑机房智能化改造，解决大量监控视频、巡检视频通信线缆敷设以及巡检机器人移动需求，拟试点建设基于WAPI技术的宽带无线网络，满足传感器/视频实时采集/控制需求，实现机房状态全面监控，减少人工现场巡检的次数，从而保障电网安全和用电可靠性，提高运维管理工作水平。

本方案为机房提供宽带无线覆盖，解决机房 UPS 电源/蓄电池室、机房负一楼配电室运维效率低、布线复杂性等问题，满足机房视频监控、巡检机器人等业务接入。本次拟部署 WAPI 鉴权服务器 AS 1 台、接入点控制器 AC 1 台、接入点 AP 5 台。机房 WAPI 整体架构图如图 1 所示。

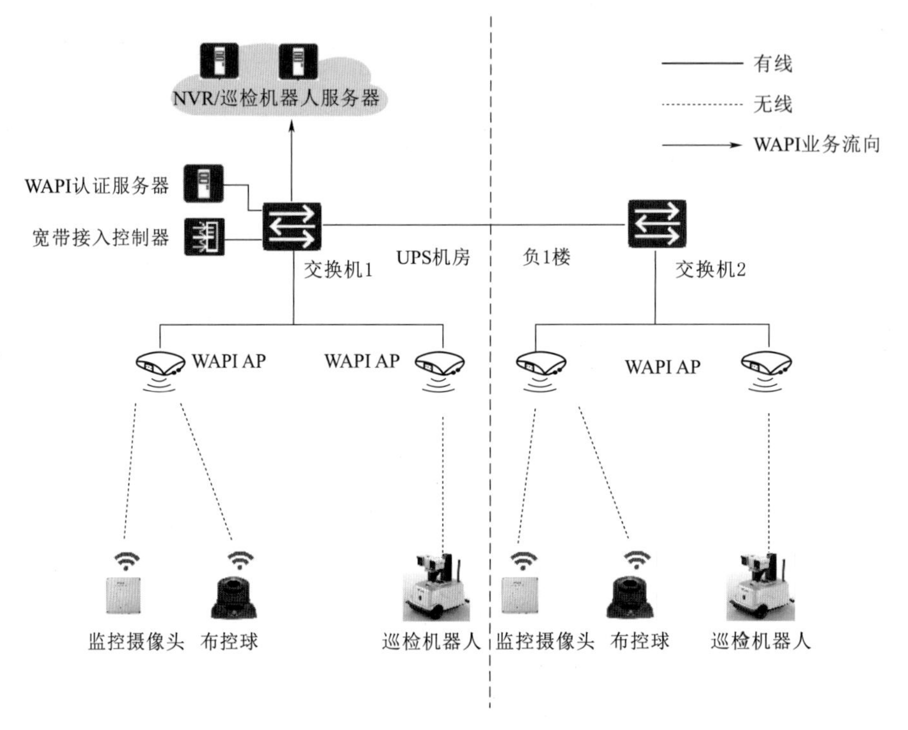

图 1　机房 WAPI 整体架构图

（二）WAPI 技术

WAPI 采用了 IEEE 802.11 国际标准，并对安全缺陷进行自主创新修正，提出先进的三元对等（TePA）网络安全技术架构，弥补 WiFi 在网络架构和协议设计方面的缺陷和漏洞，安全性较高，WAPI 峰值速率可达 9.6Gbps，时延小于 50ms。WAPI 网络架构包括 AS 鉴权管理服务器、AC 装置、AP 接入点设备及终端设备。

WAPI 无线宽带接入系统可采用 2400～2483.5MHz 频段或 5725～5850MHz ISM 频段工作；当采用 2400～2483.5MHz 频段工作时，发射功率应符合《关于调整 2.4GHz 频段发射功率限值及有关问题的通知》（信部无〔2002〕353 号）的要求，EIRP（等效全向辐射功率）小于 500mW；当采用 5725～5850MHz 频段工作时，发射功率应符合《关于调整无线电台（站）频率使用规划的通知》（信部无〔2019〕277 号）的要求，EIRP 小于 2W；设备发射功率应小于 100mW。

WAPI 频段性能指标如下：

（1）带宽：802.11ax（理论）最高速率可达 9.6Gbps。

（2）时延：系统端到端时延小于5ms。

（3）覆盖能力：对于WLAN发射设备（包括AP、终端），国家的认证要求发射功率（室内型设备）不超过0.1W，覆盖范围为几十米。

（4）用户数：单个AP最大接入用户数可达256个。

（5）可靠性：新一代WLAN可以在存在严重干扰和噪声的情况下很好地运行，可提供4个9的可靠性。

（6）安全性：WAPI提供源鉴别、机密性、完整性、抗重放、抗抵赖、防伪造、前向保密性等安全服务，安全强度高。采用三元对等网络安全技术架构（ISO/IEC国际标准），包含2个基础架构（身份鉴别WAI、数据保密WPI），采用国内商密算法，符合网络安全法和等保要求。五次传递流程实现了STA和AP的对等双向鉴别，确保了合法STA接入合法AP，通过端口安全技术实现了访问权限。密钥封闭于系统内部，不需要额外传递，安全风险低。

（三）建设方案

对通信机房进行WAPI宽带无线试点建设，接入巡视视频、巡检机器人等业务，满足机房内移动、宽带业务终端的安全便捷接入需求。

三、应用成效

提出了应用可信局域网技术构建配电站房智能辅助通信网络方案，进行自主可控的宽带无线物联通信技术、信息安全防护技术、变电站物联无线通信技术的轻量化安全解决方案研究，构建宽窄带一体化无线安全整体架构。

开展了基于可信局域网的配电站房智能辅助业务装置传输通信方式、通信协议适配研究，现场验证了装置通信模块硬件适配性，接入监控视频、移动运检终端以及巡检机器人等业务。

基于国密安全体系的可信无线局域网终端实现，满足智慧物联体系安全防护方案要求，同时实现与配电站房智能辅助终端嵌入式集成，丰富可信局域网业务应用。

提出了配电站房可信局域网无线组网网络管理方案。进行宽带无线及国网自主可控的可信物联通信网络适配技术、网络统一管理技术等关键技术研究，构建“全域覆盖、分权管理”的配电站房综合管理方法。

四、典型应用场景

配电站房、变电站通信机房、开关站等。

五、推广价值

项目成果已在青海公司获得应用，单配电站房二次线缆敷设减少数万元成本，减少人工运维巡检次数，每年节约数万元成本。若在青海公司进行规模性推广，经济效益将更加显著。同时该成果推广一方面可提高配电站房本地通信的兼容性，规范配电站房本地通信网的接入标准，支撑终端“即插即用”，支撑智能辅助等新业务终端快速接入，提高业务承载能力，满足各类业务终端接入需求，加强专业融合，提高网络资源利用率。另一方面可提升终端通信网的安全性，推动自主可控技术和产品应用，确保电力重要业务安全可靠运行。经济和社会效益十分显著。

电力5G多核心公专融合通信网助力新型电力系统建设

国网北京电力

（海天翔　郝佳恺　金　明　李宇婷）

摘要： 提出了多核心电力无线公专融合网络架构，并主导建成了全球首个双运营商、双核心的5G电力虚拟专网，进一步与电力通信专网融合互通，形成空口侧2.6GHz和700MHz双频覆盖、核心侧双网互备、承载侧公专融合的新型电力通信网。提升了业务可靠性，减少虚拟专网建设数量和使用成本，提升了公专网资源利用率，扩大了使用范围，满足新型电力系统业务发展要求。开展了17类电力业务示范落地应用，创新形成了5G＋卫星应急、5G虚拟量测平台、公专网网络监测及自动化管理平台等系列创新成果，并应用于冬奥供电保障和新型电力系统建设实践。

一、背景

随着我国“双碳”目标的确立和新型电力系统业务发展，源网荷储等分布式新能源业务接入呈爆发式增长，北京地区分布式光伏用户已达2.7万户，充电桩超过1.7万台，分布式新能源的快速接入，要求电网具有全物联、全感知、全控制能力，以满足新能源形势下电网安全可靠运行要求。分布式新能源有分布广、数量多的特点，传统以光纤为主的电力通信专网已经难以满足新能源群调群控、广泛监测需求，仅国网北京市电力公司已部署千万级业务终端，其中智能电表超过970万台，采集终端超过20万台，配电终端超过12万台，国网公司现有边端设备997万台、输电线路116万km、变电站50万座、费控终端超1亿台，无线网络接入的需求强烈，电力行业市场前景广阔，同时在交通、采矿、智慧城市等行业也有较强需求。北京地处首都，对供电保障可靠性要求极高，传统5G电力虚拟专网存在可靠性不足、使用成本高等问题。

为此，国网北京市电力公司首创提出多核心5G虚拟专网技术架构，并在此基础上将5G与卫星通信技术结合，5G虚拟专网与电力通信专网结合，形成空天地一体的新型电力通信网组网模式。开展了17类电力业务示范落地应用，创新形成了5G+卫星应急、5G虚拟量测平台等系列创新成果，并应用于新型电力系统建设实践。

二、技术方案

本项目提出了分布式多核心空天地一体公专网融合组网方案，按照终端侧、网络层、业务层3个域制定解决方案。并结合卫星通信技术，提升电力应急指挥网络和应急调控网络的敏捷搭建能力，建成全球首个5G电力多核心公专网融合的空天地一体化新型电力通信网，空口侧实现了2.6GHz和700MHz双频覆盖，虚拟专网核心侧大幅降低了控制类业务使用5G成本，成倍提升系统可靠性，经以院士为组长的专家组鉴定，填补国内外空白。

（一）组网层面

电力5G分布式多核心公专网融合空天地一体化组网方案，首创了分布式多核心网并存的电力无线公专融合网络架构，从“接入—边缘—核心网”方面，首创面向新型电力系统的分布式核心网理念，发明了异构无线网络信令监测与解析发方法，构建了国内首个双运营商网络联合组建并融合5G+卫星技术的5G电力虚拟专网，实现无线侧双频覆盖、核心侧双网互备，终端业务的毫秒级切换以及核心网200ms内切换；提出了5G虚拟专网与电力通信专网融合组网架构，充分发挥电力通信网资源优势，大幅降低了运营商专网使用数量和业务流量，降低5G使用成本。

1. 终端侧技术解决方案

构建包括业务终端、通信终端以及二者分别与网络层、业务层进行物理连接和逻辑链接的技术架构。

（1）5G通信能力终结于智能电网业务终端，构建5G通信模组与智能电网业务终端之间的设备集成架构。

（2）5G通信能力终结于通信终端，构建融合5G技术和现有电力通信技术的通信终端（网关）的综合接入架构，包括设备业务侧的多业务接口、网络侧的多网络接口、网络侧接口和业务侧接口的可编程适配技术、设备自身的业务和管理功能等。

2. 网络层技术架构

提出在5G分布式多核心公专网融合空天地一体化组网场景下，网络层资源包括光缆网、传输网、电力数据网、5G公网切片、卫星承载网（图1）等，需要构建这些网络之间横向接续、纵向承载、灵活切片的资源可组合网络架构，以适应业务层不同业务的静态部署和动态资源调度。

3. 业务层技术架构

在同时接入5G公网和电力通信专网承载的环境下，针对不同类型智能电网业务

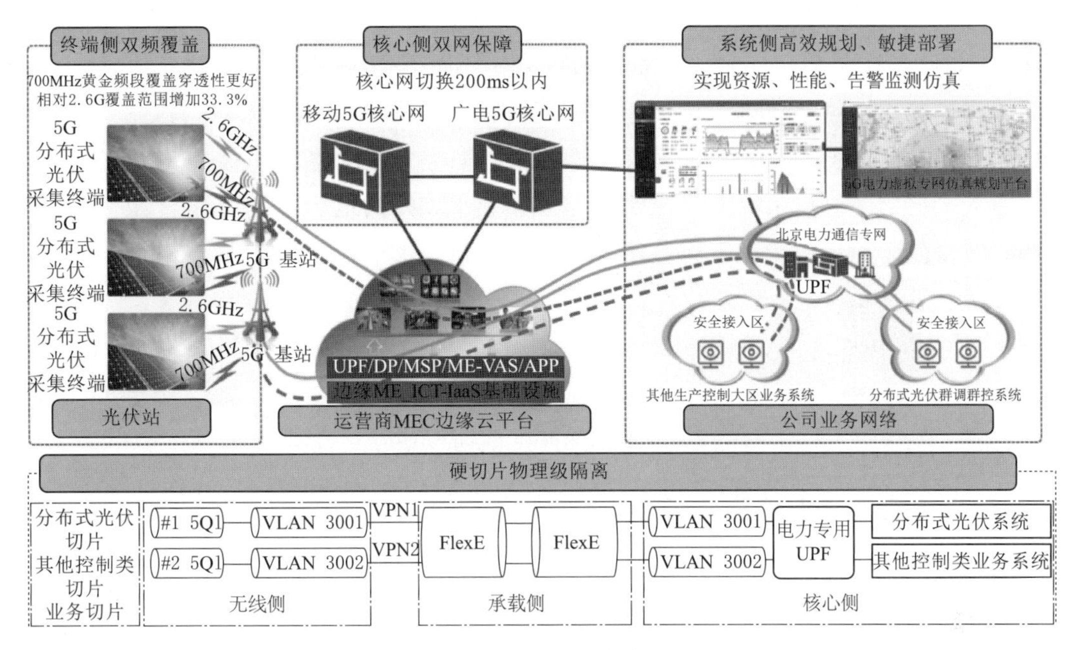

图 1　通信组网方案

的 QoS 特点、安全部署要求，建立业务向网络的切片式部署架构，业务包括具有本地通信能力的 URLLC 生产控制业务切片、支持虚拟量测海量传输的 eMBB 信息采集业务切片、支持卫星承载网的应急通信业务切片等，切片部署策略包括但不限于业务与网络切片的静态规划、业务向网络切片的暂态部署、根据业务流量的网络切片资源动态调度等。

本项目提出分布式多核心 5G 公网与电力通信专网混合组网模式进行安全组网，5G 基站可部署在电力侧机房、线路走廊等，基础设施为电力自有资产或运营商资产。电网控制类业务在电力通信区域内由电力独享，由运营商代维，电网支付建设、租赁、代维等费用；采集和移动应用类业务随业务需求使用公共 5G 网络，通过安全接入平台进入电力通信专网。此模式成本及安全保障等级最高，特别对于配网差动保护、配网 PMU、需求侧响应、高级计量等一二区重要保障业务具有较强安全性。此外建立可同高低轨卫星动态实时接入的应急通信网络，利用 5G 和卫星承载优势实现应急切片的按需建立，提升供电可靠性。

此种组网方案的优势是充分利用了电力通信专网和 5G 无线公网的资源和技术优势，有效、低成本地填补了电力通信专网覆盖不足的问题，并结合卫星等通信技术，解决了无人机、机器人巡检等新兴电力业务的无线覆盖和安全问题，形成空天地一体化解决方案。

（二）网络管理运维和规划方面

研制了融合 5G 的能源互联网业务仿真测试平台（图 2），建立涵盖不同业务类型的多模态电力业务的数据包生成模型，提出基于经验模态分解和反向传播神经网络组合模型的电力 5G 传播预测技术，提出复杂电磁环境下无线信道动态校正方法，填补电力无线环境高精信道模型空白，建立时延约束下分布式无线信道检测机制，提升了 5G 电力业务无线覆盖性能指标预测的准确率，具备 5G 网络环境性能测试、安全攻防、业务验证、仿真展示等关键能力，可实现融合 5G 的电力应用方案全面性分析与评测。经以院士为组长的专家组鉴定，达到国际领先水平。

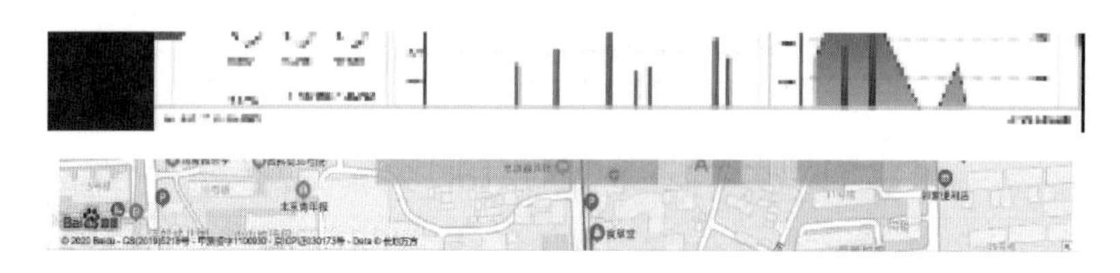

图 2　仿真平台界面

三、应用成效

（一）让新能源消纳能力更高

通过 5G 拓展调控对象边界，将分布式光伏监控时效性提升至毫秒级，控制时效性提升至秒级，实现分布式光伏资源可观、可测、可调、可控。有效提升电网对光伏等新能源的消纳能力、管控能力，保障绿电冬奥，提升碳交易精准度，助力“双碳”目标的实现。5G 分布式光伏如图 3 所示。

图 3　5G 分布式光伏

（二）让输电更高效

自主研发 5G 无人机输电巡检平台，在奥输电线路上实现无人机通过 5G 链路的远程无限距离控制，根据无人机回传数据和图像进行个性化无人机飞行指令控制，并实现无人机高清图像的实时回传，相对人工巡检平均每公里压降巡检时间 45min，效率提升 8 倍，缺陷发现率大幅提升，并获得央视报道。5G 无人机巡检如图 4 所示。

图4　5G无人机巡检

门海500kV电力隧道建成国内首条5G智慧电力隧道，实现5G巡检机器人控制、数据回传、高清视频、红外图像实时交互、局放、红外感知等应用，相对人工巡检提升效率40倍，有效化解了有限空间巡检作业人身风险，提升冬奥供电保障能力。在全北京推广，每年可节约人工成本4300万元。

（三）让配用电更可靠

1. 5G虚拟仪器量测平台

5G虚拟仪器量测平台（图5）降低终端部署成本90%。通过5G实现监测终端的灵活、广泛部署，解决光纤通道成本高、通道建设困难、4G带宽不满足要求等问题，冬奥保障中对制冰、造雪等120多个重要负荷点不间断高精度监测，节约终端成本2800万元。

图5　5G虚拟量测平台终端、界面、安装调试现场

2. 5G配网差动保护

在北京丽泽金融商务区平安开闭所、远洋开闭所开展配网5G差动保护示范应用（图6），采用室分覆盖模式，时延常态10ms以内，最大值不大于15ms，可靠性大于99.9999%，系统投运至今运行稳定可靠，有效解决了配网电力光纤覆盖不足和建设成本高、周期长的问题。

3. 让应急体系更完善

5G+卫星方式有效解决冬奥应急保障和应急电力业务接入的问题，为冬奥供电保

图 6　5G 差动保护

障再添屏障，提升冬奥供电可靠性。相对特殊环境下的地面 5G 覆盖，成本减低 80%。5G＋卫星应急演练测试如图 7 所示。

图 7　5G＋卫星应急演练测试

4. 让电力行业培训灵活高效

5G VR 云渲染（图 8）降低 VR 终端成本 80%，单台成本节约 20000 元，相对实际环境培训，成本降低 90%。摆脱了对培训环境的依赖，实现了电力行业培训的方便灵活部署。

图 8　5G VR 云渲染虚拟现实电力培训

四、典型应用场景

组网竞争优势突出，充分发挥了 5G 虚拟专网与电力通信专网融合组网互补优势，提升了 5G 使用效率，降低了使用成本。自研发虚拟量测平台，实现高频电能质量监测主机中心化，监测终端低成本、规模化灵活部署；自研发电力虚拟现实平台，实现电力沉浸式培训的快速建模、低成本灵活部署；自研发切片网关，解决存量电力采集终端低成本5G化改造问题。率先完成5G+卫星应急体系示范验证，提升了电力应急能力，提升了对特殊地区的覆盖效益，支撑电力业务快速部署。5G无人机巡检，实现了无限距离飞行控制和高清视频实时回传，实现了输电线路个性化差异化无人机巡检，提升巡检质量和效率。5G新能源并网监控，实现分布式新能源快速接入和敏捷管控，增强了北京电网对新能源的管控和消纳能力，助力“双碳”目标实现。电力隧道实现了机器人智能巡检，隧道内局放环境信息的多维互动，在电力有限空间巡检作业方面，消除了人身安全风险，提升巡检效率40倍以上。

五、推广价值

目前项目成果已推广至轨道交通、采矿等行业，全面提升了行业网络支撑能力，促进了产业数字化转型和“双碳”目标的实现。在轨道交通行业成功应用于北京市丰台区城轨建设，广州市地铁运维业务中的信号设备终端维护，应用面向轨道交通复杂电磁环境下的网络评估评测及规划技术，实现地铁信号设备终端高效规划部署，并对本地运营商网络提出指标优化建议；项目成果还应用于陕西省袁大滩数字矿山系统建设中，工程中应用了本项目的无线公专网络规划方法、无线公专网资源统一调控技术等相关成果，实现了矿井全连接物联网通信和矿山状态数字化监测。项目成果可进一步推广至石油、制造等行业中。

通信接入网资源数字化多态管理系统

国网安徽电力

（张 婷 陈小龙 卢 峰 谢 民 王 韬 蒯文科）

摘要： 随着我国电力通信事业的发展，通信网络的规模越来越大，结构越来越复杂。加强电力通信资源管理，健全电力通信系统资源资料库数据至关重要。本文主要对通信系统资源资料库建设的必要性、建设原则、资料库基本构成及应用进行介绍。

一、背景

电力通信网是与智能电网同步建设和运维的大型通信网络，覆盖35kV及以上变电站，是国网公司重要而独特的优势资源。电力通信接入网资源涵盖管道光缆、通信设备及辅助系统、工井杆塔等电网基础设施，随着电网数字化工作的推进以及通信管理系统（TMS）的深化应用，电力通信资源数据经过持续不断治理，已具有很高的准确度。但是针对接入网资源数据的保鲜机制以及基于通信资源大数据价值发挥有限，主要体现在：①通信接入网资源在基层单位分属不同部门管理，在规划建设、运行监控、运维检修等多态管理上依然衔接不足，各环节数据的关联性、一致性缺乏管控手段；②针对电力通信接入网资源数据支撑业务应用不足，网络规划、故障判断、业务承载力分析仍靠人工识别判断，未能提供智能化决策手段。

二、技术方案

（一）构建接入网数字化“规建运”多态管理系统

通过PMS系统衔接电网用户、杆迁、技改大修等各类配电网工程信息，实现通信接入网工程与配电网工程的同步规划，对接接入网网管系统运行状态数据，建设接入网规划、工程验收、接入网运行监测、缺陷管理等功能，实现通信资源在“规建运”多状态下的全生命周期管理。

（二）光缆接入点动态分析

根据通信设施和电网工井、杆塔等GIS空间数据，提出光缆接入点的动态分析方法，利用路径算法计算光缆敷设的路由信息，以拟建的终端设施（开闭所、配电房）等资源作为起始节点，以距离最短为原则在路径计算中自动推荐周边已建成的光缆接入点，根据标记节点计算下一个跳接点，完成路径查找后将标记的节点映射到站点、光缆资源上，形成具体光路的物理路径，并将需要规划新建的光缆段列出，完成新建光缆接入网点的动态分析。

（三）基于空间数据的业务路径自动推荐

依托电力通信资源“数字化一张图”，根据起始点和终点设备，按照已明确的光缆业务类型，在业务链路中存在故障光缆的情况下，根据实际业务需求确定必经路径及避让路径，结合当前光缆铺设路径，使用路径找寻算法进行绕行路径计算，自动生成多种业务路由推荐方案，基于 GIS 地图实现新路由的可视化展示，避免绕行路径找寻出错，降低基层光缆故障解决难度，缩短光缆中断时间。

（四）接入网资源多态运行数据质量校核

考虑通信设备、光缆以及电网资源在电力工程规划建设、运行运维等阶段的依存关系和关联性，以及充分考虑在模型设计时通信资源的主外键关联关系和依存所属关系，通过资源多态分析模型，及时分析实现资源数据在各状态的统一结转，保证同一资源数据的一致性，实现数据保鲜保质。

三、应用成效

（一）通信设施资源管理线上化

开展站点、杆塔、接头盒、光缆等通信设施及其资源基础信息管理，基于通信设施位置和城市空间数据，利用轻量级 GIS 技术，叠加通信骨干传输网及接入网光缆、光纤配线资料等信息，构建通信网全景“一张图”，实现通信设施全景可视化展示，方便运维人员现场资料查寻，缩短运维工作前期的资料查询准备时间，实现了数据资料的实时共享。

（二）光口纤芯跳接可视化

利用高效 H5 图形化技术实现站内资源的管理，包括进出站光缆、ODF、分光器、ONU、OLT、光路由器、传输设备，及光缆的纤芯、设备的光口以及光纤跳接等信息，利用高效 H5 图形化技术直观感受数据的完整性和判断光纤跳接的正确性，提高通信运维检修人员系统的可操作性。

（三）拓扑链路数据校核敏捷化

基于通信设备、光缆以及资源的业务关联性和物理依存关系，设计设备、光缆等模型，支撑通信拓扑链路的快速计算。解决运维人员数据运维时因资料不直观存在的部分错误数据和重复数据，利用快速链路分析模型，及时分析数据的正确性，提升运维人员的数据质量。

（四）光缆故障定位快速化

针对通信设备和资源、通信光缆和光纤故障引发的通信通道信号中断，根据发生通信故障的起止站点，利用通信光缆的敷设路径以及资源的占用信息，根据光缆路由信息和光缆断点距离，以 GIS 空间寻路分析算法，结合业务通道要求（双通道或三通道要求），设计光通道快速探索模型，有效支撑定位故障点位置。2023 年因市政施工、小动物破坏等引起的通信骨干网光缆故障 48 起，接入网光缆故障 106 起，故障平均修复时长缩短 3h。

（五）业务路径推荐自动化

依托电网数字化电力通信一张图，根据起始点和终点设备，按照已明确的光缆业务类型，在业务链路中存在故障光缆的情况下，根据实际业务需求确定必经路径及避让路径，结合当前光缆铺设路径，使用路径找寻算法进行绕行路径计算，自动生成多种业务路由推荐方案，基于 GIS 地图实现新路由的可视化展示，避免绕行路径找寻出错，降低基层光缆故障解决难度，缩短光缆中断时间。2023 年规划新业务路由与故障调整光路路由，从以往 2.5h 缩短至 10min 之内，平均缩短 2.3h。

（六）移动运维轻量化

结合移动运维和信息通信新技术发展趋势，基于公司信息通信运行现状，提升运维管理和技术支撑水平。在保障现有工作稳定运行的基础上，将运维的工作从传统模式向自动化、智能化模式推进。通过基于 i 国网的移动应用，实现现场通信资源信息查询，方式单反馈，工单督办以及二维码自动生成、打印及光配信息的浏览功能。

四、典型应用场景

项目可以应用于配电自动化、用电信息采集、负控控制、分布式电源监控等各类配用电系统通信管理运维场景中，对配电通信网的综合管理运维具有重要意义。

五、推广价值

项目的实施可以大大提高电力通信的管理、规划及运维水平，支撑各类通信管理运维部门之间实现资源共享；支持快速定位设备及光缆故障，高效识别“手拉手”光缆路径重路由、重管井风险，为通信网规划人员通信建设规划提供数据支撑。同时，集成公司电力设施及电气联络信息，利用可视化的电网电缆路径，辅助开展通信网

“手拉手”保护线路敷设活动。通过系统应用，使通信资源运维与规划管理更有效、更规范，减少了人力成本与时间成本，提高通信管理整体工作效率和资源使用效率。系统已在合肥市区全域开展通信网架优化应用实践，有力提高电力通信网络的可靠性，为居民满意用电提供了坚实保障，带来了显著的社会效益。

5G 承载电力生产控制业务网络安全防护工程部署方案

国网重庆电力
（朱　睿　邓雪波　李秉毅　梁　柯　徐　鑫）

摘要： 5G 承载电力生产控制业务的瓶颈问题之一是网络安全防护，现有的“5G 切片安全防护＋业务应用安全防护”两层结构在网络安全防护上有结构性缺陷。重庆公司设计提出新的 5G 承载生产控制业务网络安全防护层次结构方案，在电网生产控制业务和公网 5G 之间增加电力通信 IP 网络安全防护层次，形成“5G 切片安全防护＋电力通信 IP 网络安全防护＋业务应用安全防护”的三层结构，结构性解决了 5G 承载电网生产控制业务的网络安全防护问题。

一、背景

目前，5G 承载电力生产控制业务的瓶颈问题之一是网络安全防护，现有的“5G 切片安全防护＋业务应用安全防护”两层结构在网络安全防护上有结构性缺陷：这种安全结构的逻辑是电网公司负责业务应用安全，电信运营商负责网络安全，双方合起来防范第三方。但实际上，电信运营商和电网公司是两个企业，电信运营商对电网公司来说也是不可信的第三方，所以这种机制实际上是电网公司将自身业务的网络安全职责寄托在外人身上，自己并没有形成工作闭环。图 1 和图 2 示意了这个结构。

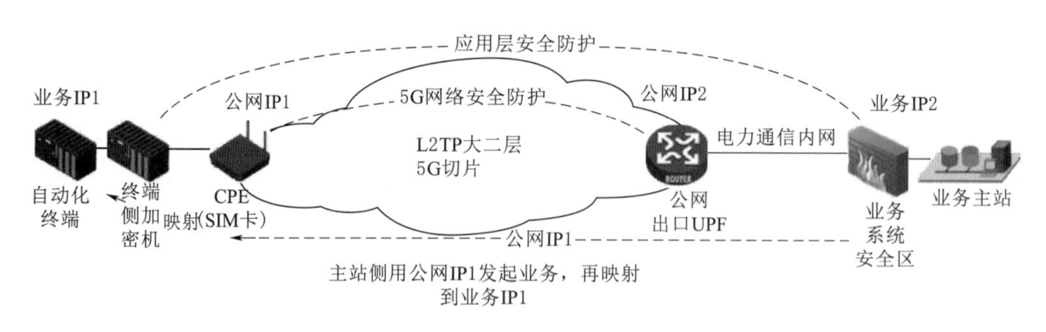

图 1　现有网络安全部署方式

在该结构下，具体的安全缺陷有：一是电信运营商可以随时监测、解析、统计电

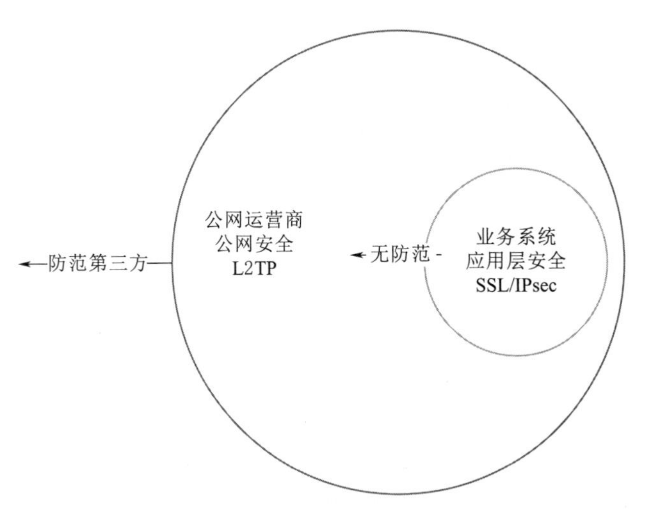

图2　现有安全防护层次结构

网生产控制业务的网络信息，比如业务IP、端口号、协议，甚至部分不加密内容（应用层安全防护中未要求的加密内容）。二是如果电信运营商的5G网络被第三方攻破，那么第三方也可以同理获取相关信息。三是当前虽然电网公司不断要求电信运营商加强5G网络的安全防护，但一方面电信运营商本身才是电网最需要防护的对象，再要求其如何增加防护策略也无法解决问题，甚至还会因为其增加了防护措施而进一步加强对电网业务的解析和统计，与虎谋皮；另一方面电信运营商有自身的管理和生产机制，也不一定能按照要求配合。图3示意了公网解析（即转发）业务报文的过程。

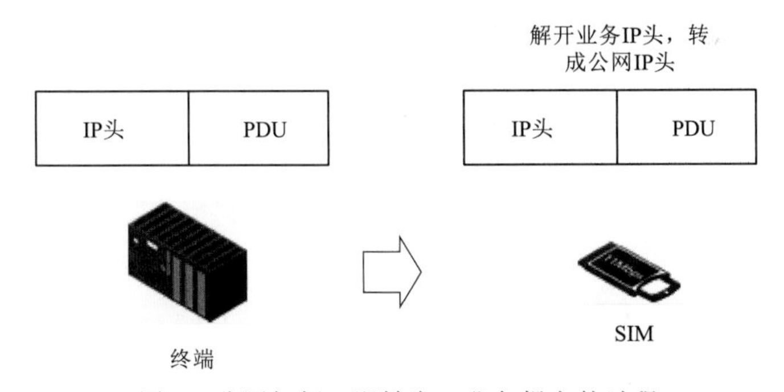

图3　公网解析（即转发）业务报文的过程

总之，当前5G承载电力生产控制业务在网络安全防护方面，具有结构性缺陷。因此，本项目提出一种安全防护层次方案，从结构上完善电网公司生产控制业务的网络安全防护效果，支撑电网公司网络安全防护工作闭环。

二、技术方案

针对上述结构性问题，重庆公司设计提出新的5G承载生产控制业务网络安全防护层次结构方案，在电网生产控制业务和公网 5G 之间增加电力通信 IP 网络安全防护层次，形成“5G 切片安全防护＋电力通信 IP 网络安全防护＋业务应用安全防护”的三层结构，解耦电力生产控制业务和公网 5G 网络的绑定关系，使电网公司自身担负起生产控制业务的“应用层安全防护和网络安全防护”职责，首先防范电信运营商对电网业务的解析统计，其次防范公网 5G 被第三方攻破后的业务安全，形成电网公司网络安全工作闭环。

如图 4 所示，重庆公司三层安全防护方案由“业务应用层安全＋电力通信网络安全＋公网 5G 安全”组成。“业务应用层安全”与原方案保持不变，由营配调业务部门按照工控安全应用层防护规定配置，如主站侧接入区、终端侧加密装置等，执行应用层认证、加密等安全职责。“电力通信网络安全”由电力通信专业负责，在公网 UPF 出口处部署通信防火墙，与 CPE 形成对端网关设备组，将公网 5G IP 地址进行 NAT 转换，成为电力通信 IP 地址，再由该电力通信 IP 地址与业务终端和主站侧设备互联，解耦业务系统与公网 5G 的 IP 网络绑定。在此基础上，由 CPE 和通信防火墙对端部署电力通信 IP 网络安全防护策略，如 IPsec 隧道、执行认证、加密等策略，形成电力通信网络安全防护层。“公网 5G 安全”则由电信运营商按照自身的工作要求配置，其目的变为保障公网 5G 对电网公司的可靠性和可用性，而不需再承担电网公司生产控制业务的网络安全职责。

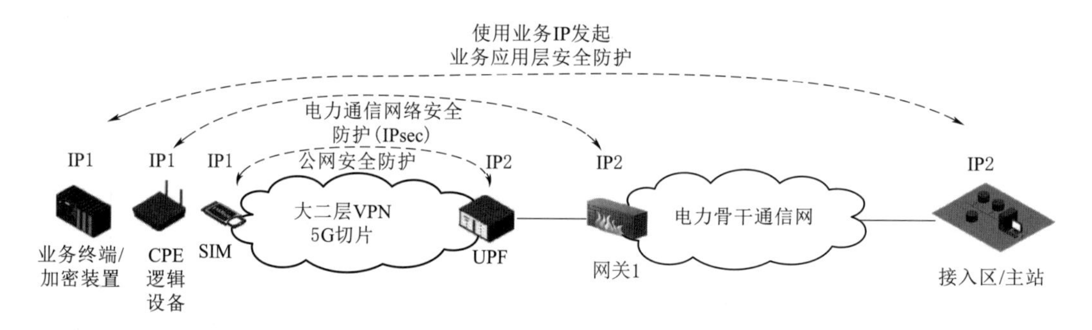

图 4　三层网络安全部署方式

在此结构下，如图 5 所示，重庆公司方案相比原方案增加了电力通信网络安全防护层次，使得电网公司担负起了“业务应用层安全和业务通信网络安全”的职责，完成了对公网、对第三方的网络安全防护，实现安全工作闭环。

图 6 示意了新的安全防护结构效果。图 6（左）是图 3 中的原方案效果，由于没有电力通信网络安全防护层次，业务应用直接与公网 5G 互联互通，所以公网以及攻破公网的第三方都由可能获取电力生产控制业务的 IP 头和部分不加密 PDU，电力生产控制业务的网络和应用数据安全存在机制性风险。图 6（右）是本方案效果，由于电力通信专业在业务和公网之间增加了电力通信网络安全防护层次，使得电力业务通信不再直接暴露在公网上，所以公网 5G 虽然也要转发（解析）电力公司送出的 IP 报

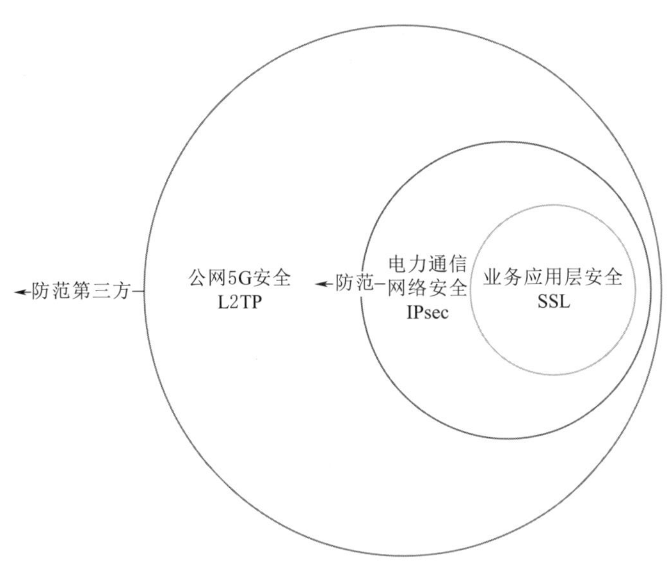

图5　三层安全防护层次

文，但他们只能获取电力通信IP网络的对外互联IP，而不能获知任何业务应用的IP信息和应用PDU信息（包括在应用层可以不加密的内容）。同理，即使第三方攻破了公网5G安全防护策略，那么也只能拿到电力通信专业整体封装加密后的业务通信报文，不能获知任何业务应用的IP信息和应用PDU信息。

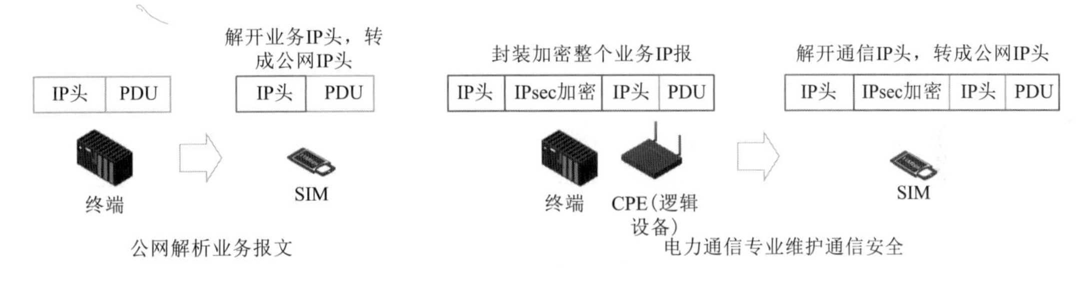

图6　三层安全防护结构效果示例

三、实施成效

重庆公司是2022年的国网5G承载电网生产控制业务规模化试点单位，及2023年的国网无线通信技术应用试点单位，所承担的内容是5G承载电网生产控制业务试点。在试点中，重庆公司采用了本项目设计的安全防护方案，已在市信通公司数据中心、市南公司调控中心两地完成重庆电信、移动两家的分布式UPF建设，并完成与之互联的通信防火墙部署。相应地，在市区、市北、市南、北碚、长寿等公司，已部署128套5G CPE，与通信防火墙对端完成NAT转换，配置IPsec隧道，实现三层安全防护结构。同时，承载了市调源网荷储监控业务38点，配电自动化遥控业务88点，市营服中心负控业务 2 点。

四、应用场景

重庆公司方案可以应用于配电通信网各类 5G 承载生产控制业务的场景，对于 5G 承载电网生产控制业务具有广泛的普适性。

五、推广价值

网络安全是 5G 承载电网生产控制业务的瓶颈问题之一，原有的安全防护方案具有结构性缺陷，无法支撑 5G 承载电网生产控制业务的实施，本方案是第一个完备的 5G 承载电网生产控制业务安全防护工程部署方案，具有突破瓶颈的效果，意义重大。

从电力行业角度说，本方案解决了 5G 承载电网生产控制业务的网络安全防护问题，将直接支撑分布式电源监控、配电自动化、负荷控制等各类新型调控业务，成为推动新型电力系统建设的关键瓶颈突破之一，对新型电力系统建设、“双碳”目标实现具有重大意义。

从电信行业角度说，本方案解决了 5G ToB、垂直行业应用的安全防护问题，明晰了电网等垂直行业用户和电信运营商的网络安全职责界面，使电信运营商 5G 网络不需要再承担用户业务的网络安全职责，使得电信运营商愿意且可以将 5G 用于 ToB、垂直行业，对发展 5G、推动 5G 应用具有重大意义。

电力无线公网精益化管理

国网浙江电力

（凌　芝　徐阳洲　王信佳　诸哲楠　贺家乐）

摘要： 无线公网是支撑用电采集、负荷控制、配网监测等各类电力业务的重要通信手段，是电力有线通信的重要补充，在数字化牵引新型电力系统建设中发挥着重要作用。截至2021年年底，浙江公司拥有近490万台无线公网终端，且终端无线公网SIM卡存在“多部门应用、多部门管理”的情况，大大增加了运营、管理和监督的难度。针对该问题，调控中心利用数字化手段提升了无线公网管理管控，2022年清理了僵尸卡58万张，并优化了资费套餐，每年可节约费用6100万元，最终形成了“四个一”（一标准、一本账、一体系、一平台）的无线公网管理模式，有力促进了企业提质增效。浙江公司董事长批示：“调控中心主动作为，利用数字化手段摸清SIM卡应用底数，清理僵尸卡，不仅节约大量费用，更是提升基础管理水平、提质增效的典型案例，应予表扬推广。”

一、背景

经过多年发展，浙江公司基本实现了35kV以上变电站等固定业务站点全光接入，但随着新型电力系统的发展，广域分布式智能电网业务呈爆发式增长，由于有线光纤成本以及线路廊道的限制，越来越多的电力业务依靠无线接入电力通信网，无线公网经过几年蓬勃发展，至2021年年底，无线公网终端已达490万台。无线公网终端数量众多且属不同专业，各地区不同程度地存在开卡容易销卡难、SIM卡使用缺少监管等问题，加上终端新增、改造等原因，公司SIM卡每年新开卡数量呈现大幅增长态势。

为落实“节约的能源是最清洁的能源，节省的投资是最高效的投资，唤醒的资源是最优质的资源”工作理念，浙江公司调控中心以无线公网业务为切入点，以“统一管控、协同高效、职责明确、流程标准”为核心，按照“四个一”工作思路，构建无线公网精益化管理模式。通过优化公网租用管理流程，实现全量无线公网数字化管控，依托平台建成全公司无线公网一本账，和营销、设备等业务系统关联，实现每张SIM卡全生命周期管理，提升公网服务保障水平。图 1 为浙江电力无线公网精益化管理体系。

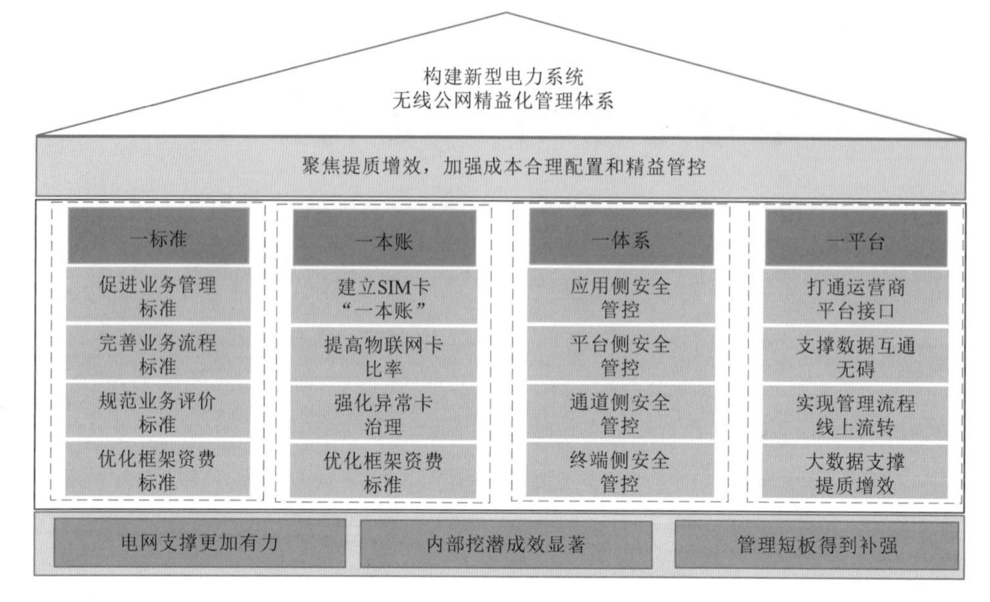

图 1　浙江电力无线公网精益化管理体系

二、技术方案

以“合规、精益、安全”为目标，协同各业务部门开展无线公网业务梳理，明确业务管控要点；成立以公司无线管理平台为主的数据支撑团队，解决业务管控流程中数据分析难的问题；以运营商物联网平台和月度费用清单为数据源，利用数据分析方法，实现无线公网业务与电网业务的融合，提升业务管控效率；强化“一口对外”管理，加强与运营商沟通对接，形成了一套定期高效的会商机制，争取更多的优惠和服务。

（一）专业管理“一标准”，构建全方位业务管控模式

落实主体责任，制定《国网浙江省电力有限公司公网统一租用业务办理办法（试行）》等制度；坚持统一指挥、分工协作，明确各地区调度部门牵头，信通公司具体负责，营销、运检使用部门协同配合，构建决策层、执行层两级组织机构；共建联动机制，提供业务保障，多部门协同开展无线公网业务综合治理工作。

细化业务申请流程，形成 36 个标准化业务套餐并对业务申请、套餐变更流程再调整，做到业务套餐可控最优。取消电信运营商“托收”，实行业务部门和通信专业部门费用双审核制度，强化了无线公网关键节点的费用监督和过程管控能力，解决了原来“托收”直接支付后核查难、追款难的问题。

加强考核评价，为鼓励各地区积极采取有效措施，公司系统性建设月度考核评价

指标体系，体系包含18项SIM卡专项评价指标。

优化框架资费，针对无线网络服务质量等因素与运营商进行多轮会谈，正式签发“浙江电力与三大运营商通信租赁服务团购优惠方案”，并创新落地硬切片和软切片价格机制和服务模式，推动硬、软切片服务项标准化、规范化，有效降低5G切片新技术应用成本，与运营商实现互利共赢。

（二）无线公网“一本账”，构建全量账卡物核查机制

建立SIM卡“一本账”，按照物联网卡在线归集、非物联网卡离线汇总原则，实现了全省365万张物联网卡信息的准实时采集与更新，通过线下手动导入的方式汇集全省68.9万张非物联网卡，最终实现了共计433.9万张SIM卡的在线管控。

提高物联网卡比率，按照工信部关于物联网卡安全管理要求，逐步退出11位移动网号码承载的物联网业务，物联网卡比率较上年同比上升16%。

强化异常卡治理，实时监控物联网卡运行状态和流量数据，对零流量、超流量等及时预警。运用大数据分析逐月形成“零流量”“超流量卡”清单，试点“套餐变更”等在线应用，对超过三个月未使用的僵尸卡进行停机销户，对超套餐或套餐使用不达标的进行资源优化。

（三）安全管控一个体系，实现无线公网全链路监控

强化全链路安全管理，应用侧按最小化原则进行业务开通；平台侧依托管理平台建立监控机制，对异常行为实施“一键阻断”；终端侧针对多技术体制、多厂家类型的无线终端运行状态进行集中监控，实现无线资源的台账等功能管理；通道侧对SIM卡接入进行认证及审计。

实现安全监测和异常处置，对于识别出的存在安全隐患的异常SIM卡，经平台一键阻断/恢复业务流程（图2）实现SIM卡的“一键阻断”和“一键恢复”，有效保障了电网业务的安全运行。

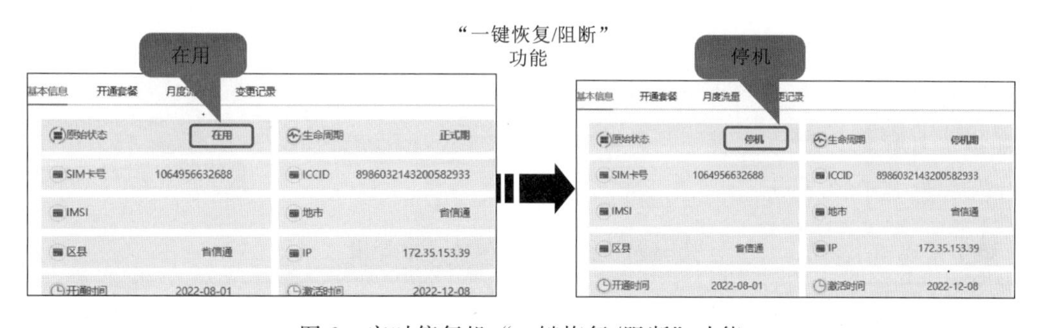

图2　实时停复机“一键恢复/阻断”功能

（四）数字支撑一个平台，提升无线公网管理效率

建成全国首个无线通信综合管理服务平台（图3），实现了无线公网各类资源的统一集中纳管和性能指标监视。

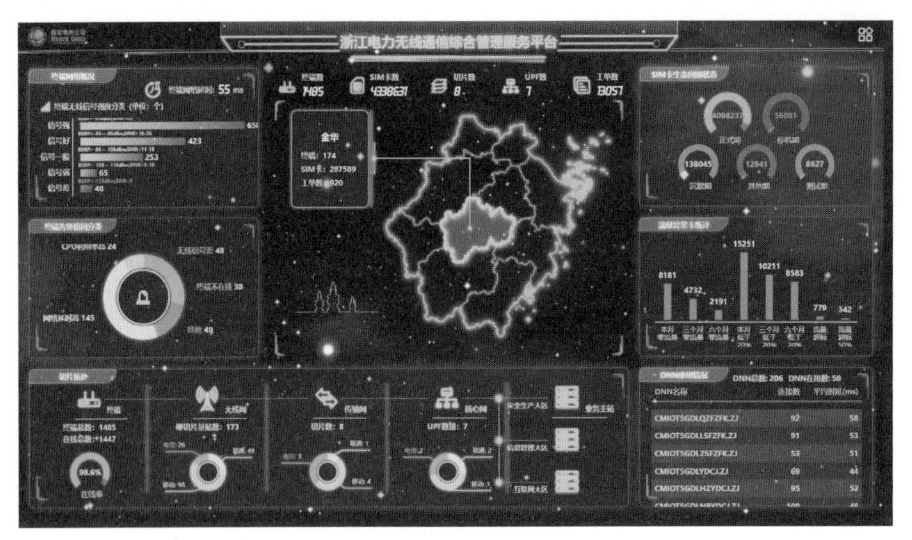

图 3　浙江电力无线通信综合管理服务平台

实现全量业务在线管理，完成与移动等六大物联网平台的集成对接，接入 410 个单位账号，实现了全省物联网卡信息的准实时采集与更新，非物联网卡线下汇集，月管控率达到 100%，依托平台数字化管理手段，摸清全省 SIM 卡底数，实现全量 SIM 卡在线管控。

实现管理流程线上流转，实现 SIM 卡申请部门“一次都不跑”，大大提升了无线公网业务部门的满意度；规范化 SIM 卡线上套餐变更，便捷化 SIM 卡线上销卡管理，助力公司无线公网 SIM 卡全生命周期管理，实现企业降本增效。

三、应用成效

（一）SIM 卡底数全量掌握

依托无线通信综合管理服务平台数字化手段，打通业务部门与通信专业的管理壁垒，深入摸排理清存量 SIM 卡信息，建立增量纳统机制，确保数据统计全覆盖。以 2022 年 7 月数据为例，见表 1，全省租用三大运营商无线 SIM 卡数量约 433.9 万张，月租赁费用 1593.3 万元。

表 1　　**各地市三大运营商 SIM 卡统计表**

项目	杭州	宁波	嘉兴	湖州	绍兴	衢州	金华	温州	台州	丽水	舟山	合计
总数/万张	64.9	70.6	36.6	32.2	41.8	12.7	28.5	71.9	48.1	17.8	8.8	433.9
	14.95%	16.27%	8.44%	7.42%	9.63%	2.93%	6.57%	16.57%	11.09%	4.10%	2.03%	100.00%
费用/万元	235.6	250.8	136.3	133.6	155	50	117.4	230.8	174.4	68.1	41.3	1593.3
	14.79%	15.74%	8.55%	8.39%	9.73%	3.14%	7.37%	14.49%	10.94%	4.27%	2.59%	100.00%

（二）提质增效成效显著

截至 2022 年 7 月，全省累计清理异常 SIM 卡 76.92 万张，占总数 17.73%，仅清理僵尸卡一项，每年可节约费用 2500 万元。通过整合优化现有框架资费，完成与三大运营商无线公网电力应用套餐会商，形成了 68 个框架标准，月租套餐费、流量池等方面较原标准有大幅优惠，其中 300M 以上月套餐下降幅度超 50%，此项每月可节约 300 万元。

（三）专业管理全面深化

主体责任压紧压实，实现通信专业“一口对外”公网管理模式，业务部门由原来全过程数据核对角色转变为针对性使用管理角色。穿透督导纵深开展，调控各中心充分发挥专业部门的主导作用，着力增强基层通信专业无线公网管理的组织力和协调力。管理效率大幅提升，进一步细分，调整了原来的管理流程，减轻了管理部门和业务部门的协调难度，打破专业之间的壁垒，沟通协调更加畅通。

四、典型应用场景

创新构建浙江电力无线公网精益化管理体系，通过数字化手段，整合百万级地市信通、业务部门、运营商台账数据，摸清、校准 SIM 卡底数。通过接口归集、实时采集、线上流转、分权分域的数字化实现，规范 SIM 卡全流程精益化管理，提升地市通信专业管理人员的工作效能。通过大数据分析和智能研判，实现无线公网资源整体态势的预判预控能力，进一步提升无线公网承载新型电力系统源网荷储多元业务的可靠性。

五、推广价值

本管理应用得到公司领导、国网公司的高度肯定。浙江公司董事长针对调控中心利用数字化提升无线公网管理工作作出批示：“调控中心主动作为，利用数字化手段摸清 SIM 卡应用底数，清理僵户卡，不仅节约大量费用，更是提升基础管理水平、提质增效的典型案例，应予表扬推广。”总部《公司终端通信接入网建设运维工作情况通报（2022 年上半年）》发布浙江公司典型经验，将浙江公司做法推广示范：“浙江公司实现无线公网统一租赁精益化管理提升。一是依托平台建成全公司 SIM 卡‘一本账’，与营销、设备等业务系统关联，实现 SIM 卡全生命周期管理。二是实现物联网卡在线监测，全量接入全省 320 万张物联网卡，实时监控物联网卡运行状态和流量数据。三是开发流量套餐后评估及优化功能，试点套餐变更、机卡解绑、SIM 卡停/复机等在线应用。四是公布各单位物联网卡比率、一致性比率、异常卡比率等指标，促进各单位提质增效。”5G 商业模式、技术应用和 SIM 卡治理工作同时得到了兄弟单位的高度认可，“浙江模板”多次被复制推广。

面向新型电力系统的5G基站与箱式变压器、环网柜的融合设计与应用

国网福建电力

（陈少昕　陈锦山　林彧茜　林　树　苏素燕　许佳东　石明星）

摘要： 环网柜（箱变）作为电网的10kV配电设备，遍布城市各个街区，和5G基站的布点选址具有重叠交叉部分。因此，本成果提出复用电网的配电设备——环网柜（箱变），用于解决5G基站建设中空间不足、基站供电成本过高、防雷接地系统施工复杂的痛点。针对新建、在运的环网柜（箱变）两种情况，本成果通过对结构、外观以及电压互感元器件的研发设计，使环网柜（箱变）满足柜内保护设备、自动化设备的同时，能够给5G基站就地提供工作电源，就地计量，有效减少设施占用的土地资源，实现5G基站防雷、接地系统与环网柜（箱变）高度融合、共享使用的功能。

一、背景

目前，5G基站建设正处于高速发展时期，仍存在亟待解决的问题。首先，5G基站架设选址难，协调难，5G时代需要大量微基站完成更密集的网络覆盖。尤其是在城市核心区域，通信交互更为频繁，基站架设需求更为迫切，但可供选址的空间更为稀缺，导致运营商在选址过程中希望利用基站共建共享的方式，提高基站使用效率和建设效益。其次，5G基站供电建设成本高，目前主要通过转供电方式给基站供电，暂未实现就地供电。中国铁塔曾透露，5G基站年综合电费2.3万～3万元，预计5G基站电费将达到每年2400亿元，比4G网络高出2160亿元。目前，相关部委、各地政府也相继出台政策，降低5G基站用电成本，推进5G基站的落地使用。最后，5G基站建设配套的避雷接地设施复杂，基站主要由通信设备和供电设施组成，这些设备引入雷电的危害形式并不单一。因此，基站的避雷接地实施需要综合考虑，并且需要开挖地面埋设避雷接地排，整体施工费时费力。

因此，为了满足国家关于“新基建”高质量发展的战略需求，带动数字产业链上下游经济发展，需要加快解决城市核心区域5G基站建设问题，为抢占全球新一代信

息技术制高点奠定坚实基础。

二、技术方案

环网柜（箱变）作为电网的10kV配电设备，遍布城市各个街区，和5G基站的布点选址具有大量重叠交叉部分。因此，本项目提出复用电网的配电设备——环网柜（箱变），用于解决5G基站建设中空间不足、基站供电成本过高、防雷接地系统施工复杂的痛点。

（一）5G基站与环网柜（箱变）空间深度融合

为了使5G基站和环网柜能够实现一体化深度融合，本成果对新建的环网柜（箱变）从空间结构上进行了优化设计。将传统5G基站塔身部分隐身于环网柜（箱变）内部，环网柜（箱变）顶盖经过特殊结构设计后，使得基站的塔杆可以从箱体内延伸出法兰，如图1所示。在环网柜（箱变）外部，5G基站天线杆与环网柜（箱变）顶部预制好的法兰通过螺栓连接，用于挂设5G天线和电能计量箱。对于在运环网柜（箱变），则采取在箱体外侧增设天线杆，外挂5G基站的策略进行箱体的改造，如图2所示。

图1　新建环网柜（箱变）将架设基站的圆杆直接设计到箱体内部

本成果充分利用和改造了环网柜（箱变）内、外部空间，从结构上将5G基站与环网柜（箱变）深度融合，构造一体化机柜，大大提高了土地资源利用效率。

（二）5G基站由环网柜（箱变）就地供电

新建的环网柜（箱变）采用6台断路器柜作为进出线开关柜，采用1台负荷开关柜连接电压互感器，因3000VA的大容量PT无法装设于负荷开关柜电缆室，需要再加装PT箱（放置在箱内右侧，箱内左侧为DTU间隔）。1台5G基站的额定功率为800～1000W，一个站点拟投入的基站一般为2～3台。选用全绝缘三相合一型的大容量电压互感器，参数为10/0.1/0.22kV，50VA/3000VA。提供2路220V/3000VA，

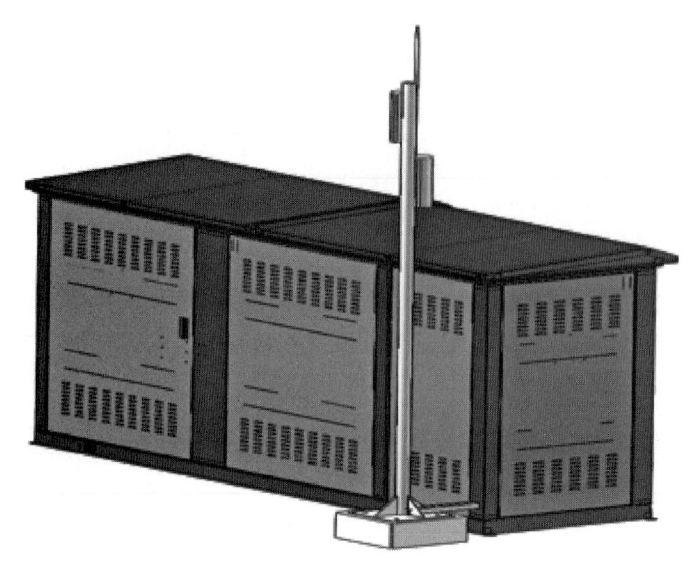

图 2　在运环网柜（箱变），在箱体外侧增设圆杆，用于挂设 5G 天线和电能计量箱

其中 1 路（A—B 相间电压）用于 DTU 电池充电和除湿照明回路，另 1 路（C—B 相间电压）用于基站工作电源。当基站数量为 3 台时，C—B 相间电压只能提供给两台基站，第 3 台基站的电源采用 A—B 相间电压，即与 DTU 电池充电共用 PT 绕组。如图 3 所示。

目前已投运的环网柜（箱变）中，应用最多的是母线 PT 箱的结构方式，即环网开关柜的右侧带 PT 箱，通过高压电缆将电压互感器（PT）接入主母线，电缆头内置高压熔断器。现有的 PT 输出容量为两路 220V/300VA，其中一路用于 DTU 电池充电，另一路用于柜内除湿和照明回路。为了使在天线杆上预设有电能计量表的挂设结构，在运环网柜的箱体外侧增设圆杆，环网柜（箱变）提供的工作电源通过电能表与 5G 基站连接。根据挂接的天线数量，可以选用 1 路或 2 路直通电能表，用于就地供电的电能计量，方便供电方抄表，实现公用设备用电与 5G 设备用电独立，互不影响。如图 4 所示。

（三）5G 基站与环网柜（箱变）防雷系统共享

通过统筹考虑 5G 基站天线的高度、安装的相对位置以及环网柜（箱变）内的防雷设备（避雷器、浪涌保护器）的规格，将 5G 基站与环网柜（箱变）接地系统融合建设，共享使用，5G 基站避雷等级能达到第三级。这一方案有效降低防雷接地系统施工难度，避免重复装设防雷设备、接地系统，节约投资。

三、应用成效

综合现阶段运行结果，5G 融合共享环网柜（箱变）研发取得阶段性的成功，系统

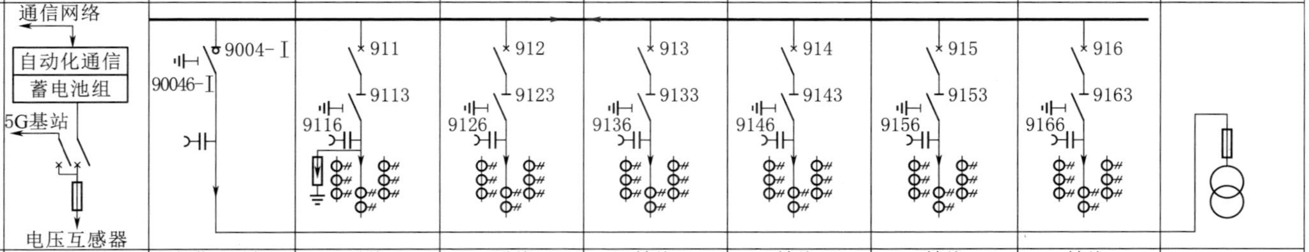

开关柜编号			AH1		AH2		AH3		AH4		AH5		AH6		AH7		AH8	
10kV一次系统图		通信网络 自动化通信 蓄电池组 5G基站 电压互感器	9004-Ⅰ 90046-Ⅰ		911 9113 9116		912 9123 9126		913 9133 9136		914 9143 9146		915 9153 9156		916 9163 9166			
功能名称			负荷开关柜		进线		进线		馈线		馈线		馈线		馈线			
额定容量/额定电流																		
电缆型号及截面																		
主要电气设备	SF_6负荷开关		12kV, 530A, 20kA, 4s															
	SF_6断路器				12kV, 630A, 20kA, 4s		12kV, 630A, 20kA, 4s		12kV, 630A, 20kA, 4s		12kV, 630A, 20kA, 4s		12kV, 630A, 20kA, 4s		12kV, 630A, 20kA, 4s			
	微机保护装置				WHB-871	1	WHB-871	1	WHB-871	1	WHB-871	1	WHB-871	1	WHB-871	1		
	电流互感器（保护）				LDZK-10 600/5/5A 0.5/5VA 10P10/5VA	2	LDZK-10 600/5/5A 0.5/5VA 10P10/5VA	2	LDZK-10 600/5/5A 0.5/5VA 10P10/5VA	2	LDZK-10 600/5/5A 0.5/5VA 10P10/5VA	2	LDZK-10 600/5/5A 0.5/5VA 10P10/5VA	2	LDZK-10 600/5/5A 0.5/5VA 10P10/5VA	2		
	电流互感器（DTU）				LDZK-10 600/5A 0.5/5VA	3	LDZK-10 600/5A 0.5/5VA	3	LDZK-10 600/5A 0.5/5VA	3	LDZK-10 600/5A 0.5/5VA	3	LDZK-10 600/5A 0.5/5VA	3	LDZK-10 600/5A 0.5/5VA	3		
	零序电流互感器				150/5A 10P 10 2.5VA	1	150/5A 10P 10 2.5VA	1	150/5A 10P 10 2.5VA	1	150/5A 10P 10 2.5VA	1	150/5A 10P 10 2.5VA	1	150/5A 10P 10 2.5VA	1		
	带电显示器		DXN-Q	1	DXN-Q	1	DXN-Q	1	DXN-Q	1	DXN-Q	1	DXN-Q	1	DXN-Q	1		
	接地开关		手动操作	1	手动操作	1	手动操作	1	手动操作	1	手动操作	1	手动操作	1	手动操作	1		
	避雷器				17/45	3	17/45	3										
	高压熔断器																2A, 50kA	3
	电压互感器																JSZV17-10R 10/0.1/0.22kV 0.5/3P, 50/3000VA	1
外形尺寸（宽×深×高）/mm		4800×1100×2250																
基础尺寸（宽×深）/mm		4800×1100																

图3　新建环网柜通过PT电压互感电源输出给5G基站供电

平稳运行，取得了显著的经济效益和社会效益。相比分别单独建造环网柜（箱变）和基站，所需要的建造面积显著降低，能够解决 5G 基站在城市核心区域落地难的问题；工作电源引接不再需要从周边配电站或配电设施进行改造引接；提供就地计量的功能，方便供电方抄表；5G 基站建设时不再需要单独配置避雷装置、接地系统，避免重复建设带来的资源浪费。

图 4　在运环网柜（箱变）5G 天线杆预设电能计量表的挂设结构

（一）减少占地面积指标

箱变、环网柜和 5G 基站融合前，5G 基站单独建设所需占地面积约为 $4m^2$，基站工作电源引接需从周边配电站或配电设施进行改造引接。融合后所增加的面积约为 $0.74m^2$，并且由箱变或者环网柜直接提供基站所需工作电源。融合后设备占地面积减少至融合前的 25％以下。

（二）经济效益指标

（1）降低 5G 网络部署成本：箱式变压器、环网柜和 5G 基站融合前，5G 基站单独建设所需造价约为 8 万元，融合后所增加造价约为 4 万元，融合后节省 50％成本支出，为“新基建”蓄力，为 5G 生活加速。

（2）节约投资：不需要为 5G 基站单独建设避雷设备、接地系统。5G 基站市电引入按实际情况计算，一般预估需要 5000 元（无需进行破路工作）。采用箱变、环网柜融合 5G 基站，减少了市电引入成本，在不计算破路成本情况下，预计每个站可节约成本 4500 元，以每年租用 1000 个融合箱变、环网柜情况计算，可节约市电引入施工成本 450 万元。

（三）抗震等级指标

融合箱变的安全系数 $K>1.67$，符合 GB/T 13540—9813《高压开关设备抗地震性能判定标准》中的规定，环网柜能够到达抗震烈度 6 度。

（四）防护等级指标

根据国家标准 GB 4208—2008《外壳防护等级》，环网柜外箱体防护等级达到 IP33，开关箱本体防护等级达到 IP67，箱变整体防护等级达到 IP20，高压器室防护等级达到 IP33，变压器室防护等级达到 IP23，低压室防护等级达到 IP33。

（五）避雷指标

环网柜（箱变）内部装有浪涌保护器，5G 基站与环网柜（箱变）避雷设备融合，共享使用，5G 基站避雷等级达到第三级。

四、典型应用场景

此项成果成功应用于厦门观音山商务区的九牧王七匹狼1号环网柜（图5），建成全国首座环网柜5G共享基站。通过对环网柜（箱变）结构、外观以及电压互感器等元器件的专项研发设计，在确保电力安全运行的基础上，使环网柜（箱变）输出低压电源同时满足柜内保护设备、自动化设备以及柜外5G基站的用电需要，能够给5G基站就地提供工作电源，就地计量，实现基站天线、计量表箱、基站控制箱标准化安装的同时，有效减少设施占用的土地资源。并且能够实现5G基站的防雷、接地系统与环网柜（箱变）高度融合，共享使用。

图5　厦门观音山商务区的九牧王七匹狼1号环网柜

五、推广价值

本成果立足于国家“新基建”战略需求，从社会、经济效益等角度，利用已部署的环网柜（箱变）进行开发、设计，实现5G基站和环网柜（箱变）结构、功能的高度融合。首先，减少建设5G基站所需要的面积。由于5G基站站址多、密度大，通过与电力箱变、环网柜的有机结合，减少了5G基站占用的土地资源。箱变、环网柜和5G基站融合前，5G基站单独建设所需占地面积约为$4m^2$，融合后所增加的面积约为$0.74m^2$，融合后5G基站占地面积减少75%，节约了土地使用面积。其次，利于5G技术的推广和使用，对5G基站实现就地供电，响应“供电企业应当增强电力公共服务供给”的号召。通过5G基站融合共享环网柜（箱变），利于现有资源的价值挖掘，实现资源共享提质增效。

融合5G短切片4G短复用的电力无线核心骨干专网

国网湖北电力

（周智睿　曾　铮　胡　晨　赵　婷　乔子璨

张锦华　邱学晶　周　敏　姜科宇）

摘要： 随着新型能源体系和新型电力系统建设深入推进，“可观可测可调可控”已成为中低压配电网发展的基本要求，亟需提升通信接入能力。光纤专网投资巨大、无线专网政策受限、无线公网安全尚无定论，通信技术选取已成为当前配电网发展的卡脖子问题之一。针对该问题，湖北公司瞄准当前中低压配电网通信难题，创新性地提出了融合5G短切片4G短复用电力无线核心骨干专网：“5G短切片”专网兼具业务灵活配置应用、通道稳定待用、数据主权确保、网络安全可控、资源充分整合、降低终端资费、集约规范管控等优点，同时具备5G短切片和4G短复用的融合优势；融合电力无线专网无需申请使用频率，无需支付巨额无线覆盖建设投资，无需自建基站和支付电费，无需针对电力终端小批量定制通信模块，无需配备无线专业运维及网优人员等，大大减少了投资和运维成本。

一、背景

随着新型能源体系和新型电力系统建设深入推进，“可观可测可调可控”已成为中低压配电网发展的基本要求，亟需提升通信接入能力。光纤专网投资巨大、无线专网政策受限、无线公网安全尚无定论，通信技术选取已成为当前配电网发展的卡脖子问题之一。

针对该问题，湖北公司瞄准当前中低压配电网通信难题，创新性地提出了融合“5G短切片”“4G短复用”电力无线核心骨干专网：“5G短切片”专网兼具业务灵活配置应用、通道稳定待用、数据主权确保、网络安全可控、资源充分整合、降低终端资费、集约规范管控等优点，同时具备“5G短切片”和“4G短复用”的融合优势；融合电力无线专网无需申请使用频率，无需支付巨额无线覆盖建设投资，无需自建基站和支付电费，无需针对电力终端小批量定制通信模块，无需配备无线专业运维及网优人员等，大大减少了投资和运维成本。

因此，湖北省电力有限公司提出的“5G短切片”融合电力无线专网，占用公网资源最少，摒弃了现有各种终端通信方式的缺点，充分利用了5G技术高可靠、低时延的特点和4G网络的延续性，全面解决了电力应用、效率、数据权属、安全、可靠等方面的问题，是匹配新型电力系统的终端通信方式，也是支持中低压配电网发展、新型电力系统构建的有效解决方案。

二、技术方案

针对中低压配电网通信难题，湖北公司创新性地提出了融合“5G短切片”“4G短复用”电力无线核心骨干专网。

（一）关键技术

5G公网无线通信模式中，可以在公网大通道中划分出电力专用物联小通道，这即是公网推荐的通用“5G长切片”技术。基于此技术可构建电力的端到端通信行程。但该行程中，各环节路由段全部管道化封装串接复用在长长的公网通道中，电力业务仅仅只是在这些通道中流转传输，对于电力企业来说，中间这一段通道环节完全处于管控盲区。这种模式占用公网资源多，业务中途上下进出管道受限，带来了电力应用、效率、数据权属、安全、可靠等方面的问题。

为充分发挥电网自有光纤网的资源优势，解决长切片技术存在的上述问题，国网湖北公司率先提出并验证成功了基于电力专有资源的5G短切片方案。该方案建立完备、齐全且独立专属的5GC核心网（向下兼容4G核），依托自有光纤承载网，专属用户界面及专用上下行光纤通道，实现了电网与电信运营商仅在5G无线基站（接入网）环节进行切片分割（RB资源预留）。当网络信号离开基站后，即实现传输电网切片（复用）信号与公网信号分道隔离，且可以并行最短路径传输。这种创新架构被命名为“5G短切片”（同时兼容4G/5G短复用模式）。融合电力无线专网的本质是“专用核、行程短、自主卡、双网融、三绑定”，实现了最短行程公网切分、更强物理隔离、最少环节租用、最大限度利用电力自有通信资源、更方便高效电网应用的分布式、可移动通信。同时实现了终端、物联网卡、通信模组、5GC、物联平台的三次绑定鉴权。专网实现了与电信运营商基站的共享接入，具备电信运营商所有空口资源的先天条件，专网可以根据业务终端的部署要求，并兼容多家运营商覆盖能力，快速实现全覆盖、同覆盖、优覆盖、区域覆盖、精准覆盖以及可移动的覆盖效果，完全匹配电力终端的网络特性。“5G短切片”主要应用模式如图1所示。

融合电力无线专网摒弃了现有各种终端通信方式的所有缺点，充分利用了5G技术自身的技术特点和4G网络的延续性，不仅解决了满足基于“5G短切片”的控制类业务的各项严苛要求，同时也降低了基于4G/5G短复用的海量采集类业务的成本投入。在各个方面都保持了技术领先性和前瞻性，具有网络专用、通道专用、通道待用、

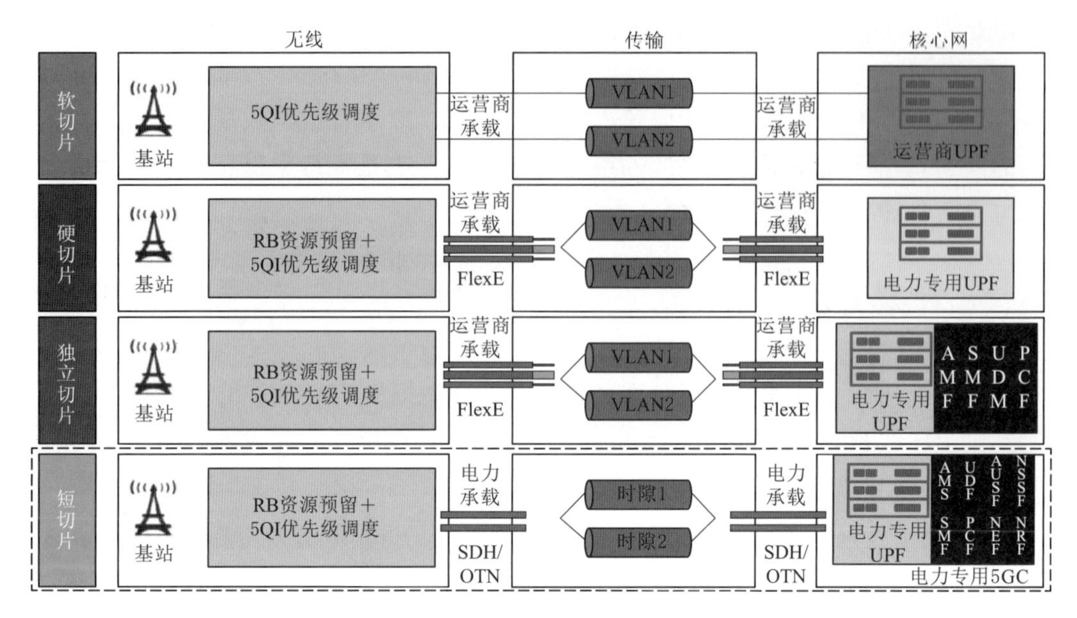

图 1 “5G 短切片”主要应用模式

通道防挪用，和 100％防通道拥塞和通道自主自配的专网属性，是完全匹配新型电力系统的终端通信方式，也是目前解决新型电力系统构建的最佳专网途径。

（二）创新点及应用场景

湖北公司以核心创新点：“5G 短切片”“5G/4G 短复用”“专用 5G 核”“专用的 PLMN 号生成”为理论基础，在武汉大王庙数据机房部署了全量的电力 SG 核心网，截至 2023 年 6 月，湖北“5G 短切片”“4G 短复用”虚拟专网共覆盖全省 14 个地市、60 个区（县），接入电信小区 14362 个，在全省范围内已经验证了基于融合电力无线专网的速动型 FA、缓动型 FA、差动保护、集中式 FA、站房环控、配电终端（SCU/TTU）、台区关口表（集中器）、中央空调、非侵入式采集终端、充电桩、无人机、园区后勤（移动终端）、布控球、智能安全帽、智能接地线、智慧楼宇、北斗定位等 18 类场景业务终端的应用接入，业务终端总体类别和业务属性基本涵盖了所有电力系统无线应用场景。

三、应用成效

湖北公司在答王庙数据机房部署 1 套全量 5GC，支持 100 万用户数的软、硬件和本期支持 20 万用户数资格，用于接入湖北电信基站，在武汉、荆州、宜昌、孝感、黄冈、襄阳共部署 7 套 UPF（10G 转发能力），用于转发全省生产控制大区、管理信息大区业务。湖北“5G 短切片”融合专网试验网组网如图 2 所示。

针对湖北公司的“5G 短切片”验证工作，在全省范围内已经验证了基于融合电力无线专网的速动型 FA、缓动型 FA、差动保护、集中式 FA、站房环控、配电终端

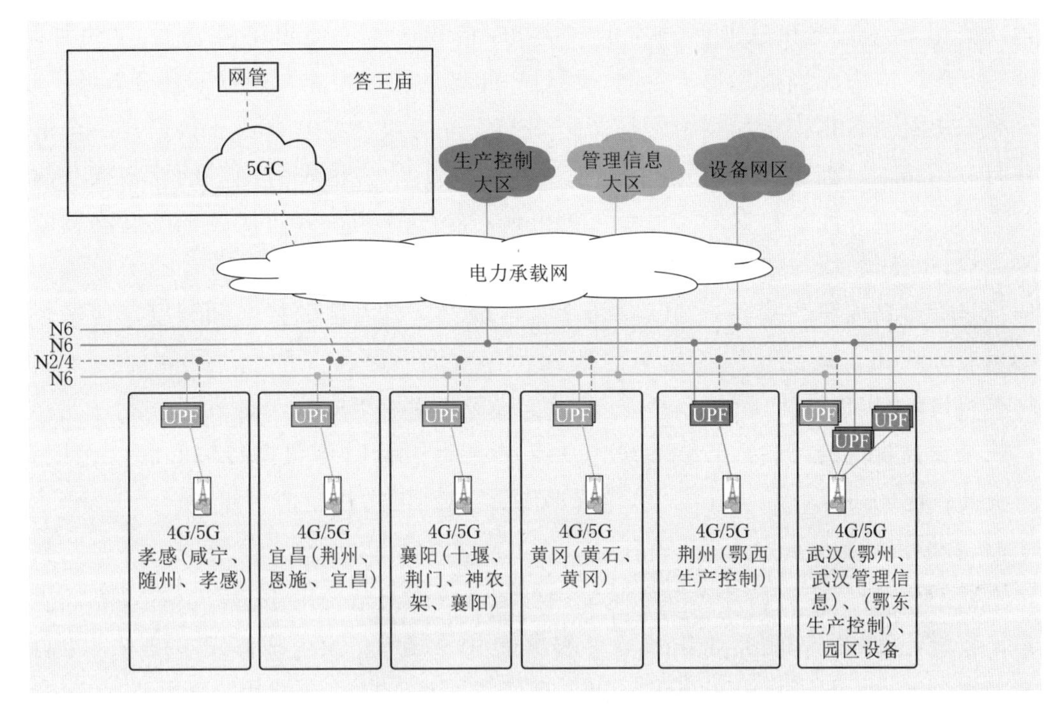

图2 湖北“5G短切片”融合专网试验网组网图

(SCU/TTU)、台区关口表（集中器）、中央空调、非侵入式采集终端、充电桩、无人机、园区后勤（移动终端）、布控球、智能安全帽、智能接地线、智慧楼宇、北斗定位等18类场景业务终端的应用接入，业务终端总体类别和业务属性基本涵盖了所有电力系统无线应用场景，为本项目向更大规模顺利发展，奠定了可行性（成果）验证、方案优化的坚实基础。

“5G短切片”专网案例被国网经研院报告认为是破解配电网通信建设难题、创新电力5G应用的突破性尝试，具有重要的技术创新和商业创新意义。国网配电部和数字化部联合下文（国网设备配电〔2023〕104号），决定在湖北之外的其他4个发达省公司推广湖北短切片模式，并鼓励其他省市公司积极推广。

四、典型应用场景

本应用有望应用于各网省公司5G虚拟专网建设和应用场景，还可以推广到其他类似的能源、交通等ToB行业的5G切片专网场景，前景广泛。

五、推广价值

（一）社会效益

湖北公司响应国家发展改革委、国家能源局、中央网信办、工业和信息化部、国家电网公司等各部委和总部所颁布的各类5G应用政策，提出了融合“5G短切片”“4G短复用”电力无线核心骨干专网，经过一年多的验证，能实现以下社会效益：

一是提升了数据安全和网络管控能力。“5G短切片”将电力业务数据几乎全部承载在自有网络上，拥有独立的5G核，使“5G短切片”专网拥有绝对的控制权和数据主权，完全实现了业务数据的“可观可测可调可控”功能，有效提高了电网的智能化水平。

二是促进新能源的发展。“5G短切片”可以支撑新能源的接入和调度，促进新能源的发展和应用，减少对传统能源的依赖，有利于环保和可持续发展，能有效促进“双碳”目标的实现。

三是提高供电的可靠性。“5G短切片”专网通过低时延数据传输和智能化控制，可以提高供电的可靠性，优化电力资源的分配，提高电力供应的稳定性。

（二）经济效益

本案例成果“5G短切片”“4G短复用”能够提供灵活的网络选择，有效降低使用成本。数量庞大的非控制类业务采用“4G短复用”接入，大大降低成本投入；控制类业务采用“5G短切片”，由于更多采用自有资源，资费比“硬切片”降低50%，大大降低了物联卡资费；由于创新性地使用了“七重安全措施”，降低安全加密设备投资600元/终端，大大降低了网络安全投资。

面向新型电力系统的工业以太网交换机创新应用

国网福建电力

（陈泽文　高艺聪　徐智坚　夏炳森　黄莘程　林　强　钱思源）

摘要： 通过研发智能双平面一体化工业以太网交换机，采用芯片级隔离＋波分级隔离技术，实现生产控制大区和管理信息大区两个平面的业务在同一设备承载，网络接入和控制转发环节做到端到端物理隔离，节约同一站点内的配用电设备投资、光纤、电源等通信资源，进一步推进网络运行降本增效。

一、背景

随着新能源的快速发展和新型电力系统的建设，对配网通信网的实时性提出更高要求，同时攻击电网安全的案例层出不穷，防护难度加大，而传统的电力光纤通信以工业以太网交换机或XPON方式进行组网，具有带宽高、时延低、业务接入便捷等特点，但存在三大痛点：一是早期通信网络的发展无法同时满足各类业务的应用需求，同一站点配用电业务因业务安全性隔离要求，需建设两张及以上网络，存在建设成本高，光纤、电源等资源配置效率低，业务通道维护成本高等问题。二是终端通信二层交换机对于设备及业务侧的安全接入管控较差，网络可靠性较差。三是终端侧的二层交换机类型、品牌多，网络及设备状态无法实时监视，运维复杂。

随着通信技术的发展和通信设备产业的转型，传统工业以太网交换机功能及应用单一，难以同时满足配电自动化“三遥”、站房环境监控、用电信息采集等配用电业务需求。按照国网《“十四五”通信网规划专业指导意见》，“十四五”期间公司终端通信接入网可采用多专业共享原则，提升接入网建设及管理的经济性，提高接入网的投资效率、接入扩展能力、使用效率，采用“统一接入、统一监测、统建共享”的原则，实现接入网多专业共享承载、综合监控。

因此研究将生产控制类业务及非控制类业务兼容的工业以太网交换机，在提高网络可靠性的同时节约投资成本，还有助于解决不同品牌设备连接、网管统一、便于运行维护等难题，创造较大的经济效益和社会效益，另外还可以掌握网络运维主动权，可在国网系统推广应用，具有较好的推广应用价值。

二、技术方案

国网福建公司研发“智能双平面一体化”工业以太网交换机适配现有配用电业务应用：一是根据业务需求，研究交换机物理隔离双平面的功能，实现生产控制大区与非生产控制大区两个平面的业务共享一台交换机设备，进一步推进降本增效。二是研究设备、端口安全准入控制策略，有效避免非法接入，提升网络安全性。三是采用 SDN 控制器管理，提升运维效率及配电通信网络兼容性、可靠性。主要技术方案如下：

（一）网管侧方案

开发基于工业以太网的可视化远程 SDN 制器，实现多品牌交换机的统一管理，降低新业务的上线和部署的难度。同时，该 SDN 控制器兼容现有二层交换机设备，具有全网交换机链路状态检查、光衰智能巡检、提前告警和可视化精准运维等功能，真正实现全网状态全感知，连接与交互控制智能化。

（二）终端侧方案

由一台工业以太网交换机内部承载生产控制类及非生产控制类两大类业务，并且做到通过芯片级隔离＋波分级隔离技术，隔离效果做到与建设两张物理网络一样。

1. 物理隔离方面

芯片级物理隔离：在一台交换机内，通过提高设计工艺，在保证设备体积不变的基础上实现主要芯片（CPU、接口芯片 PHY、MAC、存储 DDR、FLASH 等）完全物理隔离，即每个平面配置单独的芯片实现独立的控制和转发，每个平面具有独立的硬件芯片、独立的操作系统、独立的地址空间和独立的路由控制，以及独立的安全策略与机制。

波分级物理隔离：通过波分复用技术（1310nm 和 1490nm 分别对应不同的平面），实现不同平面在光链路转发上的物理隔离，保证在现有光纤资源不变的情况下（一对芯）实现双平面互联和转发，为此开发了 CSFP（紧凑型小型可拔插）融合光模块，具有自动匹配光信号，自动适配对端光波长，光模块无需成对使用，解决与现网普通工业以太网交换机兼容性，降低系统复杂性。

2. 网络部署方面

接入网侧由双平面三层工业交换机和二层工业交换机组成。双平面三层交换机部署在变电站或离变电站较近的开闭所内，上行方向连接业务骨干网，下行方向连接双平面二层工业交换机组成工业环网。

网络互联：三层工业交换机与二层工业交换机通过双通道彩光模块＋光纤互连，通过波分隔离的方式在单路光纤上承载双平面业务。从环上的任意节点（二层工业交换机）都可引出单链连向小区配电房（室），单链也可途经多个物理场所（如环网柜、配电房/室等）。单链节点上均为双平面二层工业交换机，通过双通道波分光模块＋光纤互连。

业务接入：环上以及单链上的任意节点的交换机都可通过电口连接终端（包括配电网 DTU 终端、各种物联终端等）。双平面三层工业交换机、二层工业交换机承载的多个业务平面间的端口互相隔离、互不干扰。环网倒换收敛时间不大于 50ms。网络拓扑图如图 1 所示。

网络管控：全网的双平面二/三层工业交换机通过 SDN 控制器统一纳管、统一运维。由于双平面间是物理隔离的，初期需要在每个平面内各自部署一套 SDN 控制器。SDN 控制器对整网的双平面二/三层工业交换机实施终端接入管控策略，杜绝安全隐患。

（三）终端安全准入方案

工业交换机端口下接的业务终端安全管控。在配用电网场景中，开闭所、配电房（室）、户外环网柜等场所内接的都是无人值守终端（例如，各种配电 DTU 终端、IoT 物联终端等），因此二/三层工业交换机及 SDN 控制器具有终端接入安全按管控机制，通过 IP 地址、MAC 地址绑定等策略方式控制入网权限，防止私接终端造成安全隐患。

主要创新点 1：根据业务需求，采用“双平面一体化”交换机物理隔离双平面，实现生产控制大区与非生产控制大区两个平面的业务共享一台交换机设备，提高光纤资源利用率，兼容现有工业以太网交换机体系，即插即用，无需分工，具有业务隔离功能，进一步推进降本增效。

主要创新点 2：实现设备、端口安全准入功能，有效避免非法接入，提升网络安全全性。

主要创新点 3：在配电通信网内引入 SDN 控制器管理，提升运维效率及配电通信网络兼容性、可靠性。

主要创新点 4：研发首款 CSFP 智能光模块，实现智能调光，自动匹配光信号，采用工业级设计，超长传输距离可根据采用的光模块类型达 40～80km（需复用 1500nm 波长）。

三、应用成效

国网龙岩公司梳理 10kV 配电站房典型业务场景，结合配电通信网络优化工作，

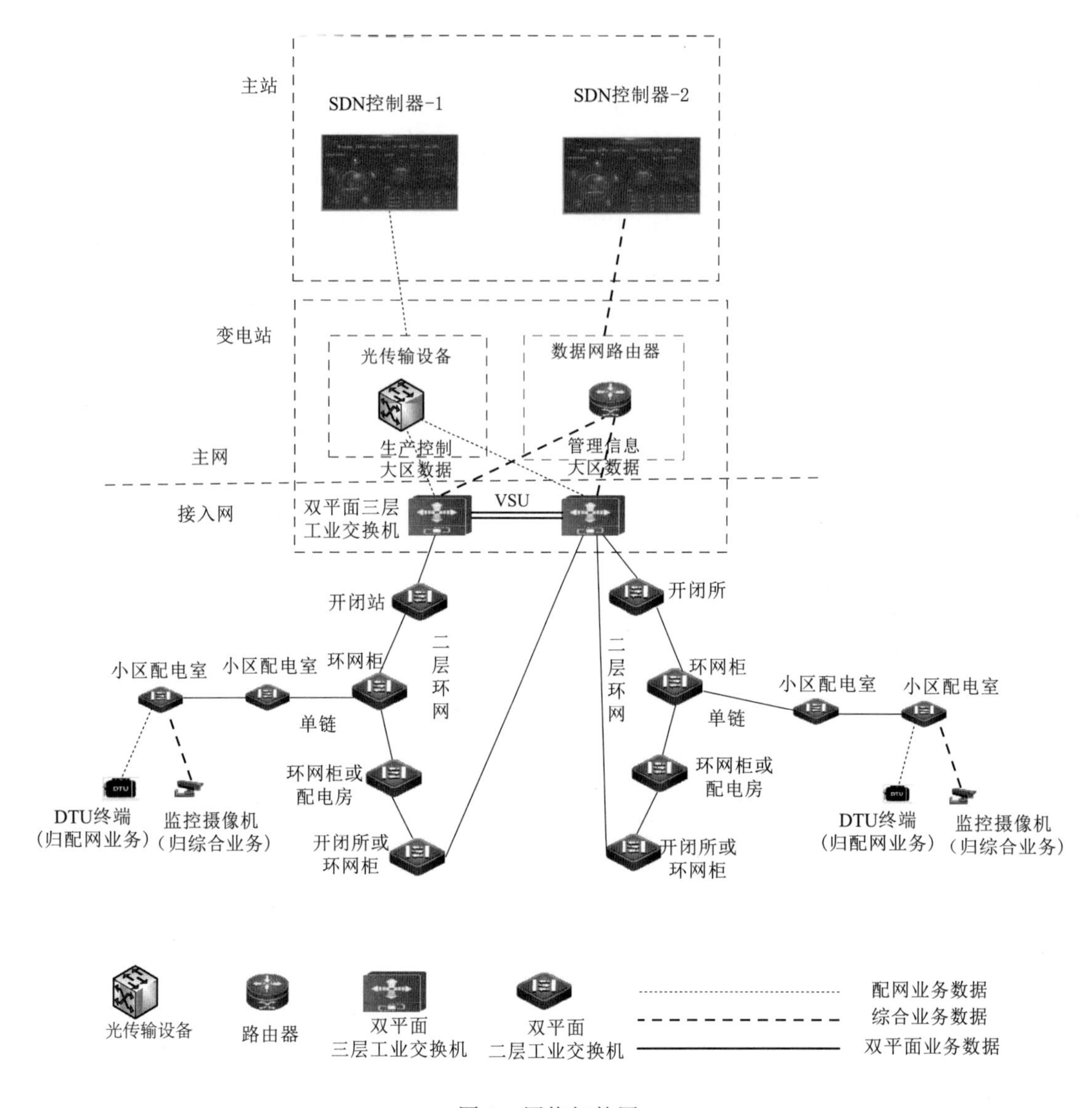

图 1　网络拓扑图

开展“双平面一体化”工业以太网交换机的应用，在 110kV 东山变片区、天马变片区共 30 个配电站点部署智能“双平面一体化”交换机，接入 30 个配电自动化“三遥”、22 个用电信息采集、3 个站房视频监控等业务，地调主站根据生产控制类业务及非生产控制类业务分别部署 1 套 SDN 控制器，实现终端设备、端口安全准入，有效提升网络运维的便捷性及安全性，目前设备及业务运行稳定。其中天马变拓扑图如图 2 所示。

以一个配电站房业务为例（表 1）：配电室内存在 1 个配电自动化“三遥”、4 个用电信息采集、1 套站房监控设备等 3 类共 6 个业务，传统光纤加无线通信方式，在设备运行周期内建设及运维成本需 2 万元。采用“双平面一体化”工业交换机后，成本

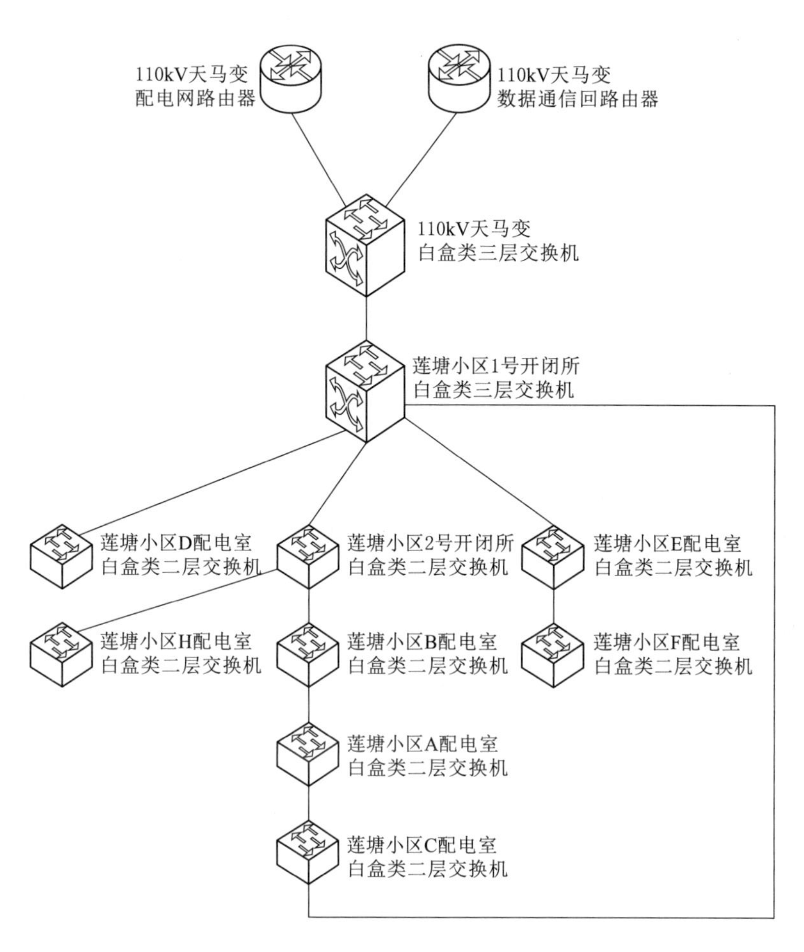

图 2　龙岩现场网络拓扑图

约 1 万元。经济效益十分显著。

表 1　　现有配电站房业务通道建设成本

序号	业务类型	通信方式 1	成本/万元	通信方式 2	成本/万元
1	配电自动化“三遥”	传统光纤工业以太网通信	0.8	“双平面一体化”工业以太网交换机	1
2	用电信息采集	无线公网（租赁运营商）	0.4		
3	站房监控	传统光纤工业以太网通信	0.8		

四、典型应用场景

1. 配电站房场景

采用“双平面一体化”交换机，接入站内配电自动化“三遥”等生产控制类大区

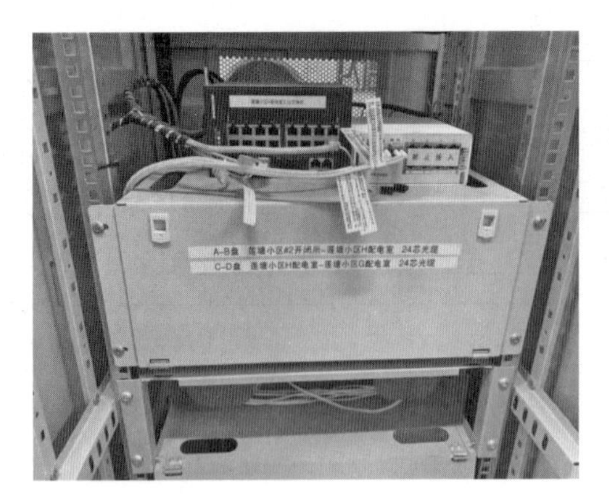

图 3　二层交换机和三层交换机现场部署

业务，用电信息采集、站房视频监控等非生产控制业务，如图 3 所示。

2. 新型电力系统场景

采用“双平面一体化”交换机，接入精准负荷控制等生产控制类大区业务，光伏、储能状态量等非生产控制业务。

五、推广价值

（1）通过部署“双平面一体化”工业以太网交换机，实现配用电力业务的低成本多业务承载，提升配用电业务的终端接入覆盖能力。该创新应用实施使用情况良好。实现网络自组网，一键成环，配网可靠性大幅提升。采用配电通信网 SDN 控制器，实现可视化运维，整网可视化管控，故障快速定位。支持光链路自动运检告警，从被动响应到主动检测，告警信号上告至 SDN，产生声光报警。接入设备支持 2 个平面，新增业务只需进入分区平面即可，新业务上线和部署简单。

（2）支撑配用电有线通信网络应用及演进，满足电力业务需求。现有的工业以太网应用已经能够满足部分电力业务需求，同时由于配用电业务应用需求持续提升，为保证长期安全稳定运行，因此实现光纤工业以太网技术平滑演进，有利于降低公司现有公网应用投资，同时也能保证现有业务继续平稳运行。

（3）解决有线方式承载的配用电业务重复建设、投资大、易外破等问题，为探索有线通信推动解决新型电力系统的灵活调控、新能源消纳、源网荷储互动等关键问题提供了参考方案。

无线专网有源高增益天线

国网江苏电力

（蒋跃宇　徐惠臣　吴博科　汪大洋）

摘要： 电力无线专网基站总体密度较低，存在弱覆盖区域，且无线通信受到周边的地理环境、气象条件、人类活动等严重影响，具有随机性和不确定性，为实现弱覆盖条件下终端接收信号可靠增强、提高配自等控制类终端的全域适用性、保障控制类业务在恶劣条件下仍能稳定在线、随时保障用电可靠的目标，因此开发一种可以在终端侧改善收发信号质量的天线技术、提升业务在线稳定性的天线装置，成为提高无线专网支撑服务能力的突破方向，可在一定程度上减少对基站密度的依赖，降低建设成本，尤其对通信质量要求高的控制类通信业务有极好的支撑保障作用。

一、背景

常州地区电力无线专网在运 315 座无线专网基站，地表基本实现了全覆盖。目前通过无线专网方式接入，包括配电自动化、源网荷、分布式光伏、融合终端、用电信息采集等共 20000 余个电力终端。

无线通信对无线空口数据传输的时延、丢包率、抗干扰及整套通信系统的稳定性、可预测性、可靠性等方面有非常高的要求。但是电力无线专网基站总体密度较低，存在弱覆盖区域，且无线通信受到周边的地理环境、气象条件、人类活动等严重影响，具有随机性和不确定性，为实现弱覆盖条件下终端接收信号可靠增强、提高配自等控制类终端的全域适用性、保障控制类业务在恶劣条件下仍能稳定在线、随时保障用电可靠的目标，因此开发一种可以在终端侧改善收发信号质量、提升业务在线稳定性的天线装置，成为提高无线专网支撑服务能力的突破方向。

团队以此为目标开发成功了“有源高增益天线”，有效攻克了难点。有源高增益天线原理图如图 1 所示，技术参数表见表 1。

表 1　　有源高增益天线技术参数表

TD-LTE 模式技术参数	上行	下行
频率范围/MHz	TD-LTE F 频段：1785～1805	
工作带宽/MHz	5/10/15/20	

续表

TD-LTE 模式技术参数	上行	下行
最大增益/dB	25	30
最大增益误差/dB	±3	±3
ALC 控制范围/dB	≥20	≥20
同步灵敏度/dBm	—	<−115
标称最大输出功率/dBm	23±2	−20±2
工作频段外杂散发射/10MHz～12.75GHz	≤−36dBm/100kHz	≤−36dBm/100kHz
ACLR/dBc	≤−36	≤−36
16QAM EVM	≤8%	≤8%
噪声系数/dB	—	≤5
驻波比	≤2	≤2
时延/μs	≤5	≤5

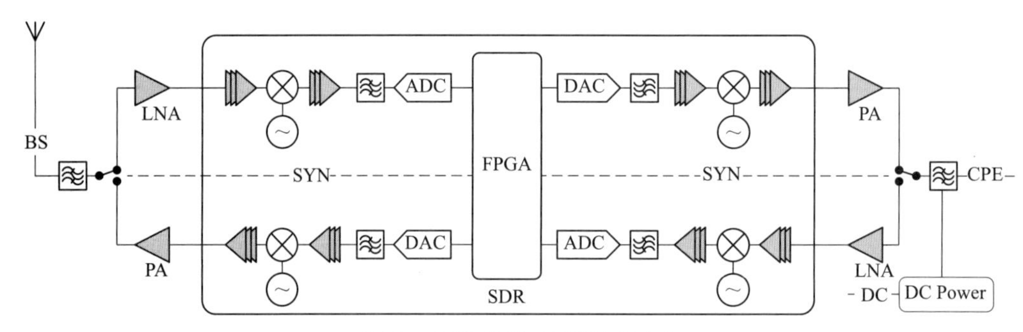

图 1　有源高增益天线原理图

二、技术方案

（一）关键技术

通过采用基于马刺线可调谐振腔的大功率微波均衡器和基于基片集成波导的毫米波可调均衡器技术，研制的无线专网有源增益天线，可对专网信号进行低噪声放大，信号增强达 20dBm 以上，有效解决了低信号强度区域配电自动化终端稳定接入的问题，具有高增益、低功耗、低成本、安装方便、实用性强的优点。

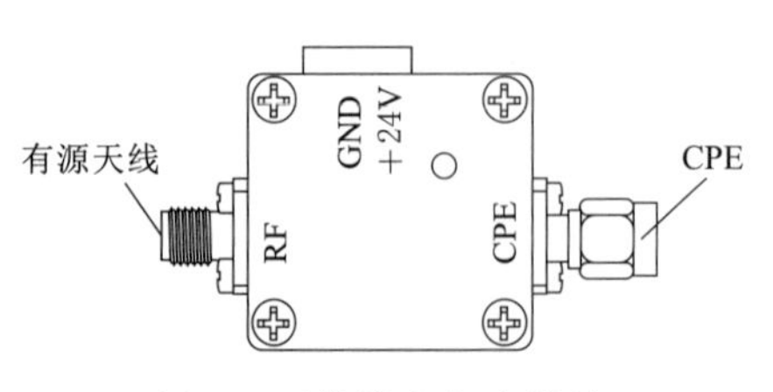

图 2　通信馈电复合模块

有源天线的射频接口通过电缆连接至馈电器的 RF 端口，馈电器的 CPE 射频接口连接至 CPE，馈电器的电源接口连接至 CPE 电源。通信馈电复合模块如图 2 所示。

（二）适用场景

为环网柜、柱开等室外单配电自动化终端提供有效且成本可控的信号增强手段，提升业务终端的通信可靠性。

（三）创新亮点

（1）低功耗有源放大：专网弱信号通过半解调信源，以1W左右的功耗将收发功率放大20dBm以上，增强弱覆盖区域终端的通信稳定性。

（2）抑制干扰：应用窄波束天线技术及数字滤波器技术，在重叠覆盖区域有效抑制相邻信号，提高信噪比，有效避免通信抖动。

（3）软件定义射频：采用软件定义射频技术，有效降低单机成本，对比普通专网信号放大器成本降低40%左右。

（4）即插即用：采用天线、放大器一体化设计，配合便捷的终端耦合取电方式，做到即插即用，施工效率高。

三、应用成效

针对常州10kV东大房C1199开关终端在线率44%，常州公司进行了有源高增益天线的试点应用，安装前终端侧接收电平为－107dBm，SINR值为0。应用有源天线后，根据CPE网管中参数查询，终端接收到的专网信号电平为－85dBm，有源天线实际增益可达22dBm。安装前后的专网信号对比图如图3和图4所示。

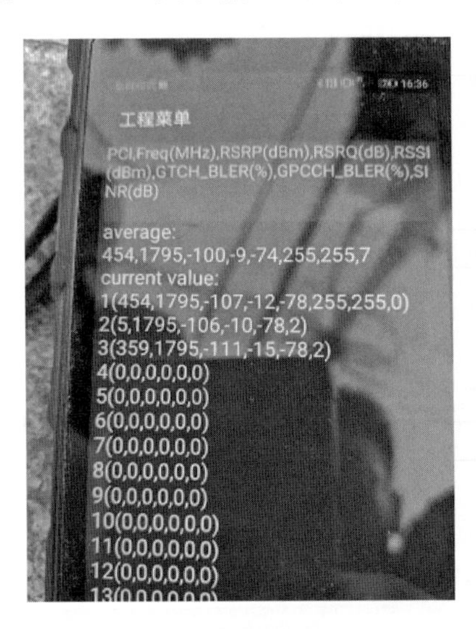

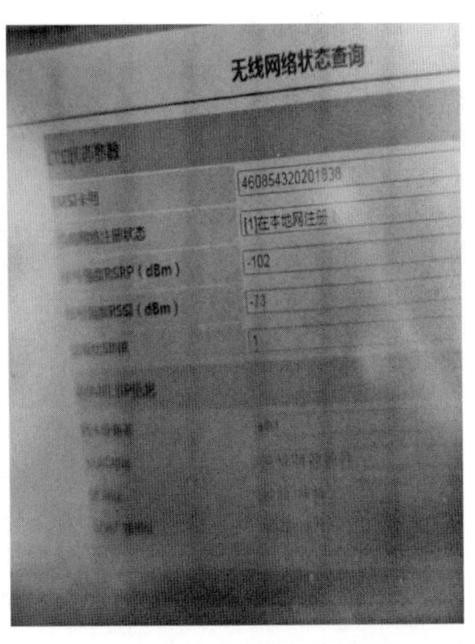

图3　10kV东大房C1199开关终端专网信号及CPE参数（安装前）

高增益有源天线延伸后10kV东大房C1199开关终端在线率稳定在99%左右，如图5所示。

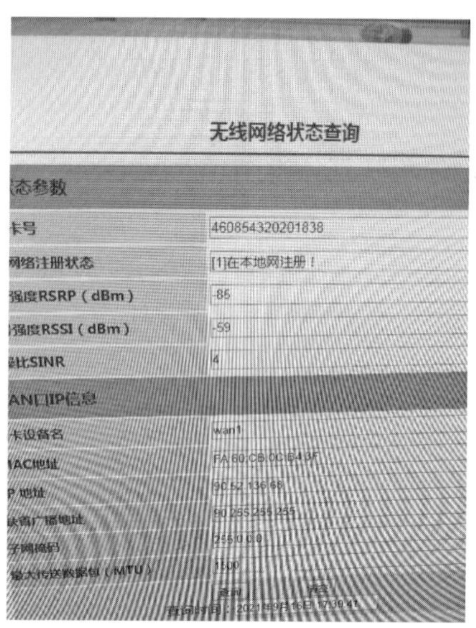

图 4　有源天线现场安装及 CPE 参数（安装后）

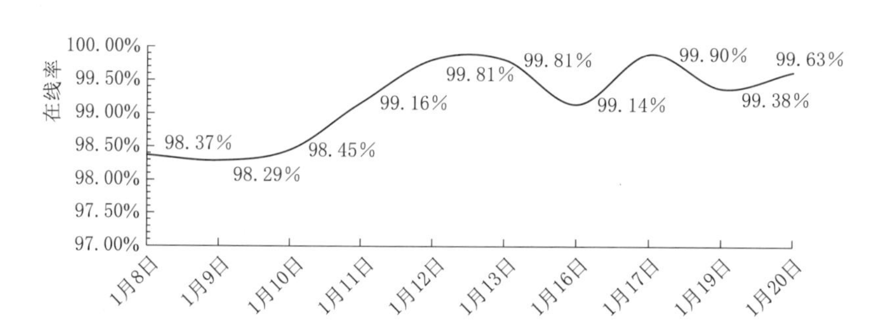

图 5　10kV 东大房 C1199 开关终端在线率趋势图

此成果已批量应用于常州供电公司的配电自动化（环网柜、柱上开关）的信号优化，针对弱覆盖点位已累计应用 320 套，终端在线率均大幅提高，整体从 96%提升至 99%左右。该成果填补了适用于－105～－115dBm（RSRP）信号可靠增强的产品空白，有效减少了对专网基站密度的依赖，可控业务信号覆盖区域由 65%扩大至 90%左右。

四、典型应用场景

高增益天线技术可以用于常州、江苏省各地市无线专网建设、网优场景，提高基站覆盖率，降低无线专网建设成本，提升空口可靠性，支撑改善无线专网建设、运维工作。

五、推广价值

随新型电力系统建设发展，海量电网终端采用电力无线通信方式成为趋势，该创新成果可在一定程度上减少对基站密度的依赖，降低建设成本，尤其对通信质量要求高的控制类通信业务有极好的支撑保障作用。同时该项目成果仅需调整工作频段就可适用于各类室外的无线弱覆盖区的通信需求，有着极大的应用推广价值。

项目成果已通过江苏省电力双创中心认可，在全省电力系统进行推广，多地市已展开应用，目前与江苏思极公司合作实现成果转化销售，已销售 1200 余套，销售额约 240 万元。预期后三年可销售 1 万套，约 2000 万元。

配电终端通信监控平台

国网江苏电力

（刘硕钰　李　伟　胡　广　李　烽　汪大洋　徐志亮）

摘要：目前，国网公司大力推进现代智慧配电网建设，其中配电自动化深化应用和分布式光伏群调群控均对配电终端在线率提出了较高要求。南通地区配电终端离线消缺仍主要依靠人工现场测试、查明原因后再行消缺的传统模式，受制于终端数量多、运维人员少、消缺耗时长等因素，配电自动化终端在线率始终难以达到理想水平。南通公司基于省公司电网GIS平台，融合配电终端地理坐标、接入方式、在线状态等跨专业多源数据，结合光缆拓扑、专网基站位置等信息建立综合分析规则库，开发配电终端通信监控平台，实现终端跨专业台账智能校核、离线原因智能研判、通信接入方式智能推荐等功能，为有效提升配电终端在线率和运维抢修效率提供强有力的支撑。

一、背景

目前，国网公司大力推进现代智慧配电网建设，其中配电自动化深化应用和分布式光伏群调群控均对配电终端在线率提出了较高要求。

配电自动化终端通信方式主要有无线公网、无线专网和光纤接入三种，其中无线公网的接入方式占比超过60%。而依靠公网接入的配电终端，无法使用远程遥控，既影响了配网开关“三遥率”，又增加了物联网卡费用，未充分发挥电力通信建设配网设施的作用。

南通地区配电终端离线消缺仍主要依靠人工现场测试、查明原因后再行消缺的传统模式，受制于终端数量多、运维人员少、消缺耗时长等因素，配电自动化终端在线率始终难以达到理想水平。若能解决如何快速确定故障原因及处置单位，将为配电终端的运维带来巨大提升。

近年来分布式光伏发展迅猛，省调刚刚发文明确了通信接入原则，总体方向为：满足光纤接入条件且不满足无线专网接入条件的，优先采用光纤；不满足光纤接入条件且满足无线专网接入条件的，优先采用无线专网；两者均满足的，宜采用两者互备方式；两者均不满足的，试点5G方式。当分布式光伏位置确定后，研究如何按照原则高效制定通信接入方案，能够为大量光伏接入提供便利。

二、技术方案

基于省公司电网 GIS 平台，融合配电终端地理坐标、接入方式、在线状态等跨专业多源数据，结合光缆拓扑、专网基站位置等信息建立综合分析规则库，开发配电终端通信监控平台，实现终端跨专业台账智能校核、离线原因智能研判、通信接入方式智能推荐等功能，为有效提升配电终端在线率和运维抢修效率提供强有力的支撑。

（一）终端跨专业台账智能校核

以交换机 ARP 表中的 MAC 与 IP 对应关系为媒介，自动将与配电终端与 ONU 进行关联匹配，快速发现 ONU 名称与终端名称不一致、有 ONU 无终端、有终端无 ONU 等异动问题，实现配电、通信、自动化等不同专业配电终端台账的一致性校核（图 1）。此外，当配电终端新增、退役或改变通信接入方式时，能够同步生成异动告警，便于管理部门及时准确掌握配电终端通信运行状态。

■	ONU名称	终端名称	ONU IP	终端 IP	终端 MAC
□	新开路西137/139开关	新开路西137/139(自动)139028+13+1	80.66.130.136	20.1.52.41	00:0E:EA:08:D0:55
□	达开出口处开关	KG310001	80.66.130.51	20.1.53.150	7E:2E:2E:00:35:96
□	春天花园4#环网柜开关	春天花园4#环网柜（自动）131052-1	80.66.130.223	20.1.52.32	7E:2E:2E:00:34:20
□	保安开关	保安KG28N024	80.66.129.41	20.1.52.166	7E:2E:2E:00:34:A6
□	25F#1民生环网柜	00:31:70:01:0A:77	80.66.129.31	20.1.2.54	00:31:70:01:0A:77
□	老汽渡开关	老汽渡KG318012	80.66.130.67	20.1.53.149	7E:2E:2E:00:35:95
□	新开镇出线开关	新开镇出线131002	80.66.130.100	20.1.52.31	7E:2E:2E:00:34:1F
□	海港河南开关	海港河南KG28N012	80.66.129.42	20.1.52.165	7E:2E:2E:00:34:A5

图 1　配电终端跨专业台账校核示意图

（二）终端离线原因智能研判

基于 PON 链路和光功率等数据，自动生成配电终端逻辑拓扑图（图 2），可直观查看 PON 链路、ONU 单通/双通、终端在线/离线等信息。以拓扑关系为基础，结合通信网管告警和配电终端状态等数据自动诊断终端离线原因，目前可将离线原因细分至终端设备故障、设备掉电、ONU 设备故障、支路光纤断、终端 VLAN 配置错误及其他等六类，从而为快速确认消缺主体、提升消缺效率提供有力支撑。

（三）终端通信方式智能推荐

将配电终端地理坐标同步至电网 GIS 平台，并匹配主站配电终端在线状态数据，再加上配网光缆路径图、无线专网基站位置等标注数据，即形成配电终端通信运行方式一张图（图 3）。该图较为直观地展示了所有配电终端的地理位置、通信方式及当前在线状态，可对存量终端通信方式合理性进行评估，也可对新增配电终端通信方式提供推荐方案。

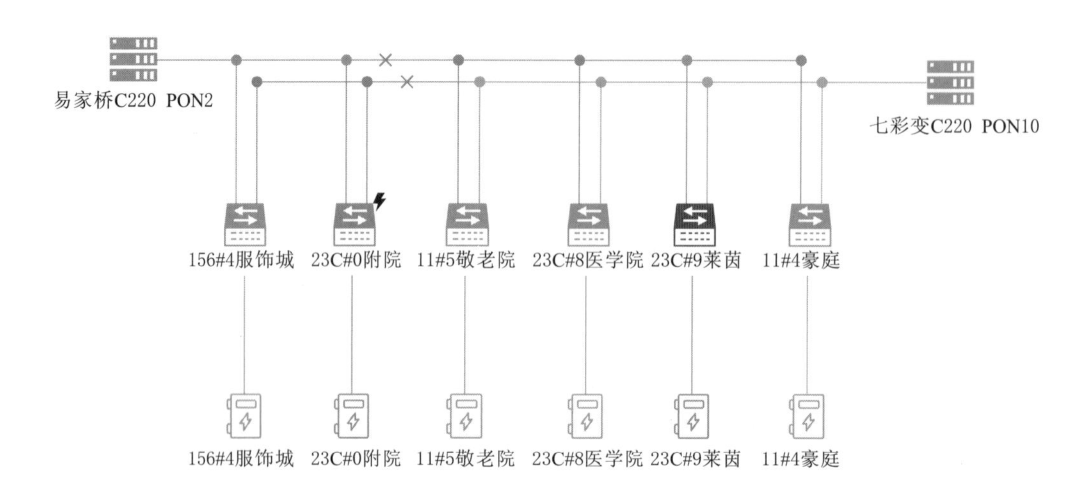

图 2　配电终端离线原因诊断示意图

（从上到下依次为 OLT、ONU、配电终端图标，灰色表示离线）

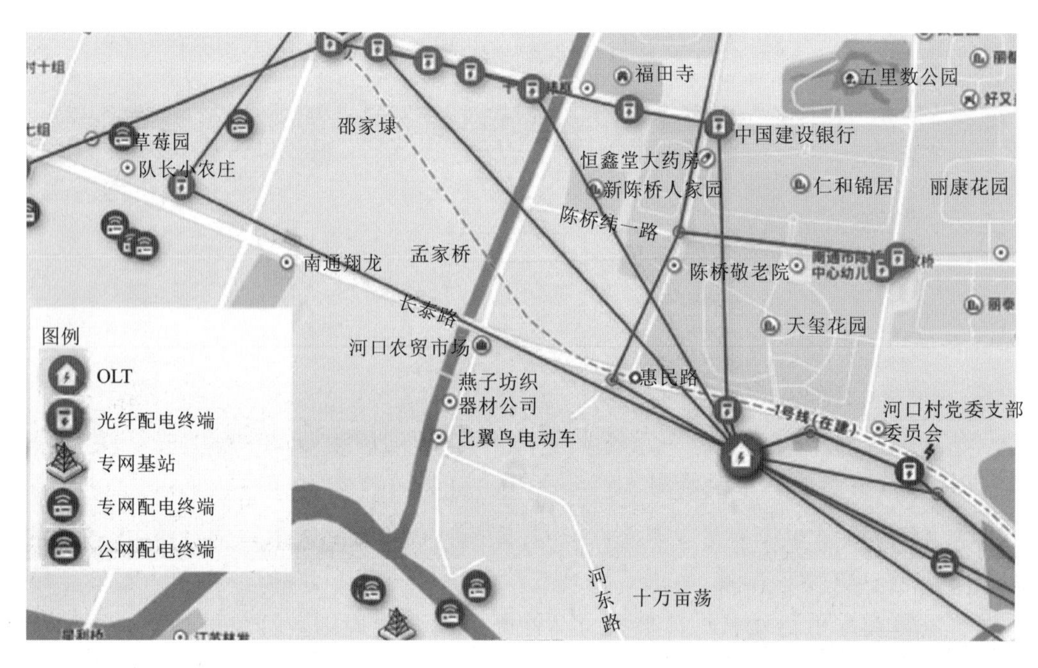

图 3　配电终端通信方式评估示意图

三、应用成效

（一）实现配电自动化终端通信方式优化

如图 4 所示，在基站覆盖范围内共有 6 个配电自动化终端，其中离基站最近的 2 个终端反而为公网方式接入，这是不合理的现象。

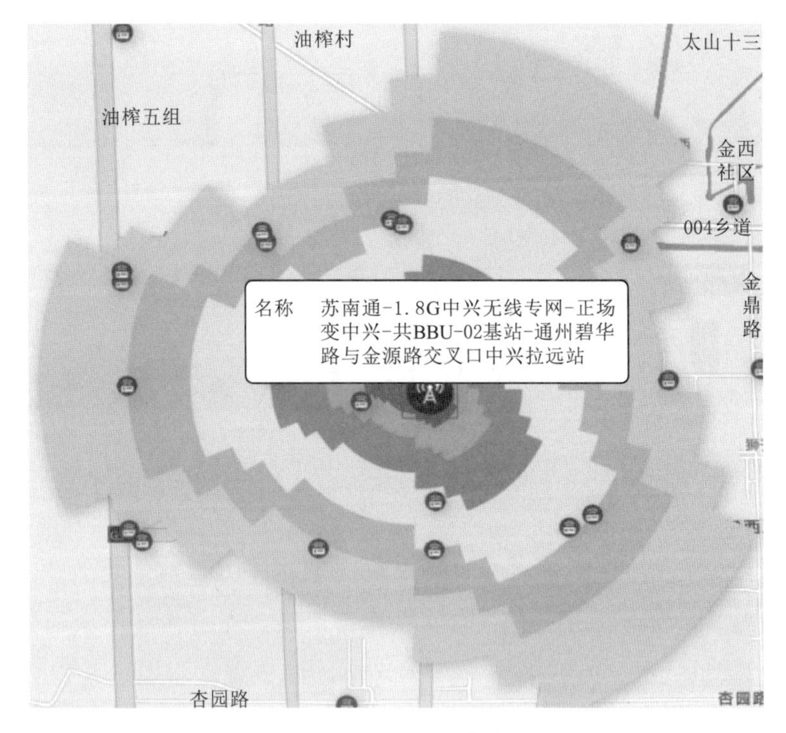

图 4　无线基站覆盖范围

现场测试其专网信号，若信号强度满足接入要求，改接至专网接入，如图 5 所示。根据公网终端与基站距离等筛选条件，已梳理约 1400 个有可能改接至专网通信的终端，目前已完成 143 个终端改接。

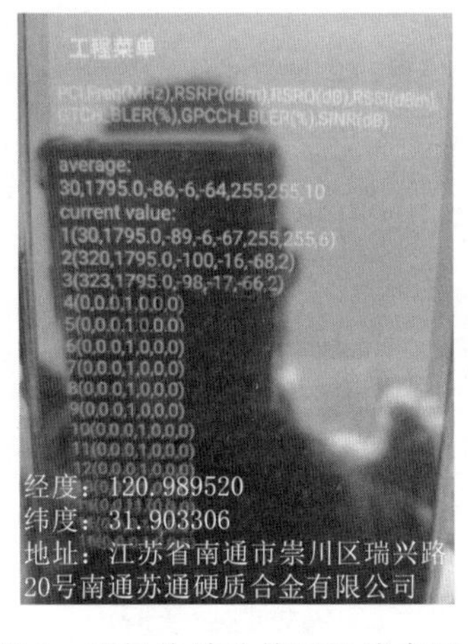

图 5　现场终端改接至无线专网

（二）配电自动化终端通信离线原因智能诊断

融合网管告警、连接拓扑等数据，可将终端离线原因诊断为光缆故障、设备掉电等五大类，从而为快速明确消缺责任主体、提升消缺效率提供有力支撑。判断流程如

图 6 所示。

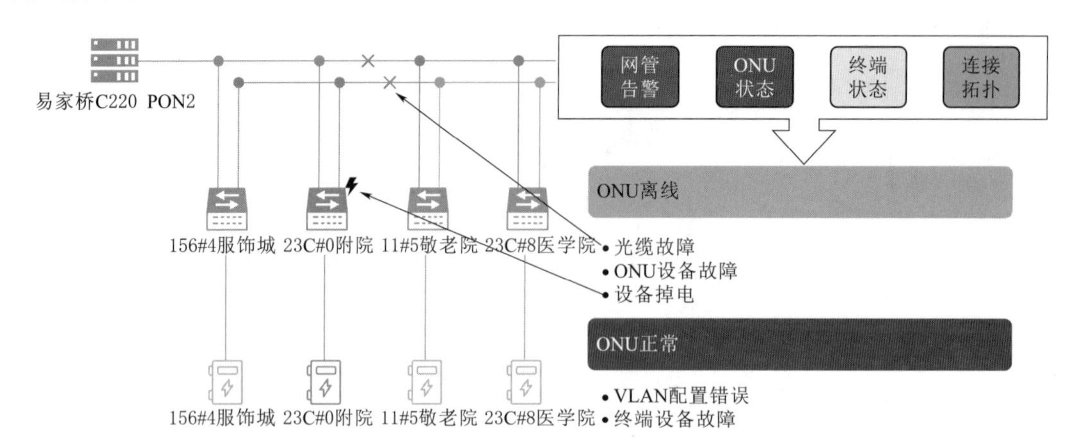

图 6　配电自动化消缺流程

对于配电自动化终端，由供指中心依据终端离线原因分类发起消缺流程，其中终端设备故障等三类离线原因由配电运检单位负责消缺，支路光纤断由通信运维单位负责消缺。对于中压分布式光伏，由调控中心明确相应单位告知用户离线原因并消缺。

（三）无线专网基站布局优化

如图 7 所示，某专网基站目前只接入了 3 个配电自动化终端，利用率不高。如果将其搬迁图 7 右侧中间五角星处，预计至少增加至 20 个配电自动化终端。利用此系统开展了 15 个补盲基站选点工作。

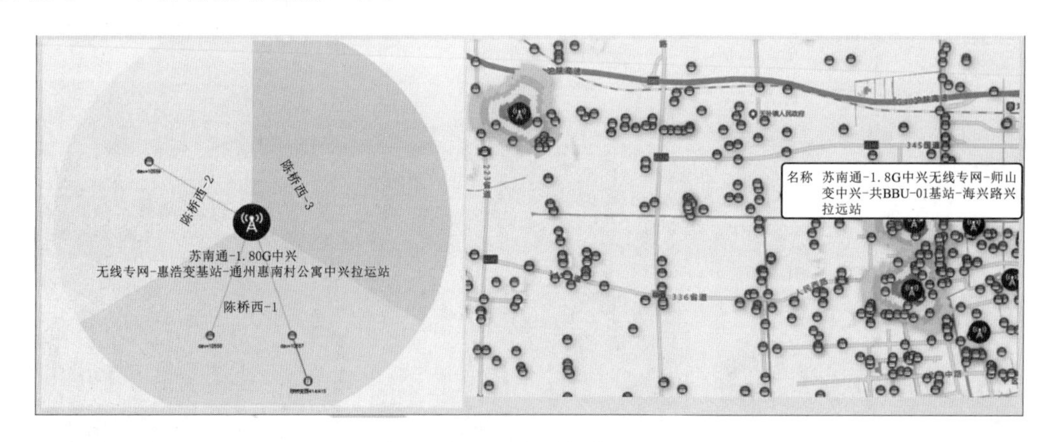

图 7　专网基站覆盖范围显示

（四）调度分布式光伏通信接入方案比选

在收到某光伏项目的接入申请后，在地图上找到对应的位置并添加图标，系统自动搜索最近的 ONU、变电站及专网基站位置，如图 8 所示，判断是否满足接入条件，并提供不同通信接入方案及其投资估算。

对于存量终端，由调控中心明确通信方式接入原则，配电运检单位会同通信运检

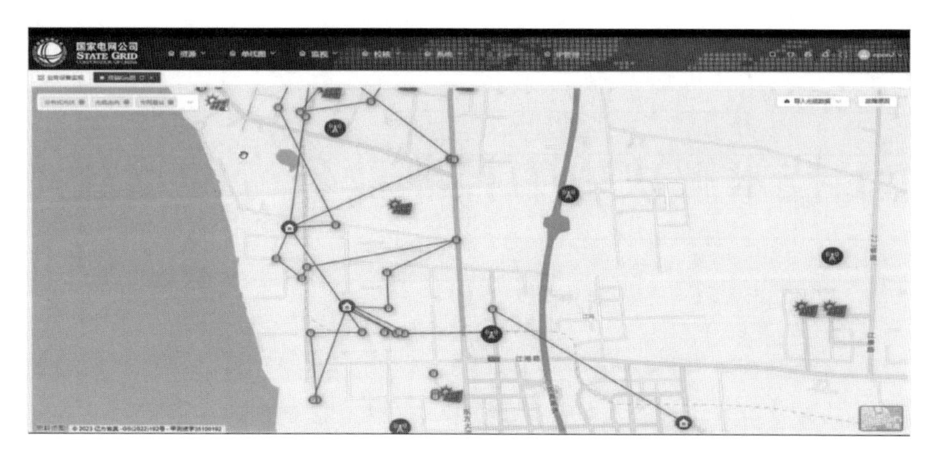

图 8　用户附近的 ONU 及无线专网接入显示

单位确定通信接入方式，然后逐步优化完善。对于增量终端，由通信运检单位在设计方案评审时予以明确。

四、典型应用场景

项目成果可以应用于各网省公司配电通信终端运维管理场景，为配电自动化、用电信息采集、新一代负荷系统等配用电网二次系统的稳定运行起到支撑作用。

五、推广价值

为适应新型电力系统构建，加强配电网运行通信支撑，满足配电网可观、可测、可调、可控要求，国调中心印发了《新型电力系统背景下配电网运行通信技术支撑方案》等文件，要求统筹公司各类配电网业务场景与终端通信需求，构建“广泛覆盖、互联互通、安全可靠、经济适用”的配电通信网，可靠支撑配电网运行。

在现有的运维条件下，要求通信专业统筹现有的通信资源，建立一个更加智能、可靠和高效的配电通信管理系统，大幅提升配电通信的运维效率。

此项目以实际、实用、实效为导向，在配电自动化终端离线消缺智能化方面进行了探索，在助力配网运维消缺、提升终端在线率方面取得了较好的效果。在此配电终端通信监控平台投运以来，南通地区配电自动化终端单次离线消缺平均用时减少了约30%，配电自动化终端平均在线率同比提升了6.8%。配电终端改接至专网的站点已达143个，终端改接占比达10.2%。

EPDT技术解决电力控制业务专网承载难题

中国电科院

（高凯强）

摘要： 负控涉控业务缺乏安全可靠、经济高效、产业链完备的无线专网通信方式，面向负荷管理涉控类业务的专网通信需求，基于授权的230MHz专用电力频段，提供低成本、高安全的EPDT无线专网集群通信系统，EPDT专网技术是中国自主制定、国产化设计、系统容量大、大区制覆盖、建设成本低、支持国产加密的，有效解决了无线通信安全隐患，产业链和技术标准完备，满足负控业务需求。项目包含了：①EPDT波形体制及其协议的研究制定，并发布协议规范；②安全方式的研究，要包含鉴权、空口加密和端到端加密；③产品实现，包含数传终端、基站、交换核心网、运维保障一体化平台的全系统产品的开发；④实网试点应用，对协议和产品进一步评估。

一、背景

依据中华人民共和国国家发展和改革委员会2024年第27号令《电力监控系统安全防护规定》和国能安全〔2015〕36号文《国家能源局关于印发电力监控系统安全防护总体方案等安全防护方案和评估规范的通知》的文件要求，电力监控系统包括负荷控制系统，需坚持“安全分区、网络专用、横向隔离、纵向认证”的原则，对生产控制大区涉控类业务优先采用电力专网，中低压配电网包括110～35kV高压配电网，10(20、6)kV中压配电网，0.4kV/220V低压配电网。基于35kV及以上配电网光纤已覆盖完善，重点实现10kV及以下配电网，其电网基础设备主要包括集中式及分布式电源（10kV分布式电源、0.4kV分布式电源）、储能、配网线路、配变、开闭所、环网柜、开关、充电桩、负荷等。

在电网侧，通过配电自动化终端（二遥、三遥终端）实现配电线路、环网柜、开闭所、柱上开关等电网设备的数据采集以及控制，通过配网保护装置实现故障的判断和保护动作信息的采集，并将配网保护装置采集数据接入配电自动化系统；在电源侧，通过分布式电源终端、储能终端、负荷管理终端、集中器、融合终端实现0.4kV和10kV分布式电源、储能的感知与控制；在负荷侧，通过负荷管理终端、集中器、融合终端等实现对用户负荷的监测与控制，通过充电桩TCU实现充电启停的控制。

为满足以上的需求，研究230M EPDT窄带专网通信技术，包含波形体制研究及其实现，协议规范、安全标准（支持鉴权、空口和端到端加密）等。并要实现无信号区、弱信号区的负控无线网络全覆盖，保证前端负控设备信息正常回传和控制、巡检人员的话音安全通信。设备要支持窄带自组网，能够自适应、自伸缩、自组网，具备根据位置动态寻找最优路由，大区制，传输距离远的特点。设备支持至少4转5跳的网络节点规模。融合节点的设备能将来自其他网络（卫星/5G等）的信息进行下发，并接收来自各个节点的信息，并回传回主站。

二、技术方案

（一）通用技术要求

（1）工作方式：终端实现半双工的工作方式。基站实现双工和半双工的工作方式。

（2）带宽种类：25K（GMSK）/50K（8PSK）/100K（16QAM）。

（3）天线端口：设备天线端口分别开、短路发射3min后，其电性能仍符合要求。设备天线端口阻抗为50W。

（4）工作电压及供电：终端采用直流电源供电接口，其标称工作电压为5V。基站采用交流市电供电方式，另具有标称值为48V的直流电源供电接口（负极接地）。

（5）功率输出：终端分为十个等级，每等级1W，最大输出功率10W（40dBm）。基站分为五个等级，每等级10W，最大输出功率50W（47dBm）。

（二）功能要求

230M EPDT无线专网具有以下功能：

（1）登记：普通登记、组附着登记、周期登记、去登记等。

（2）短消息：控制信道发送的数据业务。

（3）分组数据：业务信道发送的数据业务。

（4）安全：鉴权、空口加密、端到端安全。

（5）遥毙：在特定情况下禁止某个设备在网内使用。

（6）北斗定位：定位信息上拉。

（7）窄带自组网功能：不少于4转5跳。

（8）升级：支持空口升级。

（三）协议标准

230MHz EPDT无线专网通信设备需满足图1协议架构，遵循通用的协议分层架构。协议的第一层是物理层，是协议的最底层。第二层是数据链路层，处理多个用户共享媒介。第三层分为两部分：一是控制面的呼叫控制层（CCL）；二是数据面的分组数据层（PDL）。各层主要功能如下：

（1）物理层用于处理物理突发和收发的比特构建，其主要包括调制和解调、发射机与接收机切换、RF 特性、比特与符号定义、频率与符号同步、突发建立功能。

（2）数据链路层用于处理逻辑连接并向上层屏蔽物理层，其主要包括信道编码（FEC、CRC）、交织/解交织及比特排序、应答及重试机制、媒体接入控制和信道管理、帧建立及同步、突发及参数定义、数据承载业务。

（3）呼叫控制层和分组数据层是支持 EPDT 业务的一个实体，位于第二层协议之上，其主要包括基站激活/去激活、建立，维持和终止业务、目的寻址（EPDT ID 或网关）、广播声明信令、单播或组播的数据业务的发起与接收。

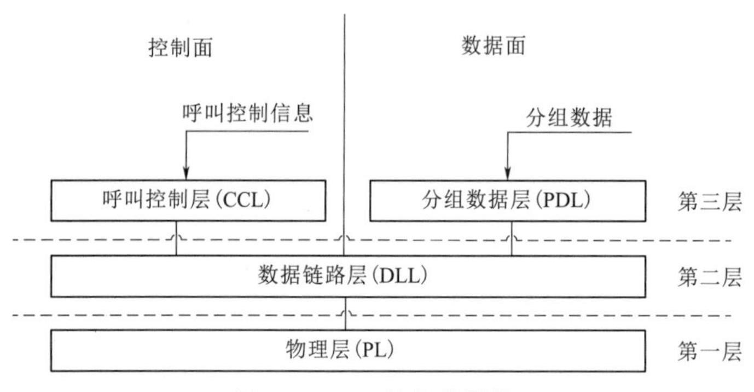

图 1　EPDT 协议栈结构

（四）整机方案

EPDT 无线专网系统架构如图 2 所示。

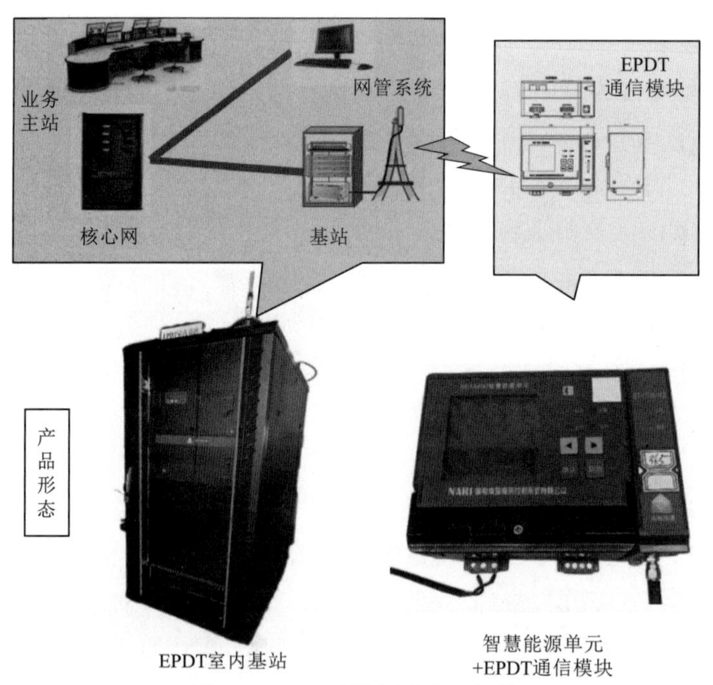

图 2　EPDT 无线专网系统架构

（1）搭建业务核心网和运维保障平台接入电力现网系统。

（2）制高点部署 EPDT 无线专网基站连入核心网。

（3）电力业务终端配置 EPDT 负控终端模块。

EPDT 的指标参数和关键功能见表 1、表 2。

表 1　　EPDT 关键指标参数

关键指标	参　数		
制式	FDD	FDD/TDD	FDD/TDD
频段	223～235MHz	223～235MHz	223～235MHz
收发间隔	7MHz	7MHz	7MHz
信道带宽	25kHz	50kHz	100kHz
调制方式	GMSK	8PSK	8PSK/16QAM
调制速率	16kbps	≥130kbps	≥260kbps
工作方式	2 时隙 TDMA	4 时隙 TDMA	8 时隙 TDMA

表 2　　EPDT 网络和终端设备关键功能

功　能	网络设备	终端模块	功　能	网络设备	终端模块
登记/去登记	●	●	数据组呼	●	●
鉴权	●	●	报警	●	●
安全加密	●	●	发送方身份识别	●	●
数据单呼	●	●	遥毙	●	●

三、应用成效

2021 年以来，中国电科院联合内外部技术力量，经过近三年集中技术攻关，已初步完成基于 230MHz 电力授权频段的 EPPDT 系列产品研发工作。2023 年在中国电科院部署首个 EPDT 基站，进行了现场拉距实测，实现向城外方向 14km、向城内 10km 通信。2023 年在河南公司部署试验网，实现向城区公里、向郊区 11km 成功通信。2023 年，在天津公司部署试验网，进行了负荷管理系统全业务测试，满足业务通信要求。

四、典型应用场景

EPDT 无线专网有望应用在各类配电网控制业务场景中，如图 3～图 5 所示。

（一）新型电力负荷管理应用

（1）建设 230M EPDT 无线专网，大区制、传输距离远、成本低。

（2）智慧电源终端插入 EPDT 模块，通过 485、USB 等接口与控制单元形成控制数据通道。

（3）安全加密：终端侧采用加密芯片，主站侧采用加密鉴权服务器。

（4）业务平台对接：通过采用前置服务器实现与主站对接，实现涉控指令的收发通道。

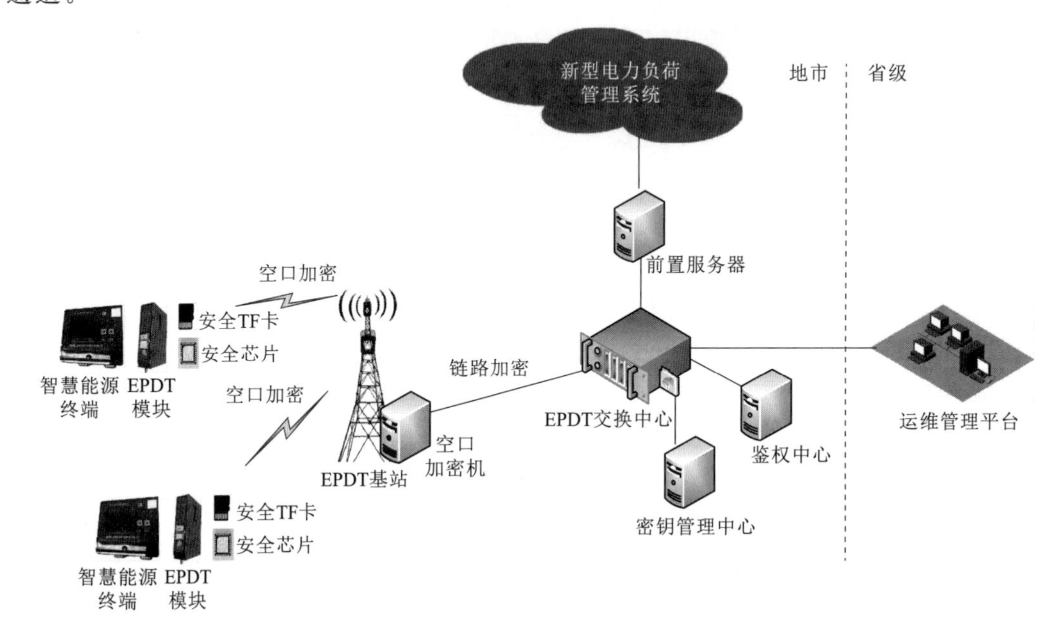

图 3　新型电力负荷管理系统专网应用

（二）分布式新能源接入应用

针对分布式新能源接入控制需求，对融合终端进行 EPDT 电力无线控制专网的业务适配，实现无线专网承载控制指令，提升安全性可靠性。

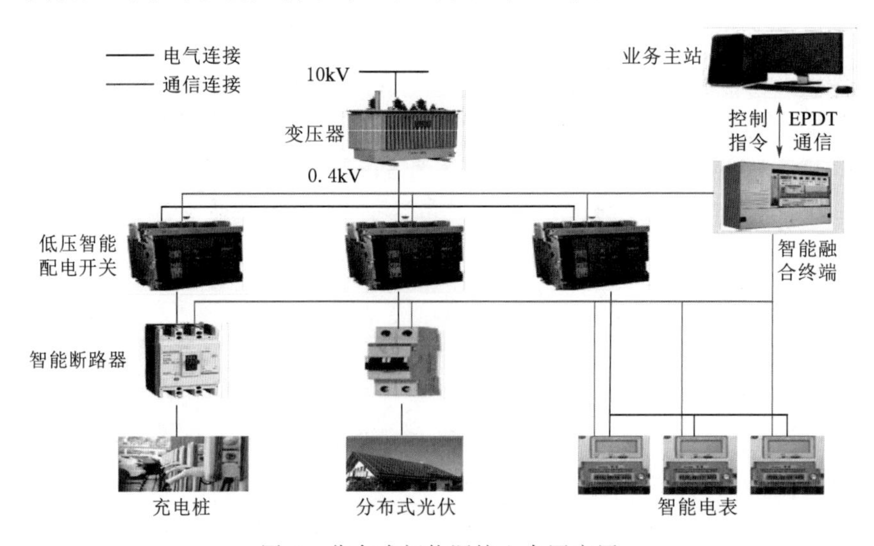

图 4　分布式新能源接入专网应用

（三）偏远地区输电线路应用

在覆盖边缘地带，通过窄带多跳自组网的技术，延伸到覆盖盲区，设备和人员状态数据通过多条自组网回传，在EPDT基站覆盖边缘时，通过EPDT专网通信系统回传到业务平台，实现低频次的状态监控，兼顾经济性的同时，最大限度保障设备和人员的安全。

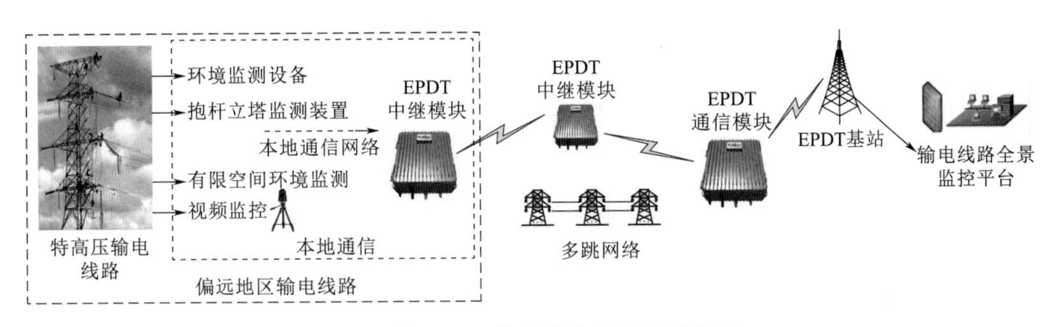

图5　偏远地区输电线路专网组网应用

五、推广价值

EPDT具有频率专用、网络专用、业务适应性好的优势，目前其正处于产业链和应用生态的构建形成阶段，如果能解决产业链和应用生态问题，再和其他同类技术进行充分的竞争比较，有望在未来新型电力系统建设中进一步推广应用。

业务转发芯片内核分离的PON系统

中国电科院

（关璐瑶）

摘要： 本成果围绕配电网光纤专网的业务综合承载问题，基于GPON技术底座，设计了一种满足芯片级隔离、固定时隙隔离、光纤链路加密技术的硬隔离PON方案，实现了配电网光纤专网对中压配电网生产控制类、数据采集类、图像视频类业务的综合承载。

一、背景

随着新型电力系统建设的不断深化，配网业务不断增多，对配电通信网提出了更高的要求。Ⅰ/Ⅱ区除了传统的配电自动化业务外，产生了配网差动保护、分布式馈线自动化（FA）、精准负控等新型控制类业务，这类业务对通信时延的要求从秒级提升到百毫秒级；Ⅲ/Ⅳ区数字化应用迅猛发展，视频、机器人、动环、辅控系统、计量等应用下沉到配网。根据“横向隔离，纵向认证”方针要求，按照传统的技术方案需要在配网建设两张接入网分别承载Ⅰ/Ⅱ区和Ⅲ/Ⅳ区业务，存在设备投资经济性较低、运维工作量较大、纤芯消耗过快、DTU末端取电困难等痛点。

中国电科院通过挖掘新技术与解决方案，2023年11月首次在ITU－T SG15立项《光纤到电力网络的用例和网络要求（G. suppl. FTTGrid：Fibre to the grid use cases and network requirements)）》标准，主导定义了业务转发芯片内核分离的硬隔离无源光网络HP－PON（简称硬隔离PON）。该技术通过TDM信息传输＋芯片资源级隔离信息处理技术实现，可很好地解决新型电力系统下多分区硬隔离统一承载的问题，设备投资利用率高，具有良好的经济性与实用性，相比传统方案，OLT与终端ONU维护工作量减少50％。

二、技术方案

配电光纤专网采用硬隔离PON技术，可实现对中压配电网生产控制类、数据采集类、图像视频类业务的综合承载，系统模型及架构示意图如图1所示。

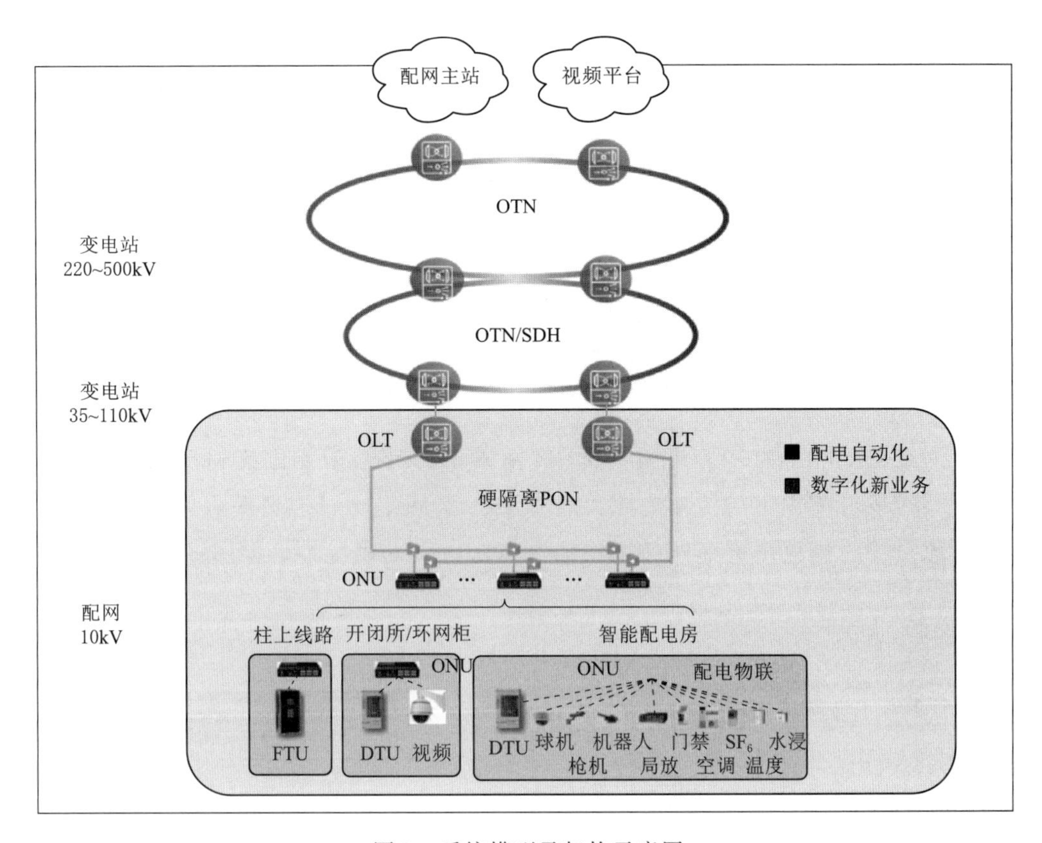

图 1　系统模型及架构示意图

总体上分为两个层次设计，由子站通信层的 OLT 设备和接入通信层的 ODN 和 ONU 设备构成。

(1) 子站通信层：OLT 一般安装于 35kV/110kV 变电子站处，OLT 上行通过 10GE 或 OTN 接口接入目前电力通信网已有的 OTN/SDH 传输网中。

(2) 接入网通信层：主要由 ODN 和 ONU 两部分通信设备组成。ODN 由光缆、无源分光器构成，建立起 OLT 和 ONU 之间的光纤通信链路。ONU 安装于开闭所、环网柜和柱上开关等场所，ONU 实现对 DTU、FTU、TTU、摄像机等各类配电接入终端的网络接入。

硬隔离 PON 基于 GPON 技术，相比 EPON 和交换机技术，在数据传输的隔离性、确定性、安全性方面能力持续增强。关键技术如下：

(1) 芯片级隔离技术。硬隔离 PON 系统的 OLT 和 ONU 设备的转发芯片内置多个 NP 转发核，可为不同专网切片分配独立的转发核资源，专享转发核的转发引擎、转发表、队列、带宽资源，实现不同专网切片转发资源芯片级隔离，以确保不同专网切片转发资源独立，不可抢占、不被影响，确保不同专网业务享有确定性的带宽、时延传输管道。如图 2 所示。

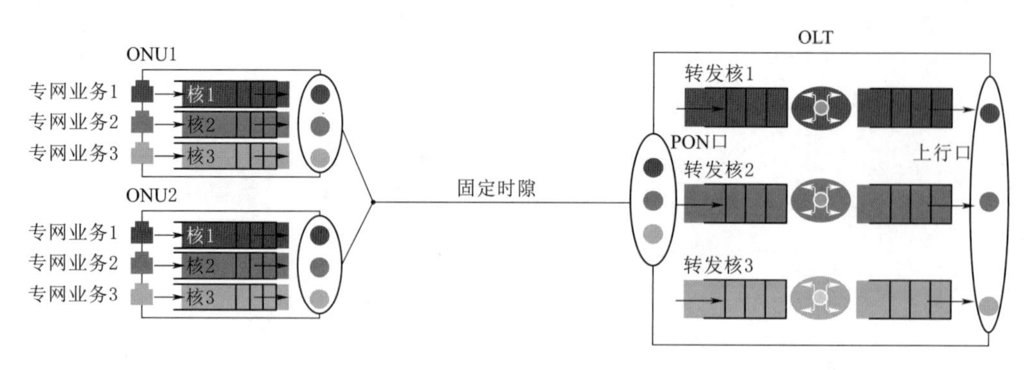

图 2　OLT 和 ONU 转发芯片级隔离技术

（2）固定时隙隔离技术。硬隔离 PON 系统的链路层采用固定时隙分配机制，支持基于业务粒度分配固定的传输时隙，各业务独享固定的时隙资源，避免不同专网数据抢占时隙资源，确保不同专网数据传输带宽和时延的确定性，如图 3 所示。

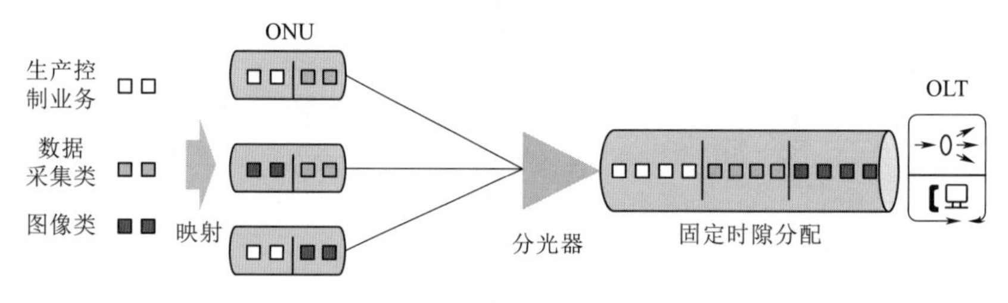

图 3　固定时隙隔离技术

（3）光纤链路加密技术。硬隔离 PON 系统 OLT 和 ONU 之间的光纤链路层采用 AES128 加密算法对其传输的业务数据进行数据加密，加密密钥由 ONU 内置的独立算法模块生成，不同的 ONU 密钥互不相同。密钥由 ONU 同步给 OLT，OLT 和 ONU 同时使用密钥进行数据加密。为了进一步提升加密安全性，ONU 的密钥定期自动更新，链路层数据用新密钥重新加密，最大限度地确保业务数据安全。

硬隔离 PON 系统采用芯片级隔离技术、固定时隙隔离技术和光纤链路加密技术，支持给不同类型的业务分配独立的、唯一的转发资源和转发时隙，专网专用，从而实现对不同类型业务利用同一套光纤链路、同一套网络设备的隔离承载。在任意类型业务出现流量突发、长包抢占时，系统可确保其他类型业务的带宽资源不被抢占、时延不会增加。满足中压配电网电源侧、电网侧、负荷侧各类业务终端，对业务承载带宽、时延性能的要求。

三、应用成效

硬隔离 PON 成果在山西、浙江、江苏、山东、陕西等省份已开展现网创新试点与应用，很好地解决了网络建设与运维等多方面的问题，成效显著。

以山西为例，将 EPON 承载的配电自动化（Ⅰ/Ⅱ区）与 4G 无线公网承载的计量业务（Ⅲ/Ⅳ区）采用硬隔离 PON 方案进行统一承载，取得以下成效：

(1) 建网成本：一张硬隔离 PON 网络同时承载Ⅰ/Ⅱ/Ⅲ/Ⅳ四个分区业务，设备投资利用率高，试点城区无需 4G SIM 卡费用。

(2) 抄表效果：试点区域为地下配电房，无线信号覆盖差，试点前抄表成功率为 30%，采用新方案改造后光纤硬隔离抄表成功率提升到 100%。

(3) 业务应用：计量业务实现 ms 级回传，实时监测台区三相不平衡、偷电窃电等不规范用电，支撑综合线损下降，提升抄收准确度，指导三相不平衡调节，为电网公司提升电能的使用效率，产生直接经济效益。

在配电光纤专网采用硬隔离 PON 技术，具备隔离性好、可靠性高、成本低等特点，解决了传统 EPON、交换机方案在视频监控业务、配电物联业务接入场景，由于隔离性不佳，引入的重复建网成本高、光纤设备利用率低、设备数量增加运维难的问题。

四、典型应用场景

硬隔离 PON 技术为新型电力系统下“最后一公里”不同分区业务终端的安全接入提供了极简灵活的解决方案。在电力配网场景，通过在变电站部署硬隔离 OLT 设备，在 10kV 开闭所、环网柜、柱上开关、台区配电房等接入站点部署硬隔离 ONU 设备，即可实现Ⅰ/Ⅱ区的 DTU、FTU 等配电自动化终端和Ⅲ/Ⅳ区的视频监控摄像头、动环传感器等新型智能化终端的统一灵活接入和安全承载，实现一网回传不同分区业务，适应电力配网新业务的发展需求。此外，在变电站、发电厂、电力办公园区等需要进行不同业务安全隔离的场景，也可使用该技术简化网络建设。

五、推广价值

该成果能实现一网硬隔离极简承载不同分区的业务，并为业务提供 ms 级确定性的低时延，适用于当前与未来各类控制类业务的应用。一张硬隔离接入网实现两张传统接入网的效果，设备投资利用率高，综合建网成本较传统方案节省 35%以上，OLT 与 ONU 维护数量与维护工程量减半。硬隔离 PON 通信底座建设完成后，后续任意分区新增业务，均可直接接入到这张网络，减少网络变更成本与工程量。支持 PON 网络拓扑可视化管理，具备光纤故障辅助诊断能力，能大幅降低网络与光纤管理难度。

基于双模通信的组播群调群控技术应用

北京智芯微电子科技有限公司
（代洪光）

摘要： 随着新型电力系统建设，低压分布式光伏、充电桩等新型设备不断增加，低压配电网络规模不断扩大，并且光伏和充电桩设备采集和控制等业务，要求通信时延更低、可靠性更高。因此，基于双模通信将网络节点按不同通信需求类型进行分组，方便光伏、充电桩节点统一管理、调度，降低采集及控制类业务通信时延。经与并发采集数据相比，通信时延能够降低超过30%。

一、背景

新型低压配电台区建设向着更安全、更智能、更高效、更开放、更低碳方向发展。低压配电通信网是基础，一方面，低压配电通信网所承载控制和采集两大类业务通信需求，采集类业务分布广泛，对通信信号覆盖范围要求较高，而控制类业务对带宽要求较低，但对通信时延、可靠性、安全性要求较高。另一方面，光伏等新能源广泛并网以及电动车充电桩接入，加大了运行电力系统控制难度，要求低压台区具备强大的全息感知通信和智能调控能力。

分布式光伏大规模并入配电网后，调度部门对电力系统控制能力的要求进一步提高，对于分布式光伏发电的控制提升到集群层面的需求显得越来越迫切，需要对分布式光伏进行群调群控、就地平衡、就地消纳。充电桩的接入对配电网最直接的影响是增加了负荷，特别是在大规模推广充电桩的情况下。当充电桩同时充电时，会形成高峰负荷，给配电网带来一定压力。为了适应充电桩对电网需求，一方面可以对电网进行负荷调节，增加供电能力；另一方面可以对台区内充电桩下发调控指令，进行有序充电，以缓解电网压力。

基于此，智芯公司基于双模通信应用，提出组播群调群控方案，以提高低压配电网中分布式光伏调控、充电桩有序充电策略控制类业务通信性能，降低通信时延。

二、技术方案

新型电力系统中，大量智能设备的接入和实时数据的传输，要求配电通信网具备高带宽和低时延特性，以支持数据的高速、实时传输。基于双模的通信性能提升技术，进一步拓展通信业务带宽和提高可靠性，加快低压台区光伏、充电等设备调控能力，促进本地通信网络融合和高效互通。

在兼容用电信息采集基础上，将网络节点按类型进行分组，方便同类节点统一管理、调度，提高网络效率。组播方案关键分为三部分：一是分组，组网过程中节点入网时，根据节点类型进行默认分组，如分布式光伏节点、充电桩节点，另外还可以通过扩展指令，将同类节点进行分组配置；二是群调群控（图1），即分组指令发送，主站调控指令发送给终端，CCO将指令分组广播给某一群组，完成调节指令下发；三是群组内节点收到指令后，采用离散机制生成应答报文，完成特定群组节点数据采集及控制指令执行成功的确认。

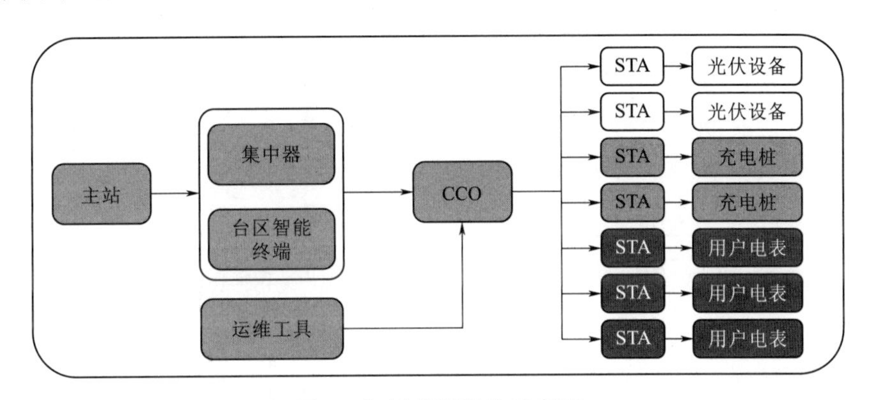

图1　组播群调群控示意图

针对组播方案，智芯公司选取实际台区进行测试，通过自主研发运维工具，将台区内节点进行分组测试验证，按照用户需求，基于节点时性（光伏节点、充电桩节点等）以及用户自定义规则将台区中节点按照20、30、50、80（包含但不限于这些规模）规模进行分组验证。通过对分组内进行数据采集，与非分组情况下采集进行测试对比，验证了组播通信方案效果。组播调控指令示意图如图2所示。

三、应用成效

该方案在多个省公司选取实际台区进行测试，按4组分组规模、4个并发等级、5个时段的复杂混装环境下进行了全面测试，将结果与并发抄读进行对比（表1、图3），结果表明组播技术方案在保证成功率基础上，降低了通信时延，延时性能较并发抄读方式平均时延最大程度可降低87%，提升了群调群控功能的实时性。并且进行了在高频采集的同时，插入组播抄读策略测试，结果表明高频采集性能始终保持稳定，该方案能够提高通信系统响应速度和吞吐量，有效降低了网络拥塞和故障风险，保障电力需求高峰时段通信系统的稳定性和可靠性。

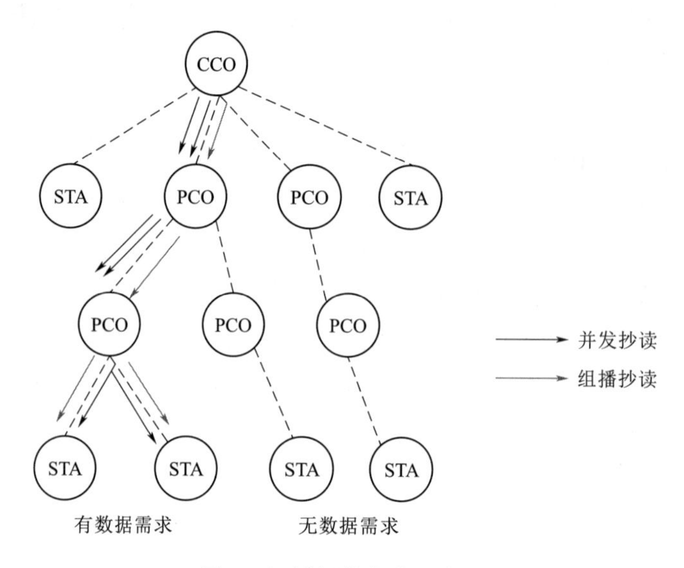

图 2　组播调控指令示意图

表 1　　不同分组规模下时延对比

台区	分组规模/节点个数	组播抄读时延/ms	并发 5-1 抄读时延/ms	组播时延降低百分比/%
台区 1	20	249.04	435.25	42.78
	30	102.07	294	65.28
	50	167.67	409.5	59.05
	80	167.52	234.5	28.56
台区 2	20	128.1	372.6	65.62
	30	54.27	218	75.11
	50	75.12	263.67	71.51
	80	40.26	309.67	87.00
台区 3	20	55.75	154	63.80
	30	74.12	140.78	47.35
	50	45.59	105.13	56.63
	80	38.24	134.9	71.65

四、典型应用场景

分布式光伏柔性调控：在低压配电通信网络中，将低压分布式光伏所在节点进行统一调度、管理、调控。主站通过边缘终端（集中器、台区终端等），将指令广播给网络节点中的光伏监控设备，实现与终端节点的秒级互动，以调节光伏并网出力。

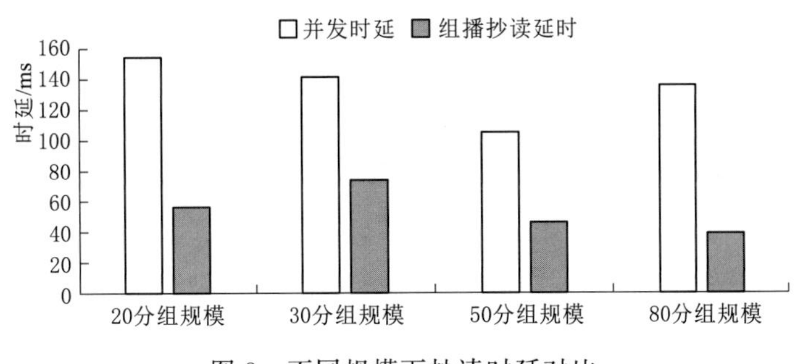

图 3　不同规模下抄读时延对比

五、推广价值

组播群调群控方案不仅能够用于台区低压分布式光伏、充电桩有序充电调控，而且还可以推广到其他台区重点用电用户的管控，提升重点用户的高效互动能力。另外，在其他工业控制领域也具有较高的推广应用价值。